한솔아카데미가 답이다!
건축기사·건축산업기사 인터넷 강좌

한솔과 함께라면 빠르게 합격 할 수 있습니다.

단계별 완전학습 커리큘럼
기초핵심 – 정규이론과정 – 모의고사 – 마무리특강의 단계별 학습 프로그램 구성

건축기사·건축산업기사 유료 동영상 강의

구 분	과 목	담당강사	강의시간	동영상	교 재
필 기	건축계획	이병억	약 20시간		
	건축시공	한규대	약 40시간		
	건축구조	안광호	약 30시간		
	건축설비	오호영	약 18시간		
	건축법규	조영호	약 17시간		
	기사 과년도	과목별 교수님	약 43시간		
	산업기사 과년도	과목별 교수님	약 31시간		

· 유료 동영상강의 수강방법 : www.inup.co.kr

HANSOL INFO

수험생이 알아야 할 출제경향

최근의 출제문제를 중심으로 분석한 출제빈도와 중요내용입니다.

과목	단원명	출제문항수	세부항목
건축계획	1. 총론	1	건축물을 만드는 과정, 모듈
	2. 주거건축	5(7)	단독주택, 농촌주택, 공동주택, 단지계획
	3. 상업건축	3(7)	사무소, 은행, 상점, 슈퍼, 백화점·쇼핑센타
	4. 교육시설	1(4)	학교, 도서관
	5. 숙박시설	1	호텔, 레스토랑
	6. 의료시설	2	병원
	7. 문화시설	3	극장, 영화관, 미술관
	8. 산업건축	1(2)	공장, 창고
	9. 건축환경	·	열환경, 시환경, 음환경
	10. 건축사	3	서양건축사, 한국건축사
계		20(20)	
건축시공	1. 총론	1.5	공사관련자, 계획 및 입찰, 계약서류, 공사계획
	2. 공정 및 품질관리	1	공정계획, N/W공정표, 품질계획
	3. 가설공사	1.5(1.1)	공통가설, 직접가설공사, 적산
	4. 토공사 및 기초공사	1.5(1.1)	지반조사, 터파기, 흙막이, 기초, 말뚝
	5. 철근콘크리트공사	4.5(4.8)	철근공사, 거푸집공사, 콘크리트공사, 적산
	6. 철골공사	1.5(1.1)	일반사항, 각종접합, 철골현장세우기, 적산
	7. 조적, 타일 및 테라코타공사	1.8(1.7)	벽돌, Block, 돌공사, 타일, 적산
	8. 목공사	1.4(1.1)	목재의 성질, 이음, 맞춤, 목재 제품
	9. 방수, 지붕 및 홈통공사	1.3(1.6)	방수공법의 종류, 비교, 아스팔트 방수
	10. 미장공사	1(1.3)	미장재료의 분류, 성질, 시공일반사항
	11. 기타공사	3(2.7)	창호 및 유리공사, 도장, 금속, 합성수지공사
계		20(20)	

건축계획
- 1장 5%
- 2장 25(23)%
- 3장 15(35)%
- 4장 5(20)%
- 5장 5%
- 6장 10%
- 7장 15%
- 8장 5(10)%
- 9장 0%
- 10장 15%

건축시공
- 1장 7(7)%
- 2장 5(5)%
- 3장 8(6)%
- 4장 8(11)%
- 5장 23(24)%
- 6장 7(6)%
- 7장 9(8)%
- 8장 7(6)%
- 9장 6(8)%
- 10장 5(6)%
- 11장 15(13)%

과목	단원명	출제문항수	세부항목
건축구조	1. 건축구조역학	6~7	부정정차수, 지점반력, 전단력, 휨모멘트, 축방향력, 단면의 성질, 응력, 변형률, 단주 및 장주, 구조물의 변형, 부정정구조
	2. 철근콘크리트구조	7~9	보의 휨해석 및 전단해석, 기둥의 해석, 처짐 및 균열, 정착 및 이음, 슬래브, 기초 및 벽체
	3. 강구조	2~4	고력볼트접합, 용접접합, 인장재설계, 압축재설계, 휨재설계, 강합성구조, 주각, 강구조 처짐제한, 전단중심
	4. 일반구조	3~4	활하중, 조립식구조, 부등침하 및 연약지반에 대한 대책, 말뚝간격, 내진설계
계		20	

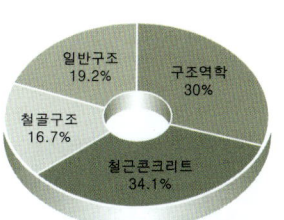

건축구조

과목	단원명	출제문항수	세부항목
건축설비	1. 위생설비	6~8	급수설비, 급탕설비, 배수통기설비, 오물정화설비, 소화설비, 가스설비, 배관용재료
	2. 냉난방설비	7~8	난방설비, 공조설비, 냉동설비
	3. 전기설비	5~8	강전설비, 조명설비, 약전설비, 승강운송설비
계		20	

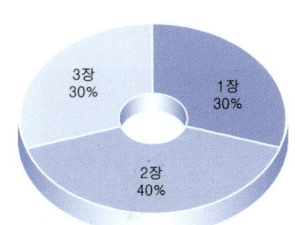

건축설비

과목	단원명	출제문항수	세부항목
건축법규	1. 총칙	2~3	건축물, 지하층, 건축 및 대수선, 내화구조 등, 적용의 완화
	2. 건축물의 건축	4~5	건축허가 및 신고, 가설건축물, 착공 및 사용승인, 공사감리, 허용오차, 건축물의 용도분류, 용도제한, 용도변경
	3. 건축물의 유지관리	0~1	건축지도원 자격·업무
	4. 건축물의 대지 및 도로	1~2	옹벽의 기술기준, 조경, 공개공지 설치, 도로, 대지와 도로와의 관계, 건축선
	5. 건축물의 구조 및 재료	2~3	구조내력의 확인, 지하층, 피난계단, 방화구획, 주요구조부의 제한
	6. 지역 및 지구 안의 건축물	2~3	면적 및 높이산정 산정기준, 대지의 분할, 건축물 높이제한, 일조권제한
	7. 건축설비	1~2	관계전문기술사 협력, 승강설비, 배연설비
	8. 특별건축구역	0~1	특별건축구역
	9. 보칙	0~1	건축분쟁조정
	10. 주차장법	4~6	주차구획, 주차전용 건축물, 노외 및 기계식 주차장 설비기준, 부설주차장
	11. 국토의 계획 및 이용에 관한 법률	3~1	용도지역, 지구, 구역구분, 도시·군 계획시설, 도시계획, 광역도시계획, 지구단위계획, 건폐율 및 용적율
계		20	

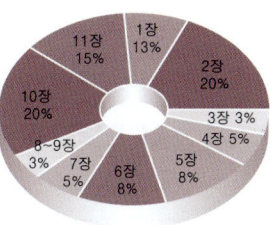

건축법규

- 건축법 : 65%
- 주차장법 : 20%
- 국계법 : 15%

200% 학습법

본 도서를 구매하신 분께 드리는 혜택

본 도서를 구매하신 후 홈페이지에 회원등록을 하시면 아래와 같은 학습 관리시스템을 이용하실 수 있습니다.

무료동영상 (4개월 제공)

건축기사·건축산업기사 합격은 출제경향 및 기출학습에서 갈린다

- 최근 3개년 기출문제 제공
- 2026년 대비 출제경향분석

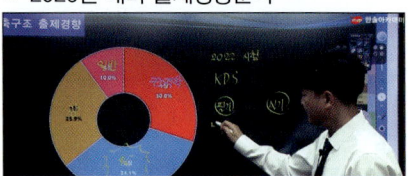

전국 모의고사

건축기사·건축산업기사 시험일 2주전 실시 (세부일정은 인터넷 전용 홈페이지 참조)

- 전국 실전모의고사
- 건축기사 실기 동영상강좌 할인쿠폰

  모의고사 결과 상위 10% 이내 회원은 건축기사 실기 동영상강좌 30,000원 할인쿠폰

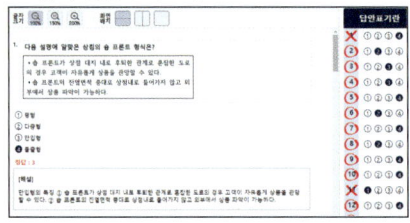

CBT 모의고사

건축기사·건축산업기사 CBT모의고사

- 건축기사 10회

  CBT대비 기사 10회 실전테스트
  - CBT 건축기사 6회분(2023, 2024, 2025년 과년도)
  - CBT 건축기사 4회분(실전모의고사)

- 건축산업기사 10회

  CBT대비 산업기사 10회 실전테스트
  - CBT 건축산업기사 6회분(2023, 2024, 2025년 과년도)
  - CBT 건축산업기사 4회분(실전모의고사)

[등록절차] 도서구매 후 뒷표지 회원등록 인증번호를 확인하세요.

모의고사 점수 변화 그래프 [☐ 건축기사   ☐ 건축산업기사]

[1. 건축계획   2. 건축시공   3. 건축구조]   [4. 건축설비   5. 건축법규]

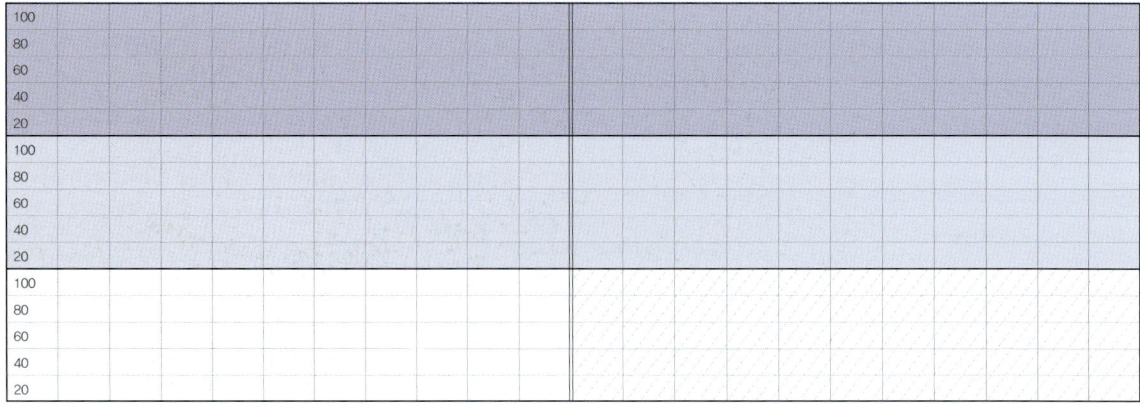

※ 모의고사 회당 회차 풀이 후 점수를 빈칸에 기입한 후 점수만큼 그래프에 •으로 표시하여 자신의 점수 변화를 확인하세요.

2026
건축기사·산업기사 시리즈

건축구조

기출문제 무료동영상
CBT 모의고사

3

한솔아카데미

머리말

　건축을 자연상태에 존재하는 자연스러운 구조물로서가 아닌 인위적인 노력의 결과물이라고 본다면 건축구조는 그러한 결과물이 무너지지 않는 안전성과 그것을 바라보는 이들에게 감동을 줄 수 있는 형태적 심미성을 갖추는 작업입니다.
거기에 자본주의의 원리에 입각한 경제성의 측면이 가미되어 현대의 건축구조는 이러한 세가지 조건을 충족시키는 분야로 해석할 수 있습니다.
『건축구조』하면 난해한 과목으로 구조역학, 철근콘크리트, 철골구조학이라는 과목을 접했을 것이며 "나는 구조에 소질이 없으니 몰라도 된다"는 식의 거부감으로 건축과 학생들조차 건축구조에 관련된 수업을 기피하고 있는 것이 현재의 실정입니다.
그러나, 춤을 추는 사람과 그 사람이 추는 춤을 떼어내어 생각할 수 없듯이 건축에서 건축구조 한 부분을 따로 떼어내어 바라보는 것은 잘못된 생각입니다.
이 책을 통해 기사시험을 대비하면서 전반적인 건축구조의 개념을 조금이라도 정립하였으면 하는 바램이지만, 워낙 방대한 분량을 망라하여 요약정리 하여 설명을 하였기 때문에 가급적 불필요한 부분은 삭제하였습니다.

> **이 책의 특징을 요약하면 다음과 같다.**
> **첫째** : 각 편에는 핵심사항을 간단하게 요약 정리하여, 학습에 쉽게 접근할 수 있도록 하고 반드시 필요한 내용은 자세하게 이론을 정리하였습니다.
> **둘째** : 각 단원별 출제경향분석을 수록하여 수험자의 학습방향을 명확히 제시하였습니다.
> **셋째** : 매 단원의 끝에는 핵심문제를 엄선하여 수록함으로써 같은 학습의 노력으로 학습효과를 극대화할 수 있도록 배려하였으며, 핵심문제에는 자세한 해설로 수험자의 충분한 이해를 도모하였습니다.
> **넷째** : 각 장의 끝에 최근 기출문제 및 출제예상문제를 수록하여 출제경향과 난이도를 파악하여 자신의 학습정도를 확인할 수 있도록 하였습니다.

　이 책이 기사시험을 대비하는 수험생뿐만 아니라 건축실무에 종사하는 실무자에게도 좋은 지침서가 될 수 있도록 기대하며, 앞으로도 부족한 내용이나 오자 등은 계속해서 수정·보완해 나갈 것을 약속드립니다. 교재에 오류가 있다면 신속히 보완하여 더욱 좋은 책으로 거듭날 수 있도록 최선을 다하겠으며, 항상 조언을 부탁드립니다.
　세상을 올바른 눈으로 볼 수 있게 길러주신 부모님과 아내 이수경, 아들 준혁이, 재혁이 그리고 불의의 사고로 하늘나라로 먼저 간 사랑하는 나의 딸 시현이에게 감사의 마음을 글로 대신합니다.

저자 드림

"한솔아카데미" 교재는 앞서갑니다.

교재구성 특징

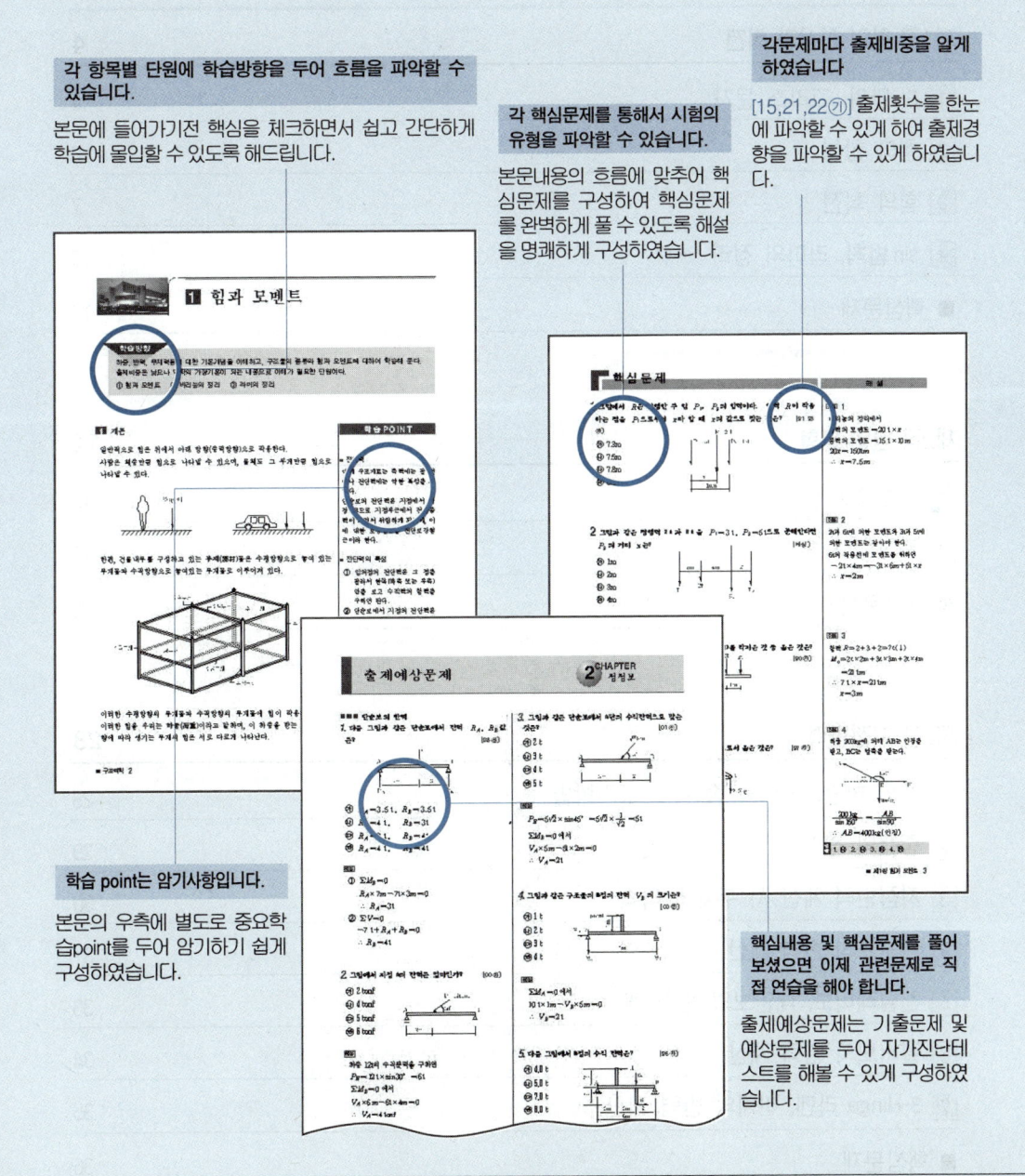

목 차

제1편 구조역학 ... 3

제1장 힘의 합성과 회전 ... 4

1. SI 단위, 그리스 문자 ... 4
2. 힘의 합성 ... 6
3. 힘의 회전 ... 7
4. sin 법칙, 라미의 정리 ... 10
- 핵심문제 ... 12

제2장 힘의 평형 ... 14

1. 구조물의 평형 ... 14
2. 부정정 차수 ... 16
- 핵심문제 ... 22

제3장 지점반력 ... 28

1. 주요 하중(Load)의 종류 및 표기방법 ... 28
2. 중첩의 원리 ... 29
3. 지점반력 계산 시 부호의 약속 ... 30
4. 단순보의 반력 계산 ... 31
5. 캔틸레버보, 내민보의 반력 계산 ... 33
6. 겔버보의 반력 계산 ... 34
7. 3-Hinge 라멘, 아치의 반력 계산 ... 35
- 핵심문제 ... 36

제4장 전단력, 휨모멘트　　40

- 1 부재력(=단면력, 내력): 부호 규약　　40
- 2 축방향력　　40
- 3 전단력　　41
- 4 휨모멘트　　43
- 5 하중-전단력-휨모멘트 관계　　46
- 6 주요 하중에 따른 전단력도와 휨모멘트도　　48
- 7 휨모멘트도에 관한 주요 내용 정리　　50
- 8 절대최대휨모멘트　　52
- ■ 핵심문제　　54

제5장 트러스 구조해석　　70

- 1 기본적인 트러스의 종류　　70
- 2 트러스 해석의 부호규약 및 기본가정　　71
- 3 절점법　　73
- 4 Zero Force Member: 부재력이 0인 부재　　74
- 5 절단법　　75
- ■ 핵심문제　　78

제6장 단면의 성질　　84

- 1 단면1차모멘트　　84
- 2 단면2차모멘트　　87
- 3 단면계수, 단면2차반경　　90
- ■ 핵심문제　　94

제7장 응력과 변형률　　102

1. 응력　　102
2. 변형률　　110
3. 후크의 법칙　　111
- 핵심문제　　114

제8장 보의 휨변형　　126

1. 처짐각 및 처짐　　126
2. 공액보법　　128
3. 캔틸레버보의 주요 하중에 따른 처짐각 및 처짐 표　　131
4. 단순보의 주요 하중에 따른 처짐각 및 처짐 표　　132
- 핵심문제　　134

제9장 기둥　　144

1. 편심축하중을 받는 단주　　144
2. 단면의 핵　　146
3. 장주　　147
- 핵심문제　　152

제10장 부정정 구조　　162

1. 부정정 구조　　162
2. 변위일치법　　163
3. 처짐각법　　166
4. 모멘트분배법　　169
- 핵심문제　　172

제2편 철근콘크리트구조　　　　　　　　　　　　　　　　　　183

- 1 RC 해석과 설계의 원칙　　　　　　　　　　　　　　　184
- ■ 핵심문제　　　　　　　　　　　　　　　　　　　　　194
- 2 RC구조해석 일반사항　　　　　　　　　　　　　　　　198
- ■ 핵심문제　　　　　　　　　　　　　　　　　　　　　204
- 3 RC 단철근 보의 해석　　　　　　　　　　　　　　　　212
- ■ 핵심문제　　　　　　　　　　　　　　　　　　　　　224
- 4 RC 전단설계　　　　　　　　　　　　　　　　　　　　234
- ■ 핵심문제　　　　　　　　　　　　　　　　　　　　　240
- 5 RC 슬래브(Slab)　　　　　　　　　　　　　　　　　　246
- ■ 핵심문제　　　　　　　　　　　　　　　　　　　　　254
- 6 RC구조 사용성　　　　　　　　　　　　　　　　　　　260
- ■ 핵심문제　　　　　　　　　　　　　　　　　　　　　266
- 7 RC구조 철근 상세　　　　　　　　　　　　　　　　　272
- ■ 핵심문제　　　　　　　　　　　　　　　　　　　　　278

제3편 강구조　　　　　　　　　　　　　　　　　　　　　287

- 1 강구조 일반사항　　　　　　　　　　　　　　　　　　288
- ■ 핵심문제　　　　　　　　　　　　　　　　　　　　　294
- 2 강구조 접합(Ⅰ)　　　　　　　　　　　　　　　　　　298
- ■ 핵심문제　　　　　　　　　　　　　　　　　　　　　302
- 3 강구조 접합(Ⅱ)　　　　　　　　　　　　　　　　　　306
- ■ 핵심문제　　　　　　　　　　　　　　　　　　　　　314
- 4 강구조 부재 설계　　　　　　　　　　　　　　　　　324
- ■ 핵심문제　　　　　　　　　　　　　　　　　　　　　332

제4편 건축구조의 일반사항　341

1 구조시스템	342
■ 핵심문제	348
2 토질 및 기초	354
■ 핵심문제	362
3 내진 설계	368
■ 핵심문제	374

제5편 부 록 : 과년도출제문제

■ 건축기사

1 2023 건축기사 과년도 출제문제	3
2 2024 건축기사 과년도 출제문제	21
3 2025 건축기사 과년도 출제문제	42

■ 건축산업기사

1 2023 건축산업기사 과년도 출제문제	63
2 2024 건축산업기사 과년도 출제문제	79
3 2025 건축산업기사 과년도 출제문제	94

제3과목

건축구조

구조역학 　제1편

철근콘크리트구조 　제2편

강구조 　제3편

건축구조의 일반사항 　제4편

출제기준

■ 적용기간 : 2025. 1. 1 ~ 2029. 12. 31

자격종목	주요항목	세부항목	세세항목
건축기사 (필기)	1. 건축구조의 일반사항	1. 건축구조의 개념	1. 건축구조의 개념 2. 건축구조의 분류
		2. 건축물 기초설계	1. 토질 2. 기초
		3. 내진·내풍설계	1. 내진·내풍설계의 개념 2. 내진·내풍설계의 원리
		4. 사용성 설계	1. 처짐·진동에 관한 구조제한 2. 소음에 관한 구조제한
	2. 구조역학	1. 구조역학의 일반사항	1. 힘과 모멘트 2. 구조물의 특성 3. 구조물의 판별
		2. 정정구조물의 해석	1. 보의 해석 2. 라멘의 해석 3. 트러스의 해석 4. 아치의 해석
		3. 탄성체의 성질	1. 응력도와 변형도 2. 단면의 성질
		4. 부재의 설계	1. 단면의 응력도 2. 부재단면의 설계
		5. 구조물의 변형	1. 구조물의 변형
		6. 부정정구조물의 해석	1. 부정정구조물의 개요 2. 변위일치법 3. 처짐각법 4. 모멘트분배법
	3. 철근콘크리트 구조	1. 철근콘크리트구조의 일반사항	1. 철근콘크리트구조의 개요 2. 철근콘크리트구조 설계방법
		2. 철근콘크리트 구조설계	1. 구조계획 2. 각부 구조의 설계 및 계산 3. 각부 구조설계기준 및 구조제한
		3. 철근의 이음·정착	1. 철근의 부착 2. 정착길이 3. 갈고리에 의한 정착 4. 철근의 이음
		4. 철근콘크리트구조의 사용성	1. 철근콘크리트구조의 처짐 2. 철근콘크리트구조의 내구성 3. 철근콘크리트구조의 균열
	4. 철골구조	1. 철골구조의 일반사항	1. 철골구조의 개요 2. 철골구조의 구조설계방법
		2. 철골구조설계	1. 철골구조계획 2. 각부 구조의 구조설계 및 계산 3. 각부 구조설계기준 및 구조제한
		3. 접합부설계	1. 접합의 종류 및 특징 2. 각부 접합부의 설계와 계산
		4. 제작 및 품질	1. 공장제작 정밀도 및 검사 2. 현장설치 정밀도 및 검사
건축산업기사 (필기)	1. 건축구조의 일반사항	1. 건축구조의 개념	1. 건축구조의 개념 2. 건축구조의 분류
		2. 건축물 기초설계	1. 토질 2. 기초
	2. 구조역학	1. 구조역학의 일반사항	1. 힘과 모멘트 2. 구조물의 특성 3. 구조물의 판별
		2. 정정구조물의 해석	1. 보의 해석 2. 라멘의 해석 3. 트러스의 해석 4. 아치의 해석
		3. 탄성체의 성질	1. 응력도와 변형도 2. 단면의 성질
		4. 부재의 설계	1. 단면의 응력도 2. 부재단면의 설계
		5. 구조물의 변형	1. 구조물의 변형
		6. 부정정구조물의 해석	1. 부정정구조물의 개요 2. 변위일치법 3. 처짐각법 4. 모멘트분배법
	3. 철근콘크리트 구조	1. 철근콘크리트구조의 일반사항	1. 철근콘크리트구조의 개요 2. 철근콘크리트구조 설계방법
		2. 철근콘크리트 구조설계	1. 구조계획 2. 각부 구조의 설계 및 계산 3. 각부 구조설계기준 및 구조 제한
		3. 철근의 이음·정착	1. 철근의 부착 2. 정착길이 3. 갈고리에 의한 정착 4. 철근의 이음
		4. 철근콘크리트구조의 사용성	1. 철근콘크리트구조의 처짐 2. 철근콘크리트구조의 내구성 3. 철근콘크리트구조의 균열
	4. 철골구조	1. 철골구조의 일반사항	1. 철골구조의 개요 2. 철골구조의 구조설계방법
		2. 철골구조설계	1. 철골구조계획 2. 각부 구조설계기준 및 구조제한
		3. 접합부설계	1. 접합의 종류 및 특징 2. 각부 접합부의 설계일반
		4. 제작 및 품질	1. 공장제작 정도 2. 현장설치 정도

제1편 구조역학

- 01 힘의 합성과 회전
- 02 힘의 평형
- 03 지점반력
- 04 전단력, 휨모멘트
- 05 트러스 구조해석
- 06 단면의 성질
- 07 응력과 변형률
- 08 보의 휨변형
- 09 기둥
- 10 부정정 구조

1 힘의 합성과 회전

CHECK

작용점이 같은 두 힘의 합력, 모멘트의 정의에 따른 계산, 우력의 특징,
바리뇽의 정리, 라미의 정리

1 SI 단위, 그리스 문자

학습POINT

(1) SI 단위

1960년 11차 국제도량형총회(General Conference on Weights and Measures)에서 규정되고 공인된 MKS 절대단위계로서 기본단위를 길이(미터, m), 시간(초, s), 질량(킬로그램, kg)으로 하며 힘은 $F = m \cdot a$로부터 유도된 단위로서 $1N = (1kg)(1m/s^2) = 1kg \cdot m/s^2$을 표준단위로 하고 있다.

【SI 접두사(SI Prefix)】

Prefix	Symbol	Multiplication factor	
tera	T	10^{12} =	1 000 000 000 000
giga	**G**	10^9 =	1 000 000 000
mega	**M**	10^6 =	1 000 000
kilo	**k**	10^3 =	1 000
hecto	h	10^2 =	100
deka	da	10^1 =	10
deci	d	10^{-1} =	0.1
centi	c	10^{-2} =	0.01
milli	**m**	10^{-3} =	0.001
micro	μ	10^{-6} =	0.000 001
nano	n	10^{-9} =	0.000 000 001
pico	p	10^{-12} =	0.000 000 000 001

주요 단위체계		
힘(N)	$1[\mathrm{kgf}] = 9.80665[\mathrm{N}] \cong 10[\mathrm{N}]$	
거리(mm)	$1[\mathrm{m}] = 100[\mathrm{cm}] = 1,000[\mathrm{mm}]$	
응력(N/mm², MPa)	$1[\mathrm{Pa}] = 1[\mathrm{N/m^2}]$ $1[\mathrm{kPa}] = 1[\mathrm{kN/m^2}]$ $1[\mathrm{MPa}] = 1[\mathrm{N/mm^2}]$	

Isaac Newton(1643~1727)

Blaise Pascal(1623~1662)

(2) 그리스 문자

대문자	소문자	이름	발음	대문자	소문자	이름	발음
A	α	alpha	알파	N	ν	nu	뉴
B	β	beta	베타	Ξ	ξ	xi	크시
Γ	γ	gamma	감마	O	o	omicron	오미크론
Δ	δ	delta	델타	Π	π	pi	파이
E	ε	epsilon	엡실론	P	ρ	rho	로
Z	ζ	zeta	지타	Σ	σ	sigma	시그마
H	η	eta	이타	T	τ	tau	타우
Θ	θ	theta	시타	Y	υ	upsilon	웁실론
I	ι	iota	요타	Φ	φ	phi	파이
K	k	kappa	카파	X	χ	chi	카이
Λ	λ	lambda	람다	Ψ	ψ	psi	프시
M	μ	mu	뮤	Ω	ω	omega	오메가

역학은 서양 근대 이성의 산물이다. 자연의 물리적인 현상을 수학식으로 표현할 때 영어의 대문자 및 소문자 알파벳만으로 한계가 있으므로 그리스 문자를 알파벳과 같이 채택하여 다양한 물리적 현상에 대한 내용을 표현하고 있다.

2 힘의 합성

(1) 이동력(Force, F 또는 P)

물체를 이동시키려는 힘으로서 무게 단위로 N(Newton)을 사용한다.

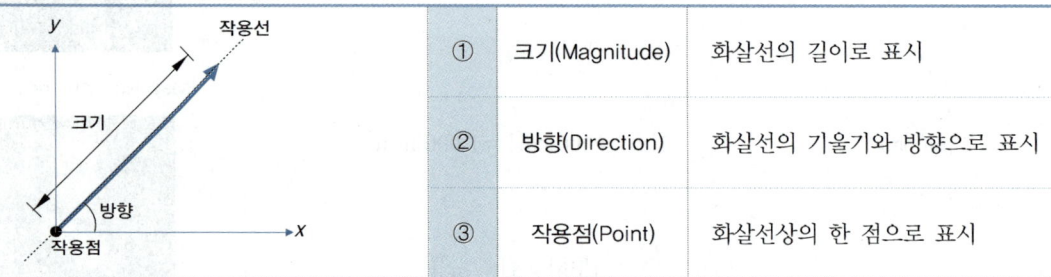

①	크기(Magnitude)	화살선의 길이로 표시
②	방향(Direction)	화살선의 기울기와 방향으로 표시
③	작용점(Point)	화살선상의 한 점으로 표시

- 스칼라(Scalar): 크기만을 나타내는 물리량으로 시간, 길이, 속력, 온도, 질량 등이 있다.
- 벡터(Vector): 크기와 방향을 갖는 물리량으로 힘, (가)속도, 운동량 등이 있다.

(2) 작용점이 같은 두 힘의 합력

한 점에 작용하는 두 힘의 합은 평행사변형의 원리를 이용하여 두 힘과 나란한 평행사변형의 대각선의 길이로 구할 수 있다.

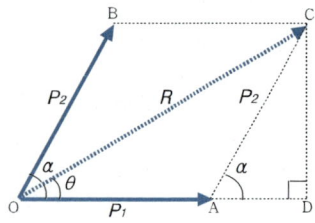

작용점이 같은 두 힘의 합력과 방향

직각삼각형 OCD에서
$$R^2 = (P_1 + P_2 \cdot \cos\alpha)^2 + (P_2 \cdot \sin\alpha)^2$$
$$= P_1^2 + 2P_1 \cdot P_2 \cdot \cos\alpha + P_2^2(\cos^2\alpha + \sin^2\alpha)$$
$$= P_1^2 + 2P_1 \cdot P_2 \cdot \cos\alpha + P_2^2$$

합력(R, Resultant): $R = \sqrt{P_1^2 + P_2^2 + 2P_1 \cdot P_2 \cdot \cos\alpha}$

핵심예제 1

그림에서 두 힘의 합력의 크기는?

① 60kN
② 50kN
③ 40kN
④ 30kN

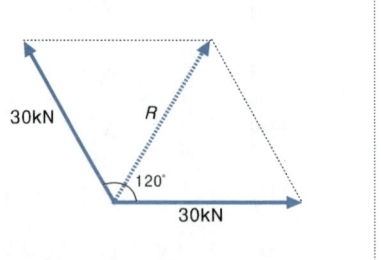

해설 $R = \sqrt{(30)^2 + (30)^2 + 2(30)(30)\cos(120°)} = 30\text{kN}$

답 : ④

3 힘의 회전

(1) 모멘트(M, Moment)

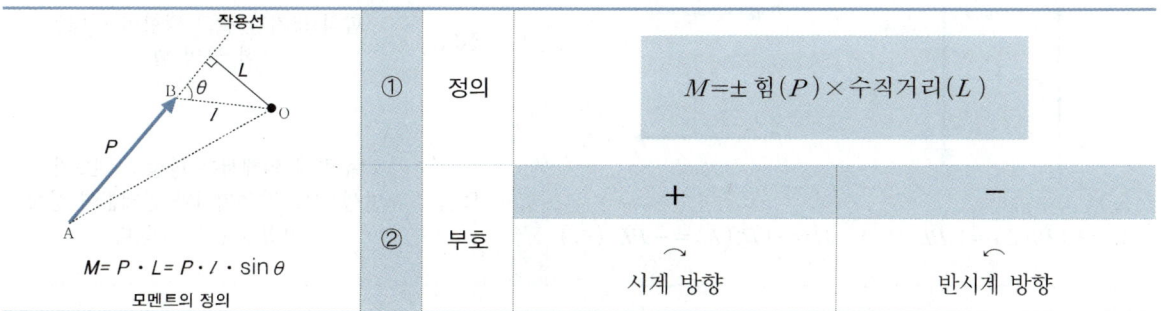

① 정의	$M = \pm 힘(P) \times 수직거리(L)$	
② 부호	$+$ 시계 방향	$-$ 반시계 방향

핵심예제 2

다음 그림에서 O점에 대한 모멘트는?

① 100kN·m
② 200kN·m
③ $100\sqrt{2}$ kN·m
④ $200\sqrt{2}$ kN·m

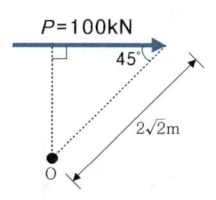

해설

(1) 거리(L)는 힘의 작용선상으로부터 임의의 점까지의 최단 직각거리이다.
(2) $M_O = +(100)(2\sqrt{2} \cdot \sin45°) = +200\text{kN} \cdot \text{m}\,(\curvearrowright)$

답 : ②

핵심예제 3

다음 그림에서 O점에 대한 모멘트는?

① -10kN·m
② $+10$kN·m
③ -20kN·m
④ $+20$kN·m

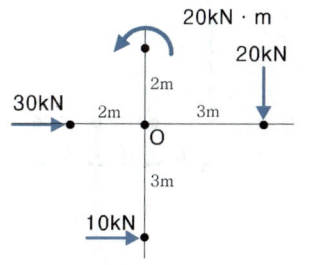

해설

(1) 좌측의 힘 30kN은 O점과 작용선상에 있으므로 모멘트가 발생하지 않는다.
(2) 모멘트하중(20kN·m)은 회전방향만 고려하며, 거리를 곱하지 않는다.
(3) $M_O = -(20\text{kN} \cdot \text{m}) + (20\text{kN})(3\text{m}) - (10\text{kN})(3\text{m}) = +10\text{kN} \cdot \text{m}\,(\curvearrowright)$

답 : ②

(2) 우력(偶力, 짝힘, Couple Force)

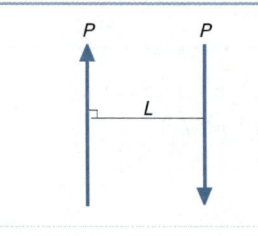 $M=+(P)(L)=+PL\ (\curvearrowleft)$	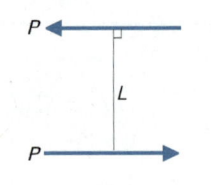 $M=-(P)(L)=-PL\ (\curvearrowright)$	① 정의	힘의 크기가 같고 방향이 반대인 한 쌍의 힘
		② 특징	우력에 의해서는 항상 모멘트가 발생하며, 작용위치와 관계없이 항상 일정한 값을 갖는다.

핵심예제 4

다음과 같은 두 개의 힘의 O점에 대한 모멘트의 크기는?

① 0
② 10kN·m
③ 20kN·m
④ 30kN·m

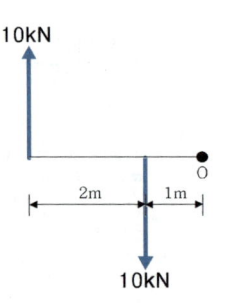

해설 $M_O=+(10)(3)-(10)(1)=+20\text{kN}\cdot\text{m}\ (\curvearrowleft)$

답 : ③

핵심예제 5

그림에서 A, B, C 각 점에 대한 모멘트의 크기를 비교한 것 중 옳은 것은?

① $M_A > M_B > M_C$
② $M_A < M_B < M_C$
③ $M_A = M_B > M_C$
④ $M_A = M_B = M_C$

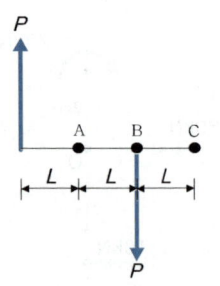

해설

(1) $M_A=+(P)(L)+(P)(L)=+2PL\ (\curvearrowleft)$

(2) $M_B=+(P)(2L)+(P)(0)=+2PL\ (\curvearrowleft)$

(3) $M_C=+(P)(3L)-(P)(L)=+2PL\ (\curvearrowleft)$

답 : ④

(3) 바리뇽의 정리(Varignon's Theorem)

Pierre Varignon(1654~1722)

①	정의	동일 평면상에서 임의의 한 점에 대한 모멘트의 합은 그 점에 대한 합력(R)의 모멘트와 같다.
②	적용	모멘트=힘×거리 ⬇ 힘을 합력(R)으로 간주하여 합력의 위치(x)를 찾는데 이용한다.

$$+R \cdot x = +P_1 \cdot x_1 + P_2 \cdot x_2 + P_3 \cdot x_3$$

핵심예제 6

그림에서 R은 평행한 두 힘 P_1, P_2의 합력이다. 합력 R이 작용하는 점을 P_1으로부터 x라 할 때 x의 값으로 맞는 것은?

① 7.3m
② 7.5m
③ 7.8m
④ 8.1m

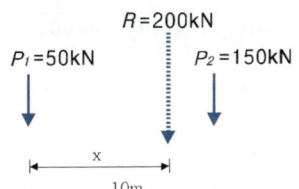

해설

(1) 합력의 모멘트=$+(200)(x)$
(2) 분력의 모멘트=$(50)(0)+(150)(10)$ ∴ $200 \cdot x = 1{,}500$ ➡ $x = 7.5\text{m}$

답 : ②

핵심예제 7

다음과 같은 볼트군의 x_o부터의 도심위치 x를 구하면?
(단, 그림의 단위는 mm)

① 80mm   ② 89.5mm
③ 90mm   ④ 97.5mm

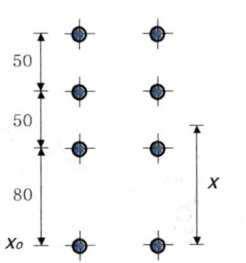

해설 $(8개)(x) = (2개)(0) + (2개)(80) + (2개)(130) + (2개)(180)$

∴ $x = 97.5\text{mm}$

답 : ④

4 sin법칙, 라미의 정리(Lami's Theorem)

sin 법칙	라미의 정리(Lami's Theorem)	
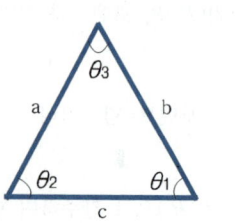	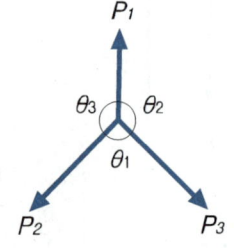	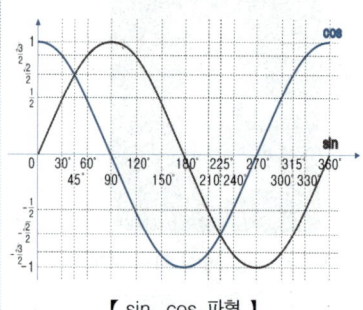 【 sin, cos 파형 】
삼각형에서 한 변의 길이와 내각의 sin 값은 비례한다.	한 점에 미치는 두 힘의 크기가 같고 방향이 반대이면 세 힘은 항상 평형상태가 된다.	수학의 sin법칙을 공학분야에서 실용화시킨 것이 라미의 정리라고 볼 수 있다.
$\dfrac{a}{\sin\theta_1} = \dfrac{b}{\sin\theta_2} = \dfrac{c}{\sin\theta_3}$	$\dfrac{P_1}{\sin\theta_1} = \dfrac{P_2}{\sin\theta_2} = \dfrac{P_3}{\sin\theta_3}$	

핵심예제8

그림과 같은 로프에서 BC에 발생하는 힘의 크기는?
(단, 인장: +, 압축: -)

① +6.928 kN
② -6.928 kN
③ -5 kN
④ +5 kN

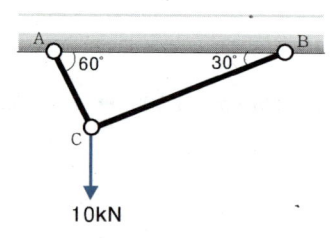

해설 (1) AC 부재의 힘을 구할 때

$$\dfrac{F_{AC}}{\sin 120°} = \dfrac{10kN}{\sin 90°}$$

∴ $F_{AC} = +8.66kN$ (인장)

(2) BC 부재의 힘을 구할 때

$$\dfrac{F_{BC}}{\sin 150°} = \dfrac{10kN}{\sin 90°}$$

∴ $F_{BC} = +5kN$ (인장)

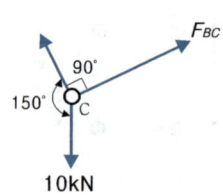

답 : ④

MEMO

핵심문제

CHAPTER 1 힘의 합성과 회전

1. A점에 작용하는 두 개의 힘 4kN과 6kN의 합력을 구하면?

① $\sqrt{72}$ kN
② $\sqrt{74}$ kN
③ $\sqrt{76}$ kN
④ $\sqrt{78}$ kN

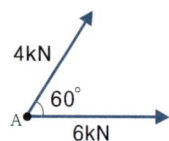

해설

$R = \sqrt{(4)^2 + (6)^2 + 2(4)(6)\cos(60°)} = \sqrt{76}$ kN

2. O점에 대한 모멘트 M_O를 구하면? (단, 시계방향 모멘트 +)

① 0kN·m
② 2kN·m
③ -2kN·m
④ -4kN·m

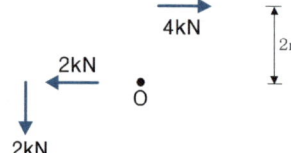

해설

$M_O = -(2)(3) + (2)(0) + (4)(2)$
$= +2$ kN·m ($\curvearrowright$)

3. 다음과 같은 볼트군의 x_o부터의 도심위치 x를 구하면? (단, 그림의 단위는 mm)

① 80mm
② 89.5mm
③ 90mm
④ 97.5mm

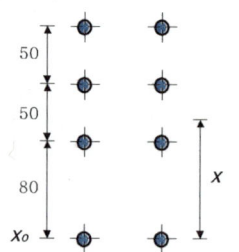

해설

$(8개)(x)$
$= (2개)(0) + (2개)(80) + (2개)(130) + (2개)(180)$
$\therefore x = 97.5$ mm

4. 독립기초(자중포함)가 축방향력 650kN, 휨모멘트 130kN·m를 받을 때 기초 저면의 편심거리는?

① 0.2m
② 0.3m
③ 0.4m
④ 0.6m

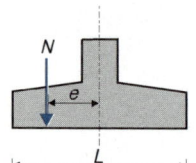

해설

$130 = 650 \times e$ 으로부터 $\therefore e = 0.2$m

5. 그림과 같은 강접골조에 수평력 $P=10$kN이 작용하고 기둥의 강비 $k=\infty$인 경우, 기둥의 모멘트가 0이 되는 변곡점의 위치 h_o는? (단, 괄호 안의 기호는 강비이다.)

① $0.4h$
② $0.5h$
③ $\dfrac{4}{7}h$
④ h

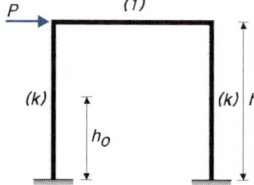

해설

모멘트 $M = P \times L$ 이므로 하중(P) 작용점의 위치에서 거리(L)가 0이므로 모멘트값이 0이 될 것이다.

6. 그림과 같은 강접골조에 수평력 $P=10$kN이 작용하고 기둥의 강비 $k=\infty$인 경우, 기둥의 모멘트가 최대가 되는 변곡점의 위치 h_o는? (단, 괄호 안의 기호는 강비이다.)

① 0
② $0.5h$
③ $\dfrac{4}{7}h$
④ h

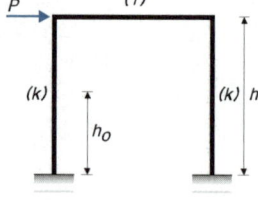

해설

모멘트 $M = P \times L$ 이므로 하중(P) 작용점으로부터 가장 먼 위치인 고정단에서 모멘트값이 가장 클 것이다.

해답 1. ③ 2. ② 3. ④ 4. ① 5. ④ 6. ①

7. 그림과 같은 구조의 AC 부재의 부재력으로서 옳은 것은?

① 30 kN
② $30\sqrt{3}$ kN
③ $60\sqrt{3}$ kN
④ 120 kN

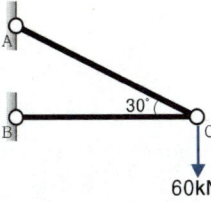

해설

$\dfrac{60\text{kN}}{\sin 30°} = \dfrac{F_{AC}}{\sin 90°}$ 으로부터 ∴ $F_{AC} = +120\text{kN}$ (인장)

8. 그림과 같은 구조물에서 T부재가 받는 힘의 크기는?

① 9.5kN
② 10.5kN
③ 11.5kN
④ 12.5kN

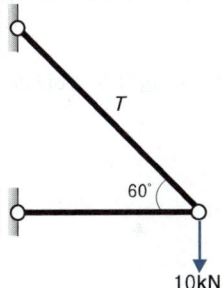

해설

$\dfrac{10\text{kN}}{\sin 60°} = \dfrac{T}{\sin 90°}$ 으로부터 ∴ $T = +11.547\text{kN}$ (인장)

9. 그림과 같은 로프에 생기는 힘 P의 값은 얼마인가? (단, 하중 1kN은 로프의 한 가운데에 매달려 있으며 2개의 로프가 이루는 각은 120°이다.)

① 0
② 0.5 kN
③ 1 kN
④ 2 kN

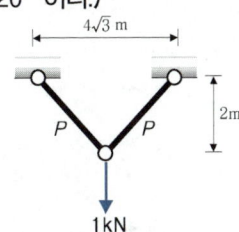

해설

$\dfrac{1\text{kN}}{\sin 120°} = \dfrac{P}{\sin 120°}$ 으로부터 ∴ $P = +1\text{kN}$ (인장)

해답 7. ④ 8. ③ 9. ③

2 힘의 평형

CHECK

평형 3조건,
보의 부정정 차수, 라멘 및 아치의 부정정 차수, 트러스의 부정정 차수

1 구조물의 평형

학습POINT

구조물에 작용하는 하중에 의해 구조물이 평형상태를 유지하기 위해서는 구조물이 이동하지도 않고 회전하지도 않아야 한다.

①	$\sum H = 0$ 수평평형	 수평하중 → ▬ ← 수평반력	+	우향 →
			−	좌향 ←
②	$\sum V = 0$ 수직평형	 수직하중 ↓ / 수직반력 ↑	+	상향 ↑
			−	하향 ↓
③	$\sum M = 0$ 모멘트평형	 회전하중 ↻ / 회전반력	+	시계회전 ↻
			−	반시계회전 ↺

핵심예제 1

그림과 같이 균일 단면봉이 축하중을 받고 평형을 이루고 있다. $T=2P$가 되려면 w는 얼마가 되어야 하는가?

① P
② $\dfrac{P}{2}$
③ $\dfrac{P}{3}$
④ $2P$

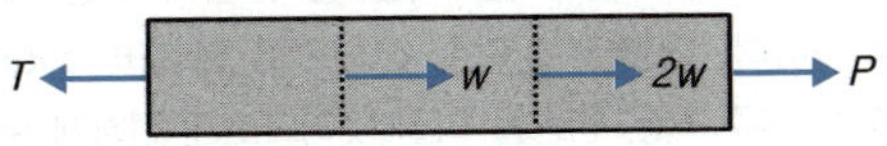

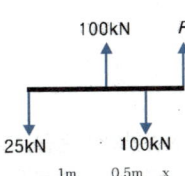

[해설]

(1) 수평하중만 작용하므로 수직평형 및 모멘트평형조건을 고려할 필요가 없다.

(2) $\sum H = 0$: $-(T)+(w)+(2w)+(P)=0$ ➡ $T=2P$ 이므로 $w=\dfrac{P}{3}$

답 : ③

핵심예제 2

그림과 같은 구조물에 작용하는 4개의 힘이 평형을 이룰 때 F의 크기 및 거리 x는?

① $F=25\text{kN},\ x=1\text{m}$
② $F=50\text{kN},\ x=1\text{m}$
③ $F=25\text{kN},\ x=0.5\text{m}$
④ $F=50\text{kN},\ x=0.5\text{m}$

[해설]

(1) 수평하중이 없으므로 수평평형조건을 고려할 필요가 없으며, 수직력에 대한 수직평형조건을 이용하여 미지수 F를 구하고, 모멘트는 힘×거리 라는 기본개념을 통해 모멘트평형조건을 적용하여 미지수 x를 구한다.

(2) $\sum V=0$: $-(25)+(100)-(100)+(F)=0$ ➡ ∴ $F=25\text{kN}(\uparrow)$

(3) 100kN의 하향하중 작용점에서 모멘트평형조건을 적용하여 거리를 구한다.

$\sum M = 0$: $-(25)(1.5)+(100)(0.5)-(F)(x)=0$ ➡ ∴ $x=0.5\text{m}$

답 : ③

2 부정정 차수(N, Degree of Static Indeterminancy)

(1) 이상화된 지지 모델

구조물(Structure)은 외적인 하중을 지지 또는 저항하기 위해 사용되는 많은 부재 요소들의 집합체라고 정의할 수 있다. 다음의 세 가지 이상화된 지지모델들은 이동지점 및 회전지점에서는 작은 양 만큼의 수평 및 수직이동이 존재할 것이고, 고정지점에서는 작은 양 만큼의 회전이 존재할 것이며, 어떤 지점이든 전적으로 마찰(Friction)에 대해 자유로울 수 없을 것이지만 이러한 편차들은 구조물의 실제 거동에는 아주 작은 영향을 미칠 것이므로 안전하게 무시될 수 있게 된다.

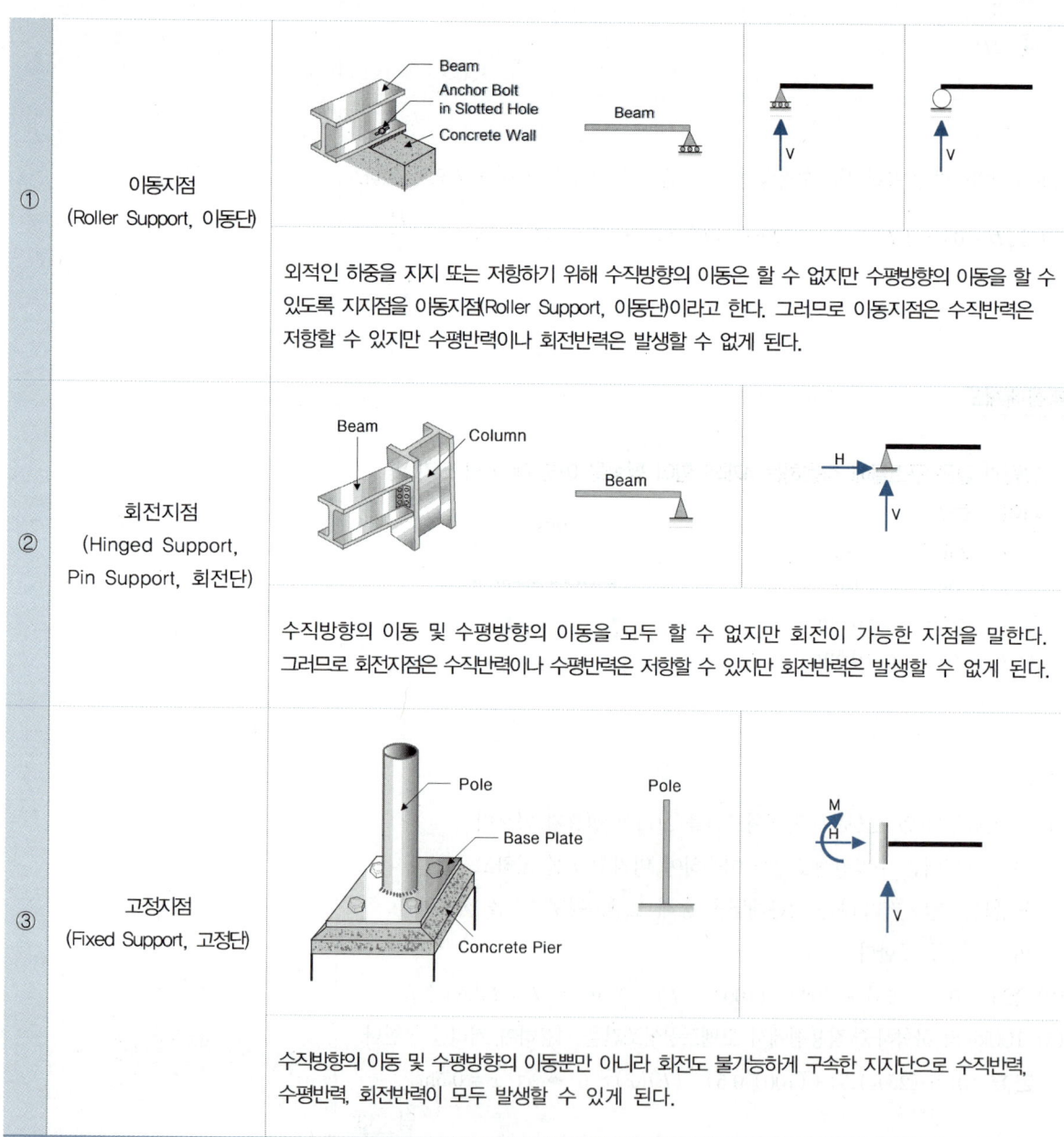

① 이동지점 (Roller Support, 이동단)

외적인 하중을 지지 또는 저항하기 위해 수직방향의 이동은 할 수 없지만 수평방향의 이동을 할 수 있도록 지지점을 이동지점(Roller Support, 이동단)이라고 한다. 그러므로 이동지점은 수직반력은 저항할 수 있지만 수평반력이나 회전반력은 발생할 수 없게 된다.

② 회전지점 (Hinged Support, Pin Support, 회전단)

수직방향의 이동 및 수평방향의 이동을 모두 할 수 없지만 회전이 가능한 지점을 말한다. 그러므로 회전지점은 수직반력이나 수평반력은 저항할 수 있지만 회전반력은 발생할 수 없게 된다.

③ 고정지점 (Fixed Support, 고정단)

수직방향의 이동 및 수평방향의 이동뿐만 아니라 회전도 불가능하게 구속한 지지단으로 수직반력, 수평반력, 회전반력이 모두 발생할 수 있게 된다.

(2) 절점(joint) : 부재와 부재의 연결상태

①	회전절점 (hinge 또는 pin, 활절점)	—○—	부재와 부재의 절점이 핀(Pin)으로 연결되어 회전이 가능한 절점
②	고정절점(fixed, 강절점)	—■—	부재와 부재의 절점이 고정되어 각도가 변하지 않는 절점

(3) m : 부재(member)수, f : 강(fixed)절점수, j : 절점(joint)수 (지점 및 자유단 포함)

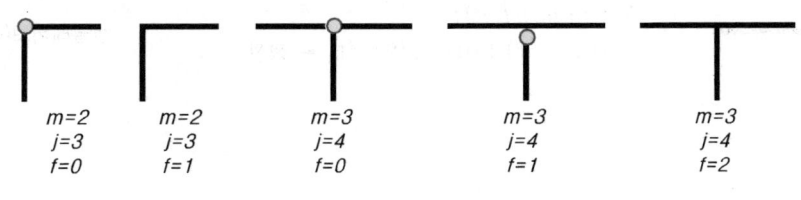

$m=2$ $j=3$ $f=0$ $m=2$ $j=3$ $f=1$ $m=3$ $j=4$ $f=0$ $m=3$ $j=4$ $f=1$ $m=3$ $j=4$ $f=2$

○ 활절점, 힌지(Hinge), 핀(Pin)

(4) 구조물의 판별식

전체 부정정차수	$N = r + m + f - 2j$	외적차수 $N_e = r - 3$	내적차수 $N_i = N - N_e$

외력에 의해 구조물이 어떤 상태인지를 판별하는 것을 부정정차수(N)를 계산한다고 한다. 부정정차수를 계산한 결과를 통해 다음의 세 가지 상태로 분류된다.

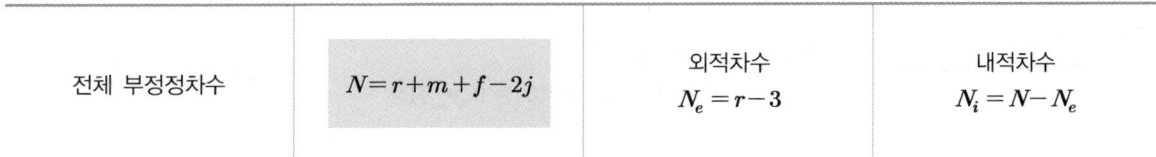

$N < 0$ ➡ 불안정 구조물	$N = 0$ ➡ 정정 구조물	$N > 0$ ➡ 부정정 구조물

구조물에 외력이 작용했을 때 평형을 이루는 상태를 안정(Stability)이라고 하며,
안정한 구조물 중 힘의 평형조건식($\sum H = 0$, $\sum V = 0$, $\sum M = 0$)만으로 반력과 부재력을 구할 수 있는 상태의 구조를 정정구조(Statically Determinate Structure)라고 정의한다.
평형조건식 외에 변형에 대한 적합조건식, 힘-변위관계식 등을 추가적으로 고려해야 하는 상태의 구조를 부정정구조(Statically Indeterminate Structure)라고 정의한다.

【예제1】 그림과 같은 보(Beam)의 부정정차수를 구해 보자.

	$N = r + m + f - 2j$ $= (2+1) + (1) + (0) - 2(2) = 0$ ➡ 정정	단순보(Simple Beam)
	$N = r + m + f - 2j$ $= (3) + (1) + (0) - 2(2) = 0$ ➡ 정정	캔틸레버보(Cantilever Beam)
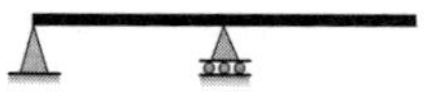	$N = r + m + f - 2j$ $= (2+1) + (2) + (1) - 2(3) = 0$ ➡ 정정	내민보(Overhanging Beam)
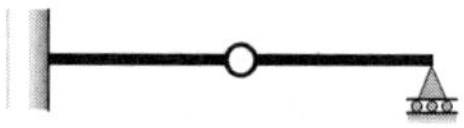	$N = r + m + f - 2j$ $= (3+1) + (2) + (0) - 2(3) = 0$ ➡ 정정	겔버보(Gerber's Beam)
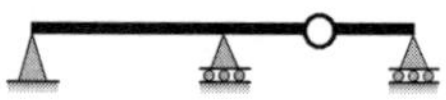	$N = r + m + f - 2j$ $= (2+1+1) + (3) + (1) - 2(4) = 0$ ➡ 정정	겔버보(Gerber's Beam)
	$N = r + m + f - 2j$ $= (2+1+1) + (2) + (1) - 2(3) = 1차$ ➡ 부정정	연속보(Continuous Beam)

【예제2】 그림과 같은 라멘(Rahmen) 구조의 부정정 차수를 구해보자.

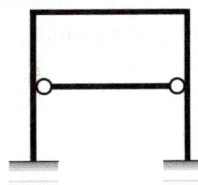

$N = r + m + f - 2j$
$= (3+3) + (6) + (4) - 2(6) = 4$차 ➡ 부정정

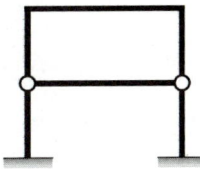

$N = r + m + f - 2j$
$= (3+3) + (6) + (2) - 2(6) = 2$차 ➡ 부정정

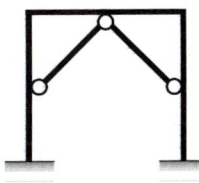

$N = r + m + f - 2j$
$= (3+3) + (8) + (5) - 2(7) = 5$차 ➡ 부정정

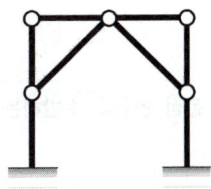

$N = r + m + f - 2j$
$= (3+3) + (8) + (0) - 2(7) = 0$ ➡ 정정

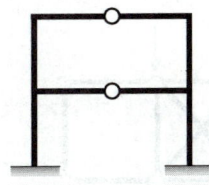

$N = r + m + f - 2j$
$= (3+3) + (8) + (6) - 2(8) = 4$차 ➡ 부정정

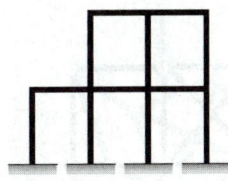

$N = r + m + f - 2j$
$= (3+3+3+3) + (12) + (13) - 2(11) = 15$차 ➡ 부정정

【예제3】 그림과 같은 트러스(Truss) 구조의 부정정 차수를 구해보자.

트러스 구조는 부재가 삼각형 단위로 구성된 구조형식으로 모든 절점(Joint)은 기본적으로 힌지(Hinge)로 가정되는 구조형식이므로 강절점수 $f=0$이고, 부재내력 중 전단력과 휨모멘트가 발생하지 않고 축방향력만 발생하는 구조형식이다.

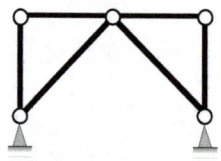

$$N = r + m + f - 2j$$
$$= (2+2) + (6) + (0) - 2(5) = 0 \Rightarrow 정정$$

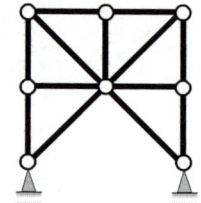

$$N = r + m + f - 2j$$
$$= (2+2) + (13) + (0) - 2(8) = 1차 \Rightarrow 부정정$$

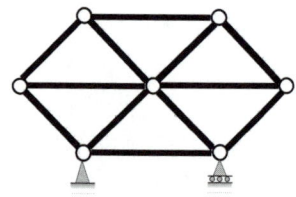

$$N = r + m + f - 2j$$
$$= (2+1) + (12) + (0) - 2(7) = 1차 \Rightarrow 부정정$$

(5) 형태불안정 구조

다음과 같은 구조물들은 부정정차수를 계산하면 0이 나오지만 구조물의 지점 이동 및 과도한 절점 변형을 수반하는 대표적인 형태불안정 구조들이다.

지점의 수평 이동	과도한 절점 변형	
보	라멘	트러스

MEMO

핵심문제

CHAPTER 2 힘의 평형

1. 그림과 같은 구조물에 작용하는 4개의 힘이 평형을 이룰 때 F의 크기 및 거리 x는?

① $F=25\text{kN}$, $x=1\text{m}$
② $F=50\text{kN}$, $x=1\text{m}$
③ $F=25\text{kN}$, $x=0.5\text{m}$
④ $F=50\text{kN}$, $x=0.5\text{m}$

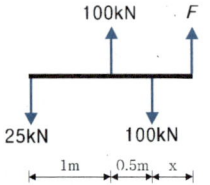

해설

(1) $\sum V=0 : -(25)+(100)-(100)+(F)=0$
 $\therefore F=25\text{kN}(\uparrow)$

(2) $\sum M=0 : -(25)(1.5)+(100)(0.5)-(F)(x)=0$
 $\therefore x=0.5\text{m}$

2. 그림과 같은 구조물의 부정정 차수는?

① 1차
② 2차
③ 3차
④ 4차

해설

$N=r+m+f-2j$
$=(2+1+1+1)+(4)+(3)-2(5)=2차 \Rightarrow 부정정$

3. 그림과 같은 구조물의 부정정 차수는?

① 1차
② 2차
③ 3차
④ 4차

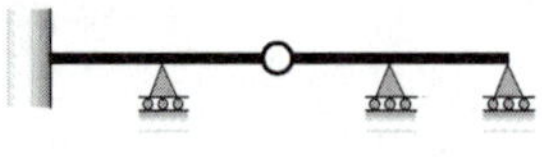

해설

$N=r+m+f-2j$
$=(3+1+1+1)+(4)+(2)-2(5)=2차 \Rightarrow 부정정$

4. 그림과 같은 부정정보를 정정보로 만들기 위해 필요한 내부 힌지의 최소 개수는?

① 1개
② 2개
③ 3개
④ 4개

해설

$N_e=r-3=(2+1+2)-3=2차$이므로

내적차수 $N_i=-2$차가 되면 전체차수가 0인 정정상태가 되므로 부재 내부에 힌지가 2개 필요하다.

5. 그림과 같은 구조물의 판별로 옳은 것은? (단, 그림의 하부지점은 고정단임)

① 불안정
② 정정
③ 1차부정정
④ 2차부정정

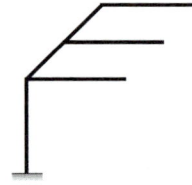

해설

$N=r+m+f-2j=(3)+(6)+(5)-2(7)=0 \Rightarrow 정정$

6. 그림과 같은 구조물의 부정정 차수는?

① 불안정
② 1차부정정
③ 3차부정정
④ 정정

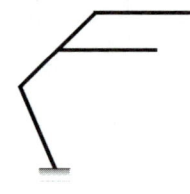

해설

$N=r+m+f-2j=(3)+(5)+(4)-2(6)=0 \Rightarrow 정정$

해답 1. ③ 2. ② 3. ② 4. ② 5. ② 6. ④

7. 그림과 같은 구조물의 부정정 차수는?

① 1차
② 3차
③ 5차
④ 6차

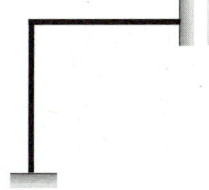

해설
$N = r + m + f - 2j = (3+3) + (2) + (1) - 2(3) = 3차$

8. 그림과 같은 구조물의 부정정 차수는?

① 1차
② 2차
③ 3차
④ 4차

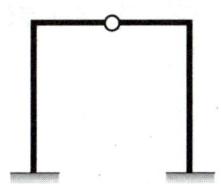

해설
$N = r + m + f - 2j = (3+3) + (4) + (2) - 2(5) = 2차$

9. 그림과 같은 구조물의 판별로 옳은 것은?

① 불안정
② 정정
③ 1차 부정정
④ 2차 부정정

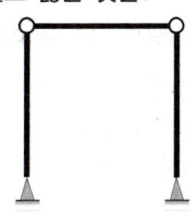

해설
$N = r + m + f - 2j = (2+2) + (3) + (0) - 2(4) = -1$
➡ 불안정

10. 다음 구조물의 부정정(不靜定) 차수는?

① 1차 부정정
② 2차 부정정
③ 3차 부정정
④ 4차 부정정

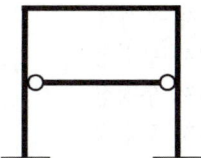

해설
$N = r + m + f - 2j = (3+3) + (6) + (4) - 2(6) = 4차$

11. 다음 구조물의 부정정 차수는?

① 1차
② 2차
③ 3차
④ 4차

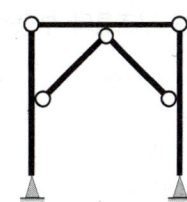

해설
$N = r + m + f - 2j = (2+2) + (8) + (3) - 2(7) = 1차$

12. 다음 구조물의 부정정 차수는?

① 불안정
② 안정, 정정
③ 안정, 1차 부정정
④ 안정, 2차 부정정

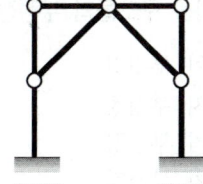

해설
$N = r + m + f - 2j = (3+3) + (8) + (0) - 2(7) = 0$
➡ 정정 ➡ 안정

해답   7. ②   8. ②   9. ①   10. ④   11. ①   12. ②

13. 다음 구조물의 부정정 차수는?

① 1차 부정정
② 2차 부정정
③ 3차 부정정
④ 4차 부정정

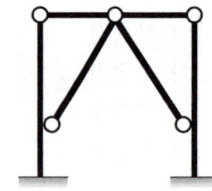

해설

$N = r + m + f - 2j = (3+3) + (8) + (2) - 2(7) = 2차$

14. 다음 구조물의 부정정 차수는?

① 3차 부정정
② 4차 부정정
③ 5차 부정정
④ 6차 부정정

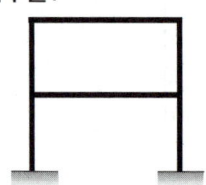

해설

$N = r + m + f - 2j = (3+3) + (6) + (6) - 2(6) = 6차$

15. 다음 구조물의 부정정 차수는?

① 3차 부정정
② 4차 부정정
③ 5차 부정정
④ 6차 부정정

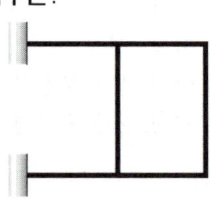

해설

$N = r + m + f - 2j = (3+3) + (6) + (6) - 2(6) = 6차$

16. 다음 라멘 구조물의 부정정 차수는?

① 9차 부정정
② 10차 부정정
③ 11차 부정정
④ 12차 부정정

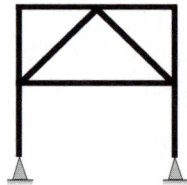

해설

$N = r + m + f - 2j$
$= (2+2) + (9) + (11) - 2(7) = 10차$

17. 다음 구조물의 부정정 차수는?

① 정정구조물
② 1차 부정정
③ 2차 부정정
④ 3차 부정정

해설

$N = r + m + f - 2j$
$= (2+1+3+1) + (6) + (4) - 2(7) = 3차$

18. 그림과 같은 구조물의 부정정 차수는?

① 정정
② 1차 부정정
③ 3차 부정정
④ 4차 부정정

해설

$N = r + m + f - 2j$
$= (3+3+3) + (5) + (2) - 2(6) = 4차$

해답 13. ② 14. ④ 15. ④ 16. ② 17. ④ 18. ④

19. 그림과 같은 라멘의 부정정 차수는?

① 9차 부정정
② 12차 부정정
③ 15차 부정정
④ 18차 부정정

해설

$N = r + m + f - 2j$
$= (3+3+3) + (10) + (11) - 2(9) = 12$차

22. 다음 트러스 구조물의 안정성 및 정정 여부는?

① 불안정, 정정
② 안정, 정정
③ 안정, 1차 부정정
④ 불안정, 1차 부정정

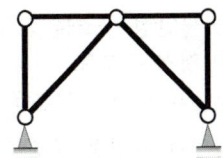

해설

$N = r + m + f - 2j = (2+2) + (6) + (0) - 2(5) = 0$

➡ 정정 ➡ 안정

20. 다음 두 구조물의 부정정 차수의 합은?

① 9
② 10
③ 11
④ 12

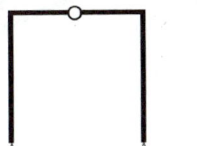 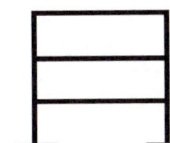

해설

$N = r + m + f - 2j = (2+2) + (4) + (2) - 2(5) = 0$
$N = r + m + f - 2j = (3+3) + (9) + (10) - 2(8) = 9$차

23. 그림과 같은 구조물의 부정정 차수는?

① 불안정
② 정정
③ 1차 부정정
④ 2차 부정정

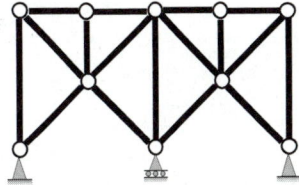

해설

$N = r + m + f - 2j$
$= (2+1+2) + (17) + (0) - 2(10) = 2$차

21. 그림과 같은 구조물은 몇 차 부정정 구조물인가?

① 5차
② 6차
③ 9차
④ 10차

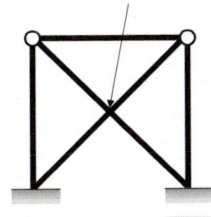

해설

$N = r + m + f - 2j = (3+3) + (5) + (2) - 2(4) = 5$차

24. 그림과 같은 트러스의 부정정 차수는?

① 불안정
② 정정
③ 1차 부정정
④ 2차 부정정

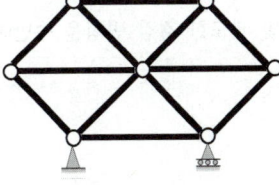

해설

$N = r + m + f - 2j = (2+1) + (12) + (0) - 2(7) = 1$차

25. 다음 구조물의 판별로 옳은 것은?

① 불안정 구조물
② 정정 구조물
③ 1차 부정정 구조물
④ 2차 부정정 구조물

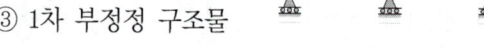

해설

부정정차수를 계산하면 0이 계산되지만 구조물의 지점이동 및 과도한 절점 변형을 수반하는 형태불안정 구조이다.

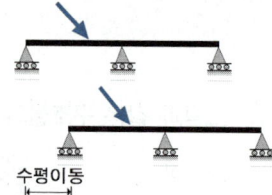

수평이동

26. 그림과 같은 구조물의 판별로 옳은 것은?

① 안정, 정정
② 안정, 1차 부정정
③ 안정, 2차 부정정
④ 불안정

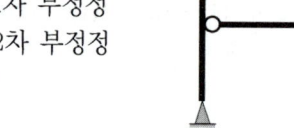

해설

부정정차수를 계산하면 0이 계산되지만 구조물의 지점이동 및 과도한 절점 변형을 수반하는 형태불안정 구조이다.

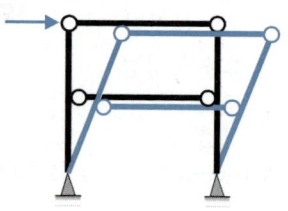

27. 다음 그림과 같은 구조물의 판별은?

① 3차 부정정
② 2차 부정정
③ 1차 부정정
④ 불안정

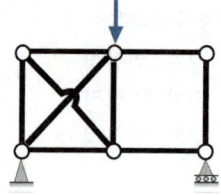

해설

부정정차수를 계산하면 0이 계산되지만 구조물의 지점이동 및 과도한 절점 변형을 수반하는 형태불안정 구조이다.

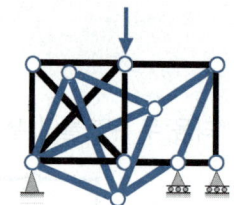

해답 25. ① 26. ④ 27. ④

MEMO

3 지점반력(Reaction)

CHECK

(1) 보의 지점반력: 단순보(Simple Beam), 캔틸레버보(Cantilever Beam), 내민보(Overhanging Beam), 겔버보(Gerber Beam)

(2) 3-Hinge 구조의 지점반력: 라멘(Rahmen), 아치(Arch)

1 주요 하중(Load)의 종류 및 표기방법

(1) 집중하중(Concentrated Load, P)

부재의 특정 위치에서 한 점(Point)에 작용하는 하중을 말하며, 집중하중의 기호는 주로 P로 표현하고, 단위는 힘의 단위[N, kN]를 적용한다.
지표면과 수직으로 작용할 때를 수직집중하중 또는 연직집중하중이라고 하며, 지표면과 일정한 각도를 갖고 경사로 작용할 때를 경사집중하중이라고 한다.

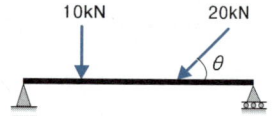

학습POINT

■ 경사집중하중은 계산을 쉽게 하기 위해서 삼각비를 이용하여 수직의 분력과 수평의 분력으로 분해한다.

(2) 분포하중(Distributed Load, w)

부재의 일정한 범위에 걸쳐서 작용하는 하중으로 직사각형 형태의 등분포하중, 삼각형 형태의 등변분포하중, 사다리꼴 형태의 합성분포하중으로 나눌 수 있다. 분포하중의 기호는 주로 w로 표현하며, 단위는 거리당의 힘[N/mm, kN/m]를 적용한다.

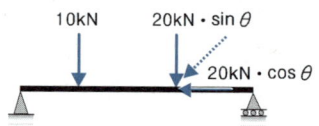

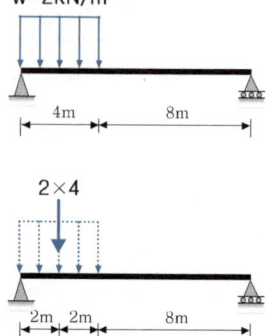

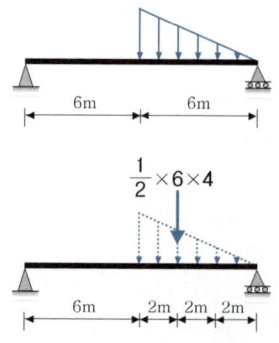

■ 분포하중은 계산을 쉽게 하기 위해서 등분포하중은 직사각형의 도심에, 등변분포하중은 삼각형의 도심에 집중하중이 작용하는 것으로 치환한다.

(3) 회전하중(Moment Load, M)

부재의 특정 위치에 작용하는 회전력으로 기호는 M으로 표현하며, 단위는 힘과 거리의 곱의 형태[N·mm, kN·m]로 표현된다.

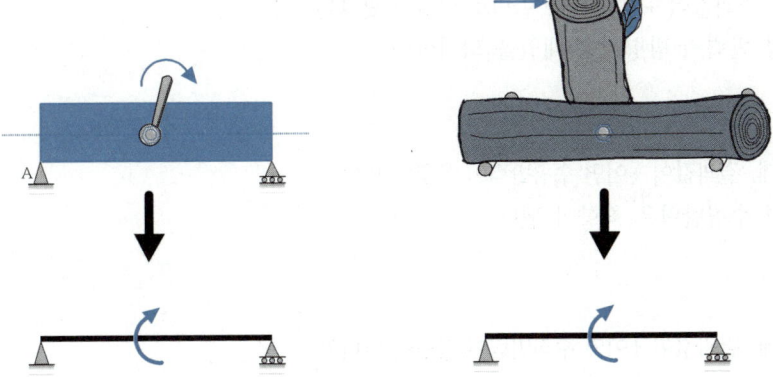

- 강재에 타설된 볼트(Bolt)를 렌치(Wrench)로 회전시킨다거나, 볼트 내지는 못(Nail)으로 연결된 수평의 목재와 수직의 목재에서 수직의 목재에 수평력이 작용하는 형태를 회전하중이라고 간주할 수 있다.

2 중첩의 원리(Principal of Superposition)

다양한 하중이 동시에 작용하고 있는 구조물에서 임의 점의 부재력과 변위는 각각의 하중에 대한 결과를 합해서 구할 수 있다.

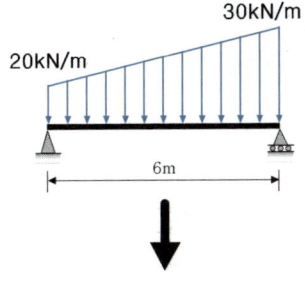

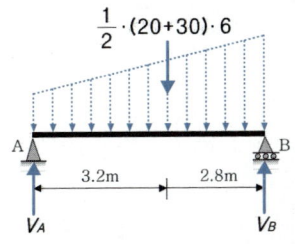

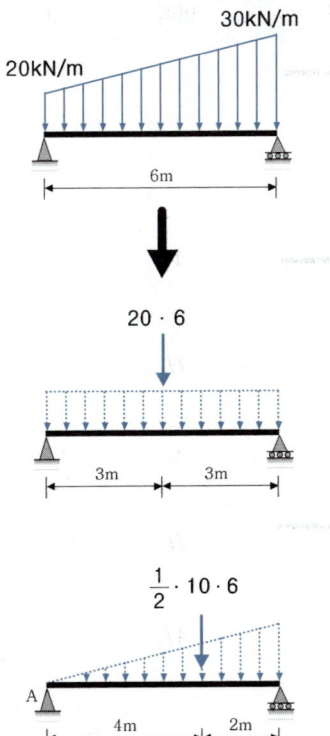

- 중첩의 원리(Principal of Superposition)

(1) 중첩의 원리는 구조해석 이론의 근간으로 겹침의 원리라고도 하며, 성립조건은 하중과 부재력, 변위 사이의 관계가 선형(Linear)의 관계이어야 한다는 것이다.

(2) 간단한 사다리꼴 형태의 합성분포하중에 대해 중첩의 원리를 적용하면 다음과 같다.
사다리꼴의 면적을 구하는 방식으로 접근하는 것은 사다리꼴의 면적에 관한 공식을 기억해야 하는 문제점이 발생하지만, 사다리꼴의 면적을 직사각형의 면적과 삼각형의 면적이라고 생각할 수 있다면 특정의 공식을 기억할 필요가 없게 된다.

■ 제3장 지점반력 29

3 지점반력(Reaction) 계산 시 부호의 약속

외적인 하중이 구조물에 작용하게 되면, 구조물을 지지하고 있는 지지단의 상태에 따라 지점에서 반력(Reaction)이 발생하게 된다. 지점반력은 +로 가정하여 계산을 하는 것이 편리하며, 결과값이 +이면 해당 반력의 방향이 맞다는 의미이며, 결과값이 -이면 해당 반력의 방향이 반대임을 의미한다.

(1) $\sum H = 0$, → +
수평반력을 우향으로 가정하였는데, 결과값이 +이면 수평반력이 우향이 맞다는 것을 의미하며, 결과값이 -이면 수평반력은 좌향이 된다.

(2) $\sum V = 0$, ↑ +
수직반력을 상향으로 가정하였는데, 결과값이 +이면 수직반력이 상향이 맞다는 것을 의미하며, 결과값이 -이면 수직반력은 하향이 된다.

(3) $\sum M = 0$, ↻ +
회전반력을 시계방향으로 가정하였는데, 결과값이 +이면 회전반력이 시계방향이 맞다는 것을 의미하며, 결과값이 -이면 회전반력은 반시계방향이 된다.

구분	지점 상태	반력	(+)	(−)
이동지점	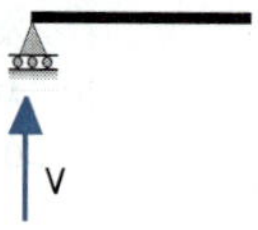	V	↑	↓
회전지점	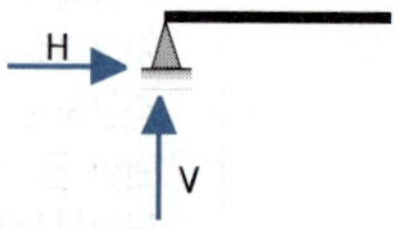	V	↑	↓
		H	→	←
고정지점	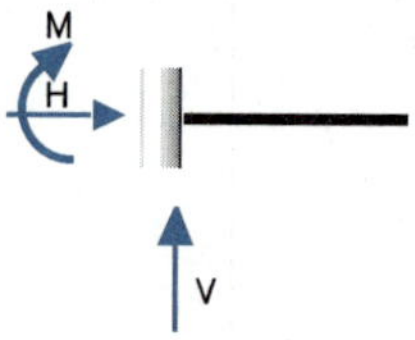	V	↑	↓
		H	→	←
		M	↻	↺

4 단순보(Simple Beam)의 반력 계산

(1) 평형 3조건식의 적용:
$$\sum H = 0, \ \to +, \ \sum V = 0, \ \uparrow +, \ \sum M = 0, \ \curvearrowright +$$

■ 단순보의 지점반력을 계산할 수 있다면 부재력, 부재력도를 이해할 수 있게 되며, 이후의 정정보(캔틸레버보, 내민보, 겔버보)의 해석은 의외로 간단해진다.

(2) 간단한 단순보의 반력: 집중하중 작용 시

①	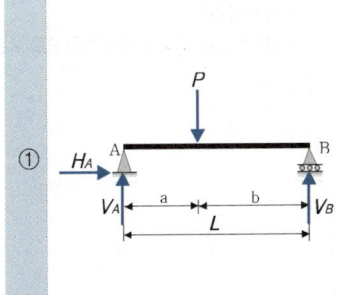	• 하중 P가 작용하는 반대쪽 거리를 전체거리에 대해 나눠갖기 한다고 생각하면 알기 쉽다. • $H_A = 0$ $V_A = +P \cdot \dfrac{b}{L} \ (\uparrow)$ $V_B = +P \cdot \dfrac{a}{L} \ (\uparrow)$
②		• 하중 10kN이 작용하는 반대쪽 거리를 전체거리에 대해 나눠갖기 한다고 생각하면 알기 쉽다. • $H_A = 0$ $V_A = +(10) \cdot \dfrac{(6)}{(10)} = +6 \text{kN}(\uparrow)$ $V_B = +(10) \cdot \dfrac{(4)}{(10)} = +4 \text{kN}(\uparrow)$
③		• 하중 10kN을 수직성분(sin)과 수평성분(cos)으로 치환한 후, 하중이 작용하는 반대쪽 거리를 전체거리에 대해 나눠갖기 한다고 생각하면 알기 쉽다. • $H_A = +(10 \cdot \cos 60°)$ $\quad = +5 \text{kN}(\to)$ $V_A = +(10 \cdot \sin 60°) \cdot \dfrac{(6)}{(10)}$ $\quad = +5.196 [\text{kN}](\uparrow)$ $V_B = +(10 \cdot \sin 60°) \cdot \dfrac{(4)}{(10)}$ $\quad = +3.464 [\text{kN}](\uparrow)$ $R_A = \sqrt{H_A^2 + V_A^2}$ $\quad = \sqrt{(5)^2 + (5.196)^2}$ $\quad = 7.211 \text{kN}(\nearrow)$

■ 모멘트 평형조건 $\sum M = 0, \ \curvearrowright +$
$\sum M_B = 0$:
$+(V_A)(L) - (P)(b) = 0$
위의 식을 V_A에 대해 정리하면 하중 P를 전체거리 L 중에 하중 P가 작용하는 반대쪽거리 b만큼 나눠갖는다는 것을 유추할 수 있다.

■ 회전지점 A에서 반력성분 H_A, V_A는 편의상 수평 및 수직 성분으로 분해하여 계산하는 것이 쉽지만 실제 두 성분의 합력 $R_A = \sqrt{H_A^2 + V_A^2}$으로 표시되어야 하는 한 개의 반력임을 주의한다.

(3) 간단한 단순보의 반력: 분포하중 작용 시

①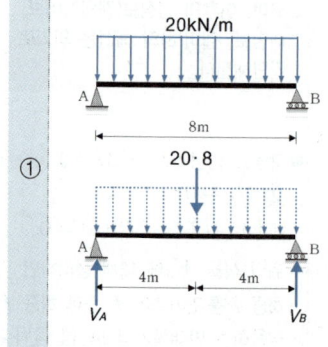

- 사각형 면적을 집중하중으로 치환하여 반대쪽 거리를 전체거리에 대해 나눠갖기 한다고 생각하면 알기 쉽다.
- $V_A = +(20 \times 8) \cdot \dfrac{1}{2} = +80\text{kN}(\uparrow)$

  $V_B = +(20 \times 8) \cdot \dfrac{1}{2} = +80\text{kN}(\uparrow)$

■ 등분포하중 : 직사각형의 도심에 집중하중으로 치환

②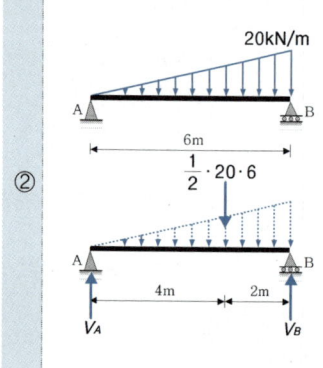

- 삼각형 면적을 집중하중으로 치환하여 반대쪽 거리를 전체거리에 대해 나눠갖기 한다고 생각하면 알기 쉽다.
- $V_A = +\left(\dfrac{1}{2} \times 20 \times 6\right) \cdot \dfrac{1}{3}$

  $\quad = +20\text{kN}(\uparrow)$

  $V_B = +\left(\dfrac{1}{2} \times 20 \times 6\right) \cdot \dfrac{2}{3}$

  $\quad = +40\text{kN}(\uparrow)$

■ 등변분포하중 : 삼각형의 도심에 집중하중으로 치환

(4) 간단한 단순보의 반력: 모멘트하중 작용 시

①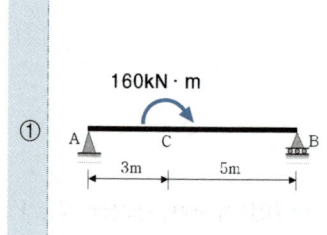

- 우력모멘트 = 힘 × 두 힘의 거리
- $V_A = -\dfrac{M}{L} = -\dfrac{(160)}{(8)}$

  $\quad = -20\text{kN}(\downarrow)$

  $V_B = +\dfrac{M}{L} = +\dfrac{(160)}{(8)}$

  $\quad = +20\text{kN}(\uparrow)$

■ 모멘트하중이 시계방향이므로 모멘트반력은 반시계방향의 우력모멘트가 되어 돌려막는다고 생각하면 알기 쉽다.

②

- 우력모멘트 = 힘 × 두 힘의 거리
- $V_A = -\dfrac{M}{L} = -\dfrac{(100+200)}{(6)}$

  $\quad = -50\text{kN}(\downarrow)$

  $V_B = +\dfrac{M}{L} = +\dfrac{(100+200)}{(6)}$

  $\quad = +50\text{kN}(\uparrow)$

5 캔틸레버보, 내민보의 반력 계산

(1) 캔틸레버보
① 캔틸레버(Cantilever) 구조: 일단 자유단, 일단 고정단인 구조시스템
② 고정단에서만 수평반력(H), 수직반력(V), 모멘트반력(M) 3개의 반력이 발생할 수 있다.

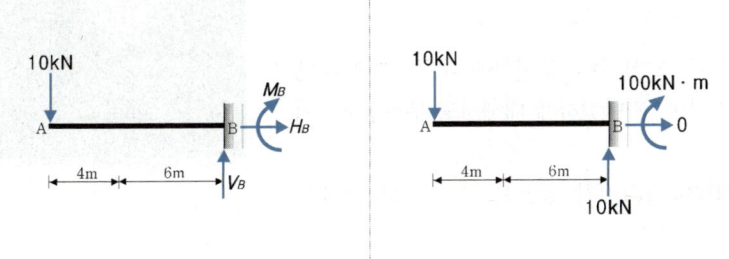

- $H_B = 0$
- $V_B = +10\text{kN}(\uparrow)$
- $M_B = +(10)(10) = +100\text{kN}\cdot\text{m}\ (\curvearrowleft)$

(2) 내민보
① 내민(Overhanging) 구조: 단순지지 구조에서 한쪽이나 양쪽을 연장한 구조
② 중첩의 원리 보다는 평형조건으로 반력을 구하는 것이 더욱 간명한 해석이 된다. 수직반력을 구하고자 하는 반대쪽 지점에서 $\sum M = 0$을 이용한다.

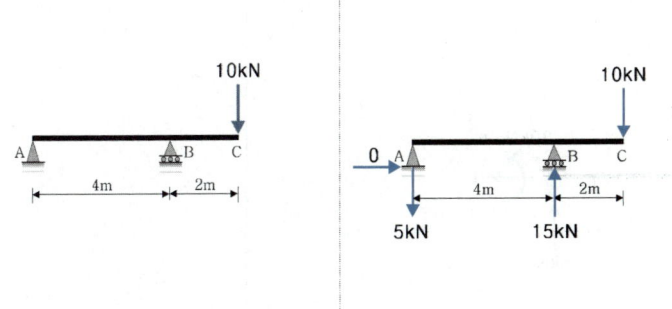

- $H_B = 0$
- $\sum M_B = 0 : +(V_A)(4) + (10)(2) = 0$
  $\therefore V_A = -5\text{kN}(\downarrow) \Rightarrow V_B = +15\text{kN}(\uparrow)$

6 겔버(Gerber)보의 반력 계산

■ Heinrich Gerber (1832~1912)

(1) 겔버(Gerber)보: 정정 연속보

단순지지된 구조물의 경간(Span)이 길어지면 분포하중의 제곱에 비례하는 함수로 휨모멘트가 급격히 증가하게 된다. 따라서 장경간(Long Span)의 구조에서는 휨모멘트를 감소시키는 특별한 형태의 구조물을 택해야만 안전하고 경제적인 구조시스템이 되는데 연속(지지)보가 이러한 요구를 만족시킬 수 있게 된다.

부정정 연속보와는 달리 겔버보는 정정구조이므로 온도변화에 따른 부재 내부에 단면력이 발생하지 않기 때문에 유리하며, 지반침하에 대해서도 부정정구조에 비해 유리한 주요 특징을 갖는다.

1866년 독일의 Heinrich Gerber(1832~1912)가 창안한 구조시스템이다.

(2) 겔버보의 특징

① 연속보에 부정정 차수만큼 부재 내에 힌지 절점을 넣어 정정으로 만든 보
② 겔버보는 단순보와 내민보 또는 단순보와 캔틸레버보의 결합으로 간주
③ 반력계산 시 단순보 구간을 먼저 해석하고 힌지를 지점으로 간주하여 반력을 계산한다. 그러나 지점으로 간주된 절점에서는 반력이 존재할 수 없으므로 계산된 반력을 힌지 절점에 하중으로 작용시켜 캔틸레버보나 내민보를 계산한다.

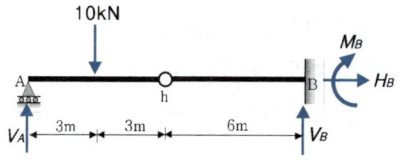

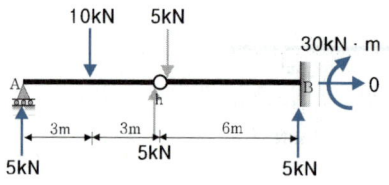

- Ah 단순보 구간: $V_A = V_h = +\dfrac{10}{2} = +5\text{kN}(\uparrow)$

- hB 캔틸레버 구간: $V_h = +5\text{kN}(\uparrow)$를 외력 $5\text{kN}(\downarrow)$으로 h절점에 다시 작용시켜 hB 캔틸레버 구조를 해석한다.
  $H_B = 0$, $V_B = +5\text{kN}(\uparrow)$, $M_B = +30\text{kN} \cdot \text{m}(\curvearrowright)$

7 3-Hinge 라멘, 아치의 반력 계산

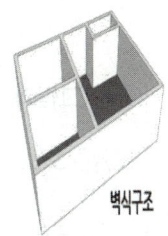
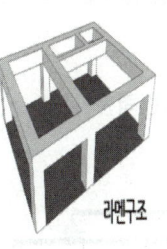

벽식구조   라멘구조

■ 아치(Arch) 곡선의 영향으로 단면 내에 전단력과 휨모멘트의 영향이 감소되고 축방향력이 증가하는 역학적 특성을 갖게 된다. 이와 같이 휨모멘트가 줄어든다는 특성으로 고대에서도 석재와 석재 사이에 특별한 접착재료가 없이도 안정성을 유지할 수 있다는 구조적 직관을 아치구조에서 얻어낼 수 있었다. 2개 이상의 직선 부재를 강절점(Rigid Joint)으로 연결한 구조를 독일식으로 라멘(Rahmen)이라고 표현하며, 프레임(Frame) 구조, 문형(門形)구조 라고도 한다.

수직반력은 단순보의 경우와 동일하다. 수평반력 계산이 관건이며, 힌지 절점에서 $\Sigma M = 0$을 적용하여 수평반력을 계산한다.

①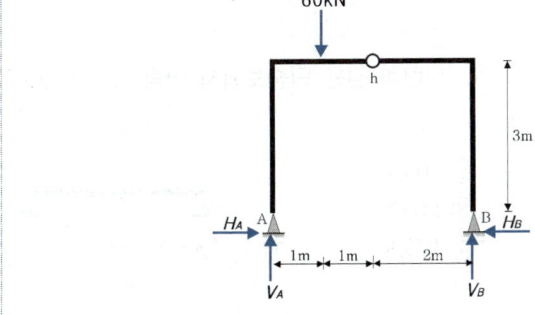

- $V_A = +(60) \cdot \dfrac{3}{4} = +45\text{kN}(\uparrow)$ ➡ $V_B = +15\text{kN}(\uparrow)$
- $M_{h,Left} = +(45)(2) - (60)(1) - (H_A)(3) = 0$
  $H_A = +10\text{kN}(\rightarrow)$ ➡ $H_B = -10\text{kN}(\leftarrow)$

②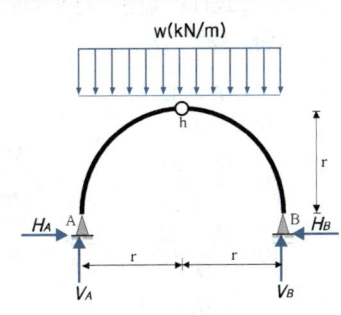

- $V_A = V_B = \dfrac{+(w \cdot 2r)}{2} = +wr \ (\uparrow)$
- $M_{h,Left} = +(w \cdot r)(r) - (H_A)(r) - (w \cdot r)\left(\dfrac{r}{2}\right) = 0$
  $H_A = +\dfrac{w \cdot r}{2}(\rightarrow)$ ➡ $H_B = -\dfrac{w \cdot r}{2}(\leftarrow)$

■ 제3장 지점반력

핵심문제

CHAPTER 3 지점반력

1. 그림과 같은 보에서 A점의 수직반력은?

① 2.4kN
② 3.6kN
③ 4.8kN
④ 6.0kN

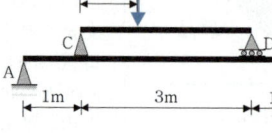

[해설]

$\sum M_B = 0 : +(V_A)(5) - (6)(3) = 0$

$\therefore V_A = +3.6\text{kN}(\uparrow)$

2. 그림과 같은 단순보에서 A지점의 수직반력 값은?

① 10 kN
② 15 kN
③ 20 kN
④ 25 kN

[해설]

$\sum M_B = 0 : +(V_A)(5) - (50 \cdot \sin 30°)(3) = 0$

$\therefore V_A = +15\text{kN}(\uparrow)$

3. 그림과 같은 트러스의 반력 R_A와 R_B는?

① $R_A = 60\text{kN},$
  $R_B = 90\text{kN}$
② $R_A = 70\text{kN},$
  $R_B = 80\text{kN}$
③ $R_A = 80\text{kN},$
  $R_B = 70\text{kN}$
④ $R_A = 100\text{kN},$
  $R_B = 50\text{kN}$

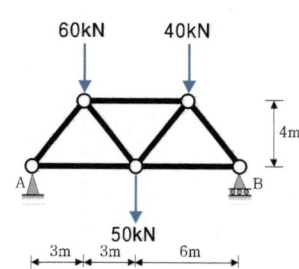

[해설]

$\sum M_B = 0: +(V_A)(12) - (60)(9) - (50)(6) - (40)(3) = 0$

$\therefore V_A = +80\text{kN}(\uparrow) \Rightarrow \therefore V_B = +70\text{kN}(\uparrow)$

4. 그림과 같은 단순보의 A지점 수직반력은?

① $\dfrac{wL}{2}$ ② $\dfrac{wL}{4}$
③ $\dfrac{wL}{6}$ ④ $\dfrac{wL}{8}$

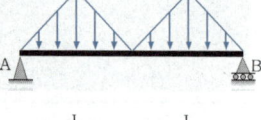

[해설]

대칭이므로 $V_A = V_B = +\dfrac{1}{2} \times \dfrac{L}{2} \times w = +\dfrac{wL}{4}(\uparrow)$

5. 그림과 같은 단순보에서 반력 R_A의 값은?

① 5kN
② 10kN
③ 20kN
④ 25kN

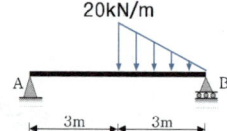

[해설]

$\sum M_B = 0 : +(V_A)(6) - \left(\dfrac{1}{2} \times 20 \times 3\right)(2) = 0$

$\therefore V_A = +10\text{kN}(\uparrow)$

6. 그림과 같은 단순보에서 A지점의 수직반력은?
(단, $M_1 < M_2$)

① $\dfrac{M_1 - M_2}{L}$
② $\dfrac{M_2 - M_1}{L}$
③ $\dfrac{M_1 + M_2}{L}$
④ $\dfrac{-M_1 - M_2}{L}$

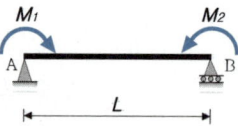

[해설]

$\sum M_B = 0 : +(V_A)(L) + (M_1) - (M_2) = 0$

$\therefore V_A = \dfrac{M_2 - M_1}{L}(\uparrow)$

해답　1. ②　2. ②　3. ③　4. ②　5. ②　6. ②

7. 그림과 같은 단순 지지보의 반력은?

① $H_A = +5\text{kN}$, $V_A = +1\text{kN}$, $V_B = +1\text{kN}$
② $H_A = -5\text{kN}$, $V_A = -1\text{kN}$, $V_B = +1\text{kN}$
③ $H_A = +5\text{kN}$, $V_A = +1\text{kN}$, $V_B = -1\text{kN}$
④ $H_A = -5\text{kN}$, $V_A = +1\text{kN}$, $V_B = +1\text{kN}$

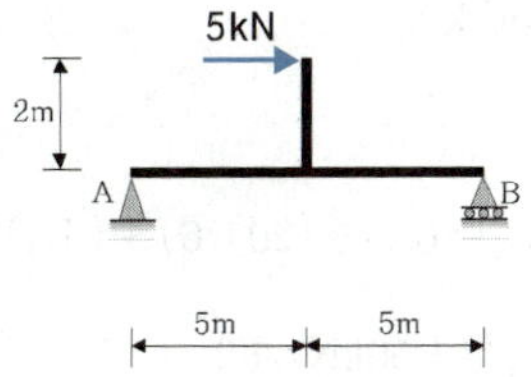

해설

(1) $\sum H = 0$: $+(H_A)+(5)=0$ ∴ $H_A = -5\text{kN}(\leftarrow)$

(2) $\sum M_B = 0$: $+(V_A)(10)+(5)(2)=0$
∴ $V_A = -1\text{kN}(\downarrow)$

(3) $\sum V = 0$: $+(V_A)+(V_B)=0$ ∴ $V_B = +1\text{kN}(\uparrow)$

8. 그림에서 D지점의 반력의 크기는 얼마인가?

① P
② $0.4P$
③ $0.5P$
④ $0.8P$

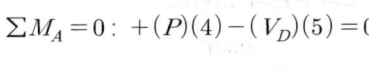

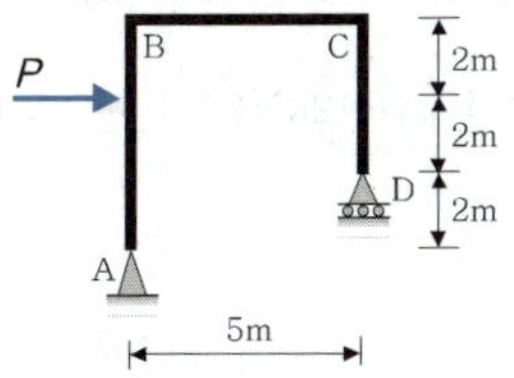

해설

$\sum M_A = 0$: $+(P)(4)-(V_D)(5)=0$
∴ $V_D = +0.8P(\uparrow)$

9. 그림에서 A점의 반력은?

① $\dfrac{wL}{3}$
② $\dfrac{wL}{4}$
③ $\dfrac{wL}{5}$
④ $\dfrac{wL}{6}$

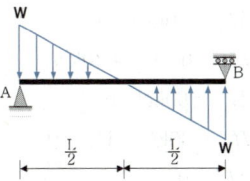

해설

$\sum M_B = 0$: $+(V_A)(L)-\left(\dfrac{1}{2}\cdot w \cdot \dfrac{L}{2}\right)\left(\dfrac{L}{2}+\dfrac{L}{2}\cdot\dfrac{2}{3}\right)$
$\qquad +\left(\dfrac{1}{2}\times w \times \dfrac{L}{2}\right)\left(\dfrac{L}{2}\times\dfrac{1}{3}\right)=0$

∴ $V_A = +\dfrac{wL}{6}(\uparrow)$

10. 그림에서 B점의 반력은?

① 10 kN
② 20 kN
③ 25 kN
④ 30 kN

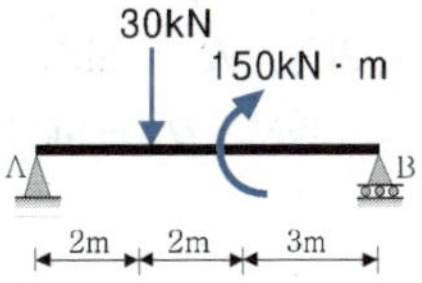

해설

$\sum M_A = 0$: $+(30)(2)+(150)-(V_B)(7)=0$
∴ $V_B = +30\text{kN}(\uparrow)$

11. 그림과 같은 구조물의 반력은?

① $H_A = 30$kN, $V_A = 0$,
   $M_A = 60$kN·m
② $H_A = 0$, $V_A = 30$kN,
   $M_A = 60$kN·m
③ $H_A = 30$kN, $V_A = 0$,
   $M_A = 0$
④ $H_A = 0$, $V_A = 30$kN,
   $M_A = 0$

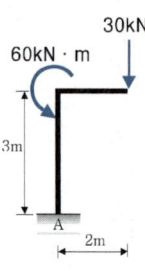

[해설]

(1) $\sum H = 0 : H_A = 0$

(2) $\sum V = 0 : +(V_A)-(30)=0 \quad \therefore V_A = +30$kN(↑)

(3) $\sum M = 0 : +(M_A)+(30)(2)-(60)=0$
   $\therefore M_A = 0$

12. 그림과 같은 내민보의 지점반력을 각각 구하면?
(단, 반력의 + : 상방향, - : 하방향)

① $R_A = -2$kN, $R_B = 6$kN
② $R_A = 2$kN, $R_B = -6$kN
③ $R_A = 2$kN, $R_B = 2$kN
④ $R_A = -4$kN, $R_B = 8$kN

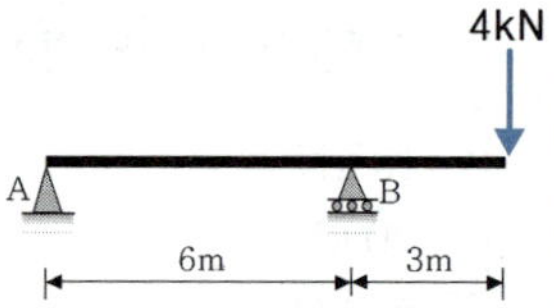

[해설]

(1) $\sum M_B = 0 : +(V_A)(6)+(4)(3)=0$
   $\therefore V_A = -2$kN(↓)

(2) $\sum V = 0 : +(V_A)+(V_B)-(4)=0$
   $\therefore V_B = +6$kN(↑)

13. 그림에서 A점의 반력(V_A) 값은?

① 20 kN
② 30 kN
③ 40 kN
④ 50 kN

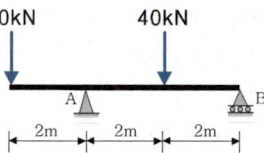

[해설]

$\sum M_B = 0 : -(20)(6)+(V_A)(4)-(40)(2)=0$

$\therefore V_A = +50$kN(↑)

14. 그림과 같은 단순보에서 A점 및 B점의 반력은?

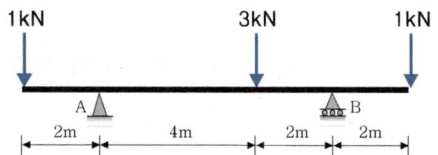

① $R_A = 3$kN, $R_B = 2$kN
② $R_A = 2$kN, $R_B = 3$kN
③ $R_A = 2.5$kN, $R_B = 2.5$kN
④ $R_A = 4$kN, $R_B = 1$kN

[해설]

$\sum M_B = 0 : +(V_A)(6)-(1)(8)-(3)(2)+(1)(2)=0$

$\therefore V_A = +2$kN(↑) ➡ $\therefore V_B = +3$kN(↑)

15. 그림과 같은 보의 A점의 반력은?

① 10 kN
② 16 kN
③ 20 kN
④ 30 kN

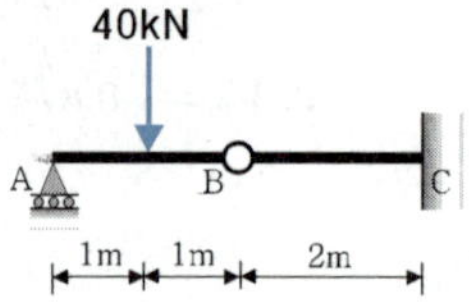

[해설]

AB 단순보 구간: $V_A = +20$kN(↑), $V_B = +20$kN(↑)

해답 11. ④ 12. ① 13. ④ 14. ② 15. ③

16. 그림과 같은 겔버보의 A점의 모멘트반력은?

① $+100$kN·m
② -100kN·m
③ $+200$kN·m
④ -200kN·m

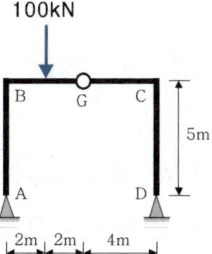

해설

(1) CB구간: $V_B = +50$kN(↑), $V_C = +50$kN(↑)

(2) AC구간: $V_A = +50$kN(↑),

$\sum M_A = 0 : +(M_A) + (50)(4) = 0$

$\therefore M_A = -200$kN·m (↶)

17. 다음 그림에서 A점의 수직반력이 0이 되기 위해서 등분포하중의 크기를 얼마로 하면 되는가?

① 1kN/m
② 2kN/m
③ 3kN/m
④ 4kN/m

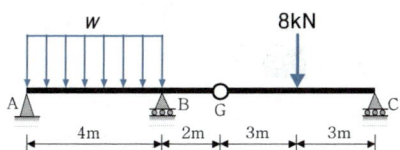

해설

(1) GC구간: $V_C = +4$kN(↑), $V_G = +4$kN(↑)

(2) AG구간:

$\sum M_B = 0 : +(V_A)(4) - (w \times 4)(2) + (4)(2) = 0$

으로부터 $V_A = 0$ 이므로 $w = 1$kN/m

18. 그림과 같은 3힌지 라멘의 수평반력을 구하면?

① $H_A = 20$kN(→), $H_D = 20$kN(←)
② $H_A = 20$kN(←), $H_D = 20$kN(→)
③ $H_A = 20$kN(→), $H_D = 20$kN(→)
④ $H_A = 20$kN(←), $H_D = 20$kN(←)

해설

(1) $\sum M_D = 0 : +(V_A)(8) - (100)(6) = 0$

$\therefore V_A = +75$kN(↑)

(2) $M_{G,Left} = 0 :$

$+(75)(4) - (H_A)(5) - (100)(2) = 0$

$\therefore H_A = +20$kN(→) ➡ $H_D = -20$kN(←)

19. 그림과 같은 3회전단 구조물의 반력은?

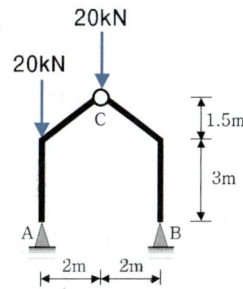

① $H_A = 4.44$kN, $V_A = 30$kN, $H_B = -4.44$kN, $V_B = 10$kN
② $H_A = 0$, $V_A = 30$kN, $H_B = 0$, $V_B = 10$kN
③ $H_A = -4.44$kN, $V_A = 30$kN, $H_B = 4.44$kN, $V_B = 10$kN
④ $H_A = 4.44$kN, $V_A = 50$kN, $H_B = -4.44$kN, $V_B = -10$kN

해설

(1) $\sum M_B = 0 : +(V_A)(4) - (20)(4) - (20)(2) = 0$

$\therefore V_A = +30$kN(↑) ➡ $V_B = +10$kN(↑)

(2) $M_{C,Left} = 0 : +(V_A)(2) - (H_A)(4.5) - (20)(2) = 0$

$\therefore H_A = +4.44$kN(→) ➡ $H_B = -4.44$kN(←)

해답 16. ④ 17. ① 18. ① 19. ①

4 전단력, 힘모멘트

CHECK

(1) 전단력(V, Shear Force)과 힘모멘트(M, Bending Moment)의 계산의 원칙
(2) 전단력도(SFD, Shear Force Diagram)와 힘모멘트도(BMD, Bending Moment Diagram)의 관계
(3) 전단력(V, Shear Force)과 힘모멘트(M, Bending Moment)의 원칙에 위배되는 계산
(4) 이동하중에 대한 절대최대힘모멘트($M_{\max, abs}$)의 계산

1 부재력(=단면력, 내력): 부호 규약

외적인 하중이 구조물에 작용하게 되면, 구조물을 지지하고 있는 부재의 단면마다 하중과 반력의 합력과 크기가 같고 방향이 반대인 부재력(Member Force)이 유발된다.

종류	대표 기호	변형형태와 부호규약	
		(+)	(−)
축(방향)력 (Axial Force)	F 또는 N		
전단력 (Shear Force)	V 또는 S		
힘모멘트 (Bending Moment)	M	하부 인장	상부 인장

2 축방향력(Axial Force)

부재축과 나란히 작용하여 부재를 압축(Compression, −) 또는 인장(Tension, +) 시키려는 힘으로서 보(Beam) 부재에서는 수평하중 또는 경사하중이 작용할 때 축방향력이 발생한다. 그런데, 보 부재는 주로 수직하중을 받는 구조시스템이므로 수평방향의 축방향력이 거의 발생하지 않고 전단력이나 힘모멘트가 구조거동을 지배하게 된다.

학습POINT

핵심예제 1

그림과 같은 정정라멘에서 BD부재의 축방향력은?
(단, +: 인장력, -: 압축력)

① 5kN
② -5kN
③ 10kN
④ -10kN

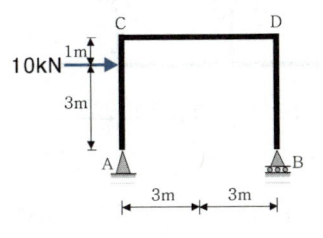

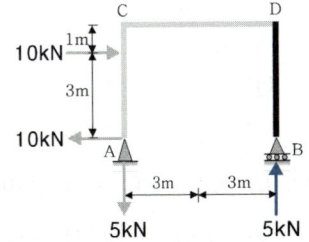

해설 (1) $\sum M_A = 0: +(10)(3) - (V_B)(6) = 0$ ∴ $V_B = +5\text{kN}(\uparrow)$

(2) $F_{BD} = -5\text{kN}(\rightarrow \leftarrow 압축)$

답 : ②

3 전단력(Shear Force, V)

(1) 정의 및 일반적인 특성

①	정의 : 부재를 수직방향으로 절단하려는 힘
②	임의 점의 전단력은 그 점을 수직 절단하여 한쪽(좌측 또는 우측)만의 수직력의 합력을 구하면 된다.
③	단순보에서 지점의 전단력은 지점반력이다.
④	전단력이 0인 곳에서 최대휨모멘트가 발생한다.

(2) 전단력의 계산

①	지점반력 계산	
②	임의 점을 수직절단 후	
	• 절단면의 좌측으로 계산시	➡ (+) 부호를 붙이고 계산
	• 절단면의 우측으로 계산 시	➡ (-) 부호를 붙이고 계산
③	수직력의 계산	➡ 상향력(↑) : (+) 계산
		➡ 하향력(↓) : (-) 계산

■ 캔틸레버(Cantilever) 구조의 경우 자유단 쪽으로부터 전단력 계산을 시도하면 고정단의 지점반력을 계산하지 않아도 된다.

핵심예제2

그림과 같은 단순보에서 E점의 전단력은?

① −1kN
② −2kN
③ −3kN
④ −4kN

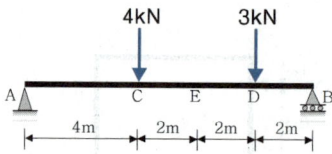

해설 (1) $\sum M_B = 0 : +(V_A)(10)-(4)(6)-(3)(2)=0$ ∴ $V_A = +3kN(\uparrow)$

(2) $V_{E,Left} = +[+(3)-(4)] = -1kN(\downarrow\uparrow)$

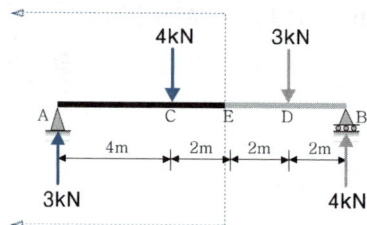

답 : ①

핵심예제3

그림과 같은 정정라멘에서 EC구간의 전단력의 크기는?

① $\dfrac{Pa}{L}$
② $\dfrac{Pb}{L}$
③ P
④ 0

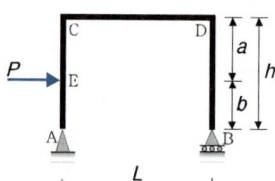

해설 (1) $\sum H = 0: +(H_A)+(P)=0$ ∴ $H_A = -P(\leftarrow)$

(2) $V_{EC,Left} = +[+(P)-(P)] = 0$

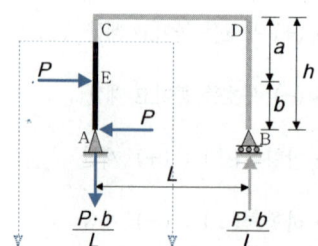

답 : ④

4 휨모멘트(Bending Moment, M)

(1) 정의 및 일반적인 특성

① 정의 : 외력에 의해 부재를 구부리려는 힘

② 임의 점의 휨모멘트는 그 점을 수직 절단하여 한쪽(좌측 또는 우측)만의 수직력×거리의 합력을 구하면 된다.

③ 휨모멘트가 최대인 곳에서 전단력은 0이다.

④ 임의의 단면에서 휨모멘트 값은 그 단면의 좌측 또는 우측 어느 한쪽만의 전단력도의 면적과 같다.

(2) 휨모멘트의 계산

① 지점반력 계산

② 임의 점을 수직절단 후
  - 절단면의 좌측으로 계산 시 ➡ (+) 부호를 붙이고 계산
  - 절단면의 우측으로 계산 시 ➡ (−) 부호를 붙이고 계산

③ 모멘트의 합력 계산
  - 시계 방향(↷) : (+)계산
  - 반시계 방향(↶) : (−)계산

■ 캔틸레버(Cantilever) 구조의 경우 자유단 쪽으로부터 휨모멘트 계산을 시도하면 고정단의 지점반력을 계산하지 않아도 된다.

핵심예제 4

그림과 같은 단순보의 C점의 휨모멘트는?

① 2kN·m
② 4kN·m
③ 6kN·m
④ 8kN·m

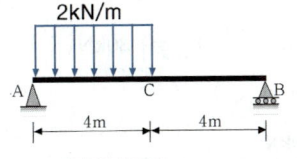
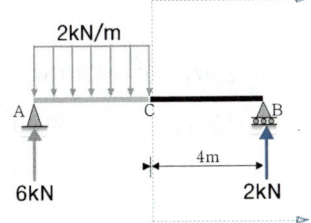

해설 (1) $\sum M_A = 0 : +(2 \times 4)(2) - (V_B)(8) = 0$ ∴ $V_B = +2\text{kN}(\uparrow)$

(2) $M_{C, Right} = -[-(2)(4)] = +8\text{kN} \cdot \text{m}$ (↶)

답 : ④

핵심예제 5

그림과 같은 단순보의 C점의 휨모멘트는?

① 4.50kN · m
② 6.75kN · m
③ 8.00kN · m
④ 10.50kN · m

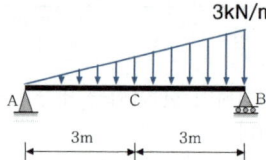

해설 (1) $\sum M_B = 0 : +(V_A)(6) - \left(\dfrac{1}{2} \times 6 \times 3\right)(2) = 0 \quad \therefore \ V_A = +3\text{kN}(\uparrow)$

(2) $M_{C,Left} = +[+(3)(3) - \left(\dfrac{1}{2} \times 3 \times 1.5\right)(1)] = +6.75\text{kN} \cdot \text{m} \ (\smile)$

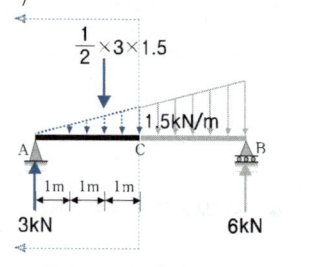

답 : ②

핵심예제 6

그림과 같은 수평하중 30kN이 작용하는 라멘구조에서 E점에서의 휨모멘트값(절대값)은?

① 40kN · m
② 45kN · m
③ 60kN · m
④ 90kN · m

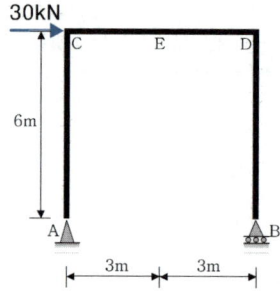

해설 (1) $\sum M_A = 0: +(30)(6) - (V_B)(6) = 0 \quad \therefore \ V_B = +30\text{kN}(\uparrow)$

(2) $M_{E,Right} = -[-(30)(3)] = +90\text{kN} \cdot \text{m} \ (\smile)$

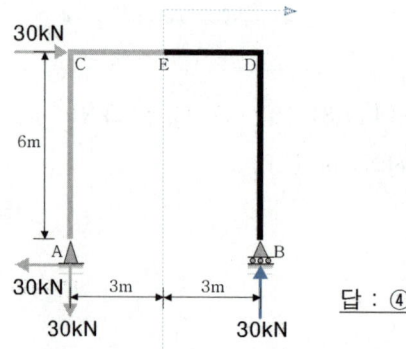

답 : ④

핵심예제 7

다음 캔틸레버보의 C점에서의 전단력과 휨모멘트는?

① $V_C = -60\text{kN}$, $M_C = -240\text{kN} \cdot \text{m}$
② $V_C = -90\text{kN}$, $M_C = -360\text{kN} \cdot \text{m}$
③ $V_C = -60\text{kN}$, $M_C = -360\text{kN} \cdot \text{m}$
④ $V_C = -90\text{kN}$, $M_C = -240\text{kN} \cdot \text{m}$

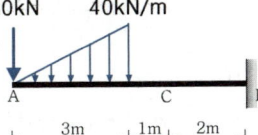

[해설] (1) $V_{C,Left} = +\left[-(30) - \left(\dfrac{1}{2} \times 40 \times 3\right)\right] = -90\text{kN}(\downarrow \uparrow)$

(2) $M_{C,Left} = +\left[-(30)(4) - \left(\dfrac{1}{2} \times 40 \times 3\right)(1+1)\right] = -240\text{kN} \cdot \text{m}\ (\frown)$

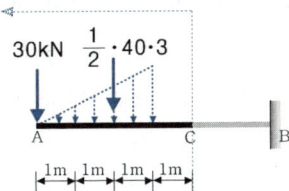

답 : ④

핵심예제 8

그림과 같은 내민보에서 휨모멘트가 0이 되는 두 개의 반곡점 위치를 구하면? (단, A점으로부터의 거리)

① $x_1 = 0.765\text{m}$, $x_2 = 5.235\text{m}$
② $x_1 = 0.785\text{m}$, $x_2 = 5.215\text{m}$
③ $x_1 = 0.805\text{m}$, $x_2 = 5.195\text{m}$
④ $x_1 = 0.825\text{m}$, $x_2 = 5.175\text{m}$

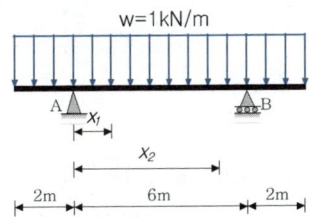

[해설] (1) 하중과 경간이 좌우 대칭: $V_A = +\dfrac{1 \times (2+6+2)}{2} = +5\text{kN}(\uparrow)$

(2) A점으로부터 우측으로 x위치의 휨모멘트

$M_x = +(5)(x) - (1 \times (2+x))\left(\dfrac{2+x}{2}\right) = -0.5x^2 + 3x - 2$

(3) 반곡점은 휨모멘트가 0인 점이므로 위의 식을 0으로 하면 두 개의 x값 ($= x_1,\ x_2$)을 구할 수 있게 된다.

$M_x = -0.5x^2 + 3x - 2 = 0$ 으로부터 $x = \dfrac{(-3) \pm \sqrt{(3)^2 - 4(-0.5)(-2)}}{2(-0.5)}$ 이며,

$x = x_1 = 0.76393\text{m}$, $x = x_2 = 5.23607\text{m}$

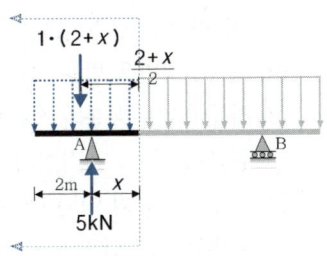

답 : ①

5 하중 – 전단력 – 휨모멘트 관계

미소 구간 dx	미소 단면 A점
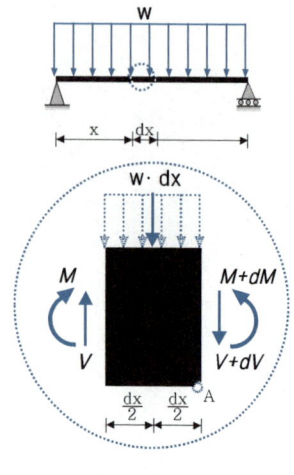	$\sum V = 0$: $+(V)-(w \cdot dx)-(V+dV)=0$ $$\dfrac{dV}{dx}=-w$$ $\sum M_A = 0$: $+(M)+(V)(dx)-(w \cdot dx)\left(\dfrac{dx}{2}\right)$ $\qquad -(M+dM)=0$ $dx \cdot dx$ 는 미소량으로 무시하면 $$\dfrac{dM}{dx}=V$$

적분 형식	미분 형식
$M=\displaystyle\int Vdx = -\iint wdx \cdot dx$	$-w=\dfrac{dV}{dx}=\dfrac{d^2M}{dx^2}$

하중 – 적분
    – 전단력 – 적분 – 휨모멘트
	휨모멘트 – 미분
	    – 전단력 – 미분 – 하중

(1) 보의 휨모멘트의 최대 및 최소값은 전단력이 0인 단면에서 발생하며, 이 반대도 성립한다.
(2) 집중하중만을 받는 단순보의 최대 휨모멘트는 하중작용점에서 발생한다.
(3) 하중이 없는 부분의 전단력도는 x축에 평행한 직선이 되고, 또한 이 부분의 휨모멘트는 1차 직선이 된다.
(4) 모멘트하중이 아닌 다른 하중을 받는 보의 임의의 단면에서 휨모멘트의 절대값은 그 단면의 좌측 또는 우측에서 전단력도 면적의 절대값과 같다.
(5) 단순보에 모멘트하중이 작용하지 않을 경우 전단력의 (+)의 면적과 (−)의 면적은 같다.

핵심예제 9

그림과 같은 보의 최대 휨모멘트 값은?

① 30.9kN·m
② 40kN·m
③ 50.6kN·m
④ 60kN·m

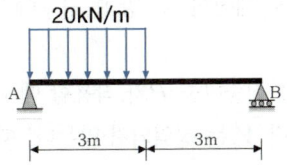

해설 (1) $\sum M_B = 0 : +(V_A)(6) - (20 \times 3)(4.5) = 0 \quad \therefore V_A = +45\text{kN}(\uparrow)$

(2) $M_x = +(45)(x) - (20 \cdot x)\left(\dfrac{x}{2}\right) = +45 \cdot x - 10 \cdot x^2$

(3) $\dfrac{dM_x}{dx} = V_x = +(45) - (20 \cdot x) = 0 \quad \therefore x = 2.25\text{m}$

(4) $M_{\max} = +(45)(2.25) - (20 \times 2.25)\left(\dfrac{2.25}{2}\right) = +50.625\text{kN} \cdot \text{m} \ (\smile)$

답 : ③

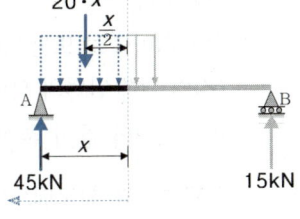

핵심예제 10

그림과 같은 등변분포하중이 작용하는 단순보의 최대 휨모멘트 $M_{\max}$는?

① $25\sqrt{3}$ kN·m
② $25\sqrt{2}$ kN·m
③ $90\sqrt{3}$ kN·m
④ $90\sqrt{2}$ kN·m

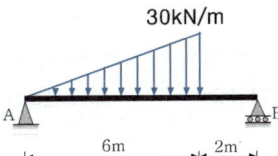

해설 (1) $\sum M_B = 0 : +(V_A)(8) - \left(\dfrac{1}{2} \times 30 \times 6\right)\left(2 + 6 \times \dfrac{1}{3}\right) = 0$

$\therefore V_A = +45\text{kN}(\uparrow)$

(2) 지점 A로부터 우측으로 x 위치에서 삼각형 분포하중의 크기는 삼각형의 닮음비를 통해 $x : q = 6 : 30$ 으로부터 $q = 5x$

(3) 지점 A로부터 우측으로 x 위치의 휨모멘트:

$M_x = +(45)(x) - \left(\dfrac{1}{2} \cdot q \cdot x\right) \cdot \dfrac{x}{3} = +45 \cdot x - \dfrac{5}{6} \cdot x^3$

(4) $\dfrac{dM_x}{dx} = V_x = +(45) - \left(\dfrac{15}{6} \cdot x^2\right) = 0 \quad \therefore x = 3\sqrt{2}\text{m}$

(5) $M_{\max} = +(45)(3\sqrt{2}) - \left(\dfrac{5}{6}\right)(3\sqrt{2})^3 = +90\sqrt{2}\text{kN} \cdot \text{m} \ (\smile)$

답 : ④

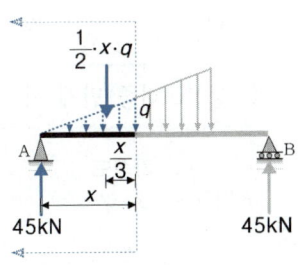

6 주요 하중에 따른 전단력도(SFD)와 휨모멘트도(BMD)

> ■ 전단력도: Shear Force Diagram
> 휨모멘트도 Bending Moment Diagram

(1) 전단력도(SFD)와 휨모멘트도(BMD)를 그리는 기본적인 원칙

① 보 또는 라멘구조물의 지점반력을 계산한 후 양쪽 단부에서 시작하여 중앙부로 진행한다.

② 보 또는 라멘구조물의 임의의 i점에 집중하중 P가 작용할 때 i점은 불연속(Discontinuity)이므로 i점의 전단력 V_i는 정의되지 않는다. 따라서, i점의 왼쪽 단면의 전단력 $V_{i,Left}$와 오른쪽 단면의 전단력 $V_{i,Right}$라는 2개의 값이 존재하게 되며, 이것은 수직반력이 존재하는 각각의 지점에서도 마찬가지이다.

③ 같은 의미로 보 또는 라멘구조물의 임의의 i점에 모멘트하중 M이 작용할 때 i점의 왼쪽 단면의 휨모멘트 $M_{i,Left}$와 오른쪽 단면의 휨모멘트 $M_{i,Right}$라는 2개의 값이 존재하게 된다.

④ 전단력도와 휨모멘트도를 그릴 때 $w = -\dfrac{dV}{dx}$, $V = \dfrac{dM}{dx}$, $\Delta M = M_B - M_A = \int_A^B V\,dx$ 의 내용과 의미를 이해하고 적재적소에서 활용하면 매우 편리하다.

(2) 단순보

① 중앙점 집중하중 작용

하중도	전단력도(SFD)	휨모멘트도(BMD)

■ 주요 포인트

- $V_A = V_B = \dfrac{P}{2}$

  $V_{\max} = \dfrac{P}{2}$, $V_C = 0$

- $M_A = 0$, $M_B = 0$

  $M_C = M_{\max} = \dfrac{PL}{4}$

② 등분포하중 만재 시

하중도	전단력도(SFD)	휨모멘트도(BMD)

■ 주요 포인트

- $V_A = V_B = \dfrac{wL}{2}$

  $V_{\max} = \dfrac{wL}{2}$, $V_C = 0$

- $M_A = 0$, $M_B = 0$

  $M_C = M_{\max} = \dfrac{wL^2}{8}$

③ 등변분포하중 만재 시

하중도	전단력도(SFD)	휨모멘트도(BMD)

■ 주요 포인트

- $V_A = \dfrac{wL}{6}$, $V_B = \dfrac{wL}{3}$

  $V_{\max} = \dfrac{wL}{3}$, $V_C \neq 0$

  $V_x = 0: x = \dfrac{L}{\sqrt{3}} = 0.577L$

- $M_A = 0$, $M_B = 0$

- $M_x = M_{\max} = \dfrac{wL^2}{9\sqrt{3}}$

핵심예제11

다음 그림은 단순보의 전단력도이다. 각 구간에 대한 역학적 설명으로 틀린 것은?

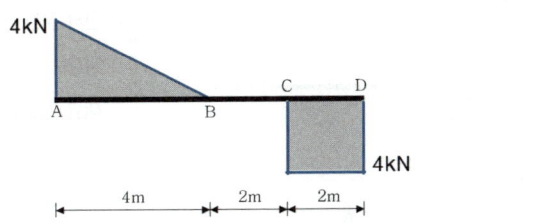

① A-B 구간에는 등분포하중 1kN/m가 작용한다.
② B-C 구간에는 하중이 작용하지 않는다.
③ C점에는 집중하중 2kN이 작용한다.
④ 양단부(지점)의 반력의 크기는 4kN이다.

해설 ③ C점에는 집중하중 4kN이 작용한다. 답 : ③

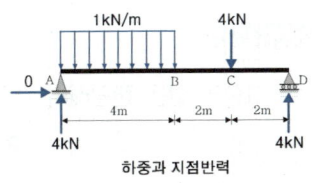

하중과 지점반력

핵심예제12

단순보의 전단력도가 그림과 같을 때 보의 최대 휨모멘트는?

① 101kN·m
② 85kN·m
③ 94kN·m
④ 118kN·m

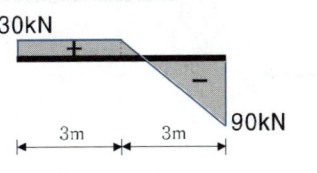

해설 (1) 삼각형 닮음비 $90 : x = (90 + 30) : 3$ 으로부터 ∴ $x = 2.25$m

(2) $M_{\max} = \dfrac{1}{2} \times 90 \times 2.25 = 101.25$kN·m

답 : ①

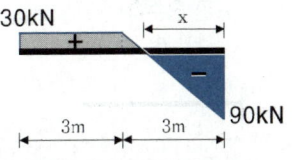

7 휨모멘트도(BMD)에 관한 주요 내용 정리

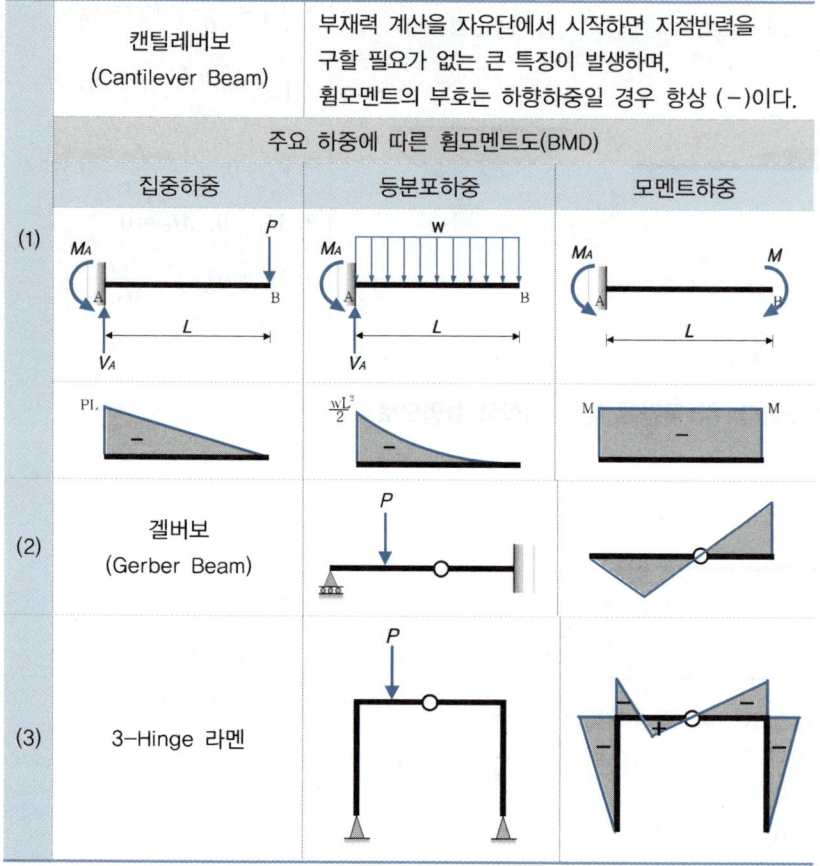

■ 힌지 절점을 기준으로 좌우측의 정정보(단순보, 캔틸레버보, 내민보)에 대한 휨모멘트도를 중첩시킨다.

핵심예제13

그림과 같은 캔틸레버 보의 휨모멘트도로 옳은 것은?

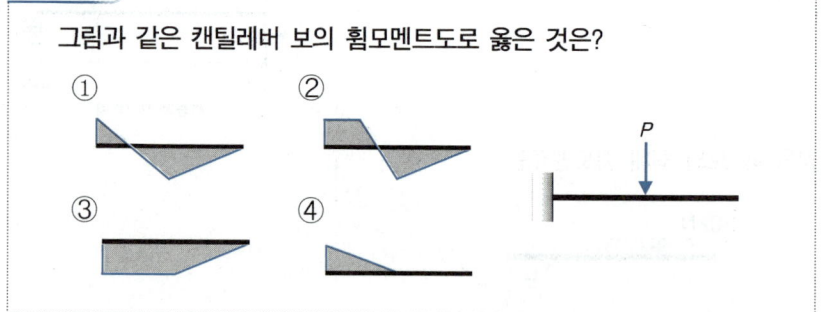

답 : ④

핵심예제14

그림과 같은 겔버보의 휨모멘트도로서 옳은 것은?

①    ②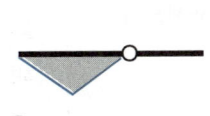

③   ④

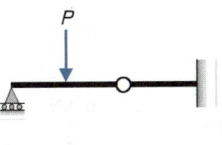

해설

하중조건	SFD	BMD

답 : ①

핵심예제15

그림과 같이 힘 P가 작용할 때 휨모멘트가 0이 되는 곳은 몇 개인가?

① 2
② 3
③ 4
④ 5

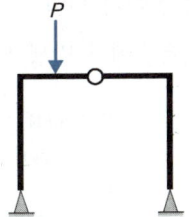

해설

하중조건	SFD	BMD

답 : ③

8 절대최대휨모멘트($M_{\max, abs}$)

(1) 정의 : 보 위를 이동하중(Moving Load)이 진행하고 있을 때 발생할 수 있는 최대휨모멘트 중의 최대값을 절대최대휨모멘트라고 한다.

(2) 단순보에 이동하중이 작용하는 경우 절대최대휨모멘트를 구해보자.

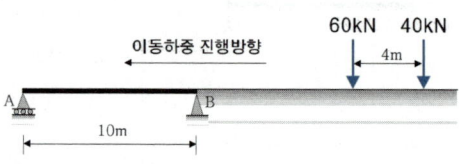

■ 구조계산에서 자동차나 열차의 바퀴와 같은 차륜하중은 집중하중이 작용하는 것으로 계산된다.

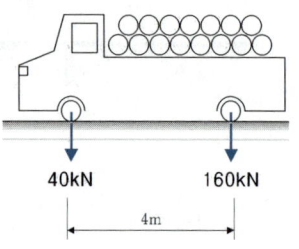

① 합력 $R = 60 + 40 = 100\text{kN}(\downarrow)$

② 바리뇽(Varignon)의 정리 : 60kN의 하중작용점에서
$+(100)(x) = +(60)(0) + (40)(4) \quad \therefore x = 1.6\text{m}$

③ 합력(R)과 가까운 하중(60kN)과의 $\dfrac{x}{2} = 0.8\text{m}$ 되는 점을 찾는다.

④ $\dfrac{x}{2} = 0.8\text{m}$ 점을 보의 중앙점에 일치시켜 이동하중을 보에 작용시킨다.

⑤ 중앙점(C)에서 0.8m 왼편에 60kN이 놓이게 되며, 절대최대휨모멘트는 60kN의 하중 작용점에서 발생하게 된다.

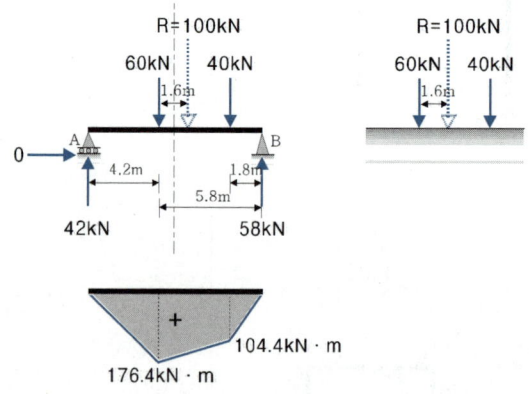

$\sum M_B = 0 : +(V_A)(10) - (60)(5.8) - (40)(1.8) = 0$
$\therefore V_A = +42\text{kN}(\uparrow)$
$M_{\max, abs} = +[(42)(4.2)] = +176.4\text{kN} \cdot \text{m}$

핵심예제16

그림과 같은 이동하중이 스팬 10m의 단순보 위를 지날 때 절대최대 휨모멘트를 구하면?

① 16kN · m
② 18kN · m
③ 25kN · m
④ 30kN · m

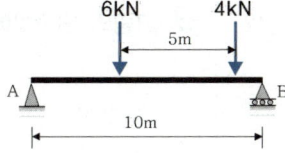

해설

(1) 합력(R)의 위치

① $R = 6 + 4 = 10$kN

② 바리뇽의 정리를 이용한다.

$+(10)(x) = (6)(0) + (4)(5)$

∴ $x = 2$m

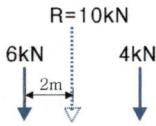

(2) $\dfrac{x}{2} = 1$m 의 위치를 보의 중앙점에 일치시켰을 때 합력과 인접한 큰 하중작용점에서 절대최대휨모멘트가 발생한다.

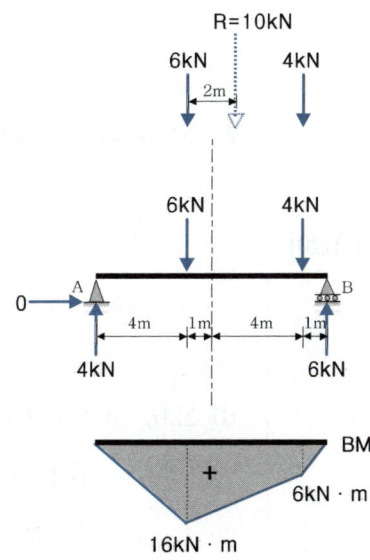

① $\sum M_B = 0 : +(V_A)(10) - (6)(6) - (4)(1) = 0$ ∴ $V_A = +4$kN(↑)

② $M_{\max, abs} = +[(4)(4)] = +16$kN · m ($\smile$)

답 : ①

핵심문제

CHAPTER 4 전단력, 휨모멘트

1. 그림과 같은 정정라멘에서 BD부재의 축방향력은?
(단, +: 인장력, -: 압축력)

① 5kN
② -5kN
③ 10kN
④ -10kN

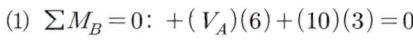

[해설]

(1) $\sum M_B = 0: +(V_A)(6)+(10)(3)=0$

∴ $V_A = -5\text{kN}(↓)$ ➡ $V_B = +5\text{kN}(↑)$

(2) $F_{BD} = -5\text{kN}(→ ← \text{압축})$

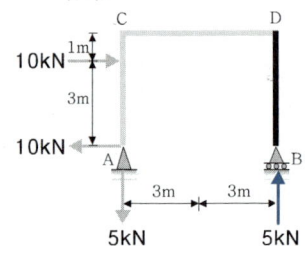

2. 그림과 같은 캔틸레버형 아치에서 전단력값이 최소인 곳은?

① A점
② B점
③ C점
④ D점

[해설]

하중작용점과 지점 A에서 전단력이 가장 크며, C점에서는 하중 P가 축방향 압축력으로 작용하므로 전단력은 0이다.

3. 그림의 단순보에서 AC구간의 전단력은?

① 5.2kN
② 7.1kN
③ 10.6kN
④ 15kN

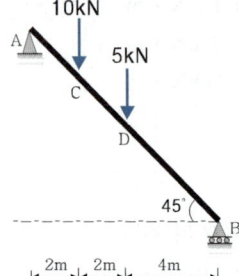

[해설]

(1) $\sum M_B = 0: +(V_A)(8)-(10)(6)-(5)(4)=0$

∴ $V_A = +10\text{kN}(↑)$

(2) $V_{AC,Left} = +[+(10 \cdot \cos 45°)] = +7.071\text{kN}(↑↓)$

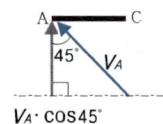

4. 그림과 같은 단순보에서 E점의 전단력은?

① 0
② -8.6 kN
③ -5 kN
④ +25 kN

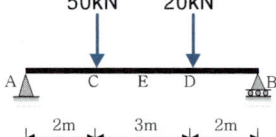

[해설]

(1) $\sum M_B = 0: +(V_A)(7)-(50)(5)-(20)(2)=0$

∴ $V_A = +41.4\text{kN}(↑)$

(2) $V_{E,Left} = +[+(41.4)-(50)] = -8.6\text{kN}(↓↑)$

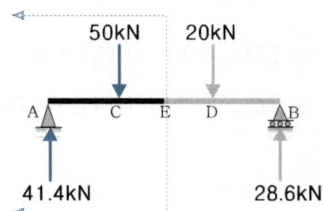

해답 1. ②   2. ③   3. ②   4. ②

5. 그림과 같은 단순보에서 E점의 전단력은?

① $-1kN$
② $-2kN$
③ $-3kN$
④ $-4kN$

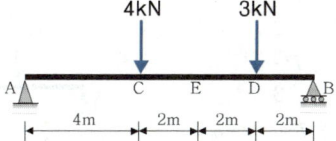

해설

(1) $\sum M_B = 0 : +(V_A)(10)-(4)(6)-(3)(2)=0$

　　$\therefore V_A = +3kN(\uparrow)$

(2) $V_{E,Left} = +[+(3)-(4)]=-1kN(\downarrow\uparrow)$

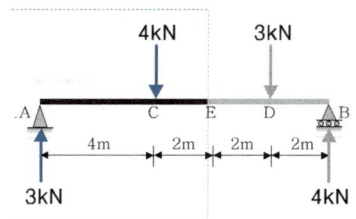

6. 그림과 같은 단순보의 일부 구간으로부터 떼어낸 자유물체도에서 각 번호에 해당하는 좌우 측면의 전단력의 방향과 그 값으로 옳은 것은?

① 가 : 19.1kN($\uparrow$), 나 : 19.1kN($\downarrow$)
② 가 : 19.1kN($\downarrow$), 나 : 19.1kN($\uparrow$)
③ 가 : 16.1kN($\uparrow$), 나 : 16.1kN($\downarrow$)
④ 가 : 16.1kN($\downarrow$), 나 : 16.1kN($\uparrow$)

해설

(1) $\sum M_E = 0:$

　$+(V_A)(5.5)-(30)(4.5)$
　$-(30)(2.5)-(60)(1)=0$
　$\therefore V_A = +49.09kN(\uparrow)$

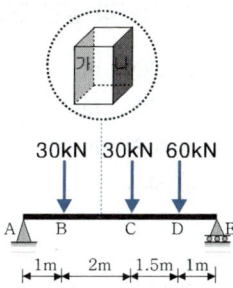

(2) x 위치의 전단력

　$V_{x,Left}=+[+(49.09)-(30)]=+19.09kN(\uparrow\downarrow)$

7. 그림과 같은 구조물의 EC구간의 전단력은?

① $\dfrac{Pa}{L}$
② $\dfrac{Pb}{L}$
③ P
④ 0

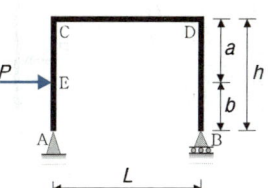

해설

(1) $\sum H = 0 : +(H_A)+(P)=0 \quad \therefore H_A = -P(\leftarrow)$

(2) $V_{EC,Left} = +[+(P)-(P)]=0$

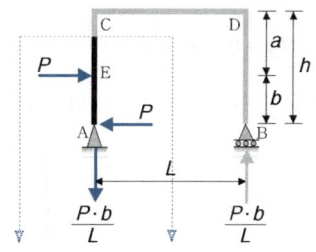

8. 그림과 같은 구조물에서 AE구간과 EB구간의 전단력의 차이는?

① $\dfrac{Pa}{L}$
② $\dfrac{Pb}{L}$
③ P
④ 0

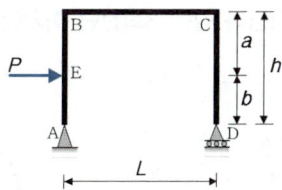

해설

(1) $\sum H = 0 : +(H_A)+(P)=0 \quad \therefore H_A = -P(\leftarrow)$

(2) $V_{AE,Left} = +[+(P)]=+P$,

　$V_{EB,Left} = +[+(P)-(P)]=0$

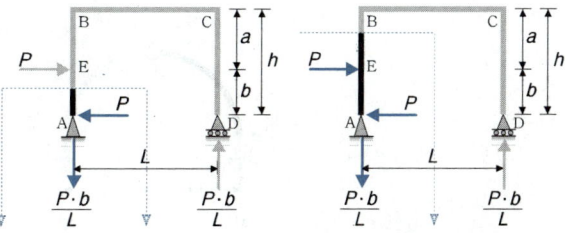

해답　5. ①　6. ①　7. ④　8. ③

9. 그림과 같은 정정라멘에서 EC구간의 전단력은?

① $\dfrac{Ph}{L}$ ② $\dfrac{Pa}{L}$

③ $\dfrac{Ph}{2}$ ④ 0

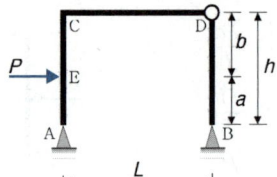

해설

(1) $\sum M_B = 0: +(V_A)(L)+(P)(a)=0$

$\therefore V_A = -\dfrac{Pa}{L}(\downarrow) \Rightarrow V_B = +\dfrac{Pa}{L}(\uparrow)$

(2) $M_{D,Right} = 0: -[-(H_B)(h)]=0$

$\therefore H_B = 0 \Rightarrow H_A = -P(\leftarrow)$

(3) $V_{EC,Left} = +[+(P)-(P)]=0$

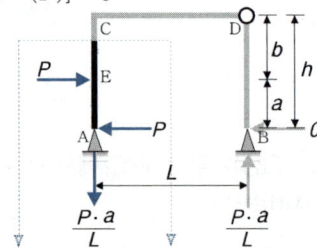

10. 그림과 같은 3회전단 아치에서 C점의 전단력은?

① 0 ② $\dfrac{wL}{2}$

③ $\dfrac{wh}{4}$ ④ $\dfrac{wL}{8}$

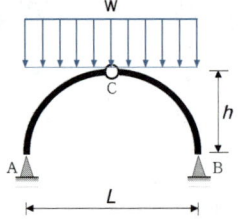

해설

(1) $V_A = +\dfrac{wL}{2}(\uparrow)$

(2) $V_{C,Left} = +[+\left(\dfrac{wL}{2}\right)-\left(w\cdot\dfrac{L}{2}\right)]=0$

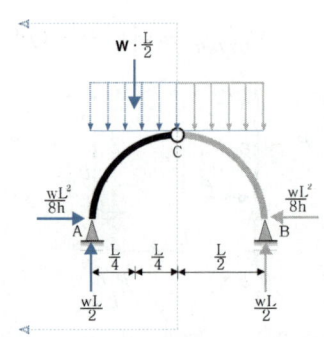

11. 그림과 같은 단순보에서 C점의 휨모멘트는?

① $\dfrac{P\cdot a}{2}$

② $\dfrac{P\cdot a}{3}$

③ $P\cdot(b-a)$

④ $P\cdot a$

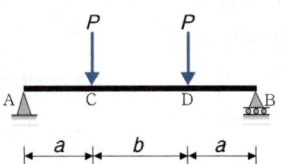

해설

(1) 대칭이므로 $V_A = +P(\uparrow)$

(2) $M_{C,Left} = +[+(P)(a)]=+P\cdot a\ (\smile)$

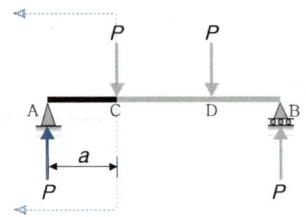

12. 그림과 같은 단순보에서 C점의 휨모멘트는?

① $2kN\cdot m$

② $4kN\cdot m$

③ $6kN\cdot m$

④ $8kN\cdot m$

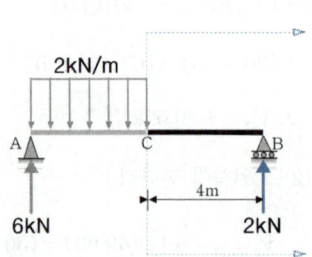

해설

(1) $\sum M_A = 0: +(2\times4)(2)-(V_B)(8)=0$

$\therefore V_B = +2kN(\uparrow)$

(2) $M_{C,Right} = -[-(2)(4)]=+8kN\cdot m\ (\smile)$

해답 9. ④ 10. ① 11. ④ 12. ④

13. 그림과 같은 단순보의 C점의 휨모멘트는?

① 30kN·m
② 60kN·m
③ 90kN·m
④ 120kN·m

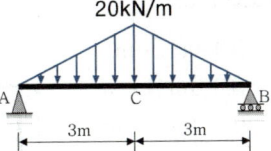

[해설]

(1) $V_A = +\dfrac{1}{2} \times 20 \times 3 = +30\text{kN}(\uparrow)$

(2) $M_{C,Left} = +\left[+(30)(3) - \left(\dfrac{1}{2} \times 20 \times 3\right)(1)\right]$

$= +60\text{kN} \cdot \text{m} \ (\smile)$

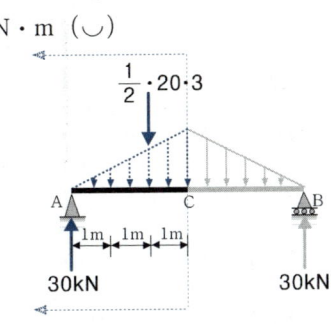

14. 그림과 같은 단순보의 C점의 휨모멘트는?

① 4.50kN·m
② 6.75kN·m
③ 8.00kN·m
④ 10.50kN·m

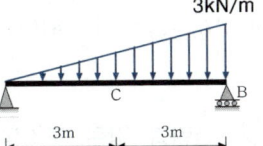

[해설]

(1) $\sum M_B = 0 : +(V_A)(6) - \left(\dfrac{1}{2} \times 6 \times 3\right)(2) = 0$

$\therefore V_A = +3\text{kN}(\uparrow)$

(2) $M_{C,Left} = +\left[+(3)(3) - \left(\dfrac{1}{2} \times 3 \times 1.5\right)(1)\right]$

$= +6.75\text{kN} \cdot \text{m} \ (\smile)$

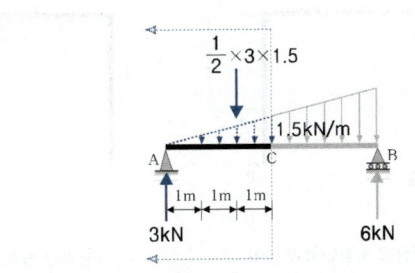

15. 그림과 같은 단순보의 C점의 휨모멘트는?

① 120kN·m
② 140kN·m
③ 160kN·m
④ 180kN·m

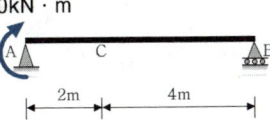

[해설]

(1) $\sum M_B = 0 : +(V_A)(6) + (180) = 0$

$\therefore V_A = -30\text{kN}(\downarrow)$

(2) $M_{C,Left} = +[-(30)(2) + (180)]$

$= +120\text{kN} \cdot \text{m} \ (\smile)$

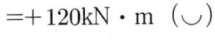

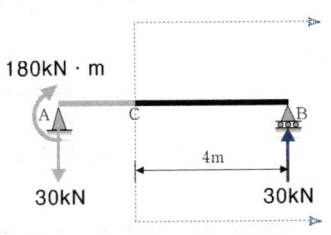

16. 그림과 같은 단순보의 C점의 휨모멘트는?

① -30kN·m
② -60kN·m
③ -90kN·m
④ -120kN·m

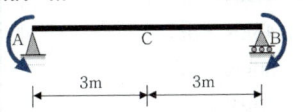

[해설]

(1) $\sum M_B = 0 : +(V_A)(6) - (60) + (120) = 0$

$\therefore V_A = -10\text{kN}(\downarrow)$

(2) $M_{C,Left} = +[-(10)(3) - (60)] = -90\text{kN} \cdot \text{m} \ (\frown)$

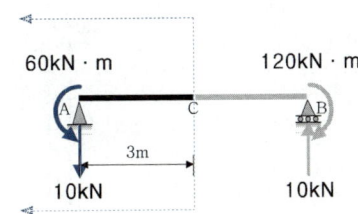

해답 13. ② 14. ② 15. ① 16. ③

17. 그림과 같은 단순보의 C점의 휨모멘트는?

① $\frac{1}{8}wL^2$ ② $\frac{3}{8}wL^2$

③ $\frac{5}{8}wL^2$ ④ $\frac{5}{16}wL^2$

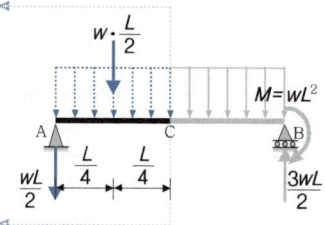

해설

(1) $\sum M_B = 0 : +(V_A)(L) - (w \cdot L)\left(\frac{L}{2}\right) + w \cdot L^2 = 0$

$\therefore V_A = -\frac{wL}{2}(\downarrow)$

(2) $M_{C,Left} = +[-\left(\frac{w \cdot L}{2}\right)\left(\frac{L}{2}\right) - \left(\frac{w \cdot L}{2}\right)\left(\frac{L}{4}\right)]$

$= -\frac{3}{8}wL^2\ (\frown)$

18. 그림과 같은 수평하중 30kN이 작용하는 라멘구조에서 E점에서의 휨모멘트값(절대값)은?

① 40kN · m
② 45kN · m
③ 60kN · m
④ 90kN · m

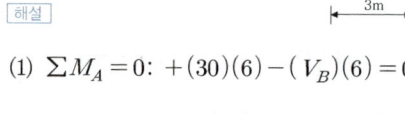

해설

(1) $\sum M_A = 0: +(30)(6) - (V_B)(6) = 0$

$\therefore V_B = +30\text{kN}(\uparrow)$

(2) $M_{E,Right} = -[-(30)(3)] = +90\text{kN} \cdot \text{m}\ (\smile)$

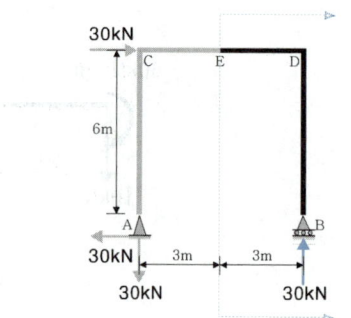

19. 그림과 같은 정정구조의 CD부재에서 C, D점의 휨모멘트는?

① (C) 0kN · m,
　(D) 16kN · m
② (C) 16kN · m,
　(D) 16kN · m
③ (C) 0kN · m,
　(D) 32kN · m
④ (C) 32kN · m,
　(D) 32kN · m

해설

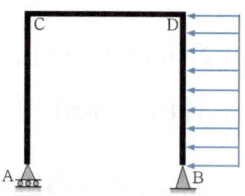

(1) $\sum H = 0:$

$+(H_B) - (2)(4) = 0$

$\therefore H_B = +8\text{kN}(\rightarrow)$

(2) $\sum M_B = 0:$

$+(V_A)(4) - (8)(2) = 0 \quad \therefore V_A = +4\text{kN}(\uparrow)$

(3) $M_{C,Left} = 0$

(4) $M_{D,Right} = -[-(8)(4) + (8)(2)] = +16\text{kN} \cdot \text{m}\ (\smile)$

20. 그림과 같은 구조물에서 휨모멘트가 작용하지 않는 부재($M=0$)는?

① 없음
② CD부재
③ BD부재
④ AC부재

해설

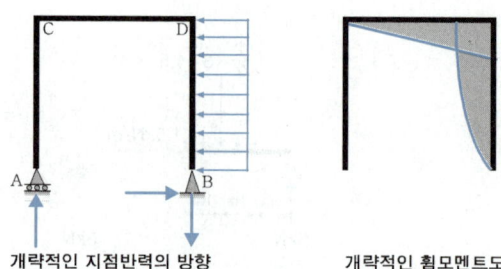

개략적인 지점반력의 방향　　개략적인 휨모멘트도

해답　17. ②　18. ④　19. ①　20. ④

21. 그림과 같은 라멘에서 B점에 모멘트하중 M이 작용할 때 C점에서의 휨모멘트는?

① 0
② M
③ $2M$
④ $\dfrac{M}{L} \cdot h$

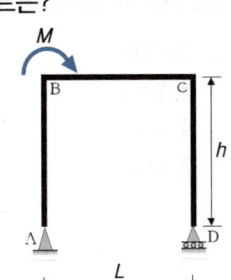

[해설]

이동지점 D에서는 수평반력이 존재할 수 없고, CD구간에 수평하중이 없으므로 CD부재에는 휨모멘트가 발생하지 않는다. 따라서, C점에서의 휨모멘트는 0이다.

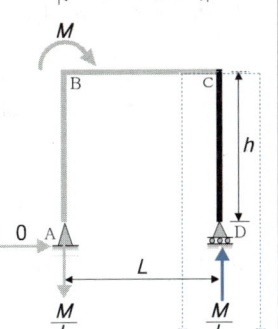

22. 다음 구조물의 a, b점에서의 휨모멘트는?

① $M_a = 20\text{kN} \cdot \text{m}$, $M_b = 40\text{kN} \cdot \text{m}$
② $M_a = 40\text{kN} \cdot \text{m}$, $M_b = 20\text{kN} \cdot \text{m}$
③ $M_a = 20\text{kN} \cdot \text{m}$, $M_b = 20\text{kN} \cdot \text{m}$
④ $M_a = 40\text{kN} \cdot \text{m}$, $M_b = 40\text{kN} \cdot \text{m}$

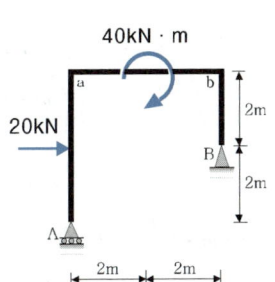

[해설]

(1) $\sum H = 0 : +(20)+(H_B)=0 \quad \therefore H_B = -20\text{kN}(\leftarrow)$

(2) $\sum M_B = 0 : +(V_A)(4)+(40)=0$
$\therefore V_A = -10\text{kN}(\downarrow) \Rightarrow \therefore V_B = +10\text{kN}(\uparrow)$

(3) $M_{a,Left} = +[-(20)(2)] = -40\text{kN} \cdot \text{m}(\frown)$

(4) $M_{b,Right} = -[+(20)(2)] = -40\text{kN} \cdot \text{m}(\frown)$

23. 그림의 포물선 아치에서 중앙 C점의 휨모멘트의 값은?

① $\dfrac{wL^2}{16}$
② $\dfrac{wL^2}{8}$
③ $\dfrac{wL^2}{4}$
④ 0

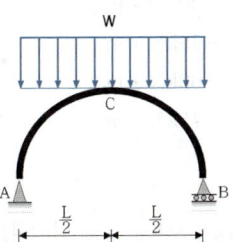

[해설]

(1) 대칭이므로 $V_A = +\dfrac{wL}{2}(\uparrow)$

(2) $M_{C,Left} = +\left[+\left(\dfrac{wL}{2}\right)\left(\dfrac{L}{2}\right) - \left(\dfrac{wL}{2}\right)\left(\dfrac{L}{4}\right)\right]$
$= +\dfrac{wL^2}{8}(\smile)$

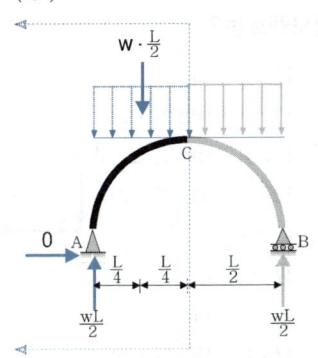

24. 그림과 같은 3회전단 아치에서 C점의 휨모멘트는?

① $\dfrac{wL^2}{16}$
② $\dfrac{wL^2}{8}$
③ $\dfrac{wL^2}{4}$
④ 0

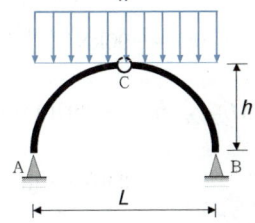

[해설]

힌지(Hinge) 절점 C에서의 휨모멘트는 0이다.

25. 그림과 같은 캔틸레버 보에서 D점의 휨모멘트는?

① $-30\text{kN}\cdot\text{m}$
② $-45\text{kN}\cdot\text{m}$
③ $-60\text{kN}\cdot\text{m}$
④ $-75\text{kN}\cdot\text{m}$

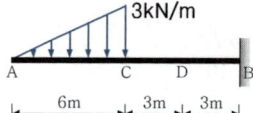

해설

$M_{D,Left} = +\left[-\left(\dfrac{1}{2}\cdot 6 \cdot 3\right)(5)\right] = -45\text{kN}\cdot\text{m}\ (\frown)$

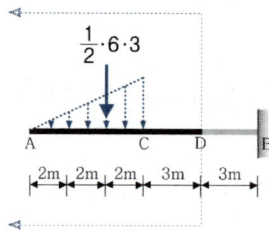

26. 그림과 같은 캔틸레버보의 C점에서의 전단력과 휨모멘트는?

① $V_C = -60\text{kN},\ M_C = -240\text{kN}\cdot\text{m}$
② $V_C = -90\text{kN},\ M_C = -360\text{kN}\cdot\text{m}$
③ $V_C = -60\text{kN},\ M_C = -360\text{kN}\cdot\text{m}$
④ $V_C = -90\text{kN},\ M_C = -240\text{kN}\cdot\text{m}$

해설

(1) $V_{C,Left} = +\left[-(30) - \left(\dfrac{1}{2}\times 40\times 3\right)\right]$
$= -90\text{kN}(\downarrow\uparrow)$

(2) $M_{C,Left} = +\left[-(30)(4) - \left(\dfrac{1}{2}\times 40\times 3\right)(1+1)\right]$
$= -240\text{kN}\cdot\text{m}\ (\frown)$

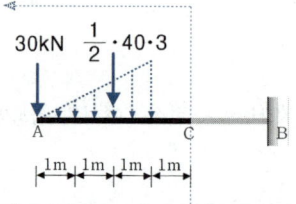

27. 다음의 내민보에서 2개의 지점과 보의 중앙점에서 휨모멘트의 절대값이 같은 경우 L의 길이는?

① 12.73m
② 8.49m
③ 4.24m
④ 2.12m

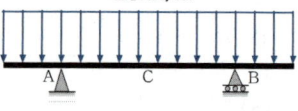

해설

(1) 대칭구조이므로 $V_A = +\dfrac{w\cdot(L_1+2L_2)}{2}(\uparrow)$

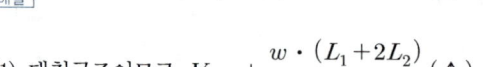

(2) $M_{A,Left} = +\left[-(w\cdot L_2)\left(\dfrac{L_2}{2}\right)\right] = -\dfrac{wL_2^2}{2}$

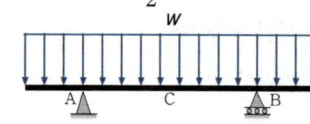

(3) $M_{C,Left} = +\left[+\left(\dfrac{w\cdot(L_1+2L_2)}{2}\right)\left(\dfrac{L_1}{2}\right)\right.$
$\left.-\left(w\cdot\left(\dfrac{L_1}{2}+L_2\right)\right)\left(\dfrac{\dfrac{L_1}{2}+L_2}{2}\right)\right] = +\left(\dfrac{wL_1^2}{8}\right)-\left(\dfrac{wL_2^2}{2}\right)$

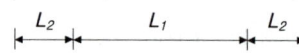

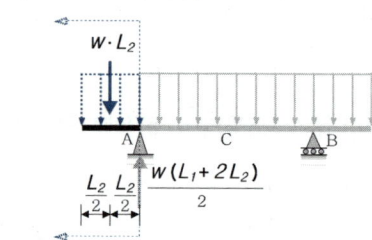

(4) $\left|-\dfrac{w\cdot L_2^2}{2}\right| = \left|+\dfrac{w\cdot L_1^2}{8} - \dfrac{w\cdot L_2^2}{2}\right| \Rightarrow L_1 = \sqrt{8}\cdot L_2$

(5) $L = \sqrt{8}\cdot(3\text{m}) = 8.485\text{m}$

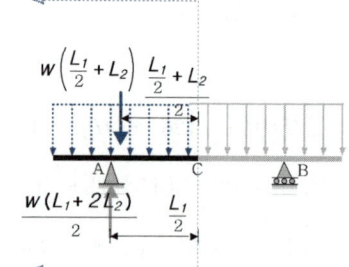

해답 25. ② 26. ④ 27. ②

28. 그림과 같은 내민보에서 휨모멘트가 0이 되는 2개의 반곡점 위치는? (단, A점으로부터의 거리)

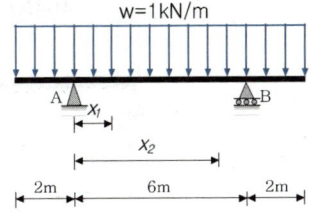

① $x_1 = 0.765\text{m}$, $x_2 = 5.235\text{m}$
② $x_1 = 0.785\text{m}$, $x_2 = 5.215\text{m}$
③ $x_1 = 0.805\text{m}$, $x_2 = 5.195\text{m}$
④ $x_1 = 0.825\text{m}$, $x_2 = 5.175\text{m}$

해설

(1) 대칭이므로 $V_A = +\dfrac{1 \times (2+6+2)}{2} = +5\text{kN}(\uparrow)$

(2) A점으로부터 우측으로 x위치의 휨모멘트

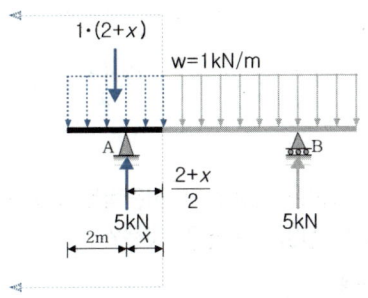

$M_x = +(5)(x) - (1 \times (2+x))\left(\dfrac{2+x}{2}\right) = -0.5x^2 + 3x - 2$

(3) 반곡점은 휨모멘트가 0인 점이므로 위의 식을 0으로 하면 두 개의 x값($=x_1$, x_2)을 구할 수 있게 된다.

$M_x = -0.5x^2 + 3x - 2 = 0$ 으로부터

$x = \dfrac{(-3) \pm \sqrt{(3)^2 - 4(-0.5)(-2)}}{2(-0.5)}$ 이며,

$x = x_1 = 0.76393\text{m}$, $x = x_2 = 5.23607\text{m}$

29. 그림과 같은 양단 내민보에서 C점의 휨모멘트 $M_C = 0$의 값을 가지려면 C점에 작용시킬 하중 P의 크기는?

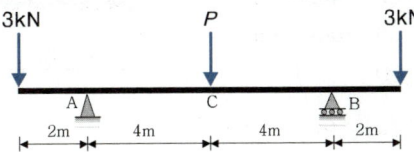

① 3kN
② 4kN
③ 6kN
④ 8kN

해설

(1) $M_{C,Left} = +[-(3)(6) + (V_A)(4)] = 0$

으로부터 $V_A = +4.5\text{kN}(\uparrow)$

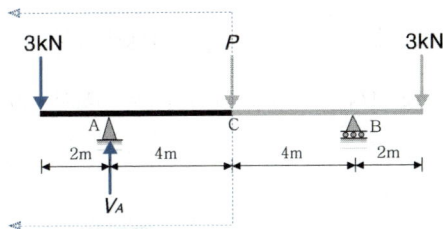

(2) 좌우 대칭구조이므로 $V_B = +4.5\text{kN}(\uparrow)$

(3) $\sum V = 0: +(V_A) + (V_B) - (3) - (P) - (3) = 0$

으로부터 $P = 3\text{kN}$

30. 그림과 같은 보의 A점의 휨모멘트는?

① 100kN·m
② 200kN·m
③ 400kN·m
④ 600kN·m

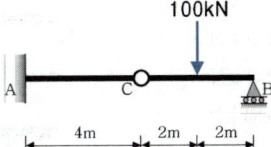

해설

(1) CB구간: $V_B = +50\text{kN}(\uparrow)$, $V_C = +50\text{kN}(\uparrow)$

(2) AC구간: $V_A = +50\text{kN}(\uparrow)$,

$M_{A,Right} = -[+(50)(4)] = -200\text{kN}\cdot\text{m}\ (\frown)$

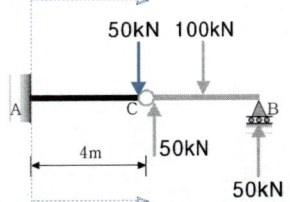

해답 28. ①   29. ①   30. ②

31. 그림의 겔버보에서 B점의 휨모멘트는?

① −22.5kN·m
② −45kN·m
③ −90kN·m
④ 0

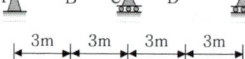

해설

(1) DE구간: $V_D = V_E = +\dfrac{(20\times 3)}{2} = +30\text{kN}(\uparrow)$,

(2) AD구간:

① $\sum M_C = 0 : +(V_A)(6)+(30)(3)=0$

∴ $V_A = -15\text{kN}(\downarrow)$

② $M_{B,Left} = +[-(15)(3)] = -45\text{kN}\cdot\text{m}\;(\frown)$

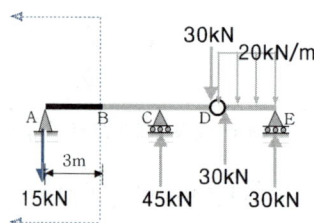

32. 그림과 같은 단순보에서 하중 P의 값은?

① 50 kN
② 100 kN
③ 150 kN
④ 200 kN

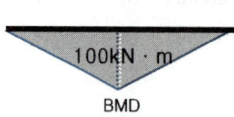

해설

$M_{\max} = \dfrac{PL}{4} = \dfrac{P(4)}{4} = 100\text{kN}\cdot\text{m}\;\Rightarrow\;\therefore P = 100\text{kN}$

33. 그림과 같은 단순보에서 중앙부 최대 휨모멘트가 80kN·m일 때 부재길이(L)는?

① 2m
② 3m
③ 4m
④ 5m

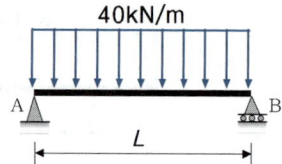

해설

$M_{\max} = \dfrac{wL^2}{8} = \dfrac{(40)\cdot L^2}{8} = 80\text{kN}\cdot\text{m}\;\Rightarrow\;\therefore L = 4\text{m}$

34. 그림과 같은 단순보가 집중하중과 등분포하중을 받고 있을 때 C점의 휨모멘트는?

① 8kN·m
② 10kN·m
③ 12kN·m
④ 14kN·m

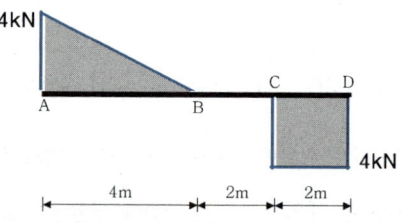

해설

$M_C = \dfrac{PL}{4} + \dfrac{wL^2}{8} = \dfrac{(4)(4)}{4} + \dfrac{(2)(4)^2}{8} = 8\text{kN}\cdot\text{m}$

35. 다음 그림은 단순보의 전단력도이다. 각 구간에 대한 역학적 설명으로 틀린 것은?

① A−B 구간에는 등분포하중 1kN/m가 작용한다.
② B−C 구간에는 하중이 작용하지 않는다.
③ 양단부(지점)의 반력의 크기는 4kN이다.
④ C점에는 집중하중 2kN이 작용한다.

해설

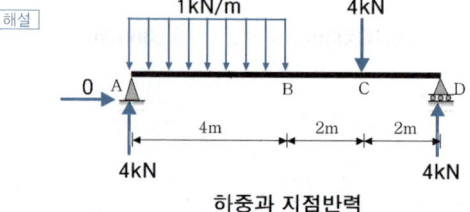

하중과 지점반력

해답   31. ②   32. ②   33. ③   34. ①   35. ④

36. 그림과 같은 단순보의 A점에서 전단력이 0이 되는 위치까지의 거리는?

① 2m
② 5m
③ 5.5m
④ 5.67m

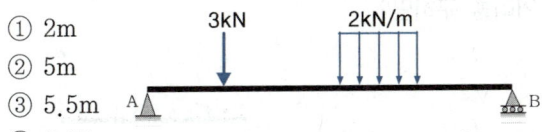

해설

$\sum M_B = 0: +(V_A)(10) - (3)(8) - (2 \times 2)(4) = 0$

$\therefore V_A = +4\text{kN}(\uparrow) \Rightarrow V_B = +3\text{kN}(\uparrow)$

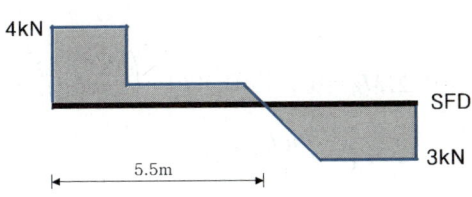

37. 단순보의 전단력도가 그림과 같을 때 이 보의 최대 휨모멘트는?

① 101kN·m
② 85kN·m
③ 94kN·m
④ 118kN·m

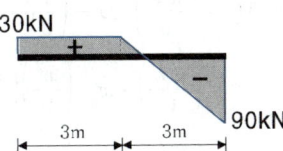

해설

(1) 전단력이 0인 곳에서 휨모멘트가 최대가 된다.

B점에서 전단력이 0인 위치까지의 거리를 x 라 하면

삼각형 닮음비 $90 : x = (90+30) : 3$

으로부터 $\therefore x = 2.25\text{m}$

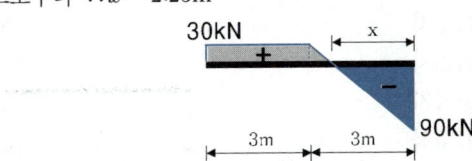

(2) 임의 위치에서의 휨모멘트는 그 위치의 좌측 또는 우측 한 쪽의 전단력도 면적과 같다.

$\therefore M_{\max} = \dfrac{1}{2} \times 90 \times 2.25 = 101.25\text{kN}\cdot\text{m}$

38. 그림의 보에서 최대 휨모멘트가 생기는 위치는 지점 A로부터 얼마 떨어진 곳인가?

① 2m
② 2.45m
③ 3.75m
④ 6m

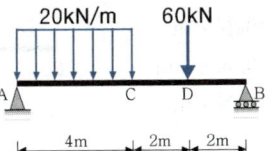

해설

(1) $\sum M_B = 0: +(V_A)(8) - (20 \times 4)(6) - (60)(2) = 0$

$\therefore V_A = +75\text{kN}(\uparrow)$

(2) A지점에서 x 위치의 휨모멘트:

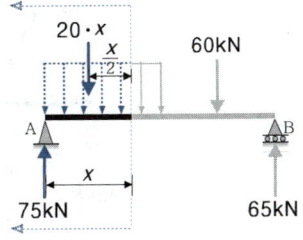

$M_x = +(75)(x) - (20 \cdot x)\left(\dfrac{x}{2}\right) = +75x - 10 \cdot x^2$

(3) 전단력이 0인 위치에서 휨모멘트는 최대가 된다.

$\dfrac{dM_x}{dx} = V_x = +(75) - (20 \cdot x) = 0 \quad \therefore x = 3.75\text{m}$

해답   36. ③   37. ①   38. ③

39. 그림과 같은 보의 최대 휨모멘트 값은?

① 30.9kN·m
② 40kN·m
③ 50.6kN·m
④ 60kN·m

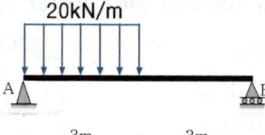

해설

(1) $\sum M_B = 0 : +(V_A)(6) - (20 \times 3)(4.5) = 0$

  $\therefore V_A = +45\text{kN}(\uparrow)$

(2) $M_x = +(45)(x) - (20 \cdot x)\left(\dfrac{x}{2}\right) = +45 \cdot x - 10 \cdot x^2$

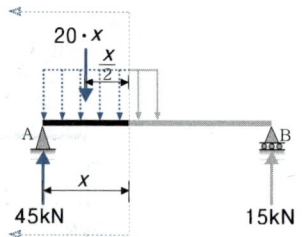

(3) $\dfrac{dM_x}{dx} = V_x = +(45) - (20 \cdot x) = 0 \quad \therefore x = 2.25\text{m}$

(4) $M_{\max} = +(45)(2.25) - (20 \times 2.25)\left(\dfrac{2.25}{2}\right)$

  $= +50.625\text{kN} \cdot \text{m} \;(\smile)$

40. 그림과 같은 단순보에 등변분포하중이 작용할 때 전단력이 0이 되는 점에 대하여 A점으로부터의 거리를 구하면?

① $\dfrac{L}{\sqrt{2}}$
② $\dfrac{L}{\sqrt{3}}$
③ $\dfrac{L}{\sqrt{4}}$
④ $\dfrac{L}{\sqrt{5}}$

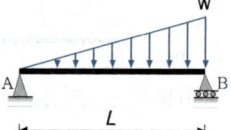

해설

(1) $\sum M_B = 0 : +(V_A)(L) - \left(\dfrac{1}{2}wL\right)\left(\dfrac{L}{3}\right) = 0$

  $\therefore V_A = +\dfrac{wL}{6}(\uparrow)$

(2) 전단력이 0인 x위치에서의 삼각형 분포하중 q

  $x : q = L : w$ 로부터 $q = \left(\dfrac{w}{L}\right) \cdot x$

(2) $M_x = \left(\dfrac{wL}{6}\right) \cdot x - \left(\dfrac{1}{2}q \cdot x\right)\left(\dfrac{x}{3}\right)$

  $= \left(\dfrac{wL}{6}\right) \cdot x - \left(\dfrac{x^2}{6}\right)\left(\dfrac{w}{L} \cdot x\right)$

  $= \left(\dfrac{wL}{6}\right) \cdot x - \left(\dfrac{w}{6L}\right) \cdot x^3$

(3) $\dfrac{dM_x}{dx} = V = \left(\dfrac{wL}{6}\right) - \left(\dfrac{w}{2L}\right) \cdot x^2 = 0 \quad \therefore x = \dfrac{L}{\sqrt{3}}$

41. 그림과 같은 단순보에 등변분포하중이 작용하고 있을 때 보의 휨모멘트도는 몇 차 곡선이 되는가?

① 2차
② 3차
③ 4차
④ 5차

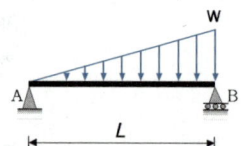

해설

등변분포하중이 작용하는 단순보의 휨모멘트도는 x축에 대해 3차곡선이다.

해답 39. ③ 40. ② 41. ②

42. 그림과 같은 등변분포하중이 작용하는 단순보의 최대 휨모멘트 $M_{\max}$는?

① $25\sqrt{3}$ kN·m
② $25\sqrt{2}$ kN·m
③ $90\sqrt{3}$ kN·m
④ $90\sqrt{2}$ kN·m

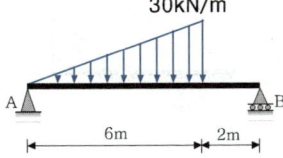

해설

(1) $\sum M_B = 0$:

$$+(V_A)(8) - \left(\frac{1}{2} \times 30 \times 6\right)\left(2 + 6 \times \frac{1}{3}\right) = 0$$

$$\therefore V_A = +45\text{kN}(\uparrow)$$

(2) A로부터 우측으로 x 위치에서 삼각형 분포하중의 크기는 삼각형의 닮음비를 통해

$x : q = 6 : 30$ 으로부터 $q = 5x$

(3) 지점 A로부터 우측으로 x 위치의 휨모멘트:

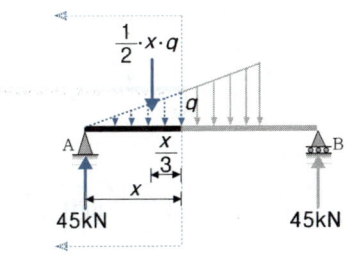

$$M_x = +(45)(x) - \left(\frac{1}{2} \cdot q \cdot x\right) \cdot \frac{x}{3}$$

$$= +45 \cdot x - \frac{5}{6} \cdot x^3$$

(4) $\dfrac{dM_x}{dx} = V_x = +(45) - \left(\dfrac{15}{6} \cdot x^2\right) = 0$

$$\therefore x = 3\sqrt{2}\,\text{m}$$

(5) $M_{\max} = +(45)(3\sqrt{2}) - \left(\dfrac{5}{6}\right)(3\sqrt{2})^3$

$$= +90\sqrt{2}\,\text{kN·m}\;(\smile)$$

43. 다음 그림은 각 구간에서 직선적으로 변화하는 단순보의 휨모멘트이다. C점과 D점에 동일한 힘 P_1이 작용하고 보의 중앙점 E에 P_2가 작용할 때 P_1과 P_2의 절대값은?

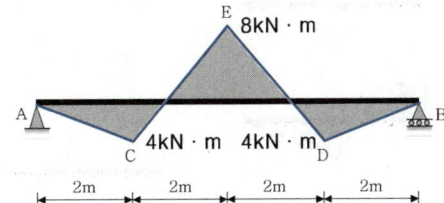

① $P_1 = 4$kN, $P_2 = 6$kN
② $P_1 = 4$kN, $P_2 = 8$kN
③ $P_1 = 8$kN, $P_2 = 10$kN
④ $P_1 = 8$kN, $P_2 = 12$kN

해설

하중과 지점반력

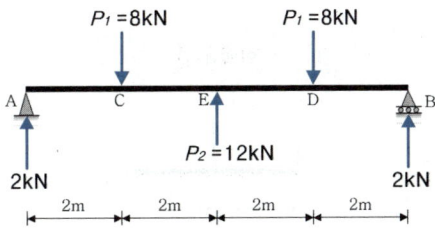

휨모멘트도
$+(2\text{kN})(4\text{m}) - (8\text{kN})(2\text{m}) = -8\text{kN·m}$

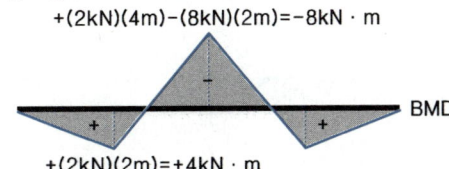

$+(2\text{kN})(2\text{m}) = +4\text{kN·m}$

해답 42. ④   43. ④

44. 그림과 같은 캔틸레버 보의 휨모멘트도로 옳은 것은?

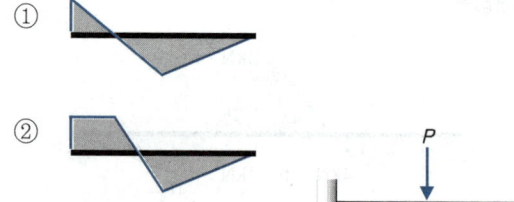

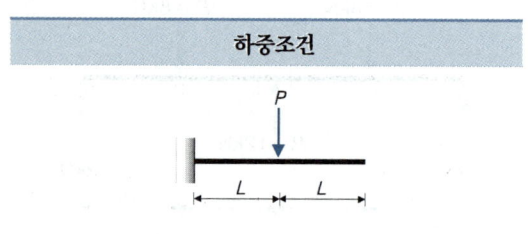

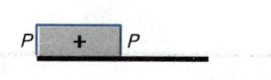

해설

하중조건

SFD

BMD

45. 그림과 같은 겔버보의 휨모멘트도(BMD)로서 옳은 것은?

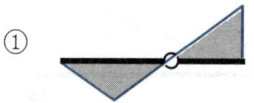

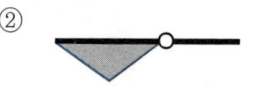

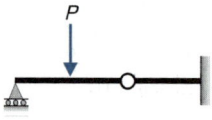

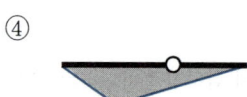

해설

하중조건

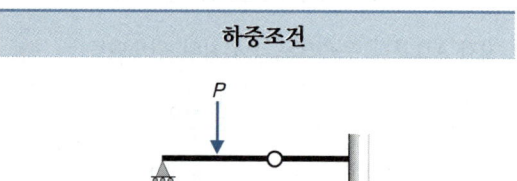

SFD

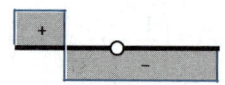

BMD

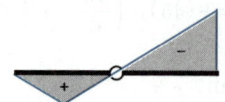

해답 44. ④   45. ①

46. 그림과 같이 힘 P가 작용할 때 휨모멘트가 0이 되는 곳은 몇 개인가?

① 2
② 3
③ 4
④ 5

해설

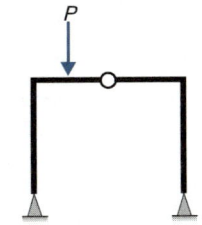

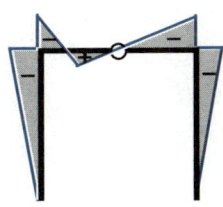

47. 그림과 같은 3회전단의 포물선 아치가 등분포하중을 받을 때 단면력에 관한 설명으로 옳은 것은?

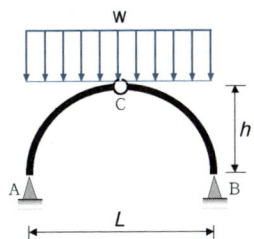

① 축방향력만 존재한다.
② 축방향력과 휨모멘트가 존재한다.
③ 전단력과 축방향력이 존재한다.
④ 축방향력, 전단력, 휨모멘트가 모두 존재한다.

해설

3회전단 포물선 아치가 등분포하중을 받게 되면 부재력으로서 전단력이나 휨모멘트가 발생하지 않고 축방향력만 발생하므로 경제적인 구조가 된다. 논리적인 증명과정이 대단히 복잡하므로 위의 결과를 기억해두는 것이 좋다.

48. 구조계산에서 자동차나 열차의 바퀴와 같은 차륜하중은 어떤 형태의 하중으로 계산하는가?

① 집중하중
② 등분포하중
③ 모멘트하중
④ 등변분포하중

해설

자동차나 열차의 바퀴와 같은 차륜하중은 집중하중이 작용하는 것으로 계산된다.

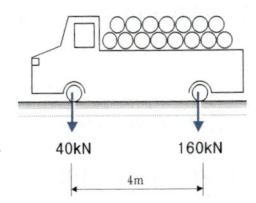

49. 다음 보에서 B점으로부터 2개의 하중이 지나갈 때 최대 휨모멘트가 발생하는 거리 x를 구하면?

① 6.5m
② 7.5m
③ 8.5m
④ 9.5m

해설

(1) 합력(R)의 위치
  ① $R = 20 + 60 = 80 \text{kN}$
  ② 바리뇽의 정리를 이용한다.
     $(R)(x_1) = (60)(4)$ 이므로 $\therefore x_1 = 3\text{m}$

(2) 합력(R)과 가까운 하중(60kN)과의 거리를 $a(=1\text{m})$라 할 때 $\dfrac{a}{2}(=0.5\text{m})$를 보의 중앙점에 일치시켰을 때 최대하중 60kN의 작용점에서 절대최대휨모멘트가 발생하므로 x의 위치는 B지점으로부터 7.5m 이다.

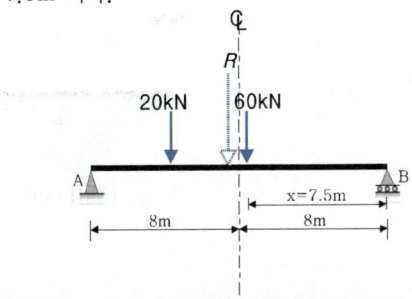

해답 46. ③ 47. ① 48. ① 49. ②

50. 그림과 같은 이동하중이 스팬 10m의 단순보 위를 지날 때 절대최대휨모멘트를 구하면?

① 16kN·m
② 18kN·m
③ 25kN·m
④ 30kN·m

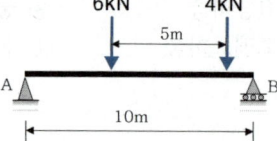

해설

(1) 합력(R)의 위치

① $R = 6 + 4 = 10$kN

② 바리뇽의 정리를 이용한다.

$+(10)(x) = (6)(0) + (4)(5)$ ∴ $x = 2$m

(2) $\dfrac{x}{2} = 1$m 의 위치를 보의 중앙점에 일치시켰을 때 합력과 인접한 큰 하중작용점에서 절대최대휨모멘트가 발생한다.

① $\sum M_B = 0 : +(V_A)(10) - (6)(6) - (4)(1) = 0$

∴ $V_A = +4$kN(↑)

② $M_{max,abs} = +[(4)(4)] = +16$kN·m(⌣)

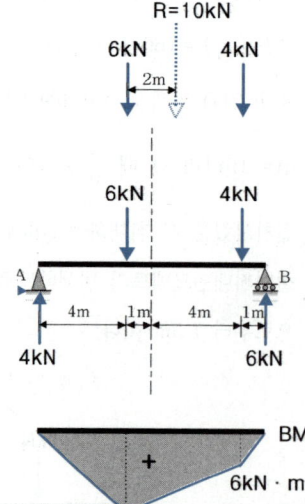

해답   50. ①

MEMO

5 트러스(Truss) 구조해석

CHECK

(1) 트러스 구조해석: 절점법(Method of Joint)에 의한 축방향력 산정

➡ Zero Force Member: 부재력이 0인 부재

(2) 트러스 구조해석: 절단법(Method of Sections)에 의한 축방향력 산정
① 전단력법($V=0$): 복부재(수직재 및 경사재)의 해석
② 모멘트법($M=0$): 현재(상현재 및 하현재)의 해석

1 기본적인 트러스의 종류

트러스(Truss)의 사전적인 의미는 『다발(Bundle), 꾸러미, 묶음』이다. 역학분야에서는 2개 이상, 보통 3개 이상의 직선 부재가 삼각형 단위로 구성된 구조형식을 말한다. 여러가지 이유가 있었겠지만 하나의 면(Plane)을 밀실하게 덮을 필요가 없고 그 면의 내부를 채우지 않고 개방되도록 한다면 자중(Self Weight)을 줄여가면서 상대적으로 넓은 공간을 형성할 수 있도록 도와줄 수 있는 구조체의 필요성이 트러스의 탄생배경이었을 것이다.

학습POINT

■ 트러스(Truss) 부재 구성
(1) 2개 이상의 직선 부재의 양단을 마찰 없는 힌지(Hinge)로 연결한 구조물
(2) 부재의 명칭

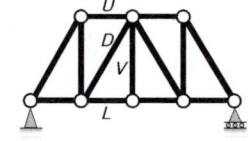

① U(상현재, Upper Chord Member)
② L(하현재, Lower Chord Member)
③ V(수직재, Vertical Member)
④ D(경사재, Diagonal Member)

■ Pratt 트러스와 Howe 트러스
경사재의 경사 방향에 따라 구분되는데 프랫트러스에서 경사재는 인장력을 받고, 하우트러스에서 경사재는 압축력을 받는다.
결국, 수직재보다 경사재의 길이가 더 길게 설계되는 경우에는 경사재를 인장재가 되도록 설계하는 프랫트러스가 구조적으로 유리하게 된다.
왜냐하면 압축력을 받는 세장한 부재는 쉽게 좌굴이 일어나기 때문이다.

핵심예제 1

그림과 같은 트러스의 명칭은?

① 하우(Howe) 트러스
② K 트러스
③ 와렌(Warren) 트러스
④ 핑크(Fink) 트러스

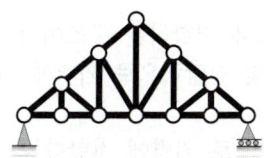

[해설] ① 경사부재가 압축재의 역할을 하는 하우(Howe) 트러스이다.   답 : ①

2 트러스(Truss) 해석의 부호 규약 및 기본 가정

(1) 부호 규약

인장(+) : 절점에서 단면방향	압축(−) : 단면에서 절점방향

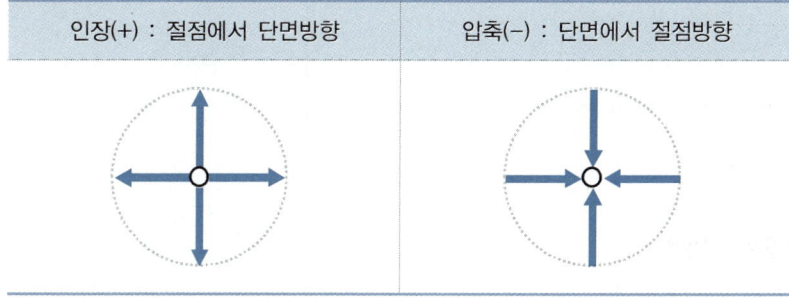

■ 트러스 구조는 부재내력으로서 해석상 축방향력(Axial Force)만 계산된다. 물리적인 기본법칙에 의해 늘어나는 형태의 인장력을 +로 가정하는 것이 합리적이며, 트러스 해석을 위해 인장(+)으로 부재력을 가정하고, 그 결과값이 (+)이면 인장(Tension)부재이고 그 결과값이 (−)이면 압축(Compression)부재이다.

(2) 트러스(Truss) 해석의 기본 가정

①	각 부재들은 양단에서 마찰이 없는 핀(Pin, Hinge)으로 연결되어 있으므로, 1개의 축방향력(Axial Force)만 존재하고 전단력(Shear Force)이나 휨모멘트(Bending Moment)는 존재하지 않는다.
②	하중과 반력은 모두 트러스의 절점(Joint, 격점)에만 작용하며, 트러스와 동일 평면상에 놓여 있다.
③	각 부재는 직선이며 도심축은 연결 핀의 중심을 지난다.
④	하중으로 인한 트러스의 변형과 2차응력(Secondary Stress)을 무시한다. 왜냐하면, 트러스 각 부재의 길이의 변화 때문에 발생하는 트러스의 변형은 전체 트러스의 형상과 규격에 영향을 미칠 정도로 충분히 큰 부재가 아니기 때문이다.

핵심예제2

각각의 구조물에 대한 설명으로 옳지 않은 것은?

① 쉘(Shell)은 주로 면내력으로 외력에 저항하는 구조이다.
② 라멘(Rhamen)은 주로 휨모멘트 및 전단력으로 외력에 저항하는 구조이다.
③ 아치(Arch)는 주로 축방향 압축력으로 외력에 저항하는 구조이다.
④ 트러스(Truss)는 주로 휨모멘트로 외력에 저항하는 구조이다.

해설 ④ 트러스는 축방향력(압축-, 인장+)으로 외력에 저항하는 구조이다.

답 : ④

핵심예제3

트러스 해법의 기본 가정으로 틀린 것은?

① 절점을 연결하는 직선은 재축과 일치한다.
② 외력은 모두 절점에 작용하는 것으로 한다.
③ 부재를 연결하는 절점은 강절점으로 간주한다.
④ 외력은 모두 트러스를 포함한 평면 안에 있는 것으로 한다.

해설 ③ 부재를 연결하는 절점은 활절점(Hinge, Pin)으로 간주한다.

답 : ③

3 절점법(Method of Joint, 격점법)

각 절점에 작용하는 외력(하중 및 반력)과 부재 내에 발생하는 부재력 사이에는 평형을 이루고 있다. 평형3조건($\sum H=0$, $\sum V=0$, $\sum M=0$) 중에서 절점에서의 모멘트평형 $\sum M=0$은 트러스의 구조해석에 아무런 도움을 주지 않는다. 왜냐하면 절점에서만 하중이 작용한다는 해석상의 기본가정에 따라 절점에서 모멘트 계산을 하게 되면 모든 외력(하중 및 반력)과 부재력의 계산이 0이 되기 때문이다. 따라서 수평평형 및 수직평형($\sum H=0$, $\sum V=0$) 두 가지 조건식으로 트러스를 해석하는 방법을 절점법(Method of Joint)이라고 한다.

(1) 지점반력을 구한다.
(단, 캔틸레버 트러스의 경우 지점반력을 구할 필요가 없다.)

(2) 부재력을 구하고자 하는 부재를 U형 형태의 3개 이내로 절단하여 인장(+)부재로 가정한다.

(3) 순서와는 무관하게, 미지의 부재력이 2개가 넘지 않는 절점을 찾아가며 $\sum H = 0$, $\sum V = 0$을 적용하여 부재력을 구한다.

(4) 인장(+)재로 가정하는 것이 편리하며, 해석결과가 (+)이면 인장재, (−)이면 압축재이다.

핵심예제 4

그림과 같은 트러스에서 N_1, N_2부재의 부재력은?

① $N_1 = 2\text{kN}$, $N_2 = 1.732\text{kN}$
② $N_1 = 1\text{kN}$, $N_2 = 0.866\text{kN}$
③ $N_1 = 1.5\text{kN}$, $N_2 = 1\text{kN}$
④ $N_1 = 1\text{kN}$, $N_2 = 1.732\text{kN}$

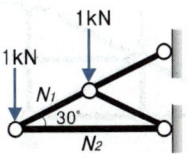

해설 (1) 1kN 하중이 작용하는 절점에서 절점법을 이용한다.

(2) $\sum V = 0 : -(1) + (F_{N_1} \cdot \sin 30°) = 0$ ∴ $F_{N_1} = +2\text{kN}(인장)$

(3) $\sum H = 0 : +(F_{N_1} \cdot \cos 30°) + (F_{N_2}) = 0$ ∴ $F_{N_2} = -\sqrt{3}\,\text{kN}(압축)$

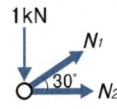  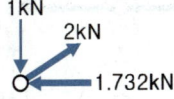

인장재 가정   수직력·수평력 치환   해석 결과

답 : ①

4 Zero Force Member: 부재력이 0인 부재

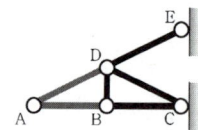

2개의 부재가 만나는 절점에 외력이 작용하지 않는 경우 2개의 부재 모두 부재력은 0이다.

$$F_{AD}=0, \ F_{AB}=0$$

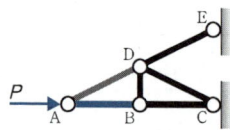

하나의 부재축과 나란하게 외력이 작용하는 경우, 다른 한 부재의 부재력은 0이다.

$$F_{AD}=0, \ F_{AB}=-P(압축)$$

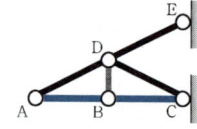

절점에 외력이 작용하지 않는 경우 동일 직선상에 놓여 있는 2개 부재의 부재력은 같고 다른 한 부재의 부재력은 0이다.

$$F_{BD}=0, \ F_{AB}=F_{BC}$$

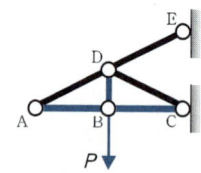

절점에 외력이 작용할 때 그 외력이 부재와 일직선상에 나란하게 작용하면 그 부재의 부재력은 외력과 같다.

$$F_{BD}=+P(인장), \ F_{AB}=F_{BC}$$

■ 특정의 하중조건에 대해 부재력이 발생하지 않는 부재를 의미하며, 이동하중이 작용할 때 구조적으로 안정시키기 위한 목적과 전체 트러스 구조의 처짐을 감소시키기 위한 목적으로 설치되는 부재를 말한다.
트러스의 절점법 해석을 통해서 계산을 수행하다 보면 특정 부재의 부재력이 0으로 계산되는 경우가 발생한다. 그런데, 처음부터 몇 가지 특징들을 알고 있다면 부재력이 0인 부재들을 육안관찰에 의해 쉽게 파악할 수 있게 된다.

핵심예제 5

그림과 같은 트러스에서 부재력이 발생하지 않는 부재는?

① DF
② DE 및 DB
③ DE 및 DF
④ DE, DB 및 DF

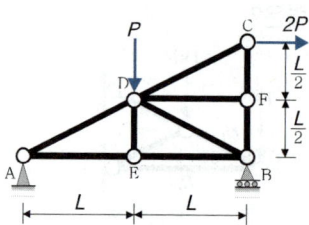

해설

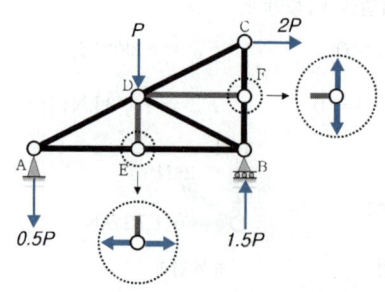

답 : ③

5 절단법(Method of Sections)

Karl Culmann
(1821~1881)

부재력을 구하고자 하는 부재를 포함하여 3개 이내로 전체 구조물을 절단하여, 절단면의 한 쪽에 관해서 전단력이 발생하지 않는다는 조건($V=0$)을 적용하는 해법을 전단력법, 휨모멘트가 발생하지 않는다는 조건 ($M=0$)을 적용하는 해법을 모멘트법이라 한다.

(1) 지점반력을 구한다.
(단, 캔틸레버 트러스의 경우 지점반력을 구할 필요가 없다.)

(2) 부재력을 구하고자 하는 부재를 3개 이내로 직선 절단하여 인장(+)부재로 가정한다.

(3) 절단된 상태의 자유물체도상에서 $V=0$을 이용하면 (경)사재(Diagonal Member), 수직재(Vertical Member)의 부재력이 곧바로 구해진다.

(3) 절단된 상태의 자유물체도상에서 특정 절점에서 $M=0$을 이용하면 상현재(Upper Chord Member), 하현재(Lower Chord Member)의 부재력이 곧바로 구해진다.

(4) 인장(+)재로 가정하는 것이 편리하며, 해석결과가 (+)이면 인장재, (-)이면 압축재이다.

핵심예제6

그림과 같은 트러스에서 T부재의 부재력은?

① 40 kN
② 50 kN
③ $30\sqrt{2}$ kN
④ $40\sqrt{2}$ kN

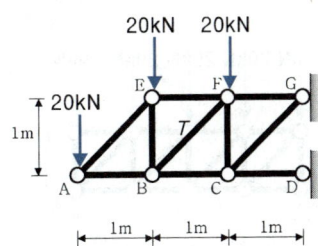

(1) 캔틸레버 트러스이므로 지점반력을 구할 필요가 없이 구하고자 하는 T를 포함하여 3개 이내로 수직절단한 후 자유단쪽을 계산한다.

(2) $V=0:\ -(20)-(20)+(F_T \cdot \sin 45)=0 \quad \therefore\ F_T=+40\sqrt{2}\,\text{kN}(인장)$

답 : ④

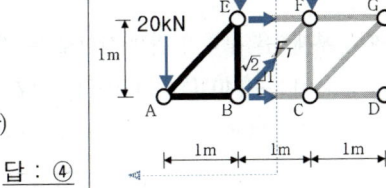

핵심예제 7

그림과 같은 트러스에서
C 부재의 부재력은?

① $+4.5\text{kN}$
② -4.5kN
③ $+7.5\text{kN}$
④ -7.5kN

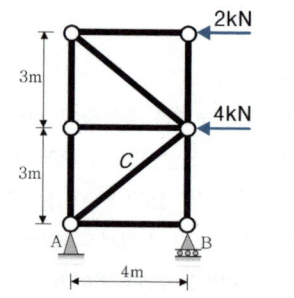

해설 $V=0 : -(2)-(4)-\left(F_C \cdot \dfrac{4}{5}\right)=0 \quad \therefore \ F_C = -7.5\text{kN}(압축)$ 답 : ④

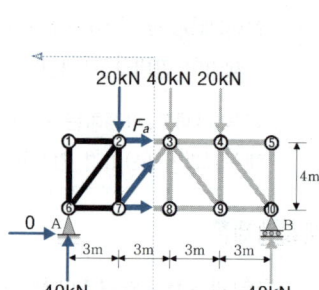

핵심예제 8

그림과 같은 트러스에서
a 부재의 부재력은?

① 20kN(인장)
② 30kN(압축)
③ 40kN(인장)
④ 60kN(압축)

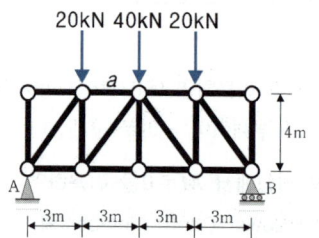

해설

a 부재의 부재력을 구하기 위해 하현재 두 번째 절점⑦에서 모멘트를 계산한다.
$M_{⑦,Left}=0 : +(40)(3)+(F_a)(4)=0 \quad \therefore \ F_a = -30\text{kN}(압축)$ 답 : ②

핵심예제 9

그림과 같은 트러스에서
a 부재의 부재력은?

① $+30\text{ kN}$
② -30 kN
③ $+40\text{ kN}$
④ -40 kN

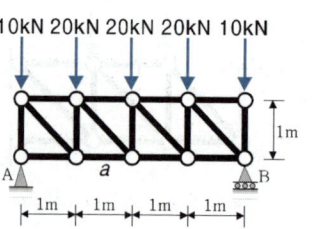

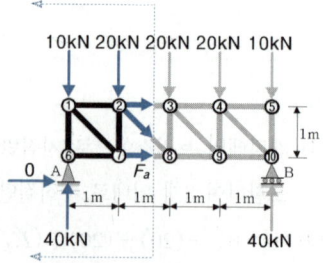

해설

a 부재의 부재력을 구하기 위해 상현재 두 번째 절점②에서 모멘트를 계산한다.
$M_{②,Left}=0 : +(40)(1)-(10)(1)-(F_a)(1)=0 \quad \therefore \ F_a = +30\text{kN}(인장)$

답 : ①

MEMO

핵심문제

CHAPTER 5 트러스 구조해석

1. 트러스 해법의 기본가정으로 틀린 것은?

① 절점을 연결하는 직선은 재축과 일치한다.
② 외력은 모두 절점에 작용하는 것으로 한다.
③ 부재를 연결하는 절점은 강절점으로 간주한다.
④ 외력은 모두 트러스를 포함한 평면안에 있는 것으로 한다.

해설

③ 트러스(Truss) 부재를 연결하는 절점은 활절점(Hinge, Pin)으로 간주한다.

2. 각각의 구조물에 대한 설명으로 옳지 않은 것은?

① 쉘(Shell)은 주로 면내력으로 외력에 저항하는 구조이다.
② 라멘(Rhamen)은 주로 휨모멘트 및 전단력으로 외력에 저항하는 구조이다.
③ 아치(Arch)는 주로 축방향 압축력으로 외력에 저항하는 구조이다.
④ 트러스(Truss)는 주로 휨모멘트로 외력에 저항하는 구조이다.

해설

④ 트러스는 축방향력(압축-, 인장+)으로 외력에 저항하는 구조이다.

3. 그림과 같은 트러스에서 BC 부재의 부재력은?

① 30kN
② 40kN
③ 50kN
④ 60kN

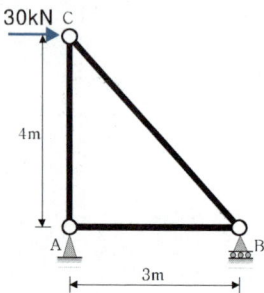

해설

절점 C에서:

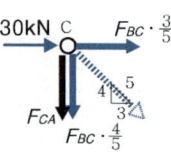

$\sum H = 0 : +(30) + \left(F_{BC} \cdot \dfrac{3}{5}\right) = 0$

$\therefore F_{BC} = -50\text{kN}(압축)$

4. 그림과 같은 트러스에서 V 부재의 부재력은?

① 5kN
② 10kN
③ 15kN
④ 20kN

해설

(1) 경사하중에 대한 수직분력 $10 \cdot \sin 30°$ 를 V 부재가 저항해야 한다.

(2) $\sum V = 0 :$
$-(10 \cdot \sin 30°) - (F_V) = 0$

$\therefore F_V = -5\text{kN}(압축)$

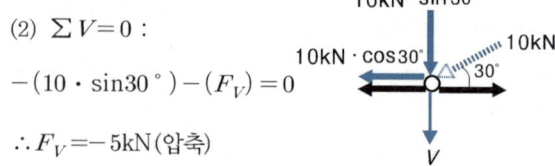

해답 1. ③ 2. ④ 3. ③ 4. ①

5. 그림과 같은 대칭트러스에서 d부재의 부재력은?

① $0.3\sqrt{2}$ kN(인장)
② $0.3\sqrt{2}$ kN(압축)
③ $0.5\sqrt{2}$ kN(인장)
④ $0.5\sqrt{2}$ kN(압축)

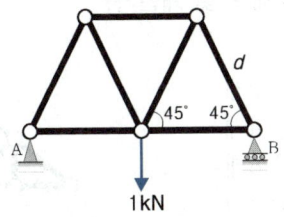

해설

(1) 대칭이므로 $V_B = +0.5\text{kN}(\uparrow)$

(2) 절점B:

$\sum V = 0$:

$+(0.5) + (F_d \cdot \sin 45°) = 0$

$\therefore F_d = -0.5\sqrt{2}$ kN(압축)

6. 그림과 같은 트러스의 C부재의 부재력은? (단, +: 인장, -: 압축)

① $\dfrac{P}{2} \cdot \sin\theta$
② $P \cdot \sec\theta$
③ $-\dfrac{3}{2} P \cdot \csc\theta$
④ $-P \cdot \csc\theta$

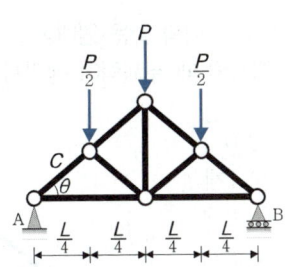

해설

(1) 대칭이므로 $V_A = +P(\uparrow)$

(2) 절점A:

$+(P) + (F_C \cdot \sin\theta) = 0$

$\therefore F_C = -\dfrac{P}{\sin\theta}$

$= -P \cdot \csc\theta$(압축)

7. 그림과 같은 트러스의 하현재 T의 부재력은?

① $10\sqrt{3}$ kN
② 20 kN
③ $20\sqrt{3}$ kN
④ 40 kN

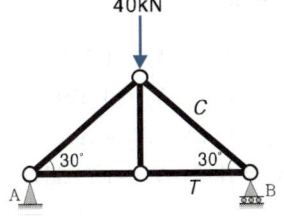

해설

(1) 대칭이므로 $V_B = +20\text{kN}(\uparrow)$

(2) 절점B:

$\sum V = 0$:

$+(20) + (F_C \cdot \sin 30°) = 0$

$\therefore F_C = -40$ kN(압축)

$\sum H = 0$: $-(F_C \cdot \cos 30°) - (F_T) = 0$

$\therefore F_T = +20\sqrt{3}$ kN(인장)

8. 그림과 같은 트러스에서 '가' 및 '나' 부재의 부재력은? (단, -는 압축력, +는 인장력을 의미한다.)

① 가 = -500kN, 나 = 300kN
② 가 = -500kN, 나 = 400kN
③ 가 = -400kN, 나 = 300kN
④ 가 = -400kN, 나 = 400kN

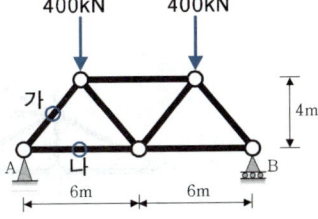

해설

절점A:

$\sum V = 0$:

$+(400) + \left(F_{가} \cdot \dfrac{4}{5}\right) = 0$ $\therefore F_{가} = -500$ kN(압축)

$\sum H = 0$:

$+\left(F_{가} \cdot \dfrac{3}{5}\right) + (F_{나}) = 0$ $\therefore F_{나} = +300$ kN(인장)

9. 그림과 같은 트러스의 N_1, N_2 부재력(절대값)으로 옳은 것은?

① $N_1 = 2\text{kN}$, $N_2 = 1.732\text{kN}$
② $N_1 = 1\text{kN}$, $N_2 = 0.866\text{kN}$
③ $N_1 = 1.5\text{kN}$, $N_2 = 1\text{kN}$
④ $N_1 = 1\text{kN}$, $N_2 = 1.732\text{kN}$

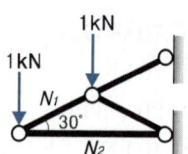

해설

(1) 1kN 하중이 작용하는 절점에서 절점법을 이용한다.

(2) $\sum V = 0 : -(1) + (F_{N_1} \cdot \sin 30°) = 0$

$\therefore F_{N_1} = +2\text{kN}(인장)$

(3) $\sum H = 0 : +(F_{N_1} \cdot \cos 30°) + (F_{N_2}) = 0$

$\therefore F_{N_2} = -1.732\text{kN}(압축)$

10. 그림과 같은 트러스에서 부재력이 발생하지 않는 부재는?

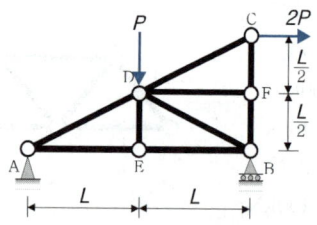

① DF
② DE 및 DB
③ DE 및 DF
④ DE, DB 및 DF

해설

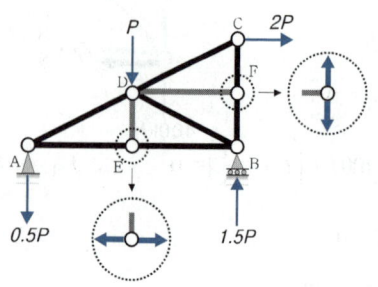

11. 다음과 같은 트러스에서 부재력이 발생하지 않는 부재는 몇 개인가?

① 2개
② 4개
③ 6개
④ 8개

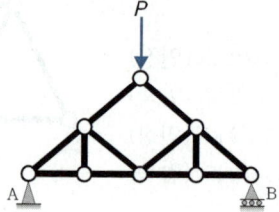

해설

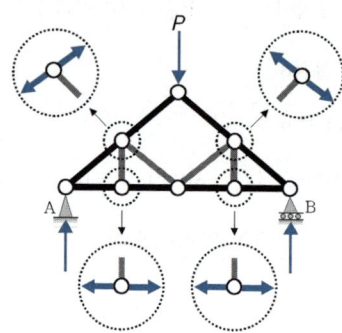

12. 그림과 같은 왕대공 트러스(Truss)에서 C점에 P가 작용할 때 부재력이 생기지 않는 부재는 몇 개인가?

① 0
② 1개
③ 2개
④ 3개

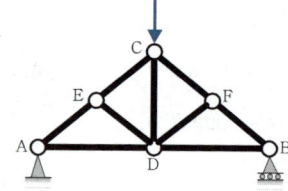

해설

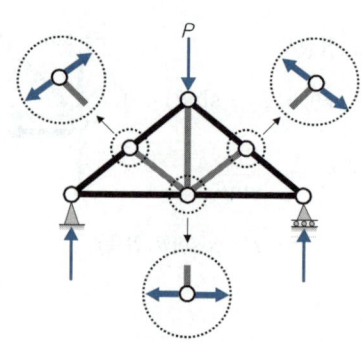

해답 9. ① 10. ③ 11. ② 12. ④

13. 다음 트러스 구조물에서 부재력이 0이 되는 부재의 개수는?

① 1개
② 2개
③ 3개
④ 4개

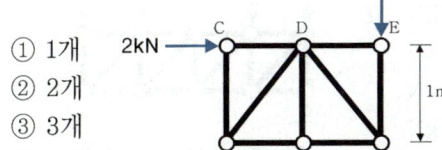

[해설]

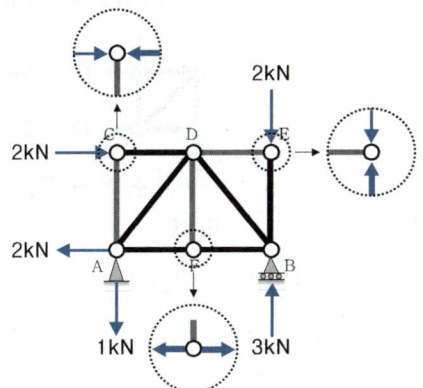

14. 다음과 같은 트러스에서 부재력이 0이 되는 부재 수는?

① 2개
② 3개
③ 4개
④ 5개

[해설]

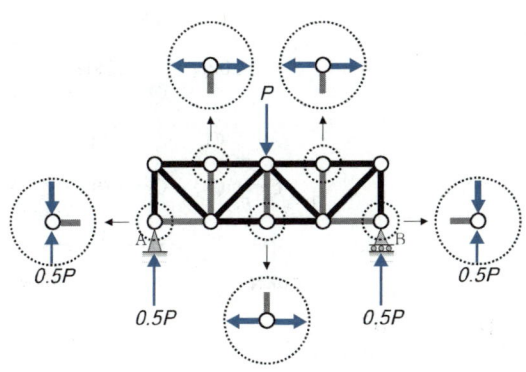

15. 그림과 같은 트러스에서 T부재의 부재력은?

① 40 kN
② 50 kN
③ $30\sqrt{2}$ kN
④ $40\sqrt{2}$ kN

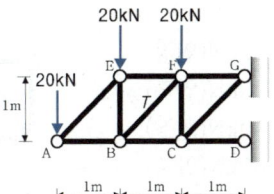

[해설]

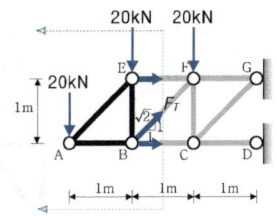

(1) 캔틸레버이므로 지점반력을 구할 필요가 없이 구하고자 하는 T를 포함하여 3개 이내로 수직절단한 후 자유단쪽을 계산한다.

(2) $V=0: -(20)-(20)+(F_T \cdot \sin 45)=0$

$$\therefore F_T = +40\sqrt{2} \text{ kN (인장)}$$

16. 그림과 같은 트러스에서 C부재의 부재력은?

① $+4.5$ kN
② -4.5 kN
③ $+7.5$ kN
④ -7.5 kN

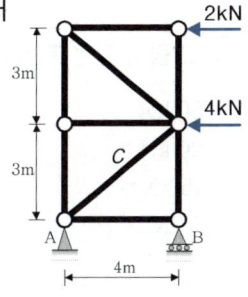

[해설]

(1) C부재가 지나가도록 수평으로 절단해서 위쪽을 고려하면 지점반력을 구할 필요가 없다.

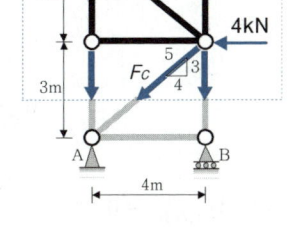

(2) $V=0$:

$-(2)-(4)-\left(F_C \cdot \dfrac{4}{5}\right)=0 \quad \therefore F_C = -7.5 \text{ kN (압축)}$

해답 13. ③   14. ④   15. ④   16. ④

17. 그림과 같은 트러스에서 a부재의 부재력은?

① 20kN(인장)
② 30kN(압축)
③ 40kN(인장)
④ 60kN(압축)

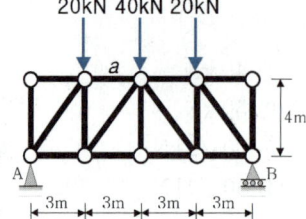

해설

a부재의 부재력을 구하기 위해 하현재 두 번째 절점⑦에서 휨모멘트를 계산한다.

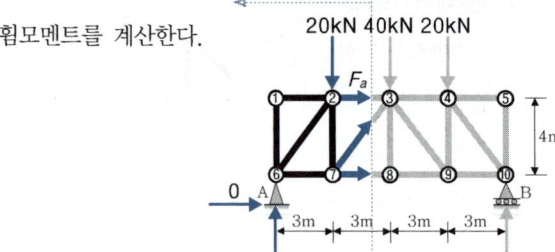

$M_{⑦,Left} = 0 : +(40)(3)+(F_a)(4)=0$

$\therefore F_a = -30\text{kN}(압축)$

18. 그림과 같은 트러스에서 d부재의 부재력은?

① 30 kN
② 20 kN
③ 15 kN
④ 5 kN

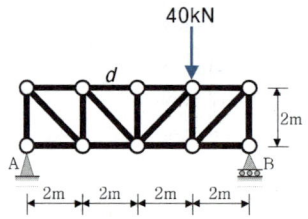

해설

(1) $\Sigma M_B = 0 : +(V_A)(8)-(40)(2)=0$

$\therefore V_A = +10\text{kN}(\uparrow)$

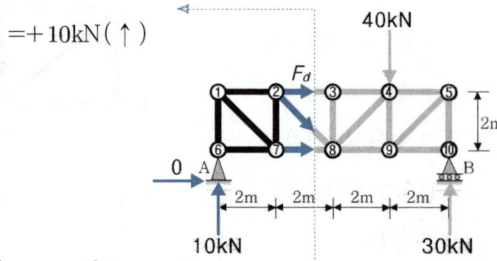

(2) $M_{⑧,Left} = 0 :$

$+(10)(4)+(F_d)(2)=0 \quad \therefore F_d = -20\text{kN}(압축)$

19. 그림과 같은 트러스에서 a부재의 부재력은?

① +30 kN
② -30 kN
③ +40 kN
④ -40 kN

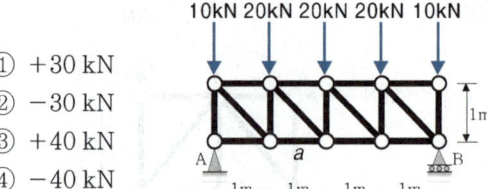

해설

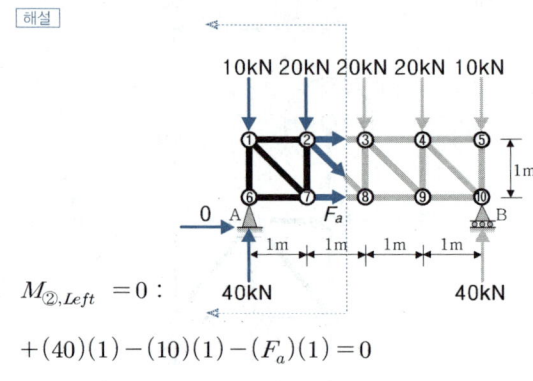

$M_{②,Left} = 0 :$

$+(40)(1)-(10)(1)-(F_a)(1)=0$

$\therefore F_a = +30\text{kN}(인장)$

20. 그림과 같은 트러스에서 L_1부재의 부재력은?

① 20 kN
② 30 kN
③ 40 kN
④ 50 kN

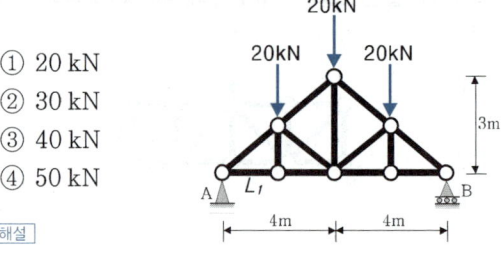

해설

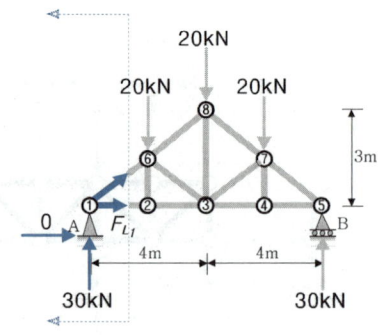

$M_{⑥,Left} = 0 :$

$+(30)(2)-(F_{L_1})(1.5)=0 \quad \therefore F_{L_1} = +40\text{kN}(인장)$

해답 17. ② 18. ② 19. ① 20. ③

21. 그림과 같은 트러스에서 T부재의 부재력은?

① 4 kN
② 6 kN
③ 8 kN
④ 16 kN

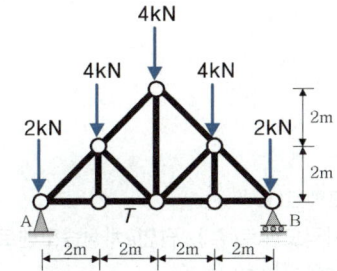

해설

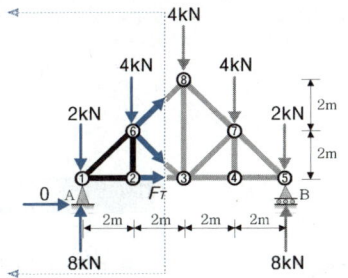

$M_{⑥,Left} = 0$:

$+(8)(2)-(2)(2)-(F_T)(2)=0 \quad \therefore F_T = +6\text{kN}(인장)$

22. 그림과 같은 트러스에서 L_2부재의 부재력은?

① 1 kN
② 1.5 kN
③ 2 kN
④ 2.5 kN

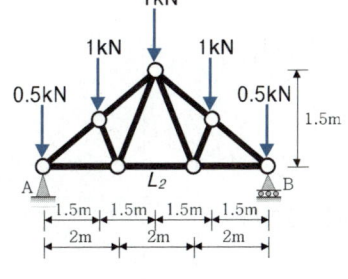

해설

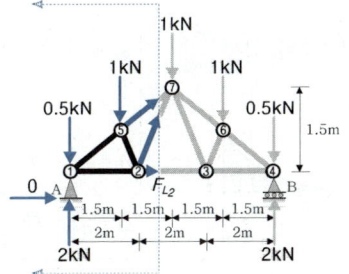

$M_{⑦,Left}=0$:

$+(2)(3)-(0.5)(3)-(1)(1.5)-(F_{L_2})(1.5)=0$

$\therefore F_{L_2} = +2\text{kN}(인장)$

23. 그림과 같은 트러스에서 압축재의 수는 몇 개인가?

① 8개
② 9개
③ 7개
④ 10개

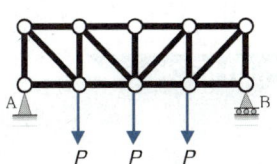

해설

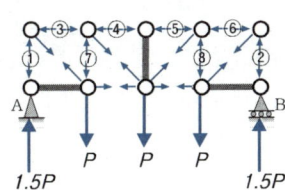

(1) ① 부재, ② 부재:

$\sum V = 0$ 이므로 $-1.5P$(압축)의 부재력 발생

(2) ③, ④, ⑤, ⑥ 부재:

프랫 트러스에서 상현재는 모두 압축재이다.

(3) ⑦, ⑧ 부재:

$\sum V=0$ 이므로 $-0.5P$(압축)의 부재력 발생

해답 21. ② 22. ③ 23. ①

6 단면의 성질

CHECK

단면1차모멘트(G),
단면2차모멘트(I), 평행축정리, 단면2차극모멘트(I_P), 단면2차상승모멘트(I_{xy})
단면계수(Z), 단면2차회전반경(r)

1 단면1차모멘트(G, First Moment of Area)

(1) 정의

$$G_x = \int_A y \cdot dA$$
$$G_y = \int_A x \cdot dA$$

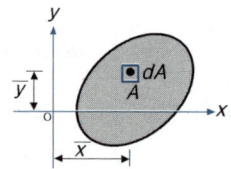

학습 POINT

■ 임의의 직교좌표축에 대하여 단면 내의 미소면적 dA와 x축까지의 거리 또는 y축까지의 거리를 곱하여 적분한 값을 단면1차모멘트(Geometrical Moment)로 정의한다.

(2) 용도 및 특성

① 단위는 mm³, cm³ 이며, 부호는 (+), (−) 값을 갖는다.

② 단면의 도심(圖心, Centroid)을 구할 때 사용된다.
  ➡ 단면의 도심 ($\bar{x}$, $\bar{y}$)을 알고 있을 경우 $G_x = A \cdot \bar{y}$, $G_y = A \cdot \bar{x}$

③ 단면의 도심을 통과하는 축에 대한 단면1차모멘트는 0이다.

(3) 기본 단면의 면적과 도심

단 면	원 형	사각형	삼각형	2차 곡선
도 형	(G, D)	(G, b, h)	(G, b, h)	(G, b, h)
도심 $\bar{x}$	$\dfrac{D}{2}$	$\dfrac{1}{2}b$	$\dfrac{1}{3}b$	$\dfrac{1}{4}b$
면적	$\dfrac{\pi D^2}{4}$	$\dfrac{1}{1}bh$	$\dfrac{1}{2}bh$	$\dfrac{1}{3}bh$

■ n차 곡선의 도심과 단면적

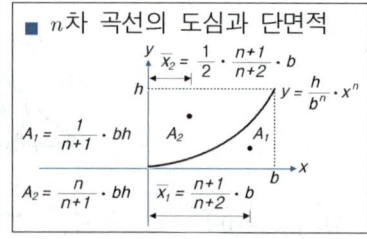

(4) 특수 단면의 면적과 도심

단 면	1/4 원	1/2 원	중공형 원	사다리형
도 형				
도심 $\bar{y}$	$\dfrac{4r}{3\pi}$	$\dfrac{4r}{3\pi}$	$\dfrac{5}{6}r$	$\dfrac{h(2a+b)}{3(a+b)}$
면 적	$\dfrac{\pi r^2}{4}$	$\dfrac{\pi r^2}{2}$	$\dfrac{3}{4}\pi r^2$	$\dfrac{(a+b)}{2}h$

■ 반원의 도심거리 $\bar{y}$ 계산

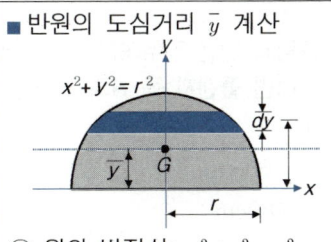

① 원의 방정식: $x^2 + y^2 = r^2$
② 단면1차모멘트

$$G_x = \int y \cdot dA = \int_0^r y(2x) \cdot dy$$
$$= 2\int_0^r \sqrt{r^2 - y^2} \cdot y \cdot dy$$
$$= -\frac{2}{3}[(r^2 - y^2)^{\frac{3}{2}}]_0^r \cdot dy$$
$$= \frac{2}{3}r^3$$

③ $y_o = \dfrac{G_x}{A} = \dfrac{2r^3/3}{\pi r^2/2} = \dfrac{4r}{3\pi}$

핵심예제 1

그림과 같은 T형 단면에서 x축으로부터 단면의 중심 G점까지의 거리 $\bar{y}$는?

① 15cm
② 30cm
③ 37.5cm
④ 41.25cm

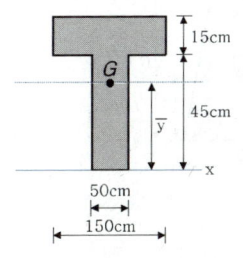

해설 T형 단면의 도심을 구해야 하므로 단면을 플랜지(Flange)와 웨브(Web)로 나누어 각각의 단면1차모멘트를 구한 뒤 합한다.

(1) $G_x = A_1 \cdot \bar{y_1} + A_2 \cdot \bar{y_2}$
    $= (150 \times 15)(52.5) + (50 \times 45)(22.5) = 168,750 \text{cm}^3$

(2) $A = A_1 + A_2 = (150 \times 15) + (50 \times 45) = 4,500 \text{cm}^2$

$\therefore \bar{y} = \dfrac{G_x}{A} = \dfrac{(168,750)}{(4,500)} = 37.5 \text{cm}$

답 : ③

■ 플랜지(Flange), 웨브(Web)
(1) Flange — 150×15, 52.5cm
(2) Web — 50×45, 22.5cm

핵심예제 2

그림과 같은 좌우대칭 T형 단면의 도심(G)이 플랜지 하단과 일치하게 하려면 플랜지 폭 B의 크기는?

① 360cm
② 180cm
③ 120cm
④ 60cm

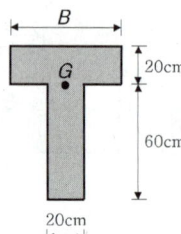

해설 $G_x = A_1 \cdot \overline{y_1} + A_2 \cdot \overline{y_2} = (B \times 20)(+10) + (20 \times 60)(-30) = 0$

∴ $B = 180$cm

답 : ②

핵심예제 3

다음과 같은 사다리꼴 단면의 도심 $\overline{y}$ 값은?

① $\dfrac{h(2a+b)}{3(a+b)}$
② $\dfrac{h(a+b)}{3(2a+b)}$
③ $\dfrac{3h(2a+b)}{(a+b)}$
④ $\dfrac{h(a+2b)}{3(a+b)}$

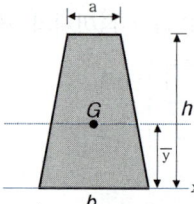

해설

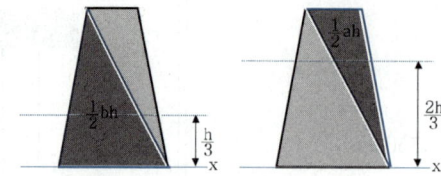

$\overline{y} = \dfrac{G_x}{A} = \dfrac{\left(\dfrac{1}{2}ah\right)\left(\dfrac{2h}{3}\right) + \left(\dfrac{1}{2}bh\right)\left(\dfrac{h}{3}\right)}{\left(\dfrac{1}{2}ah\right) + \left(\dfrac{1}{2}bh\right)} = \dfrac{h(2a+b)}{3(a+b)}$

답 : ①

2 단면2차모멘트(I , Second Moment of Area)

(1)	정의	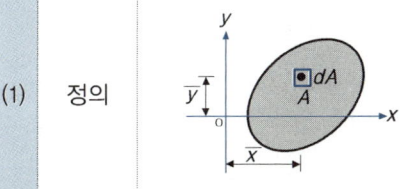 $I_x = \int_A y^2 \cdot dA$ $I_y = \int_A x^2 \cdot dA$

■ 임의의 직교좌표축에 대하여 단면 내의 미소면적 dA와 양 축까지 거리의 제곱을 곱하여 적분한 값을 단면2차모멘트 (Moment of Inertia)로 정의한다.

(2)	특성	① 단위는 mm⁴ , cm⁴ 이며, 부호는 항상 (+) 이다. ② 기본 단면의 도심축에 대한 단면2차모멘트

직사각형	삼각형	원형
$\dfrac{bh^3}{12}$	$\dfrac{bh^3}{36}$	$\dfrac{\pi D^4}{64} = \dfrac{\pi r^4}{4}$

③ 정사각형, 정삼각형, 원형, 정다각형 등과 같이 대칭인 단면의 도심축에 대한 단면2차모멘트 값은 모두 같다.

■ 직사각형 단면의 I_x 의 정의

$I_x = \int_A y^2 \, dA = \int_{-\frac{h}{2}}^{\frac{h}{2}} y^2 \cdot b \cdot dy$

$= \left[b \cdot \dfrac{1}{3} y^3 \right]_{-\frac{h}{2}}^{\frac{h}{2}} = \dfrac{bh^3}{12}$

■ 단면2차모멘트의 여러 가지 용도

(1) 단면계수 : $Z = \dfrac{I}{y}$

(2) 단면2차반경 : $r = \sqrt{\dfrac{I}{A}}$

(3) 강성도(剛性度): $K = \dfrac{I}{L}$

(4) 휨응력 : $\sigma_b = \dfrac{M}{I} \cdot y$

(3)	평행축 정리	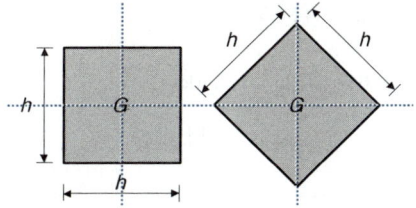 $I_{이동축} = I_{도심축} + A \cdot e^2$ • A : 단면적 • e : 도심축으로부터 이동축까지의 거리

(4)	I_P , I_{xy}	구분	I_P : 단면2차극모멘트	I_{xy} : 단면상승모멘트
		공식	$I_P = \int C^2 \cdot dA$ (C는 극점까지의 거리)	$I_{xy} = \int x \cdot y \cdot dA$ (x, y는 도심거리)
		일반식	$I_P = I_x + I_y$	$I_{xy} = A \cdot \bar{x} \cdot \bar{y}$
		용도	부재의 비틀림 응력 계산 $\tau_t = \dfrac{T}{I_P} \cdot r$	단면의 주축 (Principal Axis) 계산

■ 비대칭 도형의 주축(Principal Axis)

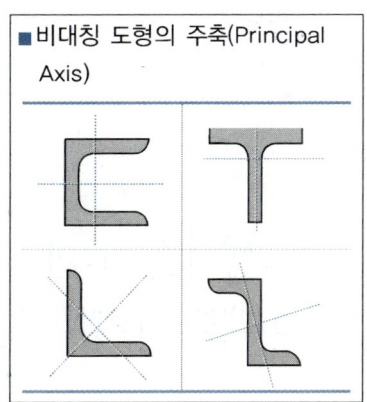

핵심예제 4

그림과 같은 단면의 x축에 대한 단면2차모멘트는?

① 1,420cm⁴
② 1,520cm⁴
③ 1,620cm⁴
④ 1,720cm⁴

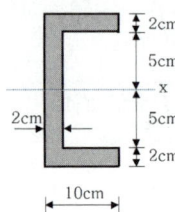

[해설] $I_x = \dfrac{(10)(14)^3}{12} - \dfrac{(8)(10)^3}{12} = 1,620\text{cm}^4$

답 : ③

핵심예제 5

그림과 같은 단면의 x축에 대한 단면2차모멘트는?

① 220cm⁴
② 240cm⁴
③ 440cm⁴
④ 540cm⁴

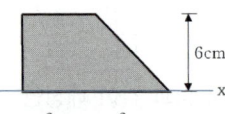

[해설] $I_x = \left[\dfrac{(6)(6)^3}{12} + (6 \times 6)(3)^2\right] + \left[\dfrac{(6)(6)^3}{36} + \left(\dfrac{1}{2} \times 6 \times 6\right)(2)^2\right] = 540\text{cm}^4$

답 : ④

핵심예제 6

그림과 같은 단면의 x축에 대한 단면2차모멘트는?

① 76cm⁴
② 258cm⁴
③ 428cm⁴
④ 500cm⁴

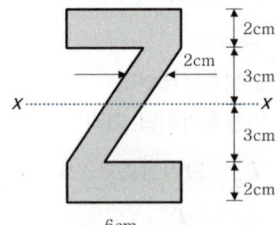

[해설] $I_x = \dfrac{bh^3}{12} - \left[\dfrac{bh^3}{36} + A \cdot e^2\right] \times 2\text{개}$

$= \dfrac{(6)(10)^3}{12} - \left[\dfrac{(4)(6)^3}{36} + \left(\dfrac{1}{2} \times 4 \times 6\right)(1)^2\right] \times 2\text{개} = 428\text{cm}^4$

답 : ③

핵심예제 7

그림에서 x축은 단면의 중심축 X에 평행하다. $I_x = 12,000\text{cm}^4$ 일 때 I_X 값은?

① $1,000\text{cm}^4$
② $1,250\text{cm}^4$
③ $2,000\text{cm}^4$
④ $10,000\text{cm}^4$

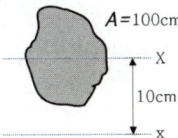

해설 $12,000 = I_X + (100)(10)^2$ 으로부터 $I_X = 2,000\text{cm}^4$ 답 : ③

핵심예제 8

그림과 같은 직사각형 단면에서 O점에 대한 단면극2차모멘트 I_P의 값은?

① $1,600,000\text{cm}^4$
② $2,400,000\text{cm}^4$
③ $3,000,000\text{cm}^4$
④ $3,200,000\text{cm}^4$

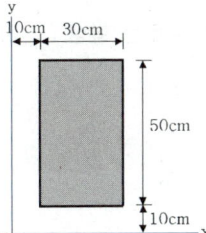

해설 $I_P = I_x + I_y = \left[\dfrac{(30)(50)^3}{12} + (30 \times 50)(35)^2\right]$
$+ \left[\dfrac{(50)(30)^3}{12} + (50 \times 30)(25)^2\right] = 3,200,000\text{cm}^4$ 답 : ④

핵심예제 9

그림과 같은 단면의 x, y에 대한 단면상승모멘트 I_{xy}는?

① 960cm^4
② 860cm^4
③ 760cm^4
④ 660cm^4

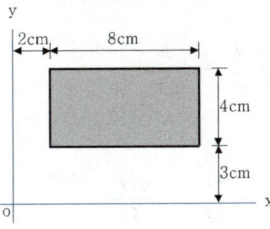

해설 $I_{xy} = A \cdot \overline{x} \cdot \overline{y} = (8 \times 4)(6-0)(5-0) = 960\text{cm}^4$ 답 : ①

3 단면계수(Z 또는 S), 단면2차반경(r 또는 i)

- 단면계수는 보의 휨응력을 알기 위한 기본 지표이다.
- 단면2차반경은 기둥의 좌굴응력, 세장비를 알기 위한 기본 지표이다.

(1) 정의	$Z_c = \dfrac{I_x}{y_c}$ $Z_t = \dfrac{I_x}{y_t}$	$r_x = \sqrt{\dfrac{I_x}{A}}$ $r_y = \sqrt{\dfrac{I_y}{A}}$
	① 도심축에 대한 단면2차모멘트(I_x)를 압축측거리(y_c) 또는 인장측거리(y_t)로 나눈 값을 단면계수(Section Modulus)로 정의한다.	
	② 도심축에 대한 단면2차모멘트를 단면적으로 나눈 값의 제곱근을 단면2차반경(Radius of Gyration) 또는 회전반경 이라고 정의한다.	
	① 단면계수의 단위는 mm³, cm³이며, 부호는 항상 (+)이다.	
	② 단면2차반경의 단위는 mm, cm이며, 부호는 항상 (+)이다.	

(2) 특성

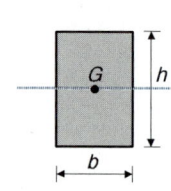

$$Z = \dfrac{I_x}{y} = \dfrac{\dfrac{bh^3}{12}}{\dfrac{h}{2}} = \dfrac{bh^2}{6}$$

$$r = \sqrt{\dfrac{I}{A}} = \dfrac{h}{\sqrt{12}}$$

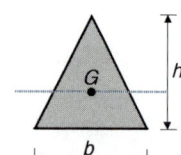

$$Z_c = \dfrac{I_x}{y_c} = \dfrac{\dfrac{bh^3}{36}}{\dfrac{2h}{3}} = \dfrac{bh^2}{24}$$

$$Z_t = \dfrac{I_x}{y_t} = \dfrac{\dfrac{bh^3}{36}}{\dfrac{h}{3}} = \dfrac{bh^2}{12}$$

$$r = \sqrt{\dfrac{I}{A}} = \dfrac{h}{\sqrt{18}}$$

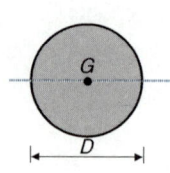

$$Z = \dfrac{I_x}{y} = \dfrac{\dfrac{\pi D^4}{64}}{\dfrac{D}{2}} = \dfrac{\pi D^3}{32}$$

$$r = \sqrt{\dfrac{I}{A}} = \dfrac{D}{4}$$

핵심예제 10

그림과 같은 H형강 H-300×150×6.5×9 의 $x-x$축에 대한 단면계수 값은? (단, $I_x = 5,080,000 \mathrm{mm}^4$ 이다.)

① $58,539 \mathrm{mm}^3$
② $60,568 \mathrm{mm}^3$
③ $67,733 \mathrm{mm}^3$
④ $71,384 \mathrm{mm}^3$

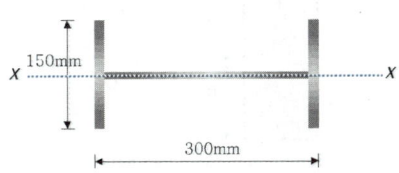

[해설] $Z = \dfrac{I_x}{y} = \dfrac{(5,080,000)}{\left(\dfrac{150}{2}\right)} = 67,733 \mathrm{mm}^3$

답 : ③

핵심예제 11

x축에 대한 단면계수 값은?

① $19,000 \mathrm{mm}^3$
② $20,500 \mathrm{mm}^3$
③ $21,000 \mathrm{mm}^3$
④ $22,500 \mathrm{mm}^3$

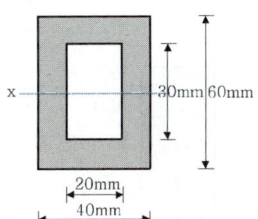

[해설] $Z = \dfrac{I}{y} = \dfrac{\dfrac{(40)(60)^3}{12} - \dfrac{(20)(30)^3}{12}}{(30)} = 22,500 \mathrm{mm}^3$

답 : ④

핵심예제 12

정방형 단면을 표시한 다음 그림의 x축에 대한 단면계수의 비로 옳은 것은?

① A : B = 1 : $\sqrt{2}$
② A : B = $\sqrt{2}$: 1
③ A : B = 1 : $2\sqrt{2}$
④ A : B = $2\sqrt{2}$: 1

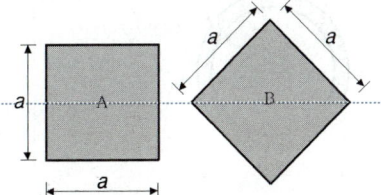

[해설] $Z_A = \dfrac{\dfrac{a \cdot a^3}{12}}{\dfrac{a}{2}} = \dfrac{a^3}{6}$, $Z_B = \dfrac{\dfrac{a \cdot a^3}{12}}{\dfrac{\sqrt{2}\,a}{2}} = \dfrac{a^3}{6\sqrt{2}}$ ∴ $Z_A : Z_B = \sqrt{2} : 1$

답 : ②

핵심예제13

그림과 같은 단면의 x축에 대한 단면2차반경은

① $\dfrac{h}{2\sqrt{3}}$

② $\dfrac{h}{\sqrt{3}}$

③ $\dfrac{2h}{\sqrt{3}}$

④ $\dfrac{4h}{\sqrt{3}}$

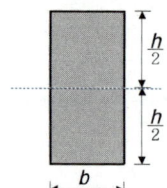

[해설] $r_x = \sqrt{\dfrac{I_x}{A}} = \sqrt{\dfrac{\dfrac{bh^3}{12}}{bh}} = \sqrt{\dfrac{h^2}{12}} = \dfrac{h}{2\sqrt{3}}$

답 : ①

핵심예제14

그림과 같은 단면의 x축에 대한 단면2차반경은?

① 5.5cm ② 6.9cm
③ 7.7cm ④ 8.1cm

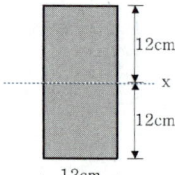

[해설] $r_x = \sqrt{\dfrac{I_x}{A}} = \sqrt{\dfrac{\dfrac{(12)(24)^3}{12}}{(12 \times 24)}} = 6.928\text{cm}$

답 : ②

핵심예제15

그림과 같은 중공형 단면에 대한 단면2차반경 r_x는?

① 1.83cm

② 3.21cm

③ 4.62cm

④ 6.53cm

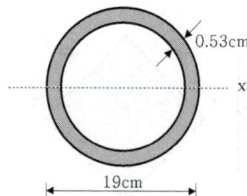

[해설] (1) 외경 : $D = 19\text{cm}$, 내경 : $d = 19 - 2 \times 0.53 = 17.94\text{cm}$

(2) $r_x = \sqrt{\dfrac{I_x}{A}} = \sqrt{\dfrac{\dfrac{\pi}{64}(D^4 - d^4)}{\dfrac{\pi}{4}(D^2 - d^2)}} = \sqrt{\dfrac{\dfrac{\pi}{64}(19^4 - 17.94^4)}{\dfrac{\pi}{4}(19^2 - 17.94^2)}} = 6.53\text{cm}$

답 : ④

MEMO

핵심문제

CHAPTER 6 단면의 성질

1. 그림에서 x축에 대한 단면1차모멘트(G_x) 값은?

① 200cm³
② 1,000cm³
③ 1,500cm³
④ 2,000cm³

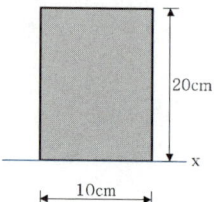

[해설]

$G_x = A \cdot \bar{y} = (10 \times 20)(10) = 2,000 \text{cm}^3$

3. 그림과 같은 좌우대칭 T형 단면의 도심(G)이 플랜지 하단과 일치하게 하려면 플랜지 폭 B의 크기는?

① 360cm
② 180cm
③ 120cm
④ 60cm

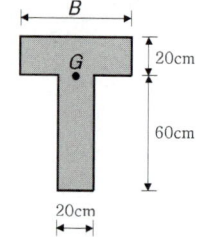

[해설]

$G_x = A_1 \cdot \bar{y_1} + A_2 \cdot \bar{y_2}$

$= (B \times 20)(+10) + (20 \times 60)(-30) = 0$

$\therefore B = 180 \text{cm}$

2. 그림과 같은 장방형 기둥 단면에 중립축이 단면의 변에 있을 때 이 철근콘크리트 기둥 단면의 중립축에 대한 단면1차모멘트 값은? (단, $A_c = A_t = 30 \text{cm}^2$, 탄성계수비 $n=15$, 단면에 표시된 길이의 단위는 cm)

① 58,500cm³
② 59,500cm³
③ 60,500cm³
④ 61,500cm³

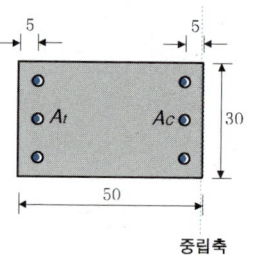

[해설]

(1) 환산단면적

$A_{concrete} + n(A_{t,steel} + A_{c,steel})$

$= (30 \times 50 - 2 \times 30) + (15)[(30)+(30)] = 2,340 \text{cm}^2$

(2) 환산단면적에 대한 단면1차모멘트

$G_{중립축} = 환산단면적 \times 도심$

$= (2,340)(25) = 58,500 \text{cm}^3$

4. 그림과 같은 T형 단면에서 x축으로부터 단면의 중심 G점까지의 거리 $\bar{y}$는?

① 15cm
② 30cm
③ 37.5cm
④ 41.25cm

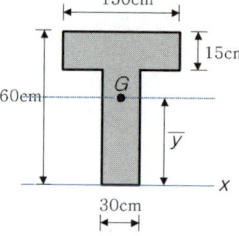

[해설]

$\bar{y} = \dfrac{G_x}{A}$

$= \dfrac{(150 \times 15)(52.5) + (30 \times 45)(22.5)}{(150 \times 15) + (30 \times 45)} = 41.25 \text{cm}$

해답 1. ④ 2. ① 3. ② 4. ④

5. 다음과 같은 사다리꼴 단면의 도심 $\bar{y}$ 값은?

① $\dfrac{h(2a+b)}{3(a+b)}$
② $\dfrac{h(a+b)}{3(2a+b)}$
③ $\dfrac{3h(2a+b)}{(a+b)}$
④ $\dfrac{h(a+2b)}{3(a+b)}$

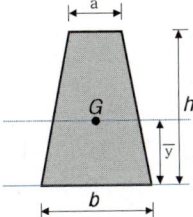

해설

$\bar{y} = \dfrac{G_x}{A} = \dfrac{\left(\dfrac{1}{2}ah\right)\left(\dfrac{2h}{3}\right) + \left(\dfrac{1}{2}bh\right)\left(\dfrac{h}{3}\right)}{\left(\dfrac{1}{2}ah\right) + \left(\dfrac{1}{2}bh\right)} = \dfrac{h(2a+b)}{3(a+b)}$

6. 그림과 같은 단면의 x, y축으로부터 도심까지의 거리 $(\bar{x}, \bar{y})$는?

① (1.3, 3.1)
② (2.0, 4.2)
③ (1.2, 2.8)
④ (1.6, 3.4)

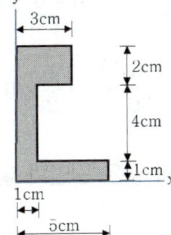

해설

(1) $\bar{x} = \dfrac{G_y}{A}$
$= \dfrac{(1\times7)(0.5) + (2\times2)(2) + (4\times1)(3)}{(1\times7) + (2\times2) + (4\times1)}$
$= 1.57\text{cm}$

(2) $\bar{y} = \dfrac{G_x}{A}$
$= \dfrac{(1\times7)(3.5) + (2\times2)(6) + (4\times1)(0.5)}{(1\times7) + (2\times2) + (4\times1)}$
$= 3.37\text{cm}$

7. 그림과 같은 옹벽에 토압이 10kN이 가해지는 경우 이 옹벽이 전도되지 않기 위해서는 어느 정도의 자중(自重)을 필요로 하는가?

① 9.71kN
② 10.44kN
③ 11.71kN
④ 12.71kN

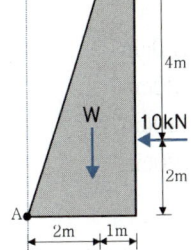

해설

(1) 옹벽의 앞 모서리 부분 A점에서 옹벽의 도심까지의 거리

$\bar{x} = \dfrac{G_y}{A}$

$= \dfrac{\left(\dfrac{1}{2}\times2\times6\right)\left(2\times\dfrac{2}{3}\right) + (1\times6)\left(2+1\times\dfrac{1}{2}\right)}{\left(\dfrac{1}{2}\times2\times6\right) + (1\times6)} = 1.916\text{m}$

(2) A점에서의 전도(Overturn)를 고려하여 회전력을 계산한다.

$(W)(1.916) \geq (10)(2)$ $\therefore W \geq 10.438\text{kN}$

8. 그림과 같은 정방형 단면의 대칭축 x축에 대한 단면2차모멘트 I_x는?

① 666cm⁴
② 943cm⁴
③ 13,333cm⁴
④ 26,666cm⁴

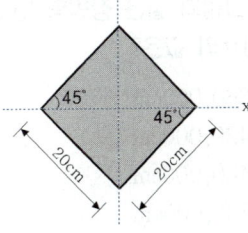

해설

(1) 대칭 단면의 도심축에 대한 단면2차모멘트 값은 모두 같다.

(2) $I_x = I_y = \dfrac{(20)(20)^3}{12} = 13,333\text{cm}^4$

해답 5. ① 6. ④ 7. ② 8. ③

9. 그림과 같은 도형 단면에서 x축에 대한 단면2차모멘트는?

① 1,420cm⁴
② 1,520cm⁴
③ 1,620cm⁴
④ 1,720cm⁴

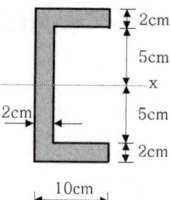

해설
$$I_x = \frac{(10)(14)^3}{12} - \frac{(8)(10)^3}{12} = 1,620\text{cm}^4$$

10. 그림과 같은 장방형 단면의 x축에 대한 단면2차모멘트 값은?

① 500cm⁴
② 1,000cm⁴
③ 1,500cm⁴
④ 2,000cm⁴

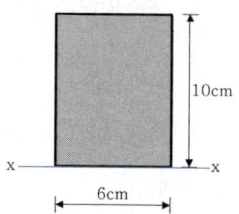

해설
$$I_x = \frac{(6)(10)^3}{12} + (6 \times 10)(5)^2 = 2,000\text{cm}^4$$

11. 그림과 같은 장방형 단면의 x축에 관한 단면2차모멘트의 값은?

① 360,000cm⁴
② 420,000cm⁴
③ 480,000cm⁴
④ 520,000cm⁴

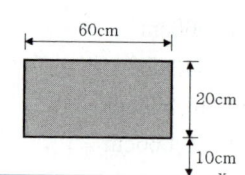

해설
$$I_x = \frac{(60)(20)^3}{12} + (60 \times 20)(10+10)^2 = 520,000\text{cm}^4$$

12. 그림과 같은 도형의 x축에 대한 단면2차모멘트는?

① 326cm⁴
② 360cm⁴
③ 163cm⁴
④ 180cm⁴

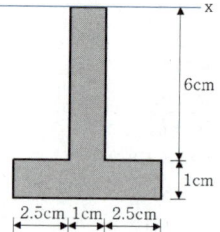

해설
$$I_x = \left[\frac{(1)(6)^3}{12} + (1 \times 6)(3)^2\right]$$
$$+ \left[\frac{(6)(1)^3}{12} + (6 \times 1)(6.5)^2\right] = 326\text{cm}^4$$

13. 그림에서 x축에 대한 단면2차모멘트는?

① 220cm⁴
② 240cm⁴
③ 440cm⁴
④ 540cm⁴

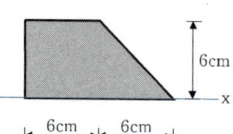

해설
$$I_x = \left[\frac{(6)(6)^3}{12} + (6 \times 6)(3)^2\right]$$
$$+ \left[\frac{(6)(6)^3}{36} + (\frac{1}{2} \times 6 \times 6)(2)^2\right] = 540\text{cm}^4$$

14. 그림과 같은 단면의 밑변에 대한 단면2차모멘트는?

① 858.67cm⁴
② 876.44cm⁴
③ 912.62cm⁴
④ 965.38cm⁴

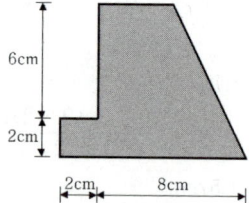

해설
$$I = \left[\frac{(2)(2)^3}{12} + (2 \times 2)(1)^2\right]$$
$$+ \left[\frac{(4)(8)^3}{12} + (4 \times 8)(4)^2\right]$$
$$+ \left[\frac{(4)(8)^3}{36} + \left(\frac{1}{2} \times 4 \times 8\right)\left(\frac{8}{3}\right)^2\right] = 858.67\text{cm}^4$$

해답 9. ③ 10. ④ 11. ④ 12. ① 13. ④ 14. ①

15. $x-x$축에 대한 단면2차모멘트를 구하면?

① 258cm^4
② 76cm^4
③ 500cm^4
④ 428cm^4

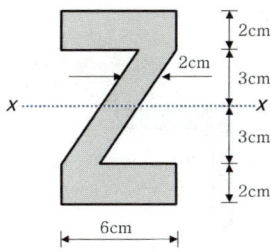

해설

(1) 도심축에 대한 직사각형의 단면2차모멘트에서 편심축에 대한 삼각형 2개의 단면2차모멘트를 뺀다.

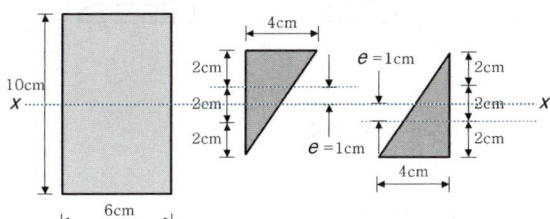

(2) $I_x = \dfrac{bh^3}{12} - \left[\dfrac{bh^3}{36} + A \cdot e^2\right] \times 2$개

$= \dfrac{(6)(10)^3}{12} - \left[\dfrac{(4)(6)^3}{36} + \left(\dfrac{1}{2} \times 4 \times 6\right)(1)^2\right] \times 2$개

$= 428\text{cm}^4$

16. 그림에서 x축은 단면의 중심축 X에 평행하다. $I_x = 12{,}000\text{cm}^4$ 일 때 I_X값은?

① $2{,}000\text{cm}^4$
② $1{,}000\text{cm}^4$
③ $1{,}250\text{cm}^4$
④ $10{,}000\text{cm}^4$

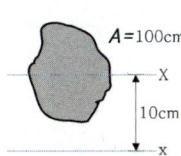

해설

$12{,}000 = I_X + (100)(10)^2$ 으로부터 $I_X = 2{,}000\text{cm}^4$

17. 반원의 도심축에 대한 단면2차모멘트 I_{x_0}는?

(단, $I_x = \dfrac{\pi r^4}{8}$, $y_o(=\overline{y}) = \dfrac{4r}{3\pi}$)

① 142.2cm^4
② 218.5cm^4
③ 360.6cm^4
④ 508.9cm^4

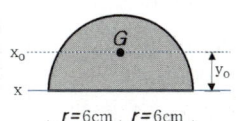

해설

$I_{x_0} = I_x - A \cdot e^2$

$= \dfrac{\pi r^4}{8} - \left(\dfrac{1}{2}\pi r^2\right)\left(\dfrac{4r}{3\pi}\right)^2$

$= \dfrac{\pi r^4}{8} - \dfrac{8r^4}{9\pi} = \dfrac{\pi(6)^4}{8} - \dfrac{(8)(6)^4}{9\pi} = 142.24\text{cm}^4$

18. 단면의 도심을 지나는 x축에 대한 단면2차모멘트(I_x)와 y축에 대한 단면2차모멘트(I_y)가 같기 위해서 y축에서 떨어진 거리 $\overline{x}$는 얼마인가? (단, $h=2b$)

① b
② $\dfrac{b}{2}$
③ $\dfrac{b}{3}$
④ $\dfrac{b}{4}$

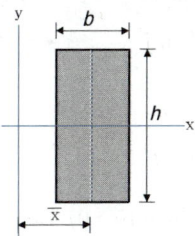

해설

(1) $I_x = \dfrac{(b)(2b)^3}{12} = \dfrac{8b^4}{12}$

(2) $I_y = \dfrac{(2b)(b)^3}{12} + (2b \times b)(\overline{x})^2$

(3) $I_x = I_y$ 라는 조건에 따라

$\dfrac{8b^4}{12} = \dfrac{2b^4}{12} + 2b^2 \cdot \overline{x}^2$ 으로부터 $\overline{x} = \dfrac{b}{2}$

해답 15. ④ 16. ① 17. ① 18. ②

19. 그림과 같은 직사각형 단면에서 O점에 대한 단면극2차 모멘트 I_P의 값은?

① $1,600,000 \text{cm}^4$
② $2,400,000 \text{cm}^4$
③ $3,000,000 \text{cm}^4$
④ $3,200,000 \text{cm}^4$

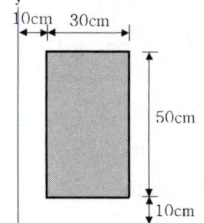

[해설]

$I_P = I_x + I_y$

$= \left[\dfrac{(30)(50)^3}{12} + (30 \times 50)(35)^2\right]$

$+ \left[\dfrac{(50)(30)^3}{12} + (50 \times 30)(25)^2\right] = 3,200,000 \text{cm}^4$

20. 그림과 같은 단면의 x, y에 대한 단면상승모멘트 I_{xy}는?

① $10,000 \text{cm}^4$
② $22,500 \text{cm}^4$
③ $33,750 \text{cm}^4$
④ $50,625 \text{cm}^4$

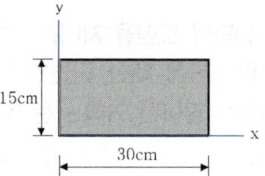

[해설]

$I_{xy} = A \cdot \overline{x} \cdot \overline{y}$

$= (30 \times 15)(15-0)(7.5-0) = 50,625 \text{cm}^4$

21. 그림과 같은 단면의 x, y에 대한 단면상승모멘트 I_{xy}는?

① 960cm^4
② 860cm^4
③ 760cm^4
④ 660cm^4

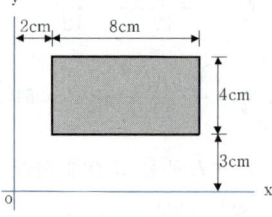

[해설]

$I_{xy} = A \cdot \overline{x} \cdot \overline{y} = (8 \times 4)(6-0)(5-0) = 960 \text{cm}^4$

22. 그림과 같은 단면의 주축(主軸)으로 옳지 않은 것은?

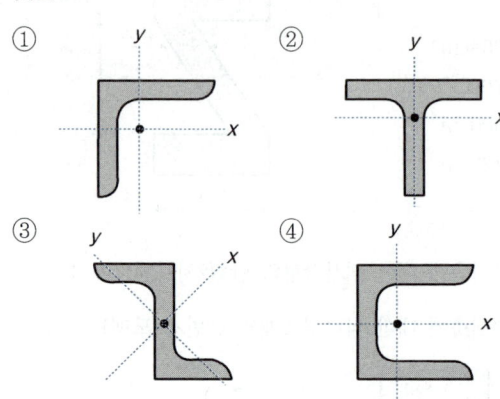

[해설]

L형강 단면의 주축(主軸)

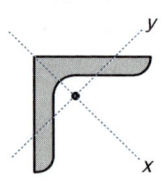

23. 그림과 같은 H형강 H-300×150×6.5×9 의 $x-x$ 축에 대한 단면계수 값은? (단, $I_x = 5,080,000 \text{mm}^4$)

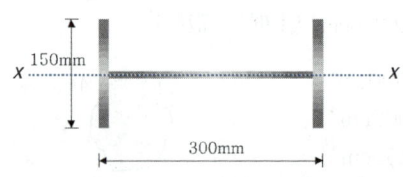

① $71,384 \text{mm}^3$
② $60,568 \text{mm}^3$
③ $58,539 \text{mm}^3$
④ $67,733 \text{mm}^3$

[해설]

$Z = \dfrac{I_x}{\overline{y}} = \dfrac{(5,080,000)}{\left(\dfrac{150}{2}\right)} = 67,733 \text{mm}^3$

해답   19. ④   20. ④   21. ①   22. ①   23. ④

24. 그림과 같은 단면의 x축에 대한 단면계수는?

① $19,000\text{mm}^3$
② $20,500\text{mm}^3$
③ $21,000\text{mm}^3$
④ $22,500\text{mm}$

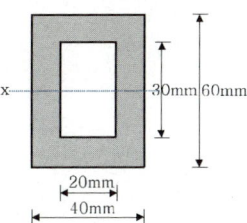

[해설]

$$Z = \frac{I}{y} = \frac{\frac{(40)(60)^3}{12} - \frac{(20)(30)^3}{12}}{(30)} = 22,500\text{mm}^3$$

25. 그림과 같은 단면의 x축에 대한 단면계수는?

① $2,333\text{cm}^3$
② $2,555\text{cm}^3$
③ $38,333\text{cm}^3$
④ $45,000\text{cm}^3$

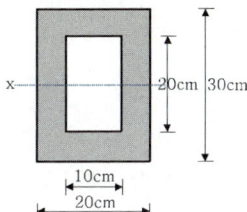

[해설]

$$Z = \frac{I}{y} = \frac{\frac{(20)(30)^3}{12} - \frac{(10)(20)^3}{12}}{(15)} = 2,555.6\text{cm}^3$$

26. 그림과 같은 단면의 x축에 대한 단면계수는?

① $1.278 \times 10^6 \text{mm}^3$
② $1.298 \times 10^6 \text{mm}^3$
③ $1.378 \times 10^6 \text{mm}^3$
④ $1.398 \times 10^6 \text{mm}^3$

[해설]

$$Z = \frac{I}{y}$$

$$= \frac{\left(\frac{1}{12}(100 \times 300^3 - 50 \times 200^3)\right)}{(150)} = 1.278 \times 10^6 \text{mm}^3$$

27. 원형단면의 지름을 D라고 하면 단면계수 Z는?

① $\dfrac{\pi D^3}{16}$ ② $\dfrac{\pi D^3}{32}$
③ $\dfrac{\pi D^2}{64}$ ④ $\dfrac{\pi D^3}{64}$

[해설]

$$Z = \frac{I}{y} = \frac{\frac{\pi D^4}{64}}{\frac{D}{2}} = \frac{\pi D^3}{32}$$

28. 지름 32cm의 원형 단면의 단면계수 Z는?

① $\dfrac{32^2}{4}\pi \ \text{cm}^3$ ② $\dfrac{32^2}{64}\pi \ \text{cm}^3$
③ $\dfrac{32^2}{2}\pi \ \text{cm}^3$ ④ $32^2\pi \ \text{cm}^3$

[해설]

$$Z = \frac{\pi D^3}{32} = \frac{\pi (32)^3}{32} = 32^2 \pi \ \text{cm}^3$$

29. 정방형 단면을 표시한 다음 그림의 x축에 대한 단면계수의 비로 옳은 것은?

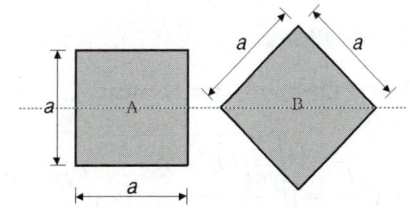

① $A : B = 1 : \sqrt{2}$ ② $A : B = \sqrt{2} : 1$
③ $A : B = 1 : 2\sqrt{2}$ ④ $A : B = 2\sqrt{2} : 1$

[해설]

$$Z_A = \frac{\frac{a \cdot a^3}{12}}{\frac{a}{2}} = \frac{a^3}{6} \text{ 이고 } Z_B = \frac{\frac{a \cdot a^3}{12}}{\frac{\sqrt{2}a}{2}} = \frac{a^3}{6\sqrt{2}} \text{ 이므로}$$

$$\therefore Z_A : Z_B = \sqrt{2} : 1$$

[해답] 24. ④ 25. ② 26. ① 27. ② 28. ④ 29. ②

30. 그림과 같은 단면의 x축에 대한 단면2차반경은?

① $\dfrac{h}{2\sqrt{3}}$

② $\dfrac{h}{\sqrt{3}}$

③ $\dfrac{2h}{\sqrt{3}}$

④ $\dfrac{4h}{\sqrt{3}}$

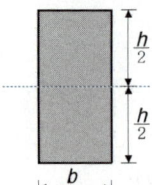

해설

$$r_x = \sqrt{\dfrac{I_x}{A}} = \sqrt{\dfrac{\dfrac{bh^3}{12}}{bh}} = \sqrt{\dfrac{h^2}{12}} = \dfrac{h}{2\sqrt{3}}$$

31. 그림과 같은 중공형 단면에 대한 단면2차반경 r_x는?

① 1.83cm
② 3.21cm
③ 4.62cm
④ 6.53cm

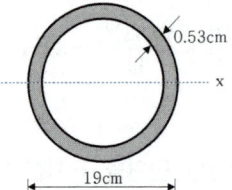

해설

(1) 외경: $D = 19$cm,

내경: $d = 19 - 2 \times 0.53 = 17.94$cm

(2) $r_x = \sqrt{\dfrac{I_x}{A}} = \sqrt{\dfrac{\dfrac{\pi}{64}(D^4 - d^4)}{\dfrac{\pi}{4}(D^2 - d^2)}} = \sqrt{\dfrac{D^2 + d^2}{16}}$

$= \sqrt{\dfrac{(19)^2 + (17.94)^2}{16}} = 6.53$cm

해답 30. ① 31. ④

MEMO

7 응력(Stress), 변형률(Strain)

CHECK

(1) 응력(Stress): 수직응력(σ), 휨응력(σ_b), 전단응력(τ)

(2) 변형률(Strain): 가로변형률(ϵ_D), 길이변형률(ϵ_L), 푸아송(Poisson)비(ν), 푸아송(Poisson)수(m)

(3) 훅(R.Hooke)의 법칙($\sigma = E \cdot \epsilon$), 탄성계수($E$), 온도응력($\sigma_T$)

1 응력(Stress, 응력도)

1 수직응력(Normal Stress, 인장응력 및 압축응력)

연직응력이라고도 하며, 부재의 축방향으로 작용하는 축방향력 P가 단면적 A와 직교방향이 된다. 이때, 축방향력 P가 인장력(Tension)이 작용하면 (+)부호를 붙이고, 압축력(Compression)이 작용하면 (−)부호를 붙인다.

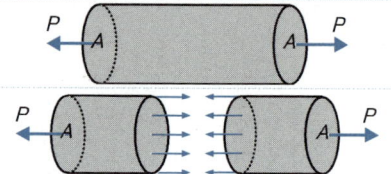

인장응력: $\sigma_t = +\dfrac{P}{A}$

압축응력: $\sigma_c = -\dfrac{P}{A}$

학습POINT

■ 구조물에 지점반력을 포함한 외력(External Force)이 작용하면 부재에는 이에 해당하는 부재력(전단력, 휨모멘트, 축방향력)이 작용하게 되고, 이때 부재 내에서는 부재의 형태를 유지하려는 힘이 존재하게 되는데 이것을 내력(Internal Force)이라고 하며, 단위면적에 대한 내력의 크기를 응력도(Stress Intensity) 또는 응력(Stress)으로 정의한다.

핵심예제 1

직경 24mm 봉강에 65kN의 인장력이 작용할 때 인장응력은?

① 128MPa ② 136MPa ③ 144MPa ④ 150MPa

[해설] $\sigma_t = +\dfrac{P}{A} = +\dfrac{(65 \times 10^3)}{\dfrac{\pi (24)^2}{4}} = +143.682\text{N/mm}^2 = +143.682\text{MPa}$

답 : ③

핵심예제 2

기초설계에서 장기 150kN(자중 포함)의 하중을 받는 경우 장기허용 지내력도 20kN/m²의 지반에서 적당한 기초판의 크기는?

① 1.6m×1.6m ② 2.0m×2.0 ③ 2.4m×2.4m ④ 2.8m×2.8m

[해설] $\sigma_c = \dfrac{P}{A} \leq \sigma_{allow}$ ➡ $A = \dfrac{P}{\sigma_{allow}} = \dfrac{(150)}{(20)} = 7.5\text{m}^2 = \sqrt{7.5}\,\text{m} \times \sqrt{7.5}\,\text{m}$

답 : ④

■ 기초구조물의 응력을 지내력(도)이라고 한다.

2 보의 휨응력(σ_b, Bending Stress in Beam)

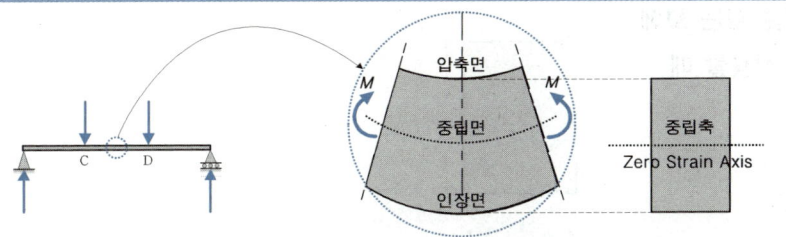

보에 수직하중이 작용하여 부재 내에 휨모멘트가 가해지면 부재는 휘어지게 되고 단면의 중립축을 경계로 하여 그 위쪽(길이가 줄어든 압축부)에는 압축응력이, 아래쪽(길이가 늘어난 인장부)에는 인장응력이 발생하게 되는데, 이러한 압축과 인장의 조합을 휨응력이라고 한다.

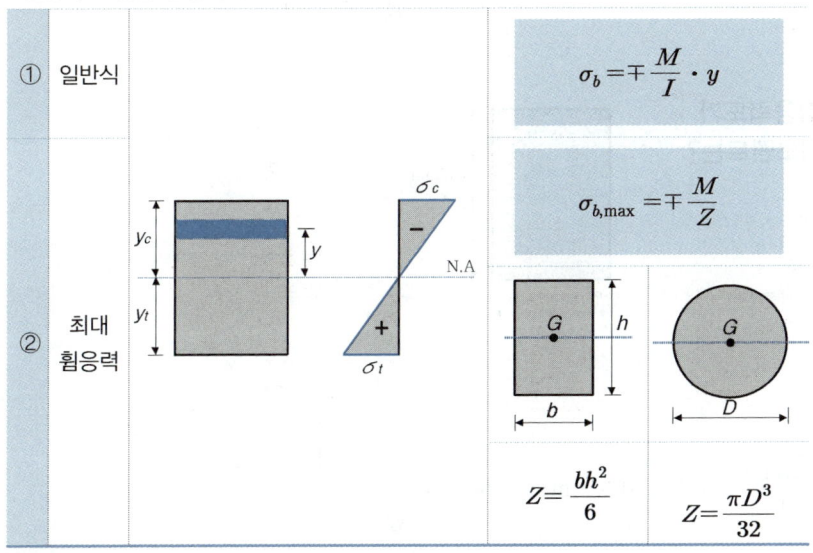

① 일반식
$$\sigma_b = \mp \frac{M}{I} \cdot y$$

② 최대 휨응력
$$\sigma_{b,max} = \mp \frac{M}{Z}$$

$$Z = \frac{bh^2}{6} \qquad Z = \frac{\pi D^3}{32}$$

■ 휨응력 관련 기호
- σ_b : 휨응력(N/mm^2, MPa)
- M : 휨모멘트($N \cdot mm$)
- I : 중립축에 대한 단면2차모멘트(mm^4)
- y : 중립축으로부터의 거리(mm)
- Z : 단면계수(mm^3)

핵심예제3

그림과 같은 단순보의 중앙에서 보 단면 내의 O점의 휨응력도는?

① +0.50MPa
② -0.50MPa
③ +0.75MPa
④ -0.75MPa

[해설]
(1) $M_{max} = \dfrac{wL^2}{8} = \dfrac{(2)(4)^2}{8} = 4kN \cdot m = 4 \times 10^6 N \cdot mm$

(2) $I = \dfrac{bh^3}{12} = \dfrac{(150)(400)^3}{12} = 8 \times 10^8 mm^4$

(3) $\sigma_o = -\dfrac{M_{max}}{I} \cdot y = -\dfrac{(4 \times 10^6)}{(8 \times 10^8)} \cdot (100) = -0.5 N/mm^2 = -0.5 MPa$ (휨압축)

답 : ②

■ 중립축에서 압축측 위치에서의 휨응력을 계산할 때는 (−), 인장측 위치에서의 휨응력을 계산할 때는 (+) 부호이다.

핵심예제 4

그림과 같은 직사각형 단면을 갖는 보에 최대 휨모멘트 20kN·m가 작용할 때 최대 휨응력은?

① 3.33 MPa   ② 4.44 MPa
③ 5.56 MPa   ④ 6.67 MPa

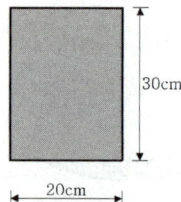

해설 $\sigma_{b,\max} = \dfrac{M_{\max}}{Z} = \dfrac{(20 \times 10^6)}{\dfrac{(200)(300)^2}{6}} = 6.67 \text{N/mm}^2 = 6.67 \text{MPa}$

답 : ④

핵심예제 5

그림과 같은 단면의 허용휨응력도가 8MPa일 때 x축에 대한 휨모멘트는?

① 3kN·m   ② 4kN·m
③ 8kN·m   ④ 10kN·m

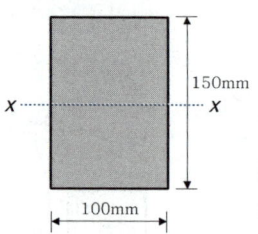

해설 $\sigma_b = \dfrac{M}{Z} \leq \sigma_{allow}$ 으로부터

$M \leq \sigma_{allow} \cdot Z = (8) \cdot \dfrac{(100)(150)^2}{6} = 3 \times 10^6 \text{N} \cdot \text{mm} = 3 \text{kN} \cdot \text{m}$

답 : ①

핵심예제 6

그림과 같은 부재의 최대 휨응력은?
(단, 부재의 자중은 무시한다.)

① 1.2 MPa   ② 2.2MPa
③ 3.6MPa   ④ 4.5MPa

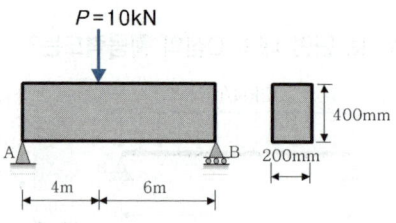

해설 (1) 지점반력: $V_A = 10\text{kN} \times \dfrac{6\text{m}}{10\text{m}} = 6\text{kN}$

(2) 하중 작용점의 휨모멘트: $M_{\max} = 6\text{kN} \times 4\text{m} = 24\text{kN} \cdot \text{m}$

(3) 최대 휨응력: $\sigma_{b,\max} = \dfrac{M}{Z} = \dfrac{(24 \times 10^6)}{\dfrac{(200)(400)^2}{6}} = 4.5 \text{N/mm}^2 = 4.5 \text{MPa}$

답 : ④

핵심예제 7

그림과 같은 단순보 중앙에 실릴 수 있는 최대 하중 P는? (단, 전단은 안전하고 허용 휨응력 $\sigma_{allow} = 9\text{MPa}$ 이다.)

① 21kN ② 23kN
③ 26kN ④ 27kN

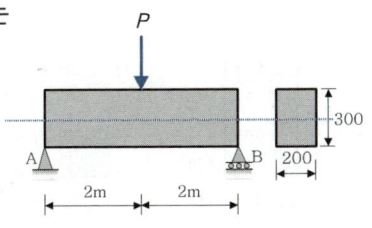

해설 $\sigma_b = \dfrac{M}{Z} \leq \sigma_{allow}$ 으로부터 $M \leq \sigma_{allow} \cdot Z \Rightarrow \dfrac{PL}{4} \leq \sigma_{allow} \cdot \dfrac{bh^2}{6}$

$P \leq \dfrac{4\sigma_{allow} \cdot bh^2}{6L} = \dfrac{4(9)(200)(300)^2}{6(4 \times 10^3)} \quad \therefore \ P \leq 27{,}000\text{N} = 27\text{kN}$

답 : ④

핵심예제 8

그림과 같은 하중을 받는 단순보의 최대 휨응력은?

① 8 MPa ② 7 MPa
③ 6 MPa ④ 5 MPa

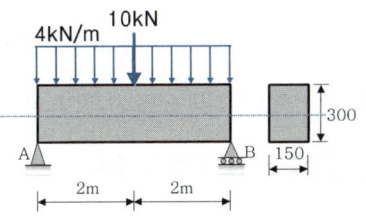

해설 (1) $M_{\max} = \dfrac{PL}{4} + \dfrac{wL^2}{8} = \dfrac{(10)(4)}{4} + \dfrac{(4)(4)^2}{8} = 18\text{kN} \cdot \text{m}$

(2) $Z = \dfrac{bh^2}{6} = \dfrac{(150)(300)^2}{6} = 2.25 \times 10^6 \text{mm}^3$

(3) $\sigma_{b,\max} = \dfrac{M_{\max}}{Z} = \dfrac{(18 \times 10^6)}{(2.25 \times 10^6)} = 8\text{N/mm}^2 = 8\text{MPa}$

답 : ①

핵심예제 9

그림과 같은 단면의 두 부재의 휨에 대한 강도의 비는? (A : B)

① 1:1 ② 5:1
③ 25:1 ④ 125:1

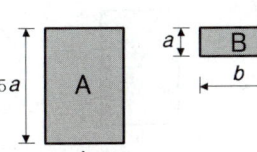

해설 휨강도는 단면계수($Z = \dfrac{bh^2}{6}$)에 비례한다.

$Z_A = \dfrac{b(5a)^2}{6} = \dfrac{25b \cdot a^2}{6}$, $Z_B = \dfrac{b(a)^2}{6} = \dfrac{b \cdot a^2}{6} \Rightarrow Z_A : Z_B = 25 : 1$

답 : ③

3 보의 전단응력(τ, Shear Stress in Beam)

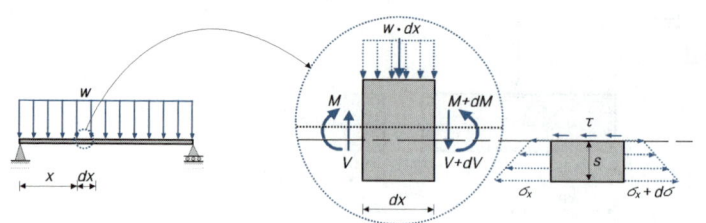

휨모멘트(M)와 전단력(V)의 관계식 $\dfrac{dM}{dx}=V$, 보의 휨응력 $\sigma_x = \dfrac{M}{I} \cdot y$를 연계하면 $\dfrac{d\sigma_x}{dx} = \dfrac{dM}{dx} \cdot \dfrac{y}{I} = V \cdot \dfrac{y}{I}$ 로 변환되고, $\tau = \dfrac{1}{b}\int_0^s \dfrac{d\sigma_x}{dx} \cdot b \cdot dy$에 대입하면 $\tau = \dfrac{1}{b}\int_0^s \dfrac{d\sigma_x}{dx} \cdot b \cdot dy = \dfrac{V}{I \cdot b}\int_0^s y \cdot b \cdot dy$가 되는데, $\int_0^s y \cdot b \cdot dy$의 표현은 단면1차모멘트 G의 기본식과 같지만 전단응력을 계산하는 지점에서 연단까지 단면적의 도심에 대한 미지의 단면1차모멘트의 의미 Question의 Q로 나타내면, $\tau = \dfrac{V \cdot Q}{I \cdot b}$로 공식화 시킬 수 있다.

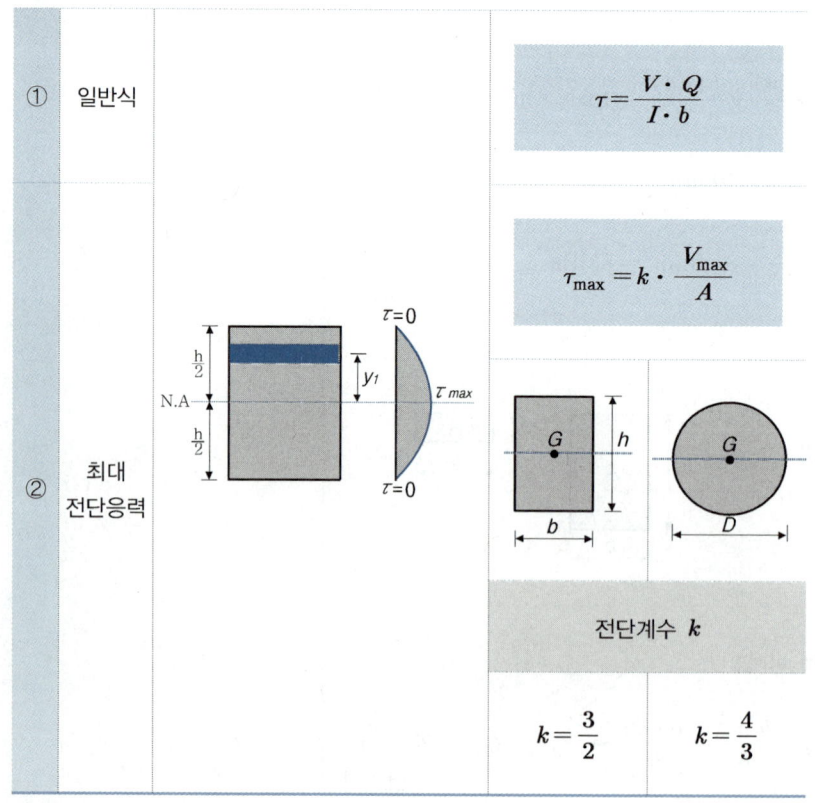

■ 전단응력 관련 기호
- τ : 전단응력(N/mm^2, MPa)
- V : 전단력(N)
- Q : 전단응력을 구하고자 하는 외측 단면에 대한 중립축으로부터의 단면1차모멘트(mm^3)
- I : 중립축에 대한 단면2차모멘트(mm^4)
- b : 전단응력을 구하고자 하는 위치의 단면 폭(mm)

■ H형강

(=H beam, Wide Flange beam)

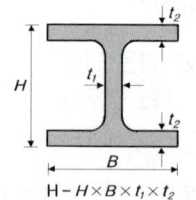

H─H×B×t_1×t_2

H형강은 플랜지 두께가 넓고 일정하게 유지되며 단면성능이 우수하여 접합 등의 시공성이 뛰어난 장점을 갖는다. H형강의 전단응력을 계산한 결과값은 플랜지와 웨브의 연속성의 문제, 내부 잔류응력의 영향 등으로 인하여 ±10% 이내의 오차범위 내에 있게 된다.

핵심예제 10

그림과 같은 단면에 전단력 40kN이 작용할 때 A점에서의 전단응력은?

① 0.28 MPa
② 0.56 MPa
③ 0.84 MPa
④ 1.12 MPa

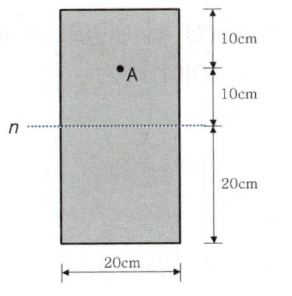

해설

(1) $I = \dfrac{bh^3}{12} = \dfrac{(200)(400)^3}{12} = 1,066.67 \times 10^6 \text{mm}^4$, $b = 200\text{mm}$,

$V = 40\text{kN} = 40 \times 10^3 \text{N}$, $Q = (200 \times 100)\left(100 + \dfrac{100}{2}\right) = 3 \times 10^6 \text{mm}^3$

(2) $\tau = \dfrac{V \cdot Q}{I \cdot b} = \dfrac{(40 \times 10^3)(3 \times 10^6)}{(1,066.67 \times 10^6)(200)} = 0.56 \text{N/mm}^2 = 0.56 \text{MPa}$

답 : ②

핵심예제 11

그림과 같은 보의 웨브에 발생하는 최대 전단응력은?
(단, 사용 강재는 SS275, 단면 $H-250 \times 125 \times 6 \times 9$ 이며, 횡좌굴이 일어나지 않도록 충분히 보강되었으며, 전단면적 산정 시 플랜지 두께는 제외함.)

① 24.48MPa
② 17.24MPa
③ 14.67MPa
④ 9.82MPa

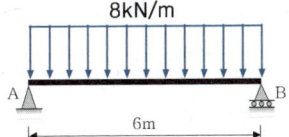

해설

(1) 전단응력 산정 제계수

① $I = \dfrac{1}{12}(125 \times 250^3 - 119 \times 232^3) = 3.89293 \times 10^7 \text{mm}^4$

② H형강 단면의 최대 전단응력은 단면의 중앙부에서 발생 ➡ ∴ $b = 6\text{mm}$

③ $V_{max} = V_A = V_B = \dfrac{8 \times 6}{2} = 24\text{kN} = 24 \times 10^3 \text{N}$

④ $Q = (125 \times 9)(120.5) + (6 \times 116)(58) = 175,931 \text{mm}^3$

(2) $\tau_{max} = \dfrac{V \cdot Q}{I \cdot b} = \dfrac{(24 \times 10^3)(175,931)}{(3.89293 \times 10^7)(6)} = 18.077 \text{N/mm}^2$

【※ 보통 평균전단응력은 계산된 위의 결과값에서 ±10% 이내(16.269~19.887)의 오차범위 내에 있다.】

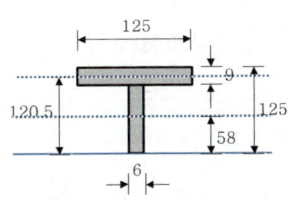

최대 전단응력 산정을 위한 Q

답 : ②

핵심예제12

원형 단면에 전단력 $S=30\text{kN}$이 작용할 때 단면의 최대 전단응력도는? (단, 단면의 반경은 180mm이다.)

① 0.19 MPa ② 0.24 MPa
③ 0.39 MPa ④ 0.44 MPa

해설 $\tau_{max} = k \cdot \dfrac{V}{A} = \left(\dfrac{4}{3}\right) \cdot \dfrac{(30 \times 10^3)}{(\pi \cdot 180^2)} = 0.39 \text{N/mm}^2 = 0.39 \text{MPa}$

답 : ③

핵심예제13

폭 $b=100\text{mm}$, 높이 $h=200\text{mm}$인 단면에 전단력 4kN이 작용할 때 최대 전단응력은?

① 0.3 MPa ② 0.4 MPa
③ 0.5 MPa ④ 0.6 MPa

해설 $\tau_{max} = k \cdot \dfrac{V}{A} = \left(\dfrac{3}{2}\right) \cdot \dfrac{(4 \times 10^3)}{(100 \times 200)} = 0.3 \text{N/mm}^2 = 0.3 \text{MPa}$

답 : ①

핵심예제14

그림과 같은 단순보에서 중립축에 작용하는 최대 전단응력도는?

① 0.275 MPa
② 0.325 MPa
③ 0.375 MPa
④ 0.425 MPa

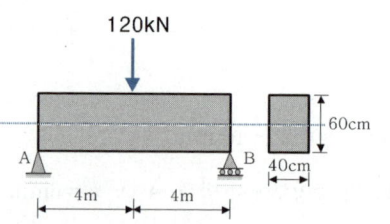

해설

(1) $V_{max} = V_A = V_B = \dfrac{120}{2} = 60 \text{kN}$

(2) $\tau_{max} = k \cdot \dfrac{V}{A} = \left(\dfrac{3}{2}\right) \cdot \dfrac{(60 \times 10^3)}{(400 \times 600)} = 0.375 \text{N/mm}^2 = 0.375 \text{MPa}$

답 : ③

핵심예제15

그림과 같은 단순보의 최대 전단응력은?

① $\dfrac{2}{3} \cdot \dfrac{wL}{bh}$

② $\dfrac{3}{4} \cdot \dfrac{wL}{bh}$

③ $\dfrac{4}{3} \cdot \dfrac{wL}{bh}$

④ $\dfrac{3}{2} \cdot \dfrac{wL}{bh}$

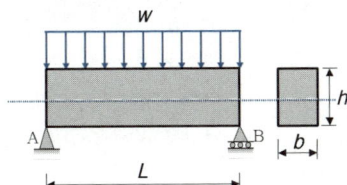

해설

(1) $V_{\max} = V_A = V_B = \dfrac{wL}{2}$

(2) $\tau_{\max} = k \cdot \dfrac{V}{A} = \left(\dfrac{3}{2}\right) \cdot \dfrac{\frac{wL}{2}}{bh} = \dfrac{3}{4} \cdot \dfrac{wL}{bh}$

답 : ②

핵심예제16

그림과 같은 단순보에서 보의 높이 h를 계산하여 최대 전단응력을 구한 값은? (단, $\sigma_{allow} = 9\mathrm{MPa}$)

① 0.26 MPa
② 0.36 MPa
③ 0.46 MPa
④ 0.56 MPa

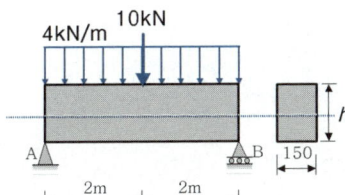

해설

(1) $\sigma_b = \dfrac{M}{Z} = \dfrac{\dfrac{PL}{4} + \dfrac{wL^2}{8}}{\dfrac{bh^2}{6}} = \dfrac{\dfrac{(10\times 10^3)(4,000)}{4} + \dfrac{(4)(4,000^2)}{8}}{\dfrac{(150)(h)^2}{6}} \leq \sigma_{allow}\ (=9\mathrm{MPa})$

(2) h에 대해서 정리하면 $h \geq 283\mathrm{mm}$ 이므로 $h = 283\mathrm{mm}$를 보의 높이로 하여 보의 전단응력을 구한다.

(3) $V_{\max} = V_A = V_B = \dfrac{(10)}{2} + \dfrac{(4\times 4)}{2} = 13\mathrm{kN}$

(4) $\tau = k \cdot \dfrac{V_{\max}}{A} = \left(\dfrac{3}{2}\right) \cdot \dfrac{(13\times 10^3)}{(150\times 283)} = 0.46\mathrm{N/mm^2} = 0.46\mathrm{MPa}$

답 : ③

2 변형률(Strain, 변형도)

1 기본적인 변형률의 종류

길이변형률(ϵ_L)	가로변형률(ϵ_D)	전단변형률(γ)
$\epsilon_L = \dfrac{\Delta L}{L}$	$\epsilon_D = \dfrac{\Delta D}{D}$	$\gamma = \dfrac{\Delta}{L}$ (rad)

■ 구조물이 외력을 받는 경우 부재에는 변형을 가져오게 된다. 이때 변형된 정도 즉, 단위길이에 대한 변형량의 값을 변형률 또는 변형도라고 정의한다. 특별한 언급이 없다면 변형률은 길이변형률(ϵ_L)을 의미한다.

■ 전단변형률은 $\tan\gamma = \dfrac{\Delta}{L}$ 로 표현되는데, 부재 및 구조물의 변형각 γ는 매우 미소하다고 가정되므로 $\tan\gamma \cong \gamma = \dfrac{\Delta}{L}$ 가 성립한다.

2 푸아송비(ν), 푸아송수(m)

■ 푸아송비

$$\nu = \dfrac{\epsilon_D}{\epsilon_L} = \dfrac{\dfrac{\Delta D}{D}}{\dfrac{\Delta L}{L}} = \dfrac{L \cdot \Delta D}{D \cdot \Delta L}$$

➡ 강재(Steel): $\nu = \dfrac{1}{3} \sim \dfrac{1}{4}$

➡ 콘크리트(Concrete): $\nu = \dfrac{1}{6} \sim \dfrac{1}{10}$

■ 푸아송수

$$m = \dfrac{1}{\nu} = \dfrac{\epsilon_L}{\epsilon_D} = \dfrac{D \cdot \Delta L}{L \cdot \Delta D}$$

➡ 강재(Steel): $m = 3 \sim 4$
➡ 콘크리트(Concrete): $m = 6 \sim 10$

Denis Poisson
(1781~1840)

■ 수직응력에 의해 발생되는 가로변형률과 길이변형률의 비율을 푸아송비(ν, Poisson's Ratio)라고 정의한다. 일반적으로 가로방향과 길이방향의 변형률은 서로 다른 부호를 갖는다는 사실을 보상하기 위해 $\nu = -\dfrac{\epsilon_D}{\epsilon_L}$ 로 표현되어야 정확한 물리적인 의미가 된다. 그런데, 인장력을 받는 부재의 경우 길이변형률은 (+), 가로변형률은 (-)가 되기 때문에 푸아송비 ν는 결국 (+)의 값을 갖게 되며, 압축력을 받는 부재의 경우 길이변형률은 (-), 가로변형률은 (+)가 되어 푸아송비 ν는 결국 (+)의 값을 갖게 되므로 푸아송비는 항상 (+)의 값이 된다. 푸아송비의 이론적인 상한값은 $\nu = 0.5$이며, 고무에 대한 값은 거의 이 상한값에 가깝다.

핵심예제 17

그림과 같은 재료의 푸아송비는?
(단, 점선은 변형된 형태이다.)

① 1 ② 0.5
③ 0.3 ④ 0.1

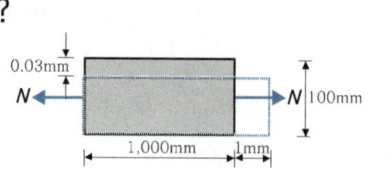

[해설] $\nu = \dfrac{\epsilon'}{\epsilon} = \dfrac{\dfrac{\Delta D}{D}}{\dfrac{\Delta L}{L}} = \dfrac{L \cdot \Delta D}{D \cdot \Delta L} = \dfrac{(1,000)(0.03)}{(100)(1)} = 0.3$

답 : ③

3 후크의 법칙(R.Hooke's Law)

① 탄성계수(Modulus of Elasticity)

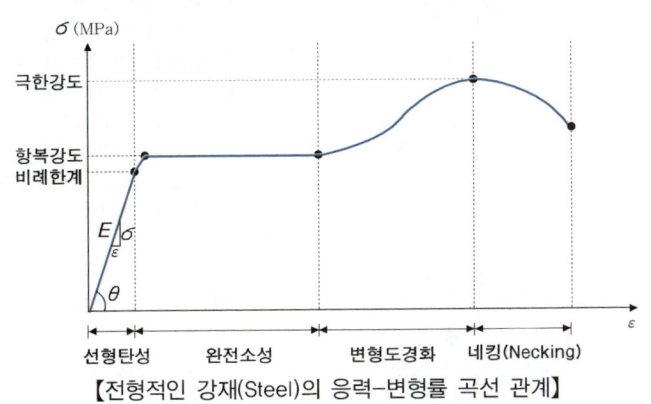

【전형적인 강재(Steel)의 응력-변형률 곡선 관계】

① 탄성과 소성	부재가 외력을 받아서 변형한 후 외력을 제거할 때 본래의 모양으로 되돌아가는 성질을 탄성(Elasticity)이라고 한다. 반면, 변형된 부재에 외력을 제거하더라도 원래의 모양으로 되돌아가지 못하는 성질을 소성(Plasticity)이라고 하며, 부재에 탄성한도 이상의 외력을 가할 때에 나타나는 현상으로, 이때 외력을 제거하더라도 변형이 남게 되는데 이를 잔류변형(Residual Strain, 영구변형)이라고 한다.	
② 탄성계수 E	비례한계점(Proportional Limit)까지의 선형탄성(Linear Elastic) 구간에서 $\tan\theta = \dfrac{\sigma}{\epsilon}$를 E로 표현할 때 E는 재료에 따라 고유한 값을 갖는 실험상수이며, E를 탄성계수(Modulus of Elasticity) 또는 영계수(Young's Modulus) 또는 종탄성계수(Modulus of Longitudinal Elasticity) 등으로도 부른다. 어떤 재료의 탄성계수가 크다는 것은 변형률이 작다는 것을 의미하며, 이것은 변형에 대한 저항능력이 강하다는 표현이 가능해진다. 대표적인 구조재료인 강재, 콘크리트, 목재의 탄성계수는 대략 다음과 같다.	■ 탄성계수를 영계수라고도 한다.  Thomas Young(1773~1829)

강재	콘크리트	목재
2.1×10^5 [MPa]	1.4×10^4 [MPa]	1.1×10^4 [MPa]

2 후크의 법칙

Robert Hooke
(1635~1703)

수직응력 σ

$$\sigma = E \cdot \epsilon$$
$$\downarrow$$
$$\frac{P}{A} = E \cdot \frac{\Delta L}{L}$$

전단응력 τ

$$\tau = G \cdot \gamma$$
$$\downarrow$$
$$\frac{V}{A} = G \cdot \frac{\Delta}{L}$$

재질이 균질(Homogeneous)하고 등방성(Isotropic)인 탄성체의 경우
$G = E \cdot \dfrac{1}{2(1+\nu)} = E \cdot \dfrac{m}{2(m+1)}$ 의 관계를 갖는다.

➡ 탄성계수 E와 전단탄성계수 G와의 관계 : $G = E \cdot \dfrac{1}{2(1+\nu)}$

➡ 탄성계수 E와 체적탄성계수 K와의 관계 : $K = \dfrac{E}{3(1-2\nu)}$

■ 1678년 옥스퍼드 대학교(University of Oxford) 물리학과 후크(R.Hooke) 교수는 "용수철(Spring)의 신장(伸長)에 관한 실험적인 연구"로부터 고체에 힘을 가해 변형시키는 경우, 힘의 크기가 어떤 한도를 넘지 않는 한 변형량은 힘의 크기에 비례한다는 법칙을 발표하였다.
이것을 역학분야에서
『탄성(Elasticity)한도 내에서 응력과 변형률은 비례한다.』라고 표현한다.

■ 온도응력(Thermal Stress):
$\sigma_T = E \cdot \epsilon_T = E \cdot (\alpha \cdot \Delta T)$

- E : 탄성계수(MPa)
- α : 열팽창(=선팽창)계수(/℃)
- ΔT : 온도 변화량(℃)

■ 전단응력에 대한 표현 G는 전단탄성계수(Shear Modulus of Elasticity) 또는 강성계수(Modulus of Rigidity)라고 하며, 탄성계수 E에 직교하는 방향으로의 탄성계수라고 생각하면 된다.

핵심예제 18

그림과 같은 콘크리트 원통에 300kN이 작용하여 $\Delta L = 0.16\text{mm}$ 줄어들었고, $\Delta d = 0.01\text{mm}$ 가 늘어났을 때 탄성계수 E와 푸아송비는?

① 31,830MPa, 0.25
② 31,830MPa, 0.125
③ 37,630MPa, 0.25
④ 37,630MPa, 0.125

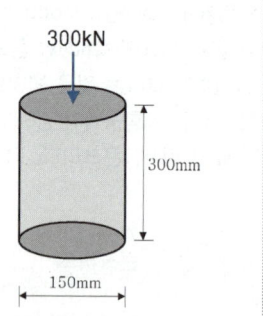

[해설] (1) $E = \dfrac{P \cdot L}{A \cdot \Delta L} = \dfrac{(300 \times 10^3)(300)}{\left(\dfrac{\pi(150)^2}{4}\right)(0.16)} = 31,831 \text{N/mm}^2 = 31,831 \text{MPa}$

(2) $\nu = \dfrac{\epsilon'}{\epsilon} = \dfrac{\dfrac{\Delta D}{D}}{\dfrac{\Delta L}{L}} = \dfrac{L \cdot \Delta D}{D \cdot \Delta L} = \dfrac{(300)(0.01)}{(150)(0.16)} = 0.125$

답 : ②

핵심예제19

직경(D) 30mm, 길이(L) 4m인 강봉에 90kN의 인장력이 작용할 때 인장응력(σ_t)과 늘어난 길이(ΔL)는 얼마인가? (단, 강봉의 탄성계수 $E=200,000$MPa)

① $\sigma_t = 127.3$MPa, $\Delta L = 1.43$mm
② $\sigma_t = 127.3$MPa, $\Delta L = 2.55$mm
③ $\sigma_t = 132.5$MPa, $\Delta L = 1.43$mm
④ $\sigma_t = 132.5$MPa, $\Delta L = 2.55$mm

해설 $\sigma_t = \dfrac{P}{A} = \dfrac{(90 \times 10^3)}{\left(\dfrac{\pi (30)^2}{4}\right)} = 127.32$MPa, $\Delta L = \dfrac{PL}{EA} = \dfrac{(90 \times 10^3)(4 \times 10^3)}{(200,000)\left(\dfrac{\pi (30)^2}{4}\right)} = 2.546$mm

답 : ②

핵심예제20

철근의 단면이 200mm^2, 탄성계수가 $200,000$MPa, 길이가 10m, 외력으로 100kN의 인장력이 작용하면 늘어난 길이는?

① 25 mm ② 38.3 mm ③ 47.6 mm ④ 71.4 mm

해설 $\Delta L = \dfrac{P \cdot L}{E \cdot A} = \dfrac{(100 \times 10^3)(10 \times 10^3)}{(200,000)(200)} = 25\text{mm}$

답 : ①

핵심예제21

그림과 같이 양단 고정된 강재 부재에 온도가 $\Delta T = 30℃$ 증가될 때 이 부재에 걸리는 압축응력은? (단, 탄성계수 $E_s = 200,000$MPa, 부재 단면적 $A = 5,000\text{mm}^2$, 열팽창계수 $\alpha = 1.2 \times 10^{-5}/℃$)

① 25 MPa
② 48 MPa
③ 64 MPa
④ 72 MPa

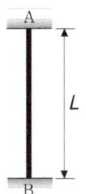

해설 $\sigma_T = E \cdot \alpha \cdot \Delta T = (200,000)(1.2 \times 10^{-5})(30) = 72\text{N/mm}^2 = 72\text{MPa}$

답 : ④

핵심예제22

탄성계수 $E = 210,000$MPa, 푸아송비 $\nu = 0.3$ 인 강체에 전단응력 $\tau = 10$MPa이 가해졌을 때 전단변형률은?

① 0.00016 radian ② 0.00014 radian
③ 0.00012 radian ④ 0.00048 radian

해설 전단탄성계수 $G = \dfrac{E}{2(1+\nu)} = \dfrac{(210,000)}{2[1+(0.3)]} = 80,769\text{N/mm}^2$

전단응력 $\tau = G \cdot \gamma$ 로부터 $\gamma = \dfrac{\tau}{G} = \dfrac{(10)}{(80,769)} = 0.00012(rad)$

답 : ③

핵심문제

CHAPTER 7 응력과 변형률

1. 인장력을 받는 원형 단면 강봉의 직경을 4배로 하면 수직응력도(Normal Stress)는 기존 응력도의 얼마로 줄어드는가?

① 1/2 ② 1/4
③ 1/8 ④ 1/16

[해설]
$\sigma_t = \dfrac{P}{A} = \dfrac{P}{\dfrac{\pi D^2}{4}}$ 으로부터 직경(D)을 4배로 하면

인장응력은 $\dfrac{1}{4^2} = \dfrac{1}{16}$ 배로 된다.

2. 직경 24mm의 봉강에 65kN의 인장력이 작용할 때 인장응력의 크기는?

① 128MPa ② 136MPa
③ 144MPa ④ 150MPa

[해설]
$\sigma_t = \dfrac{P}{A} = \dfrac{(65 \times 10^3)}{\dfrac{\pi (24)^2}{4}}$
$= 143.682 \text{N/mm}^2 = 143.682 \text{MPa}$

3. 1변의 길이가 각각 50mm(A), 100mm(B)인 두 개의 정사각형 단면에 동일한 압축하중 P가 작용할 때 압축응력도의 비(A : B)는?

① 2 : 1 ② 4 : 1
③ 8 : 1 ④ 16 : 1

[해설]
$\sigma_A = \dfrac{P}{A} = \dfrac{P}{(50 \times 50)} = \dfrac{P}{2,500}$,

$\sigma_B = \dfrac{P}{A} = \dfrac{P}{(100 \times 100)} = \dfrac{P}{10,000}$

∴ $\sigma_A : \sigma_B = 4 : 1$

4. 한 변이 a인 정사각형 단면에 압축력 10kN이 작용하여 압축응력 40MPa이 발생하였다면 a의 길이는?

① $3\sqrt{10}$ mm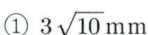
② $4\sqrt{10}$ mm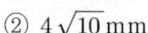
③ $5\sqrt{10}$ mm
④ $6\sqrt{10}$ mm

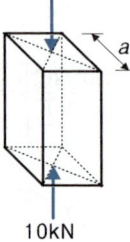

[해설]
$\sigma_c = \dfrac{P}{A} = \dfrac{(10 \times 10^3)}{(a \cdot a)} = 40$ 으로부터 $a = 5\sqrt{10}$ mm

5. 한 변의 길이가 a인 정사각형 단면을 가진 부재가 있다. 이 부재가 4kN의 인장력을 견딜 수 있는 a의 값은? (단, 부재의 허용인장강도는 5MPa이다.)

① 15mm ② 20mm
③ 25mm ④ 30mm

[해설]
$\sigma_t = \dfrac{(4 \times 10^3)}{(a \cdot a)} = 5 \text{N/mm}^2$ 으로부터 $a = 28.28 \text{mm}$

6. 장기하중 100kN을 받는 경우 장기허용 지내력도 20kN/m²의 지반에서 필요한 기초판의 크기는?

① 1.5m×1.5m ② 1.8m×1.8m
③ 2.1m×2.1m ④ 2.4m×2.4m

[해설]
$\sigma_c = \dfrac{P}{A} \leq \sigma_{allow}$ 으로부터

$A = \dfrac{P}{\sigma_{allow}} = \dfrac{(100)}{(20)} = 5 \text{m}^2$

$= \sqrt{5} \text{m} \times \sqrt{5} \text{m} = 2.236 \text{m} \times 2.236 \text{m}$

해답 1. ④ 2. ③ 3. ② 4. ③ 5. ④ 6. ④

7. 기초설계에 있어서 장기 150kN(자중 포함)의 하중을 받는 경우 장기허용지내력도 20kN/m²의 지반에서 적당한 기초판의 크기는?

① 1.6m×1.6m ② 2.0m×2.0m
③ 2.4m×2.4m ④ 2.8m×2.8m

해설

$\sigma_c = \dfrac{P}{A} \leq \sigma_{allow}$ 으로부터

$A = \dfrac{P}{\sigma_{allow}} = \dfrac{(150)}{(20)} = 7.5\text{m}^2$

$= \sqrt{7.5}\,\text{m} \times \sqrt{7.5}\,\text{m} = 2.738\text{m} \times 2.738\text{m}$

8. 구조역학에 관한 각종 계수 가운데 휨응력과 가장 관계 있는 것은?

① 좌굴계수 ② 단면계수
③ 탄성계수 ④ 팽창계수

해설

휨응력 $\sigma_b = \mp \dfrac{M}{I} \cdot y = \mp \dfrac{M}{Z}$ 이며,

여기서 Z는 (탄성)단면계수이다.

9. 장방형 단면의 폭 b가 일정하고 높이 h가 2배로 증가했을 때 휨강도는 몇 배가 되는가? (단, M은 일정)

① 같다 ② 2배
③ 3배 ④ 4배

해설

(1) 휨강도는 단면계수($Z = \dfrac{bh^2}{6}$)에 비례한다.

(2) 높이 h를 2배로 하면 휨강도는 4배가 된다.

10. 그림과 같은 단면에서 두 부재의 휨에 대한 강도의 비는? (A : B)

① 1 : 1
② 5 : 1
③ 25 : 1
④ 125 : 1

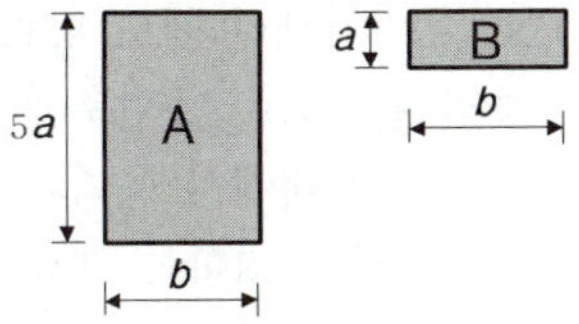

해설

(1) $Z_A = \dfrac{b(5a)^2}{6} = \dfrac{25b \cdot a^2}{6}$, $Z_B = \dfrac{b(a)^2}{6} = \dfrac{b \cdot a^2}{6}$

➡ $Z_A : Z_B = 25 : 1$

(2) A단면이 B단면보다 휨에 대해 25배 강하다.

11. 그림과 같은 동일 단면적을 가진 A, B, C보의 휨강도 비를 구하면?

① 1 : 2 : 3
② 1 : 2 : 4
③ 1 : 3 : 4
④ 1 : 3 : 5

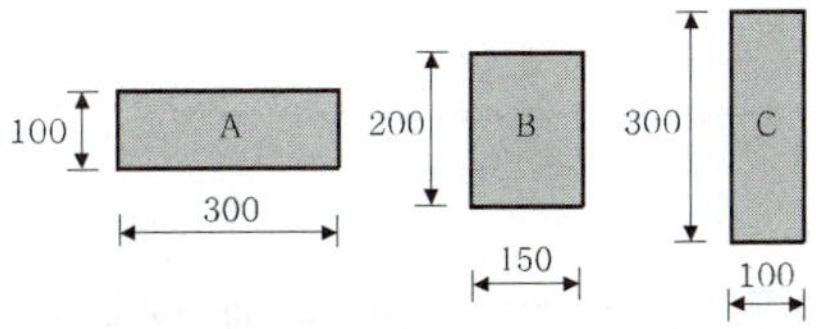

해설

(1) $Z_A = \dfrac{(300)(100)^2}{6} = 500,000\text{mm}^3$

(2) $Z_B = \dfrac{(150)(200)^2}{6} = 1,000,000\text{mm}^3$

(3) $Z_C = \dfrac{(100)(300)^2}{6} = 1,500,000\text{mm}^3$

∴ $M_A : M_B : M_C = 1 : 2 : 3$

해답 7. ④ 8. ② 9. ④ 10. ③ 11. ①

12. 휨응력 산정 시 필요한 가정에 관한 설명 중 옳지 않은 것은?

① 보는 변형한 후에도 평면을 유지한다.
② 보의 휨응력은 중립축에서 최대이다.
③ 탄성범위 내에서 응력과 변형이 작용한다.
④ 휨부재를 구성하는 재료의 인장과 압축에 대한 탄성계수는 같다.

해설
② 보의 휨응력은 중립축에서 0이다.

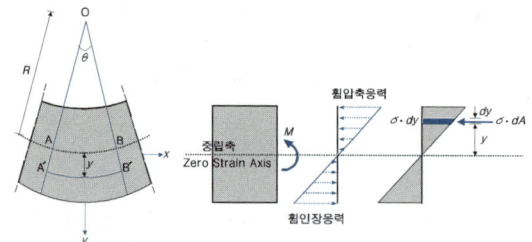

14. 그림과 같은 단순보의 중앙에서 보 단면 내 O점의 휨응력도는?

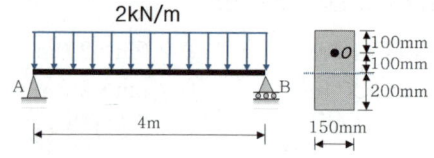

① +0.50MPa   ② −0.50MPa
③ +0.75MPa   ④ −0.75MPa

해설

(1) $M_{max} = \dfrac{wL^2}{8} = \dfrac{(2)(4)^2}{8}$
   $= 4\text{kN} \cdot \text{m} = 4 \times 10^6 \text{N} \cdot \text{mm}$

(2) $I = \dfrac{bh^3}{12} = \dfrac{(150)(400)^3}{12} = 8 \times 10^8 \text{mm}^4$

(3) $\sigma_o = -\dfrac{M_{max}}{I} \cdot y = -\dfrac{(4 \times 10^6)}{(8 \times 10^8)} \cdot (100)$
   $= -0.5 \text{N/mm}^2 = -0.5\text{MPa}$ (휨압축)

13. 그림과 같은 보의 단면에 $M_x = 60\text{kN} \cdot \text{m}$의 휨모멘트가 작용할 때 A점의 휨응력 σ_A 는?

① 0
② 6 MPa
③ 10 MPa
④ 15 MPa

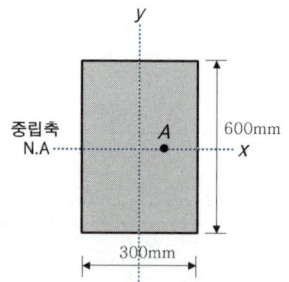

해설

$\sigma_b = \mp \dfrac{M}{I} \cdot y$ 로부터 y 는 중립축으로부터의 거리이므로 A점에서의 $y = 0$ 이 된다.

중립축은 압축이나 인장을 받지 않는 휨응력이 0인 축으로 정의된다.

15. 그림과 같은 직사각형 단면을 갖는 보에 최대 휨모멘트 $20\text{kN} \cdot \text{m}$가 작용할 때 최대 휨응력은?

① 3.33 MPa
② 4.44 MPa
③ 5.56 MPa
④ 6.67 MPa

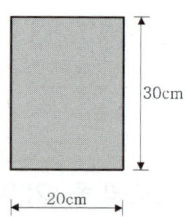

해설

$\sigma_{b,max} = \dfrac{M_{max}}{Z} = \dfrac{(20 \times 10^6)}{\dfrac{(200)(300)^2}{6}}$

$= 6.67 \text{N/mm}^2 = 6.67 \text{MPa}$

해답 12. ② 13. ① 14. ② 15. ④

16. 그림과 같은 단면의 허용휨응력도가 8MPa일 때 중심축($x-x$)에 대한 휨모멘트 값은?

① 3kN · m
② 4kN · m
③ 8kN · m
④ 10kN · m

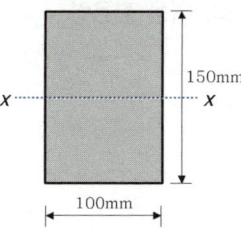

[해설]

$\sigma_b = \dfrac{M}{Z} \leq \sigma_{allow}$ 으로부터

$M \leq \sigma_{allow} \cdot Z = (8) \cdot \dfrac{(100)(150)^2}{6}$

$\qquad = 3 \times 10^6 \text{N} \cdot \text{mm} = 3\text{kN} \cdot \text{m}$

17. 그림과 같은 부재의 최대 휨응력은? (단, 부재의 자중은 무시한다.)

① 1.2MPa
② 2.2MPa
③ 3.6MPa
④ 4.5MPa

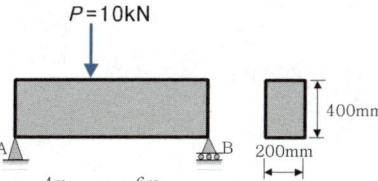

[해설]

(1) 지점반력: $V_A = 10\text{kN} \times \dfrac{6\text{m}}{10\text{m}} = 6\text{kN}$

(2) 하중 작용점의 휨모멘트:

$\quad M_{max} = 6\text{kN} \times 4\text{m} = 24\text{kN} \cdot \text{m}$

(3) $\sigma_{b,max} = \dfrac{M}{Z} = \dfrac{(24 \times 10^6)}{\dfrac{(200)(400)^2}{6}}$

$\qquad = 4.5 \text{N/mm}^2 = 4.5 \text{MPa}$

18. 그림과 같은 단순보의 중앙에 실릴 수 있는 최대하중 P는? (단, 전단은 안전하고 허용 휨응력 $\sigma_{allow} = 9\text{MPa}$ 이다.)

① 21 kN
② 23 kN
③ 25 kN
④ 27 kN

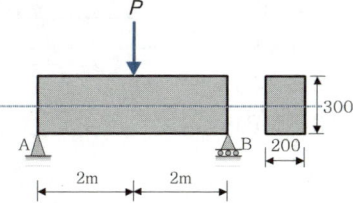

[해설]

(1) $M_{max} = \dfrac{PL}{4} = \dfrac{P(4,000)}{4} = 1,000 \cdot P$,

$Z = \dfrac{(200)(300)^2}{6} = 3 \times 10^6 \text{mm}^3$

(2) $\sigma_b = \dfrac{M}{Z} \leq \sigma_{allow}$ 으로부터 $M \leq \sigma_{allow} \cdot Z$

이므로 $(1,000 \cdot P) \leq (9)(3 \times 10^6)$

$\therefore P \leq 27,000\text{N} = 27\text{kN}$

19. 그림과 같은 단순보에서 최대 휨응력은?

① 30MPa
② 35MPa
③ 40MPa
④ 45MPa

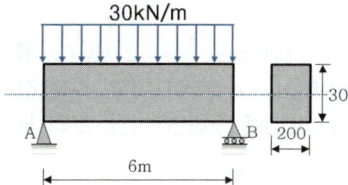

[해설]

(1) $M_{max} = \dfrac{wL^2}{8} = \dfrac{(30)(6)^2}{8}$

$\qquad = 135\text{kN} \cdot \text{m} = 135 \times 10^6 \text{N} \cdot \text{mm}$

(2) $Z = \dfrac{bh^2}{6} = \dfrac{(200)(300)^2}{6} = 3 \times 10^6 \text{mm}^3$

(3) $\sigma_{max} = \dfrac{M_{max}}{Z}$

$\qquad = \dfrac{(135 \times 10^6)}{(3 \times 10^6)} = 45 \text{N/mm}^2 = 45\text{MPa}$

해답   16. ①   17. ④   18. ④   19. ④

20. 그림과 같은 단순보의 최대 휨응력은?

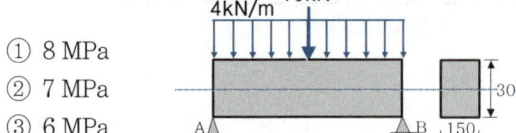

① 8 MPa
② 7 MPa
③ 6 MPa
④ 5 MPa

해설

(1) $M_{max} = \dfrac{PL}{4} + \dfrac{wL^2}{8} = \dfrac{(10)(4)}{4} + \dfrac{(4)(4)^2}{8}$

$\qquad\qquad = 18\text{kN}\cdot\text{m} = 18\times 10^6 \text{N}\cdot\text{mm}$

(2) $Z = \dfrac{bh^2}{6} = \dfrac{(150)(300)^2}{6} = 2.25\times 10^6 \text{mm}^3$

(3) $\sigma_{b,max} = \dfrac{M_{max}}{Z}$

$\qquad = \dfrac{(18\times 10^6)}{(2.25\times 10^6)} = 8\text{N/mm}^2 = 8\text{MPa}$

21. 휨모멘트 $M = 24\text{kN}\cdot\text{m}$를 받는 보의 허용휨응력이 12MPa일 경우 안전한 보의 개략적인 최소 높이(h)를 구하면? (단, 보의 높이는 폭의 2배이다.)

① 200mm ② 300mm
③ 400mm ④ 500mm

해설

$\sigma_b = \dfrac{M}{Z} = \dfrac{M}{\dfrac{bh^2}{6}} = \dfrac{M}{\dfrac{\left(\dfrac{h}{2}\right)h^2}{6}} \leq \sigma_{allow}$ 으로부터

$h \geq \sqrt[3]{\dfrac{12M}{\sigma_{allow}}} = \sqrt[3]{\dfrac{12(24\times 10^6)}{(12)}} = 288.45\text{mm}$

22. 경간(Span) 6m, 폭 150mm, 높이 400mm인 목재 단순지지보에 실을 수 있는 허용 등분포하중은? (단, 목재 보의 허용 휨응력 $\sigma_{allow} = 10\text{MPa}$ 이다.)

① 6.9kN/m ② 7.9kN/m
③ 8.9kN/m ④ 9.9kN/m

해설

$\sigma_b = \dfrac{M_{max}}{Z} = \dfrac{\dfrac{wL^2}{8}}{\dfrac{bh^2}{6}} = \dfrac{3wL^2}{4bh^2} \leq \sigma_{allow}$ 으로부터

$w \leq \dfrac{4b\cdot h^2 \cdot \sigma_{allow}}{3L^2}$

$\quad = \dfrac{4(150)(400)^2(10)}{3(6,000)^2} = 8.89\text{N/mm} = 8.89\text{kN/m}$

23. 그림과 같은 단면에 전단력 50kN이 가해진 경우 중립축에서 상방향으로 100mm 떨어진 지점의 전단응력은?

① 0.85 MPa
② 0.79 MPa
③ 0.73 MPa
④ 0.69 MPa

해설

(1) $I = \dfrac{bh^3}{12} = \dfrac{(200)(300)^3}{12} = 450\times 10^6 \text{mm}^4$,

$b = 200\text{mm}$,

$V = 50\text{kN} = 50\times 10^3 \text{N}$,

$Q = (200\times 50)\left(100 + \dfrac{50}{2}\right) = 1.25\times 10^6 \text{mm}^3$

(2) $\tau = \dfrac{V\cdot Q}{I\cdot b}$

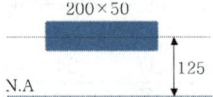

$\quad = \dfrac{(50\times 10^3)(1.25\times 10^6)}{(450\times 10^6)(200)} = 0.69\text{N/mm}^2 = 0.69\text{MPa}$

해답 20. ① 21. ② 22. ③ 23. ④

24. 그림과 같은 단면에 전단력 40kN이 작용할 때 A점에서의 전단응력은?

① 0.28 MPa
② 0.56 MPa
③ 0.84 MPa
④ 1.12 MPa

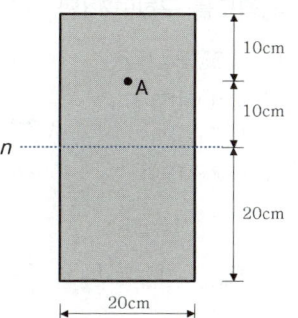

해설

(1) $I = \dfrac{bh^3}{12} = \dfrac{(200)(400)^3}{12} = 1,066.67 \times 10^6 \text{mm}^4$,

$b = 200\text{mm}$,

$V = 40\text{kN} = 40 \times 10^3 \text{N}$,

$Q = (200 \times 100)\left(100 + \dfrac{100}{2}\right) = 3 \times 10^6 \text{mm}^3$

(2) $\tau = \dfrac{V \cdot Q}{I \cdot b}$

$= \dfrac{(40 \times 10^3)(3 \times 10^6)}{(1,066.67 \times 10^6)(200)} = 0.56\text{N/mm}^2 = 0.56\text{MPa}$

---

25. 그림과 같은 보의 웨브에 발생하는 최대 전단응력도는? (단, SS275, 단면 $H-250 \times 125 \times 6 \times 9$, 횡좌굴이 일어나지 않도록 충분히 보강되었으며, 전단면적 산정 시 플랜지 두께는 제외함.)

① 24.48MPa
② 17.24MPa
③ 14.67MPa
④ 9.82MPa

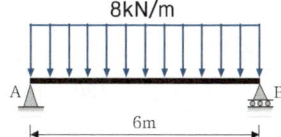

해설

(1) 전단응력 산정 제계수

① $I = \dfrac{1}{12}(125 \times 250^3 - 119 \times 232^3)$

$= 3.89293 \times 10^7 \text{mm}^4$

② H형강 단면의 최대 전단응력은
단면의 중앙부에서 발생 ➡ ∴ $b = 6\text{mm}$

③ $V_{\max} = V_A = V_B = \dfrac{8 \times 6}{2} = 24\text{kN} = 24 \times 10^3 \text{N}$

④ $Q = (125 \times 9)(120.5) + (6 \times 116)(58)$

$= 175,931 \text{mm}^3$

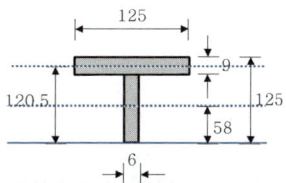

최대 전단응력 산정을 위한 Q

(2) $\tau_{\max} = \dfrac{V \cdot Q}{I \cdot b}$

$= \dfrac{(24 \times 10^3)(175,931)}{(3.89293 \times 10^7)(6)} = 18.077\text{N/mm}^2$

【※ 보통 평균전단응력은 계산된 위의 결과값에서 ±10% 이내(16.269~19.887)의 오차범위 내에 있다.】

해답 24. ② 25. ②

26. 원형 단면에 전단력 $S=30\text{kN}$이 작용할 때 단면의 최대 전단응력도는? (단, 단면의 반경은 180mm)

① 0.19 MPa   ② 0.24 MPa
③ 0.39 MPa   ④ 0.44 MPa

해설

$$\tau_{\max} = k \cdot \frac{V}{A} = \left(\frac{4}{3}\right) \cdot \frac{(30 \times 10^3)}{(\pi \cdot 180^2)}$$

$$= 0.39 \text{N/mm}^2 = 0.39 \text{MPa}$$

27. 직사각형 단면의 철근콘크리트 보에 발생하는 최대 전단응력은? (단, 보의 단면적은 $3{,}000\text{mm}^2$, 최대 전단력은 $2{,}000\text{N}$이다.)

① 1 MPa   ② 1.5 MPa
③ 10 MPa   ④ 15 MPa

해설

$$\tau_{\max} = k \cdot \frac{V}{A} = \left(\frac{3}{2}\right) \cdot \frac{(2{,}000)}{(3{,}000)} = 1\text{N/mm}^2 = 1\text{MPa}$$

28. 폭 $b=100\text{mm}$, 높이 $h=200\text{mm}$인 직사각형 단면에 전단력 4kN이 작용할 때 최대 전단응력은?

① 0.3 MPa   ② 0.4 MPa
③ 0.5 MPa   ④ 0.6 MPa

해설

$$\tau_{\max} = k \cdot \frac{V}{A} = \left(\frac{3}{2}\right) \cdot \frac{(4 \times 10^3)}{(100 \times 200)}$$

$$= 0.3\text{N/mm}^2 = 0.3\text{MPa}$$

29. 그림과 같은 단순보에서 단면에 생기는 최대 전단 응력도를 구하면? (단, 보의 단면 $150 \times 200\text{mm}$)

① 0.5MPa
② 0.65MPa
③ 0.75MPa
④ 0.85MPa

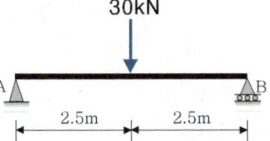

해설

(1) $V_{\max} = V_A = V_B = \dfrac{(30)}{2} = 15\text{kN}$

(2) $\tau_{\max} = k \cdot \dfrac{V}{A} = \left(\dfrac{3}{2}\right) \cdot \dfrac{(15 \times 10^3)}{(150 \times 200)}$

$$= 0.75\text{N/mm}^2 = 0.75\text{MPa}$$

30. 경간 3m, 단면이 그림과 같은 단순보 중앙에 120kN의 집중하중이 작용할 때의 최대 전단응력은?

① 0.5 MPa
② 2.5 MPa
③ 2.7 MPa
④ 5 MPa

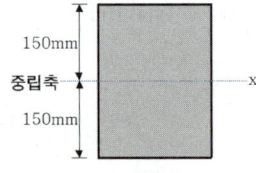

해설

(1) $V_{\max} = V_A = V_B = \dfrac{(120)}{2} = 60\text{kN}$

(2) $\tau_{\max} = k \cdot \dfrac{V}{A} = \left(\dfrac{3}{2}\right) \cdot \dfrac{(60 \times 10^3)}{(120 \times 300)}$

$$= 0.25\text{N/mm}^2 = 2.5\text{MPa}$$

31. 그림과 같은 보의 최대 전단응력도는? (단, 부재 단면 $b \times h = 200\text{mm} \times 300\text{mm}$)

① 0.105MPa
② 0.115MPa
③ 0.125MPa
④ 0.135MPa

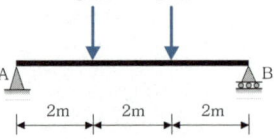

해설

(1) $V_{\max} = V_A = V_B = \dfrac{5+5}{2} = 5\text{kN}$

(2) $\tau_{\max} = k \cdot \dfrac{V}{A} = \left(\dfrac{3}{2}\right) \cdot \dfrac{(5 \times 10^3)}{(200 \times 300)}$

$$= 0.125\text{N/mm}^2 = 0.125\text{MPa}$$

해답   26. ③   27. ①   28. ①   29. ③   30. ②   31. ③

32. 그림과 같은 중도리에 $V=8kN$의 전단력이 작용할 때 단면 내에 생기는 최대 전단응력도는?

① 1MPa
② 2MPa
③ 3MPa
④ 4MPa

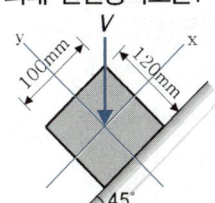

해설

$\tau_{max} = k \cdot \dfrac{V}{A} = \left(\dfrac{3}{2}\right) \cdot \dfrac{(8 \times 10^3)}{(100 \times 120)}$

$= 1N/mm^2 = 1MPa$

33. 그림과 같은 조건일 때 최대 전단응력은?

① 0.73 MPa
② 0.67 MPa
③ 0.83 MPa
④ 1 MPa

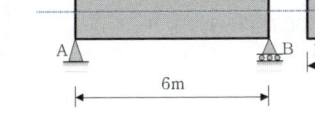

해설

(1) $V_{max} = V_A = V_B = \dfrac{wL}{2} = \dfrac{(10)(6)}{2} = 30kN$

(2) $\tau_{max} = k \cdot \dfrac{V}{A} = \left(\dfrac{3}{2}\right) \cdot \dfrac{(30 \times 10^3)}{(150 \times 300)}$

$= 1N/mm^2 = 1MPa$

34. 그림과 같은 단순보의 최대 전단응력은?

① $\dfrac{2}{3} \cdot \dfrac{wL}{bh}$
② $\dfrac{3}{4} \cdot \dfrac{wL}{bh}$
③ $\dfrac{4}{3} \cdot \dfrac{wL}{bh}$
④ $\dfrac{3}{2} \cdot \dfrac{wL}{bh}$

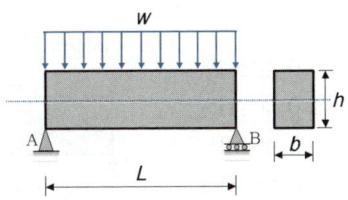

해설

(1) $V_{max} = V_A = V_B = \dfrac{wL}{2}$

(2) $\tau_{max} = k \cdot \dfrac{V}{A} = \left(\dfrac{3}{2}\right) \cdot \dfrac{\left(\dfrac{wL}{2}\right)}{(bh)} = \dfrac{3}{4} \cdot \dfrac{wL}{bh}$

35. 그림과 같은 단순보에서 보의 중앙점 C단면에 생기는 휨응력 σ_b와 전단응력 v의 값은?

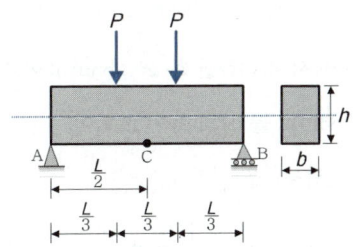

① $\sigma_b = \dfrac{PL}{bh^2},\ v = \dfrac{3PL}{2bh}$ ② $\sigma_b = \dfrac{2PL}{bh^2},\ v = 0$

③ $\sigma_b = \dfrac{2PL}{bh^2},\ v = \dfrac{3PL}{2bh}$ ④ $\sigma_b = \dfrac{PL}{bh^2},\ v = 0$

해설

(1) A지점 수직반력: $V_A = +P(\uparrow)$

(2) $V_{C,Left} = +[+(P)-(P)] = 0$

(3) $M_{C,Left} = +[+(P)\left(\dfrac{L}{2}\right)-(P)\left(\dfrac{L}{2}-\dfrac{L}{3}\right)] = +\dfrac{PL}{3}$

(4) $\sigma_{b,C} = \dfrac{M_C}{Z} = \dfrac{\dfrac{PL}{3}}{\dfrac{bh^2}{6}} = \dfrac{2PL}{bh^2}$

(5) $v_C = \tau_C = k \cdot \dfrac{V_C}{A} = \left(\dfrac{3}{2}\right) \cdot \dfrac{(0)}{(bh)} = 0$

해답 32. ① 33. ④ 34. ② 35. ②

36. 그림과 같은 단순보에서 보의 높이 h를 계산하여 최대 전단응력을 구한 값은? (단, $\sigma_{allow} = 9\text{MPa}$)

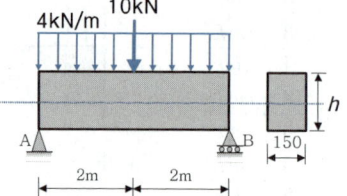

① 0.26 MPa
② 0.36 MPa
③ 0.46 MPa
④ 0.56 MPa

해설

(1) $\sigma_b = \dfrac{M}{Z} = \dfrac{\dfrac{PL}{4} + \dfrac{wL^2}{8}}{\dfrac{bh^2}{6}}$

$= \dfrac{\dfrac{(10\times 10^3)(4,000)}{4} + \dfrac{(4)(4,000^2)}{8}}{\dfrac{(150)(h)^2}{6}}$

$\leq \sigma_{allow}\,(=9\text{MPa})$

(2) h에 대해서 정리하면 $h \geq 283\text{mm}$ 이므로

$h = 283\text{mm}$를 보의 높이로 하여 보의 전단응력을 구한다.

(3) $V_{\max} = V_A = V_B = \dfrac{(10)}{2} + \dfrac{(4\times 4)}{2} = 13\text{kN}$

(4) $\tau = k\cdot\dfrac{V_{\max}}{A} = \left(\dfrac{3}{2}\right)\cdot\dfrac{(13\times 10^3)}{(150\times 283)}$

$= 0.46\text{N/mm}^2 = 0.46\text{MPa}$

37. 그림과 같은 직사각형 판의 AB면을 고정시키고 점 C를 수평으로 0.3mm 이동시켰을 때 측면 AC의 전단변형도는?

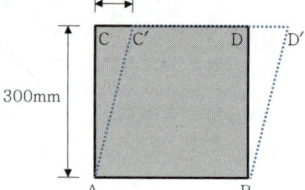

① 0.001rad
② 0.002rad
③ 0.003rad
④ 0.004rad

해설

전단변형도 $\gamma = \dfrac{\Delta}{L} = \dfrac{(0.3)}{(300)} = 0.001\,(rad)$

38. 그림과 같은 강재가 전단력을 받아 점선과 같이 변형될 때의 전단변형도는?

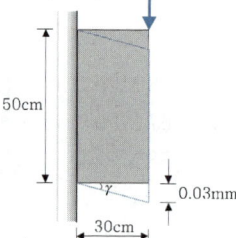

① 0.00006(rad)
② 0.0001(rad)
③ 0.00125(rad)
④ 0.00075(rad)

해설

전단변형도 $\gamma = \dfrac{\Delta}{L} = \dfrac{(0.03)}{(30\times 10)} = 0.0001\,(rad)$

39. 그림과 같은 재료의 푸아송비는? (단, 점선은 변형된 형태이다.)

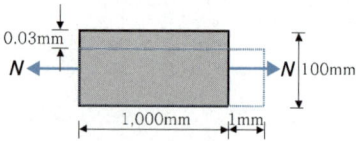

① 0.1
② 0.3
③ 0.5
④ 1

해설

$\nu = \dfrac{\epsilon'}{\epsilon} = \dfrac{\dfrac{\Delta D}{D}}{\dfrac{\Delta L}{L}} = \dfrac{L\cdot\Delta D}{D\cdot\Delta L} = \dfrac{(1,000)(0.03)}{(100)(1)} = 0.3$

해답 36. ③ 37. ① 38. ② 39. ②

40. 직경 22mm, 길이 500mm 강봉에 축방향인장력을 작용시켰더니 길이는 0.4mm 늘어났고 직경은 0.006mm 줄었다. 이 재료의 푸아송수는?

① 0.34
② 2.94
③ 0.015
④ 66.67

[해설]

(1) $\nu = \dfrac{\epsilon'}{\epsilon} = \dfrac{\dfrac{\Delta D}{D}}{\dfrac{\Delta L}{L}} = \dfrac{L \cdot \Delta D}{D \cdot \Delta L} = \dfrac{(500)(0.006)}{(22)(0.4)} = 0.34$

(2) $m = \dfrac{1}{\nu} = \dfrac{1}{(0.34)} = 2.94$

41. 재료의 탄성계수를 옳게 표시한 것은?

① $\dfrac{응력}{비중}$
② $\dfrac{비중}{응력}$
③ $\dfrac{변형률}{응력}$
④ $\dfrac{응력}{변형률}$

[해설]

(1) 응력(σ), 탄성계수(E), 변형률(ϵ)

(2) 훅의 법칙(Hooke's Law): $\sigma = E \cdot \epsilon$ ➡ $E = \dfrac{\sigma}{\epsilon}$

42. 단면적 A, 길이 L인 탄성체에 축방향력 P가 작용하여 ΔL만큼 늘어났다. 응력도, 변형도, 탄성계수를 각각 σ, ϵ, E라 한다면 다음 관계식 중 옳지 않은 것은?

① $\epsilon = \dfrac{\sigma}{E}$
② $E = \dfrac{L \cdot \sigma}{\Delta L}$
③ $P = \epsilon \cdot A \cdot E$
④ $P = \dfrac{L \cdot A \cdot E}{\Delta L}$

[해설]

④ $\sigma = E \cdot \epsilon$ ➡ $\dfrac{P}{A} = E \cdot \dfrac{\Delta L}{L}$ ➡ $P = E \cdot A \cdot \dfrac{\Delta L}{L}$

43. 다음 보기의 ㉮~㉯의 단위에 대해 옳게 나타낸 것은?

[보기]
㉮ 단면1차모멘트   ㉯ 단면2차모멘트
㉰ 휨모멘트   ㉱ 등분포하중
㉲ 탄성계수   ㉳ 수직응력
㉴ 단면계수

① ㉯=㉴ 이고, ㉰≠㉲ 이다.
② ㉰=㉳ 이고, ㉱≠㉳ 이다.
③ ㉰=㉱ 이고, ㉮=㉲ 이다.
④ ㉮=㉴ 이고, ㉲=㉳ 이다.

[해설]

역학적 특성	단위
단면1차모멘트(G)	mm³
단면2차모멘트(I)	mm⁴
휨모멘트(M)	N·mm
등분포하중(w)	N/mm
탄성계수(E)	N/mm²
수직응력(σ)	N/mm²
단면계수(Z)	mm³

44. 다음 중 재료의 탄성계수와 단위가 같은 것은?

① 응력
② 모멘트
③ 연직하중
④ 단면1차모멘트

[해설]

① 응력(σ)과 탄성계수(E)의 단위는 N/mm² 이다.

해답 40. ② 41. ④ 42. ④ 43. ④ 44. ①

45. 그림과 같은 콘크리트 원통에 300kN이 작용하여 $\Delta L = 0.16$mm 줄어들었고, $\Delta D = 0.01$mm가 늘어났을 때 탄성계수 E와 푸아송비는?

① 31,830MPa, 0.25
② 31,830MPa, 0.125
③ 37,630MPa, 0.25
④ 37,630MPa, 0.125

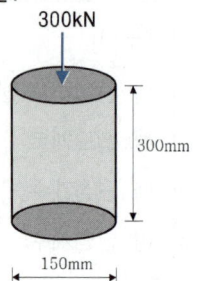

해설

(1) $E = \dfrac{P \cdot L}{A \cdot \Delta L} = \dfrac{(300 \times 10^3)(300)}{\left(\dfrac{\pi(150)^2}{4}\right)(0.16)}$

$= 31,831 \text{N/mm}^2 = 31,831 \text{MPa}$

(2) $\nu = \dfrac{\epsilon'}{\epsilon} = \dfrac{\dfrac{\Delta D}{D}}{\dfrac{\Delta L}{L}} = \dfrac{L \cdot \Delta D}{D \cdot \Delta L} = \dfrac{(300)(0.01)}{(150)(0.16)} = 0.125$

46. 단면의 지름이 150mm, 재축방향 길이가 300mm인 원형 강봉의 윗면에 300kN의 힘이 작용하여 재축방향 길이가 0.16mm 줄어들었고, 지름이 0.02mm 늘어났다면 이 강봉의 탄성계수 E와 푸아송비는?

① 31,830MPa, 0.25   ② 31,830MPa, 0.125
③ 39,630MPa, 0.25   ④ 39,630MPa, 0.125

해설

(1) $E = \dfrac{P \cdot L}{A \cdot \Delta L} = \dfrac{(300 \times 10^3)(300)}{\left(\dfrac{\pi(150)^2}{4}\right)(0.16)}$

$= 31,831 \text{N/mm}^2 = 31,831 \text{MPa}$

(2) $\nu = \dfrac{\epsilon'}{\epsilon} = \dfrac{\dfrac{\Delta D}{D}}{\dfrac{\Delta L}{L}} = \dfrac{L \cdot \Delta D}{D \cdot \Delta L} = \dfrac{(300)(0.02)}{(150)(0.16)} = 0.25$

47. 직경(D) 30mm, 길이(L) 4m인 강봉에 90kN의 인장력이 작용할 때 인장응력(σ_t)과 늘어난 길이(ΔL)는? (단, 강봉의 탄성계수 $E = 200,000$MPa)

① $\sigma_t = 127.3$MPa, $\Delta L = 1.43$mm
② $\sigma_t = 127.3$MPa, $\Delta L = 2.55$mm
③ $\sigma_t = 132.5$MPa, $\Delta L = 1.43$mm
④ $\sigma_t = 132.5$MPa, $\Delta L = 2.55$mm

해설

(1) $\sigma_t = \dfrac{P}{A} = \dfrac{(90 \times 10^3)}{\left(\dfrac{\pi(30)^2}{4}\right)} = 127.324 \text{MPa}$

(2) $\Delta L = \dfrac{PL}{EA} = \dfrac{(90 \times 10^3)(4 \times 10^3)}{(200,000)\left(\dfrac{\pi(30)^2}{4}\right)} = 2.546 \text{mm}$

48. 철근의 단면적 200mm^2, 탄성계수 200,000MPa이고 길이가 10m, 외력으로 100kN의 인장력이 작용하면 늘어난 길이는?

① 25 mm   ② 38.3 mm
③ 47.6 mm   ④ 71.4 mm

해설

$\Delta L = \dfrac{P \cdot L}{E \cdot A} = \dfrac{(100 \times 10^3)(10 \times 10^3)}{(200,000)(200)} = 25 \text{mm}$

49. 직경 25mm, 길이 6m인 강봉과 직경 28mm, 길이 3m인 강봉을 용접하여 만든 길이 9m인 가새의 양끝에 100kN의 인장력이 작용할 때 가새의 늘어난 길이는? (단, 강봉의 $E_s = 200,000$MPa)

① 5.70mm   ② 7.60mm
③ 8.55mm   ④ 11.40mm

해설

$\Delta L = \dfrac{P \cdot L_1}{E \cdot A_1} + \dfrac{P \cdot L_2}{E \cdot A_2}$

$= \dfrac{(100 \times 10^3)(6 \times 10^3)}{(200,000)\left(\dfrac{\pi(25)^2}{4}\right)} + \dfrac{(100 \times 10^3)(3 \times 10^3)}{(200,000)\left(\dfrac{\pi(28)^2}{4}\right)}$

$= 8.547 \text{mm}$

해답 45. ② 46. ① 47. ② 48. ① 49. ③

50. 탄성계수 10^5MPa이고 균일한 단면을 가진 부재에 인장력이 작용하여 10MPa의 인장응력이 발생하였다. 이때 부재의 길이가 0.5mm 늘어났다면 부재의 원래의 길이는?

① 2m ② 5m
③ 8m ④ 10m

해설

$$L = \frac{E \cdot \Delta L}{\sigma} = \frac{(10^5)(0.5)}{(10)} = 5{,}000\text{mm} = 5\text{m}$$

51. 그림과 같이 양단 고정된 강재 부재에 온도가 $\Delta T = 30℃$ 증가될 때 이 부재에 걸리는 압축응력은? (단, 강재의 탄성계수 $E_s = 200{,}000$MPa, 부재 단면적 $A = 5{,}000$mm^2, 열팽창계수 $\alpha = 1.2 \times 10^{-5}/℃$)

① 25 MPa
② 48 MPa
③ 64 MPa
④ 72 MPa

해설

$\sigma_T = E \cdot \alpha \cdot \Delta T$

$= (200{,}000)(1.2 \times 10^{-5})(30) = 72\text{N/mm}^2 = 72\text{MPa}$

52. 어떤 재료의 선형탄성계수 200,000MPa, 푸아송비 0.3일 때 이 재료의 전단탄성계수는?

① 64,900MPa ② 76,900MPa
③ 84,300MPa ④ 92,600MPa

해설

$$G = \frac{E}{2(1+\nu)} = \frac{(200{,}000)}{2[1+(0.3)]}$$

$$= 76{,}923\text{N/mm}^2 = 76{,}923\text{MPa}$$

해답 50. ② 51. ④ 52. ②

8 보의 휨변형

> **CHECK**
> (1) 처짐곡선 미분방정식법: 곡률(κ), 곡률반경(R)
> (2) 공액보법(Conjugate Beam Method)에 의한 처짐각(θ), 처짐(δ)의 계산
>   ➡ 캔틸레버보(Cantilever Beam) ➡ 단순보(Simple Beam) ➡ 내민보(Overhanging Beam)
>   ➡ 겔버보(Gerber Beam)

1 처짐각 및 처짐

(1) 처짐각(Slope, Deflection Angle, Rotation Angle), 처짐(Deflection)

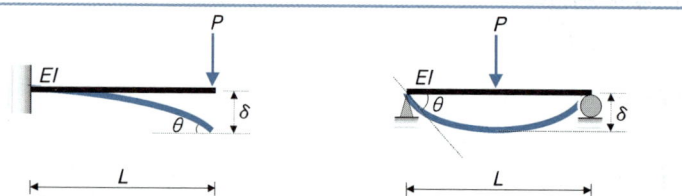

(2) 휨변형을 해석하는 기본적인 방법

구분	해석법	주요 적용
기하학적 방법 (Geometrical Method)	처짐곡선 미분방정식법(=2중적분법)	보, 기둥
	모멘트면적법, 탄성하중법, 공액보법	보, 라멘
	각하중(角荷重)법	트러스
	Williot-Mohr 변위선도법	트러스
에너지 방법 (Energy Method)	가상일법(=단위하중법)	모든 구조물
	Castigliano의 제2정리	모든 구조물

학습POINT

■ 구조물을 이루는 부재들은 하중이 재하되면 휘어지는 탄성재료로 되어 있다. 하중에 의해 처짐이 발생된 구조물의 처짐곡선상의 특정한 점의 선변위(線變位)를 처짐(Deflection), 특정한 점의 접선이 부재축 원위치와 이루는 각변위(角變位)를 처짐각(Deflection Angle) 또는 회전각(Rotation Angle)이라고 한다.

■ 구조해석에서 가장 실용적인 방법은 기하학적 방법 중 공액보법과 에너지 방법 중 가상일법이라고 할 수 있다.

(3) 하중조건에 의한 휨변형의 표현

처짐각과 처짐은 하중(M, P, w), 부재 경간의 길이(L), 탄성계수(E), 단면2차모멘트(I)의 함수식으로 표현되며, 다음의 결과체계를 갖는다는 것을 기억해야만 한다.

처짐각	하중조건	처짐
$\theta = \dfrac{ML}{EI}$	모멘트하중	$\delta = \dfrac{ML^2}{EI}$
$\theta = \dfrac{PL^2}{EI}$	집중하중	$\delta = \dfrac{PL^3}{EI}$
$\theta = \dfrac{wL^3}{EI}$	분포하중	$\delta = \dfrac{wL^4}{EI}$

■ 처짐 및 처짐각의 기본 부호규약

처짐각(θ)	부호	처짐(δ)
⌒ (시계 회전)	+	↓ (하향 처짐)
⌒ (반시계 회전)	−	↑ (상향 처짐)

핵심예제 1

그림과 같은 단순보에서 부재길이가 2배로 증가할 때 보의 중앙점 최대처짐은 몇 배로 증가되는가?

① 2배
② 4배
③ 8배
④ 16배

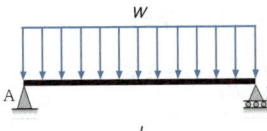

해설 $\delta = \dfrac{wL^4}{EI}$ ➡ 경간의 길이 L을 2배로 증가시키면 처짐은 $2^4 = 16$배가 된다.

답 : ④

핵심예제 2

그림과 같은 단순보에서 중앙점의 처짐량이 30mm로 나타났다. 만일 보의 춤을 2배로 크게 하면 처짐량은?

① 2.5mm
② 3.75mm
③ 7.5mm
④ 15mm

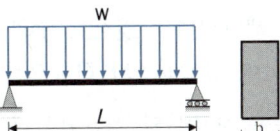

해설 $\delta = \dfrac{wL^4}{EI} = \dfrac{wL^4}{E \cdot \left(\dfrac{bh^3}{12}\right)}$ ➡ 보의 춤(h)을 2배로 하면 처짐은 $\dfrac{1}{2^3} = \dfrac{1}{8}$ 배로 된다. $\therefore 30\text{mm} \times \dfrac{1}{8} = 3.75\text{mm}$

답 : ②

핵심예제 3

보의 길이가 같은 캔틸레버보에서 작용하는 집중하중의 크기가 $P_1 = P_2$ 일 때, 보의 단면이 그림과 같다면 최대처짐 $y_1 : y_2$ 의 비는?

① 2 : 1
② 4 : 1
③ 8 : 1
④ 16 : 1

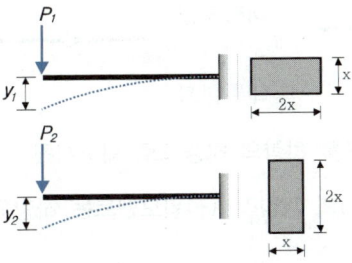

해설 (1) 경간이 같으므로 최대 처짐의 비율은 단면의 제원만 비교해 보면 된다.

(2) $y_1 : y_2 = \dfrac{1}{\dfrac{(2x)(x)^3}{12}} : \dfrac{1}{\dfrac{(x)(2x)^3}{12}} = \dfrac{1}{2} : \dfrac{1}{8} = 4 : 1$

답 : ②

2 공액보법(Conjugate Beam Metod, 1860)

하중-전단력-휨모멘트	곡률-처짐각-처짐
$\dfrac{dV}{dx}=-w$ 로부터 $V=-\int w \cdot dx + C_1$ ……①	$EI \cdot y' =-V$ 로부터 $y' =-\int \dfrac{M}{EI} \cdot dx + C_1$ ……③
$\dfrac{dM}{dx}= V$ 또는 $\dfrac{d^2M}{dx^2}=-w$ 로부터 $M=-\iint w \cdot dx \cdot dx + C_1 \cdot x + C_2$ ……②	$EI \cdot y'' =-M$ 로부터 $y'' =-\iint \dfrac{M}{EI} \cdot dx \cdot dx + C_1 \cdot dx + C_2$ ……④

공액보법은 하중(w)-전단력(V)-휨모멘트(M)의 관계식과, 곡률(κ)-처짐각($\theta=y'$)-처짐($\delta=y''$) 관계식의 유사성에 이론적인 근거를 둔 해석법이다. 하중(w)이 작용하는 실제의 보에서 특정 위치의 처짐각($\theta=y'$)과 처짐($\delta=y''$)은 하중(w)을 $\dfrac{M}{EI}$이라는 탄성하중으로 치환한 가상의 보에서 특정 위치의 전단력(V)과 휨모멘트(M)에 해당된다는 것으로 ①과 ③, ②와 ④의 유사성을 관찰해 본다. 전단력이나 휨모멘트가 하중으로부터 계산되는 것처럼, 처짐각이나 처짐 또한 $\dfrac{M}{EI}$으로부터 계산되어질 수 있다는 것이 공액보의 기본 개념이 된다.

(1) 공액보

Christian Otto Mohr
(1835~1918)

실제 보	지점 변환	공액 보
	고정단 ↕ 자유단	
	내측지점 ↕ 내측힌지	

■ 공액보
휨모멘트도(BMD)를 탄성하중(M/EI)으로 치환하고 단부의 지점조건을 변환시킨 보

공액보를 이용한 변형 해석: $+\dfrac{M}{EI}$도를 하향의 하중으로 재하시킨 공액보에서 (+)전단력은 시계방향(↻)의 처짐각, (+)휨모멘트는 하향의 처짐(↓)을 나타낸다.

실제보에서 x점의 처짐각 θ_x ⬇ 공액보에서 x점의 전단력 V_x	실제보에서 x점의 처짐 δ_x ⬇ 공액보에서 x점의 휨모멘트 M_x

(2) 캔틸레버보: 처짐각(탄성하중도($\frac{M}{EI}$)의 면적), 처짐(면적($\frac{M}{EI}$) × 도심)

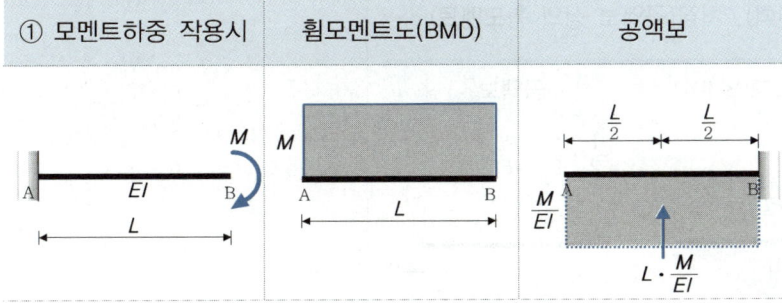

$$\theta_B = L \cdot \frac{M}{EI} = \frac{ML}{EI}$$

$$\delta_B = \left(L \cdot \frac{M}{EI}\right)\left(L \cdot \frac{1}{2}\right) = \frac{1}{2} \cdot \frac{ML^2}{EI}$$

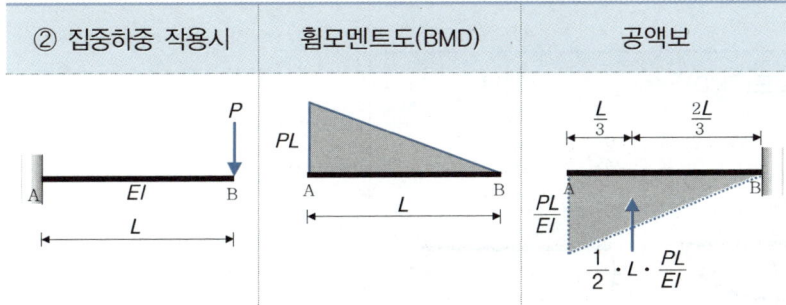

$$\theta_B = \frac{1}{2} \cdot L \cdot \frac{PL}{EI} = \frac{1}{2} \cdot \frac{PL^2}{EI}$$

$$\delta_B = \left(\frac{1}{2} \cdot L \cdot \frac{PL}{EI}\right)\left(L \cdot \frac{2}{3}\right) = \frac{1}{3} \cdot \frac{PL^3}{EI}$$

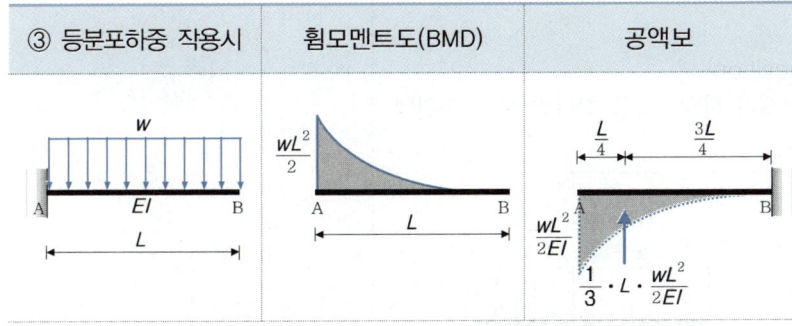

$$\theta_B = \frac{1}{3} \cdot L \cdot \frac{wL^2}{2EI} = \frac{1}{6} \cdot \frac{wL^3}{EI}$$

$$\delta_B = \left(\frac{1}{3} \cdot L \cdot \frac{wL^2}{2EI}\right)\left(L \cdot \frac{3}{4}\right) = \frac{1}{8} \cdot \frac{wL^4}{EI}$$

(3) 단순보: 처짐각(공액보 상의 전단력), 처짐(공액보 상의 휨모멘트)

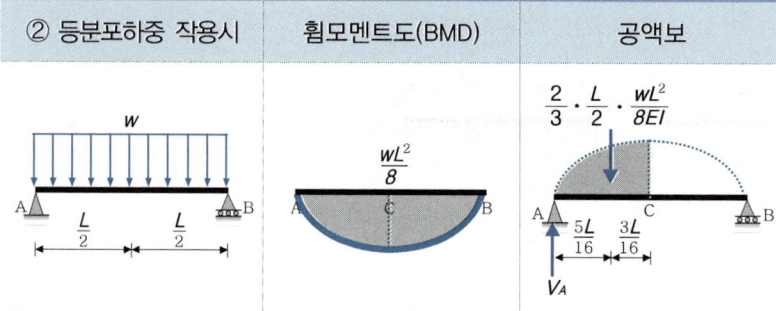

$$\theta_A = V_A = \frac{1}{2} \cdot \frac{L}{2} \cdot \frac{PL}{4EI} = \frac{1}{16} \cdot \frac{PL^2}{EI}$$

$$\delta_C = M_C = \left(\frac{1}{2} \cdot \frac{L}{2} \cdot \frac{PL}{4EI}\right)\left(\frac{L}{2} \cdot \frac{2}{3}\right) = \frac{1}{48} \cdot \frac{PL^3}{EI}$$

$$\theta_A = V_A = \frac{2}{3} \cdot \frac{L}{2} \cdot \frac{wL^2}{8EI} = \frac{1}{24} \cdot \frac{wL^3}{EI}$$

$$\delta_C = M_C = \left(\frac{2}{3} \cdot \frac{L}{2} \cdot \frac{wL^2}{8EI}\right)\left(\frac{L}{2} \cdot \frac{5}{8}\right) = \frac{5}{384} \cdot \frac{wL^4}{EI}$$

(4) 중첩의 원리(Method of Superposition)
  재료가 후크의 법칙을 만족하고 부재가 탄성거동을 한다면 모든 조건에 대해 중첩의 원리가 성립된다.

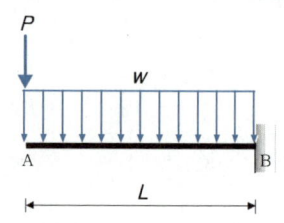 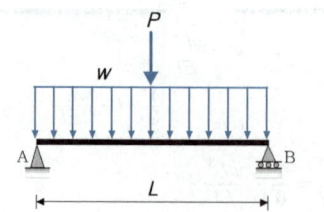

$$\delta_A = \delta_{AP} + \delta_{Aw} = \frac{1}{3} \cdot \frac{PL^3}{EI} + \frac{1}{8} \cdot \frac{wL^4}{EI} \qquad \delta_C = \delta_{CP} + \delta_{Cw} = \frac{1}{48} \cdot \frac{PL^3}{EI} + \frac{5}{384} \cdot \frac{wL^4}{EI}$$

3 캔틸레버보의 주요 하중에 따른 처짐각 및 처짐 표

	하중조건	처짐각, θ(rad)	처짐, δ(mm)
집중하중	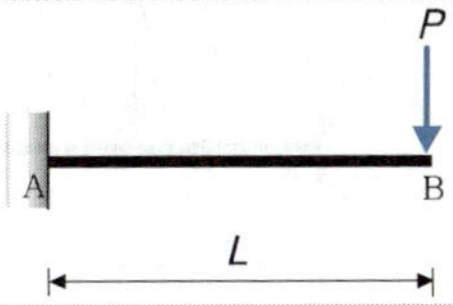 P가 B점 작용, 길이 L	$\theta_B = \dfrac{PL^2}{2EI}$	$\delta_B = \dfrac{PL^3}{3EI}$
	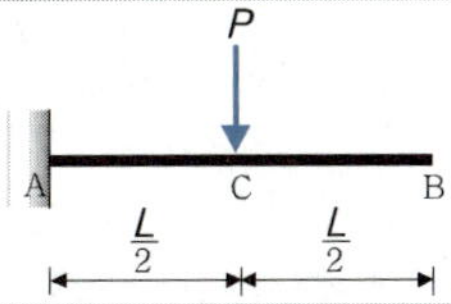 P가 중앙 C점 작용	$\theta_C = \dfrac{PL^2}{8EI}$ $\theta_B = \dfrac{PL^2}{8EI}$	$\delta_C = \dfrac{PL^3}{24EI}$ $\delta_B = \dfrac{5PL^3}{48EI}$
	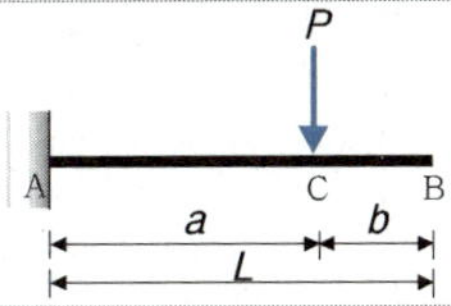 P가 C점(a, b) 작용	$\theta_C = \dfrac{Pa^2}{2EI}$ $\theta_B = \dfrac{Pa^2}{2EI}$	$\delta_C = \dfrac{Pa^3}{3EI}$ $\delta_B = \dfrac{Pa^2}{6EI}(3L-a)$
분포하중	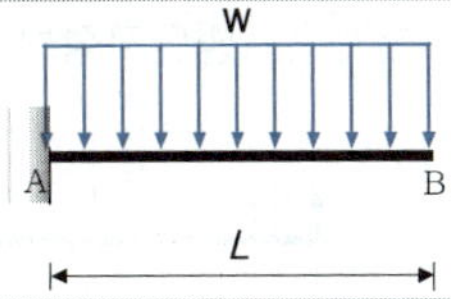 등분포 전체	$\theta_B = \dfrac{wL^3}{6EI}$	$\delta_B = \dfrac{wL^4}{8EI}$
	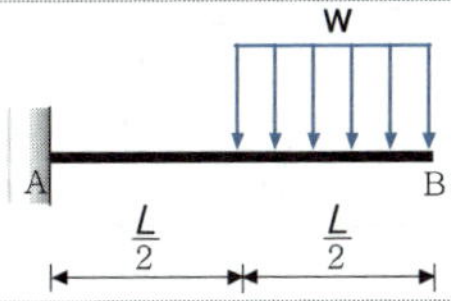 등분포 L/2~L	$\theta_B = \dfrac{7wL^3}{48EI}$	$\delta_B = \dfrac{41wL^4}{384EI}$
	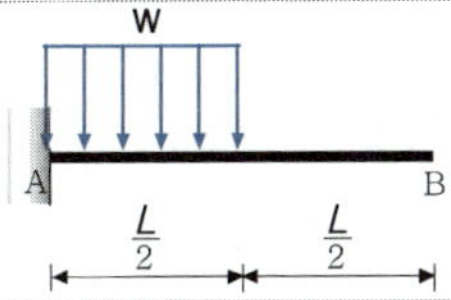 등분포 0~L/2	$\theta_B = \dfrac{wL^3}{48EI}$	$\delta_B = \dfrac{7wL^4}{384EI}$
	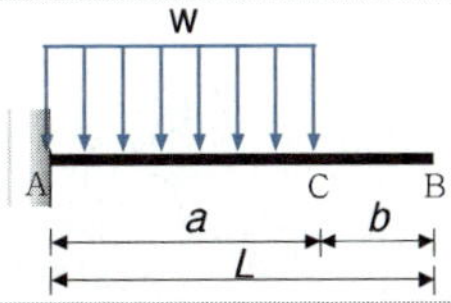 등분포 0~a	$\theta_B = \dfrac{wa^3}{6EI}$	$\delta_B = \dfrac{wa^3}{24EI}(3a+4b)$
	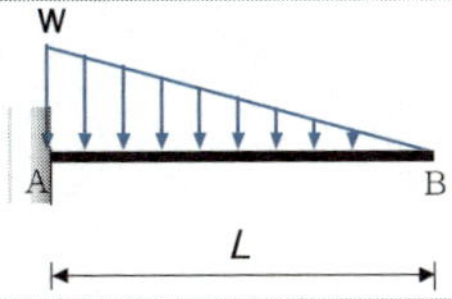 삼각분포 (A쪽 최대)	$\theta_B = \dfrac{wL^3}{24EI}$	$\delta_B = \dfrac{wL^4}{30EI}$
모멘트하중	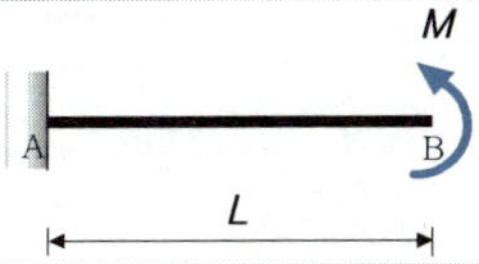 M이 B점 작용	$\theta_B = \dfrac{ML}{EI}$	$\delta_B = \dfrac{ML^2}{2EI}$
	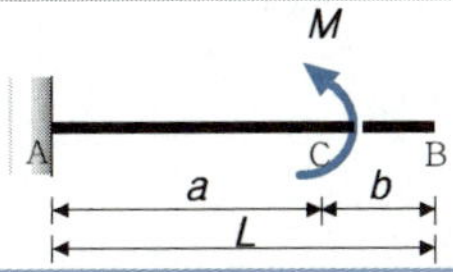 M이 C점 작용	$\theta_B = \dfrac{Ma}{EI}$	$\delta_B = \dfrac{Ma}{2EI}(L+b)$

4 단순보의 주요 하중에 따른 처짐각 및 처짐 표

하중조건	처짐각, θ(rad)	처짐, δ(mm)
집중하중 (중앙)	$\theta_A = -\theta_B = \dfrac{PL^2}{16EI}$	$\delta_{max} = \delta_C = \dfrac{PL^3}{48EI}$
집중하중 (임의점)	$\theta_A = \dfrac{Pab}{6EI \cdot L}(a+2b)$ $\theta_B = -\dfrac{Pab}{6EI \cdot L}(2a+b)$	$\delta_C = \dfrac{Pa^2b^2}{3EI \cdot L}$ $\delta_{max} = \dfrac{Pb}{9\sqrt{3}\,EI \cdot L} \cdot \sqrt{(L^2-b^2)^3}$
등분포하중	$\theta_A = -\theta_B = \dfrac{wL^3}{24EI}$	$\delta_{max} = \dfrac{5wL^4}{384EI}$
삼각분포하중	$\theta_A = \dfrac{7wL^3}{360EI}$ $\theta_B = -\dfrac{8wL^3}{360EI}$	$\delta_{max} = \dfrac{wL^4}{153EI}$
모멘트하중 (임의점)	$\theta_A = \dfrac{M}{6EI \cdot L^2} \cdot (a^3 + 3a^2b - 2b^3)$	$\delta_C = \dfrac{M \cdot a}{3EI \cdot L} \cdot (3aL - L^2 - 2a^2)$
모멘트하중 (단부)	$\theta_A = \dfrac{ML}{6EI}$ $\theta_B = -\dfrac{ML}{3EI}$	$\delta_{max} = \dfrac{ML^2}{9\sqrt{3}\,EI}$
양단모멘트	$\theta_A = \dfrac{L}{6EI}(2M_A + M_B)$ $\theta_B = -\dfrac{L}{6EI}(M_A + 2M_B)$	$M_A = M_B = M$ 일 때 $\delta_{max} = \dfrac{ML^2}{8EI}$

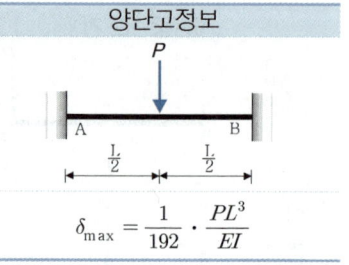

양단고정보

$$\delta_{max} = \dfrac{1}{192} \cdot \dfrac{PL^3}{EI}$$

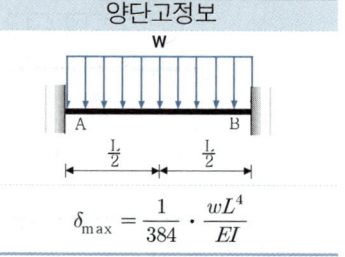

양단고정보

$$\delta_{max} = \dfrac{1}{384} \cdot \dfrac{wL^4}{EI}$$

MEMO

핵 심 문 제

CHAPTER 8 보의 휨변형

1. 그림과 같은 단순보에서 부재길이가 2배로 증가할 때 보의 중앙점 최대처짐은 몇 배로 증가되는가?

① 2배
② 4배
③ 8배
④ 16배

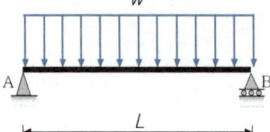

[해설]

$\delta = \dfrac{wL^4}{EI}$ ➡ 경간의 길이 L을 2배로 증가시키면

처짐은 $2^4 = 16$배가 된다.

2. 그림과 같은 단순보에서 중앙점의 처짐량이 2cm로 나타났다. 만일 보의 춤을 2배로 크게 하면 처짐량은 얼마로 되는가?

① 0.125cm
② 0.25cm
③ 0.5cm
④ 1cm

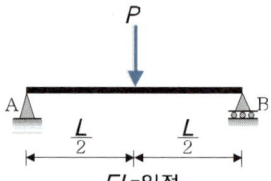

[해설]

$\delta = \dfrac{PL^3}{EI} = \dfrac{PL^3}{E \cdot \left(\dfrac{bh^3}{12}\right)}$ ➡ 보의 춤(h)을 2배로 하면

처짐은 $\dfrac{1}{2^3} = \dfrac{1}{8}$ 배로 된다. ∴ $2\text{cm} \times \dfrac{1}{8} = 0.25\text{cm}$

3. 그림과 같은 단순보에서 중앙점의 처짐량이 30mm로 나타났다. 만일 보의 춤을 2배로 크게 하면 처짐량은?

① 2.5mm
② 3.75mm
③ 7.5mm
④ 15mm

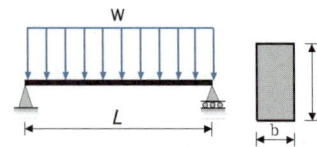

[해설]

$\delta = \dfrac{wL^4}{EI} = \dfrac{wL^4}{E \cdot \left(\dfrac{bh^3}{12}\right)}$ ➡ 보의 춤(h)을 2배로 하면

처짐은 $\dfrac{1}{2^3} = \dfrac{1}{8}$ 배로 된다. ∴ $30\text{mm} \times \dfrac{1}{8} = 3.75\text{mm}$

4. 보의 길이가 같은 캔틸레버보에서 작용하는 집중하중의 크기가 $P_1 = P_2$ 일 때, 보의 단면이 그림과 같다면 최대처짐 $y_1 : y_2$ 의 비는?

① 2 : 1
② 4 : 1
③ 8 : 1
④ 16 : 1

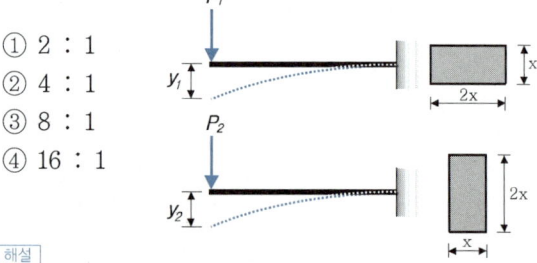

[해설]

(1) 경간이 같으므로 최대 처짐의 비율은 단면의 제원만 비교해 보면 된다.

(2) $y_1 : y_2 = \dfrac{1}{\dfrac{(2x)(x)^3}{12}} : \dfrac{1}{\dfrac{(x)(2x)^3}{12}} = 4 : 1$

해답   1. ④   2. ②   3. ②   4. ②

5. 경간이 같은 2개의 단순보의 하중 P에 의한 처짐 y_1과 y_2와의 비(比)는?

① 2 : 1
② 4 : 1
③ 6 : 1
④ 8 : 1

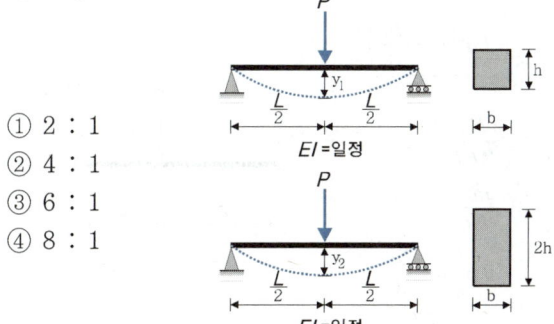

해설

(1) 하중조건과 경간이 같으므로 최대 처짐의 비율은 단면의 제원만 비교해 본다.

(2) $y_1 : y_2 = \dfrac{1}{\dfrac{(b)(h)^3}{12}} : \dfrac{1}{\dfrac{(b)(2h)^3}{12}} = 8 : 1$

6. 철골 보의 처짐을 적게 하는 데에 대한 다음 기술 중 맞는 것은?

① 보의 길이를 길게 한다.
② 웨브(Web) 단면적을 작게 한다.
③ 상부 플랜지(Flange)의 두께를 줄인다.
④ 단면2차모멘트 값을 크게 한다.

해설

④ $\delta = \dfrac{wL^4}{EI}$ ➡ 단면2차모멘트(I)를 크게 하면 보의 처짐량은 줄어든다.

7. 다음 캔틸레버보의 자유단의 처짐각은? (단, 탄성계수 E, 단면2차모멘트 I)

① $\dfrac{PL^2}{2EI}$
② $\dfrac{PL^2}{3EI}$
③ $\dfrac{PL^2}{6EI}$
④ $\dfrac{PL^2}{8EI}$

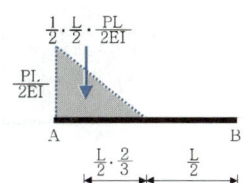

해설

$\theta_B = \left(\dfrac{1}{2} \cdot \dfrac{L}{2} \cdot \dfrac{PL}{2EI}\right) = \dfrac{1}{8} \cdot \dfrac{PL^2}{EI}$

8. 그림에서 B점의 처짐각(θ_B)은? (단, EI는 일정)

① $\dfrac{PL^2}{2EI}$
② $\dfrac{PL^2}{8EI}$
③ $\dfrac{5PL^2}{8EI}$
④ $\dfrac{2PL^2}{3EI}$

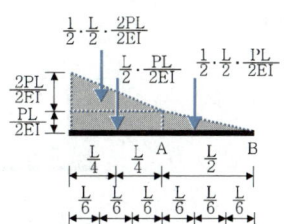

해설

$\theta_B = \left(\dfrac{1}{2} \cdot \dfrac{L}{2} \cdot \dfrac{PL}{2EI}\right) + \left(\dfrac{L}{2} \cdot \dfrac{PL}{2EI}\right)$
$+ \left(\dfrac{1}{2} \cdot \dfrac{L}{2} \cdot \dfrac{2PL}{2EI}\right) = \dfrac{5}{8} \cdot \dfrac{PL^2}{EI}$

해답 5. ④ 6. ④ 7. ④ 8. ③

9. 그림과 같은 캔틸레버보의 자유단 B점의 처짐각은?

① $\dfrac{PL^2}{2EI}$

② $\dfrac{PL^2}{EI}$

③ $\dfrac{2PL^2}{EI}$

④ $\dfrac{5PL^2}{2EI}$

해설

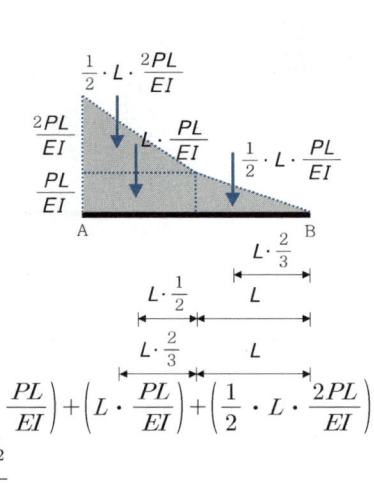

$\theta_B = \left(\dfrac{1}{2} \cdot L \cdot \dfrac{PL}{EI}\right) + \left(L \cdot \dfrac{PL}{EI}\right) + \left(\dfrac{1}{2} \cdot L \cdot \dfrac{2PL}{EI}\right)$

$= \dfrac{5}{2} \cdot \dfrac{PL^2}{EI}$

10. 그림과 같은 보의 C점에 대한 처짐은?

① $\dfrac{PL^3}{12EI}$

② $\dfrac{PL^3}{24EI}$

③ $\dfrac{PL^3}{48EI}$

④ $\dfrac{PL^3}{96EI}$

해설

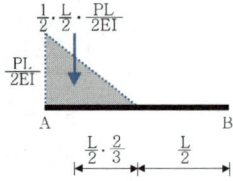

$\delta_C = \left(\dfrac{1}{2} \cdot \dfrac{L}{2} \cdot \dfrac{PL}{2EI}\right)\left(\dfrac{L}{2} \cdot \dfrac{2}{3}\right) = \dfrac{1}{24} \cdot \dfrac{PL^3}{EI}$

11. 그림과 같은 캔틸레버보에서 집중하중 P가 작용할 때 C점의 처짐의 크기는? (단, 보의 EI는 일정)

① $\dfrac{Pa^2\left(b+\dfrac{2a}{3}\right)}{2EI}$

② $\dfrac{Pa}{2EI}$

③ $\dfrac{Pa}{EI}$

④ $\dfrac{Pa\left(b+\dfrac{2a}{3}\right)}{2EI}$

해설

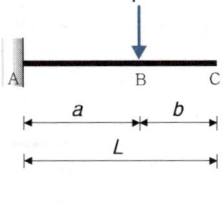

$\delta_C = \left(\dfrac{1}{2} \cdot a \cdot \dfrac{Pa}{EI}\right)\left(b+a \cdot \dfrac{2}{3}\right) = \dfrac{Pa^2\left(b+\dfrac{2a}{3}\right)}{2EI}$

12. 그림과 같은 캔틸레버에서 B점의 처짐은?

① $\dfrac{wL^4}{128EI}$

② $\dfrac{3wL^4}{384EI}$

③ $\dfrac{3wL^4}{128EI}$

④ $\dfrac{7wL^4}{384EI}$

해설

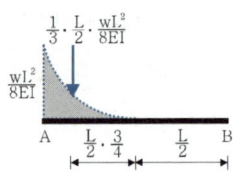

$\delta_B = \left(\dfrac{1}{3} \cdot \dfrac{L}{2} \cdot \dfrac{wL^2}{8EI}\right)\left(\dfrac{L}{2} + \dfrac{L}{2} \cdot \dfrac{3}{4}\right) = \dfrac{7}{384} \cdot \dfrac{wL^4}{EI}$

해답 9. ④ 10. ② 11. ① 12. ④

13. 길이 L인 캔틸레버보의 자유단에 집중하중 P가 작용할 때 자유단의 처짐각 θ와 처짐 δ는? (단, 탄성계수는 E, 단면2차모멘트는 I이다.)

① $\theta = \dfrac{PL^2}{3EI}$, $\delta = \dfrac{PL^3}{2EI}$ ② $\theta = \dfrac{PL^2}{2EI}$, $\delta = \dfrac{PL^3}{3EI}$

③ $\theta = \dfrac{PL^2}{3EI}$, $\delta = \dfrac{PL^3}{4EI}$ ④ $\theta = \dfrac{PL^2}{2EI}$, $\delta = \dfrac{PL^3}{4EI}$

[해설]

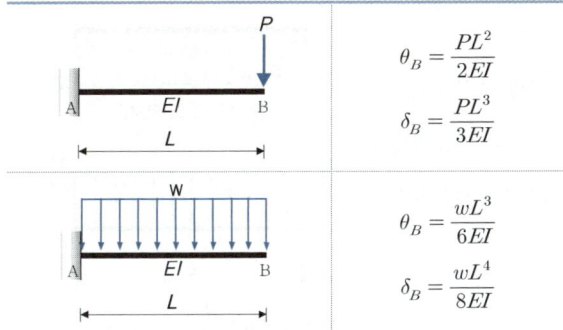

$\theta_B = \dfrac{PL^2}{2EI}$

$\delta_B = \dfrac{PL^3}{3EI}$

$\theta_B = \dfrac{wL^3}{6EI}$

$\delta_B = \dfrac{wL^4}{8EI}$

15. 다음 그림에서 동일한 처짐이 되기 위한 P_1, P_2의 값의 비로 옳은 것은? (단, EI는 일정하다.)

① $P_1 = 2$, $P_2 = 1$
② $P_1 = 4$, $P_2 = 1$
③ $P_1 = 6$, $P_2 = 1$
④ $P_1 = 8$, $P_2 = 1$

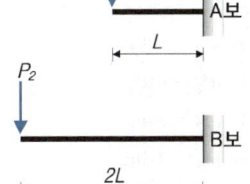

[해설]

$\dfrac{P_1 \cdot L^3}{3EI} = \dfrac{P_2 \cdot (2L)^3}{3EI}$ 으로부터 $\therefore \dfrac{P_1}{P_2} = \dfrac{8}{1}$

14. 그림과 같은 캔틸레버 보에 하중이 작용할 때 B점의 처짐은? (단, 부재의 단면2차모멘트 I, 탄성계수 E)

① $\dfrac{PL^3}{3EI} + \dfrac{wL^3}{8EI}$

② $\dfrac{PL^3}{3EI} + \dfrac{wL^4}{8EI}$

③ $\dfrac{PL^3}{8EI} + \dfrac{wL^3}{8EI}$

④ $\dfrac{PL^2}{8EI} + \dfrac{wL^4}{3EI}$

[해설]

(1) 처짐, 처짐각과 같은 구조물의 변형은 중첩의 원리가 성립된다.

(2) $\delta_B = \delta_{BP} + \delta_{Bw} = \dfrac{1}{3} \cdot \dfrac{PL^3}{EI} + \dfrac{1}{8} \cdot \dfrac{wL^4}{EI}$

16. 동일 단면, 동일 재료를 사용한 캔틸레버보 끝단에 집중하중이 작용하였다. P_1이 작용한 부재의 최대처짐량이 P_2가 작용한 부재의 최대처짐량의 2배일 경우 $P_1 : P_2$는?

① 1 : 4
② 1 : 8
③ 4 : 1
④ 8 : 1

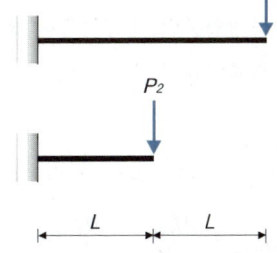

[해설]

$\dfrac{1}{3} \cdot \dfrac{P_1 \cdot (2L)^3}{EI} = \left(\dfrac{1}{3} \cdot \dfrac{P_2 \cdot (L)^3}{EI} \right) \times 2$ 로부터

$\dfrac{P_1}{P_2} = \dfrac{1}{4}$ ➡ $P_1 : P_2 = 1 : 4$

해답 13. ② 14. ② 15. ④ 16. ①

17. 다음 두 보의 최대 처짐량이 같기 위한 등분포 하중의 비는? (단, 부재의 재질과 단면은 동일하며 A부재의 길이는 B부재의 길이의 2배임)

① $w_2 = 2w_1$
② $w_2 = 4w_1$
③ $w_2 = 8w_1$
④ $w_2 = 16w_1$

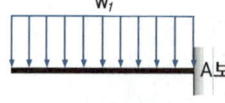

[해설]

$$\frac{w_1 \cdot (2L)^4}{8EI} = \frac{w_2 \cdot (L)^4}{8EI} \quad \text{으로부터}$$

$w_1 \cdot (2L)^4 = w_2 \cdot (L)^4 \quad \Rightarrow \quad \therefore w_2 = 16w_1$

18. 다음 캔틸레버보의 최대휨응력과 최대처짐은? (단, 부재의 탄성계수 : $1 \times 10^4 \text{MPa}$)

① 최대휨응력: 3.37MPa, 최대처짐: 3.8mm
② 최대휨응력: 3.37MPa, 최대처짐: 7.6mm
③ 최대휨응력: 6.75MPa, 최대처짐: 3.8mm
④ 최대휨응력: 6.75MPa, 최대처짐: 7.6mm

[해설]

(1) $M_{max} = (1 \times 1.5)\left(\frac{1.5}{2}\right) = 1.125 \text{kN} \cdot \text{m}$

(2) $\sigma_{max} = \dfrac{M_{max}}{Z} = \dfrac{M_{max}}{\dfrac{bh^2}{6}}$

$= \dfrac{(1.125 \times 10^6)}{\dfrac{(100)(100)^2}{6}} = 6.75 \text{N/mm}^2 = 6.75 \text{MPa}$

(3) $\delta_{max} = \dfrac{1}{8} \cdot \dfrac{wL^4}{EI}$

$= \dfrac{1}{8} \cdot \dfrac{(1)(1,500)^4}{(1 \times 10^4)\left(\dfrac{(100)(100)^3}{12}\right)} = 7.593 \text{mm}$

19. 그림과 같은 단순보의 양 지점에 모멘트하중 M이 작용할 때 A지점의 처짐각은?

① $\dfrac{ML}{2EI}$
② $\dfrac{ML}{3EI}$
③ $\dfrac{ML}{4EI}$
④ $\dfrac{ML}{6EI}$

[해설]

실제 보의 A점의 처짐각은 공액보의 A점의 전단력이다.

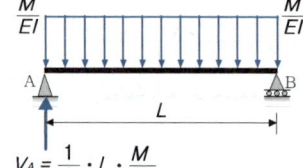

20. 그림과 같은 단순보 중앙에 집중하중 P가 1개 작용할 때 지점에 생기는 처짐각은?

① $\dfrac{PL^2}{4EI}$
② $\dfrac{PL^2}{8EI}$
③ $\dfrac{PL^2}{16EI}$
④ $\dfrac{PL^2}{48EI}$

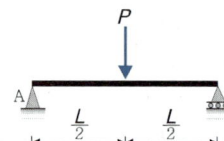

[해설]

(P 하중)	$\theta_A = \dfrac{PL^2}{16EI}$ $\delta_C = \dfrac{PL^3}{48EI}$
(w 하중)	$\theta_A = \dfrac{wL^3}{24EI}$ $\delta_C = \dfrac{5wL^4}{384EI}$

해답 17. ④ 18. ④ 19. ① 20. ③

21. 그림과 같은 내민보에서 A점의 처짐각 θ_A 는?

① $\dfrac{PL^2}{4EI}$
② $\dfrac{PL^2}{16EI}$
③ $\dfrac{PL^2}{128EI}$
④ $\dfrac{PL^2}{256EI}$

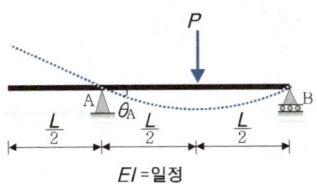

해설

내민 구간에 하중이 작용하지 않으므로
결국, AB 단순보의 중앙에 집중하중 P가 작용할 때
A지점의 처짐각 $\theta_A = \dfrac{PL^2}{16EI}$ 을 구하는 것과 같다.

23. 그림과 같은 보의 C점에서의 최대 처짐은?

① $\dfrac{PL^3}{2EI}$
② $\dfrac{PL^3}{48EI}$
③ $\dfrac{PL^3}{384EI}$
④ $\dfrac{5PL^3}{384EI}$

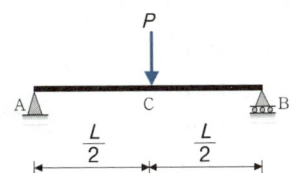

해설

단순보 중앙에 집중하중 작용시 최대처짐: $\delta_{max} = \dfrac{PL^3}{48EI}$

22. 두 개의 단순보에 크기가 같은($P=wL$) 하중이 작용할 때, A점의 처짐각의 비율(가 : 나)은?

(가) (나)

① 1.5 : 1
② 0.67 : 1
③ 1 : 1.5
④ 1 : 0.5

해설

(가): $\theta_A = \dfrac{PL^2}{16EI}$, (나): $\theta_A = \dfrac{wL^3}{24EI}$

➡ $\dfrac{1}{16} : \dfrac{1}{24} = 1.5 : 1$

24. 그림과 같은 단순보의 최대 처짐은? (단, 보 단면 $b \times h$ =200mm×300mm, 탄성계수 $E=200{,}000\text{MPa}$)

① 13.6 mm
② 18.1 mm
③ 23.7 mm
④ 27.1 mm

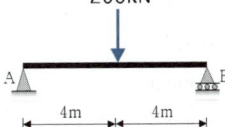

해설

$\delta_{max} = \dfrac{PL^3}{48EI}$

$= \dfrac{(200 \times 10^3)(8{,}000)^3}{48(200{,}000)\left(\dfrac{(200)(300)^3}{12}\right)} = 23.703\text{mm}$

해답 21. ② 22. ① 23. ② 24. ③

25. 단순보의 최대 처짐량(δ_{max})이 2.0cm 이하가 되기 위해 보의 단면2차모멘트는 최소 얼마 이상이 되어야 하는가? (단, $E=1.25\times 10^4$ N/mm^2)

① 15,000cm^4
② 17,500cm^4
③ 20,000cm^4
④ 25,000cm^4

해설

(1) $\delta_{max} = \dfrac{1}{48} \cdot \dfrac{PL^3}{EI} \Rightarrow I = \dfrac{PL^3}{48E \cdot \delta_{max}}$

(2) $I = \dfrac{(24\times 10^3)(5\times 10^3)^3}{48(1.25\times 10^4)(2\times 10)}$

$= 250,000,000 \text{mm}^4 = 25,000 \text{cm}^4$

26. 단순보의 최대 처짐량(δ_{max})이 3.0cm 이하가 되기 위해 보의 단면2차모멘트는 최소 얼마 이상이 되어야 하는가? (단, $E=1.25\times 10^4$ N/mm^2)

① 15,000cm^4
② 16,700cm^4
③ 20,000cm^4
④ 25,000cm^4

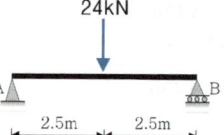

해설

(1) $\delta_{max} = \dfrac{1}{48} \cdot \dfrac{PL^3}{EI} \Rightarrow I = \dfrac{PL^3}{48E \cdot \delta_{max}}$

(2) $I = \dfrac{(24\times 10^3)(5\times 10^3)^3}{48(1.25\times 10^4)(3.0\times 10)}$

$= 166,666,666 \text{mm}^4 = 16,666 \text{cm}^4$

27. 단순보의 중앙점에 하중 P가 작용할 때 C점의 처짐은?

① $\dfrac{PL^3}{384EI}$
② $\dfrac{15PL^3}{192EI}$
③ $\dfrac{11PL^3}{768EI}$
④ $\dfrac{17PL^3}{384EI}$

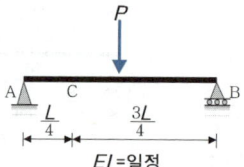

해설

(1) 공액보: $V_A' = \dfrac{1}{2} \cdot \dfrac{L}{2} \cdot \dfrac{PL}{4EI} = \dfrac{1}{16} \cdot \dfrac{PL^2}{EI}$

(2) C점의 처짐:
공액보상에서
C점의 휨모멘트

$M_C' = +\left(\dfrac{1}{16} \cdot \dfrac{PL^2}{EI}\right)\left(\dfrac{L}{4}\right)$

$\quad -\left(\dfrac{1}{2} \cdot \dfrac{L}{4} \cdot \dfrac{PL}{8EI}\right)\left(\dfrac{L}{4} \cdot \dfrac{1}{3}\right) = \dfrac{11}{768} \cdot \dfrac{PL^3}{EI}$

28. 그림과 같은 단순보에서 최대 처짐은? (단, I: 단면2차모멘트, E: 탄성계수)

① $\dfrac{5wI^3}{384EL}$
② $\dfrac{5wI^4}{384EL}$
③ $\dfrac{5wL^3}{384EI}$
④ $\dfrac{5wL^4}{384EI}$

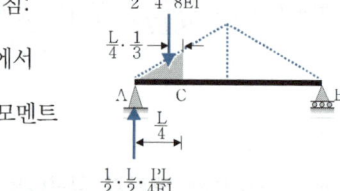

해설

단순보 전 경간에 등분포하중 작용시 $\delta_{max} = \dfrac{5wL^4}{384EI}$

29. 그림과 같은 단순보를 H-200×100×7×10으로 설계하였다면 최대 처짐량은? (단, $E=210,000\text{MPa}$, $I_x=2.18\times 10^7 \text{mm}^4$,)

① 32.1 mm
② 33.8 mm
③ 34.5 mm
④ 37.3 mm

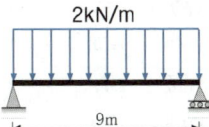

해설

(1) $w=2\text{kN/m}=2,000\text{N}/1,000\text{mm}=2\text{N/mm}$

(2) $\delta_{\max}=\dfrac{5wL^4}{384EI}$

$=\dfrac{5(2)(9,000)^4}{384(210,000)(2.18\times 10^7)}=37.32\text{mm}$

30. H형강을 사용한 길이 6m인 단순보에 5kN/m의 등분포하중 재하 시 최대 처짐량은?
(단, $E=205,000\text{MPa}$, $I=4,720\times 10^4 \text{mm}^4$)

① 1.70mm
② 5.69mm
③ 8.72mm
④ 12.49mm

해설

(1) $w=5\text{kN/m}=5,000\text{N}/1,000\text{mm}=5\text{N/mm}$

(2) $\delta_{\max}=\dfrac{5wL^4}{384EI}$

$=\dfrac{5(5)(6\times 10^3)^4}{384(205,000)(4,720\times 10^4)}=8.72\text{mm}$

31. 스팬이 L이고 양단이 고정인 보의 전체에 등분포 하중 w가 작용할 때 중앙부의 최대 처짐은?

① $\dfrac{wL^4}{48EI}$
② $\dfrac{5wL^4}{48EI}$
③ $\dfrac{wL^4}{384EI}$
④ $\dfrac{5wL^4}{384EI}$

해설

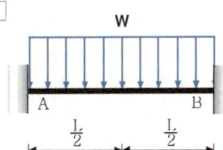

$\delta_{\max}=\dfrac{1}{384}\cdot\dfrac{wL^4}{EI}$

32. 그림과 같은 단순보에 등변분포하중이 작용하고 있을 때 보의 휨모멘트도는 몇 차 곡선이 되는가?

① 2차
② 3차
③ 4차
④ 5차

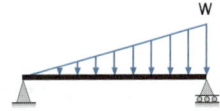

해설

(1) $\sum M_B=0\ :\ +(V_A)(L)-\left(\dfrac{1}{2}\cdot w\cdot L\right)\left(\dfrac{L}{3}\right)=0$

$\therefore V_A=+\dfrac{wL}{6}(\uparrow)$

(2) 지점 A로부터 우측으로 x 위치에서의 휨모멘트

① $x:q=L:w$ 로부터 $q=\dfrac{w}{L}\cdot x$

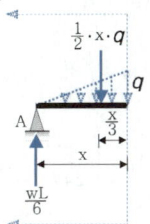

$M_x=\left(\dfrac{wL}{6}\right)\cdot(x)-\left(\dfrac{1}{2}\cdot x\cdot q\right)\cdot\left(\dfrac{x}{3}\right)$

② $M_x=+\left(\dfrac{wL}{6}\right)(x)-\left(\dfrac{1}{2}q\cdot x\right)\left(\dfrac{x}{3}\right)$

$=+\left(\dfrac{wL}{6}\right)\cdot x-\left(\dfrac{w}{6L}\right)\cdot x^3$

해답 29. ④ 30. ③ 31. ③ 32. ②

33. 그림과 같은 단순보에 등변분포하중이 작용하고 있을 때 보의 처짐곡선은 몇 차 곡선이 되는가?

① 2차
② 3차
③ 4차
④ 5차

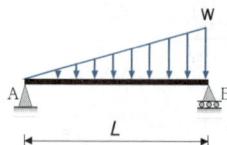

해설

(1) $\sum M_B = 0$: $+(V_A)(L) - \left(\dfrac{1}{2} \cdot w \cdot L\right)\left(\dfrac{L}{3}\right) = 0$

$$\therefore V_A = +\dfrac{wL}{6}(\uparrow)$$

(2) 지점 A로부터 우측으로 x 위치에서의 휨모멘트

① $x : q = L : w$ 로부터 $q = \dfrac{w}{L} \cdot x$

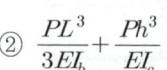

$M_x = \left(\dfrac{wL}{6}\right) \cdot (x) - \left(\dfrac{1}{2} \cdot x \cdot q\right) \cdot \left(\dfrac{x}{3}\right)$

② $M_x = +\left(\dfrac{wL}{6}\right)(x) - \left(\dfrac{1}{2} q \cdot x\right)\left(\dfrac{x}{3}\right)$

$= +\left(\dfrac{wL}{6}\right) \cdot x - \left(\dfrac{w}{6L}\right) \cdot x^3$

(3) 처짐곡선 미분방정식

① $EI \cdot y'' = -M = \left(\dfrac{w}{6L}\right) \cdot x^3 - \left(\dfrac{wL}{6}\right) \cdot x$

② $EI \cdot y' = -M = \left(\dfrac{w}{24L}\right) \cdot x^4 - \left(\dfrac{wL}{12}\right) \cdot x^2 + C_1$

③ $EI \cdot y = -M$

$= \left(\dfrac{w}{120L}\right) \cdot x^5 - \left(\dfrac{wL}{36}\right) \cdot x^3 + C_1 \cdot x + C_2$

34. 그림과 같은 정정 라멘에서 A점에 발생하는 수직 변위를 옳게 나타낸 것은?

① $\dfrac{PL^3}{3EI_b} + \dfrac{PL^2h}{EI_c}$

② $\dfrac{PL^3}{3EI_b} + \dfrac{Ph^3}{EI_c}$

③ $\dfrac{PL^2h}{3EI_b} + \dfrac{PL^2h}{EI_c}$

④ $\dfrac{PL^3}{3EI_b} + \dfrac{PLh^2}{EI_c}$

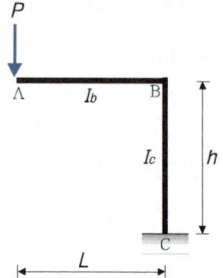

해설

(1) 가상일법(Metod of Virtual Work):

처짐 및 처짐각을 구하려고 하는 위치에서 변형과 같은 방향으로 가상의 단위집중하중($P=1$)을 작용시켜 처짐(δ)을 구하고, 가상의 단위모멘트하중($M=1$)을 작용시켜 처짐각(θ)을 구한다.

(2) AB 보 부재와 BC 기둥 부재에 대해 휨모멘트식을 두 번 적용하며, A점에 단위수직집중하중 $P=1$을 작용시키는 것이 핵심이다.

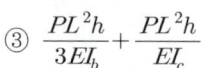

$\delta_A = \dfrac{1}{EI}\int M \cdot m \cdot dx = \int_0^L \dfrac{(-P \cdot x)(-x)}{EI_{beam}} \cdot dx$

$+ \int_0^h \dfrac{(-P \cdot L)(-L)}{EI_{column}} \cdot dx$

$= \dfrac{1}{3} \cdot \dfrac{PL^3}{EI_{beam}} + \dfrac{PL^2 \cdot h}{EI_{column}} \; (\downarrow)$

해답 33. ④   34. ①

MEMO

9 기둥

CHECK

(1) 단주(Stub Column): ➡ 편심축하중을 받는 단주 $\sigma_{\substack{max \\ min}} = -\dfrac{P}{A} \mp \dfrac{P \cdot e}{Z} = -\dfrac{P}{A} \mp \dfrac{M}{Z}$
➡ 단면의 핵(Core of Cross Section)
(2) 장주(Slender Column):
➡ 좌굴하중(Buckling Load): $P_{cr} = \dfrac{\pi^2 EI}{(KL)^2}$ ➡ 세장비(Slenderness Ratio): $\lambda = \dfrac{KL}{r} = \dfrac{KL}{\sqrt{\dfrac{I}{A}}}$

1 편심축하중을 받는 단주(Stub Column)

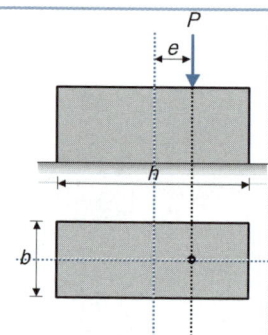

압축력 P가 단면의 중심에서 e(Eccentric Distance)만큼 벗어난 위치에 작용하게 되면 부재의 단면에서는 $P \cdot e = M$이 발생하게 되어, 압축응력 뿐만 아니라 휨응력 $\sigma_b = \mp \dfrac{M}{I} \cdot y$가 동시에 발생한다. 그러므로, 편심축하중을 받는 단주의 응력은 $\sigma = -\dfrac{P}{A} \mp \dfrac{M}{I} \cdot y = -\dfrac{P}{A} \mp \dfrac{M}{Z}$ 으로 표현되며, 여기서 Z는 단면계수이다.

학습 POINT

■ 단주의 응력을 계산하는 식에서 편심거리 e에 대한 단면계수의 산정 $Z = \dfrac{bh^2}{6}$ 을 적용함에 특별히 주의해야 한다.

중심 축하중	편심 축하중		
① $e = 0$	② $e < \dfrac{h}{6}$	③ $e = \dfrac{h}{6}$	④ $e > \dfrac{h}{6}$

$\sigma_c = -\dfrac{P}{A}$ $\sigma_{\substack{max \\ min}} = -\dfrac{P}{A} \mp \dfrac{P \cdot e}{Z} = -\dfrac{P}{A} \mp \dfrac{M}{Z}$

■ 압축력의 지배

기둥 및 기초구조는 축방향 압축력을 받는 구조물이므로 다른 구조물과 달리 압축력의 부호에 굳이 (−)를 붙이지 않는 경우도 많다.
축방향압축력 P를 N의 기호로 표현하기도 한다.
또한 단주에서 h가 기초에서는 L로 표현된다.

핵심예제 1

독립기초(자중포함)가 축방향력 650kN, 휨모멘트 130kN·m를 받을 때 기초 저면의 편심거리는?

① 0.2m ② 0.3m ③ 0.4m ④ 0.6m

해설 $M = N \cdot e \Rightarrow e = \dfrac{M}{N} = \dfrac{(130)}{(650)} = 0.2\text{m}$

답 : ①

핵심예제 2

그림과 같이 기초의 지반반력이 될 때 기초의 길이 L은?

① 1.5m
② 2.0m
③ 2.5m
④ 3.0m

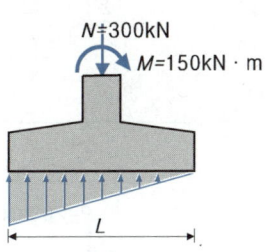

해설 (1) 편심거리 $e = \dfrac{M}{N} = \dfrac{(150)}{(300)} = 0.5\text{m}$

(2) 단면의 핵거리: $e \leq \dfrac{L}{6} \Rightarrow \therefore L \geq 3.0\text{m}$

답 : ④

핵심예제 3

기둥 단면이 300mm×300mm인 사각형 단주에서 기둥에 발생하는 최대압축응력은? (단, 부재의 재질은 균등한 것으로 본다.)

① -2.0MPa
② -2.6MPa
③ -3.1MPa
④ -4.1MPa

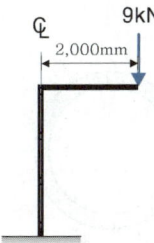

해설 $\sigma_{\max} = -\dfrac{P}{A} - \dfrac{M}{Z}$

$= -\dfrac{(9 \times 10^3)}{(300 \times 300)} - \dfrac{(9 \times 10^3)(2{,}000)}{\dfrac{(300)(300)^2}{6}} = -4.1\text{N/mm}^2 = -4.1\text{MPa}$

답 : ④

2 단면의 핵(Core)

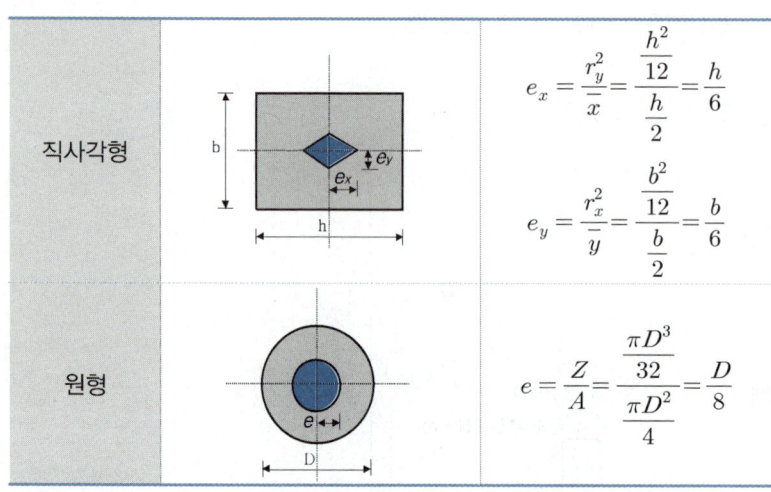

직사각형		$e_x = \dfrac{r_y^2}{x} = \dfrac{\dfrac{h^2}{12}}{\dfrac{h}{2}} = \dfrac{h}{6}$
		$e_y = \dfrac{r_x^2}{y} = \dfrac{\dfrac{b^2}{12}}{\dfrac{b}{2}} = \dfrac{b}{6}$
원형		$e = \dfrac{Z}{A} = \dfrac{\dfrac{\pi D^3}{32}}{\dfrac{\pi D^2}{4}} = \dfrac{D}{8}$

■ 단면 내에 압축응력만 발생하게 되는 편심거리의 한계점을 핵점(Core Point)이라고 하며, 핵점에 의해 둘러싸인 부분을 단면의 핵이라고 한다.

➡ $e_x = \dfrac{Z_y}{A} = \dfrac{\frac{I_y}{x}}{A} = \dfrac{r_y^2}{x}$

➡ $e_y = \dfrac{Z_x}{A} = \dfrac{\frac{I_x}{y}}{A} = \dfrac{r_x^2}{y}$

핵심예제 4

그림과 같은 하중을 지지하는 단주의 단면에서 인장력을 발생시키지 않는 거리 x의 한계는?

① 40mm
② 60mm
③ 80mm
④ 100mm

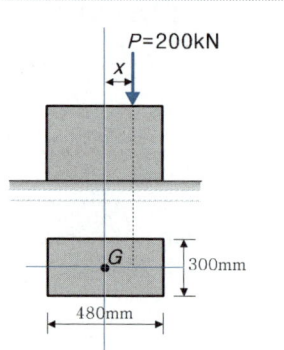

해설 직사각형 단면의 핵거리: $e = \dfrac{h}{6} = \dfrac{(480)}{6} = 80\text{mm}$

답 : ③

핵심예제 5

그림과 같은 원통 단면의 핵반경은?

① $\dfrac{D+d}{6}$ ② $\dfrac{D}{8}$

③ $\dfrac{D+d}{8}$ ④ $\dfrac{D^2+d^2}{8D}$

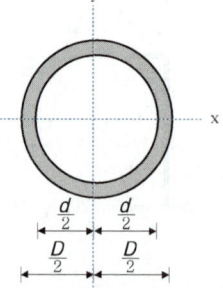

해설 $e = \dfrac{Z}{A} = \dfrac{\left(\dfrac{\pi(D^4-d^4)}{32D}\right)}{\left(\dfrac{\pi(D^2-d^2)}{4}\right)} = \dfrac{D^2+d^2}{8D}$

답 : ④

3 장주(Slender Column)

Leonhard Euler
(1707~1783)

부재 단면이 가늘고 긴 세장한 기둥에 축방향력이 작게 작용할 때는 축방향 압축만이 발생하지만, 점진적으로 축방향력이 크게 작용하여 어떤 일정한 값에 도달하게 되면 수직의 기둥이 갑자기 횡방향으로 휨변형을 일으키면서 종국에는 파괴된다. 이처럼 세장한 압축재에 작용하중의 편심과는 관계없이 어떤 일정한 한계시점의 하중에서 횡방향으로 휨변형을 일으키는 현상을 좌굴(Buckling), 좌굴현상을 발생시키는 하중을 좌굴하중(Buckling Load) 또는 임계하중(Critical Load)이라고 한다.

■ 장주의 좌굴하중은 스위스의 위대한 수학자였던 Leonhard Euler의 연구결과(1759)가 이론적 배경을 제공한다.

(1) 양단이 힌지로 지지된 기둥의 좌굴하중의 유도

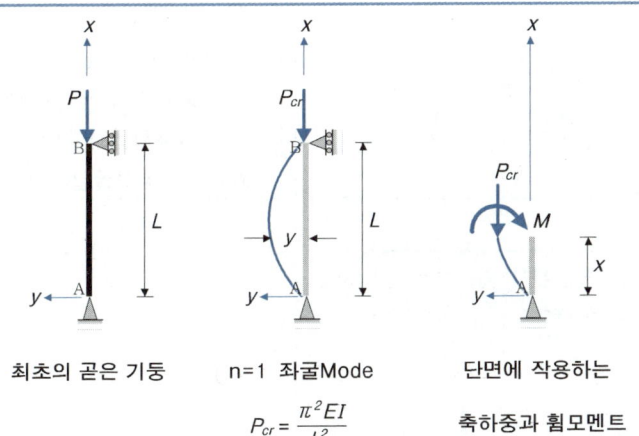

최초의 곧은 기둥   n=1 좌굴Mode   단면에 작용하는 축하중과 휨모멘트

$$P_{cr} = \frac{\pi^2 EI}{L^2}$$

양단이 힌지(Hinge, Pin)로 지지된 이상적인 기둥에 대한 좌굴하중(P_{cr})과 이에 상응하는 처짐곡선을 구하기 위해, 보의 처짐곡선에 대한 미분방정식 중 일반해가 가장 간단한 휨모멘트에 대한 2계미분방정식 $EI \cdot y'' = -M$을 적용한다. 지점에 작용하는 수평력은 없기 때문에 기둥에는 전단력이 발생하지 않으므로 A점에서 모멘트평형조건을 적용하면 $+(M)-(P_{cr})(y)=0$ 으로부터 $M = P_{cr} \cdot y$ 이며, $EI \cdot y'' = -M = -P \cdot y$ 로부터 $EI \cdot y'' + P_{cr} \cdot y = 0$ 이라는 동차선형2계미분방정식의 해(Solution)를 구해야 한다.

$EI \cdot y'' + P_{cr} \cdot y = 0$의 식에서 $\dfrac{P_{cr}}{EI} = K^2$으로 치환하면

$y'' + K^2 \cdot y = 0$ 이고, 이 방정식의 일반해(General Solution)는 $y = C_1 \cdot \sin Kx + C_2 \cdot \cos Kx$ 인데, 적분상수 C_1과 C_2를 구하기 위해 다음과 같은 경계조건을 적용한다.

1 경계조건 $x=0$, $y=0$: 회전단 A에서 처짐은 0이다.
2 경계조건 $x=L$, $y=0$: 이동단 A에서 처짐은 0이다.

1의 경계조건을 통해 $(0) = C_1 \cdot \sin K(0) + C_2 \cdot \cos K(0)$ 으로부터 $C_2 = 0$
2의 경계조건을 통해 $(0) = C_1 \cdot \sin K(L)$ 으로부터 $C_1 \cdot \sin KL = 0$이 되는데, 이것을 만족하는 해(Solution)는 $\sin KL = 0$ 이므로 $KL = n \cdot \pi$ 이고 여기서, $n = 1, 2, 3 \ldots$ 의 정수이다. 따라서, 이에 대응하는 좌굴형상의 처짐곡선은 $y = C_1 \cdot \sin \dfrac{n\pi x}{L}$ 가 되며, $\dfrac{P_{cr}}{EI} = K^2$에 $KL = n \cdot \pi$를 대입하여 P_{cr}로 정리하면, $P_{cr} = \dfrac{n^2 \cdot \pi^2 EI}{L^2}$ 에서 최소의 좌굴하중은 $n=1$일 때 $P_{cr} = \dfrac{\pi^2 EI}{L^2}$ 로 유도된다.

(2) 좌굴하중, 세장비

| 좌굴하중 | $P_{cr} = \dfrac{\pi^2 EI}{(KL)^2}$ | 세장비 | $\lambda = \dfrac{KL}{r} = \dfrac{KL}{\sqrt{\dfrac{I}{A}}}$ |

- E : 탄성계수 (N/mm^2)
- I : 단면2차모멘트(mm^4)
- K : 지지단의 상태에 따른 유효좌굴길이계수
- KL : 유효좌굴길이(mm)

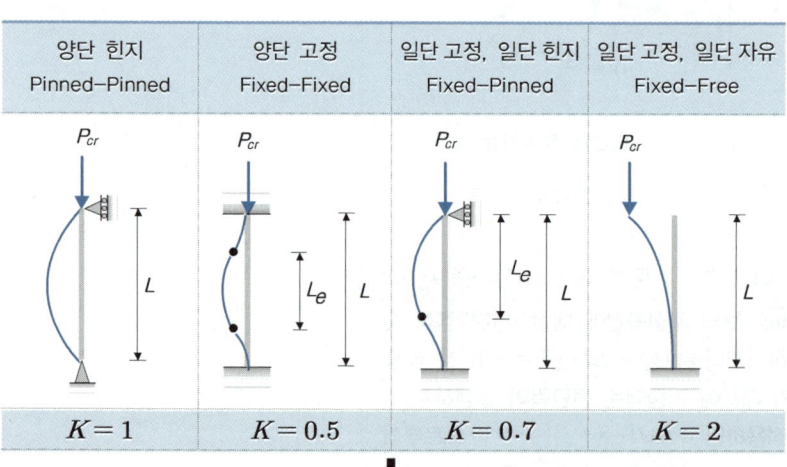

양단 힌지 Pinned-Pinned	양단 고정 Fixed-Fixed	일단 고정, 일단 힌지 Fixed-Pinned	일단 고정, 일단 자유 Fixed-Free
$K=1$	$K=0.5$	$K=0.7$	$K=2$

$$P_{cr} = \dfrac{\pi^2 EI}{(KL)^2} = \dfrac{1}{K^2} \cdot \dfrac{\pi^2 EI}{L^2}$$

➡ $\dfrac{1}{K^2}$ 을 기둥의 강도(Stiffness)라고 정의할 수 있다.

| $P_{cr} = \dfrac{\pi^2 EI}{L^2}$ | $P_{cr} = \dfrac{4\pi^2 EI}{L^2}$ | $P_{cr} = \dfrac{2.04\pi^2 EI}{L^2}$ | $P_{cr} = \dfrac{\pi^2 EI}{4L^2}$ |

핵심예제 6

부재의 EI가 일정하고, 양단의 지지상태가 그림과 같은 경우, A기둥의 탄성좌굴하중은 B기둥의 탄성좌굴하중의 몇 배인가?

① 4배 ② 6배
③ 8배 ④ 16배

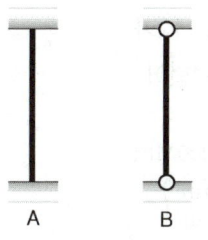

[해설] 양단고정: $\dfrac{1}{K^2} = \dfrac{1}{(0.5)^2} = 4$, 양단힌지: $\dfrac{1}{K^2} = \dfrac{1}{(1)^2} = 1$

답 : ①

핵심예제 7

그림의 기둥에서 Euler의 좌굴하중은?
(단, $E = 2.1 \times 10^5 \text{MPa}$, $I_x = 1,620 \text{cm}^4$, $I_y = 113 \text{cm}^4$)

① 209.8kN ② 585.5kN
③ 620.8kN ④ 840kN

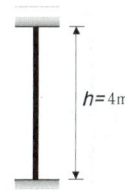

$h = 4\text{m}$

[해설]
(1) 길이(L)의 변화가 없으므로, 약축(I_y)에 대한 단면2차모멘트를 적용한다.
(2) $P_{cr} = \dfrac{\pi^2 EI}{(KL)^2} = \dfrac{\pi^2 (2.1 \times 10^5)(113 \times 10^4)}{[(0.5)(4,000)]^2} = 585,514\text{N} = 585.514\text{kN}$

답 : ②

핵심예제 8

길이 $L = 3.0\text{m}$, 단면2차반경 $i = 3.0\text{cm}$, 세장비 $\lambda = 100$인 압축력을 받는 장주가 있다. 양단부의 지지조건으로 옳은 것은?

① 양단 고정   ② 일단 고정, 타단 힌지
③ 양단 힌지   ④ 일단 고정, 타단 자유

[해설]
(1) 세장비: $\lambda = \dfrac{KL}{r} = \dfrac{KL}{i}$ 으로부터 $K = \dfrac{i}{L} \cdot \lambda = \dfrac{(3.0)}{(300)} \cdot (100) = 1.0$
(2) 유효좌굴길이계수 $K = 1.0$이므로 양단 힌지 지지조건이다.

답 : ③

핵심예제 9

그림과 같은 압축재 H-200×200×8×12가 부재의 중앙지점에서 약축에 대해 휨변형이 구속되어 있을 때 탄성좌굴응력은?
(단, $A = 63.53 \times 10^2 \text{mm}^2$, $E = 210{,}000\text{MPa}$
$I_x = 4.72 \times 10^7 \text{mm}^4$, $I_y = 1.60 \times 10^7 \text{mm}^4$)

① 252N/mm^2 ② 190N/mm^2
③ 132N/mm^2 ④ 108N/mm^2

해설

(1) 강축(x)에 대해서는 부재 전체의 길이 $L = 9\text{m}$, 약축(y)에 대해서는 휨변형이 구속되어 있으므로 $L = 4.5\text{m}$를 적용함에 주의한다.

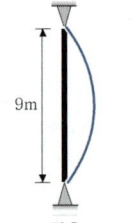

(2) 강축과 약축에 대한 좌굴하중을 계산하여 작은쪽이 탄성좌굴하중이 된다.

① $P_{cr,x} = \dfrac{\pi^2 EI_x}{(KL_x)^2} = \dfrac{\pi^2 (210{,}000)(4.72 \times 10^7)}{[(1.0)(9{,}000)]^2} = 1{,}207{,}747\text{N}$ ➡ 지배

② $P_{cr,y} = \dfrac{\pi^2 EI_y}{(KL_y)^2} = \dfrac{\pi^2 (210{,}000)(1.60 \times 10^7)}{[(1.0)(4{,}500)]^2} = 1{,}637{,}623\text{N}$

(3) $\sigma_{cr} = \dfrac{P_{cr}}{A} = \dfrac{(1{,}207{,}747)}{(63.53 \times 10^2)} = 190.11\text{N/mm}^2$

답 : ②

MEMO

핵 심 문 제

CHAPTER 9 기둥

1. 휨모멘트와 압축력을 동시에 받는 기둥에서, 단면에 생기는 응력분포도가 옳지 않은 것은?

①  ②

③ 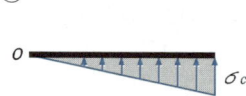 ④

[해설]

① $e = 0$ ② $e < \dfrac{h}{6}$ ③ $e = \dfrac{h}{6}$ ④ $e > \dfrac{h}{6}$

2. 그림과 같은 기초의 저면에 생기는 접지압 응력도의 분포도는? (단, 편심거리 $e = L/6$ 로 한다.)

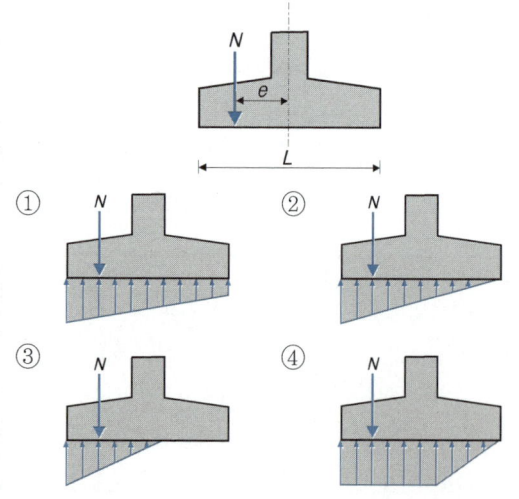

[해설]

$e = \dfrac{L}{6}$ 이므로 축하중이 작용하는 반대편 연단에서 인장응력이 발생하지 않고, 압축응력이 0이 되는 삼각형의 응력분포도가 형성된다.

3. 그림과 같이 기초의 지반반력이 될 때 기초의 길이 L은?

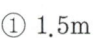 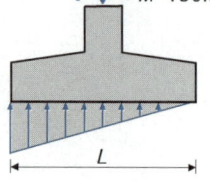

① 1.5m
② 2.0m
③ 2.5m
④ 3.0m

[해설]

(1) 편심거리: $e = \dfrac{M}{N} = \dfrac{(150)}{(300)} = 0.5\text{m}$

(2) 단면의 핵거리: $e \leq \dfrac{L}{6}$ ∴ $L \geq 3.0\text{m}$

4. 그림과 같은 독립기초에 압축력 $N = 300\text{kN}$, 휨모멘트 $M = 150\text{kN} \cdot \text{m}$가 작용할 때 기초저면에 압축력만 생기게 하는 최소 기초길이(L)는? (단, 흙의 자중 및 기초 자중은 무시)

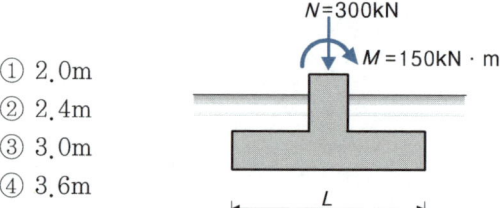

① 2.0m
② 2.4m
③ 3.0m
④ 3.6m

[해설]

(1) 편심거리: $e = \dfrac{M}{N} = \dfrac{(150)}{(300)} = 0.5\text{m}$

(2) 단면의 핵거리: $e \leq \dfrac{L}{6}$ ∴ $L \geq 3.0\text{m}$

해답 1. ① 2. ② 3. ④ 4. ③

5. 그림과 같은 독립기초 저면에 발생하는 최대 지반반력은?

① 15kN/m^2
② 150kN/m^2
③ 20kN/m^2
④ 200kN/m^2

해설

$$\sigma_{\max} = -\frac{N}{A} - \frac{M}{Z} = -\frac{(480)}{(2 \times 2.4)} - \frac{(96)}{\frac{(2)(2.4)^2}{6}}$$

$$= -150\text{kN/m}^2 (\text{압축})$$

6. 기둥 단면이 $300\text{mm} \times 300\text{mm}$인 사각형 단주에서 기둥에 발생하는 최대압축응력은? (단, 부재의 재질은 균등한 것으로 본다.)

① -2.0 MPa
② -2.6 MPa
③ -3.1 MPa
④ -4.1 MPa

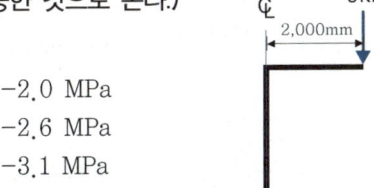

해설

$$\sigma_{\max} = -\frac{P}{A} - \frac{M}{Z}$$

$$= -\frac{(9 \times 10^3)}{(300 \times 300)} - \frac{(9 \times 10^3)(2{,}000)}{\frac{(300)(300)^2}{6}}$$

$$= -4.1\text{N/mm}^2 = -4.1\text{MPa}(\text{압축})$$

7. 단면 $400\text{mm} \times 400\text{mm}$인 기둥에 축력 $1{,}000\text{kN}$이 편심거리 $e = 20\text{mm}$에 작용할 때 최대응력의 크기는?

① 6.1MPa
② 7.1MPa
③ 8.1MPa
④ 9.1MPa

해설

$$\sigma_{\max} = -\frac{P}{A} - \frac{M}{Z}$$

$$= -\frac{(1{,}000 \times 10^3)}{(400 \times 400)} - \frac{(1{,}000 \times 10^3)(20)}{\frac{(400)(400)^2}{6}}$$

$$= -8.125\text{N/mm}^2 = -8.125\text{MPa}$$

8. 그림과 같은 하중을 지지하는 단주의 단면에서 인장력을 발생시키지 않는 거리 x의 한계는?

① 40mm
② 60mm
③ 80mm
④ 100mm

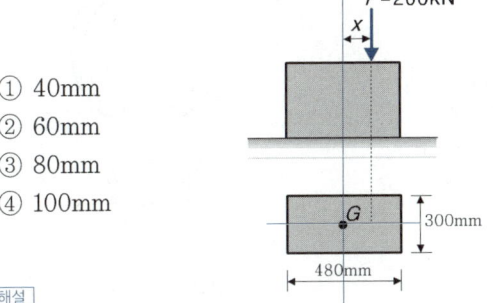

해설

편심축하중이 작용하는 단주의 응력을 0으로 고려한다.

$$\sigma = -\frac{P}{A} + \frac{M}{Z} = -\frac{(200 \times 10^3)}{(300 \times 480)} + \frac{(200 \times 10^3)(x)}{\frac{(300)(480^2)}{6}} = 0$$

➡ $x = 80\text{mm}$

해답 5. ② 6. ④ 7. ③ 8. ③

9. 다음 그림은 단면의 핵을 표시한 것이다. e_x, e_y의 값으로 옳은 것은?

① $e_x = \dfrac{b}{6}$, $e_y = \dfrac{a}{3}$

② $e_x = \dfrac{b}{3}$, $e_y = \dfrac{a}{6}$

③ $e_x = \dfrac{b}{6}$, $e_y = \dfrac{a}{6}$

④ $e_x = \dfrac{b}{3}$, $e_y = \dfrac{a}{3}$

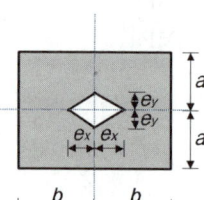

[해설]

단면의 핵거리: $e_x = \dfrac{2b}{6} = \dfrac{b}{3}$, $e_y = \dfrac{2a}{6} = \dfrac{a}{3}$

10. 그림과 같은 원통 단면의 핵반경은?

① $\dfrac{D+d}{6}$

② $\dfrac{D}{8}$

③ $\dfrac{D+d}{8}$

④ $\dfrac{D^2+d^2}{8D}$

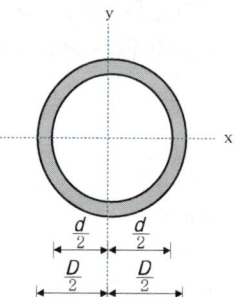

[해설]

단면의 핵거리: $e = \dfrac{Z}{A} = \dfrac{\dfrac{\pi(D^4-d^4)}{32D}}{\dfrac{\pi(D^2-d^2)}{4}} = \dfrac{D^2+d^2}{8D}$

11. 그림과 같은 H형강 단면의 핵면적을 구하면?

$H-200 \times 200 \times 8 \times 12$
$A = 6,350\,\text{mm}^2$
$I_x = 4.72 \times 10^7\,\text{mm}^4$
$I_y = 1.60 \times 10^7\,\text{mm}^4$

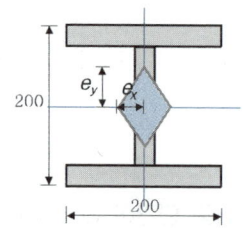

① $932.47\,\text{mm}^2$ ② $1,864.93\,\text{mm}^2$
③ $2,797.40\,\text{mm}^2$ ④ $3,745.81\,\text{mm}^2$

[해설]

(1) $e_x = \dfrac{r_y^2}{x} = \dfrac{\dfrac{I_y}{A}}{x} = \dfrac{\dfrac{(1.60 \times 10^7)}{(6,350)}}{(100)} = 25.1969\,\text{mm}$

$e_y = \dfrac{r_x^2}{y} = \dfrac{\dfrac{I_x}{A}}{y} = \dfrac{\dfrac{(4.72 \times 10^7)}{(6,350)}}{(100)} = 74.3307\,\text{mm}$

(2) 핵면적: $\left(\dfrac{1}{2} \cdot e_x \cdot e_y\right) \times 4$개

$= \left(\dfrac{1}{2}(25.1969)(74.3307)\right) \times 4$개 $= 3,745.81\,\text{mm}^2$

해답 9. ④   10. ④   11. ④

12. 압축재의 좌굴하중 산정 시 직접적인 관계가 없는 것은?

① 부재의 푸아송비 ② 부재의 단면2차모멘트
③ 부재의 탄성계수 ④ 부재의 지지조건

해설

$P_{cr} = \dfrac{\pi^2 EI}{(KL)^2}$	E	탄성계수 (MPa, N/mm²)
	I	단면2차모멘트(mm⁴)
	K	지지단의 상태에 따른 유효좌굴길이계수
	L	기둥의 길이(mm)

13. 강재 기둥의 좌굴하중(Critical Buckling Load)에 영향을 주지 않는 것은?

① 재료의 항복강도 ② 재료의 탄성계수
③ 단면2차모멘트 ④ 유효좌굴길이

해설

$P_{cr} = \dfrac{\pi^2 EI}{(KL)^2}$	E	탄성계수 (MPa, N/mm²)
	I	단면2차모멘트(mm⁴)
	K	지지단의 상태에 따른 유효좌굴길이계수
	L	기둥의 길이(mm)

14. 압축재의 길이가 3.5m이고 양단이 힌지인 경우의 좌굴길이는?

① 1.75m ② 2.45m
③ 2.8m ④ 3.5m

해설

(1) 양단 힌지: $K = 1.0$
(2) 유효좌굴길이: $KL = (1.0)(3.5) = 3.5\text{m}$

15. 일단(一端) 자유, 타단 고정의 압축재의 길이가 7m일 때 좌굴길이는?

① 4.9m ② 3.5m
③ 7.0m ④ 14.0m

해설

(1) 1단 자유, 1단 고정: $K = 2.0$
(2) 유효좌굴길이: $KL = (2.0)(7) = 14\text{m}$

16. 그림과 같은 기둥의 좌굴길이는?

① 0.5L
② 0.7L
③ 0.8L
④ 1.0L

해설

(1) 1단 고정, 1단 힌지: $K = 0.7$
(2) 유효좌굴길이: $KL = (0.7)(L) = 0.7L$

17. 그림과 같은 기둥의 유효좌굴길이(KL)는?

① 0.5L
② 0.7L
③ 1.0L
④ 2.0L

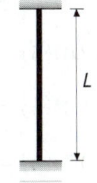

해설

(1) 양단 고정: $K = 0.5$
(2) 유효좌굴길이: $KL = (0.5)(L) = 0.5L$

18. 그림에서 좌굴길이의 크기 비교가 옳은 것은?

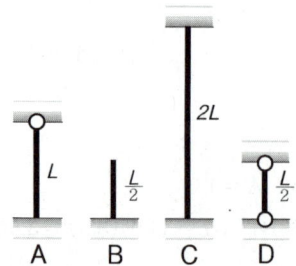

① A < B < C < D ② D < B < A < C
③ D < A < B = C ④ A < B < C = D

해설

A: $KL = (0.7)(L) = 0.7L$

B: $KL = (2.0)\left(\dfrac{L}{2}\right) = 1.0L$

C: $KL = (0.5)(2L) = 1.0L$

D: $KL = (1.0)\left(\dfrac{L}{2}\right) = 0.5L$

∴ D < A < B = C

19. 길이 5m인 기둥의 지지조건에 따른 유효좌굴길이가 옳게 연결된 것은?

① 양단 고정인 경우 4.0m
② 일단 고정, 일단 자유인 경우 7.5m
③ 양단 힌지인 경우 5.0m
④ 일단 고정 일단 힌지인 경우 6.0m

해설

① $KL = (0.5)(5) = 2.5\text{m}$

② $KL = (2.0)(5) = 10\text{m}$

③ $KL = (1.0)(5) = 5\text{m}$

④ $KL = (0.7)(5) = 3.5\text{m}$

20. 그림과 같은 철골 구조에서 $K_B / K_C = 0$일 때 기둥의 좌굴길이는? (단, 수평력에 의해 수평변형이 생길 때)

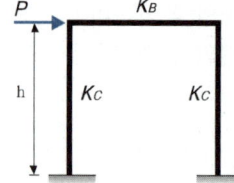

① $0.5h$
② $0.7h$
③ $1.0h$
④ $2.0h$

해설

$\dfrac{K_B}{K_C} = 0$인 경우는 $K_B \approx 0$이 되므로 보가 수평력에 대해 변형을 흡수할 수 있는 능력이 전혀 없다는 해석이 된다. 따라서, 수평보가 없는 상태의 캔틸레버형 기둥으로 해석되므로 일단 고정, 일단 자유의 $KL = 2.0L = 2.0h$가 된다.

21. 그림과 같은 구조에서 $K_B / K_C = \infty$일 때 기둥의 좌굴길이는?

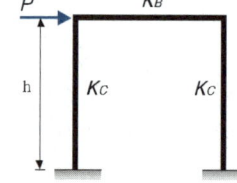

① $0.5h$
② $0.7h$
③ $1.0h$
④ $2.0h$

해설

$\dfrac{K_B}{K_C} = \infty$인 경우 $K_B \approx \infty$가 되며, 보가 수평력에 대한 변형을 흡수할 수 있는 능력이 무한한 강체(Rigid Body) 해석이 가능해지며 결국, 양단 고정인 기둥과 같다는 의미가 된다. 따라서, 양단 고정의 $KL = 0.5L = 0.5h$가 된다.

해답 18. ③ 19. ③ 20. ④ 21. ①

22. 부재의 EI가 일정하고, 양단의 지지상태가 그림과 같은 경우, A기둥의 탄성좌굴하중은 B기둥의 탄성좌굴하중의 몇 배인가?

① 4배
② 6배
③ 8배
④ 16배

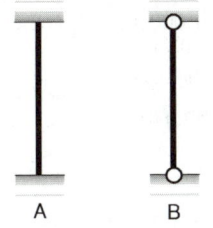

해설

(1) $P_{cr} = \dfrac{\pi^2 EI}{(KL)^2} = \dfrac{1}{K^2} \cdot \dfrac{\pi^2 EI}{L^2}$ 으로부터 $\dfrac{1}{K^2}$ 을 기둥의 강도(Stiffness)라고 정의할 수 있다.

(2) 양단고정: $A = \dfrac{1}{K^2} = \dfrac{1}{(0.5)^2} = 4$,

양단힌지: $B = \dfrac{1}{K^2} = \dfrac{1}{(1.0)^2} = 1$

23. 재질과 단면적, 길이가 같은 장주에서 양단 힌지 기둥의 좌굴하중과 양단 고정 기둥의 좌굴하중과의 비는?

① 1 : 2
② 1 : 4
③ 1 : 8
④ 1 : 16

해설

(1) 양단힌지: $\dfrac{1}{K^2} = \dfrac{1}{(1.0)^2} = 1$

(2) 양단고정: $\dfrac{1}{K^2} = \dfrac{1}{(0.5)^2} = 4$

24. 양단 고정된 기둥은 1단고정, 1단자유 보다 몇 배나 큰 오일러(Euler) 좌굴하중을 받을 수 있는가? (단, 두 기둥의 단면크기, 재료, 길이가 동일함)

① 2
② 4
③ 8
④ 16

해설

(1) 양단고정: $\dfrac{1}{K^2} = \dfrac{1}{(0.5)^2} = 4$

(2) 캔틸레버: $\dfrac{1}{K^2} = \dfrac{1}{(2.0)^2} = \dfrac{1}{4}$

∴ $4 : \dfrac{1}{4} = 16 : 1$

25. 양단이 단순지지인 기둥에서 단면이 $a \cdot a$ 이고, 길이가 L인 경우, 기둥이 받을 수 있는 축하중 P에 관한 설명으로 옳은 것은? (단, E는 탄성계수, I는 단면2차모멘트)

① P는 E에 비례, a^3에 비례, L에 반비례
② P는 E에 비례, a^3에 비례, L^2에 반비례
③ P는 E에 비례, a^4에 비례, L에 반비례
④ P는 E에 비례, a^4에 비례, L^2에 반비례

해설

$P_{cr} = \dfrac{\pi^2 EI}{(KL)^2} = \dfrac{\pi^2 E \cdot \dfrac{(a)(a)^3}{12}}{(1 \cdot L)^2} = \dfrac{\pi^2}{12} \cdot E \cdot a^4 \cdot \dfrac{1}{L^2}$

➡ P는 E에 비례, a^4에 비례, L^2에 반비례

26. 다음 조건을 가진 압축재의 좌굴하중 P_{cr} 값으로 옳은 것은?

단면 400×400mm, $EI = 1.39 \times 10^{13}$ N·mm², $K=1$, $L=490$cm

① 3,123.8kN
② 4,517.8kN
③ 5,012.8kN
④ 5,713.8kN

해설

$P_{cr} = \dfrac{\pi^2 EI}{(KL)^2}$

$= \dfrac{\pi^2 (1.39 \times 10^{13})}{(1.0 \times 4,900)^2} = 5,713,765\text{N} = 5,713.765\text{kN}$

해답 22. ① 23. ② 24. ④ 25. ④ 26. ④

27. 지지상태는 양단 고정이며, 길이 3m인 압축력을 받는 원형강관 $\phi-89.1\times3.2$의 탄성좌굴하중은? (단, $I=79.8\times10^4\text{mm}^4$, $E=210,000\text{MPa}$)

① 184kN ② 735kN
③ 1,018kN ④ 1,532kN

<u>해설</u>

(1) 양단 고정: $K=0.5$

(2) $P_{cr}=\dfrac{\pi^2 EI}{(KL)^2}=\dfrac{\pi^2(210,000)(79.8\times10^4)}{[(0.5)(3,000)]^2}$
$=735,088\text{N}=735.088\text{kN}$

29. 1단 고정, 1단 자유인 길이 10m인 철골기둥에서 오일러의 좌굴하중은? (단, $A=6,000\text{mm}^2$, $I_x=4,000\text{cm}^4$, $I_y=2,000\text{cm}^4$, $E=205,000\text{MPa}$)

① 101.1kN ② 168.4kN
③ 195.7kN ④ 202.4kN

<u>해설</u>

(1) 1단 고정, 1단 자유: $K=2$

(2) 길이(L)의 변화가 없으므로
약축(I_y)에 대한 단면2차모멘트를 적용한다.

(3) $P_{cr}=\dfrac{\pi^2 EI}{(KL)^2}=\dfrac{\pi^2(205,000)(2,000\times10^4)}{(2\times10,000)^2}$
$=101,163\text{N}=101.163\text{kN}$

28. 그림과 같은 기둥에서 Euler의 좌굴하중은? (단, $E=2.1\times10^5\text{MPa}$, $I_x=1,620\text{cm}^4$, $I_y=113\text{cm}^4$)

① 209.8 kN
② 585.5 kN
③ 620.8 kN
④ 840 kN

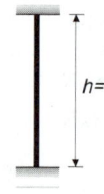
$h=4\text{m}$

<u>해설</u>

(1) 양단 고정: $K=0.5$

(2) 길이(L)의 변화가 없으므로,
약축(I_y)에 대한 단면2차모멘트를 적용한다.

(3) $P_{cr}=\dfrac{\pi^2 EI}{(KL)^2}=\dfrac{\pi^2(2.1\times10^5)(113\times10^4)}{[(0.5)(4,000)]^2}$
$=585,514\text{N}=585.514\text{kN}$

30. 그림과 같은 단면을 가진 압축재에서 좌굴길이 $KL=250\text{mm}$일 때 Euler 좌굴하중 값은? (단, 이 재료의 탄성계수 $E=210,000\text{MPa}$)

① 17.9 kN
② 43.0 kN
③ 52.9 kN
④ 64.7 kN

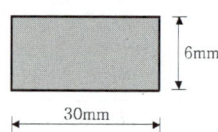
6mm, 30mm

<u>해설</u>

(1) 길이(L)의 변화가 없으므로
약축(I_y)에 대한 단면2차모멘트를 적용한다.

(2) $P_{cr}=\dfrac{\pi^2 EI}{(KL)^2}=\dfrac{\pi^2(210,000)\left(\dfrac{(30)(6)^3}{12}\right)}{(250)^2}$
$=17,907.4\text{N}=17.907\text{kN}$

해답 27. ② 28. ② 29. ① 30. ①

31. 그림과 같은 압축재 H-200×200×8×12가 부재의 중앙지점에서 약축에 대해 휨변형이 구속되어 있다. 이 부재의 탄성좌굴응력은?

(단, $A = 63.53 \times 10^2 \text{mm}^2$,
$I_x = 4.72 \times 10^7 \text{mm}^4$,
$I_y = 1.60 \times 10^7 \text{mm}^4$,
$E = 210,000 \text{MPa}$)

① 252N/mm^2
② 190N/mm^2
③ 132N/mm^2
④ 108N/mm^2

해설

(1) 강축(x)에 대해서는 부재 전체의 길이 $L = 9\text{m}$, 약축(y)에 대해서는 휨변형이 구속되어 있으므로 $L = 4.5\text{m}$를 적용함에 주의한다.

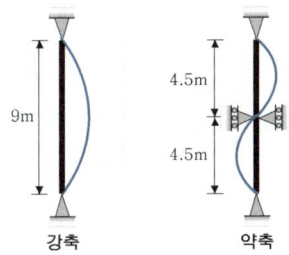

강축   약축

(2) 강축과 약축에 대한 좌굴하중을 계산하여 작은쪽이 탄성좌굴하중이 된다.

① $P_{cr,x} = \dfrac{\pi^2 EI_x}{(KL_x)^2} = \dfrac{\pi^2 (210,000)(4.72 \times 10^7)}{[(1.0)(9,000)]^2}$
$= 1,207,747\text{N}$ ← 지배

② $P_{cr,y} = \dfrac{\pi^2 EI_y}{(KL_y)^2} = \dfrac{\pi^2 (210,000)(1.60 \times 10^7)}{[(1.0)(4,500)]^2}$
$= 1,637,623\text{N}$

(2) $F_{cr} = \dfrac{P_{cr}}{A} = \dfrac{(1,207,747)}{(63.53 \times 10^2)} = 190.11 \text{N/mm}^2$

32. 그림과 같은 6m 길이의 기둥에 압축하중이 작용할 때 횡구속에 가장 유리한 조건은? (단, SS275 강재 사용)

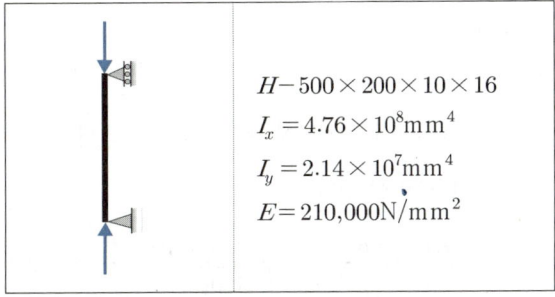

$H-500 \times 200 \times 10 \times 16$
$I_x = 4.76 \times 10^8 \text{mm}^4$
$I_y = 2.14 \times 10^7 \text{mm}^4$
$E = 210,000 \text{N/mm}^2$

① 5m 높이에 강축에만 휨변형 구속이 있다.
② 3m 높이에 강축에만 휨변형 구속이 있다.
③ 5m 높이에 약축에만 휨변형 구속이 있다.
④ 3m 높이에 약축에만 휨변형 구속이 있다.

해설

$P_{cr} = \dfrac{\pi^2 EI}{(KL)^2}$ 으로부터 약축으로 휨변형을 구속하여 강축에 대한 단면2차모멘트 I_x를 적용시키고, 유효길이 L이 작은쪽이 횡구속에 가장 유리할 것이다.

33. 단일 압축재에서 세장비를 구할 때 필요 없는 것은?

① 부재 길이   ② 단부 지지조건
③ 탄성계수   ④ 단면2차반경

해설

$\lambda = \dfrac{KL}{r} = \dfrac{KL}{\sqrt{\dfrac{I}{A}}}$	K	지지단의 상태에 따른 유효좌굴길이계수
	L	기둥의 길이(mm)
	r	단면2차반경(mm)
	I	단면2차모멘트(mm^4)
	A	단면적(mm^2)

해답 31. ② 32. ④ 33. ③

34. 정방형 단면의 크기가 120mm×120mm 이고, 길이 3m인 기둥의 세장비는 약 얼마인가?

① 67　　② 76
③ 87　　④ 95

해설

(1) 문제의 조건에 지지단에 대한 언급이 없으면 $K=1.0$을 적용한다.

(2) $\lambda = \dfrac{KL}{r} = \dfrac{KL}{\sqrt{\dfrac{I}{A}}} = \dfrac{(1.0)(3 \times 10^3)}{\sqrt{\dfrac{(120)(120^3)}{12}/(120 \times 120)}} = 86.60$

35. 길이 $L=3.0m$, 단면2차반경 $r=3.0cm$, 세장비 $\lambda=100$인 압축력을 받는 장주가 있다. 양단부의 지지조건으로 옳은 것은?

① 양단 고정　　② 일단 고정, 타단 힌지
③ 양단 힌지　　④ 일단 고정, 타단 자유

해설

(1) 세장비: $\lambda = \dfrac{KL}{r}$ 으로부터

$K = \dfrac{r}{L} \cdot \lambda = \dfrac{(3.0)}{(300)} \cdot (100) = 1$

(2) 유효좌굴길이계수 $K=1$ ➡ 양단 힌지

36. 그림과 같이 양단이 회전단인 부재의 좌굴축에 대한 세장비는?

① 76.21
② 84.28
③ 94.64
④ 103.77

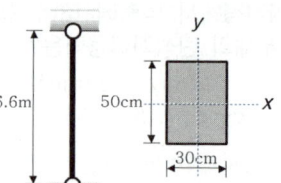

해설

$\lambda = \dfrac{KL}{r} = \dfrac{KL}{\sqrt{\dfrac{I}{A}}} = \dfrac{(1.0)(660)}{\sqrt{\dfrac{(50)(30)^3}{12}/(50 \times 30)}} = 76.210$

37. 그림과 같은 압축재에 $V-V$ 축의 세장비는? (단, $A=10cm^2$, $I_v=36cm^4$)

① 270.3
② 263.5
③ 254.8
④ 236.4

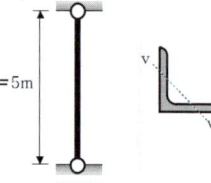

해설

$\lambda = \dfrac{KL}{r} = \dfrac{KL}{\sqrt{\dfrac{I}{A}}} = \dfrac{(1.0)(500)}{\sqrt{\dfrac{(36)}{(10)}}} = 263.523$

38. 그림과 같은 단면을 가진 압축재에서 최소 단면 2차반경을 구하기 위한 좌굴축은?

① V축
② Y축
③ U축
④ X축

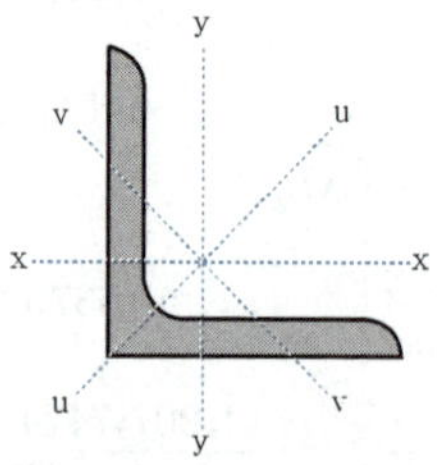

해설

L형강의 주축(Principal Axis):
➡ U축이 I_{max} 축이고, V축이 I_{min} 축이다.

해답　34. ③　35. ③　36. ①　37. ②　38. ①

39. 양단힌지 길이 6m의 $H-300\times300\times10\times15$의 기둥이 약축방향으로 부재중앙이 가새로 지지되어 있을 때 설계용 세장비는? (단, $r_x = 131\text{mm}$, $r_y = 75.1\text{mm}$)

① 40.0 ② 45.8
③ 58.2 ④ 66.3

[해설]

(1) 양단 힌지: 유효좌굴길이계수 $K = 1.0$

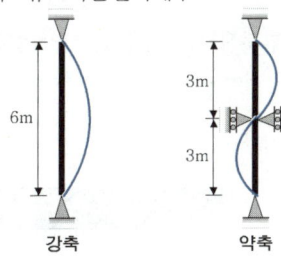
강축   약축

(2) ① $\dfrac{KL}{r_x} = \dfrac{(1.0)(6,000)}{(131)} = 45.80$ ← 지배

② $\dfrac{KL}{r_y} = \dfrac{(1.0)(3,000)}{(75.1)} = 39.95$

40. H형강이 사용된 압축재의 양단이 핀으로 지지되고 약축 방향으로 부재 중앙이 가새로 지지되어 있다. 부재의 전 길이가 4m일 때 세장비는?
(단, $r_x = 8.62\text{cm}$, $r_y = 5.02\text{cm}$)

① 26.4 ② 36.4
③ 46.4 ④ 56.4

[해설]

(1) 양단 힌지: 유효좌굴길이계수 $K = 1.0$

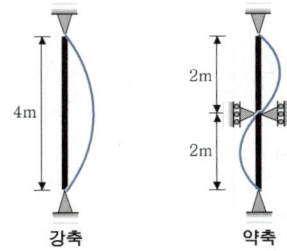
강축   약축

(2) ① $\dfrac{KL}{r_x} = \dfrac{(1.0)(4,000)}{(86.2)} = 46.40$ ← 지배

② $\dfrac{KL}{r_y} = \dfrac{(1.0)(2,000)}{(50.2))} = 39.84$

41. 장주인 기둥에 중심축하중이 작용할 때 오일러의 좌굴하중 산정에 관한 설명으로 옳지 않은 것은?

① 기둥의 단면적이 큰 부재가 작은 부재보다 좌굴하중이 크다.
② 기둥의 단면2차모멘트가 큰 부재가 작은 부재보다 좌굴하중이 크다.
③ 기둥의 탄성계수가 큰 부재가 작은 부재보다 좌굴하중이 크다.
④ 기둥의 세장비가 큰 부재가 작은 부재보다 좌굴하중이 크다.

[해설]

④ 기둥의 세장비(Slenderness Ratio)가 큰 부재가 작은 부재보다 좌굴하중이 작다.

42. 강구조 기둥 압축재에 대한 설명으로 옳지 않은 것은?

① 압축재는 단면적이 클수록 저항성능이 우수하다.
② 압축재는 단면2차모멘트가 클수록 저항성능이 우수하다.
③ 압축재는 단면2차반지름이 클수록 저항성능이 우수하다.
④ 압축재는 세장비가 클수록 저항성능이 우수하다.

[해설]

④ 압축재는 세장비(Slenderness Ratio)가 클수록 좌굴에 대해 불리하게 된다.

해답 39. ② 40. ③ 41. ④ 42. ④

10 부정정구조

CHECK

(1) 변형일치법(Method of Consistent Deformation, 1864)을 적용한 1차~3차 부정정 보의 해석
(2) 처짐각법(Slope-Deflection Method): 절점방정식과 층방정식
(3) 모멘트 분배법(Moment Distributed Method) ➡ 부정정 보 및 부정정 라멘의 모멘트분배법의 적용

1 부정정 구조(Statically Indeterminate Structures)

(1) 해석조건

힘의 평형조건식	적합조건식(탄성방정식)
$\Sigma H=0$, $\Sigma V=0$, $\Sigma M=0$	부재의 변형, 지점의 변형 등

(2) 정정 구조와 비교한 부정정 구조의 특징

장점	① 재료 절감	정정 구조물에 비해 설계모멘트가 작기 때문에 부재 단면이 작아져서 재료가 절약된다.
	② 처짐 감소	부정정 구조물은 구조의 연속성 때문에 처짐의 크기가 작다.
	③ 미관	변단면으로 구성된 연속보, 가늘고 긴 부정정 라멘 및 아치는 외관상 경쾌, 우아하고 아름답다.
	④ 안전성	부정정력은 부재내력을 응력이 낮은 부분으로 재분배가 가능하므로 구조물의 안전도를 추가시킨다.
단점	① 지점침하 등으로 인한 응력발생	지점침하, 온도변화, 제작오차, 하중으로 인한 부재 내부의 변형 등으로 구조물 전체에 걸쳐서 큰 응력의 발생을 초래한다.
	② 해석과 설계의 곤란	부정정 구조물은 그 치수(Dimension) 뿐만 아니라 탄성계수(E), 단면2차모멘트(I), 단면적(A) 등 재료의 성질을 알아야만 정확한 해석이 가능하다.
	③ 응력교체	정정 구조물에 비해 응력교체가 빈번하므로 서로 다른 응력상태를 저항하기 위해서 부가적인 부재가 필요하게 되는 경우가 있다.

학습 POINT

■ 구조물에 외력이 작용했을 때 평형을 이루는 상태를 안정이라고 하며, 안정한 구조물 중 힘의 평형조건식만으로 반력과 부재력을 구할 수 있는 상태를 정정이라고 정의한다 평형조건식 외에 변형에 대한 적합조건식, 힘-변위관계식 ($P = K \cdot \delta = \dfrac{EA}{L} \cdot \delta$) 등을 추가적으로 고려해야 하는 상태의 구조를 부정정구조(Statically Indeterminate Structure)라고 정의한다.

2 변위일치법(Method of Consistent Displacement, 1864)

James Clerk Maxwell
(1831~1879)

① 탄성처짐에 관한 이론을 그대로 적용하여 부정정 구조물을 해석하는 방법이다.

② Otto Mohr(1874)가 독자적으로 그 이론을 오늘날의 수준까지 개발하였다.

③ 변위일치법의 다른 명칭들: 변형일치법, 적합방정식, 탄성방정식, 겹침방정식, 처짐이용법, Maxwell-Mohr 해법 등

(1) 간단한 적용 예제(1)

① 해석 구조물	② 정정 기본계: 집중하중에 의한 처짐	③ 정정 기본계: 반력 V_A에 의한 처짐
A지점의 수직반력이 미지수	$\delta_P = \dfrac{5}{48} \cdot \dfrac{PL^3}{EI}(\downarrow)$	$\delta_V = \dfrac{1}{3} \cdot \dfrac{V_A \cdot L^3}{EI}(\uparrow)$
④ 적합조건식	$\delta_A = \delta_P(\downarrow) + \delta_V(\uparrow) = 0$ $\delta_A = \dfrac{5}{48} \cdot \dfrac{PL^3}{EI}(\downarrow) + \dfrac{1}{3} \cdot \dfrac{V_A \cdot L^3}{EI}(\uparrow) = 0$ $\therefore V_A = +\dfrac{5}{16}P(\uparrow)$	
⑤ 평형조건식	$\sum V = 0 : +(V_A) + (V_B) - (P) = 0$ $\therefore V_B = +\dfrac{11}{16}P(\uparrow)$ $\sum M_B = 0 : +\left(\dfrac{5P}{16}\right)(L) - (P)\left(\dfrac{L}{2}\right) + (M_B) = 0$ $\therefore M_B = +\dfrac{3}{16}PL\ (\frown)$	

■ A지점에 관한 적합조건
(1) A지점의 처짐 $\delta_A = 0$인 것에 주목하여 반력 V_A를 부정정 여력으로 취급하는 것이 간명하다.
(2) A지점을 제거하여 캔틸레버보(정정 기본계)로 만든 후 집중하중에 의한 정정 기본계의 처짐과 반력 V_A에 관한 정정 기본계의 처짐을 계산한다.

(2) 간단한 적용 예제(2)

① 해석 구조물	② 정정 기본계: 등분포하중에 의한 처짐	③ 정정 기본계: 반력 V_A에 의한 처짐
A지점의 수직반력이 미지수	$\delta_w = \dfrac{1}{8} \cdot \dfrac{wL^4}{EI}(\downarrow)$	$\delta_V = \dfrac{1}{3} \cdot \dfrac{V_A \cdot L^3}{EI}(\uparrow)$
④ 적합조건식	$\delta_A = \delta_w(\downarrow) + \delta_V(\uparrow) = 0$ $\delta_A = \dfrac{1}{8} \cdot \dfrac{wL^4}{EI}(\downarrow) + \dfrac{1}{3} \cdot \dfrac{V_A \cdot L^3}{EI}(\uparrow) = 0$ $\therefore V_A = +\dfrac{3}{8}wL(\uparrow)$	
⑤ 평형조건식	$\Sigma V = 0 : +(V_A)+(V_B)-(w \cdot L)=0$ $\therefore V_B = +\dfrac{5}{8}wL(\uparrow)$ $\Sigma M_B = 0 :$ $+\left(\dfrac{3wL}{8}\right)(L)-(w \cdot L)\left(\dfrac{L}{2}\right)+(M_B)=0$ $\therefore M_B = +\dfrac{wL^2}{8}(\curvearrowright)$	

■ 간단한 적용 예제(3)

2경간 연속보의 변위일치 해석

① 정정 기본계: 등분포하중에 의한 처짐

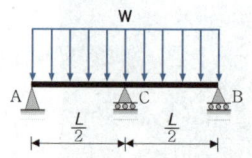

$\delta_{C1} = \dfrac{5wL^4}{384EI}(\downarrow)$

② 정정 기본계: 반력 V_C에 의한 처짐

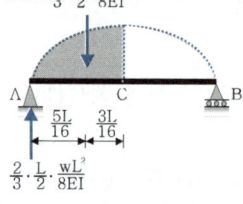

$\delta_{C2} = \dfrac{V_C \cdot L^3}{48EI}(\uparrow)$

③ 적합조건식

$\delta_C = \delta_{C1}(\downarrow) + \delta_{C2}(\uparrow) = 0$

$\delta_C = \dfrac{5wL^4}{384EI} - \dfrac{V_C \cdot L^3}{48EI} = 0$

$\therefore V_C = +\dfrac{5wL}{8}(\uparrow)$

④ $\Sigma V = 0 :$
$+(V_A)+(V_B)+(V_C)-wL=0$
$\therefore V_A = V_B = +\dfrac{1.5wL}{8}(\uparrow)$

(3) 변위일치 해석에 의한 간단한 부정정 구조물의 지점반력

일단 고정	V_A	M_B
(집중하중 P, 중앙)	$+\dfrac{5P}{16}(\uparrow)$	$+\dfrac{3PL}{16}\ (\curvearrowright)$
(등분포하중 w)	$+\dfrac{3wL}{8}(\uparrow)$	$+\dfrac{wL^2}{8}\ (\curvearrowright)$
(모멘트 M, A단)	$-\dfrac{3M}{2L}(\downarrow)$	$+\dfrac{M}{2}\ (\curvearrowright)$
(모멘트 M, A단)	$+\dfrac{3M}{2L}(\uparrow)$	$-\dfrac{M}{2}\ (\curvearrowright)$

양단 고정	M_A	M_B
(집중하중 P, a, b)	$-\dfrac{P\cdot a\cdot b^2}{L^2}\ (\curvearrowright)$	$+\dfrac{P\cdot a^2\cdot b}{L^2}\ (\curvearrowright)$
(집중하중 P, 중앙)	$-\dfrac{PL}{8}\ (\curvearrowright)$	$+\dfrac{PL}{8}\ (\curvearrowright)$
(등분포하중 w)	$-\dfrac{wL^2}{12}\ (\curvearrowright)$	$+\dfrac{wL^2}{12}\ (\curvearrowright)$

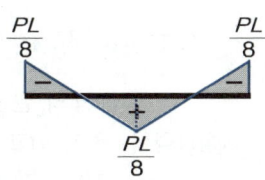

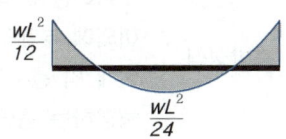

3 처짐각법(Slope-Deflection Method, 1915)

(1) 고정단모멘트(FEM, Fixed End Moment)

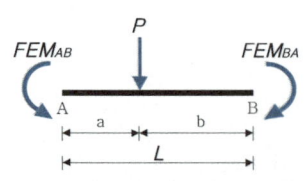
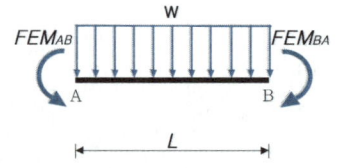

■ 보의 중앙에 집중하중이 작용하는 경우

➡ $a=b=\dfrac{L}{2}$ 을 대입하면

$FEM_{AB} = -\dfrac{PL}{8}(\curvearrowleft)$,

$FEM_{BA} = +\dfrac{PL}{8}(\curvearrowright)$

$$FEM_{AB} = -\dfrac{P \cdot a \cdot b^2}{L^2}(\curvearrowleft)$$

$$FEM_{BA} = +\dfrac{P \cdot a^2 \cdot b}{L^2}(\curvearrowright)$$

$$FEM_{AB} = -\dfrac{wL^2}{12}(\curvearrowleft)$$

$$FEM_{BA} = +\dfrac{wL^2}{12}(\curvearrowright)$$

①	부정정 구조물에 수직의 하중이 작용하면 부재 양단에서 부재를 휘게 하는 모멘트
②	처짐각법, 모멘트분배법에서는 절점의 회전각과 고정단모멘트가 시계방향일 때를 (+), 반시계방향일 때를 (−)로 약속한다.

(2) 절점방정식(모멘트 평형조건식, Joint Equilibrium Equation), 층방정식(전단력 평형조건식, Shear Equilibrium Equation)

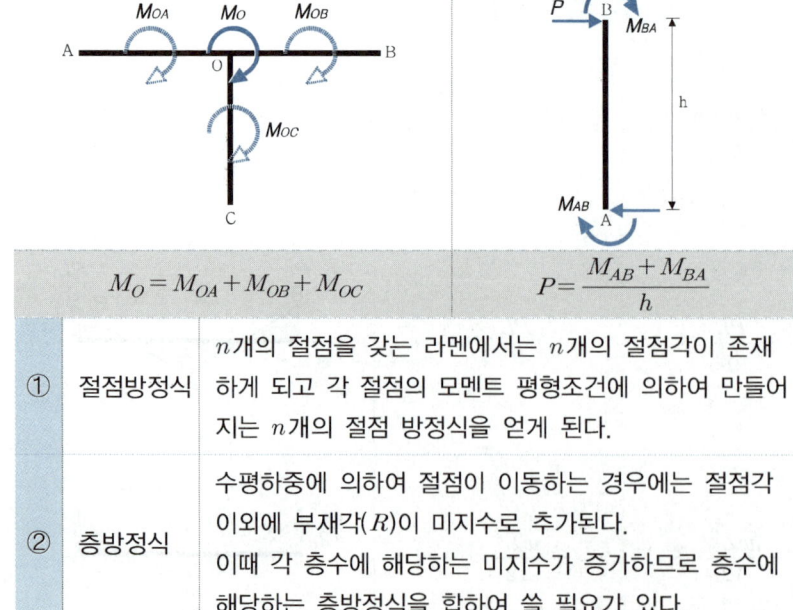

$$M_O = M_{OA} + M_{OB} + M_{OC}$$

$$P = \dfrac{M_{AB} + M_{BA}}{h}$$

①	절점방정식	n개의 절점을 갖는 라멘에서는 n개의 절점각이 존재하게 되고 각 절점의 모멘트 평형조건에 의하여 만들어지는 n개의 절점 방정식을 얻게 된다.
②	층방정식	수평하중에 의하여 절점이 이동하는 경우에는 절점각 이외에 부재각(R)이 미지수로 추가된다. 이때 각 층수에 해당하는 미지수가 증가하므로 층수에 해당하는 층방정식을 합하여 쓸 필요가 있다.

핵심예제 1

그림과 같은 구조에서 기둥재에 압축력만 생기게 하려면 A점에서 내민 부재의 길이 x 의 값은 얼마인가?

① 1m ② 1.5m
③ 2m ④ 3m

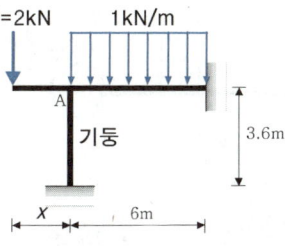

해설 A절점에서 절점방정식을 적용한다.

$\Sigma M_A = M_{A(지면)} + M_{A(자유단)} + M_{A(벽면)} = (0) - (2 \cdot x) + \left(\dfrac{(1)(6)^2}{12}\right) = 0$ ∴ $x = 1.5$m

답 : ②

핵심예제 2

그림과 같은 부정정 라멘의 BMD에서 P값을 구하면?

① 20kN
② 30kN
③ 50kN
④ 60kN

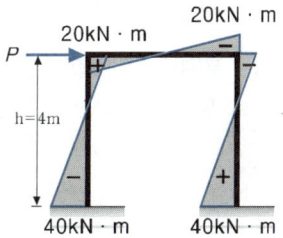

해설

$P \cdot h = M_上 + M_下$ 으로부터 $P = \dfrac{M_上 + M_下}{h} = \dfrac{(20+20)+(40+40)}{(4)} = 30$kN

답 : ②

핵심예제 3

그림과 같은 휨모멘트도를 통해 구조물에 작용하는 수평하중 P를 구하면?

① 2kN
② 3kN
③ 4kN
④ 6kN

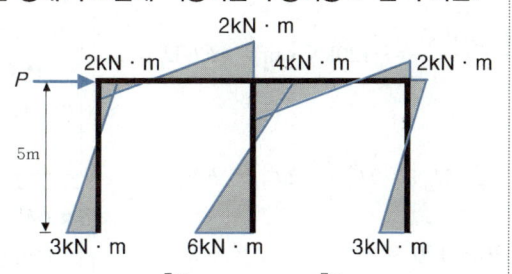

해설

$P \cdot h = M_上 + M_下$ 으로부터 $P = \dfrac{M_上 + M_下}{h} = \dfrac{(2+4+2)+(3+6+3)}{(5)} = 4$kN

답 : ③

(3) 처짐각 방정식(Slope - Deflection Equation)

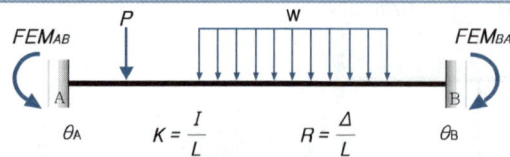

$M_{AB} = 2EK_{AB}(2\theta_A + \theta_B - 3R) + FEM_{AB}$

$M_{BA} = 2EK_{AB}(\theta_A + 2\theta_B - 3R) + FEM_{BA}$

- 강(성)도 $K = \dfrac{I}{L}$
- 현회전각 $R = \dfrac{\Delta}{L}$

① 1915년 미국 미네소타(Minnesota) 대학교의 G.A.Maney 교수가 모멘트면적법에 의거하여 연속보나 라멘과 같은 모멘트 저항부재의 해석에 적용할 수 있는 처짐각법을 제시하였으며 요각법(撓角法)이라고도 한다.

② 처짐각법의 가장 큰 장점(Merit Point)은 부재내력인 휨모멘트(M)와 구조부재의 변형(θ)의 관계를 직접적으로 알아낼 수 있다는 점이다.

핵심예제 4

그림과 같은 부정정 라멘에서 B점의 휨모멘트를 처짐각법으로 구해보자.

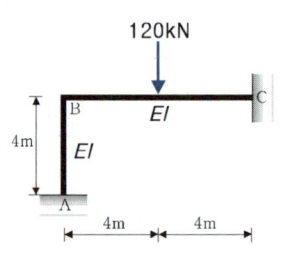

해설

(1) 고정단모멘트: $FEM_{BC} = -\dfrac{PL}{8} = -\dfrac{(120)(8)}{8} = -120\text{kN}\cdot\text{m} = -FEM_{CB}$

(2) 재단모멘트 방정식:

① $M_{AB} = 2E\left(\dfrac{I}{4}\right)(\theta_B) = 0.5EI\theta_B$ ② $M_{BA} = 2E\left(\dfrac{I}{4}\right)(2\theta_B) = EI\theta_B$

③ $M_{BC} = 2E\left(\dfrac{I}{8}\right)(2\theta_B) - 120 = 0.5EI\theta_B - 120$

④ $M_{CB} = 2E\left(\dfrac{I}{8}\right)(\theta_B) + 120 = 0.25EI\theta_B + 120$

(3) 절점방정식 $\sum M_B = 0$:

$\sum M_B = M_{BA} + M_{BC} = 0$ 에서 $1.5EI\theta_B - 120 = 0$ 이므로 $EI\theta_B = 80$

■ 처짐각(θ), 현회전각(R)
(1) 고정단에서는 처짐각이 없다.
  ➡ $\theta_A = \theta_C = 0$
(2) 지점침하에 따른 AB, BC 부재의 현회전각이 없다. ➡ $R = 0$

■ $EI\theta_B = 80$을 재단모멘트 방정식에 대입한다.
  $M_{AB} = +40\text{kN}\cdot\text{m}\,(\curvearrowright)$
  $M_{BA} = +80\text{kN}\cdot\text{m}\,(\curvearrowright)$
  $M_{BC} = -80\text{kN}\cdot\text{m}\,(\curvearrowleft)$
  $M_{CB} = +140\text{kN}\cdot\text{m}\,(\curvearrowright)$

4 모멘트분배법(Moment Distributed Method, 1930)

	강도(Stiffness)계수: $K=\dfrac{I}{L}$	수정강도계수: $K^R=\dfrac{3}{4}K$

Hardy Cross
(1885~1959)

(1)	➡ 해당 부재의 단면2차모멘트를 부재의 길이로 나눈 것 ➡ 동일한 강도일지라도 타단부의 지지상태에 따라 휨에 대한 저항 성능은 달라지게 된다. 강도계수는 양단이 고정단인 경우를 기준으로 정한 것인데, 부재의 타단이 Hinge($K^R=\dfrac{3}{4}K$), 대칭 변형재 ($K^R=\dfrac{1}{2}K$) 또는 역대칭 변형재($K^R=\dfrac{3}{2}K$)인 경우는 강비를 수정하여 양단이 고정인 경우와 등가(等價)로 취급한다.
(2)	고정단모멘트(FEM, Fixed End Moment): ➡ 처짐각법과 동일한 약속을 한다.
	불균형모멘트(M_u, Unbalanced Moment): 한 절점에서 모멘트의 합이 0이 아닌 경우의 모멘트를 말한다.
(3)	해제 모멘트($\overline{M}$): 절점과 절점을 고정단으로 가정할 때의 고정단모멘트는 처짐각법에서와 동일한 값과 부호 약속을 한다. 그런데, 실제 모멘트하중이 작용하는 경우가 아닐 때, 고정단모멘트를 불균형모멘트로 취급하여 이것의 부호만을 바꾼 모멘트를 해제모멘트라고 한다.

처짐각법은 고차의 부정정보나 라멘을 해석하기 위해서 절점회전각에 현회전각을 더한 수효만큼의 연립방정식을 풀어야 하는 엄청나게 귀찮은 작업이 뒤따라야 한다.
모멘트 분배법은 처짐각법의 과정을 연립방정식으로 풀어가는 것이 아닌 축차적인 반복에 의해서 근사적으로 풀어가는 방법이지만 정해에 매우 가까운 만족할 만한 해석을 제공한다.

(4)	분배율(Distributed Factor, DF)	$DF=\dfrac{\text{구하려는 부재의 유효강비}}{\text{전체 유효강비의 합}}$ 절점에서 각 부재로 분배되는 비율
	분배모멘트(Distributed Moment)	$M_{OA} = M_O \cdot DF_{OA} = M_O \cdot \dfrac{K_{OA}}{\sum K}$
	전달모멘트(Carry-Over Moment)	절점에서 분배된 분배모멘트는 지지단 쪽으로 전달되는데, 고정단일 경우에 분배모멘트의 $\dfrac{1}{2}$이다.

핵심예제 5

그림과 같은 연속보에서 절점 C의 회전을 저지시키기 위해 필요한 모멘트의 크기는?

① 30kN·m ② 60kN·m
③ 90kN·m ④ 120kN·m

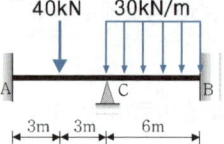

해설

(1) 고정단모멘트: $FEM_C = FEM_{CA} + FEM_{CB}$
$= +\dfrac{PL}{8} - \dfrac{wL^2}{12} = +\dfrac{(40)(6)}{8} - \dfrac{(30)(6)^2}{12} = -60\text{kN}\cdot\text{m}\,(\curvearrowleft)$

(2) 해제모멘트: $\overline{M} = -FEM_C = +60\text{kN}\cdot\text{m}\,(\curvearrowright)$

답 : ②

핵심예제 6

그림과 같은 구조물에서 M_{AB}는?

① 20kN·m ② 40kN·m
③ 60kN·m ④ 80kN·m

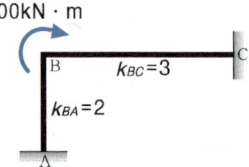

해설

(1) 분배모멘트: $M_{BA} = M_B \cdot DF_{BA} = +(200)\left(\dfrac{2}{2+3}\right) = +80\text{kN}\cdot\text{m}\,(\curvearrowright)$

(2) 전달모멘트: $M_{AB} = \dfrac{1}{2}M_{BA} = \left(\dfrac{1}{2}\right)(+80) = +40\text{kN}\cdot\text{m}\,(\curvearrowright)$

답 : ②

핵심예제 7

그림과 같은 부정정 라멘에서 M_{AB}는?

① 0 ② 20kN·m
③ 40kN·m ④ 60kN·m

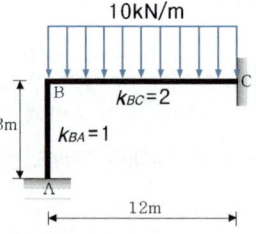

해설

(1) B절점: $FEM_{BC} = -\dfrac{wL^2}{12} = -\dfrac{(10)(12)^2}{12} = -120\text{kN}\cdot\text{m}\,(\curvearrowleft)$

(2) 해제모멘트: $\overline{M_B} = -FEM_{BC} = +120\text{kN}\cdot\text{m}\,(\curvearrowright)$

(3) 분배모멘트: $M_{BA} = \overline{M_B} \cdot DF_{BA} = +(120)\left(\dfrac{1}{1+2}\right) = +40\text{kN}\cdot\text{m}\,(\curvearrowright)$

(4) 전달모멘트: $M_{AB} = \dfrac{1}{2}M_{BA} = \left(\dfrac{1}{2}\right)(+40) = +20\text{kN}\cdot\text{m}\,(\curvearrowright)$

답 : ②

핵심예제 8

OB부재와 OC부재에 분배되는 모멘트가 같게 하려면 OC부재의 길이는?

① $\frac{3}{2}$m ② 3m
③ $\frac{2}{3}$m ④ $\frac{9}{4}$m

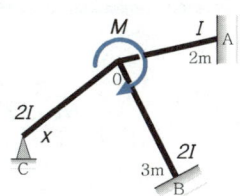

해설 $K_{OA} = \frac{I}{2} \Rightarrow 6x$, $K_{OB} = \frac{2I}{3} \Rightarrow 8x$ $K_{OC}^R = \frac{3}{4}\left(\frac{2I}{x}\right) = \frac{6I}{4x} \Rightarrow 18$

$8x = 18$ 으로부터 $x = \frac{18}{8} = \frac{9}{4}$m

답 : ④

■ 분배모멘트가 동일하려면 분배율이 동일하여야 하며, 강도계수가 같다는 의미가 된다.

핵심예제 9

A단에 도달하는 모멘트의 크기는?

① 1.5kN·m ② 2.0kN·m
③ 2.5kN·m ④ 3.0kN·m

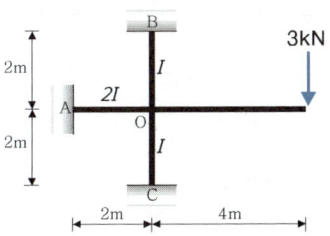

해설 (1) $K_{OA} = \frac{2I}{2} \Rightarrow 2$, $K_{OB} = \frac{I}{2} \Rightarrow 1$, $K_{OC} = \frac{I}{2} \Rightarrow 1$

(2) $M_{OA} = \overline{M_O} \cdot DF_{OA} = (+12)\left(\frac{2}{2+1+1}\right) = +6$kN·m (↷)

(3) $M_{AO} = \frac{1}{2}M_{OA} = \frac{1}{2}(+6) = +3$kN·m (↷)

답 : ④

■ O절점:
$M_{O,Right} = -[+(3)(4)]$
$\qquad = -12$kN·m (↶)

해제모멘트:
$\overline{M_O} = +12$kN·m (↷)

핵심예제 10

그림과 같은 구조물에서 재단모멘트 M_{AB}는?

① 0.5kN·m ② 1kN·m
③ 1.5kN·m ④ 2kN·m

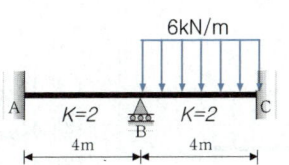

해설 (1) $FEM_{BC} = -\frac{wL^2}{12} = -\frac{(6)(4)^2}{12} = -8$kN·m (↶)

(2) 해제모멘트: $\overline{M_B} = -FEM_{BC} = +8$kN·m (↷)

(3) 분배율: $DF_{BA} = \frac{2}{2+2} = \frac{1}{2}$

(4) $M_{BA} = \overline{M_B} \cdot DF_{BA} = (+8)\left(\frac{1}{2}\right) = +4$kN·m (↷)

(5) 전달모멘트: $M_{AB} = \frac{1}{2}M_{BA} = \frac{1}{2}(+4) = +2$kN·m (↷)

답 : ④

고정단모멘트

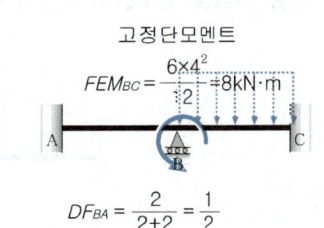

$FEM_{BC} = \frac{6 \times 4^2}{12} = 8$kN·m

$DF_{BA} = \frac{2}{2+2} = \frac{1}{2}$

해제모멘트, 분배모멘트, 전달모멘트

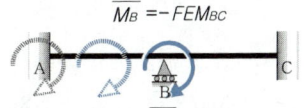

$\overline{M_B} = -FEM_{BC}$

$M_{BA} = \overline{M_B} \cdot DF_{BA}$

$M_{AB} = \frac{1}{2}M_{BA}$

핵 심 문 제

CHAPTER 10 부정정 구조

1. 다음 부정정 구조물의 A단의 휨모멘트는?

① $-15\text{kN} \cdot \text{m}$
② $-20\text{kN} \cdot \text{m}$
③ $-30\text{kN} \cdot \text{m}$
④ $-40\text{kN} \cdot \text{m}$

[해설]

$M_A = -\dfrac{3PL}{16} = -\dfrac{3(20)(4)}{16} = -15\text{kN} \cdot \text{m} \;(\frown)$

2. 다음 부정정 구조물에서 B점의 반력을 구하면?

① $\dfrac{5wL}{8}$
② $\dfrac{3wL}{8}$
③ $\dfrac{wL}{2}$
④ $\dfrac{2wL}{3}$

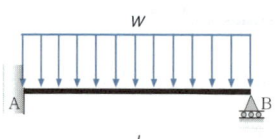

[해설]

$V_A = +\dfrac{5wL}{8}(\uparrow), \quad V_B = +\dfrac{3wL}{8}(\uparrow)$

3. 다음 부정정 구조물의 A단 수직반력은?

① $\dfrac{5wL}{8}$
② $\dfrac{3wL}{8}$
③ $\dfrac{wL}{2}$
④ $\dfrac{2wL}{3}$

[해설]

$V_A = +\dfrac{5wL}{8}(\uparrow), \quad V_B = +\dfrac{3wL}{8}(\uparrow)$

4. 그림과 같은 보의 B점의 휨모멘트는?

① $-112.5\text{kN} \cdot \text{m}$
② $-122.5\text{kN} \cdot \text{m}$
③ $-132.5\text{kN} \cdot \text{m}$
④ $-142.5\text{kN} \cdot \text{m}$

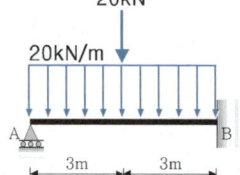

[해설]

(1) 집중하중(P)과 등분포하중(w)에 대한 각각의 B점의 휨모멘트에 대해 중첩의 원리(Method of Superposition)를 적용한다.

(2) $M_B = -\dfrac{3PL}{16} - \dfrac{wL^2}{8}$

$= -\dfrac{3(20)(6)}{16} - \dfrac{(20)(6)^2}{8} = -112.5\text{kN} \cdot \text{m}$

5. 그림과 같은 보에서 A점에 $200\text{kN} \cdot \text{m}$의 모멘트가 작용하였을 때 B점이 지지하는 모멘트 및 수직반력은?

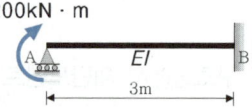

① $M_{BA} = 200\text{kN} \cdot \text{m}, \quad V_B = 100\text{kN}$
② $M_{BA} = 200\text{kN} \cdot \text{m}, \quad V_B = 50\text{kN}$
③ $M_{BA} = 100\text{kN} \cdot \text{m}, \quad V_B = 100\text{kN}$
④ $M_{BA} = 100\text{kN} \cdot \text{m}, \quad V_B = 50\text{kN}$

[해설]

(1) $M_B = +\dfrac{M}{2} = +\dfrac{(200)}{2} = +100\text{kN} \cdot \text{m} \;(\frown)$

(2) $V_A = -\dfrac{3M}{2L} = -\dfrac{3(200)}{2(3)} = -100\text{kN}(\downarrow)$

해답 1. ① 2. ② 3. ① 4. ① 5. ③

6. 2경간 연속보에서 반력 R_c의 크기는? (단, EI는 일정함)

① 31.25 kN
② 25 kN
③ 18.75 kN
④ 11.25 kN

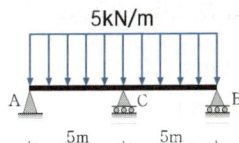

해설

$$R_C = V_C = +\frac{5wL}{8} = +\frac{5(5)(10)}{8} = +31.25\text{kN}(\uparrow)$$

7. 그림과 같은 양단 고정보에서 B단의 휨모멘트 값은?

① 2.4kN·m
② 9.6kN·m
③ 14.4kN·m
④ 24.8kN·m

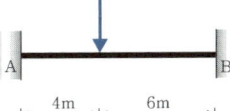

해설

$$M_B = -\frac{P \cdot a^2 \cdot b}{L^2} = -\frac{(10)(4^2)(6)}{(10)^2} = -9.6\text{kN·m}(\frown)$$

8. 그림과 같은 양단고정 보에서 A점의 휨모멘트는 얼마인가? (단, EI는 일정)

① -40kN·m
② -50kN·m
③ -60kN·m
④ -70kN·m

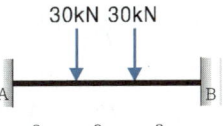

해설

(1) $M_{A1} = -\dfrac{P_1 \cdot a \cdot b^2}{L^2} = -\dfrac{(30)(3)(6)^2}{(9)^2} = -40\text{kN·m}(\frown)$

(2) $M_{A2} = -\dfrac{P_2 \cdot a \cdot b^2}{L^2} = -\dfrac{(30)(6)(3)^2}{(9)^2} = -20\text{kN·m}(\frown)$

(3) $M_{A1} + M_{A2} = -20 - 40 = -60\text{kN·m}(\frown)$

9. 양단 고정보의 단부 휨모멘트 값은?

① $-\dfrac{3PL}{16}$
② $-\dfrac{PL}{12}$
③ $-\dfrac{PL}{4}$
④ $-\dfrac{PL}{8}$

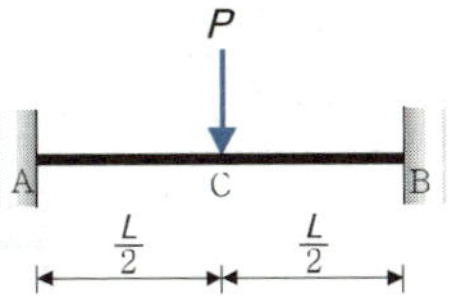

해설

$$M_A = M_B = -\frac{PL}{8}(\frown)$$

10. 그림과 같은 부정정보의 중앙부와 단부의 휨모멘트 비율 $M_C : M_A$는?

① 1 : 1
② 1 : 2
③ 1 : 3
④ 1 : 4

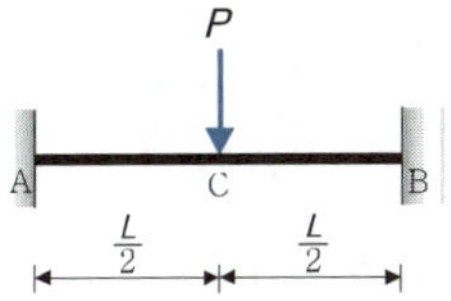

해설

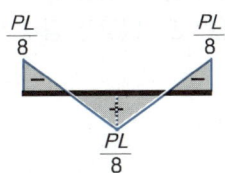

11. 그림과 같은 부정정보의 중앙부와 단부의 휨모멘트 비율 $M_C : M_A$는?

① 1 : 1
② 1 : 2
③ 1 : 3
④ 1 : 4

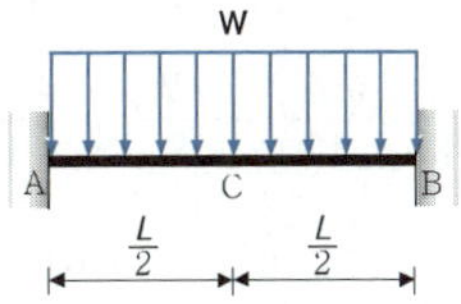

해설

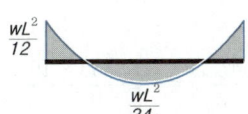

해답 6. ① 7. ② 8. ③ 9. ④ 10. ① 11. ②

12. 그림과 같은 양단 고정보의 단부 휨모멘트는?

① $M = -\dfrac{wL^2}{16} - \dfrac{PL}{12}$

② $M = -\dfrac{wL^2}{12} - \dfrac{PL}{8}$

③ $M = -\dfrac{wL^2}{8} - \dfrac{PL}{4}$

④ $M = -\dfrac{wL^2}{16} - \dfrac{PL}{8}$

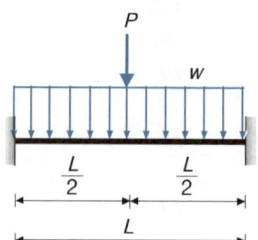

해설

(1) 등분포하중(w)과 집중하중(P)에 대한 각각의 단부 휨모멘트에 대해 중첩의 원리(Method of Superposition)를 적용한다.

(2) $M_{A,Left} = + \left[-\left(\dfrac{wL^2}{12}\right) - \left(\dfrac{PL}{8}\right) \right] = -\dfrac{wL^2}{12} - \dfrac{PL}{8}$

13. 그림과 같이 양단고정인 철골보에 소요되는 단면 계수 값은? (단, SS275 강재 사용, $\sigma_b = 160 \text{MPa}$)

① 383cm^3
② 415cm^3
③ 513cm^3
④ 558cm^3

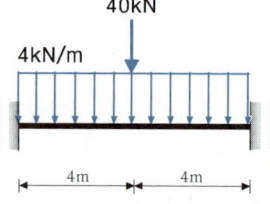

해설

(1) $M_{max} = \dfrac{wL^2}{12} + \dfrac{PL}{8} = \dfrac{(4)(8)^2}{12} + \dfrac{(40)(8)}{8}$

$= 61.3333 \text{kN} \cdot \text{m}$

(2) $\sigma_b = \dfrac{M_{max}}{Z}$ 으로부터

$Z = \dfrac{M_{max}}{\sigma_b} = \dfrac{61.3333 \times 10^6}{160}$

$= 383,333 \text{mm}^3 = 383.333 \text{cm}^3$

14. 상단과 하단이 고정된 길이 6m, 단면적 1cm²인 강봉의 상단으로부터 2m 지점에 45kN의 하향 축력이 작용할 때 하중 작용점의 변위는? ($E_s = 200,000 \text{MPa}$)

① 3.0mm
② 3.5mm
③ 4.0mm
④ 4.5mm

해설

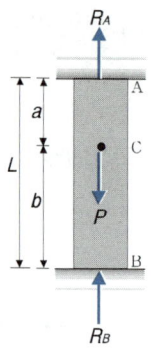

(1)	평형조건 : $R_A + R_B = P$
(2)	적합조건 : $\delta_P = \delta_{R_A}$ ⟹ $\dfrac{P \cdot b}{EA} = \dfrac{R_A \cdot L}{E \cdot A}$ ∴ $R_A = P \cdot \dfrac{b}{L}$ ⟹ $R_B = P \cdot \dfrac{a}{L}$
(3)	$R_B = P \cdot \dfrac{a}{L} = (45) \cdot \dfrac{(2)}{(6)} = 15 \text{kN}(\uparrow)$ $\Delta L = \dfrac{PL}{EA} = \dfrac{(15 \times 10^3)(4 \times 10^3)}{(200,000)(100)} = 3 \text{mm}$

해답 12. ② 13. ① 14. ①

15. 캔틸레버 보가 상수 k를 가지는 스프링에 의해 지지되어 있으며 집중하중 P가 작용하고 있다. 스프링에 걸리는 힘은?

① $\dfrac{PL^3k}{3EI+kL^3}$

② $\dfrac{2PL^3k}{3EI+kL^3}$

③ $\dfrac{PL^3k}{2EI+kL^3}$

④ $\dfrac{2PL^3k}{2EI+kL^3}$

해설

(1) 자유물체도: 스프링(Spring)에 작용하는 처짐

$$\delta_s = \dfrac{(P-R_s)L^3}{3EI}$$

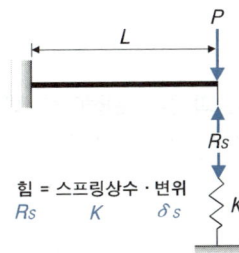

힘 = 스프링상수 · 변위
R_s K δ_s

(2) 스프링에 작용하는 반력: 힘-변위 관계식

$$R_s = k \cdot \delta_s = k \cdot \dfrac{(P-R_s)L^3}{3EI}$$

➡ $R_s = \dfrac{k \cdot PL^3}{3EI + k \cdot L^3}$

16. 그림과 같은 교차보(Cross Beam) A, B의 최대 휨모멘트의 비는? (단, EI는 동일함)

① 1 : 2
② 1 : 3
③ 1 : 4
④ 1 : 8

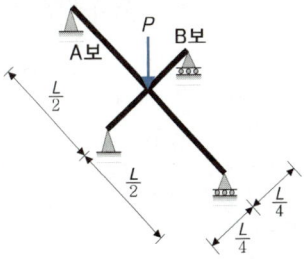

해설

(1) 하중이 작용하는 교차점을 C점이라고 가정한다.

① A보, C점에서의 수직변위: $\delta_1 = \dfrac{P_1 \cdot L^3}{48EI}$

② B보, C점에서의 수직변위: $\delta_2 = \dfrac{P_2 \cdot \left(\dfrac{L}{2}\right)^3}{48EI}$

(2) 적합조건식: $\delta_1 = \delta_2$

A보와 B보가 서로 직교하며 하중점에서의 변위는 같다.

$$\dfrac{P_1 \cdot L^3}{48EI} = \dfrac{P_2 \cdot \left(\dfrac{L}{2}\right)^3}{48EI} \;\;\Rightarrow\;\; 8P_1 = P_2$$

(3) 평형조건식: $P = P_1 + P_2 = 9P_1$ 으로부터

$$P_1 = \dfrac{1}{9}P, \;\; P_2 = \dfrac{8}{9}P$$

(4) A보:

$M_{C,\max} = +\left(\dfrac{P}{18}\right)\left(\dfrac{L}{2}\right)$

$= +\dfrac{PL}{36}(\smile)$

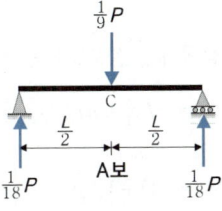

(5) B보:

$M_{C,\max} = +\left(\dfrac{4P}{9}\right)\left(\dfrac{L}{4}\right)$

$= +\dfrac{4PL}{36}(\smile)$

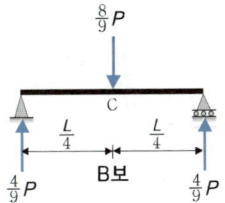

해답 15. ① 16. ③

17. 그림과 같은 구조에서 기둥재에 압축력만 생기게 하려면 A점에서 내민 부재의 길이 x 의 값은?

① 1 m
② 1.5 m
③ 2 m
④ 3 m

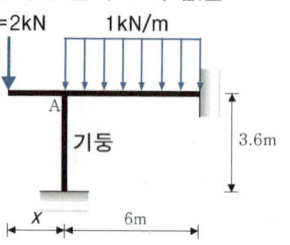

해설

A절점에서 절점방정식을 적용한다.

$\Sigma M_A = M_{A(\text{지면})} + M_{A(\text{자유단})} + M_{A(\text{벽면})}$

$= (0) - (2 \cdot x) + \left(\dfrac{(1)(6)^2}{12}\right) = 0 \quad \therefore x = 1.5\,\text{m}$

18. 그림과 같은 라멘의 AB재에 휨모멘트가 발생하지 않게 하려면 P 는 얼마가 되어야 하는가?

① 3kN
② 4kN
③ 5kN
④ 6kN

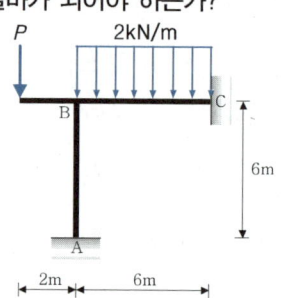

해설

B절점에서 절점방정식을 적용한다.

$\Sigma M_B = M_{BA} + M_{B(\text{자유단})} + M_{BC}$

$= (0) - (P)(2) + \left(\dfrac{(2)(6)^2}{12}\right) = 0$

$\therefore P = 3\,\text{kN}$

19. 그림과 같은 라멘의 기둥 부재에 휨모멘트가 생기지 않으려면 캔틸레버의 내민길이 x 의 값은?

① 3.0 m
② $\sqrt{3}$ m
③ 1.5 m
④ $\sqrt{1.5}$ m

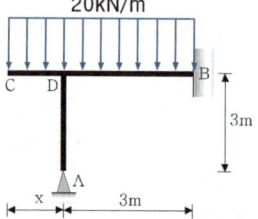

해설

D절점에서 절점방정식을 적용한다.

$\Sigma M_D = M_{DA} + M_{DC} + M_{DB}$

$= (0) - (20 \cdot x)\left(\dfrac{x}{2}\right) + \left(\dfrac{(20)(3)^2}{12}\right) = 0$

$\therefore x = \sqrt{1.5}\,\text{m}$

20. 그림과 같은 완전대칭 라멘 구조에서 BE부재에 발생되는 M_{BE} 의 크기는?

① 0
② 1.5kN · m
③ 2kN · m
④ 4kN · m

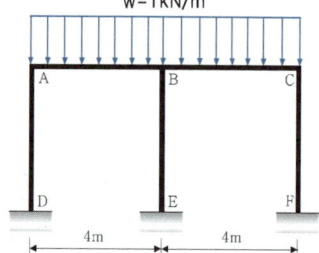

해설

(1) 고정단 모멘트:

$FEM_{BA} = +\dfrac{wL^2}{12}(\curvearrowright), \quad FEM_{BC} = -\dfrac{wL^2}{12}(\curvearrowright)$

(2) B절점에서 절점방정식을 적용하면

$\Sigma M_B = M_{BA} + M_{BE} + M_{BC} = 0$ 으로부터

$M_{BE} = -M_{BA} - M_{BC} = -\left(+\dfrac{wL^2}{12}\right) - \left(-\dfrac{wL^2}{12}\right) = 0$

해답   17. ②   18. ①   19. ④   20. ①

21. 그림과 같은 부정정 라멘의 BMD에서 P값을 구하면?

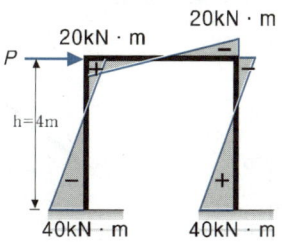

① 20kN
② 30kN
③ 50kN
④ 60kN

해설

처짐각법 전단방정식 $P \cdot h = M_上 + M_下$ 으로부터

$$P = \frac{M_上 + M_下}{h} = \frac{(20+20)+(40+40)}{(4)} = 30\text{kN}$$

23. 그림과 같은 수평하중을 받는 라멘에서 휨모멘트의 값이 가장 큰 위치는?

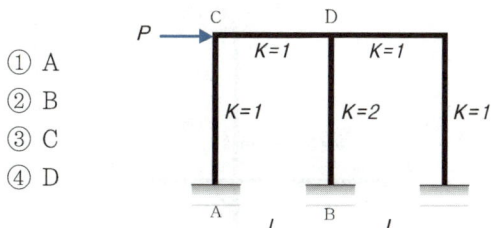

① A
② B
③ C
④ D

해설

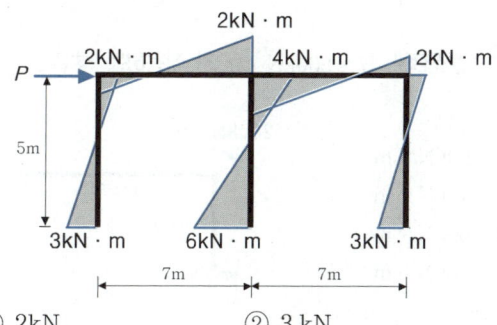

개략적인 휨모멘트도(BMD)

22. 그림과 같은 휨모멘트도를 통해 구조물에 작용하는 수평하중 P를 구하면?

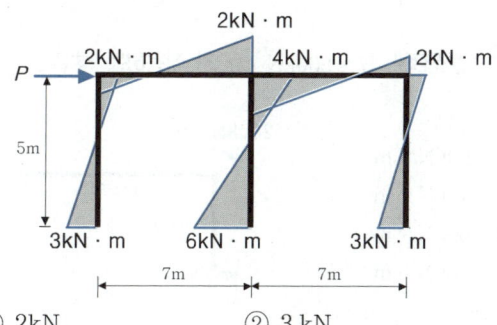

① 2kN
② 3 kN
③ 4kN
④ 6kN

해설

처짐각법 전단방정식 $P \cdot h = M_上 + M_下$ 으로부터

$$P = \frac{M_上 + M_下}{h} = \frac{(2+4+2)+(3+6+3)}{(5)} = 4\text{kN}$$

24. 그림과 같은 연속보에서 절점 C의 회전을 저지시키기 위해 필요한 모멘트의 크기는?

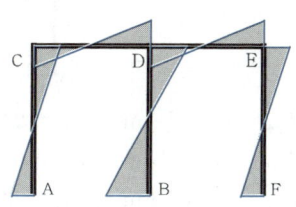

① 30kN·m
② 60kN·m
③ 90kN·m
④ 120kN·m

해설

(1) $FEM_C = FEM_{CA} + FEM_{CB}$

$$= +\frac{PL}{8} - \frac{wL^2}{12}$$

$$= +\frac{(40)(6)}{8} - \frac{(30)(6)^2}{12} = -60\text{kN}\cdot\text{m}\,(\curvearrowleft)$$

(2) 해제모멘트: $\overline{M} = -FEM_C = +60\text{kN}\cdot\text{m}\,(\curvearrowright)$

해답 21. ② 22. ③ 23. ② 24. ②

25. 그림과 같은 구조물의 각 부재에 대한 분배모멘트 M_{OA}, M_{OB}, M_{OC}, M_{OD}는?

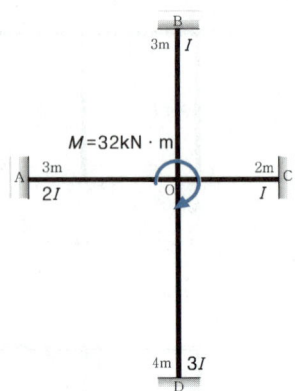

① $M_{OA} = 4.74$kN·m, $M_{OB} = 2.37$kN·m
  $M_{OC} = 3.55$kN·m, $M_{OD} = 5.34$kN·m
② $M_{OA} = 4.74$kN·m, $M_{OB} = 2.37$kN·m
  $M_{OC} = 3.91$kN·m, $M_{OD} = 4.98$kN·m
③ $M_{OA} = 9.48$kN·m, $M_{OB} = 4.74$kN·m
  $M_{OC} = 7.11$kN·m, $M_{OD} = 10.67$kN·m
④ $M_{OA} = 9.48$kN·m, $M_{OB} = 4.74$kN·m
  $M_{OC} = 7.82$kN·m, $M_{OD} = 9.96$kN·m

해설

(1) $K_{OA} = \dfrac{2I}{3} \Rightarrow 8K$, $K_{OB} = \dfrac{I}{3} \Rightarrow 4K$,

$K_{OC} = \dfrac{I}{2} \Rightarrow 6K$, $K_{OA} = \dfrac{3I}{4} \Rightarrow 9K$

(2) $DF_{OA} = \dfrac{8K}{8K+4K+6K+9K} = \dfrac{8}{27}$

$DF_{OC} = \dfrac{6K}{8K+4K+6K+9K} = \dfrac{6}{27}$

(3) $M_{OA} = M_O \cdot DF_{OA} = (32)\left(\dfrac{8}{27}\right) = 9.48$kN·m

$M_{OC} = M_O \cdot DF_{OC} = (32)\left(\dfrac{6}{27}\right) = 7.11$kN·m

26. OB부재와 OC부재에 분배되는 모멘트가 같게 하려면 OC부재의 길이를 얼마로 해야 하는가?

① $\dfrac{3}{2}$m
② 3m
③ $\dfrac{2}{3}$m
④ $\dfrac{9}{4}$m

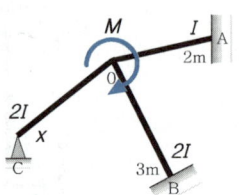

해설

(1) 분배모멘트가 동일하려면 분배율(DF)이 동일해야 하고, 분배율이 동일하려면 강도계수가 동일하여야 한다.

(2) $K_{OB} = \dfrac{2I}{3}$, $K_{OC}^R = \dfrac{3}{4}\left(\dfrac{2I}{x}\right) = \dfrac{6I}{4x}$

$\dfrac{2I}{3} = \dfrac{6I}{4x}$ ➡ $x = \dfrac{9}{4}$[m]

27. 절점B에 $M = 200$kN·m가 작용하는 경우 M_{AB}는?

① 20kN·m
② 40kN·m
③ 60kN·m
④ 80kN·m

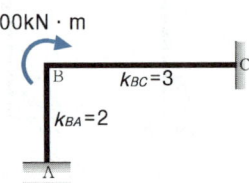

해설

(1) $M_{BA} = M_B \cdot DF_{BA}$

$= +(200)\left(\dfrac{2}{2+3}\right) = +80$kN·m (↷)

(2) $M_{AB} = \dfrac{1}{2}M_{BA} = \left(\dfrac{1}{2}\right)(+80) = +40$kN·m (↷)

해답 25. ③ 26. ④ 27. ②

28. 그림과 같은 부정정 라멘에서 A점의 M_{AB}는?

① 10kN·m
② 20kN·m
③ 40kN·m
④ 60kN·m

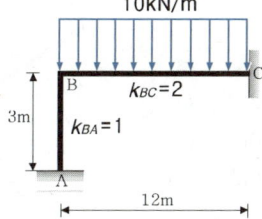

해설

(1) $FEM_{BC} = -\dfrac{wL^2}{12} = -\dfrac{(10)(12)^2}{12} = -120\text{kN·m}\,(\frown)$

(2) $\overline{M_B} = -FEM_{BC} = +120\text{kN·m}\,(\frown)$

(3) $M_{BA} = \overline{M_B} \cdot DF_{BA}$

$\quad = +(120)\left(\dfrac{1}{1+2}\right) = +40\text{kN·m}\,(\frown)$

(4) $M_{AB} = \dfrac{1}{2}M_{BA} = \left(\dfrac{1}{2}\right)(+40) = +20\text{kN·m}\,(\frown)$

29. 그림과 같은 구조에서 A단에 생기는 휨모멘트는?
(단, ① : $K=1$, ② : $K=2$)

① 100kN·m
② 400kN·m
③ 800kN·m
④ 1MN·m

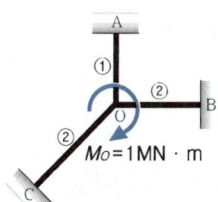

해설

(1) $M_{OA} = M_O \cdot DF_{OA}$

$\quad = (+1{,}000)\left(\dfrac{1}{1+2+2}\right) = +200\text{kN·m}\,(\frown)$

(2) $M_{AO} = \dfrac{1}{2}M_{OA} = \dfrac{1}{2}(+200) = +100\text{kN·m}\,(\frown)$

30. 그림에서 절점 D는 이동을 하지 않으며, A, B, C는 고정단일 때 C단의 모멘트는? (단, k는 강비)

① 4.0kN·m
② 4.5kN·m
③ 5.0kN·m
④ 5.5kN·m

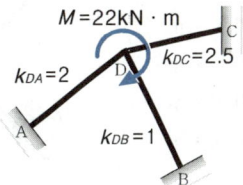

해설

(1) $M_{DC} = M_D \cdot DF_{DC}$

$\quad = (+22)\left(\dfrac{2.5}{2+1+2.5}\right) = +10\text{kN·m}\,(\frown)$

(2) $M_{CD} = \dfrac{1}{2}M_{DC} = \left(\dfrac{1}{2}\right)(+10) = +5\text{kN·m}\,(\frown)$

31. 다음 부정정 구조물에서 A단에 도달하는 모멘트의 크기는?

① 1.5kN·m
② 2.0kN·m
③ 2.5kN·m
④ 3.0kN·m

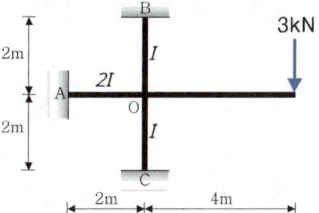

해설

(1) $M_{O,Right} = -[+(3)(4)] = -12\text{kN·m}\,(\frown)$

(2) $\overline{M_O} = +12\text{kN·m}\,(\frown)$

(3) $K_{OA} = \dfrac{2I}{2} \rightarrow 2$, $K_{OB} = \dfrac{I}{2} \rightarrow 1$, $K_{OC} = \dfrac{I}{2} \rightarrow 1$

(4) $M_{OA} = \overline{M_O} \cdot DF_{OA}$

$\quad = (+12)\left(\dfrac{2}{2+1+1}\right) = +6\text{kN·m}\,(\frown)$

(5) $M_{AO} = \dfrac{1}{2}M_{OA} = \dfrac{1}{2}(+6) = +3\text{kN·m}\,(\frown)$

해답 28. ② 29. ① 30. ③ 31. ④

32. 그림에서 B점에 도달되는 모멘트는?

① 2.7kN·m
② 3.0kN·m
③ 5.4kN·m
④ 6.0kN·m

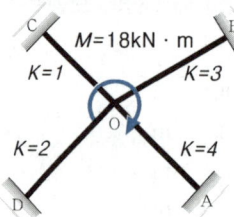

해설

(1) $M_{OB} = M_O \cdot DF_{OB}$

$= (+18)\left(\dfrac{3}{4+3+1+2}\right) = +5.4\text{kN}\cdot\text{m}\,(\curvearrowright)$

(2) $M_{BO} = \dfrac{1}{2}M_{OB} = \dfrac{1}{2}(+5.4) = +2.7\text{kN}\cdot\text{m}\,(\curvearrowright)$

34. 그림과 같은 구조에서 B단에 발생하는 모멘트는?

① 125kN·m
② 188kN·m
③ 250kN·m
④ 300kN·m

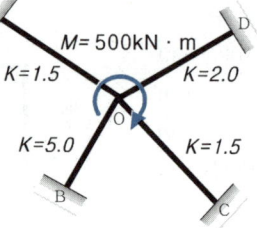

해설

(1) $M_{OB} = M_B \cdot DF_{OB}$

$= (+500)\left(\dfrac{5.0}{1.5+5.0+1.5+2.0}\right) = +250\text{kN}\cdot\text{m}\,(\curvearrowright)$

(2) $M_{BO} = \dfrac{1}{2}M_{OB} = +125\text{kN}\cdot\text{m}\,(\curvearrowright)$

33. 그림과 같은 구조물에서 B단에 발생하는 휨모멘트는?

① 2kN·m
② 3kN·m
③ 4kN·m
④ 6kN·m

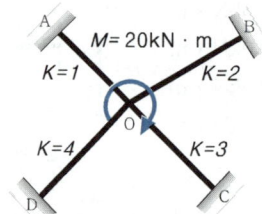

해설

(1) $M_{OB} = M_B \cdot DF_{OB}$

$= (+20)\left(\dfrac{2}{1+2+3+4}\right) = +4\text{kN}\cdot\text{m}\,(\curvearrowright)$

(2) $M_{BO} = \dfrac{1}{2}M_{OB} = \dfrac{1}{2}(+4) = +2\text{kN}\cdot\text{m}\,(\curvearrowright)$

35. 그림과 같은 구조에서 C단에 생기는 휨모멘트는?

① 2.4kN·m
② 5kN·m
③ 6.5kN·m
④ 10kN·m

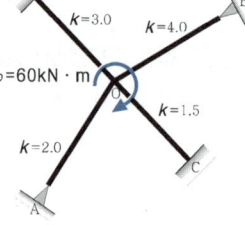

해설

(1) $M_{OC} = M_O \cdot DF_{OC}$

$= (+60)\left(\dfrac{1.5}{2.0\left(\dfrac{3}{4}\right)+4.0\left(\dfrac{3}{4}\right)+1.5+3.0}\right)$

$= +10\text{kN}\cdot\text{m}\,(\curvearrowright)$

(2) $M_{CO} = \dfrac{1}{2}M_{OC} = \dfrac{1}{2}(+10) = +5\text{kN}\cdot\text{m}\,(\curvearrowright)$

해답 32. ①   33. ①   34. ①   35. ②

36. 그림과 같은 구조물에서 재단모멘트 M_{AB}는?

① 2kN·m
② 3kN·m
③ 4kN·m
④ 5kN·m

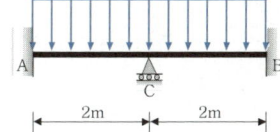

해설

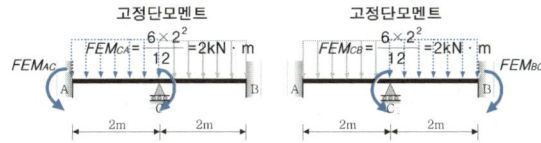

(1) A절점의 고정단모멘트

$$FEM_{AC} = -\frac{wL^2}{12} = -\frac{(6)(2)^2}{12} = -2\text{kN·m}(\curvearrowleft)$$

(2) C절점의 고정단모멘트가 0이므로 A절점의 고정단 모멘트가 A점의 재단모멘트 M_{AC}가 된다.

37. 그림과 같은 구조물에서 재단모멘트 M_{AB}는?

① 0.5kN·m
② 1kN·m
③ 1.5kN·m
④ 2kN·m

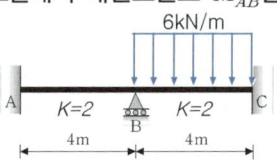

해설

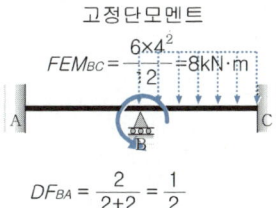

(1) $\overline{M_B} = -FEM_{BC} = +8\text{kN·m}(\curvearrowright)$

(2) $M_{BA} = \overline{M_B} \cdot DF_{BA}$

$$= (+8)\left(\frac{2}{2+2}\right) = +4\text{kN·m}(\curvearrowright)$$

(3) $M_{AB} = \frac{1}{2}M_{BA} = \frac{1}{2}(+4) = +2\text{kN·m}(\curvearrowright)$

38. 그림과 같은 양단고정보에서 A단의 휨모멘트는? (단, 등분포하중 $w = 3\text{kN/m}$, $L = 3\text{m}$)

① 2.8kN·m
② 1kN·m
③ 1.4kN·m
④ 2kN·m

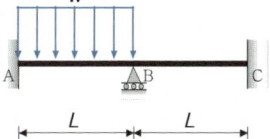

해설

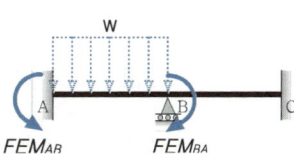

(1) 해제모멘트: $\overline{M_B} = -FEM_{BA} = -\frac{wL^2}{12}(\curvearrowleft)$

(2) BA와 BC가 강성조건이 동일하고,

경간(Span)이 같으므로 분배율 $DF_{BA} = \frac{1}{2}$이 된다.

(3) $M_{BA} = \overline{M_B} \cdot \frac{1}{2} = -\frac{wL^2}{24}(\curvearrowleft)$

$M_{AB} = \frac{1}{2}M_{BA} = -\frac{wL^2}{48}(\curvearrowleft)$

(4) A지점의 모멘트반력: A점의 고정단모멘트+전달모멘트

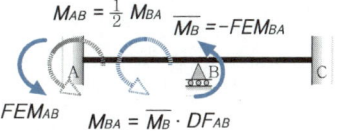

$M_A = FEM_{AB} + M_{AB}$

$$= -\frac{wL^2}{12} - \frac{wL^2}{48} = -\frac{5wL^2}{48}(\curvearrowleft)$$

(5) A점의 휨모멘트:

$$M_A = -\frac{5wL^2}{48} = -\frac{5(3)(3)^2}{48} = -2.8125\text{kN·m}(\curvearrowleft)$$

해답 36. ① 37. ④ 38. ①

철근콘크리트구조

제 2 편

01 RC 해석과 설계의 원칙
02 RC구조해석 일반사항
03 RC 단철근 보의 해석
04 RC 전단설계
05 RC 슬래브(Slab)
06 RC구조 사용성
07 RC구조 철근 상세

1 RC 해석과 설계의 원칙

CHECK

부하면적과 영향면적, 활하중 저감계수,
극한강도설계법의 표현, 하중계수에 의한 하중조합 규정, 강도감소계수 규정

1 하중(Load)의 기본적인 분류

학습POINT

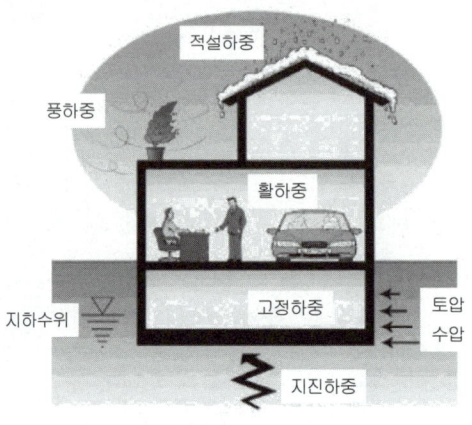

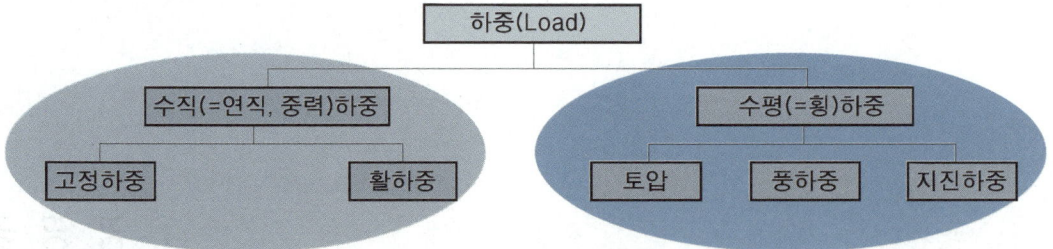

핵심예제 1

다음에서 설명하고 있는 하중의 명칭은?

> 고정하중이나 활하중과 같이 구조물에 중력방향으로 작용하는 하중

① 횡하중   ② 연직하중   ③ 지진하중   ④ 충격하중

해설   답 : ②

2 활하중: 건축물의 종류별 기본등분포활하중

(단위 : kN/m²)

	용 도	건축물의 부분	활하중
1	주택	주거용 건축물의 거실	2.0
		공동주택의 공용실	5.0
2	병원	병실	2.0
		수술실, 공용실, 실험실	3.0
		1층 외의 모든 층 복도	4.0
3	숙박시설	객실	2.0
		공용실	5.0
4	사무실	일반 사무실	2.5
		특수용도 사무실	5.0
		문서보관실	5.0
		1층 외의 모든 층 복도	4.0
5	학교	교실	3.0
		일반 실험실	3.0
		중량물 실험실	5.0
		1층 외의 모든 층 복도	4.0
6	판매장	상점, 백화점(1층)	5.0
		상점, 백화점(2층 이상)	4.0
		창고형 매장	6.0
7	집회 및 유흥장	모든 층 복도	5.0
		무대	7.0
		식당	5.0
		주방	7.0
		극장 및 집회장(고정 좌석)	4.0
		집회장(이동 좌석)	5.0
		연회장, 무도장	5.0

8	체육시설	체육관 바닥, 옥외경기장	5.0
		스탠드(고정 좌석)	4.0
		스탠드(이동 좌석)	5.0
9	도서관	열람실	3.0
		서고	7.5
		1층 외의 모든 층 복도	4.0
10	주차장 및 옥외차도	총중량 30kN 이하의 차량(옥내)	3.0
		총중량 30kN 이하의 차량(옥외)	5.0
		총중량 30kN 초과 90kN 이하의 차량	6.0
		총중량 90kN 초과 180kN 이하의 차량	12.0
		옥외 차도와 차도 양측의 보도	12.0
11	창고	경량품 저장창고	6.0
		중량품 저장창고	12.0
12	공장	경공업 공장	6.0
		중공업 공장	12.0
13	지붕	점유·사용하지 않는 지붕(지붕활하중)	1.0
		산책로 용도	3.0
		정원 또는 집회 용도	5.0
		출입이 제한된 조경 구역	1.0
		헬리콥터 이착륙장	5.0
14	기계실	공조실, 전기실, 기계실 등	5.0
15	광장	옥외광장	12.0
16	발코니	출입 바닥 활하중의 1.5배(최대 5.0kN/m²)	
17	로비 및 복도	로비, 1층 복도	5.0
		1층 외의 모든 층 복도(병원, 사무실, 학교, 집회 및 유흥장, 도서관은 별도 규정)	출입 바닥 활하중
18	계단	단독주택 또는 2세대 거주 주택	2.0
		기타의 계단	5.0

핵심예제 2

구조설계기준에 의한 용도별 등분포활하중 값으로 적절한 것은?

① 도서관의 서고 : 6.0kN/m²   ② 일반사무실 : 2.5kN/m²
③ 학교의 교실 : 3.5kN/m²   ④ 백화점 1층 : 4.0kN/m²

해설 ① 7.5kN/m²   ③ 3.0kN/m²   ④ 5.0kN/m²

답 : ②

(1) 부하면적(Tributary Area)

연직하중전달 구조부재가 분담하는 하중의 크기를 바닥면적으로 나타낸 것

핵심예제 3

그림과 같은 지상 4층 건물에 기둥 C_1의 1층에 발생하는 계수하중에 의한 축력을 면적법으로 구하면? (단, 보 및 기둥 자중은 무시하며, 바닥하중(지붕하중 동일)은 고정하중은 5kN/m^2, 활하중은 3kN/m^2, 활하중 저감은 무시한다.)

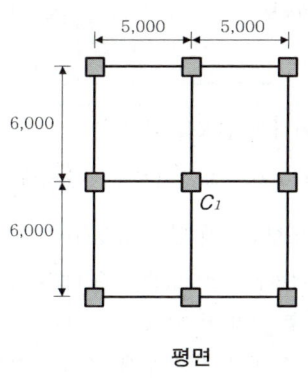
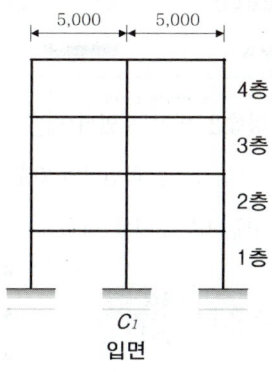

평면 　　　　입면

① 1,296kN　　② 1,364kN
③ 1,412kN　　④ 1,498kN

해설

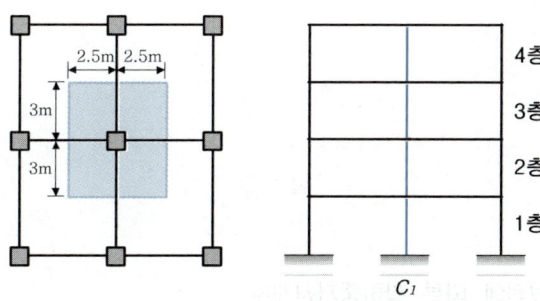

(1) 계수하중: $w_u = 1.2w_D + 1.6w_L = 1.2(5) + 1.6(3) = 10.8\text{kN/m}^2$

$\geq 1.4w_D = 1.4(5) = 7\text{kN/m}^2$

(2) 기둥의 축하중:

$P_o = w_u \cdot A \cdot 4\text{개층} = (10.8)(5 \times 6) \times 4\text{개층} = 1,296\text{kN}$

답 : ①

(2) 영향면적(A)

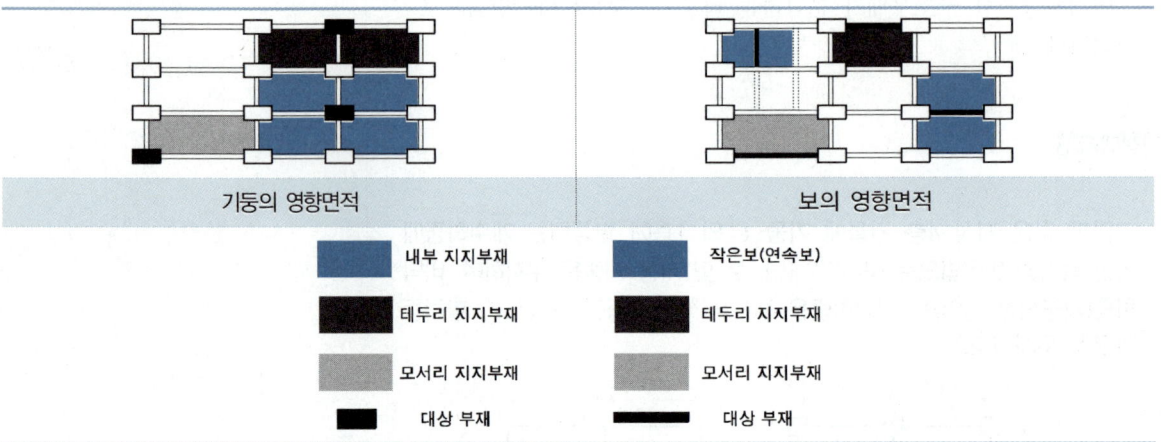

①	부재에 직접적으로 하중의 영향을 미치는 범위 내에 있는 바닥의 면적을 말한다.
②	기둥 및 기초에서는 부하면적의 4배, 보에서는 부하면적의 2배, 슬래브에서는 부하면적을 적용한다.
③	기부하면적 중 캔틸레버 부분은 4배 또는 2배를 적용하지 않고 영향면적에 단순 합산한다.
④	활하중 저감계수(C) $C = 0.3 + \dfrac{4.2}{\sqrt{A}}$	• A는 36m² 이상의 영향면적을 나타낸다. • 1개 층 지지 부재: $C \geq 0.5$ • 2개 층 이상 지지 부재: $C \geq 0.4$

핵심예제 4

활하중의 영향면적에 대해 옳게 설명한 것은?
① 기둥 및 기초에서는 부하면적의 6배
② 보에서는 부하면적의 5배
③ 캔틸레버 부분은 영향면적에 단순합산
④ 슬래브에서는 부하면적의 2배

해설 답 : ③

핵심예제 5

부하면적 36m²인 콘크리트 기둥의 영향면적에 따른 활하중저감계수 (C)로 옳은 것은? (단, $C = 0.3 + \dfrac{4.2}{\sqrt{A}}$, A는 영향면적)

① 0.25　　② 0.45　　③ 0.65　　④ 1

해설 $C = 0.3 + \dfrac{4.2}{\sqrt{A}} = 0.3 + \dfrac{4.2}{\sqrt{(36 \times 4)}} = 0.65$

답 : ③

3 (극한)강도설계법(USD, Ultimate Strength Design method)

$$\text{하중계수} \times \text{하중} \leq \text{강도감소계수}(\phi) \times \text{공칭강도}(n)$$

$$\text{소요강도}(U) \leq \text{설계강도}(d)$$

(1) 소요강도(Required Strength, U)

소요강도 U는 사용하중에 하중계수를 곱한 계수하중(Factored Load) 또는 이와 관련된 단면력으로 표현된다. 각각의 하중에 대부분 1보다 큰 하중계수를 곱하는 이유는 극한상태에 대한 극한외력으로서 구조물이나 구조부재에 작용할 수 있는 가장 불리한 조건을 고려하기 위함이다.

①	$U = 1.4(D+F)$
②	$U = 1.2(D+F+T) + 1.6(L + \alpha_H H_v + H_h) + 0.5(L_r \text{ 또는 } S \text{ 또는 } R)$
③	$U = 1.2D + 1.6(L_r \text{ 또는 } S \text{ 또는 } R) + (1.0L \text{ 또는 } 0.65W)$
④	$U = 1.2D + 1.3W + 1.0L + 0.5(L_r \text{ 또는 } S \text{ 또는 } R)$
⑤	$U = 1.2(D+H_v) + 1.0E + 1.0L + 0.2S + (1.0H_h \text{ 또는 } 0.5H_h)$
⑥	$U = 1.2(D+F+T) + 1.6(L + \alpha_H H_v) + 0.8H_h + 0.5(L_r \text{ 또는 } S \text{ 또는 } R)$
⑦	$U = 0.9(D+H_v) + 1.3W + (1.6H_h \text{ 또는 } 0.8H_h)$
⑧	$U = 0.9(D+H_v) + 1.0E + (1.0H_h \text{ 또는 } 0.5H_h)$

※ α_H : 연직방향하중 H_v 에 대한 보정계수
  • h ≤ 2m 에 대해서 $\alpha_H = 1.0$ • h > 2m 에 대해서 $a_H = 1.05 - 0.025h \geq 0.875$

※ 차고, 공공집회 장소 및 L 이 5.0kN/m² 이상인 모든 장소 이외에는 ③, ④, ⑤에서 활하중 L 에 대한 하중계수를 0.5로 감소시킬 수 있다.

핵심예제 6

콘크리트 구조설계 시 사용하는 용어에 대한 설명으로 틀린 것은?
① 공칭강도: 강도설계법의 규정과 가정에 따라 계산된 부재나 단면의 강도로 강도감소계수를 적용한 강도
② 콘크리트 설계기준강도: 콘크리트 부재를 설계할 때 기준이 되는 콘크리트의 압축강도
③ 계수하중: 강도설계법으로 부재를 설계할 때 사용하중에 하중계수를 곱한 하중
④ 소요강도: 철근콘크리트 부재가 사용성과 안전성을 만족할 수 있도록 요구되는 단면의 단면력

해설 ① 공칭강도(Nominal Strength): 강도감소계수를 적용하기 이전의 강도

답: ①

핵심예제 7

강도설계법의 강도 관계식이 옳게 표시된 것은? (단, M_d는 설계강도, M_n은 공칭강도, M_u는 소요강도, ϕ는 강도감소계수)
① $M_d = \phi M_n \geq M_u$
② $M_d = M_u \leq \phi M_n$
③ $M_d \leq \phi M_n = M_u$
④ $M_n = \phi M_d \geq M_u$

해설 ① 설계강도(=강도감소계수×공칭강도) ≥ 소요강도(=하중계수×사용하중)

답: ①

핵심예제 8

철근콘크리트 보의 설계시 공칭모멘트강도 $M_n = 150\text{kN}\cdot\text{m}$, 강도감소계수 $\phi = 0.85$일 때 설계모멘트(M_u) 값은?
① 95.6kN·m
② 114.8kN·m
③ 127.5kN·m
④ 176.5kN·m

해설 $M_u \leq \phi M_n = (0.85)(150) = 127.5\text{kN}\cdot\text{m}$

답: ③

핵심예제 9

고정하중 15kN/m이고, 활하중 20kN/m인 등분포하중을 받는 스팬 8m인 철근콘크리트 단순보의 최대소요휨모멘트는?

① 200kN·m   ② 300kN·m
③ 400kN·m   ④ 500kN·m

해설

(1) $w_u = 1.2w_D + 1.6w_L = 1.2(15) + 1.6(20) = 50\text{kN/m}$
  $\geq 1.4w_D = 1.4(15) = 21\text{kN/m}$

(2) $M_{\max} = \dfrac{w_u \cdot L^2}{8} = \dfrac{(50)(8)^2}{8} = 400\text{kN}\cdot\text{m}$

답 : ③

핵심예제 10

400kN의 고정하중, 300kN의 활하중, 200kN의 풍하중이 강구조 기둥에 축력으로 작용하고 있다. 기둥의 소요강도는 얼마인가?

① 1,000kN   ② 1,040kN
③ 1,080kN   ④ 1,120kN

해설

(1) $U = 1.2D + 1.3W + 1.0L = 1.2(400) + 1.3(200) + 1.0(300) = 1,040\text{kN}\cdot\text{m}$ ➡ 지배

(2) $U = 1.2D + 0.65W = 1.2(400) + 0.65(200) = 610\text{kN}\cdot\text{m}$

(3) $U = 0.9D + 1.3W = 0.9(150) + 1.3(200) = 620\text{kN}\cdot\text{m}$

답 : ②

핵심예제 11

강도설계법에서 철근콘크리트 구조물 설계시 고려해야 하는 하중조합으로 옳지 않은 것은? (단, D는 고정하중, F는 유체압 및 유기내용물하중, L은 활하중, W는 풍하중, E는 지진하중, S는 적설하중)

① $U = 1.4(D+F)$ ② $U = 1.2D + 1.3W + 1.0L + 0.5S$
③ $U = 1.2D + 1.0E + 1.0L + 0.2S$ ④ $U = 1.4D + 1.3L + 1.6S$

해설 ④ $U = 1.2D + 1.6L + 0.5S$

답 : ④

(2) 설계강도(Design Strength)

설계강도는 어떤 부재와 다른 부재와의 접합부 및 그 단면이 만들어 낼 수 있는 값을 말하며 휨, 축력, 전단 및 비틀림 등으로 표현한다. 이 값은 구조기준에 의해 계산된 공칭강도(Norminal Strength)에 1보다 작은 강도감소계수(ϕ)를 곱하여 구하게 된다.

①	재료강도와 치수가 변동할 수 있으므로 부재의 강도저하 확률에 대비한 여유, 부정확한 설계방정식에 대비한 여유		
②	주어진 하중조건에 대한 부재의 연성도와 소요신뢰도, 구조물에서 차지하는 부재의 중요도 등을 반영		
③	【건설기준코드(구조설계기준 KDS 14 00 00)】		
	적용 부재		ϕ
	인장지배단면		0.85
	압축지배단면	띠철근 기둥	0.65
		나선철근 기둥	0.70
	변화구간단면		0.65(0.70) ~ 0.85
	전단력 및 비틀림모멘트		0.75
	콘크리트 지압력(포스트텐션 정착부나 스트럿-타이 모델 제외)		0.65
	포스트텐션 정착구역		0.85
	스트럿-타이 모델	스트럿, 절점부 및 지압부	0.75
		타이	0.85
	무근콘크리트의 휨모멘트, 압축력, 전단력, 지압력		0.55

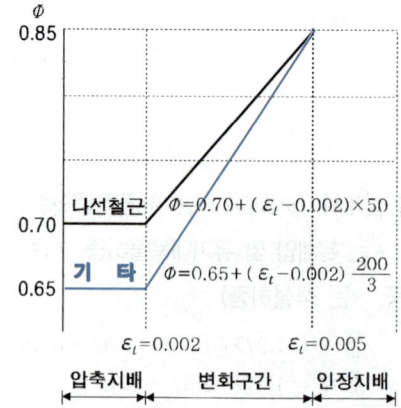

인장지배단면보다 압축지배단면에 대하여 더 작은 ϕ계수를 사용하는 이유는 압축지배단면의 연성이 더 작고, 콘크리트 강도의 변동에 보다 민감하며, 일반적으로 인장지배단면 부재보다 더 넓은 영역의 하중을 지지하기 때문이다.

핵심예제12

강도설계법에서 강도감소계수에 영향을 미치는 요인이 아닌 것은?
① 부재의 중요성
② 재료 강도의 가변성
③ 철근의 위치, 치수의 오차
④ 하중의 과재하

해설 ④ 하중의 과재하는 하중계수에 반영된다.

답 : ④

핵심예제13

나선철근 규정에 따라 나선철근으로 보강된 철근콘크리트 기둥에서 강도감소계수는 얼마인가?
① 0.85   ② 0.75   ③ 0.70   ④ 0.65

해설 ③ 나선철근 기둥: $\phi = 0.70$

답 : ③

핵심예제14

강도설계법에서 철근콘크리트구조물의 설계강도 산정 시 사용되는 강도감소계수로 옳지 않은 것은?
① 콘크리트 지압력(포스트텐션 정착부나 스트럿-타이모델은 제외): 0.65
② 압축지배단면 중 나선철근으로 보강된 철근콘크리트부재: 0.70
③ 전단력과 비틀림모멘트: 0.70
④ 무근콘크리트의 휨모멘트, 압축력, 전단력, 지압력: 0.55

해설 ③ 전단력과 비틀림모멘트: 0.75

답 : ③

핵 심 문 제

CHAPTER 1 RC 해석과 설계의 원칙

1. 그림과 같은 지상 4층 건물에 기둥 C_1의 1층에 발생하는 계수하중에 의한 축력을 면적법으로 구하면? (단, 보 및 기둥 자중은 무시하며, 바닥하중(지붕하중 동일)은 고정하중은 $5kN/m^2$, 활하중은 3kN/m², 활하중 저감은 무시한다.)

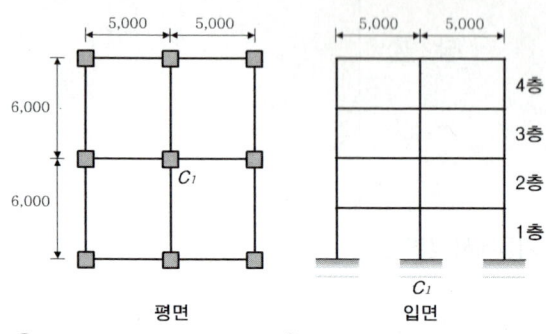

① 1,296kN ② 1,364kN
③ 1,412kN ④ 1,498kN

[해설]

(1) $w_u = 1.2w_D + 1.6w_L$
  $= 1.2(5) + 1.6(3) = 10.8kN/m^2$

(2) $P_o = w_u \cdot A \cdot 4$개층
  $= (10.8)(5 \times 6) \times 4$개층 $= 1,296kN$

2. 활하중의 영향면적에 대해 옳게 설명한 것은?

① 기둥 및 기초에서는 부하면적의 6배
② 보에서는 부하면적의 5배
③ 캔틸레버 부분은 영향면적에 단순합산
④ 슬래브에서는 부하면적의 2배

[해설]

① 기둥 및 기초에서는 부하면적의 4배
② 보에서는 부하면적의 2배
④ 슬래브에서는 부하면적의 1배

3. 부하면적 $36m^2$인 콘크리트 기둥의 영향면적에 따른 활하중저감계수(C)는? (단, $C = 0.3 + \dfrac{4.2}{\sqrt{A}}$, A는 영향면적)

① 0.25 ② 0.45
③ 0.65 ④ 1

[해설]

(1) 부하면적이 $36m^2$인 기둥의 영향면적(A)은 $144m^2$

(2) $C = 0.3 + \dfrac{4.2}{\sqrt{A}} = 0.3 + \dfrac{4.2}{\sqrt{(144)}} = 0.65$

4. 철근콘크리트 구조설계 시 고려하는 강도설계법에 관한 설명으로 옳지 않은 것은?

① 보의 압축측의 응력분포는 사다리꼴, 포물선 등의 형태로 본다.
② 규정된 허용하중이 초과될지도 모를 가능성을 예측하여 하중계수를 사용한다.
③ 재료의 변화, 시공오차 등의 기술적인 면을 고려하여 강도감소계수를 사용한다.
④ 이 설계방법은 탄성이론 하에서 이루어진 설계법이다.

[해설]

④ (극한)강도설계법은 소성설계 이론이 적용된 설계법이다.

5. 강도설계법(Ultimate Strength Design)에서 고정하중(D)과 활하중(L)에 대한 하중계수(Load Factor)로서 적합한 것은?

① $U = 1.2D + 1.6L$ ② $U = 1.7D + 1.4L$
③ $U = 1.6D + 1.2L$ ④ $U = 0.75(1.4D + 1.7L)$

[해설]

$U = 1.2D + 1.6L \geq 1.4D$

해답 1. ① 2. ③ 3. ③ 4. ④ 5. ①

6. 강도설계법에서 고정하중 40kN, 활하중 30kN이 작용할 때 계수하중은 얼마인가?

① 135kN ② 124kN
③ 116kN ④ 96kN

해설

$U = 1.2D + 1.6L = 1.2(40) + 1.6(30) = 96\text{kN}$

$\geq 1.4D = 1.4(40) = 56\text{kN}$

7. 강도설계법에서 철근콘크리트 보에, 고정하중모멘트 150kN·m, 활하중 모멘트 200kN·m가 작용할 때, 부재설계용 극한모멘트는 어느 것인가?

① 220kN·m ② 330kN·m
③ 440kN·m ④ 500kN·m

해설

$M_u = 1.2M_D + 1.6M_L$

$= 1.2(150) + 1.6(200) = 500\text{kN·m}$

$\geq 1.4M_D = 1.4(150) = 210\text{kN·m}$

8. 고정하중 및 활하중에 의한 전단력이 각각 30kN, 20kN일 때 강도설계법에서의 소요 전단강도는?

① 68kN ② 76kN
③ 79kN ④ 82kN

해설

$V_u = 1.2V_D + 1.6V_L = 1.2(30) + 1.6(20) = 68\text{kN}$

$\geq 1.4V_D = 1.4(30) = 42\text{kN}$

9. 고정하중이 50MPa이고 활하중이 30MPa인 경우 극한강도설계법으로 슬래브를 설계할 때 사용하는 계수하중은?

① 108MPa ② 115MPa
③ 121MPa ④ 129MPa

해설

$P_u = 1.2P_D + 1.6P_L = 1.2(50) + 1.6(30) = 108\text{MPa}$

$\geq 1.4P_D = 1.4(50) = 70\text{MPa}$

10. 강도설계법에서 철근콘크리트 구조물 설계시 고려해야 하는 하중조합으로 옳지 않은 것은? (단, D는 고정하중, F는 유체압 및 유기내용물하중, L은 활하중, W는 풍하중, E는 지진하중, S는 적설하중)

① $U = 1.4(D+F)$
② $U = 1.2D + 1.3W + 1.0L + 0.5S$
③ $U = 1.2D + 1.0E + 1.0L + 0.2S$
④ $U = 1.4D + 1.3L + 1.6S$

해설

④ $U = 1.2D + 1.6L + 0.5S$

11. 강도설계법에 따른 하중조합으로 옳은 것은?

① $1.2D$ ② $1.2D + 1.0E + 1.6L$
③ $0.9D + 1.3W$ ④ $1.2D + 1.3L + 0.9W$

해설

① $1.4D$

② $1.2D + 1.0E + 1.0L$

④ $1.2D + 1.0L + 1.3W$

해답 6. ④ 7. ④ 8. ① 9. ① 10. ④ 11. ③

12. 철근콘크리트구조물 설계를 위해 선형탄성 구조해석을 수행한 결과, 보 단면에 다음과 같은 단면력이 계산되었다. 이 값을 사용해서 계수휨모멘트를 구하면?

- 고정하중에 의한 모멘트: $M_D = 150\text{kN}\cdot\text{m}$
- 활하중에 의한 모멘트: $M_L = 120\text{kN}\cdot\text{m}$
- 풍하중에 의한 모멘트: $M_W = 60\text{kN}\cdot\text{m}$

① 288kN·m ② 318kN·m
③ 358kN·m ④ 378kN·m

해설

(1) $U = 1.2D + 1.3W + 1.0L$
　　 $= 1.2(150) + 1.3(60) + 1.0(120)$
　　 $= 378\text{kN}\cdot\text{m}$ ← 지배

(2) $U = 1.2D + 0.65W$
　　 $= 1.2(150) + 0.65(60) = 219\text{kN}\cdot\text{m}$

(3) $U = 0.9D + 1.3W$
　　 $= 0.9(150) + 1.3(60) = 213\text{kN}\cdot\text{m}$

13. 강도설계법에 의한 철근콘크리트 설계 시 강도감소계수값으로 옳지 않은 것은?

① 인장지배단면: 0.85
② 전단력 및 비틀림모멘트: 0.75
③ 압축지배단면(띠철근기둥): 0.70
④ 변화구간단면: 0.65~0.85

해설

③ 압축지배단면(띠철근기둥): 0.65

14. 구조설계기준에 따른 강도감소계수 값으로 옳지 않은 것은?

① 인장지배단면: 0.85
② 압축지배단면 중 나선철근으로 보강된 철근콘크리트 부재: 0.85
③ 전단력 및 비틀림모멘트: 0.75
④ 포스트텐션 정착구역: 0.85

해설

② 압축지배단면 중 나선철근으로 보강된 철근콘크리트 부재: 0.70

15. 강도설계법에서 철근콘크리트구조물의 공칭강도 산정 시 사용되는 강도감소계수로 옳지 않은 것은?

① 콘크리트 지압력(포스트텐션 정착부나 스트럿-타이 모델은 제외): 0.65
② 압축지배단면 중 나선철근으로 보강된 철근콘크리트부재: 0.70
③ 전단력과 비틀림모멘트: 0.70
④ 무근콘크리트의 휨모멘트, 압축력, 전단력, 지압력: 0.55

해설

③ 전단력과 비틀림모멘트: 0.75

16. 극한강도설계법에서 강도감소계수에 영향을 미치는 요인이 아닌 것은?

① 부재의 중요성
② 재료 강도의 가변성
③ 철근의 위치, 치수의 오차
④ 하중의 과재하

해설

④ 하중의 과재하는 하중계수에 반영된다.

해답　12. ④　13. ③　14. ②　15. ③　16. ④

MEMO

2 RC구조해석 일반사항

CHECK

탄성계수 및 탄성계수비의 계산, 경량콘크리트계수 규정 및 휨인장강도와 균열모멘트의 계산, T형보 및 합성보의 유효폭 규정, 기둥 주철근 최소철근비, 띠철근의 목적 및 수직간격 규정, 축하중을 받는 단주의 최대설계축하중 계산

1 탄성계수

학습POINT

①	철근	$E_s = 200{,}000$ (MPa)	• 철근은 인장강도에 관계없이 거의 일정한 탄성계수를 갖고 있다.
②	콘크리트	$E_c = 8{,}500 \cdot \sqrt[3]{f_{cm}}$ (MPa) $f_{cm} = f_{ck} + \Delta f$ (MPa)	• f_{cm} : 콘크리트 평균압축강도(MPa) • f_{ck} : 콘크리트 설계기준압축강도(MPa) • $f_{ck} \leq 40\text{MPa}$ ➡ $\Delta f = 4\text{MPa}$ • $40\text{MPa} < f_{ck} < 60\text{MPa}$ ➡ $\Delta f =$ 직선 보간 • $f_{ck} \geq 60\text{MPa}$ ➡ $\Delta f = 6\text{MPa}$
③	탄성계수비	$n = \dfrac{E_s}{E_c} = \dfrac{200{,}000}{8{,}500 \cdot \sqrt[3]{f_{cm}}} = \dfrac{200{,}000}{8{,}500 \cdot \sqrt[3]{f_{ck} + \Delta f}}$	

핵심예제 1

보통골재를 사용한 철근콘크리트 보에 콘크리트 압축강도($f_{ck} = 24\text{MPa}$), 철근의 항복강도($f_y = 400\text{MPa}$)의 재료를 사용할 경우 탄성계수비는 약 얼마인가? (단, $E_s = 200{,}000\text{MPa}$)

① 6.75   ② 7.75   ③ 8.25   ④ 9.15

해설

(1) $f_{ck} = 24\text{MPa} \leq 40\text{MPa}$ ➡ $\Delta f = 4\text{MPa}$

(2) $n = \dfrac{E_s}{E_c} = \dfrac{(200{,}000)}{8{,}500 \cdot \sqrt[3]{(24) + (4)}} = 7.748$

답 : ②

2 균열모멘트

①	경량콘크리트계수 λ	콘크리트 쪼갬인장강도(f_{sp})값이 규정되어 있는 경우	• $\lambda = \dfrac{f_{sp}}{0.56\sqrt{f_{ck}}} \leq 1.0$	
		콘크리트 쪼갬인장강도(f_{sp})값이 규정되어 있지 않은 경우	• 전경량콘크리트	$\lambda = 0.75$
			• 모래경량콘크리트	$\lambda = 0.85$
			• 보통중량콘크리트	$\lambda = 1$
②	휨인장강도 f_r, 균열모멘트 M_{cr}	휨인장강도(=파괴계수) $$f_r = 0.63\lambda\sqrt{f_{ck}}\ (\text{MPa})$$ 균열모멘트 $$M_{cr} = f_r \cdot \dfrac{I_g}{y_t} = 0.63\lambda\sqrt{f_{ck}} \cdot \dfrac{bh^2}{6}\ (\text{N}\cdot\text{mm})$$	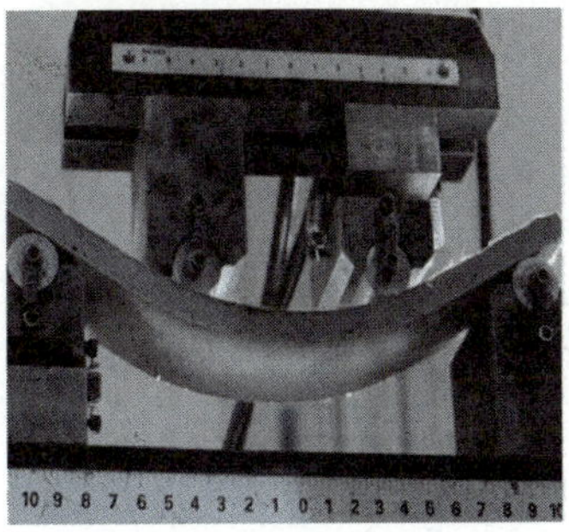	

핵심예제 2

철근콘크리트구조에서 적용되는 경량콘크리트계수 중 모래경량콘크리트의 경우에 적용되는 계수값은 얼마인가?

① 0.65   ② 0.75   ③ 0.85   ④ 1.0

해설   답 : ③

핵심예제 3

그림과 같은 철근콘크리트 보의 균열모멘트(M_{cr}) 값은? (단, 보통중량콘크리트 사용 $f_{ck} = 27\text{MPa}$)

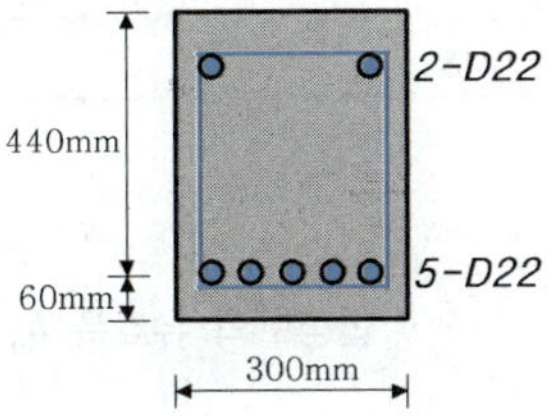

① 29.5kN · m   ② 34.7kN · m
③ 40.9kN · m   ④ 52.4kN · m

440mm, 60mm, 300mm, 2-D22, 5-D22

해설 $M_{cr} = f_r \cdot \dfrac{I_g}{y_t} = 0.63\lambda\sqrt{f_{ck}} \cdot \dfrac{I_g}{y_t}$

$= 0.63(1)\sqrt{(27)}\dfrac{(300)(500)^2}{6} = 40,919,700\text{N}\cdot\text{mm} = 40.919\text{kN}\cdot\text{m}$

답 : ③

3 철근콘크리트 T형보 및 합성보의 유효폭(Effective Breadth)

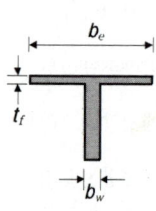

RC 대칭 T형보 b_e		RC 비대칭 T형보 b_e
$16t_f + b_w$		$6t_f + b_w$
양측 슬래브 중심간 거리	작은값	인접 보와의 내측거리의 $\frac{1}{2} + b_w$
보 경간(Span)의 $\frac{1}{4}$		$\left(\text{보 경간의 } \frac{1}{12}\right) + b_w$

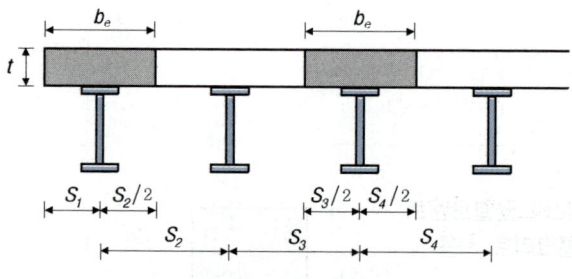

합성보의 유효폭 b_e		
b_{e1} = 양측 슬래브 중심사이의 거리	작은값	$b_{e2} = \dfrac{\text{보 경간}(span)}{4}$

핵심예제 4

그림과 같은 T형보(G_1)의 유효폭은?
(단, 슬래브 두께 120mm, 보 폭 300mm)

① 1,500mm   ② 1,920mm
③ 2,220mm   ④ 4,000mm

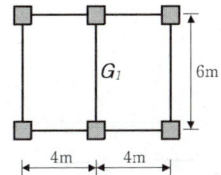

해설

(1) $16t_f + b_w = 16(120) + (300) = 2,220\text{mm}$

(2) 양측 슬래브 중심간 거리 $= \dfrac{(4,000)}{2} + \dfrac{(4,000)}{2} = 4,000\text{mm}$

(3) 보 경간(Span)의 $\dfrac{1}{4} = (6,000) \cdot \dfrac{1}{4} = 1,500\text{mm}$ ➡ 지배

답 : ①

핵심예제 5

반T형보의 유효폭으로 옳은 것은?
(단, 보 경간은 6m)

① 800mm   ② 1,200mm
③ 1,800mm   ④ 2,300mm

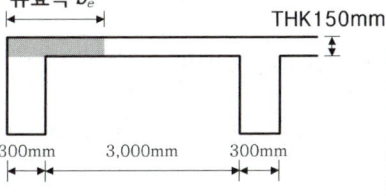

해설

(1) $6t_f + b_w = 6(150) + 300 = 1,200\text{mm}$

(2) $\left(\text{인접 보와의 내측거리의 } \dfrac{1}{2}\right) + b_w = (3,000) \times \dfrac{1}{2} + (300) = 1,800\text{mm}$

(3) $\left(\text{보의 경간의 } \dfrac{1}{12}\right) + b_w = (6,000) \times \dfrac{1}{12} + (300) = 800\text{mm}$ ➡ 지배

답 : ①

핵심예제 6

스팬 7.2m, 간격 3m인 합성보 A의 유효폭은?

① 1,400mm
② 1,600mm
③ 1,800mm
④ 2,000mm

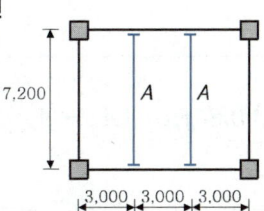 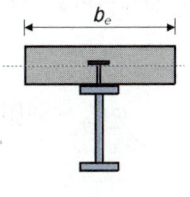

해설

(1) $b_{e1} = $ 양측 슬래브 중심간거리 $= \dfrac{3,000}{2} + \dfrac{3,000}{2} = 3,000\text{mm}$

(2) $b_{e2} = $ 보 경간 $\times \dfrac{1}{4} = 7,200 \times \dfrac{1}{4} = 1,800\text{mm}$ ➡ 지배

답 : ③

4 철근콘크리트 압축재

(1) 설계의 제한사항

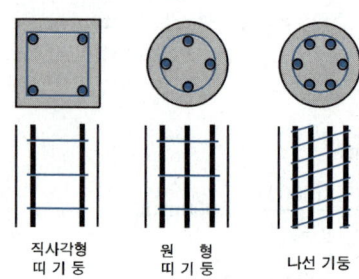

직사각형 띠 기둥 | 원 형 띠 기 둥 | 나선 기둥

1)	주철근	개수	• 띠기둥: 4개 이상	• 나선기둥: 6개 이상
		간격	40mm 이상 / 주철근 직경×1.5 이상	굵은골재 최대치수×$\frac{4}{3}$ 이상
		철근비	• 최소철근비: $\rho_{min}=0.01$	• 최대철근비: $\rho_{max}=0.08$
			【※ 축방향주철근이 겹침이음되는 경우의 철근비는 0.04를 초과하지 않도록 하여야 한다.】	
2)	띠철근	역할	• 주철근의 좌굴방지	• 수평력에 대한 전단보강
			• 주철근의 위치 고정	• 피복두께 유지
		수직간격	① 주철근 직경의 16배 ② 띠철근 직경의 48배 ③ 기둥단면의 최소 치수의 1/2	최솟값 (단, 200mm 보다 좁을 필요는 없다.)

(2) 축하중을 받는 띠철근 단주의 최대 설계축하중(N)

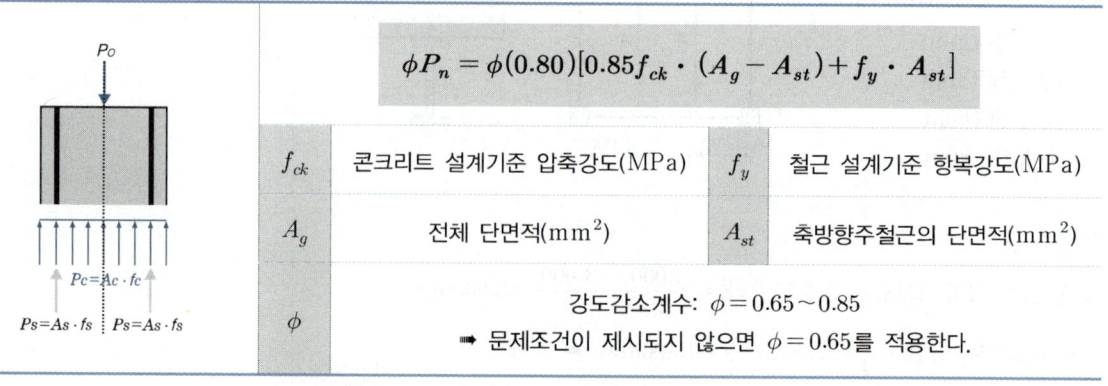

$$\phi P_n = \phi(0.80)[0.85f_{ck} \cdot (A_g - A_{st}) + f_y \cdot A_{st}]$$

f_{ck}	콘크리트 설계기준 압축강도(MPa)	f_y	철근 설계기준 항복강도(MPa)
A_g	전체 단면적(mm^2)	A_{st}	축방향주철근의 단면적(mm^2)
ϕ	강도감소계수: $\phi=0.65\sim0.85$ ➡ 문제조건이 제시되지 않으면 $\phi=0.65$를 적용한다.		

핵심예제 7

단면 400mm×400mm인 콘크리트 기둥에 D22($a_1 = 387\text{mm}^2$) 철근을 사용하여 최소철근비를 만족하도록 주철근을 배근하였다. 배근할 주철근의 최소개수로 옳은 것은?

① 3개　　② 4개　　③ 5개　　④ 6개

해설

(1) $\rho_{\min} = \dfrac{A_{s,\min}}{A_g}$ ➡ $A_{s,\min} = \rho_{\min} \cdot A_g = (0.01)(400 \times 400) = 1{,}600\text{mm}^2$

(2) $n = \dfrac{1{,}600\text{mm}^2}{387\text{mm}^2} = 4.13$개 ➡ 배근할 최소 개수이므로 5개가 적합

답 : ③

핵심예제 8

그림과 같은 기둥에 사용되는 띠철근의 최소 간격은?

① 200mm　② 250mm
③ 300mm　④ 400mm

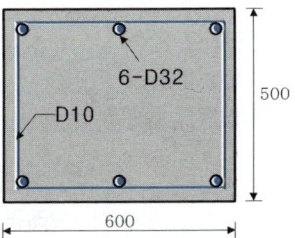

해설

(1) 32mm×16＝512mm

(2) 10mm×48＝480mm

(3) 기둥 단면 치수의 1/2: 250mm ➡ 지배

답 : ②

핵심예제 9

그림과 같은 띠철근 기둥의 최대설계축하중 ϕP_n은?
(단, $f_{ck} = 27\text{MPa}$, $f_y = 400\text{MPa}$)

① 3,591kN　② 3,972kN
③ 4,170kN　④ 4,275kN

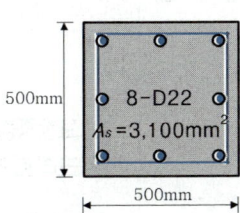

해설 $\phi P_n = \phi(0.80)[0.85 f_{ck} \cdot (A_g - A_{st}) + f_y \cdot A_{st}]$

$= (0.65)(0.8)[0.85(27)(500^2 - 3{,}100) + (400)(3{,}100)]$

$= 3{,}591{,}305\text{N} = 3{,}591.305\text{kN}$

답 : ①

핵 심 문 제

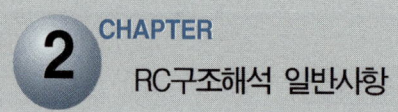

1. 콘크리트 압축강도가 30MPa일 때 보통골재를 사용한 콘크리트의 탄성계수는?

① 2.62×10^4 MPa   ② 2.75×10^4 MPa
③ 2.95×10^4 MPa   ④ 3.12×10^4 MPa

[해설]

(1) $f_{ck} = 30\text{MPa} \leq 40\text{MPa} \Rightarrow \Delta f = 4\text{MPa}$

(2) $E_c = 8,500 \cdot \sqrt[3]{f_{ck} + \Delta f}$
$= 8,500 \cdot \sqrt[3]{(30)+(4)} = 27,536.7\text{MPa}$

2. 보통골재를 사용한 철근콘크리트 보에 콘크리트 압축강도($f_{ck} = 24$MPa), 철근의 항복강도($f_y = 400$MPa)의 재료를 사용할 경우 탄성계수비는 약 얼마인가? (단, $E_s = 200,000$MPa)

① 6.75   ② 7.75
③ 8.25   ④ 9.15

[해설]

(1) $f_{ck} = 24\text{MPa} \leq 40\text{MPa} \Rightarrow \Delta f = 4\text{MPa}$

(2) $n = \dfrac{E_s}{E_c} = \dfrac{(200,000)}{8,500 \cdot \sqrt[3]{(24)+(4)}} = 7.748$

3. 콘크리트 압축강도 및 철근의 항복강도가 증가함에 따라 콘크리트와 철근의 탄성계수는 각각 어떻게 변화하는가?

① 콘크리트: 증가, 철근: 증가
② 콘크리트: 증가, 철근: 불변
③ 콘크리트: 감소, 철근: 감소
④ 콘크리트: 불변, 철근: 증가

[해설]

② 콘크리트의 탄성계수 압축강도와 비례하며,
철근의 탄성계수는 항복강도와 관계가 없다.

4. 철근콘크리트 구조의 특성에 관한 설명 중 옳지 않은 것은?

① 콘크리트와 일체화된 철근은 쉽게 부식하지 않는다.
② 철근과 콘크리트의 선팽창계수는 거의 유사하다.
③ 철근과 콘크리트의 탄성계수는 동일하여 부착이 용이하다.
④ 콘크리트가 철근을 피복 보호하여 구조체는 내화적이 된다.

[해설]

③ 탄성계수비 $n = \dfrac{E_s}{E_c}$ 은 6~10 사이의 값이다.

5. 철근콘크리트구조에서 적용되는 경량콘크리트계수 중 모래경량콘크리트의 경우에 적용되는 계수값은?

① 0.65   ② 0.75
③ 0.85   ④ 1.0

[해설]

경량콘크리트계수(λ)		
$\lambda = 1$	$\lambda = 0.85$	$\lambda = 0.75$
보통중량콘크리트	모래경량콘크리트	전경량콘크리트

6. 보통중량콘크리트의 설계기준강도 $f_{ck} = 27$MPa 일 때 콘크리트의 파괴계수(f_r) 값은?

① 2.46 MPa   ② 2.79 MPa
③ 2.95 MPa   ④ 3.27 MPa

[해설]

$f_r = 0.63\lambda\sqrt{f_{ck}} = 0.63(1)\sqrt{(27)} = 3.27\text{MPa}$

해답 1. ② 2. ② 3. ② 4. ③ 5. ③ 6. ④

7. 단면 $b=350\text{mm}$, $h=700\text{mm}$인 장방형 보의 균열모멘트(M_{cr})는? (단, 보의 휨파괴강도 $f_r=3\text{MPa}$)

① 85.75kN·m ② 95.75kN·m
③ 105.75kN·m ④ 115.75kN·m

[해설]

$$M_{cr} = f_r \cdot Z = f_r \cdot \frac{bh^2}{6} = (3) \cdot \frac{(350)(700)^2}{6}$$

$$= 85,750,000\text{N}\cdot\text{mm} = 85.750\text{kN}\cdot\text{m}$$

8. 단면의 폭 $b=250\text{mm}$, 높이 $h=500\text{mm}$인 직사각형 콘크리트 단면의 균열모멘트 M_{cr}는?
(단, $f_{ck}=24\text{MPa}$, 경량콘크리트계수는 1)

① 8.3kN·m ② 16.4kN·m
③ 24.5kN·m ④ 32.2kN·m

[해설]

$$M_{cr} = f_r \cdot Z = 0.63\lambda\sqrt{f_{ck}} \cdot \frac{bh^2}{6}$$

$$= 0.63(1)\sqrt{(24)}\frac{(250)(500)^2}{6}$$

$$= 32,149,552.8\text{N}\cdot\text{mm} = 32.149\text{kN}\cdot\text{m}$$

9. 다음과 같은 조건을 갖는 부재의 균열모멘트 M_{cr}는?

- 단면의 중립축에서 인장연단까지의 거리 $y_t = 420\text{mm}$
- 총 단면2차모멘트 $I_g = 1.0 \times 10^{10}\text{mm}^4$
- 보통중량콘크리트 설계기준강도 $f_{ck}=21\text{MPa}$

① 50.6kN·m ② 53.3kN·m
③ 62.5kN·m ④ 68.8kN·m

[해설]

$$M_{cr} = f_r \cdot \frac{I_g}{y_t} = 0.63\lambda\sqrt{f_{ck}} \cdot \frac{I_g}{y_t}$$

$$= 0.63(1)\sqrt{(21)}\frac{(1.0\times 10^{10})}{(420)}$$

$$= 68,738,635\text{N}\cdot\text{mm} = 68.738\text{kN}\cdot\text{m}$$

10. 그림과 같은 철근콘크리트 보의 균열모멘트(M_{cr}) 값은? (단, 보통중량콘크리트 사용 $f_{ck}=24\text{MPa}$)

① 21.5kN·m
② 33.6kN·m
③ 42.8kN·m
④ 55.6kN·m

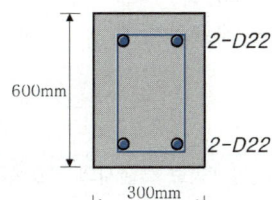

[해설]

$$M_{cr} = f_r \cdot Z = 0.63\lambda\sqrt{f_{ck}} \cdot \frac{bh^2}{6}$$

$$= 0.63(1)\sqrt{(24)}\frac{(300)(600)^2}{6}$$

$$= 55,554,427\text{N}\cdot\text{mm} = 55.554\text{kN}\cdot\text{m}$$

11. 보통중량콘크리트를 사용한 그림과 같은 보의 단면에서 외력에 의해 휨균열을 일으키는 균열모멘트(M_{cr})는? (단, $f_{ck}=27\text{MPa}$, $f_y=400\text{MPa}$)

① 29.5kN·m
② 34.7kN·m
③ 40.9kN·m
④ 52.4kN·m

[해설]

$$M_{cr} = f_r \cdot Z = 0.63\lambda\sqrt{f_{ck}} \cdot \frac{bh^2}{6}$$

$$= 0.63(1)\sqrt{(27)}\frac{(300)(500)^2}{6}$$

$$= 40,919,700\text{N}\cdot\text{mm} = 40.919\text{kN}\cdot\text{m}$$

해답 7. ① 8. ④ 9. ④ 10. ④ 11. ③

12. 철근콘크리트 T형보의 유효폭 산정식에 관련된 사항과 거리가 먼 것은?

① 보의 폭 ② 슬래브 중심간 거리
③ 슬래브의 두께 ④ 보의 춤

[해설]

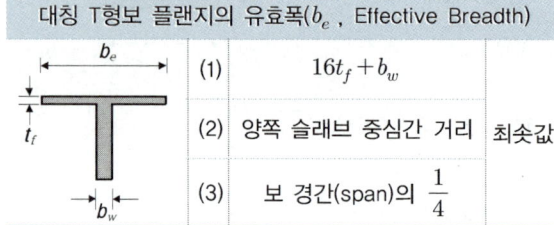

대칭 T형보 플랜지의 유효폭(b_e, Effective Breadth)		
	(1)	$16t_f + b_w$
	(2)	양쪽 슬래브 중심간 거리
	(3)	보 경간(span)의 $\dfrac{1}{4}$

최솟값

13. 그림과 같은 T형보의 유효폭 b_e는? (단, 보의 경간은 6m 이고, 양쪽 슬래브의 중심거리는 3.6m 이다.)

① 1,100mm
② 1,500mm
③ 2,270mm
④ 3,600mm

[해설]

(1) $b_e = 16t_f + b_w = 16(120) + (350) = 2,270\text{mm}$

(2) b_e = 양측 슬래브의 중심거리
   $= 3.6\text{m} = 3,600\text{mm}$

(3) $b_e = \dfrac{1}{4} \times (\text{부재의 스팬})$
   $= \dfrac{1}{4} \cdot (6,000) = 1,500\text{mm}$ ← 지배

14. 그림과 같은 T형보(G_1)의 유효폭은? (단, 슬래브 두께 120mm, 보 폭 300mm)

① 1,500mm
② 1,920mm
③ 2,220mm
④ 4,000mm

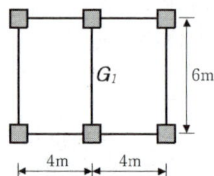

[해설]

(1) $16t_f + b_w = 16(120) + (300) = 2,220\text{mm}$

(2) 양측 슬래브 중심간 거리
   $= \dfrac{(4,000)}{2} + \dfrac{(4,000)}{2} = 4,000\text{mm}$

(3) 보 경간(Span)의 $\dfrac{1}{4}$
   $= (6,000) \cdot \dfrac{1}{4} = 1,500\text{mm}$ ← 지배

15. 슬래브와 보를 일체로 친 T형보를 T형보와 반T형 보로 구분할 때 반T형보의 유효폭을 결정하는 요인에 해당되는 것은?

① 양쪽으로 각각 내민 플랜지 두께의 8배
   + 플랜지 복부 폭(b_w)
② 인접보와의 내측거리의 1/2 + 플랜지 복부 폭(b_w)
③ 양쪽의 슬래브의 중심간 거리
④ 보의 경간의 1/4

[해설]

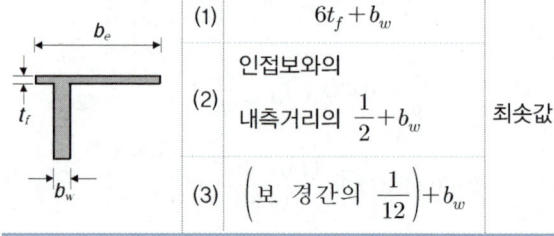

비대칭 T형보 플랜지의 유효폭(b_e, Effective Breadth)		
	(1)	$6t_f + b_w$
	(2)	인접보와의 내측거리의 $\dfrac{1}{2} + b_w$
	(3)	$\left(\text{보 경간의 } \dfrac{1}{12}\right) + b_w$

최솟값

해답 12. ④ 13. ② 14. ① 15. ②

16. 반T형보의 유효폭으로 옳은 것은? (단, 보 경간은 6m)

① 800mm
② 1,200mm
③ 1,800mm
④ 2,300mm

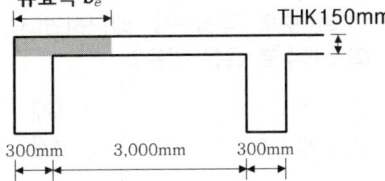

해설

(1) $6t_f + b_w = 6(150) + 300 = 1,200\text{mm}$

(2) $\left(\text{인접 보와의 내측거리의 } \dfrac{1}{2}\right) + b_w$

   $= (3,000) \times \dfrac{1}{2} + (300) = 1,800\text{mm}$

(3) $\left(\text{보의 경간의 } \dfrac{1}{12}\right) + b_w$

   $= (6,000) \times \dfrac{1}{12} + (300) = 800\text{mm}$ ← 지배

17. 보폭 400mm, 한쪽으로 내민 플랜지 두께 150mm, 보의 경간은 9m, 인접보와의 내측거리 3m인 경우, 슬래브와 보가 일체로 타설된 반T형보의 유효폭은?

① 1,000mm
② 1,150mm
③ 1,300mm
④ 1,900mm

해설

(1) $6t_f + b_w = 6(150) + 400 = 1,300\text{mm}$

(2) $\left(\text{인접 보와의 내측거리의 } \dfrac{1}{2}\right) + b_w$

   $= (3,000) \times \dfrac{1}{2} + (400) = 1,900\text{mm}$

(3) $\left(\text{보의 경간의 } \dfrac{1}{12}\right) + b_w$

   $= (9,000) \times \dfrac{1}{12} + (400) = 1,150\text{mm}$ ← 지배

18. 그림과 같이 스팬 7.2m, 간격 3m인 합성보 A의 슬래브 유효폭 b_e는?

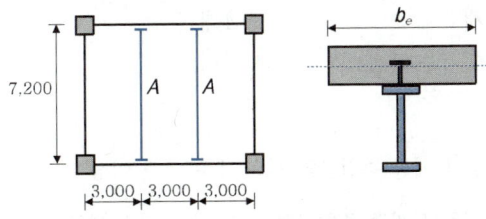

① 1,400mm
② 1,600mm
③ 1,800mm
④ 2,000mm

해설

(1) 양측 슬래브의 중심간 거리

   $= \dfrac{(3,000)}{2} + \dfrac{(3,000)}{2} = 3,000\text{mm}$

(2) 보 경간 $\times \dfrac{1}{4}$

   $= (7,200) \times \dfrac{1}{4} = 1,800\text{mm}$ ← 지배

19. 그림과 같이 스팬이 8,000m이며, 보 중심간격이 3,000mm인 합성보 $H-588 \times 300 \times 12 \times 20$의 강재에 콘크리트 두께 150mm로 합성보를 설계하고자 한다. 합성보 B의 슬래브 유효폭을 구하면? (단, 스터드 전단연결재가 설치됨)

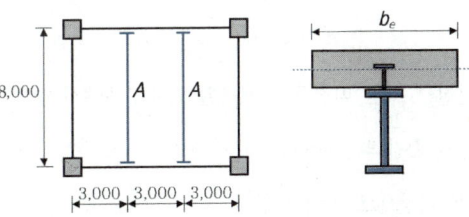

① 1,500mm
② 2,000mm
③ 3,000mm
④ 4,000mm

해설

(1) 양측 슬래브의 중심간 거리

   $= \dfrac{(3,000)}{2} + \dfrac{(3,000)}{2} = 3,000\text{mm}$

(2) 보 경간 $\times \dfrac{1}{4}$

   $= (8,000) \times \dfrac{1}{4} = 2,000\text{mm}$ ← 지배

해답 16. ① 17. ② 18. ③ 19. ②

20. 철근콘크리트 원형기둥에서 나선철근으로 둘러싸인 축방향 주철근의 최소 개수는?

① 2개　　　② 4개
③ 6개　　　④ 8개

[해설]

(1) 띠철근 기둥 주철근의 최소 개수: 4개 이상

(2) 나선철근 기둥 주철근의 최소 개수: 6개 이상

21. 콘크리트구조 설계 시 철근간격제한에 관한 내용으로 옳지 않은 것은?

① 벽체 또는 슬래브에서 휨 주철근의 간격은 벽체나 슬래브 두께의 3배 이하로 하여야 하고, 또한 450mm 이하로 하여야 한다.
② 상단과 하단에 2단 이상으로 배치된 경우 상하 철근은 동일 연직면 내에 배치되어야 하고, 이때 상하 철근의 순간격은 25mm 이상으로 하여야 한다.
③ 나선철근 또는 띠철근이 배근된 압축부재에서 축방향철근의 순간격은 25mm 이상, 또한 철근 공칭지름의 2.5배 이상으로 하여야 한다.
④ 2개 이상의 철근을 묶어서 사용하는 다발철근은 이형철근으로, 그 개수는 4개 이하이어야 하며, 이들은 스터럽이나 띠철근으로 둘러싸여져야 한다.

[해설]

③ 나선철근 또는 띠철근이 배근된 압축부재에서 축방향 철근의 순간격은 40mm 이상, 또한 철근 공칭지름의 1.5배 이상으로 하여야 한다.

22. 철근콘크리트 기둥의 축방향 주철근 단면적은 전체 단면적에 대해 최소 및 최대 철근비는 얼마인가?

① 1%와 8%　　　② 2%와 6%
③ 1%와 6%　　　④ 2%와 8%

[해설]

합성 압축부재를 제외한 모든 기둥부재의 축방향 철근비는 전체단면적에 대해 최소 1%, 최대 8%로 규정하고 있다.

23. 단면이 400mm×400mm인 콘크리트 기둥에 D22($a_1 = 387mm^2$) 철근을 사용하여 최소철근비를 만족하도록 주철근을 배근하였다. 배근할 주철근의 최소개수로 옳은 것은?

① 3개　　　② 4개
③ 5개　　　④ 6개

[해설]

(1) $\rho_{min} = 0.01$: 철근콘크리트 기둥의 최소철근비는 전체 단면적에 대해 1% 이다.

(2) 기둥의 최소철근비 $\rho_{min} = \dfrac{A_{s,min}}{A_g}$ 로부터

$A_{s,min} = \rho_{min} \cdot A_g$

$= (0.01)(400 \times 400) = 1,600 mm^2$

(3) $n = \dfrac{1,600 mm^2}{387 mm^2} = 4.13$개

➡ 배근할 최소 개수이므로 5개가 적합

24. 철근콘크리트 기둥의 띠철근의 사용목적으로 옳지 않은 것은?

① 주근의 설계위치를 유지한다.
② 크리프 양을 줄이는데 효과가 있다.
③ 주근의 좌굴을 방지하는데 효력이 있다.
④ 수평력에 대한 전단보강의 작용을 한다.

[해설]

띠철근의 역할

(1) 주철근의 좌굴방지 ← 주목적

(2) 수평력에 대한 전단보강

(3) 횡방향 콘크리트의 구속효과

해답　20. ③　21. ③　22. ①　23. ③　24. ②

25. 다음 조건의 압축부재에서 사용되는 띠철근의 수직간격은 얼마 이하이어야 하는가?

【조건】	• 기둥 단면: 600mm×500mm, • 주철근 D25, 띠철근 D10

① 250mm ② 400mm
③ 480mm ④ 500mm

[해설]

(1) 25mm×16=400mm

(2) 10mm×48=480mm

(3) 500mm×$\frac{1}{2}$=250mm ← 지배

26. 그림과 같은 장방형 기둥에서 사용되는 띠철근의 최소 간격은?

① 150mm
② 200mm
③ 300mm
④ 400mm

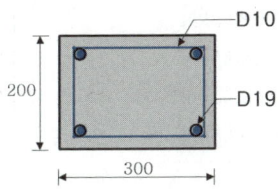

[해설]

(1) 19mm×16=304mm

(2) 10mm×48=480mm

(3) 200mm×$\frac{1}{2}$=100mm

(4) 200mm 이상 ← 지배

27. 띠철근을 가진 철근콘크리트의 단주의 최대 설계축하중은?
(단, 기둥의 크기는 400mm×400mm, 12-D22 ($A_{st}=4,644\text{mm}^2$), $f_{ck}=24\text{MPa}$, $f_y=400\text{MPa}$, $\phi=0.65$)

① 2,452kN ② 2,525kN
③ 2,614kN ④ 3,234kN

[해설]

$$\phi P_n = \phi(0.80)[0.85f_{ck}\cdot(A_g-A_{st})+f_y\cdot A_{st}]$$
$$=(0.65)(0.80)[0.85(24)(400^2-4,644)$$
$$+(400)(4,644)]$$
$$=2,613,968\text{N}=2,613.968\text{kN}$$

28. 그림과 같은 띠철근 기둥의 설계축하중 ϕP_n은?
(단, 주근 $A_{st}=3,000\text{mm}^2$, $f_{ck}=24\text{MPa}$, $f_y=400\text{MPa}$,)

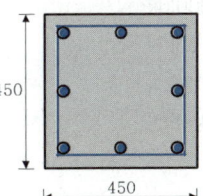

① 2,740kN
② 2,952kN
③ 3,335kN
④ 3,359kN

[해설]

$$\phi P_n = \phi(0.80)[0.85f_{ck}\cdot(A_g-A_{st})+f_y\cdot A_{st}]$$
$$=(0.65)(0.80)[0.85(24)(450^2-3,000)$$
$$+(400)(3,000)]$$
$$=2,740,296\text{N}=2,740.296\text{kN}$$

29. 그림과 같은 띠철근 기둥의 설계축하중 ϕP_n은? (단, $f_{ck}=24$MPa, $f_y=400$MPa, D22철근 1개의 단면적은 387mm²)

① 2,500kN
② 3,000kN
③ 3,260kN
④ 4,000kN

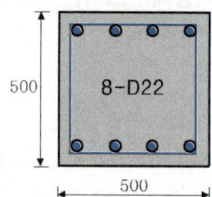

[해설]

$\phi P_n = \phi(0.80)[0.85f_{ck} \cdot (A_g - A_{st}) + f_y \cdot A_{st}]$

$= (0.65)(0.80)[0.85(24)(500^2 - 8 \times 387)$

$+ (400)(8 \times 387)]$

$= 3,263,125\text{N} = 3,263.125\text{kN}$

31. 그림과 같은 띠철근 기둥의 설계축하중 ϕP_n은? (단, $f_{ck}=27$MPa, $f_y=400$MPa)

① 3,591kN
② 3,972kN
③ 4,170kN
④ 4,275kN

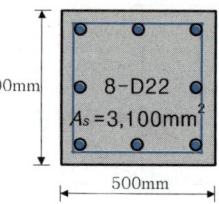

[해설]

$\phi P_n = \phi(0.80)[0.85f_{ck} \cdot (A_g - A_{st}) + f_y \cdot A_{st}]$

$= (0.65)(0.8)[0.85(27)(500^2 - 3,100)$

$+ (400)(3,100)]$

$= 3,591,305\text{N} = 3,591.305\text{kN}$

30. 그림과 같은 띠철근 기둥의 설계축하중 ϕP_n은? (단, $f_{ck}=21$MPa, $f_y=400$MPa, 주근: 8-D22 ($A_{st}=3,096$mm²))

① 2,000kN
② 2,100kN
③ 2,200kN
④ 2,300kN

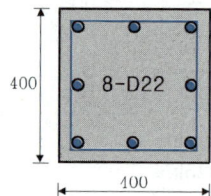

[해설]

$\phi P_n = \phi(0.80)[0.85f_{ck} \cdot (A_g - A_{st}) + f_y \cdot A_{st}]$

$= (0.65)(0.80)[0.85(21)(400^2 - 3,096)$

$+ (400)(3,096)]$

$= 2,100,350\text{N} = 2,100.350\text{kN}$

32. 그림과 같은 띠철근 기둥의 설계축하중 ϕP_n은? (단, $f_{ck}=24$MPa, $f_y=400$MPa, D22의 1개 단면적: 387mm², 강도감소계수 0.7)

① 2,020.5kN
② 2,250.5kN
③ 2,450.5kN
④ 2,650.5kN

[해설]

$\phi P_n = \phi(0.80)[0.85f_{ck} \cdot (A_g - A_{st}) + f_y \cdot A_{st}]$

$= (0.70)(0.80)[0.85(24)(400^2 - 10 \times 387)$

$+ (400)(10 \times 387)]$

$= 2,650,509\text{N} = 2,650.509\text{kN}$

해답 29. ③ 30. ② 31. ① 32. ④

33. 그림과 같은 띠철근 기둥의 설계축하중 ϕP_n은?
(단, $f_{ck}=30\text{MPa}$, $f_y=400\text{MPa}$)

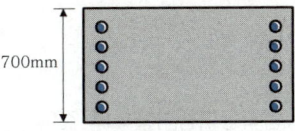

① 18,254kN
② 28,254kN
③ 36,414kN
④ 37,800kN

해설

$\phi P_n = \phi(0.80)[0.85f_{ck} \cdot (A_g - A_{st}) + f_y \cdot A_{st}]$

$= (0.65)(0.8)[0.85(30)(1,800 \times 700 - 2 \times 3,970)$
$\qquad\qquad\qquad\qquad + (400)(2 \times 3,970)]$

$= 18,253,835\text{N} = 18,253.835\text{kN}$

34. 그림과 같은 띠철근 기둥의 설계축하중 ϕP_n은?
(단, $f_{ck}=30\text{MPa}$, $f_y=400\text{MPa}$)

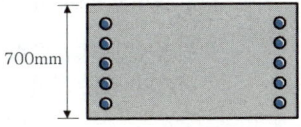

① 12,958kN
② 15,425kN
③ 17,958kN
④ 21,425kN

$\phi P_n = \phi(0.80)[0.85f_{ck} \cdot (A_g - A_{st}) + f_y \cdot A_{st}]$
$= (0.65)(0.8)[0.85(30)(1,800 \times 700 - 2 \times 3,210)$
$\qquad\qquad\qquad\qquad + (400)(2 \times 3,210)]$
$= 17,957,830\text{N} = 17,957.830\text{kN}$

해답 33. ① 34. ③

3 RC 단철근 보의 해석

> **CHECK**
>
> RC보의 해석과 설계를 위한 가정, 콘크리트 압축합력, 압축응력등가블록의 깊이, 중립축거리, 복철근비, 인장철근비, 균형보의 중립축거리, 균형철근비와 균형철근량, 최대철근비와 최대철근량, 순인장변형률, 지배단면의 구분, 강도감소계수, 공칭휨강도, 설계휨강도

1 콘크리트 압축강도 시험과 응력-변형률 곡선의 관계

콘크리트 표준공시체($\phi 150 \times 300$)의 1축압축강도 시험

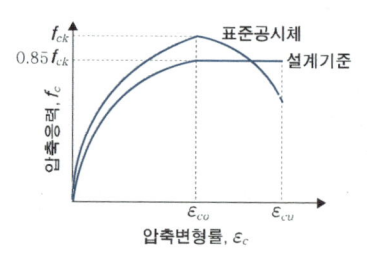

콘크리트 설계를 위한 응력-변형률 관계 개념도

직접압축에 의한 표준공시체의 응력-변형률 곡선과 휨압축에 의한 응력-변형률 곡선의 차이를 반영하여 콘크리트의 압축응력-변형률 곡선을 두 구간으로 구분하여 단순화한다.

(1)	응력-변형률 곡선의 단순화	$f_c = 0.85 f_{ck}\left[1-\left(1-\dfrac{\epsilon_c}{\epsilon_{co}}\right)^n\right]$	원점에서 최대 응력에 처음 도달할 때까지의 상승 곡선부 $n = 1.2 + 1.5\left(\dfrac{100-f_{ck}}{60}\right)^4 \leq 2.0$
		$f_c = 0.85 f_{ck}$	상승 곡선부 이후 극한변형률 ϵ_{cu}까지
		콘크리트의 압축강도는 재하속도 등과 관련된 장기거동 효과 및 1축 직접압축강도와 휨압축강도의 차이 등과 관련된 불리한 하중작용을 고려항려 표준공시체에서 취한 압축강도(f_{ck})의 85%($0.85f_{ck}$)를 사용한다.	
(2)	최대 응력시의 변형률(ϵ_{co})과 극한변형률(ϵ_{cu})	휨모멘트 또는 휨모멘트와 축력을 동시에 받는 부재의 콘크리트 압축연단의 극한변형률은 콘크리트의 설계기준압축강도가 40MPa 이하인 경우에는 0.0033으로 가정하며, 40MPa을 초과할 경우에는 매 10MPa의 강도 증가에 대하여 0.0001씩 감소시킨다. 콘크리트의 설계기준압축강도가 90MPa을 초과하는 경우에는 성능실험을 통한 조사연구에 의하여 콘크리트 압축연단의 극한변형률을 선정하고 근거를 명시하여야 한다.	
		$\epsilon_{co} = 0.002 + \left(\dfrac{f_{ck}-40}{100,000}\right) \geq 0.002$	$\epsilon_{cu} = 0.0033 - \left(\dfrac{f_{ck}-40}{100,000}\right) \leq 0.0033$

2 휨 및 압축 해석과 설계를 위한 가정

(1) 휨모멘트와 축력을 받는 부재의 강도설계는 다음 규정된 가정에 따라야 하며, 힘의 평형조건과 변형률 적합조건을 만족시켜야 한다.

(2) 철근과 콘크리트의 변형률은 중립축부터 거리에 비례하는 것으로 가정할 수 있다. 단, 깊은보는 비선형 변형률 분포를 고려하여야 한다. 깊은보의 설계에서 비선형 변형률 분포를 고려하는 대신 스트럿-타이 모델을 적용할 수도 있다.

(3) 철근의 응력이 설계기준항복강도 f_y 이하일 때 철근의 응력은 그 변형률에 E_s 를 곱한 값으로 하고, 철근의 변형률이 f_y 에 대응하는 변형률보다 큰 경우 철근의 응력은 변형률에 관계없이 f_y 로 하여야 한다.

$$\epsilon_s < \epsilon_y \;\Rightarrow\; A_s \cdot f_s = A_s \cdot E_s \cdot \epsilon_s \qquad \epsilon_s \geq \epsilon_y \;\Rightarrow\; A_s \cdot f_s = A_s \cdot f_y$$

(4) 콘크리트의 인장강도는 철근콘크리트 부재 단면의 축강도와 휨강도 계산에서 무시할 수 있다.

(5) 콘크리트 압축응력의 분포와 콘크리트변형률 사이의 관계는 직사각형, 사다리꼴, 포물선형 또는 강도의 예측에서 광범위한 실험의 결과와 실질적으로 일치하는 어떤 형상으로도 가정할 수 있다.

(a) 포물선형   (b) 포물선-직선형   (c) 직사각형

핵심예제 1

강도설계법(USD)에서 콘크리트의 변형률이 얼마일 때 그 부재가 하중을 부담할 수 있는 한계로 간주하는가? (단, $f_{ck} \leq 40\mathrm{MPa}$)

① 0.002
② 0.003
③ 0.0033
④ 0.0035

해설 ③ $f_{ck} \leq 40\mathrm{MPa}$ ➡ $\epsilon_{cu} = 0.0033$ 답 : ③

핵심예제 2

철근콘크리트 보의 설계와 해석을 위한 가정으로 틀린 것은?

① 변형을 받아 휘기 전에 평면인 단면은 변형 후에도 평면을 유지한다.
② 콘크리트 압축응력 분포 형상은 직사각형만 가능하다.
③ 철근의 변형률은 같은 위치에 있는 콘크리트의 변형률과 같다.
④ $f_{ck} \leq 40\mathrm{MPa}$ 일 때 압축연단 극한변형률이 $\epsilon_{cu} = 0.0033$ 에 도달하면 파괴된다고 가정한다.

해설 ② 어떤 형상으로도 가정할 수 있다.   답 : ②

3 단면, 변형률과 응력의 표기

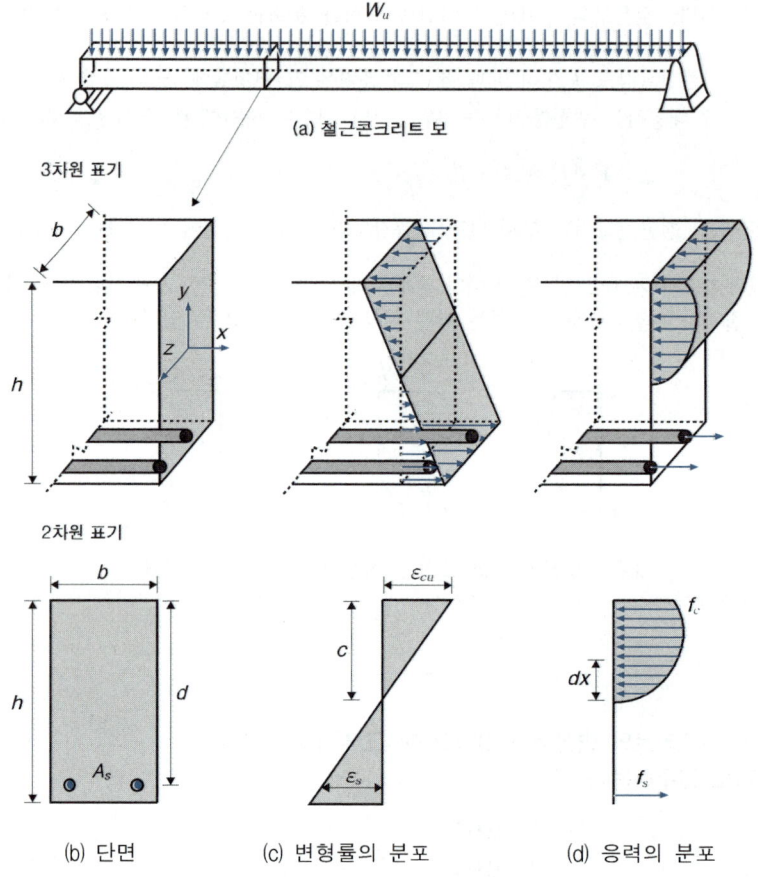

(a) 철근콘크리트 보
(b) 단면
(c) 변형률의 분포
(d) 응력의 분포

콘크리트 재료는 압축력에 매우 강하지만 인장에는 아주 취약하다. 따라서 직사각형 단면의 보의 인장측에 철근을 넣어서 콘크리트는 압축력(Compression)을, 철근은 인장력(Tension)을 받도록 만든 일체식 구조(합성체)를 철근콘크리트(Reinforced Concrete, RC) 단철근보라고 한다.

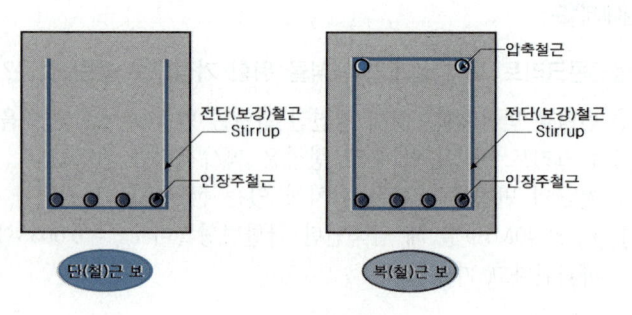

4 포물선-직선형 등가응력 분포

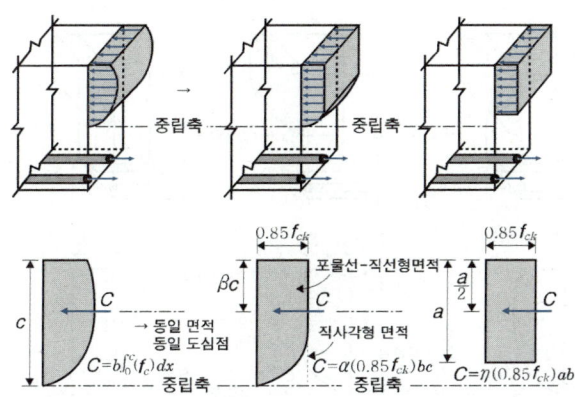

(a) 실제 응력분포 (b) 포물선-직선형 등가응력분포 (c) 등가 직사각형 압축응력블록

(1)	응력분포의 변수 및 계수값	f_{ck}(MPa)	≤40	50	60	70	80	90
		n	2.0	1.92	1.50	1.29	1.22	1.20
		ε_{co}	0.002	0.0021	0.0022	0.0023	0.0024	0.0025
		ε_{cu}	0.0033	0.0032	0.0031	0.003	0.0029	0.0028
		α	0.80	0.78	0.72	0.67	0.63	0.59
		β	0.40	0.40	0.38	0.37	0.36	0.35

(2) 콘크리트 압축합력

$C = \alpha(0.85f_{ck})bc$

실제의 비선형인 콘크리트의 응력분포를 단순화하여 동일한 면적과 도심을 갖는 포물선-직선형 등가응력분포로 변환시킨 콘크리트의 압축합력(C)으로 계산할 수 있다.

α	압축합력의 크기(면적)와 관련된 계수, $\alpha = \dfrac{\text{포물선 직선형 부분의 면적}}{\text{직사각형 면적}}$
β	압축합력의 작용위치(도심점)와 관련된 계수, 중립축의 깊이에 대한 압축합력의 작용위치의 비

➡ α, β값은 단면이 일정하고 중립축이 단면 내부에 있을 경우에만 적용할 수 있는 값이므로 포물선-직선형 등가응력 분포는 직사각형 단면에만 적용 가능한 방법이 된다.

(3) 단면 힘의 평형조건

$$\alpha(0.85f_{ck})bc = A_s \cdot f_s$$

5 등가 직사각형 압축응력블록

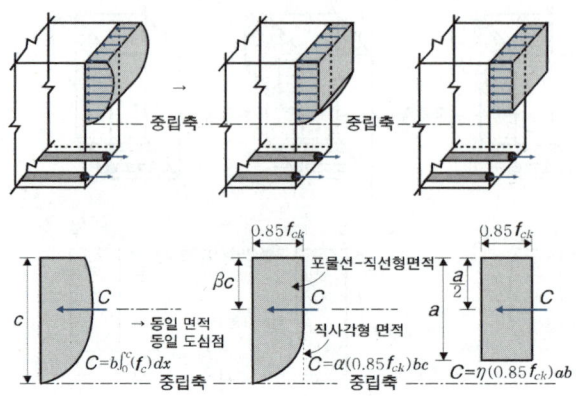

(a) 실제 응력분포   (b) 포물선-직선형 등가응력분포   (c) 등가 직사각형 압축응력블록

(1)	응력분포의 변수 및 계수값	f_{ck}(MPa)	≤40	50	60	70	80	90
		η	1.00	0.97	0.95	0.91	0.87	0.84
		β_1	0.80	0.80	0.76	0.74	0.72	0.70

(2)	콘크리트 압축합력 $C=\eta(0.85f_{ck})ab$	실제의 비선형인 콘크리트의 응력분포를 단순화하여 동일한 면적과 도심을 갖는 포물선-직선형 등가응력분포로 변환시킨 콘크리트의 압축합력(C)으로 계산할 수 있다.
		η : 등가 직사각형 압축응력블록의 크기를 나타내는 계수, 콘크리트의 실제 응력면적과 최대응력을 기준으로 한 직사각형 응력면적의 비
		β_1 : 등가 직사각형 압축응력블록의 깊이를 나타내는 계수
		a : 등가 직사각형 압축응력블록의 깊이, $a=\beta_1 \cdot c$
		➡ 포물선-직선형 등가응력 분포는 직사각형 단면에만 적용 가능한 방법이지만, 등가 직사각형 압축응력블록은 단면의 크기가 변화하거나 기둥과 같이 중립축이 단면 바깥에 있는 경우에도 적용이 가능한 방법이다.
(3)	단면 힘의 평형조건	$\eta(0.85f_{ck})ab = A_s \cdot f_s$

6 철근비(ρ, Steel Ratio)

철근콘크리트 휨부재의 거동은 철근과 콘크리트의 상대적인 강도에 영향을 크게 받기 때문에 구조설계에서는 이를 반영하기 위하여 철근비를 사용하여 구조물의 파괴형태를 유추할 수 있게 된다.
철근비는 소수 5자리의 유효숫자를 적용하는 것이 일반적이다.

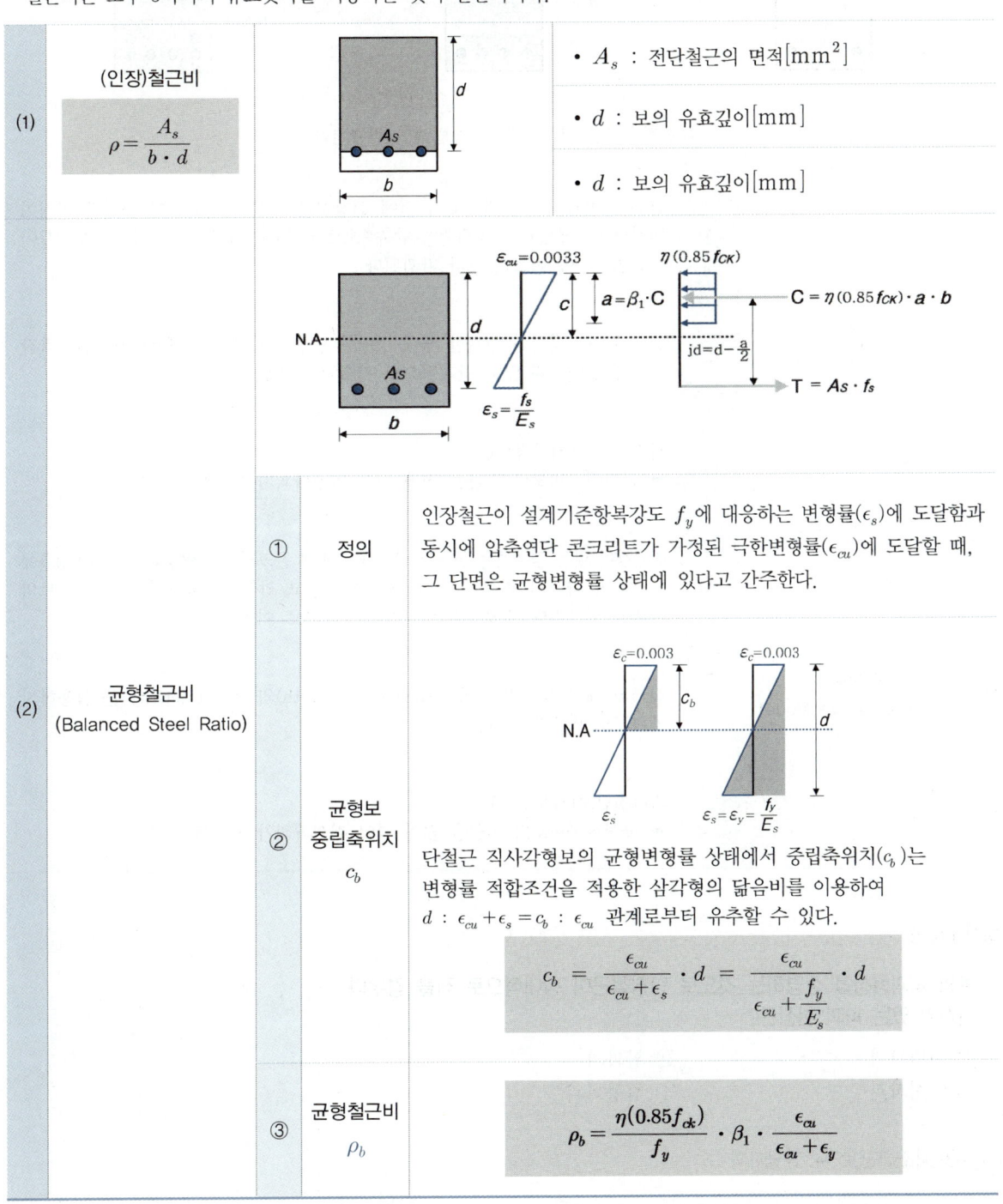

(1)	(인장)철근비 $\rho = \dfrac{A_s}{b \cdot d}$			A_s : 전단철근의 면적 $[mm^2]$ d : 보의 유효깊이 $[mm]$ d : 보의 유효깊이 $[mm]$
(2)	균형철근비 (Balanced Steel Ratio)	①	정의	인장철근이 설계기준항복강도 f_y에 대응하는 변형률(ϵ_s)에 도달함과 동시에 압축연단 콘크리트가 가정된 극한변형률(ϵ_{cu})에 도달할 때, 그 단면은 균형변형률 상태에 있다고 간주한다.
		②	균형보 중립축위치 c_b	단철근 직사각형보의 균형변형률 상태에서 중립축위치(c_b)는 변형률 적합조건을 적용한 삼각형의 닮음비를 이용하여 $d : \epsilon_{cu} + \epsilon_s = c_b : \epsilon_{cu}$ 관계로부터 유추할 수 있다. $$c_b = \dfrac{\epsilon_{cu}}{\epsilon_{cu} + \epsilon_s} \cdot d = \dfrac{\epsilon_{cu}}{\epsilon_{cu} + \dfrac{f_y}{E_s}} \cdot d$$
		③	균형철근비 ρ_b	$$\rho_b = \dfrac{\eta(0.85 f_{ck})}{f_y} \cdot \beta_1 \cdot \dfrac{\epsilon_{cu}}{\epsilon_{cu} + \epsilon_y}$$

6 보의 파괴거동

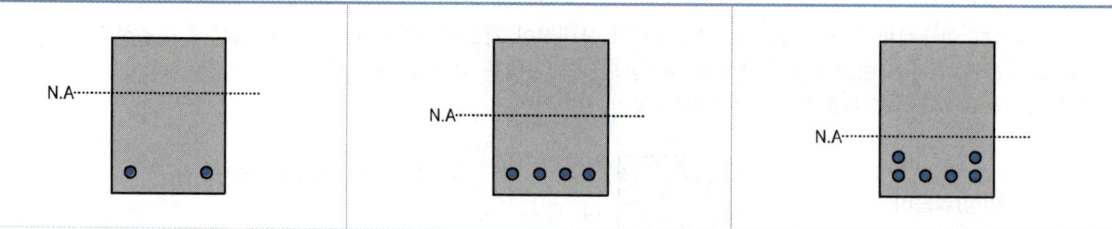

균형철근비를 기준으로 한 중립축의 위치변화

(1)	연성파괴 (Ductile Failure Mode)	①	압축측 콘크리트가 파괴되기 전에 인장철근이 먼저 항복하여 균열과 처짐이 점진적으로 발달하고 중립축이 압축측으로 이동하면서 콘크리트의 압축변형률이 극한변형률에 이르러 보가 파괴된다.
		②	연성파괴는 철근이 항복한 후에 상당한 연성을 나타내기 때문에 파괴가 갑작스럽게 일어나지 않고 단계적으로 서서히 파괴된다.
		③	과소철근보(저보강보) ➡ 균형철근비보다 철근을 적게 넣어 연성파괴가 되도록 한 보
(2)	취성파괴 (Brittle Failure Mode)	①	철근량이 많은 경우에는 철근이 항복하기 전에 콘크리트의 변형률이 극한변형률에 도달하여 파괴시 변형이 크게 발생하지 않고 압축측에서 갑자기 콘크리트의 파괴를 일으키며 중립축의 위치가 인장측으로 이동한다.
		②	철근의 재료 특성인 항복강도(Yield Strength)와 연성(Ductility)을 활용하지 못하므로 비경제적이다.
		③	과다철근보(과보강보) ➡ 균형철근비보다 철근을 많이 넣어 취성파괴가 되도록 한 보

핵심예제 3

보의 파괴형상을 설명하는 것으로 인장철근이 상대적으로 작을 경우와 관계가 있는 파괴 현상은?

① 전단파괴　　② 휨파괴
③ 연성파괴　　④ 취성파괴

[해설] ③ 과소철근보 ➡ 연성파괴

답 : ③

7 최대철근비(ρ_{max})

보의 인장철근비가 균형철근비에 근접하게 되면 부재의 연성이 작아지게 된다. 구조기준에서는 부재의 연성파괴를 유도하기 위하여 최외단 인장철근의 변형률(ϵ_t)을 최소허용변형률($\epsilon_{a,min}$) 이상이 되도록 최대철근비를 규정하고 있다.

(1)	최외단 인장철근 순인장변형률 $\epsilon_t = \dfrac{d_t - c}{c} \cdot \epsilon_{cu}$	①	변형률 적합조건을 적용한 삼각형의 닮음비를 이용하여 $c : \epsilon_{cu} = d_t - c : \epsilon_t$ 관계로부터 순인장변형률 $\epsilon_t = \dfrac{d_t - c}{c} \cdot \epsilon_{cu}$ 가 유도된다.
		②	휨부재의 최소허용변형률($\epsilon_{a,min}$)은 최외단 인장철근의 변형률(ϵ_t)이 $f_y \leq 400\text{MPa}$일 때 0.004에 해당하는 철근비이며, $f_y > 400\text{MPa}$일 때 $2\epsilon_y$에 해당하는 철근비이다. 여기서, $\epsilon_y = \dfrac{f_y}{E_s}$ 이다.

(2) 최대철근비 ρ_{max}

인장철근비 상한한계의 결정: $\dfrac{\rho_{max}}{\rho_b} = \dfrac{\epsilon_{cu}}{\epsilon_{cu} + \epsilon_{a,min}} \Big/ \dfrac{\epsilon_{cu}}{\epsilon_{cu} + \epsilon_y}$ 의 관계로부터

$$\rho_{max} = \dfrac{\epsilon_{cu} + \epsilon_y}{\epsilon_{cu} + \epsilon_{a,min}} \cdot \rho_b \qquad \rho_{max} = \dfrac{\eta(0.85 f_{ck})}{f_y} \cdot \beta_1 \cdot \dfrac{\epsilon_{cu}}{\epsilon_{cu} + \epsilon_{a,min}}$$

❏ $f_{ck} \leq 40\text{MPa}$, $f_y = 400\text{MPa}$

➡ $\epsilon_{cu} = 0.0033$, $\epsilon_{a,min} = 0.004$, $\epsilon_y = \dfrac{f_y}{E_s} = \dfrac{(400)}{(200{,}000)} = 0.002$

$\rho_{max} = \dfrac{\epsilon_{cu} + \epsilon_y}{\epsilon_{cu} + \epsilon_{a,min}} \cdot \rho_b = \dfrac{(0.0033) + (0.002)}{(0.0033) + (0.004)} \cdot \rho_b = 0.726 \rho_b$ 가 유도된다.

철근의 설계기준항복강도 f_y(MPa)	휨부재 허용값	
	최소 허용변형률($\epsilon_{a,min}$)	해당 철근비(ρ_{max})
300	0.004	$0.658\rho_b$
350	0.004	$0.692\rho_b$
400	0.004	$0.726\rho_b$
500	0.005 ($2\epsilon_y$)	$0.699\rho_b$
600	0.006 ($2\epsilon_y$)	$0.677\rho_b$

핵심예제 4

$b = 300\text{mm}$, $d = 600\text{mm}$인 단철근 직사각형 보에서 유효하게 배근될 수 있는 최대 철근량은? (단, $f_{ck} = 24\text{MPa}$, $f_y = 400\text{MPa}$)

① 2,840mm² ② 3,320mm²
③ 3,840mm² ④ 4,340mm²

해설

(1) $f_{ck} \leq 40\text{MPa}$, $f_y = 400\text{MPa}$

→ $\epsilon_{cu} = 0.0033$, $\epsilon_{a,\min} = 0.004$, $\epsilon_y = \dfrac{f_y}{E_s} = \dfrac{(400)}{(200,000)} = 0.002$

(2) 균형철근비

$$\rho_b = \dfrac{\eta(0.85 f_{ck})}{f_y} \cdot \beta_1 \cdot \dfrac{\epsilon_{cu}}{\epsilon_{cu} + \epsilon_y}$$

$$= \dfrac{(1.00)(0.85 \times 24)}{(400)} \cdot (0.80) \cdot \dfrac{(0.0033)}{(0.0033) + (0.002)} = 0.02540$$

(3) 다음의 세 가지 해법으로 최대철근비를 구할 수 있다.

해법 1

① $\rho_{\max} = \dfrac{\epsilon_{cu} + \epsilon_y}{\epsilon_{cu} + \epsilon_{a,\min}} \cdot \rho_b = \dfrac{(0.0033) + (0.002)}{(0.0033) + (0.004)} \cdot (0.02540) = 0.01844$

② $A_{s,\max} = \rho_{\max} \cdot b \cdot d = (0.01844)(300)(600) = 3,319.2\text{mm}^2$

해법 2

① $\rho_{\max} = \dfrac{\eta(0.85 f_{ck})}{f_y} \cdot \beta_1 \cdot \dfrac{\epsilon_{cu}}{\epsilon_{cu} + \epsilon_{a,\min}}$

$= \dfrac{(1.00)(0.85 \times 24)}{(400)} \cdot (0.80) \cdot \dfrac{(0.0033)}{(0.0033) + (0.004)} = 0.01844$

② $A_{s,\max} = \rho_{\max} \cdot b \cdot d = (0.01844)(300)(600) = 3,319.2\text{mm}^2$

해법 3

기준 표를 이용하는 경우

$\rho_{\max} = 0.726 \rho_b$

$A_{s,\max} = \rho_{\max} \cdot b \cdot d = 0.726 \rho_b \cdot b \cdot d = 0.726(0.02540)(300)(600)$

$\quad = 3,319.2\text{mm}^2$

답 : ②

8 지배단면의 구분에 의한 강도감소계수(ϕ)의 결정

(1) 압축지배단면 Compression Controlled Section $\epsilon_t \leq \epsilon_y$, $f_s < f_y$

① 압축 콘크리트가 가정된 극한변형률(ϵ_{cu})에 도달할 때 최외단인장철근의 순인장변형률(ϵ_t)이 0.002의 압축지배 변형률 한계 이하인 단면

② 압축지배 변형률 한계는 균형변형률 상태에서의 인장철근의 순인장변형률(ϵ_y)이다.
$f_y = 400\text{MPa}$인 경우
➡ $\epsilon_y = \dfrac{f_y}{E_s} = \dfrac{(400)}{(200,000)} = 0.002$, ∴ $\epsilon_t \leq \epsilon_y$ 이므로 $\epsilon_t \leq 0.002$

③ 공칭강도에서 최외단 인장철근의 순인장변형률(ϵ_t)이 압축지배변형률 한계 미만으로 매우 작은 경우에는 파괴가 임박했음을 나타내는 징후가 없이 급격히 파괴되는 취성파괴가 발생할 수 있다.

(2) 변화구간단면 Transitional Section $\epsilon_y < \epsilon_t < \epsilon_{a,t}$, $f_s = f_y$

① 순인장변형률(ϵ_t)이 압축지배변형률한계(0.002)와 인장지배변형률한계(0.005) 사이인 단면
$f_y = 400\text{MPa}$인 경우 ➡ $0.002 < \epsilon_t < 0.005$

② 일반적으로 휨부재는 인장지배 단면, 압축부재는 압축지배 단면이지만, 휨부재 중에서도 인장철근 단면적이 상대적으로 큰 경우와 압축부재 중에서도 축력이 작고 휨모멘트가 큰 경우에는 변화구간에 있게 된다.

(3) 인장지배단면 Tension Controlled Section $\epsilon_t \geq \epsilon_{a,t}$, $f_s = f_y$

① 압축 콘크리트가 가정된 극한변형률(ϵ_{cu})에 도달할 때 최외단 인장철근의 순인장변형률(ϵ_t)이 0.005의 인장지배변형률($\epsilon_{a,t}$) 한계 이상인 단면

② 인장지배한계변형률($\epsilon_{a,t}$)로 0.005가 선택된 이유는 인장지배한계변형률($\epsilon_{a,t}$)이 보강철근 항복변형률(ϵ_y)의 2.5배가 되어 축방향철근이 공칭강도에 도달하기 전에 항복이 시작되어 보가 충분한 연성을 갖도록 유도한 것이다.

$f_y \leq 400\text{MPa}$	$f_y > 400\text{MPa}$
$\epsilon_{a,t} = 0.005$	$\epsilon_{a,t} = 2.5\epsilon_y$

③ 인장지배단면은 최외단 인장철근의 변형률이 콘크리트 극한변형률보다 크게 정의되므로 과도한 처짐이나 균열의 발생으로 파괴의 징후를 쉽게 알 수 있는 단면이다.

지배단면	최외단 인장철근의 순인장변형률 ϵ_t	강도감소계수(ϕ)
압축지배단면	ϵ_y 이하	0.65
변화구간단면	$\epsilon_y \sim 0.005$ (또는 $2.5\epsilon_y$)	0.65~0.85 직사각형 띠기둥 $\phi = 0.65 + (\epsilon_t - 0.002) \times \dfrac{200}{3}$
인장지배단면	0.005 이상 (단, $f_y > 400\text{MPa}$인 경우 $2.5\epsilon_y$ 이상)	0.85

9 단철근 직사각형 보의 설계휨강도

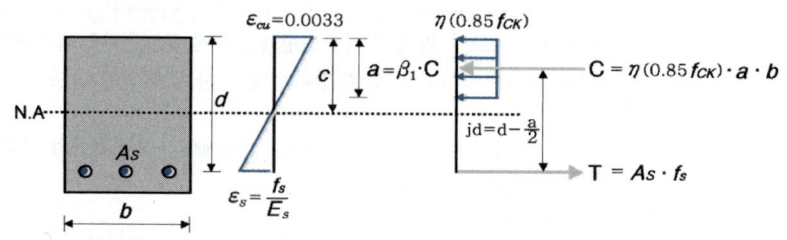

(1)	압축응력 등가블록 깊이 a	① 단철근보: $a = \dfrac{A_s \cdot f_y}{\eta(0.85 f_{ck}) \cdot b}$	② T형보: $a = \dfrac{A_s \cdot f_y}{\eta(0.85 f_{ck}) \cdot b_e}$
(2)	중립축거리 $c = \dfrac{a}{\beta_1}$	A_s	휨부재의 인장철근량, mm^2
		f_y	철근의 설계기준항복강도, MPa
		f_{ck}	콘크리트의 설계기준압축강도, MPa
		b	단철근보의 압축면의 유효폭, mm
		b_e	T형보의 유효폭, mm
		η	콘크리트 등가 직사각형 압축응력블록의 크기를 나타내는 계수 $f_{ck} \leq 40\text{MPa} \Rightarrow \eta = 1.00$
		β_1	콘크리트 등가 직사각형 압축응력블록의 깊이를 나타내는 계수 $f_{ck} \leq 40\text{MPa} \Rightarrow \beta_1 = 0.80$

(3)

최외단 인장철근의 순인장변형률

$\epsilon_t = \dfrac{d_t - c}{c} \cdot \epsilon_{cu}$

↓

지배단면의 구분

↓

강도감소계수(ϕ)의 결정

$\epsilon_t \geq 0.005$	$0.002 < \epsilon_t < 0.005$	$\epsilon_t \leq 0.002$
↓	↓	↓
인장지배단면	변화구간단면	압축지배단면
↓	↓	↓
$\phi = 0.85$	$\phi = 0.65 + (\epsilon_t - 0.002) \times \dfrac{200}{3}$	$\phi = 0.65$

(4) 설계휨강도

$$\phi M_n = \phi A_s \cdot f_y \cdot \left(d - \dfrac{a}{2}\right)$$

MEMO

핵 심 문 제

CHAPTER 3 RC단철근 보의 해석

1. 강도설계법(USD)에서 콘크리트의 변형률이 얼마일 때 그 부재가 하중을 부담할 수 있는 한계로 간주하는가? (단, $f_{ck} \leq 40\text{MPa}$)

① 0.001　　② 0.002
③ 0.003　　④ 0.0033

해설

$$\epsilon_{cu} = 0.0033 - \left(\frac{f_{ck} - 40}{100,000}\right) \leq 0.0033$$

휨모멘트 또는 휨모멘트와 축력을 동시에 받는 부재의 콘크리트 압축연단극한변형률(ϵ_{cu})은 콘크리트의 설계기준 압축강도가 40MPa 이하인 경우에는 0.0033으로 가정하며, 40MPa을 초과할 경우에는 매 10MPa의 강도 증가에 대하여 0.0001씩 감소시킨다.

2. 철근콘크리트 보의 설계와 해석을 위한 가정으로 틀린 것은?

① 변형을 받아 휘기 전에 평면인 단면은 변형 후에도 평면을 유지한다.
② 콘크리트 압축응력 분포 형상은 직사각형만 가능하다.
③ 철근의 변형률은 같은 위치에 있는 콘크리트의 변형률과 같다.
④ $f_{ck} \leq 40\text{MPa}$일 때 압축연단 극한변형률이 $\epsilon_{cu} = 0.0033$에 도달하면 파괴된다고 가정한다.

해설

② 콘크리트 압축응력의 분포와 콘크리트변형률 사이의 관계는 직사각형, 사다리꼴, 포물선형 또는 강도의 예측에서 광범위한 실험의 결과와 실질적으로 일치하는 어떤 형상으로도 가정할 수 있다.

3. 철근콘크리트 보의 휨 해석을 등가직사각형 압축응력 블록으로 계산할 때 $f_{ck} \leq 40\text{MPa}$의 경우 등가직사각형 압축응력블록의 크기를 나타내는 계수 η, 깊이를 나타내는 계수 β_1의 값으로 적합한 것은?

① $\eta = 1.00$, $\beta_1 = 0.80$　② $\eta = 0.97$, $\beta_1 = 0.80$
③ $\eta = 0.95$, $\beta_1 = 0.76$　④ $\eta = 0.91$, $\beta_1 = 0.74$

해설

【응력분포의 변수 및 계수값】

f_{ck}(MPa)	≤40	50	60	70	80	90
η	1.00	0.97	0.95	0.91	0.87	0.84
β_1	0.80	0.80	0.76	0.74	0.72	0.70

4. 강도설계법에서 단철근 직사각형보의 응력을 등가 직사각형 압축응력블록으로 표현한 것이다. 콘크리트 압축합력 C값으로 적합한 것은? (단, $f_{ck} = 21\text{MPa}$, $f_y = 300\text{MPa}$, $b = 250\text{mm}$)

① 189kN
② 199kN
③ 209 kN
④ 219 kN

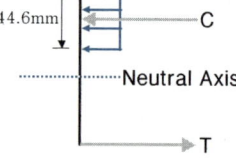

해설

(1) $f_{ck} \leq 40\text{MPa}$ ➡ $\eta = 1.00$
(2) $C = \eta(0.85 f_{ck})ab$
$\quad = (1.00)(0.85 \times 21)(44.6)(250)$
$\quad = 199,028\text{N} = 199.028\text{kN}$

해답 1. ④　2. ②　3. ①　4. ②

5. 철근콘크리트 단철근 직사각형보를 강도설계법으로 설계 시 콘크리트의 전압축력은? (단, $f_{ck}=24\text{MPa}$, 보 폭 300mm, 응력블록의 깊이 110mm)

① 650.8kN ② 673.2kN
③ 724.4kN ④ 750.6kN

해설

(1) $f_{ck} \leq 40\text{MPa} \Rightarrow \eta=1.00$

(2) $C=\eta(0.85f_{ck})ab$
$\quad =(1.00)(0.85\times24)(110)(300)$
$\quad =673,200\text{N}=673.2\text{kN}$

7. 인장철근량 $A_s=1,500\text{mm}^2$인 단철근 직사각형 보의 등가응력블록의 깊이 a는? (단, $f_{ck}=24\text{MPa}$, $f_y=300\text{MPa}$, $b=300\text{mm}$, $d=500\text{mm}$)

① 65.12mm ② 73.52mm
③ 82.57mm ④ 89.69mm

해설

(1) $f_{ck} \leq 40\text{MPa} \Rightarrow \eta=1.00$

(2) $a=\dfrac{A_s\cdot f_y}{\eta(0.85f_{ck})\cdot b}$
$\quad =\dfrac{(1,500)(300)}{(1.00)(0.85\times24)(300)}=73.529\text{mm}$

6. 강도설계법에 의한 철근콘크리트 단철근 직사각형 보의 휨 설계 시 등가 직사각형응력블록의 깊이 a를 구하는 식은? (단, b는 보의 폭)

① $a=\dfrac{A_s\cdot f_y}{\eta(0.85f_{ck})}$ ② $a=\dfrac{f_y}{\eta(0.85f_{ck})}$

③ $a=\dfrac{A_s\cdot f_y}{\eta(0.85f_{ck})\cdot b}$ ④ $a=0.85f_{ck}\cdot b$

해설

단면 힘의 평형조건:

$$C = T$$
$$\downarrow$$
$$\eta(0.85f_{ck})a\cdot b = A_s\cdot f_y$$
$$\downarrow$$
$$a=\dfrac{A_s\cdot f_y}{\eta(0.85f_{ck})\cdot b}$$

8. 그림과 같은 직사각형 단근보를 강도설계법으로 설계할 때 콘크리트의 등가응력블록의 깊이 a는? (단, D22철근 1개의 단면적은 387mm², $f_{ck}=24\text{MPa}$, $f_y=400\text{MPa}$)

① 91mm
② 101mm
③ 111mm
④ 121mm

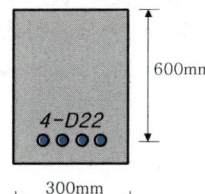

해설

(1) $f_{ck} \leq 40\text{MPa} \Rightarrow \eta=1.00$

(2) $a=\dfrac{A_s\cdot f_y}{\eta(0.85f_{ck})\cdot b}$
$\quad =\dfrac{(4\times387)(400)}{(1.00)(0.85\times24)(300)}=101.176\text{mm}$

해답 5. ② 6. ③ 7. ② 8. ②

9. 강도설계법에 의한 철근콘크리트 설계 시 단철근 직사각형보에서 균형단면을 이루기 위한 중립축의 위치 c_b가 300mm인 경우 등가응력블록의 깊이 a_b는? (단, $f_{ck}=27$MPa)

① 180mm　　② 210mm
③ 225mm　　④ 240mm

[해설]

(1) $f_{ck} \leq 40$MPa ➡ $\beta_1 = 0.80$

(2) $a_b = \beta_1 \cdot c_b = (0.80)(300) = 240$mm

11. 강도설계법에서 단근직사각형 보의 c(압축연단에서 중립축까지 거리) 값은? (단, $A_s=1,161$mm^2, $f_{ck}=24$MPa, $f_y=400$MPa, $b=300$mm,)

① 92.65mm　　② 94.85mm
③ 96.65mm　　④ 98.85mm

[해설]

(1) $f_{ck} \leq 40$MPa ➡ $\eta=1.00$, $\beta_1=0.80$

(2) $a = \dfrac{A_s \cdot f_y}{\eta(0.85f_{ck}) \cdot b}$

$= \dfrac{(1,161)(400)}{(1.00)(0.85 \times 24)(300)} = 75.88$mm

(2) $a = \beta_1 \cdot c$

➡ $c = \dfrac{a}{\beta_1} = \dfrac{(75.88)}{(0.80)} = 94.85$mm

10. 그림과 같은 철근콘크리트 단철근 직사각형 보의 중립축위치(c)는? (단, $f_{ck}=35$MPa, $f_y=400$MPa, $d=540$mm, $f_s=f_y$이다.)

① 77.9mm
② 97.4mm
③ 152.3mm
④ 182.6mm

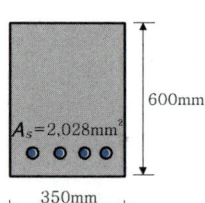

[해설]

(1) $f_{ck} \leq 40$MPa ➡ $\eta=1.00$, $\beta_1=0.80$

(2) $a = \dfrac{A_s \cdot f_y}{\eta(0.85f_{ck}) \cdot b}$

$= \dfrac{(2,028)(400)}{(1.00)(0.85 \times 35)(350)} = 77.91$mm

(2) $a = \beta_1 \cdot c$

➡ $c = \dfrac{a}{\beta_1} = \dfrac{(77.91)}{(0.80)} = 97.39$mm

12. 그림과 같은 단철근 직사각형 보의 응력 중심간 거리 $\left(d - \dfrac{a}{2}\right)$는? (단, $f_{ck}=21$MPa, $f_y=300$MPa, $b=300$mm, $d=540$mm, $A_s=1,161$mm^2)

① 472.4mm
② 486.8mm
③ 507.5mm
④ 524.4mm

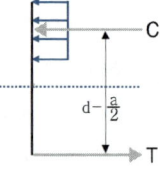

[해설]

(1) $f_{ck} \leq 40$MPa ➡ $\eta=1.00$

(2) $a = \dfrac{A_s \cdot f_y}{\eta(0.85f_{ck}) \cdot b}$

$= \dfrac{(1,161)(300)}{(1.00)(0.85 \times 21)(300)} = 65.04$mm

(3) $jd = d - \dfrac{a}{2} = (540) - \dfrac{(65.04)}{2} = 507.48$mm

해답　9. ④　10. ②　11. ②　12. ③

13. 그림과 같은 철근콘크리트 보의 복근비(γ)와 인장철근비(ρ_t)는? (단, D22 1개의 단면적은 387mm²)

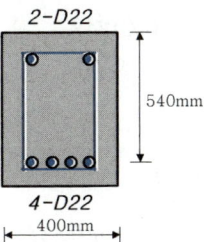

① $\gamma = 2$, $\rho_t = 0.00717$
② $\gamma = 0.5$, $\rho_t = 0.00717$
③ $\gamma = 2$, $\rho_t = 0.00369$
④ $\gamma = 0.5$, $\rho_t = 0.00369$

해설

(1) 복(철)근비:

$$\gamma = \frac{\rho'}{\rho} = \frac{\frac{A_s'}{bd}}{\frac{A_s}{bd}} = \frac{A_s'}{A_s} = \frac{(2 \times 387)}{(4 \times 387)} = 0.5$$

(2) 인장철근비: $\rho = \frac{A_s}{bd} = \frac{(4 \times 387)}{(400)(540)} = 0.00717$

14. 단면 $b_w \times d = 400\text{mm} \times 550\text{mm}$ 인 직사각형 보에 인장철근이 5-D19 배근되어 있을 때 인장철근비는? (단, D19 1개의 단면적은 287mm²)

① 0.00652
② 0.00602
③ 0.00172
④ 0.00122

해설

$\rho = \frac{A_s}{b \cdot d} = \frac{(5 \times 287)}{(400)(550)} = 0.00652$

15. 단철근 직사각형 보의 인장철근비 $\rho = 0.034$, 보 폭 $b = 300\text{mm}$, 유효깊이 $d = 500\text{mm}$ 일 때 인장철근 단면적은?

① 5,100mm²
② 4,590mm²
③ 3,925mm²
④ 3,825mm²

해설

$A_s = \rho \cdot b \cdot d = (0.034)(300)(500) = 5,100\text{mm}^2$

16. 단철근 직사각형 보의 등가블록깊이 $a = 100\text{mm}$ 일 경우 인장철근비는? (단, $f_y = 300\text{MPa}$, $f_{ck} = 24\text{MPa}$)

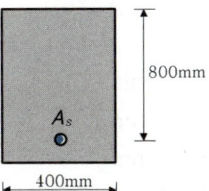

① 0.0035
② 0.0057
③ 0.0085
④ 0.0103

해설

(1) $f_{ck} \leq 40\text{MPa}$ ➡ $\eta = 1.00$

(2) $A_s = \frac{\eta(0.85f_{ck})a \cdot b}{f_y}$

$= \frac{(1.00)(0.85 \times 24)(100)(400)}{(300)} = 2,720\text{mm}^2$

(3) $\rho = \frac{A_s}{bd} = \frac{(2,720)}{(400)(800)} = 0.0085$

17. 단철근 직사각형 균형보의 중립축거리(c_b)는? (단, $f_{ck} = 24\text{MPa}$, $f_y = 300\text{MPa}$, $d = 550\text{mm}$)

① 366.7mm
② 378.1mm
③ 413.3mm
④ 427.5mm

해설

$c_b = \frac{660}{660 + f_y} \cdot d$

$= \frac{660}{660 + (300)} \cdot (550) = 378.125\text{mm}$

해답 13. ② 14. ① 15. ① 16. ③ 17. ②

18. 그림과 같은 단철근 직사각형 보가 균형철근비 상태일 때 압축연단에서 중립축까지의 거리(c_b)는? (단, $f_{ck}=24\text{MPa}$, $f_y=400\text{MPa}$, $E_s=200{,}000\text{MPa}$)

① 306.2mm
② 336.2mm
③ 366.2mm
④ 396.2mm

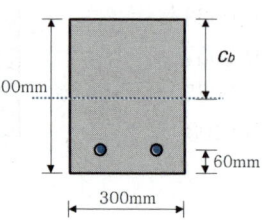

[해설]

$$c_b = \frac{660}{660+f_y} \cdot d$$

$$= \frac{660}{660+(400)} \cdot (540) = 336.226\text{mm}$$

19. 그림과 같은 단면의 균형변형률 상태에서의 등가 직사각형 응력블록의 깊이는? (단, $f_{ck}=24\text{MPa}$, $f_y=400\text{MPa}$)

① 269mm
② 309mm
③ 336mm
④ 376mm

[해설]

(1) $f_{ck} \leq 40\text{MPa}$ ➡ $\beta_1 = 0.80$

(2) $c_b = \dfrac{660}{660+f_y} \cdot d$

$= \dfrac{660}{660+(400)} \cdot (540) = 336.226\text{mm}$

(3) $a_b = \beta_1 \cdot c_b = (0.80)(336.226) = 268.981\text{mm}$

20. $b=300\text{mm}$, $d=550\text{mm}$의 단철근 직사각형 보의 균형철근비는? (단, $f_{ck}=21\text{MPa}$, $f_y=300\text{MPa}$)

① 0.01242
② 0.02542
③ 0.03272
④ 0.04352

[해설]

(1) $f_{ck} \leq 40\text{MPa}$ ➡ $\eta=1.00$, $\beta_1=0.80$

(2) $\rho_b = \dfrac{\eta(0.85f_{ck})}{f_y} \cdot \beta_1 \cdot \dfrac{660}{660+f_y}$

$= \dfrac{(1.00)(0.85 \times 21)}{(300)} \cdot (0.80) \cdot \dfrac{660}{660+(300)}$

$= 0.03272$

21. $b=300\text{mm}$, $d=550\text{mm}$의 단철근 직사각형 보의 균형철근량은? (단, $f_{ck}=21\text{MPa}$, $f_y=300\text{MPa}$)

① 2,399mm²
② 3,399mm²
③ 4,399mm²
④ 5,399mm²

[해설]

(1) $f_{ck} \leq 40\text{MPa}$ ➡ $\eta=1.00$, $\beta_1=0.80$

(2) $\rho_b = \dfrac{\eta(0.85f_{ck})}{f_y} \cdot \beta_1 \cdot \dfrac{660}{660+f_y}$

$= \dfrac{(1.00)(0.85 \times 21)}{(300)} \cdot (0.80) \cdot \dfrac{660}{660+(300)}$

$= 0.03272$

(3) $A_{sb} = \rho_b \cdot bd$

$= (0.03272)(300)(550) = 5{,}398.8\text{mm}^2$

해답 18. ② 19. ① 20. ③ 21. ④

22. $b=300\text{mm}$, $d=550\text{mm}$의 단철근 직사각형 보의 균형철근비는? (단, $f_{ck}=24\text{MPa}$, $f_y=400\text{MPa}$)

① 0.0124　　② 0.0254
③ 0.0332　　④ 0.0435

해설

(1) $f_{ck} \leq 40\text{MPa}$ ➡ $\eta=1.00$, $\beta_1=0.80$

(2) $\rho_b = \dfrac{\eta(0.85f_{ck})}{f_y} \cdot \beta_1 \cdot \dfrac{660}{660+f_y}$

$= \dfrac{(1.00)(0.85\times 24)}{(400)} \cdot (0.80) \cdot \dfrac{660}{660+(400)}$

$= 0.02540$

---

24. $b=300\text{mm}$, $d=550\text{mm}$의 단철근 직사각형 보의 균형철근비는? (단, $f_{ck}=27\text{MPa}$, $f_y=400\text{MPa}$)

① 0.01245　　② 0.02857
③ 0.03325　　④ 0.04335

해설

(1) $f_{ck} \leq 40\text{MPa}$ ➡ $\eta=1.00$, $\beta_1=0.80$

(2) $\rho_b = \dfrac{\eta(0.85f_{ck})}{f_y} \cdot \beta_1 \cdot \dfrac{660}{660+f_y}$

$= \dfrac{(1.00)(0.85\times 27)}{(400)} \cdot (0.80) \cdot \dfrac{660}{660+(400)}$

$= 0.02857$

---

23. $b=300\text{mm}$, $d=550\text{mm}$의 단철근 직사각형 보의 균형철근량은? (단, $f_{ck}=24\text{MPa}$, $f_y=400\text{MPa}$)

① $3{,}191\text{mm}^2$　　② $3{,}691\text{mm}^2$
③ $4{,}191\text{mm}^2$　　④ $4{,}691\text{mm}^2$

해설

(1) $f_{ck} \leq 40\text{MPa}$ ➡ $\eta=1.00$, $\beta_1=0.80$

(2) $\rho_b = \dfrac{\eta(0.85f_{ck})}{f_y} \cdot \beta_1 \cdot \dfrac{660}{660+f_y}$

$= \dfrac{(1.00)(0.85\times 24)}{(400)} \cdot (0.80) \cdot \dfrac{660}{660+(400)}$

$= 0.02540$

(3) $A_{sb} = \rho_b \cdot bd$

$= (0.02540)(300)(550) = 4{,}191\text{mm}^2$

---

25. $b=300\text{mm}$, $d=550\text{mm}$의 단철근 직사각형 보의 균형철근량은? (단, $f_{ck}=27\text{MPa}$, $f_y=400\text{MPa}$)

① $3{,}214\text{mm}^2$　　② $3{,}714\text{mm}^2$
③ $4{,}214\text{mm}^2$　　④ $4{,}714\text{mm}^2$

해설

(1) $f_{ck} \leq 40\text{MPa}$ ➡ $\eta=1.00$, $\beta_1=0.80$

(2) $\rho_b = \dfrac{\eta(0.85f_{ck})}{f_y} \cdot \beta_1 \cdot \dfrac{660}{660+f_y}$

$= \dfrac{(1.00)(0.85\times 27)}{(400)} \cdot (0.80) \cdot \dfrac{660}{660+(400)}$

$= 0.02857$

(3) $A_{sb} = \rho_b \cdot bd$

$= (0.02857)(300)(550) = 4{,}714.05\text{mm}^2$

해답　22. ②　23. ③　24. ②　25. ④

26.
철근콘크리트 단철근 직사각형 균형보의 변형률을 나타낸 것이다. 인장철근비가 균형철근비보다 작아질 경우의 중립축 이동에 관한 설명 중 가장 적절한 것은?

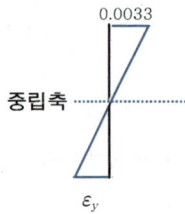

① 압축측으로 이동한다.
② 인장측으로 이동한다.
③ 현 위치에서 이동하지 않는다.
④ 곧 보의 취성파괴가 발생하여 중립축개념이 없어진다.

[해설] 중립축의 위치변화

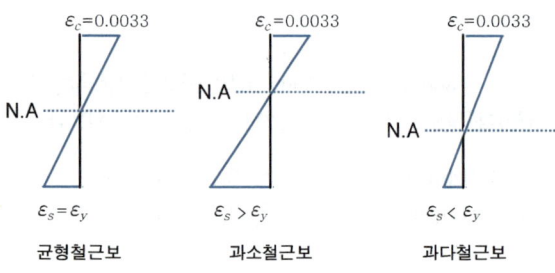

27.
강도설계법에 의한 철근콘크리트의 보 설계시 최대 철근비 개념을 두는 가장 큰 이유는?

① 경제적인 설계가 되도록 하기 위해
② 취성파괴를 유도하기 위해
③ 구조적인 효율을 높이기 위해
④ 연성파괴를 유도하기 위해

[해설]

보에 철근이 너무 많이 배치되어 갑작스런 압축 취성파괴가 발생하지 않도록 하고, 인장측 철근이 먼저 설계기준항복 강도에 대응하는 변형률에 도달하여 구조물의 연성파괴(Ductillity Failure)를 유도하기 위해 최대철근비의 규정을 제시하고 있다.

28.
철근콘크리트 단철근 직사각형 보의 균형철근비를 계산한 결과 $\rho_b = 0.03912$이었다. 최대철근비는? (단, $E = 200,000$MPa, $f_y = 300$MPa, $f_{ck} = 24$MPa, $b = 300$mm, $d = 550$mm)

① 0.01863 ② 0.02574
③ 0.02607 ④ 0.02785

[해설]

$\rho_{max} = 0.658\rho_b = 0.658(0.03912) = 0.02574$

29.
철근콘크리트 단철근 직사각형 보에서 균형철근비를 계산한 결과 $\rho_b = 0.03912$이었다. 최대철근량은? (단, $E = 200,000$MPa, $f_y = 300$MPa, $f_{ck} = 24$MPa, $b = 300$mm, $d = 550$mm)

① 3,047.1mm² ② 3,447.1mm²
③ 3,847.1mm² ④ 4,247.1mm²

[해설]

(1) $\rho_{max} = 0.658\rho_b = 0.658(0.03912) = 0.02574$

(2) $A_{s,max} = \rho \cdot bd$
$= (0.02574)(300)(550) = 4,247.1$mm²

30.
철근콘크리트 단철근 직사각형 보에서 균형철근비를 계산한 결과 $\rho_b = 0.03912$이었다. 최대철근비는? (단, $E = 200,000$MPa, $f_y = 400$MPa, $f_{ck} = 24$MPa, $b = 300$mm, $d = 550$mm)

① 0.01863 ② 0.02574
③ 0.02607 ④ 0.02840

[해설]

$\rho_{max} = 0.726\rho_b = 0.726(0.03912) = 0.02840$

해답 26. ① 27. ④ 28. ② 29. ④ 30. ④

31. 철근콘크리트 단철근 직사각형 보에서 균형철근비를 계산한 결과 $\rho_b = 0.03912$이었다. 최대철근량은? (단, $E = 200,000$MPa, $f_y = 400$MPa, $f_{ck} = 24$MPa, $b = 300$mm, $d = 550$mm)

① 4,486mm² ② 4,686mm²
③ 4,886mm² ④ 5,086mm²

[해설]

(1) $\rho_{max} = 0.726\rho_b = 0.726(0.03912) = 0.02840$

(2) $A_{s,max} = \rho \cdot bd$
$= (0.02840)(300)(550) = 4,686\text{mm}^2$

32. 폭 250mm, $f_{ck} = 30$MPa 철근콘크리트 보 부재의 최외단 인장철근의 순인장변형률은?
(단, $d_t = 440$mm, $A_s = 1,520.1$mm², $f_y = 400$MPa)

① 0.00197 ② 0.00368
③ 0.00523 ④ 0.00887

[해설]

(1) $f_{ck} \leq 40$MPa ➡ $\eta = 1.00$, $\epsilon_{cu} = 0.0033$

$a = \dfrac{A_s \cdot f_y}{\eta(0.85f_{ck}) \cdot b}$
$= \dfrac{(1,520.1)(400)}{(1.00)(0.85 \times 30)(250)} = 95.378\text{mm}$

$c = \dfrac{a}{\beta_1} = \dfrac{(95.378)}{(0.8)} = 119.223\text{mm}$

(2) $\epsilon_t = \dfrac{d_t - c}{c} \cdot \epsilon_{cu}$
$= \dfrac{(440) - (119.223)}{(119.223)} \cdot (0.0033) = 0.00887$

33. 그림과 같은 철근콘크리트 직사각형 보의 강도감소계수(ϕ)는?
(단, $f_{ck} = 24$MPa, $f_y = 400$MPa, $A_s = 1,500$mm²)

① 0.65
② 0.70
③ 0.75
④ 0.85

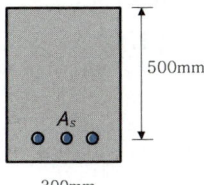

[해설]

(1) $f_{ck} \leq 40$MPa ➡ $\eta = 1.00$, $\epsilon_{cu} = 0.0033$

$a = \dfrac{A_s \cdot f_y}{\eta(0.85f_{ck}) \cdot b}$
$= \dfrac{(1,500)(400)}{(1.00)(0.85 \times 24)(300)} = 98.04\text{mm}$

$c = \dfrac{a}{\beta_1} = \dfrac{(98.04)}{(0.80)} = 122.55\text{mm}$

$\epsilon_t = \dfrac{d_t - c}{c} \cdot \epsilon_{cu}$
$= \dfrac{(500) - (122.55)}{(122.55)} \cdot (0.0033) = 0.01016$

(2) $\epsilon_t \geq 0.005$ ➡ 인장지배단면 부재 ➡ $\phi = 0.85$

34. 스터럽으로 보강된 휨부재의 최외단 인장철근의 순인장변형률 ϵ_t가 0.004일 경우 강도감소계수 ϕ로 옳은 것은? (단, $f_y = 400$MPa)

① 0.65 ② 0.717
③ 0.783 ④ 0.817

[해설]

(1) $0.0020 < \epsilon_t (= 0.004) < 0.005$ ➡ 변화구간단면

(2) $\phi = 0.65 + (\epsilon_t - 0.002) \times \dfrac{200}{3}$
$= 0.65 + [(0.004) - 0.002] \times \dfrac{200}{3} = 0.783$

해답 31. ② 32. ④ 33. ④ 34. ③

35. 철근콘크리트 보에서 중립축거리(c)가 220mm, 압축연단에서 최외단 인장철근까지의 거리(d_t)가 550mm일 때 강도감소계수를 구하면? (단, $f_y = 400\text{MPa}$)

① 0.625 ② 0.764
③ 0.847 ④ 0.925

해설

(1) $f_{ck} \leq 40\text{MPa}$ ➡ $\eta = 1.00$, $\epsilon_{cu} = 0.0033$

$$\epsilon_t = \frac{d_t - c}{c} \cdot \epsilon_{cu}$$

$$= \frac{(550) - (220)}{(220)} \cdot (0.0033) = 0.00495$$

$0.0020 < \epsilon_t(= 0.00495) < 0.005$ ➡ 변화구간단면

(2) $\phi = 0.65 + (\epsilon_t - 0.002) \times \frac{200}{3}$

$= 0.65 + [(0.00495) - 0.002] \times \frac{200}{3} = 0.84667$

36. 그림과 같은 단철근 직사각형 보 단면의 공칭휨강도 M_n은? (단, $f_{ck} = 21\text{MPa}$, $f_y = 400\text{MPa}$)

① 162kN·m
② 182kN·m
③ 202kN·m
④ 242kN·m

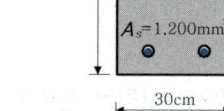

해설

(1) $f_{ck} \leq 40\text{MPa}$ ➡ $\eta = 1.00$

(2) $a = \frac{A_s \cdot f_y}{\eta(0.85 f_{ck}) \cdot b}$

$= \frac{(1{,}200)(400)}{0.85(21)(300)} = 89.635\text{mm}$

(3) $M_n = A_s \cdot f_y \cdot \left(d - \frac{a}{2}\right)$

$= (1{,}200)(400)\left((550) - \frac{(89.635)}{2}\right)$

$= 242{,}487{,}600\text{N·mm} = 242.487\text{kN·m}$

37. 철근콘크리트 단철근 직사각형 보의 설계휨강도(ϕM_n)는? (단, $f_{ck} = 21\text{MPa}$, $f_y = 400\text{MPa}$, D22의 단면적 387mm²)

① 212 kN·m
② 235 kN·m
③ 267 kN·m
④ 314 kN·m

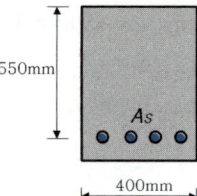

해설

(1) $f_{ck} \leq 40\text{MPa}$

➡ $\eta = 1.00$, $\beta_1 = 0.80$, $\epsilon_{cu} = 0.0033$

$a = \frac{A_s \cdot f_y}{\eta(0.85 f_{ck}) \cdot b}$

$= \frac{(4 \times 387)(400)}{(1.00)(0.85 \times 21)(400)} = 86.72\text{mm}$

$c = \frac{a}{\beta_1} = \frac{(86.72)}{(0.80)} = 108.4\text{mm}$

$\epsilon_t = \frac{d_t - c}{c} \cdot \epsilon_{cu}$

$= \frac{(550) - (108.4)}{(108.4)} \cdot (0.0033) = 0.01344 > 0.005$

∴ 이 보는 인장지배단면 부재이며 $\phi = 0.85$를 적용

(2) $\phi M_n = \phi A_s \cdot f_y \cdot \left(d - \frac{a}{2}\right)$

$= (0.85)(4 \times 387)(400)\left((550) - \frac{(86.72)}{2}\right)$

$= 266{,}654{,}764\text{N·mm} = 266.654\text{kN·m}$

해답 35. ③ 36. ④ 37. ③

38. 철근콘크리트 단철근 직사각형 보에서 고정하중과 활하중에 의해 구한 계수휨모멘트 $M_u = 540 \text{kN} \cdot \text{m}$ 일 때 공칭휨강도는? (단, 중립축거리(c)는 220mm, 압축연단에서 최외단 인장철근까지의 거리(d_t)는 550mm, $f_{ck} = 21\text{MPa}, f_y = 400\text{MPa}$)

① 639 kN·m   ② 754 kN·m
③ 798 kN·m   ④ 832 kN·m

해설

(1) $f_{ck} \leq 40\text{MPa}$

　➡ $\eta = 1.00, \ \beta_1 = 0.80, \ \epsilon_{cu} = 0.0033$

$\epsilon_t = \dfrac{d_t - c}{c} \cdot \epsilon_{cu}$

$= \dfrac{(550) - (220)}{(220)} \cdot (0.0033) = 0.00495$

∴ $0.0020 < \epsilon_t (= 0.00495) < 0.005$ 이므로

변화구간 단면의 부재

(2) $\phi = 0.65 + (\epsilon_t - 0.002) \times \dfrac{200}{3}$

$= 0.65 + [(0.00495) - 0.002] \times \dfrac{200}{3} = 0.846$

(3) $M_u \leq \phi M_n$ 으로부터

$M_n \geq \dfrac{M_u}{\phi} = \dfrac{(540)}{(0.846)} = 638.298 \text{kN} \cdot \text{m}$

해답 38. ①

4 RC 전단설계

CHECK

사인장균열의 원인·주요 발생위치, 전단보강철근의 종류,
강도설계법의 전단강도 설계식, 콘크리트 공칭 및 설계전단강도, 스터럽의 공칭전단강도 및 스터럽의 간격,
전단위험단면, 전단철근의 설계 및 간격 제한

1 전단력에 의한 사인장균열(Diagonal Tension Crack)

학습POINT

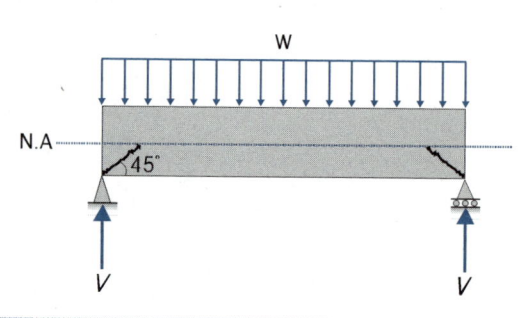

(1)	사인장균열 (Diagonal Tension Crack)	전단력 및 비틀림에 의하여 보의 축과 약 45°의 각도를 이루고 보의 단부(지점)에서 주인장응력 궤적도의 연직방향으로 발생한다.
(2)	전단(보강)철근의 종류	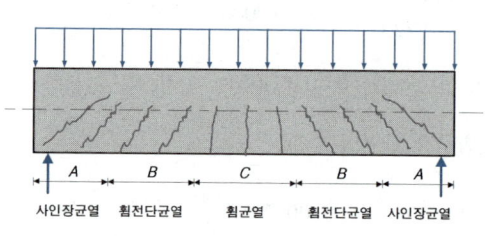 45° 이상의 경사 Stirrup / 수직 Stirrup / 용접 철망 30° 이상의 굽힘 주철근 / 조합(combination) / 나선(spiral) 철근 【※ 전단철근의 설계기준항복강도는 500MPa을 초과할 수 없다. 다만, 벽체의 전단철근 또는, 용접이형철망을 사용할 경우 전단철근의 설계기준항복강도는 600MPa을 초과할 수 없다.】

■ 건축구조 **234**

핵심예제 1

철근콘크리트 단순보의 단부에서 큰 전단력과 작은 휨모멘트가 발생함으로 일어나는 균열의 형태는?
① 크리프균열　　　　② 수직균열
③ 휨균열　　　　　　④ 사인장균열

[해설] ④ 전단력에 의한 사인장균열은 단순지지보, 양단고정보 모두 지점반력이 큰 양단에서 부재축과 45° 경사방향으로 중립축까지 발생되며 전단(보강)철근인 스터럽(Stirrup)의 시공을 통해 균열을 감소시킬 수 있다.

답 : ④

핵심예제 2

철근콘크리트 보에서 전단보강철근으로 볼 수 없는 것은?
① 부재의 축에 직각인 스터럽
② 주인장철근에 30° 각도로 구부린 굽힘철근
③ 스터럽과 굽힘철근의 조합
④ 주인장철근에 30° 각도로 설치되는 스터럽

[해설] ④ 주인장철근에 45° 이상의 각도로 설치되는 스터럽

답 : ④

핵심예제 3

철근콘크리트 부재에 사용되는 전단철근에 대한 설명 중 옳지 않은 것은?
① 철근콘크리트 부재의 축에 직각으로 배치된 용접철망은 전단철근으로 사용할 수 없다.
② 철근콘크리트 부재의 경우 주인장철근에 30° 이상의 각도로 구부린 굽힘철근을 전단철근으로 사용할 수 있다.
③ 전단철근의 설계기준항복강도는 500MPa를 초과할 수 없다.
(단, 용접이형철망 제외)
④ 부재축에 직각으로 설치되는 스터럽의 간격은 철근콘크리트 부재의 경우 $0.5d$ 이하, 또한 600mm 이하여야 한다.

[해설] ① 철근콘크리트 부재의 축에 직각으로 배치된 용접철망은 전단철근으로 사용할 수 있다.

답 : ①

2 전단강도의 설계식

	\multicolumn{2}{c}{소요전단강도 ≤ 설계전단강도 ↓ $V_u \leq \phi V_n$}	• 강도감소계수: $\phi = 0.75$
			• 공칭전단강도: $V_n = V_c + V_s$

(1)	콘크리트 공칭전단강도[N]	$V_c = \dfrac{1}{6}\lambda\sqrt{f_{ck}} \cdot b_w \cdot d$	• λ : 경량콘크리트계수

$\lambda = 1$	$\lambda = 0.85$	$\lambda = 0.75$
보통중량 콘크리트	모래경량 콘크리트	전경량 콘크리트

(2)	전단철근 공칭전단강도[N]	$V_s = \dfrac{A_v \cdot f_{yt} \cdot d}{s}$	• A_v : 전단철근의 면적[mm²] • f_{yt} : 전단철근의 항복강도[MPa] • s : 스터럽의 간격[mm] • d : 보의 유효깊이[mm]

핵심예제 4

콘크리트 공칭전단강도(V_c)가 40kN, 전단보강근에 의한 공칭전단강도(V_s)가 20kN일 때 계수전단력(V_u)으로 옳은 것은?

① 45 kN ② 51 kN ③ 54 kN ④ 60 kN

해설 $V_u = \phi V_n = \phi(V_c + V_s) = (0.75)[(40) + (20)] = 45\text{kN}$

답 : ①

핵심예제 5

단면 $b \times d = 300\text{mm} \times 550\text{mm}$, 모래경량콘크리트를 사용한 철근콘크리트 보에서 콘크리트가 부담할 수 있는 공칭전단강도(V_c)는? (단, $f_{ck} = 21\text{MPa}$)

① 95kN ② 107kN ③ 126kN ④ 132kN

해설 $V_c = \dfrac{1}{6}\lambda\sqrt{f_{ck}} \cdot b_w \cdot d = \dfrac{1}{6}(0.85)\sqrt{(21)}(300)(550)$

$= 107,118\text{N} = 107.118\text{kN}$

답 : ②

핵심예제 6

강도설계법에 의한 철근콘크리트 보에서 콘크리트만의 설계전단강도는 얼마인가?
(단, $f_{ck}=24\text{MPa}$, $\lambda=1$)

① 31.5kN ② 75.8kN
③ 110.2kN ④ 145.6kN

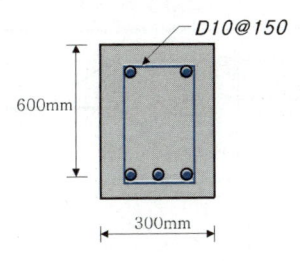

해설 $\phi V_c = \phi \cdot \dfrac{1}{6} \lambda \sqrt{f_{ck}} \cdot b_w \cdot d = (0.75)\dfrac{1}{6}(1.0)\sqrt{(24)}(300)(600)$
$= 110{,}227\text{N} = 110.227\text{kN}$

답 : ③

핵심예제 7

보의 유효깊이 $d=550\text{mm}$, 보의 폭 $b_w=300\text{mm}$인 보에서 스터럽이 부담할 전단력 $V_s=200\text{kN}$일 경우, 수직스터럽 간격으로 적절한 것은?
(단, $A_v=142\text{mm}^2$, $f_{ck}=24\text{MPa}$, $f_{yt}=400\text{MPa}$)

① 120mm ② 150mm ③ 180mm ④ 200mm

해설 전단철근 공칭전단강도 $V_s = \dfrac{A_v \cdot f_{yt} \cdot d}{s}$ 로부터

$s = \dfrac{A_v \cdot f_{yt} \cdot d}{V_s} = \dfrac{(142)(400)(550)}{(200 \times 10^3)} = 156.2\text{mm}$

답 : ②

핵심예제 8

그림과 같은 보가 지지할 수 있는 설계전단강도는? (단, 보통중량콘크리트 $f_{ck}=24\text{MPa}$, $f_{yt}=400\text{MPa}$, D10의 공칭단면적은 71.33mm²)

① 281 kN ② 319 kN
③ 359 kN ④ 409 kN

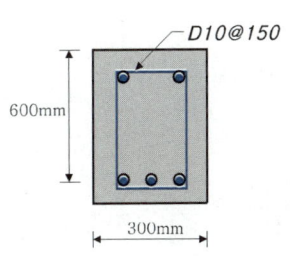

해설

(1) $V_c = \dfrac{1}{6}\lambda\sqrt{f_{ck}} \cdot b_w \cdot d = \dfrac{1}{6}(1)\sqrt{(24)}(300)(600) = 146{,}969\text{N}$

(2) $V_s = \dfrac{A_v \cdot f_{yt} \cdot d}{s} = \dfrac{(2 \times 71.33)(400)(600)}{(150)} = 228{,}256\text{N}$

(3) $\phi V_n = \phi(V_c + V_s) = (0.75)[(146{,}969)+(228{,}256)] \times 10^{-3} = 281.418\text{kN}$

답 : ①

3 전단설계

(1)	전단위험단면	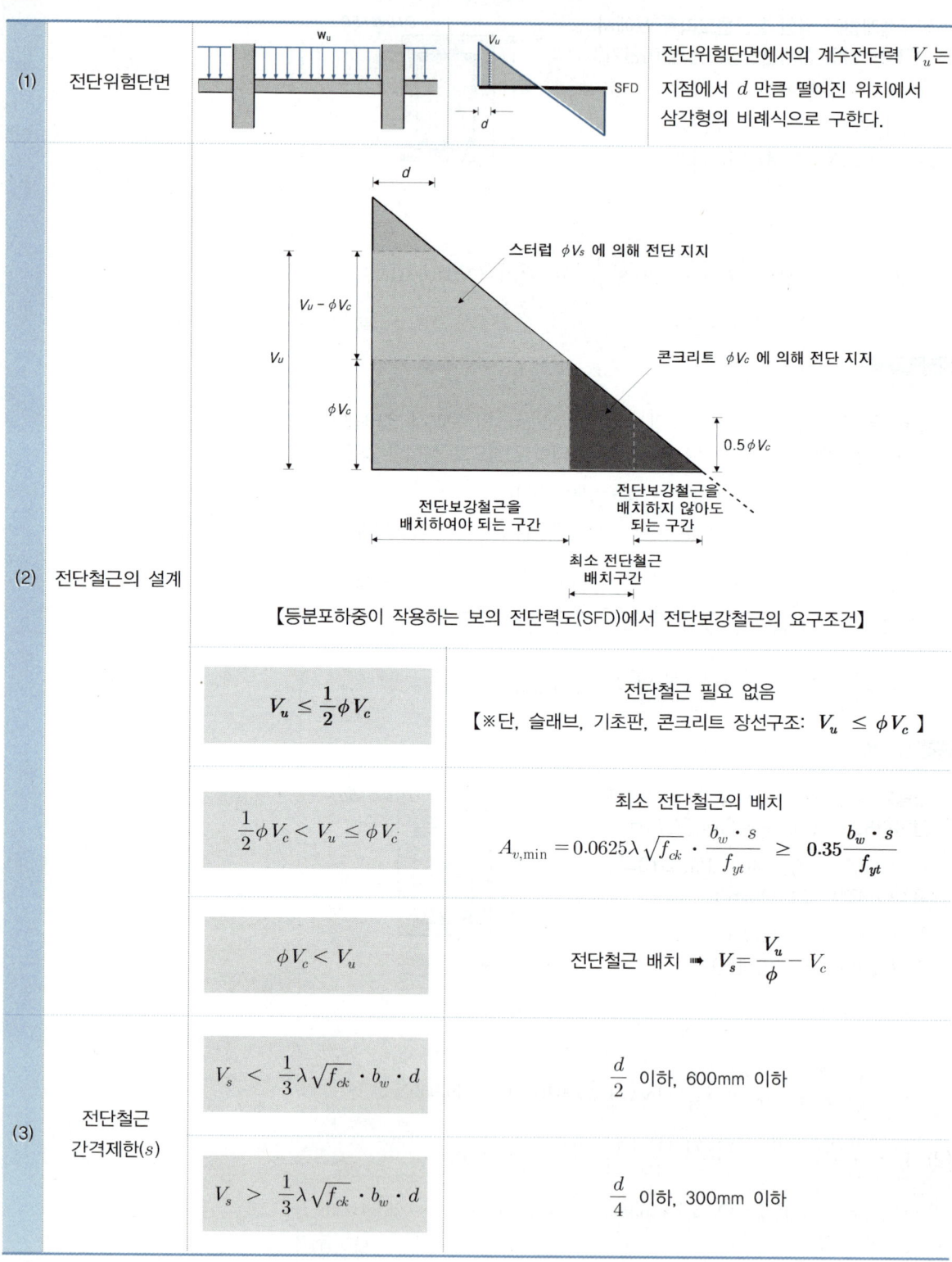	전단위험단면에서의 계수전단력 V_u는 지점에서 d 만큼 떨어진 위치에서 삼각형의 비례식으로 구한다.

【등분포하중이 작용하는 보의 전단력도(SFD)에서 전단보강철근의 요구조건】

(2) 전단철근의 설계

$V_u \leq \dfrac{1}{2}\phi V_c$	전단철근 필요 없음 【※단, 슬래브, 기초판, 콘크리트 장선구조: $V_u \leq \phi V_c$】
$\dfrac{1}{2}\phi V_c < V_u \leq \phi V_c$	최소 전단철근의 배치 $A_{v,\min} = 0.0625\lambda\sqrt{f_{ck}} \cdot \dfrac{b_w \cdot s}{f_{yt}} \geq 0.35\dfrac{b_w \cdot s}{f_{yt}}$
$\phi V_c < V_u$	전단철근 배치 ➡ $V_s = \dfrac{V_u}{\phi} - V_c$

(3) 전단철근 간격제한(s)

$V_s < \dfrac{1}{3}\lambda\sqrt{f_{ck}} \cdot b_w \cdot d$	$\dfrac{d}{2}$ 이하, 600mm 이하
$V_s > \dfrac{1}{3}\lambda\sqrt{f_{ck}} \cdot b_w \cdot d$	$\dfrac{d}{4}$ 이하, 300mm 이하

핵심예제 9

그림과 같은 철근콘크리트 단순보에서 지지점으로부터 유효깊이 d 만큼 떨어진 위험단면에서의 계수전단력을 구하면?
(단, $w_D = 21\text{kN/m}$, $w_L = 24\text{kN/m}$)

① 63.6kN   ② 187.8kN
③ 254.4kN   ④ 367.5kN

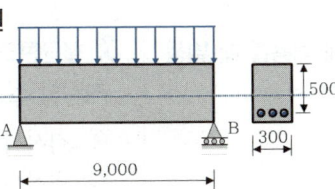

해설

(1) 계수하중: $w_u = 1.2w_D + 1.6w_L = 1.2(21) + 1.6(24) = 63.6\text{kN/m}$
$\geq 1.4w_D = 1.4(21) = 29.4\text{kN/m}$

(2) 지점 전단력: $V_A = \dfrac{w_u \cdot L}{2} = \dfrac{(63.6)(9)}{2} = 286.2\text{kN}$

(3) $4,500 : 286.2 = (4,500-500) : V_u$ ∴ $V_u = 254.4\text{kN}$

답 : ③

핵심예제 10

강도설계법에 의해서 전단보강철근을 사용하지 않고 계수하중에 의한 전단력 $V_u = 50\text{kN}$을 지지하기 위한 직사각형 단면 보의 최소 유효깊이 d는? (단, 보통중량콘크리트 사용, $f_{ck} = 28\text{MPa}$, $b_w = 300\text{mm}$)

① 405mm   ② 444mm   ③ 504mm   ④ 605mm

해설

(1) 전단보강철근이 필요 없는 조건: $V_u \leq \dfrac{1}{2}\phi V_c = \dfrac{1}{2}\phi\left(\dfrac{1}{6}\lambda\sqrt{f_{ck}} \cdot b_w \cdot d\right)$

(2) $d \geq \dfrac{12 V_u}{\phi\lambda\sqrt{f_{ck}} \cdot b_w} = \dfrac{12(50 \times 10^3)}{(0.75)(1)\sqrt{(28)}(300)} = 503.95\text{mm}$

답 : ③

핵심예제 11

피복두께 30mm, 직경 16mm 주근이 배근된 두께 150mm 철근콘크리트 일방향 슬래브에서 전단철근 없이 지지할 수 있는 단위길이 1m당 최대 계수전단력은? (단, $f_{ck} = 25\text{MPa}$, $\phi = 0.75$, $\lambda = 1$)

① 70.0 kN   ② 78.5 kN   ③ 80.0 kN   ④ 82.6 kN

해설 $V_u = \phi V_c = (0.75)\left[\dfrac{1}{6}(1)\sqrt{(25)}(1,000) \times \left(150 - 30 - \dfrac{16}{2}\right)\right]$
$= 70,000\text{N} = 70.0\text{kN}$

답 : ①

핵심문제

CHAPTER 4 RC 전단설계

1. 그림과 같이 하중 P가 보의 양단부에 작용할 때 발생하는 균열은?

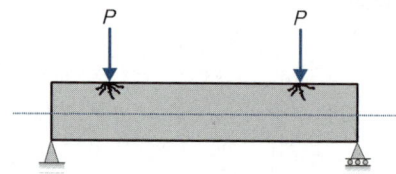

① 휨균열   ② 사인장균열
③ 휨균열과 사인장균열   ④ 전단압축균열

[해설]

전단력에 의한 사인장균열은 지점반력이 큰 양단에서 부재축과 45° 경사방향으로 중립축까지 발생되며 전단(보강)철근인 스터럽(Stirrup)에 의해 균열을 감소시킬 수 있다.

2. 그림은 연직하중을 받는 철근콘크리트 보의 균열 상태를 표시한 것이다. 전단력에 의해서 생기는 대표적인 균열의 형태로 옳은 것은?

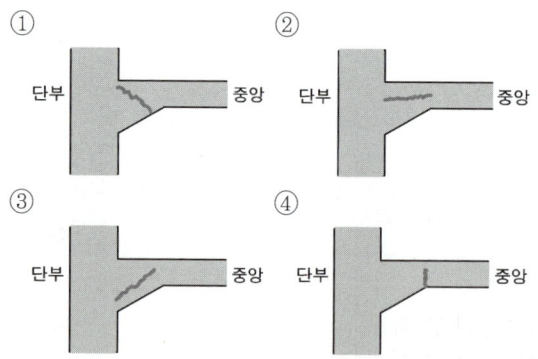

[해설]

전단력에 의한 사인장균열은 지점반력이 큰 양단에서 부재축과 45° 경사방향으로 중립축까지 발생되며 전단(보강)철근인 스터럽(Stirrup)에 의해 균열을 감소시킬 수 있다.

3. 철근콘크리트 보에서 사인장균열이 발생하였을 경우 취약한 철근은?

① 직사각형보의 인장철근
② 직사각형보의 압축철근
③ 균형철근보의 철근
④ 직사각형보의 전단철근

[해설]

전단력에 의한 사인장균열은 지점반력이 큰 양단에서 부재축과 45° 경사방향으로 중립축까지 발생되며 전단(보강)철근인 스터럽(Stirrup)에 의해 균열을 감소시킬 수 있다.

4. 철근콘크리트 보에서 하중 때문에 그림과 같은 균열이 생겼다. 이 균열이 생기지 않게 하기 위해서 취하여야 할 적당한 방법은?

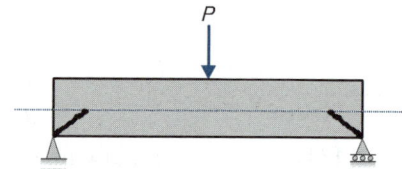

① 인장철근을 증가시킨다.
② 압축철근을 증가시킨다.
③ 스터럽(Stirrup)을 증가시킨다.
④ 인장 및 압축철근의 부착력을 증가시킨다.

[해설]

전단력에 의한 사인장균열은 지점반력이 큰 양단에서 부재축과 45° 경사방향으로 중립축까지 발생되며 전단(보강)철근인 스터럽(Stirrup)에 의해 균열을 감소시킬 수 있다.

해답   1. ②   2. ③   3. ④   4. ③

5. 철근콘크리트 보에서 전단보강철근으로 볼 수 없는 것은?

① 부재의 축에 직각인 스터럽
② 주인장철근에 30° 각도로 구부린 굽힘철근
③ 스터럽과 굽힘철근의 조합
④ 주인장철근에 30° 각도로 설치되는 스터럽

해설 전단철근의 종류와 형태

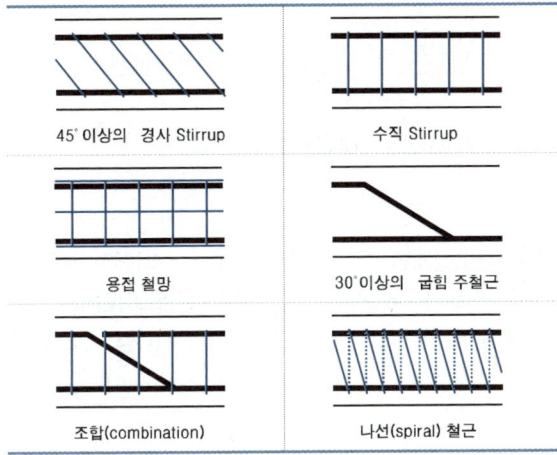

6. 철근콘크리트 부재에 사용되는 전단철근에 대한 설명 중 옳지 않은 것은?

① 철근콘크리트 부재축에 직각으로 배치된 용접 철망은 전단철근으로 사용할 수 없다.
② 철근콘크리트 부재의 경우 주인장철근에 30° 이상의 각도로 구부린 굽힘철근을 전단철근으로 사용할 수 있다.
③ 전단철근의 설계기준항복강도는 500MPa를 초과할 수 없다.(단, 용접이형철망 제외)
④ 부재축에 직각으로 설치되는 스터럽의 간격은 철근콘크리트 부재의 경우 0.5d 이하, 또한 600mm 이하여야 한다.

해설

① 철근콘크리트 부재축에 직각으로 배치된 용접철망은 전단철근으로 사용할 수 있다.

7. 철근콘크리트 단순보에 관한 다음 사항 중에서 옳지 않은 것은?

① 인장철근을 증가시키는 것은 전단력에 대한 유효한 보강법이다.
② 일반적으로 전단응력은 단면의 중립축에서 최대이나 항상 중립축에서 최대는 아니다.
③ 보의 주근은 중앙부에서는 하부에 많이 넣는다.
④ 중요한 보는 복근보로 한다.

해설

① 보의 인장(주)철근은 휨인장응력에 대한 대응이며 전단력에 대한 보강철근인 늑근(Stirrup)의 양을 증가시키는 것과는 상관없다.

8. 보의 주근(인장철근)의 양을 줄이기 위한 방법으로 합당하지 않은 것은?

① 보의 춤을 크게 한다.
② 고강도의 철근을 사용한다.
③ 부착이 문제가 되는 경우 고강도 콘크리트를 사용한다.
④ 늑근의 양을 증가시킨다.

해설

④ 보의 인장(주)철근은 휨인장응력에 대한 대응이며 전단력에 대한 보강철근인 늑근(Stirrup)의 양을 증가시키는 것과는 상관없다.

9. 콘크리트 공칭전단강도(V_c)가 40kN, 전단보강근에 의한 공칭전단강도(V_s)가 20kN일 때 계수전단력(V_u)으로 옳은 것은?

① 45 kN   ② 51 kN
③ 54 kN   ④ 60 kN

해설

$V_u = \phi V_n = \phi(V_c + V_s)$
$= (0.75)[(40)+(20)] = 45\text{kN}$

해답 5. ④ 6. ① 7. ① 8. ④ 9. ①

10. 콘크리트에 의한 공칭전단강도 V_c 값이 140kN, 전단철근에 의한 공칭전단강도 V_s 값이 120kN 일 때, 계수전단력 V_u 값은? (단, $\phi=0.75$)

① 195kN ② 234kN
③ 260kN ④ 400kN

해설

$V_u = \phi V_n = \phi(V_c + V_s)$
$= (0.75)[(140)+(120)] = 195\text{kN}$

11. 단면 $b \times d = 300\text{mm} \times 550\text{mm}$, 모래경량콘크리트를 사용한 철근콘크리트 보에서 콘크리트가 부담할 수 있는 공칭전단강도(V_c)는? (단, $f_{ck}=21\text{MPa}$)

① 95kN ② 107kN
③ 126kN ④ 132kN

해설

$V_c = \dfrac{1}{6}\lambda\sqrt{f_{ck}} \cdot b_w \cdot d = \dfrac{1}{6}(0.85)\sqrt{(21)}(300)(550)$
$= 107{,}118\text{N} = 107.118\text{kN}$

12. 강도설계법에 의한 철근콘크리트 보에서 콘크리트만의 설계전단강도는? (단, $f_{ck}=24\text{MPa}$, $\lambda=1$)

① 31.5kN
② 75.8kN
③ 110.2kN
④ 145.6kN

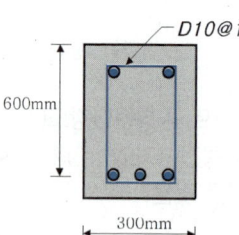

해설

$\phi V_c = \phi \cdot \dfrac{1}{6}\lambda\sqrt{f_{ck}} \cdot b_w \cdot d$
$= (0.75)\dfrac{1}{6}(1)\sqrt{(24)}(300)(600)$
$= 110{,}227\text{N} = 110.227\text{kN}$

13. 그림과 같은 복근보에서 전단보강철근이 부담하는 전단력 V_s는? (단, $f_{ck}=24\text{MPa}$, $f_y=400\text{MPa}$, $f_{yt}=300\text{MPa}$, $\lambda=1$, D10의 단면적은 71mm^2)

① 110kN
② 115kN
③ 120kN
④ 125kN

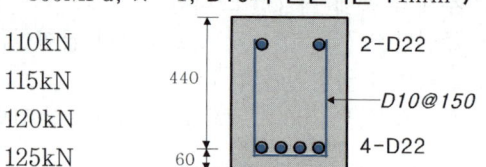

해설

$V_s = \dfrac{A_v \cdot f_{yt} \cdot d}{s} = \dfrac{(71 \times 2\text{개})(300)(440)}{(150)}$
$= 124{,}960\text{N} = 124.960\text{kN}$

14. 강도설계법으로 설계된 보에서 스터럽이 부담하는 전단력이 $V_s=265\text{kN}$일 경우 수직스터럽의 적절한 간격은? (단, $A_v=2\times127\text{mm}^2$(U형 2-D13), $f_{yt}=350\text{MPa}$, $b_w \cdot d = 300\text{mm} \times 450\text{mm}$)

① 120mm ② 150mm
③ 180mm ④ 210mm

해설

$s = \dfrac{A_v \cdot f_{yt} \cdot d}{V_s}$
$= \dfrac{(2\times127)(350)(450)}{(265\times10^3)} = 150.962\text{mm}$

15. 유효깊이 $d=550\text{mm}$, 보의 폭 $b_w=300\text{mm}$인 보에서 스터럽이 부담할 전단력 $V_s=200\text{kN}$일 경우, 수직스터럽 간격으로 적절한 것은?
(단, $A_v=142\text{mm}^2$, $f_{ck}=24\text{MPa}$, $f_{yt}=400\text{MPa}$)

① 120mm ② 150mm
③ 180mm ④ 200mm

해설

$s = \dfrac{A_v \cdot f_{yt} \cdot d}{V_s} = \dfrac{(142)(400)(550)}{(200\times10^3)} = 156.2\text{mm}$

해답 10. ① 11. ② 12. ③ 13. ④ 14. ② 15. ②

16. 그림과 같은 보가 지지할 수 있는 설계전단강도는?
(단, 보통중량콘크리트 $f_{ck}=24\text{MPa}$, $f_{yt}=400\text{MPa}$, D10의 공칭단면적은 71.33mm^2)

① 281 kN
② 319 kN
③ 359 kN
④ 409 kN

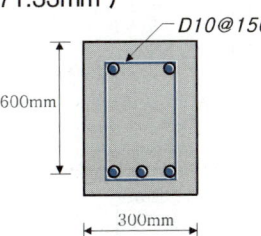

해설

(1) $V_c = \dfrac{1}{6}\lambda\sqrt{f_{ck}} \cdot b_w \cdot d$

$= \dfrac{1}{6}(1)\sqrt{(24)}(300)(600) = 146,969\text{N}$

(2) $V_s = \dfrac{A_v \cdot f_{yt} \cdot d}{s}$

$= \dfrac{(2\times 71.33)(400)(600)}{(150)} = 228,256\text{N}$

(3) $\phi V_n = \phi(V_c + V_s)$

$= (0.75)[(146,969) + (228,256)]$

$= 281,418\text{N} = 281.418\text{kN}$

17. 그림과 같은 철근콘크리트 단순보에서 지지점으로부터 유효깊이 d 만큼 떨어진 위험단면에서의 계수전단력을 구하면?
(단, $w_D = 21\text{kN/m}$, $w_L = 24\text{kN/m}$)

① 63.6kN
② 187.8kN
③ 254.4kN
④ 367.5kN

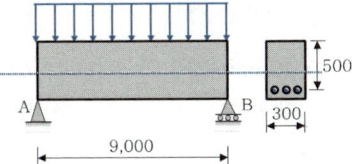

해설

(1) 계수하중: $w_u = 1.2w_D + 1.6w_L$

$= 1.2(21) + 1.6(24) = 63.6\text{kN/m}$

$\geq 1.4w_D = 1.4(21) = 29.4\text{kN/m}$

(2) 지점 전단력:

$V_A = \dfrac{w_u \cdot L}{2} = \dfrac{(63.6)(9)}{2} = 286.2\text{kN}$

(3) 삼각형 닮음비

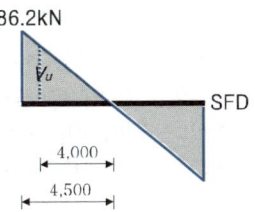

$4,500 : 286.2 = (4,500-500) : V_u$

$\therefore V_u = 254.4\text{kN}$

해답 16. ① 17. ③

18. 강도설계법에 의해서 전단보강철근을 사용하지 않고 계수하중에 의한 전단력 $V_u = 50\text{kN}$을 지지하기 위한 직사각형 단면 보의 최소 유효깊이 d는?
(단, 보통중량콘크리트 사용, $f_{ck} = 28\text{MPa}$, $b_w = 300\text{mm}$)

① 405mm　　② 444mm
③ 504mm　　④ 605mm

해설

전단보강철근이 필요 없는 조건

$$V_u \leq \frac{1}{2}\phi V_c = \frac{1}{2}\phi \left(\frac{1}{6} \lambda \sqrt{f_{ck}} \cdot b_w \cdot d \right) \text{ 으로부터}$$

➡ $d \geq \dfrac{12 V_u}{\phi \lambda \sqrt{f_{ck}} \cdot b_w}$

$= \dfrac{12(50 \times 10^3)}{(0.75)(1)\sqrt{(28)}(300)} = 503.95\text{mm}$

19. 피복두께 30mm, 직경 16mm 주근이 배근된 두께 150mm 철근콘크리트 일방향 슬래브에서 전단철근 없이 지지할 수 있는 단위길이 1m당 최대 계수전단력은?
(단, $f_{ck} = 25\text{MPa}$, $\phi = 0.75$, $\lambda = 1$)

① 70.0 kN　　② 78.5 kN
③ 80.0 kN　　④ 82.6 kN

해설

1방향 슬래브에서 전단보강철근이 필요 없는 조건

$V_u = \phi V_c = \phi \dfrac{1}{6} \lambda \sqrt{f_{ck}} \cdot b_w \cdot d$

$= (0.75)\left[\dfrac{1}{6}(1)\sqrt{(25)}(1,000) \times \left(150 - 30 - \dfrac{16}{2}\right) \right]$

$= 70,000\text{N} = 70.0\text{kN}$

20. 강도설계법에서 깊은보는 순경간 L_n이 부재깊이의 몇 배 이하인 부재인가?

① 2배　　② 3배
③ 4배　　④ 5배

해설

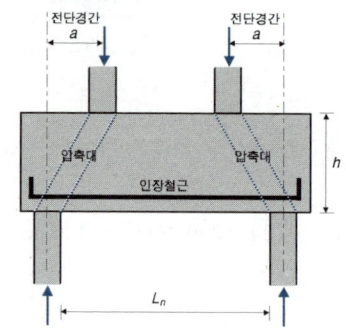

깊은보(Deep Beam)

$\dfrac{L_n}{h} \leq 4$ 　　순경간 L_n이 부재깊이(h)의 4배 이하인 부재

해답　18. ③　19. ①　20. ③

MEMO

5 RC 슬래브(Slab)

CHECK

슬래브 변장비, 슬래브 배근 중심간격, 수축온도철근비,
직접설계법 적용조건, 전체정적계수휨모멘트, 플랫플레이트와 플랫슬래브,
기초판 유효폭 내 철근량의 배치, 현장치기콘크리트 시공에서 힘의 전달, 벽체의 철근배근 기준 및 최소철근비

1 슬래브(Slab) 일반사항

학습POINT

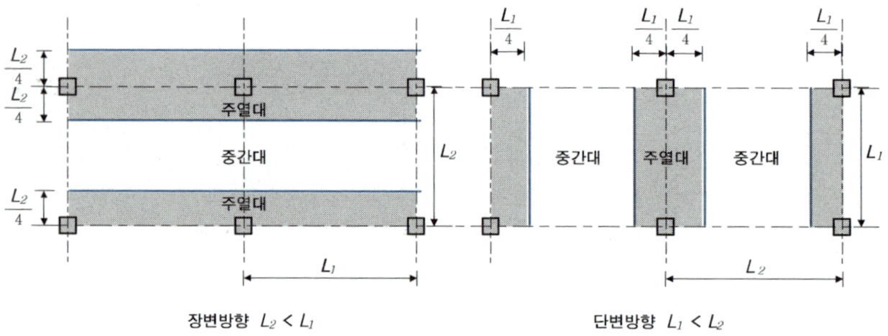

변장비 $= \dfrac{\text{장변Span}}{\text{단변Span}} > 2$
➡ 1방향 슬래브(1-Way Slab)

변장비 $= \dfrac{\text{장변Span}}{\text{단변Span}} \leq 2$
➡ 2방향 슬래브(2-Way Slab)

(1)	1방향 슬래브의 폭	짧은 경간을 설계 경간으로 결정하여 단위폭 1m인 직사각형 보로 설계한다.		
(2)	1방향 슬래브의 두께	과도한 처짐 방지를 위해 최소 100mm 이상		
(3)	정철근 및 부철근 배근 중심간격	• 최대 휨모멘트 발생 단면: 슬래브 두께의 2배 이하, 300mm 이하 • 기타 단면: 슬래브 두께의 3배 이하, 450mm 이하		
(4)	수축온도철근	간격	슬래브 두께의 5배 이하, 450mm 이하	
		철근비	$f_y = 400\text{MPa}$ 이하	$\rho_{\min} = 0.0020$
			$f_y = 400\text{MPa}$ 초과	$\rho_{\min} = 0.0020 \times \dfrac{400}{f_y} \geq 0.0014$

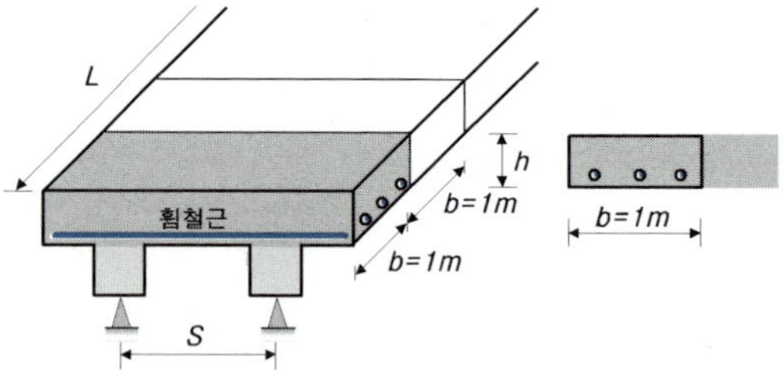

핵심예제 1

4변 고정된 철근콘크리트 슬래브에서 장변의 길이가 8m일 때 2방향 슬래브가 되려면 단변의 길이는?

① 1m 이상 ② 2m 이상 ③ 3m 이상 ④ 4m 이상

[해설] ④ 변장비 $= \dfrac{8m}{단변 Span} \leq 2$ 로부터 단변 Span $\geq$ 4m

답 : ④

핵심예제 2

철근콘크리트구조의 1방향슬래브의 정모멘트철근 및 부모멘트철근의 중심간격은 위험단면에서 슬래브두께의 최대 몇 배 이하이어야 하는가?

① 1배 ② 2배 ③ 3배 ④ 4배

[해설] ② 최대 휨모멘트 발생 단면: 슬래브 두께의 2배 이하, 300mm 이하

답 : ②

핵심예제 3

강도설계법에서 1방향 슬래브 설계 시 휨철근에 직각방향으로 배근되는 D10 철근의 최대 간격으로 옳은 것은? (단, 슬래브 두께는 150mm, $f_y = 400$MPa, 철근(D10) 1개의 단면적은 71mm²)

① 200mm ② 230mm ③ 260mm ④ 300mm

[해설]

(1) $f_y = 400$MPa 이므로 최소철근비 $\rho_{min} = 0.002$

(2) 최소철근량 $A_{s,min} = \rho_{min} \cdot b \cdot d = (0.002)(1,000)(150) = 300 \text{mm}^2$

(3) 단위폭 1m당 철근의 개수: $n = \dfrac{(300\text{mm}^2)}{(71\text{mm}^2)} = 4.23$개

(4) 철근 간격: $s = \dfrac{(1,000\text{mm})}{(4.23개)} = 236.4\text{mm}/1$개

답 : ②

2 2방향 슬래브(2-Way Slab): 직접설계법(Direct Design Method)

등분포하중이 작용하는 슬래브-보의 위험단면에서 설계모멘트를 결정하는 경험적인 설계방법으로, 골조의 각 경간을 단순보로 고려하여 계산한 휨모멘트(Static Moment)를 받침부의 최대 부모멘트와 경간 중앙에서의 최대 정모멘트로 분배한다.

(1)	적용조건	경간수	각 방향으로 3경간 이상이 연속되어야 한다.
		경간차	각 방향으로 연속한 경간 길이의 차이는 긴 경간의 $\frac{1}{3}$ 이하
		하중조건	모든 하중은 연직 등분포하중으로 활하중은 고정하중의 2배 이하
(2)	전체 정적 계수모멘트	$M_o = \dfrac{w_u \cdot l_2 \cdot l_n^{\,2}}{8}$	• l_2 : 슬래브의 폭, 양쪽 슬래브 폭이 다를 경우 평균값 • l_n : 모멘트 계산방향의 순경간으로 $0.65 l_2$ 이상
(3)	내부span	• 부 계수모멘트 ➡ $M_u^- = 0.65 M_o$ • 정 계수모멘트 ➡ $M_u^+ = 0.35 M_o$	양단 고정인 경우와 유사 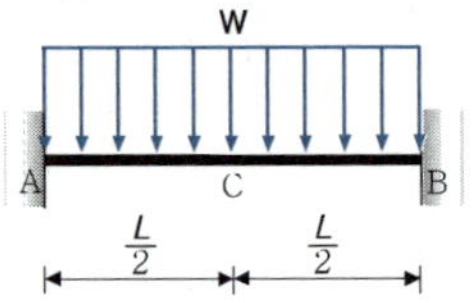 $M_A = M_B = -\dfrac{wL^2}{12}(\frown)$ $M_C = +\dfrac{wL^2}{24}(\smile)$

핵심예제 4

강도설계법에서 직접설계법을 이용한 슬래브 설계 시 적용조건으로 옳지 않은 것은?

① 각 방향으로 3경간 이상이 연속되어야 한다.
② 단변경간에 대한 장변경간의 비가 2 이하인 직사각형이어야 한다.
③ 각 방향으로 연속한 받침부 중심간 경간길이의 차이는 긴 경간의 1/3 이하이어야 한다.
④ 모든 하중은 연직하중으로서 슬래브 전체에 등분포되어야 하며 활하중은 고정하중의 3배 이하이어야 한다.

해설 ④ 활하중은 고정하중의 2배 이하이어야 한다.

답 : ④

핵심예제 5

직접설계법에 의한 설계모멘트를 결정하고자 한다. 화살표방향 패널의 정적모멘트 M_o는? (단, 등분포 고정하중 $w_D = 7.18\text{kPa}$, 등분포 활하중 $w_L = 2.39\text{kPa}$, 기둥의 단면 $300 \times 300\text{mm}$)

① 406.2kN · m
② 506.2kN · m
③ 706.2kN · m
④ 806.2kN · m

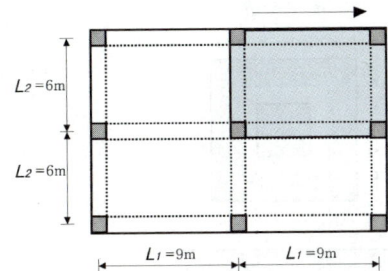

해설

(1) $w_u = 1.2w_D + 1.6w_L = 1.2(7.18) + 1.6(2.39) = 12.44\text{kN/m}^2$
   $\geq 1.4w_D = 1.4(7.18) = 10.052\text{kN/m}^2$

(2) $l_2 = 6\text{m}$, $l_n = 9\text{m} - 0.3\text{m} = 8.7\text{m}$

(3) $M_o = \dfrac{w_u \cdot l_2 \cdot l_n^2}{8} = \dfrac{(12.44)(6)(8.7)^2}{8} = 706.188\text{kN} \cdot \text{m}$

답 : ③

핵심예제 6

직접설계법을 적용한 계수모멘트 $M_o = 250\text{kN} \cdot \text{m}$ 이다. 양단 연속된 슬래브에서 단부와 중앙부의 계수모멘트는?

① 단부 − 162.5kN · m   중앙부 − 87.5kN · m
② 단부 − 150kN · m   중앙부 − 100kN · m
③ 단부 − 137.5kN · m   중앙부 − 122.5kN · m
④ 단부 − 125kN · m   중앙부 − 125kN · m

해설

(1) 단 부 : $M_u^- = 0.65 M_o = 0.65(250) = 162.5\text{kN} \cdot \text{m}$

(2) 중앙부 : $M_u^+ = 0.35 M_o = 0.35(250) = 87.5\text{kN} \cdot \text{m}$

답 : ①

3 플랫 플레이트(Flat Plate), 플랫 슬래브(Flat Slab)

플랫 플레이트(Flat Plate)	2방향 전단(Punching Shear, 뚫림전단)	플랫 슬래브(Flat Slab)
 보가 사용되지 않고 슬래브가 직접 기둥에 지지되는 구조	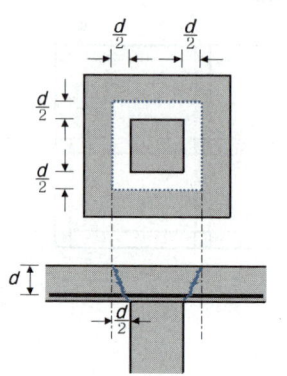	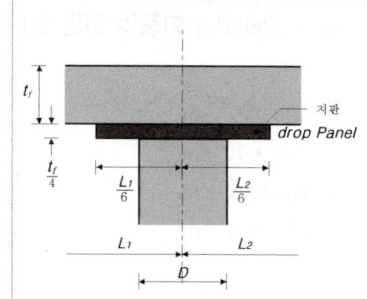 플랫플레이트에 지판(Drop Panel)을 설치하여 뚫림전단에 대비한 구조

핵심예제 7

보 또는 보의 역할을 하는 리브나 지판이 없이 기둥으로 하중을 전달하는 2방향으로 철근이 배치된 콘크리트 슬래브는?

① 와플 슬래브(Waffle Slab)
② 플랫 플레이트(Flat Plate)
③ 플랫 슬래브(Flat Slab)
④ 데크플레이트 슬래브(Deck Plate Slab)

해설   답 : ②

핵심예제 8

플랫플레이트가 큰 하중을 받을 때 기둥 주변에서 뚫림전단(Punching Shear)의 위험이 생긴다. 뚫림전단을 검토하는 위치로서 적당한 것은?
(단, d는 슬래브의 유효두께)

① 기둥면 주변   ② 기둥면에서 $\frac{d}{2}$ 만큼 떨어진 주변

③ 기둥면에서 $\frac{d}{4}$ 만큼 떨어진 주변   ④ 기둥면에서 d 떨어진 주변

해설   답 : ②

4 기초판 및 벽체의 주요 규정

(1)	기초판 유효폭 내 단변방향 철근량	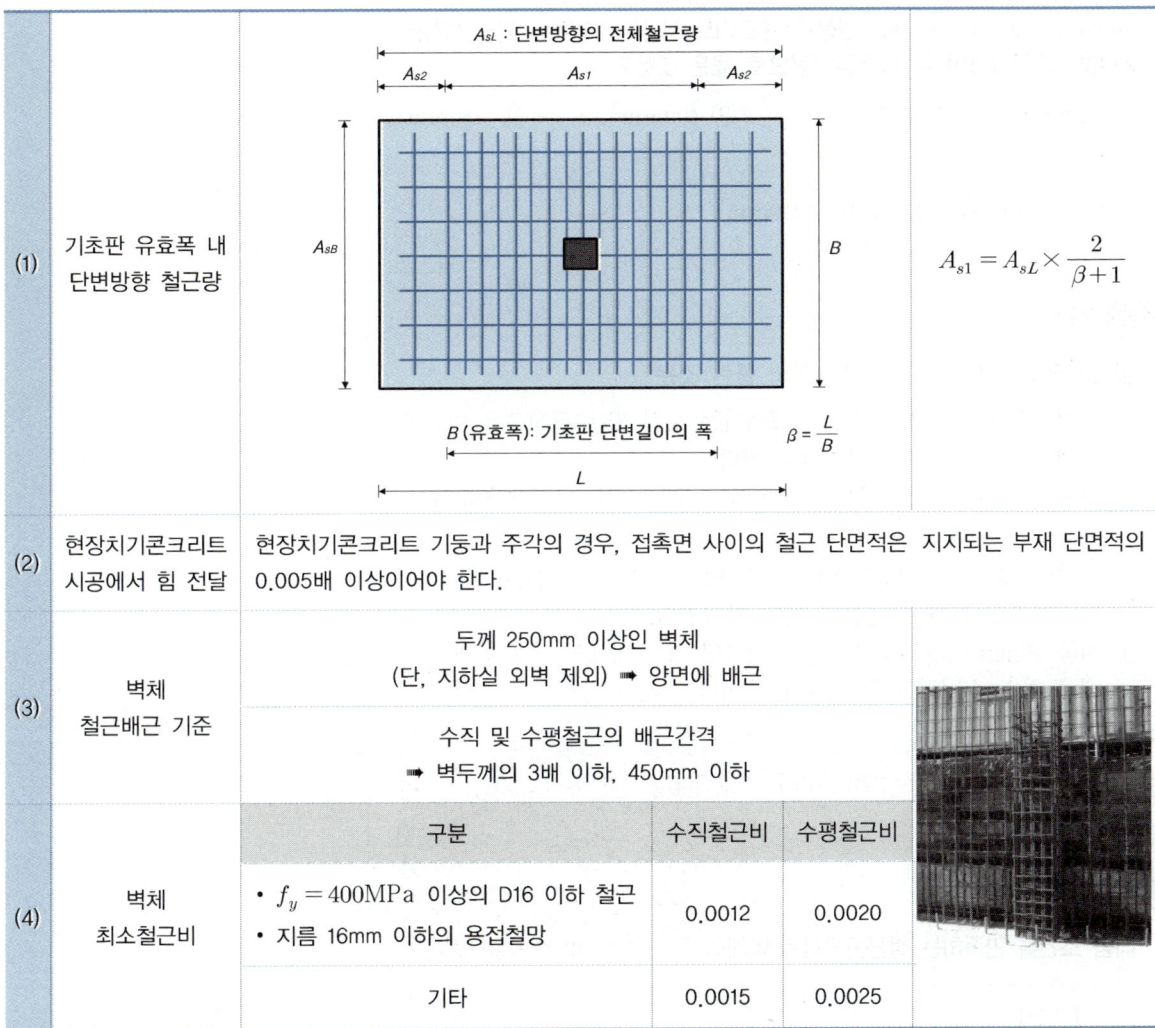 $A_{s1} = A_{sL} \times \dfrac{2}{\beta+1}$
(2)	현장치기콘크리트 시공에서 힘 전달	현장치기콘크리트 기둥과 주각의 경우, 접촉면 사이의 철근 단면적은 지지되는 부재 단면적의 0.005배 이상이어야 한다.
(3)	벽체 철근배근 기준	두께 250mm 이상인 벽체 (단, 지하실 외벽 제외) ➡ 양면에 배근 수직 및 수평철근의 배근간격 ➡ 벽두께의 3배 이하, 450mm 이하

(4) 벽체 최소철근비

구분	수직철근비	수평철근비
• $f_y = 400\text{MPa}$ 이상의 D16 이하 철근 • 지름 16mm 이하의 용접철망	0.0012	0.0020
기타	0.0015	0.0025

핵심예제 9

강도설계법에서 기초판의 크기가 2m×3m일 때 단변방향으로의 소요 전체 철근량이 3,000mm² 이다. 유효폭 내에 배근하여야 할 철근량으로 옳은 것은?

① 2,400mm² ② 2,800mm² ③ 3,000mm² ④ 3,600mm²

해설 $A_{s1} = A_{sL} \times \dfrac{2}{\beta+1} = (3,000) \cdot \dfrac{2}{\left(\dfrac{3}{2}\right)+1} = 2,400\text{mm}^2$

답 : ①

핵심예제10

독립기초 크기가 1,500mm×1,500mm, 지지되는 정방형 기둥 단면이 300mm×300mm일 경우, 현장치기콘크리트 시공에서 기초와 기둥 접촉면 사이에 배근되어야 할 최소철근량으로 옳은 것은?

① 300mm²   ② 350mm²   ③ 400mm²   ④ 450mm²

[해설] $A_{s,min} = (0.005)(300 \times 300) = 450 \text{mm}^2$

답 : ④

핵심예제11

철근콘크리트 벽체에 관한 기술로서 틀린 것은?

① 두께 200mm 이상의 벽체에 대해서는 수직 및 수평철근을 벽면에 평행하게 양면으로 배치하여야 한다.
② 수직 및 수평철근의 간격은 벽두께의 3배 이하, 또한 450mm 이하로 하여야 한다.
③ 벽체는 계수연직축력이 $0.4 f_{ck} \cdot A_g$ 이하이고 총 수직철근량이 단면적의 0.01배 이하인 부재를 가리킨다.
④ 지름 16mm 이하의 용접철망이 사용될 경우 벽체의 전체 단면적에 대한 최소 수평철근비는 0.0020 이다.

[해설] ① 두께 250mm 이상의 벽체에 적용되는 기준이다.

답 : ①

핵심예제12

다음 조건을 만족하는 철근콘크리트 벽체의 최소 수직 및 수평철근량은?

【조건】
- 벽체 길이 : 3,000mm
- 벽체 높이 : 2,600mm
- 벽체 두께 : 200mm
- f_y = 400MPa, D16

① 수직철근량: 720mm² , 수평철근량: 1,020mm²
② 수직철근량: 730mm² , 수평철근량: 1,020mm²
③ 수직철근량: 720mm² , 수평철근량: 1,040mm²
④ 수직철근량: 730mm² , 수평철근량: 1.040mm²

[해설]
(1) 최소 수직 철근량: $A_{s,min} = (0.0012)(200)(3,000) = 720 \text{mm}^2$
(2) 최소 수평 철근량: $A_{s,min} = (0.0020)(200)(2,600) = 1,040 \text{mm}^2$

답 : ③

MEMO

핵심문제

CHAPTER 5
RC 슬래브(Slab)

1. 그림과 같은 슬래브를 1방향 슬래브로 보고 계산할 수 있는 경우는? (단, $L > S$일 경우)

① $\dfrac{L}{S} > 2$일 경우
② $\dfrac{S}{L} > 2$일 경우
③ $\dfrac{L}{S} > 1$일 경우
④ $\dfrac{S}{L} > 1$일 경우

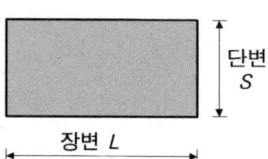

[해설]

(1) 1방향(1-Way) 슬래브: 변장비 $= \dfrac{\text{장변 Span}}{\text{단변 Span}} > 2$

(2) 2방향(2-Way) 슬래브: 변장비 $= \dfrac{\text{장변 Span}}{\text{단변 Span}} \leq 2$

2. 1방향 철근콘크리트 슬래브에 관한 기술 중 옳은 것은?

① 단변방향으로만 철근을 배근한다.
② 장변방향으로만 철근을 배근한다.
③ 장변방향으로 주근을 배근하고, 단변방향으로 배력근을 배근한다.
④ 단변방향으로 주근을 배근하고, 장변방향으로는 수축온도철근을 배근한다.

[해설]

④ 1방향 슬래브의 힘의 전달은 단변방향이 지배적이므로 단변 방향으로 주철근을 배근하고, 장변방향으로는 온도변화에 대응하기 위한 수축 온도철근을 배근한다.

3. 1방향 철근콘크리트 슬래브에 배치하는 수축온도 철근에 관한 기준으로 옳지 않은 것은?

① 수축온도철근으로 배치되는 이형철근 및 용접 철망의 철근비는 어떠한 경우에도 0.0014 이상이어야 한다.
② 수축온도철근으로 배치되는 설계기준항복강도가 400MPa을 초과하는 이형철근을 사용한 슬래브의 철근비는 $0.0020 \times \dfrac{400}{f_y}$ 로 산정한다.
③ 수축온도철근의 간격은 슬래브 두께의 6배 이하, 또한 600mm 이하로 하여야 한다.
④ 수축온도철근은 설계기준항복강도 f_y를 발휘할 수 있도록 정착되어야 한다.

[해설]

③ 수축온도철근의 간격은 슬래브 두께의 5배 이하, 또한 450mm 이하로 하여야 한다.

4. 1방향 철근콘크리트 슬래브에서 철근의 설계기준항복강도가 500MPa인 경우 콘크리트 전체 단면적에 대한 수축온도철근비는 최소 얼마 이상이어야 하는가?

① 0.0015   ② 0.0016
③ 0.0018   ④ 0.0020

[해설]

$\rho = 0.0020 \times \dfrac{400}{f_y}$

$= 0.0020 \times \dfrac{400}{(500)} = 0.0016 \geq 0.0014$

해답 1. ① 2. ④ 3. ③ 4. ②

5. 강도설계법에서 1방향 슬래브 설계 시 휨철근에 직각 방향으로 배근되는 D10 철근의 최대 간격으로 옳은 것은? (단, 슬래브 두께는 150mm, $f_y = 400\text{MPa}$, 철근(D10) 1개의 단면적은 71mm²)

① 200mm ② 230mm
③ 260mm ④ 300mm

해설

(1) 최소철근량: $f_y = 400\text{MPa}$ 이므로 $\rho_{min} = 0.002$

(2) 최대 간격이므로 최소철근비가 적용된다.
$$A_{s,min} = \rho_{min} \cdot b \cdot d$$
$$= (0.002)(1,000)(150) = 300\text{mm}^2$$

(3) 단위폭 1m당 철근의 개수:
$$n = \frac{(300\text{mm}^2)}{(71\text{mm}^2)} = 4.23개$$

(4) 철근 간격: $s = \frac{(1,000\text{mm})}{(4.23개)} = 236.4\text{mm}/1개$

6. 2방향 슬래브의 설계에 사용되는 직접설계법의 제한 사항에 관한 것이다. 옳지 않은 것은?

① 활하중은 고정하중의 2배 이하이어야 한다.
② 각 방향에 2개 이상의 연속 경간을 가져야 한다.
③ 각 방향에 연속되는 경간의 길이는 긴 경간의 1/3 이상 차이가 있어서는 안 된다.
④ 기둥은 어느 쪽에 대하여도 연속되는 기둥의 중심선으로부터 경간 길이의 10% 이상 벗어날 수 없다.

해설

② 각 방향에 3개 이상의 연속 경간을 가져야 한다.

7. 강도설계법에서 직접설계법을 이용한 슬래브 설계 시 적용조건으로 옳지 않은 것은?

① 각 방향으로 3경간 이상이 연속되어야 한다.
② 슬래브들은 단변경간에 대한 장변경간의 비가 2 이하인 직사각형이어야 한다.
③ 각 방향으로 연속한 받침부 중심간 경간길이의 차이는 긴 경간의 1/3 이하이어야 한다.
④ 모든 하중은 연직하중으로서 슬래브 전체에 등분포되어야 하며 활하중은 고정하중의 3배 이하이어야 한다.

해설

④ 활하중은 고정하중의 2배 이하이어야 한다.

8. 등분포하중을 받는 4변고정 2방향 슬래브에서 휨 모멘트량이 가장 크게 나타나는 곳은?

① A
② B
③ C
④ D

해설

③ 2방향 슬래브는 단변과 장변 2방향으로 하중이 전달되지만 지배적인 하중분담은 단변방향 단부(C)이다.

9. 4변고정인 2방향슬래브(2-Way Slab)에서 가장 많이 하중을 받는 곳은?

① 장변방향 단부   ② 장변방향 중앙부
③ 단변방향 단부   ④ 단변방향 중앙부

해설

③ 2방향 슬래브는 단변과 장변 2방향으로 하중이 전달되지만 지배적인 하중분담은 단변방향 단부(C)이다.

해답 5. ② 6. ② 7. ④ 8. ③ 9. ③

10. 그림과 같은 슬래브에서 직접설계법에 의한 설계 모멘트를 결정하고자 한다. 화살표방향 패널의 정적 모멘트 M_o는? (단, 등분포 고정하중 $w_D = 7.18\text{kPa}$, 등분포 활하중 $w_L = 2.39\text{kPa}$, 기둥 단면은 300×300mm)

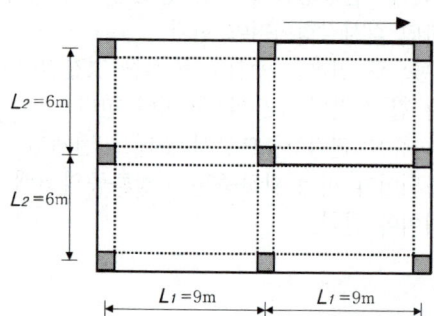

① 406.2kN·m ② 506.2kN·m
③ 706.2kN·m ④ 806.2kN·m

[해설]

(1) $w_u = 1.2w_D + 1.6w_L = 1.2(7.18) + 1.6(2.39)$

$= 12.44\text{kPa} = 12.44\text{kN/m}^2$

$\geq 1.4w_D = 1.4(7.18) = 10.052\text{kN/m}^2$

(2) $l_2 = 6\text{m}$

(3) $l_n = 9\text{m} - 0.3\text{m} = 8.7\text{m}$

$\therefore M_o = \dfrac{w_u \cdot l_2 \cdot l_n^2}{8}$

$= \dfrac{(12.44)(6)(8.7)^2}{8} = 706.188\text{kN} \cdot \text{m}$

11. 철근콘크리트 슬래브의 내부경간에서의 정계수휨 모멘트 / 정적계수휨모멘트(M_o)의 비율은?

① 0.25 ② 0.35
③ 0.45 ④ 0.65

[해설]

(1) 단부 부계수모멘트: $M_u^- = 0.65 M_o$

(2) 중앙부 정계수모멘트: $M_u^+ = 0.35 M_o$

12. 직접설계법을 적용한 슬래브 설계시 계수모멘트 $M_o = 250\text{kN} \cdot \text{m}$ 이다. 양단연속된 슬래브에서 단부와 중앙부의 계수 모멘트로 옳은 것은?

① 단부: 162.5kN·m, 중앙부: 87.5kN·m
② 단부: 150kN·m, 중앙부: 100kN·m
③ 단부: 137.5kN·m, 중앙부: 122.5kN·m
④ 단부: 125kN·m, 중앙부: 125kN·m

[해설]

(1) $M_u^- = 0.65 M_o = 0.65(250) = 162.5\text{kN} \cdot \text{m}$

(2) $M_u^+ = 0.35 M_o = 0.35(250) = 87.5\text{kN} \cdot \text{m}$

13. 보가 있는 2방향 슬래브를 강도설계법에서 직접 설계법으로 계산할 때 $M_o = 900\text{kN} \cdot \text{m}$ 로 산정되었다. 내부 경간의 부계수모멘트(kN·m)와 정계수모멘트(kN·m)로 옳은 것은?

① 부계수모멘트 585, 정계수모멘트 315
② 부계수모멘트 630, 정계수모멘트 270
③ 부계수모멘트 315, 정계수모멘트 585
④ 부계수모멘트 270, 정계수모멘트 630

[해설]

(1) $M_u^- = 0.65 M_o = 0.65(900) = 585\text{kN} \cdot \text{m}$

(2) $M_u^+ = 0.35 M_o = 0.35(900) = 315\text{kN} \cdot \text{m}$

해답 10. ③ 11. ② 12. ① 13. ①

14. 보 또는 보의 역할을 하는 리브나 지판이 없이 기둥으로 하중을 전달하는 2방향으로 철근이 배치된 콘크리트 슬래브는?

① 와플 슬래브(Waffle Slab)
② 플랫 플레이트(Flat Plate)
③ 플랫 슬래브(Flat Slab)
④ 데크플레이트 슬래브(Deck Plate Slab)

해설

(1) 플랫 플레이트(Flat Plate): 보가 사용되지 않고 슬래브가 직접 기둥에 지지되는 구조
(2) 플랫 슬래브(Flat Slab): 플랫플레이트에 지판(Drop Panel)을 설치하여 뚫림전단에 대비한 구조

15. 강도설계법에 의한 철근콘크리트 플랫 슬래브 설계 시 지판의 슬래브 아래로 돌출한 두께는 돌출부를 제외한 슬래브 두께가 300mm 일 때 최소 얼마 이상으로 하여야 하는가?

① 20mm   ② 40mm
③ 60mm   ④ 75mm

해설

슬래브 아래로 돌출한 지판의 두께는 돌출부를 제외한 슬래브 두께의 $\frac{1}{4}$ 이상으로 하여야 한다.

∴ $\frac{300mm}{4} = 75mm$

16. 플랫플레이트가 큰 하중을 받을 때 기둥 주변에서 뚫림전단(Punching Shear)의 위험이 생긴다. 뚫림전단을 검토하는 위치로서 적당한 것은? (단, d는 슬래브의 유효두께)

① 기둥면 주변
② 기둥면에서 $\frac{d}{2}$ 만큼 떨어진 주변
③ 기둥면에서 $\frac{d}{4}$ 만큼 떨어진 주변
④ 기둥면에서 d 떨어진 주변

해설

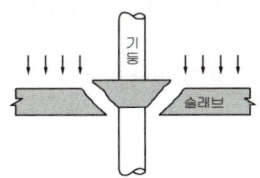

플랫플레이트(Flat Plate)의 뚫림전단력에 의한 위험단면 위치는 기둥면으로부터 $\frac{d}{2}$ 만큼 떨어진 곳이다.

17. 유효두께 $d = 400mm$ 인 철근콘크리트 기초판에서 2방향 전단에 저항하기 위한 위험단면의 둘레길이는? (단, 기둥의 단면은 500×500mm)

① 1,600mm   ② 2,000mm
③ 3,000mm   ④ 3,600mm

해설

(1) 2방향 전단은 기둥면에서 $\frac{d}{2}$ 위치 떨어진 주변이다.
(2) 위험단면 둘레길이
$$b_0 = \left(\frac{(400)}{2} + (500) + \frac{(400)}{2}\right) \times 4 = 3,600mm$$

해답 14. ② 15. ④ 16. ② 17. ④

18. 그림과 같은 독립기초에서 뚫림전단(Punching Shear) 응력도를 계산할 때 검토하는 저항면적으로 적당한 것은?

① 2,520,000mm²
② 2,160,000mm²
③ 1,400,000mm²
④ 2,640,000mm²

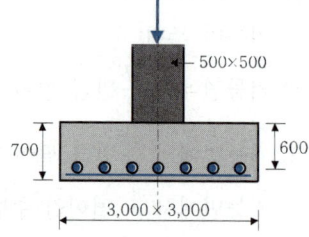

해설

(1) 뚫림전단(Punching Shear) 위험단면 :

기둥면에서 $\dfrac{d}{2}$ 만큼 떨어진 위치

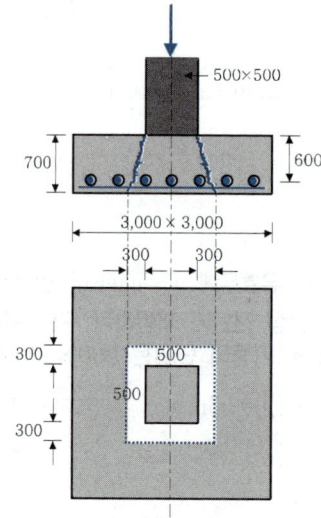

(2) 위험단면 면적(A)=위험단면 둘레길이(b_o)×유효깊이(d)

① 위험단면의 둘레길이(b_o)

$$b_o = \left[\left(\dfrac{d}{2}+c_1+\dfrac{d}{2}\right)\times 2\right] + \left[\left(\dfrac{d}{2}+c_1+\dfrac{d}{2}\right)\times 2\right]$$
$$= [(300+500+300)\times 2]\times 2 = 4,400\text{mm}$$

② 저항면적:

$$A = b_o \cdot d = (4,400)(600) = 2,640,000\text{mm}^2$$

19. 강도설계법에서 기초판의 크기가 2m×3m일 때 단변방향으로의 소요 전체 철근량이 3,000mm² 이다. 유효폭 내에 배근하여야 할 철근량으로 옳은 것은?

① 2,400mm²
② 2,800mm²
③ 3,000mm²
④ 3,600mm²

해설

기초판 유효폭 내 배근되는 철근량

$$A_s' = 전체\ 철근량 \times \dfrac{2}{\beta+1}$$

$$= (3,000) \cdot \dfrac{2}{\left(\dfrac{3}{2}\right)+1} = 2,400\text{mm}^2$$

20. 독립기초 크기 1,500mm×1,500mm, 지지되는 정방형 기둥 단면이 300mm×300mm일 경우, 현장치기콘크리트 시공에서 기초와 기둥 접촉면 사이에 배근되어야 할 최소철근량은?

① 300mm²
② 350mm²
③ 400mm²
④ 450mm²

해설

현장치기콘크리트 기둥과 주각의 경우, 접촉면 사이의 철근 단면적은 지지되는 부재 단면적의 0.005배 이상이어야 한다.

$$A_{s,\min} = (0.005)(300\times 300) = 450\text{mm}^2$$

해답 18. ④ 19. ① 20. ④

21. 강도설계법에서 벽체 전체 단면적에 대한 최소 수직·수평 철근비로 옳은 것은? (단, $f_y = 400\text{MPa}$, D13 철근 사용)

① 수직철근비 0.0012, 수평철근비 0.0020
② 수직철근비 0.0015, 수평철근비 0.0020
③ 수직철근비 0.0015, 수평철근비 0.0025
④ 수직철근비 0.0020, 수평철근비 0.0025

해설

구분	최소 수직철근비	최소 수평철근비
• $f_y = 400\text{MPa}$ 이상의 D16 이하 철근 • 지름 16mm 이하의 용접철망	0.0012	0.0020
기타	0.0015	0.0025

22. 다음 조건을 만족하는 철근콘크리트 벽체의 최소 수직철근량과 최소 수평철근량은 얼마인가?

【조건】
• 벽체 길이: 3,000mm
• 벽체 높이: 2,600mm
• 벽체 두께: 200mm
• $f_y = 400\text{MPa}$, D16

① 수직철근량: 720mm², 수평철근량: 1,020mm²
② 수직철근량: 730mm², 수평철근량: 1,020mm²
③ 수직철근량: 720mm², 수평철근량: 1,040mm²
④ 수직철근량: 730mm², 수평철근량: 1,040mm²

해설

(1) 최소 수직 철근량:
$$A_{s,\min} = (0.0012)(200)(3,000) = 720\text{mm}^2$$

(2) 최소 수평 철근량:
$$A_{s,\min} = (0.0020)(200)(2,600) = 1,040\text{mm}^2$$

23. 철근콘크리트 벽체에 관한 기술로서 틀린 것은?

① 두께 200mm 이상의 벽체는 수직 및 수평철근을 벽면에 평행하게 양면으로 배치하여야 한다.
② 수직 및 수평철근의 간격은 벽두께의 3배 이하, 또한 450mm 이하로 하여야 한다.
③ 벽체는 계수연직축력이 $0.4 f_{ck} \cdot A_g$ 이하이고 총 수직철근량이 단면적의 0.01배 이하인 부재를 가리킨다.
④ 지름 16mm 이하의 용접철망이 사용될 경우 벽체의 전체 단면적에 대한 최소 수평철근비는 0.0020 이다.

해설

① 두께 250mm 이상의 벽체는 수직 및 수평철근을 벽면에 평행하게 양면으로 배치하여야 한다.

24. 철근콘크리트 벽체 설계에 관한 기준이다. ( ) 안에 들어갈 내용을 순서대로 바르게 나타낸 것은?

수직 및 수평철근의 간격은 벽두께의 ( ) 이하, 또한 ( ) 이하로 하여야 한다.

① 2배, 300mm   ② 2배, 450mm
③ 3배, 300mm   ④ 3배, 450mm

해설

벽체의 수직 및 수평철근 간격은 벽두께의 3배 이하, 450mm 이하로 하여야 한다.

해답 21. ① 22. ③ 23. ① 24. ④

6 RC구조 사용성

CHECK

사용성의 정의, 강도한계상태와 사용성한계상태의 구분,
장기처짐계수, 총처짐의 계산,
최대허용처짐 규정, 처짐을 계산하지 않는 경우 보 또는 1방향슬래브의 최소두께 규정,
휨균열 제어(보 및 1방향 슬래브의 휨철근 배치)

1 사용성(Serviceability): 처짐, 균열, 진동 등

구조물 또는 구조부재에 과대한 처짐, 균열, 진동 등이 일어나면 구조물의 기능에 지장을 초래할 뿐만 아니라, 미관을 해치고 사용자에게 불안감을 제공하게 되므로 구조물은 외력에 대해 안전해야 될 뿐만 아니라 사용성도 확보되어야 한다.

학습POINT

(1)	한계상태	강도한계상태 (Strength Limit State)	구조체에 작용하는 하중효과가 구조체 또는 구조체를 구성하는 부재의 강도보다 커져 구조체가 하중 지지능력을 잃고 붕괴되는 상태
		사용성한계상태 (Serviceability Limit State)	구조체가 붕괴되지는 않더라도 구조기능이 저하되어 외관, 유지관리, 내구성 및 사용에 매우 부적합하게 되는 상태
(2)	설계상의 검토	안전성	계수하중(Factored Load)으로 검토 ➡ $U = 1.2D + 1.6L$
		사용성	사용하중(Service Load)으로 검토 ➡ $U = 1.0D + 1.0L$

핵심예제 1

콘크리트 구조물의 설계법 중 강도설계법의 특징으로 옳지 않은 것은?
① 구조물의 파괴에 대한 안전도의 확보가 확실하다.
② 서로 다른 하중의 특성을 설계에 반영할 수 있다.
③ 서로 다른 재료의 특성을 설계에 반영시키기 어렵다.
④ 처짐 및 균열에 대한 사용성 확보 검토가 불필요하다.

해설 ④ 극한강도설계법(USD)은 안전성에 중점을 두고 처짐, 균열 등과 같은 사용성의 문제는 별도로 검토하고 있다.   **답 : ④**

2 처짐(Deflection)

(1)	**총처짐 = 탄성처짐 + 장기처짐**	• 탄성처짐 = 순간처짐 = 즉시처짐
		• 장기처짐(Long Term Deflection): 건조수축과 크리프에 의해 시간이 경과함에 따라 추가적으로 발생하는 원래의 상태로 되돌아가지 않는 처짐

(2) 장기처짐 = 탄성처짐 × λ_Δ

$$\lambda_\Delta = \frac{\xi}{1+50\rho'}$$

• ξ: 시간경과계수

기간	계수
3개월	1.0
6개월	1.2
12개월	1.4
5년 이상	2.0

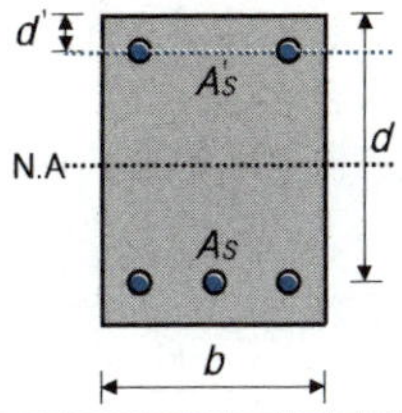

• $\rho' = \dfrac{A_s'}{bd}$: 압축철근비

핵심예제 2

철근콘크리트 단순보에서 순간탄성처짐이 0.9mm 이었다면 1년 뒤 이 부재의 총처짐량을 구하면? (단, 시간경과계수 $\xi = 1.4$, 압축철근비 $\rho' = 0.01071$)

① 1.52mm ② 1.72mm ③ 1.92mm ④ 2.12mm

해설

총처짐 = 탄성처짐 + 장기처짐 $= (0.9) + (0.9)\left(\dfrac{(1.4)}{1+50(0.01071)}\right) = 1.72\text{mm}$

답 : ②

핵심예제 3

단근보에서 하중이 재하됨과 동시에 순간처짐이 20mm가 발생되었다. 이 하중이 5년 이상 지속되는 경우 총 처짐량은 얼마인가?

(단, $\lambda_\Delta = \dfrac{\xi}{1+50\rho'}$ 이고, 지속하중에 의한 시간경과계수 $\xi = 2$)

① 30mm ② 40mm ③ 60mm ④ 80mm

해설

총처짐 = 탄성처짐 + 장기처짐 $= (20) + (20)\left(\dfrac{(2.0)}{1+50(0)}\right) = 60\text{mm}$

답 : ③

3 최대허용처짐

보 또는 슬래브의 과다한 처짐은 칸막이벽에 균열을 발생시키거나 개구부의 기능을 저해하고 바닥이나 지붕의 방수성능에 문제를 일으키기도 하게 된다.
따라서, 경간의 길이(l)에 대해 보 또는 슬래브의 최소두께를 규정함으로써 사용하중 상태에서 처짐에 대한 문제점이 발생하지 않도록 규정하고 있다.

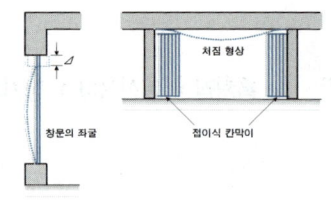

장기처짐 효과를 고려한 전체 처짐의 한계는 최대허용처짐 이하가 되도록 해야 한다.

부재의 형태	고려해야 할 처짐	처짐 한계
과도한 처짐에 의해 손상되기 쉬운 비구조 요소를 지지 또는 부착하지 않은 평지붕 구조: **외부 환경**	활하중 L에 의한 순간처짐	$\dfrac{l}{180}$
과도한 처짐에 의해 손상되기 쉬운 비구조 요소를 지지 또는 부착하지 않은 바닥구조: **내부 환경**		$\dfrac{l}{360}$
과도한 처짐에 의해 손상되기 쉬운 비구조 요소를 지지 또는 부착한 지붕 또는 바닥구조	전체 처짐 중에서 비구조 요소가 부착된 후에 발생하는 처짐 부분	$\dfrac{l}{480}$
과도한 처짐에 의해 손상될 염려가 없는 비구조 요소를 지지 또는 부착한 지붕 또는 바닥구조		$\dfrac{l}{240}$

핵심예제 4

과도한 처짐에 의해 손상되기 쉬운 비구조요소를 지지 또는 부착하지 않은 바닥구조의 활하중 L에 의한 순간처짐의 한계는?

① $\dfrac{l}{180}$ ② $\dfrac{l}{240}$ ③ $\dfrac{l}{360}$ ④ $\dfrac{l}{480}$

해설

답 : ③

4 처짐을 계산하지 않는 경우 보 또는 1방향 슬래브의 최소두께

l: 경간(Span) 길이	최소 두께 (h_{min})			
	단순지지	1단연속	양단연속	캔틸레버
보 및 리브가 있는 1방향 슬래브	$\dfrac{l}{16}$	$\dfrac{l}{18.5}$	$\dfrac{l}{21}$	$\dfrac{l}{8}$
1방향 슬래브	$\dfrac{l}{20}$	$\dfrac{l}{24}$	$\dfrac{l}{28}$	$\dfrac{l}{10}$

l : 경간 길이(mm), $f_y = 400\text{MPa}$ 기준

- f_y 가 400MPa에 대한 규정값이며, f_y 가 400MPa 이외인 경우 계산된 h_{min} 값에 $\left(0.43 + \dfrac{f_y}{700}\right)$ 를 곱하여야 한다.
- 1,500~2,000kg/m³ 범위의 단위질량을 갖는 구조용 경량콘크리트에 대해서는 계산된 h_{min} 값에 $(1.65 - 0.00031 \cdot m_c)$ 를 곱해야 하나, 1.09 이상이어야 한다.

핵심예제 5

그림과 같은 철근콘크리트 보에서 처짐을 계산하지 않아도 되는 경우의 보의 최소두께는 얼마인가? (단, 단위질량 $m_c = 2,300\text{kg/m}^3$인 보통중량 콘크리트이며 $f_{ck} = 27\text{MPa}$, $f_y = 400\text{MPa}$)

① 385mm ② 324mm
③ 297mm ④ 286mm

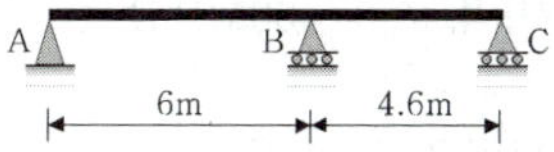

해설
(1) 보통중량콘크리트 사용, $f_y = 400\text{MPa}$이므로 보정값을 적용할 필요가 없다.
(2) 1단 연속보 $h_{min} = \dfrac{l}{18.5}$ 규정이며, 경간의 길이가 다른 경우 긴 경간이 지배한다. ∴ $h_{min} = \dfrac{(6,000)}{18.5} = 324.324\text{mm}$

답 : ②

핵심예제 6

보통중량콘크리트와 400MPa 철근을 사용한 양단연속 1방향 슬래브의 스팬이 4.2m일 때 처짐을 계산하지 않는 경우 슬래브의 최소두께는?

① 120mm ② 130mm ③ 140mm ④ 150mm

해설 $h_{min} = \dfrac{l}{28} = \dfrac{(4,200)}{28} = 150\text{mm}$

답 : ④

5 휨균열 제어(보 및 1방향 슬래브의 휨철근 배치)

콘크리트의 인장연단에 가장 가까이에 배치되는 철근의 중심간격(s)은 다음 ①, ② 중 작은값 이하로 결정한다.

①	$s = 375\left(\dfrac{\kappa_{cr}}{f_s}\right) - 2.5\,C_c$	②	$s = 300\left(\dfrac{\kappa_{cr}}{f_s}\right)$
• κ_{cr}	$\kappa_{cr} = 280$ 건조환경에 노출되는 경우		$\kappa_{cr} = 210$ 그 외의 경우
• C_c	순피복두께(Clear Cover of Reinforcement) 인장철근이나 긴장재 표면과 콘크리트 표면 사이의 최소두께		
• f_s	사용하중 상태에서 인장연단에서 가장 가까이에 위치한 철근의 응력 (근사값 : $f_s = \dfrac{2}{3}f_y$)		

핵심예제 7

그림과 같은 보의 단면에서 휨균열을 제어하기 위한 인장철근의 간격으로 적합한 것은? (단, 습윤환경에 노출되는 경우이며, $f_y = 400\text{MPa}$)

① 72mm
② 92 mm
③ 112 mm
④ 132 mm

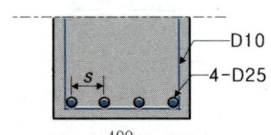

해설

(1) 순피복두께: $C_c = 40 + 10 = 50\text{mm}$

(2) $f_s = \dfrac{2}{3}f_y = \dfrac{2}{3}(400) = 267\text{MPa}$

(3) ① $s = 375\left(\dfrac{210}{f_s}\right) - 2.5\,C_c = 375\left(\dfrac{210}{267}\right) - 2.5(50) = 170\text{mm}$

　　② $s = 300\left(\dfrac{210}{f_s}\right) = 300\left(\dfrac{210}{267}\right) = 236\text{mm}$

　∴ ①, ② 중 작은값이므로 $s_{\max} = 170\text{mm}$

(4) 주어진 간격 $= \dfrac{1}{3}\left[400 - 2\left(40 + 10 + \dfrac{25}{2}\right)\right] = 92\text{mm} < s_{\max}$

답 : ②

MEMO

핵심문제

CHAPTER 6 RC구조 사용성

1. 강도설계법으로 설계한 철근콘크리트 구조물에서 처짐의 검토는 어느 하중을 사용하는가?

① 사용하중(Service Load)
② 설계하중(Desing Load)
③ 계수하중(Factored Load)
④ 상재하중(Surcharge Load)

[해설]
① 극한강도설계법(USD)을 적용한 철근콘크리트 구조물의 설계는 기본적으로 안전성에 중점을 두고 계수하중(Factored Load)을 적용하지만 처짐, 균열 등과 같은 사용성의 문제는 사용하중(Service Load)으로 별도 검토한다.

2. 철근콘크리트 강도설계법에 관한 설명으로 옳지 않은 것은?

① 서로 다른 하중의 특성을 하중계수에 의하여 설계에 반영할 수 있다.
② 부재단면의 극한강도는 재료의 비선형 성질을 고려한다.
③ 사용성의 확보(균열, 처짐)를 위한 별도의 검토가 필요 없다.
④ 서로 다른 재료의 특성을 설계에 합리적으로 반영하기 어렵다.

[해설]
③ 극한강도설계법(USD)을 적용한 철근콘크리트 구조물의 설계는 기본적으로 안전성에 중점을 두고 계수하중(Factored Load)을 적용하지만 처짐, 균열 등과 같은 사용성의 문제는 사용하중(Service Load)으로 별도 검토한다.

3. 구조물의 한계상태에는 강도한계상태와 사용성한계상태가 있다. 강도한계상태에 영향을 미치는 요소와 가장 거리가 먼 것은?

① 부재의 과다한 탄성변형
② 기둥의 좌굴
③ 골조의 불안전성
④ 접합부 파괴

[해설]
(1) 사용성한계상태(Serviceability Limit State): 구조체가 붕괴되지는 않더라도 구조기능이 저하되어 외관, 유지관리, 내구성 및 사용하기에 매우 부적합하게 되는 상태
(2) 탄성변형은 처짐과 같은 의미이며 부재의 과다한 탄성변형은 사용성한계상태의 요소이다.

4. 한계상태설계법에 따라 구조물을 설계할 때 고려되는 강도한계상태가 아닌 것은?

① 기둥의 좌굴   ② 접합부 파괴
③ 피로 파괴   ④ 바닥재의 진동

[해설]
④ 처짐, 균열, 진동의 문제는 대표적인 사용성한계상태이다.

해답 1. ① 2. ③ 3. ① 4. ④

5. 콘크리트구조의 내구성설계기준에 따른 보수 보강 설계에 관한 설명으로 옳지 않은 것은?

① 손상된 콘크리트 구조물에서 안전성, 사용성, 내구성, 미관 등의 기능을 회복시키기 위한 보수는 타당한 보수설계에 근거하여야 한다.
② 보수·보강 설계를 할 때는 구조체를 조사하여 손상 원인, 손상 정도, 저항내력 정도를 파악한다.
③ 책임구조기술자는 보수·보강 공사에서 품질을 확보하기 위하여 공정별로 품질관리 검사를 시행하여야 한다.
④ 보강설계를 할 때에는 사용성과 내구성 들의 성능은 고려하지 않고, 보강 후의 구조내하력 증가만을 반영한다.

해설

④ 보강설계를 할 때에는 보강 후의구조내하력 증가 외에 사용성과 내구성 등의 성능 향상을 고려하여야 한다.

6. 철근콘크리트 부재의 장기처짐에 대한 설명으로 옳은 것은?

① 압축철근비가 클수록 장기처짐은 감소한다.
② 장기처짐은 즉시처짐과 관계가 없다.
③ 장기처짐은 상대습도, 온도 등 제반환경에는 영향을 크게 받지만 부재의 크기에는 영향을 받지 않는다.
④ 시간경과계수의 최대값은 3이다.

해설

② 장기처짐 = 탄성처짐 × λ_Δ
③ 처짐은 부재의 크기에 아주 큰 영향을 미친다.
④ 시간경과계수 ξ의 최대값은 2이다.

7. 일반 또는 경량콘크리트 휨부재의 크리프와 건조수축에 의한 추가 장기처짐 산정과 관련하여 5년 이상일 때 지속하중에 대한 시간경과계수 ξ는?

① 2.4 ② 2.2
③ 2.0 ④ 1.4

해설

장기처짐 = 탄성처짐 × λ_Δ

➡ $\lambda_\Delta = \dfrac{\xi}{1+50\rho'}$

➡ 시간경과계수(ξ)

구분	ξ
3개월	1.0
6개월	1.2
12개월	1.4
5년 이상	2.0

8. 철근콘크리트 구조물의 처짐에 관한 설명 중 옳지 않은 것은?

① 철근콘크리트 부재의 처짐은 즉시처짐과 장기처짐으로 구분된다.
② 장기처짐은 초기에 많은 양이 생기며, 시간이 지남에 따라 증가율도 증가한다.
③ 부재의 안전성은 계수하중에 의하여 검토하지만, 처짐이나 균열 등 사용성은 사용하중에 의하여 검토한다.
④ 장기처짐은 주로 콘크리트의 크리프와 건조수축으로 인하여 발생된다.

해설

② 장기처짐은 시간이 지남에 따라 증가율이 감소하며 시간경과 5년 이상의 구조물은 일정한 분포를 나타낸다.

해답 5. ④ 6. ① 7. ③ 8. ②

9. 철근콘크리트 단순보에서 순간탄성처짐이 0.9mm 이었다면 1년 뒤 이 부재의 총처짐량을 구하면? (단, 시간경과계수 $\xi = 1.4$, 압축철근비 $\rho' = 0.01071$)

① 1.52mm ② 1.72mm
③ 1.92mm ④ 2.12mm

해설

총처짐 = 탄성처짐 + 장기처짐

$$= (0.9) + (0.9)\left(\frac{(1.4)}{1+50(0.01071)}\right) = 1.72\text{mm}$$

10. 단근보에서 하중이 재하됨과 동시에 순간처짐이 20mm가 발생되었다. 이 하중이 5년 이상 지속되는 경우 총 처짐량은 얼마인가? (단, $\lambda_\Delta = \frac{\xi}{1+50\rho'}$이고, 지속하중에 의한 시간경과계수 $\xi = 2$)

① 30mm ② 40mm
③ 60mm ④ 80mm

해설

총처짐 = 탄성처짐 + 장기처짐

$$= (20) + (20)\left(\frac{(2.0)}{1+50(0)}\right) = 60\text{mm}$$

11. 철근콘크리트 보의 처짐에 영향을 미치는 요소로 가장 거리가 먼 것은?

① 압축철근 ② 콘크리트 크리프
③ 지속하중 ④ 늑근

해설

④ 늑근(Stirrup)은 전단보강철근이며 처짐과 무관하다.

12. 과도한 처짐에 의해 손상되기 쉬운 비구조요소를 지지 또는 부착하지 않은 바닥구조의 활하중 L에 의한 순간처짐의 한계는?

① $\frac{l}{180}$ ② $\frac{l}{240}$
③ $\frac{l}{360}$ ④ $\frac{l}{480}$

해설 최대허용처짐

부재의 형태	처짐한계
과도한 처짐에 의해 손상되기 쉬운 비구조요소를 지지 또는 부착하지 않은 평지붕 구조	$\frac{l}{180}$
과도한 처짐에 의해 손상되기 쉬운 비구조요소를 지지 또는 부착하지 않은 바닥구조	$\frac{l}{360}$
과도한 처짐에 의해 손상되기 쉬운 비구조요소를 지지 또는 부착한 지붕 또는 바닥구조	$\frac{l}{480}$
과도한 처짐에 의해 손상될 염려가 없는 비구조요소를 지지 또는 부착한 지붕 또는 바닥구조	$\frac{l}{240}$

13. 강도설계법에서 처짐을 계산하지 않는 경우 철근콘크리트 보의 최소두께 규정으로 옳은 것은? (단, 보통중량콘크리트 $m_c = 2,300\text{kg/m}^3$와 설계기준항복강도 400MPa 철근을 사용한 부재)

① 단순지지: $\frac{l}{20}$ ② 1단연속: $\frac{l}{18.5}$
③ 양단연속: $\frac{l}{24}$ ④ 캔틸레버: $\frac{l}{10}$

해설 처짐을 계산하지 않는 경우 보 및 리브가 있는

1방향 슬래브의 최소두께(h_{min})

단순지지	1단연속	양단연속	캔틸레버
$\frac{l}{16}$	$\frac{l}{18.5}$	$\frac{l}{21}$	$\frac{l}{8}$

해답 9. ② 10. ③ 11. ④ 12. ③ 13. ②

14. 강도설계법에 의한 철근콘크리트 보 설계에서 단순지지된 경우 처짐을 계산하지 않아도 되는 보의 최소 두께로 옳은 것은? (단, 보통중량콘크리트 ($m_c = 2,300 \text{kg/m}^3$)와 설계기준항복강도 400MPa 철근을 사용)

① $\dfrac{l}{16}$ ② $\dfrac{l}{20}$
③ $\dfrac{l}{24}$ ④ $\dfrac{l}{28}$

해설

① 단순지지 보: $h_{\min} = \dfrac{l}{16}$

15. 강도설계법에서 처짐을 계산하지 않는 경우 스팬 8.0m인 단순 지지된 보의 최소 두께에 대한 규정을 적용시 옳은 것은? (단, 일반콘크리트와 $f_y = 400\text{MPa}$인 철근을 사용할 때임)

① 400mm   ② 450mm
③ 500mm   ④ 550mm

해설

$h_{\min} = \dfrac{l}{16} = \dfrac{(8,000)}{16} = 500\text{mm}$

16. 그림과 같은 철근콘크리트 보에서 처짐을 계산하지 않아도 되는 경우의 보의 최소두께는? (단, 단위질량 $m_c = 2,300\text{kg/m}^3$인 보통중량콘크리트, $f_{ck} = 27\text{MPa}, f_y = 400\text{MPa}$)

① 385mm
② 324mm
③ 297mm
④ 286mm

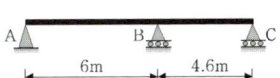

해설

1단 연속보 ➡ $h_{\min} = \dfrac{(6,000)}{18.5} = 324.324\text{mm}$

17. 강도설계법에 의한 철근콘크리트 보 설계에서 양단연속인 경우 처짐을 계산하지 않아도 되는 보의 최소 두께는? (단, 보통콘크리트 $m_c = 2,300\text{kg/m}^3$와 설계기준항복강도 400MPa 철근을 사용)

① $l/16$ ② $l/21$
③ $l/24$ ④ $l/28$

해설

② 양단연속 보: $h_{\min} = \dfrac{l}{21}$

18. 철근콘크리트 구조물의 처짐에 관한 설명으로 옳지 않은 것은?

① 휨부재의 크리프와 건조수축에 의한 추가 장기 처짐 산정 시 5년 이상의 지속하중에 대한 시간 경과계수는 2.0이다.
② 과도한 처짐에 의해 손상될 우려가 없는 비구조 요소를 지지한 지붕이나 바닥구조의 처짐한계는 $\dfrac{l}{240}$이다.
③ 내부에 보가 없는 2방향 슬래브 중 철근의 항복 강도가 400MPa이고 지판이 없는 경우 내부 슬래브의 최소두께는 $\dfrac{l_n}{33}$이다.
④ 처짐을 계산하지 않는 경우 양단연속된 리브가 있는 1방향 슬래브의 최소두께는 $\dfrac{l}{24}$이다.

해설

④ 처짐을 계산하지 않는 경우 양단연속된 리브가 있는 1방향 슬래브의 최소두께는 $\dfrac{l}{21}$이다.

단순지지	1단연속	양단연속	캔틸레버
$\dfrac{l}{20}$	$\dfrac{l}{24}$	$\dfrac{l}{28}$	$\dfrac{l}{10}$

해답 14. ① 15. ③ 16. ② 17. ② 18. ④

19. 경간의 길이가 4m인 단순지지된 1방향 슬래브의 처짐을 계산하지 않는 경우의 최소두께는? (단, 리브가 없는 슬래브, $f_y = 400\text{MPa}$)

① 200mm ② 220mm
③ 235mm ④ 250mm

해설

$$h_{\min} = \frac{l}{20} = \frac{(4,000)}{20} = 200\text{mm}$$

20. 보통중량콘크리트와 400MPa 철근을 사용한 양단 연속 1방향 슬래브의 스팬이 4.2m일 때 처짐을 계산하지 않는 경우 슬래브의 최소두께는?

① 120mm ② 130mm
③ 140mm ④ 150mm

해설

$$h_{\min} = \frac{l}{28} = \frac{(4,200)}{28} = 150\text{mm}$$

21. 다음과 같은 조건의 1방향 슬래브에서 처짐을 계산하지 않고 정할 수 있는 슬래브의 최소 두께는?

【조건】	• 중심스팬: 4,200mm • 양단 연속 • 보통중량콘크리트와 설계기준항복강도 400MPa 철근 사용

① 150mm ② 180mm
③ 200mm ④ 220mm

해설

$$h_{\min} = \frac{l}{28} = \frac{(4,200)}{28} = 150\text{mm}$$

22. 다음과 같은 조건에서 철근콘크리트 보의 인장철근의 최대 허용 배근간격은? (단, 철근은 보의 인장부에만 배근하고 순피복두께는 40mm이다.)

【조건】	• 일반환경 조건($\kappa_{cr} = 210$) • $f_{ck} = 28\text{MPa}$, $f_y = 400\text{MPa}$, $f_s = (2/3)f_y$ • $A_s = 1,548.5\text{mm}^2 (4-\text{D}22)$

① 106.7mm ② 163.5mm
③ 195.3mm ④ 239.1mm

해설

휨균열 제어를 위한 인장철근의 배근 중심간격(s)은 다음 두 값 중 작은값 이하로 결정한다.

(1) $s = 375\left(\dfrac{\kappa_{cr}}{f_s}\right) - 2.5C_c$

$= 375\left(\dfrac{(210)}{\dfrac{2}{3}(400)}\right) - 2.5(40)$

$= 195.313\text{mm}$ ← 지배

(2) $s = 300\left(\dfrac{\kappa_{cr}}{f_s}\right) = 300\left(\dfrac{(210)}{\dfrac{2}{3}(400)}\right) = 236.25\text{mm}$

해답 19. ① 20. ④ 21. ① 22. ③

MEMO

7 RC구조 철근상세

CHECK

표준갈고리 구부림 내면 반지름, 피복두께의 정의·목적·기준, 부착성능에 영향을 주는 요인,
인장이형철근의 기본정착길이와 정착길이,
표준갈고리를 갖는 인장이형철근의 기본정착길이와 정착길이,
압축이형철근의 기본정착길이와 정착길이

1 표준갈고리(Standard Hook)

학습POINT

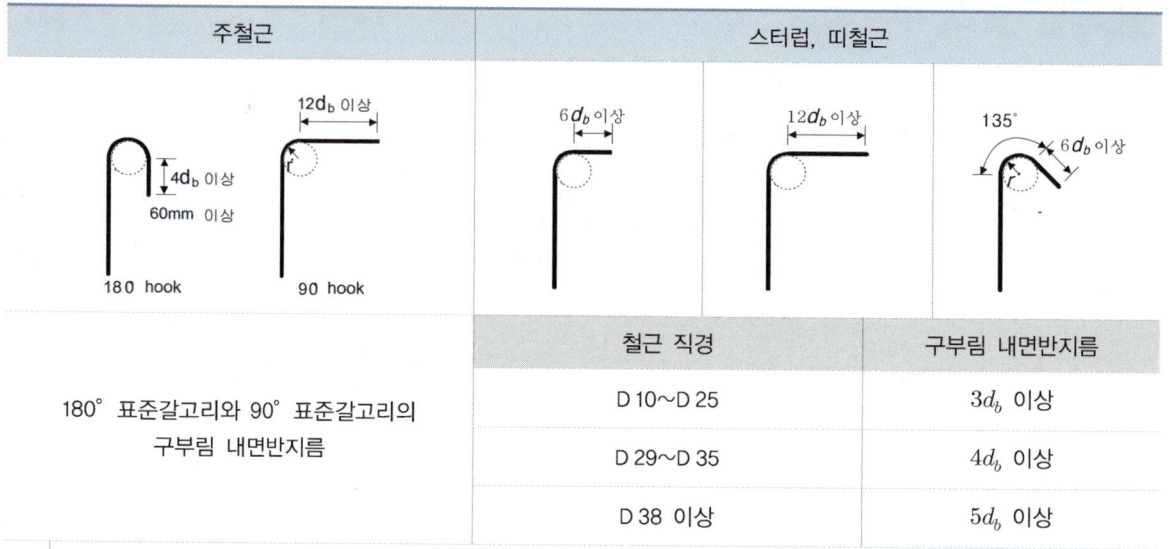

철근 직경	구부림 내면반지름
D10~D25	$3d_b$ 이상
D29~D35	$4d_b$ 이상
D38 이상	$5d_b$ 이상

180° 표준갈고리와 90° 표준갈고리의 구부림 내면반지름

- 스터럽이나 띠철근에서 구부림 내면반지름은 D16 이하일 때 $2d_b$ 이상이고, D19 이상일 때는 위의 표를 따라야 한다.
- 스터럽과 띠철근의 표준갈고리는 D25 이하의 철근에만 적용된다. 또한 구부린 끝에서 $6d_b$로 직선 연장한 90° 표준갈고리는 D16 이하의 철근에 적용된다.

핵심예제 1

주철근으로 사용된 D22 철근 180° 표준갈고리의 구부림 최소 내면반지름 (r)으로 옳은 것은?

① $r = 1d_b$ ② $r = 2d_b$ ③ $r = 2.5d_b$ ④ $r = 3d_b$

해설   답 : ④

2 피복두께(Concrete Coverage)

도해	프리스트레스하지 않는 현장치기 콘크리트			기준
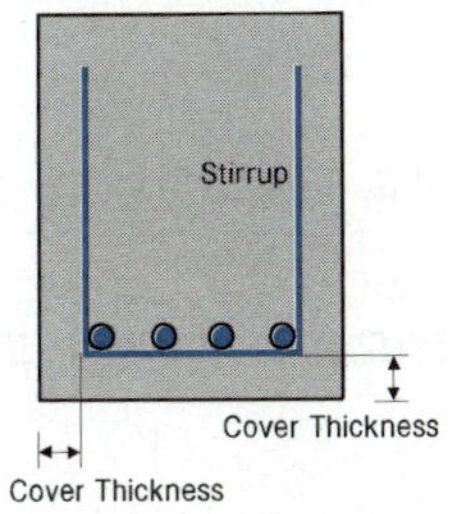 (Stirrup, Cover Thickness)	수중에서 치는 콘크리트			100mm
	흙에 접하여 콘크리트를 친 후 영구히 흙에 묻혀 있는 콘크리트			75mm
	흙에 접하거나 옥외의 공기에 직접 노출되는 콘크리트	D19 이상의 철근		50mm
		D16 이하의 철근, 지름 16mm 이하의 철선		40mm
	옥외의 공기나 흙에 직접 접하지 않는 콘크리트	슬래브, 벽체	D35 초과	40mm
			D35 이하	20mm
		보, 기둥		40mm

➡ 피복두께: 콘크리트 표면에서 가장 근접한 철근표면까지 거리
➡ 피복의 목적: 부착력 확보, 내구성(철근의 방청), 내화성

※ 보, 기둥의 경우 $f_{ck} \geq 40MPa$일 때 피복두께를 10mm 저감시킬 수 있다.

핵심예제 2

KDS에서 철근콘크리트구조의 최소 피복두께를 규정하는 이유로 보기 어려운 것은?
① 철근이 부식되지 않도록 보호 ② 철근의 화해(火害) 방지
③ 철근의 부착력 확보 ④ 콘크리트의 동결융해 방지

해설   답 : ④

핵심예제 3

현장치기 콘크리트로써 흙에 접하여 콘크리트를 친 후 영구히 흙에 묻혀 있는 콘크리트의 경우 최소 피복두께는?
① 40mm   ② 50mm   ③ 60mm   ④ 75mm

해설   답 : ④

핵심예제 4

강도설계법에서 흙에 접하는 기둥의 최소 피복두께 기준으로 옳은 것은? (단, 프리스트레스하지 않는 부재의 현장치기 콘크리트로서 D25인 철근)
① 20mm   ② 30mm   ③ 40mm   ④ 50mm

해설   답 : ④

3 철근의 간격제한

철근과 철근, 철근과 거푸집 사이로 공극 없이 콘크리트를 밀실하게 채워지도록 하기 위하여, 그리고 철근이 한 위치에 집중됨으로써 전단 또는 수축균열이 발생하는 것을 방지하기 위해 철근의 간격제한을 규정하고 있다.

(1) 상단과 하단에 2단 이상으로 배치된 경우 상하 철근은 동일 연직면 내에 배치되어야 하고, 이때 상하철근의 순간격은 25mm 이상으로 하여야 한다.

(2) 동일 평면에서 평행하는 철근 사이의 수평 순간격은 25mm 이상, 철근의 공칭지름 이상으로 하여야 하며, 또한 굵은골재의 공칭 최대치수의 $\frac{4}{3}$배 이상이어야 한다.

(3) 나선철근 또는 띠철근 배근된 압축부재에서 축방향철근의 순간격은 40mm 이상, 또한 철근 공칭 지름의 1.5배 이상으로 하여야 하며, 또한 굵은골재의 공칭 최대치수의 $\frac{4}{3}$배 이상이어야 한다.

(4) 다발철근

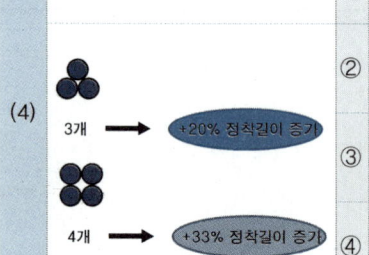

① 2개 이상의 철근을 묶어서 사용하는 다발철근은 이형철근으로, 그 개수는 4개 이하이어야 하며, 이들은 스터럽이나 띠철근으로 둘러싸여져야 한다.

② 휨부재의 경간 내에서 끝나는 한 다발철근 내의 개개 철근은 $40d_b$ 이상 서로 엇갈리게 끝나야 한다.

③ 다발철근의 간격과 최소피복두께를 철근지름으로 나타낼 경우, 다발철근의 지름은 등가단면적으로 환산된 1개의 철근지름으로 보아야 한다.

④ 보에서 D35를 초과하는 철근은 다발로 사용할 수 없다.

핵심예제 5

콘크리트 구조설계 시 철근간격제한에 관한 내용으로 옳지 않은 것은?

① 벽체 또는 슬래브에서 휨 주철근의 간격은 벽체나 슬래브 두께의 3배 이하로 하여야 하고, 또한 450mm 이하로 하여야 한다.
② 상단과 하단에 2단 이상으로 배치된 경우 상하 철근은 동일 연직면 내에 배치되어야 하고, 이 때 상하 철근의 순간격은 25mm 이상으로 하여야 한다.
③ 나선철근 또는 띠철근이 배근된 압축부재에서 축방향철근의 순간격은 25mm 이상, 또한 철근 공칭지름의 2.5배 이상으로 하여야 한다.
④ 2개 이상의 철근을 묶어서 사용하는 다발철근은 이형철근으로, 그 개수는 4개 이하이어야 하며, 이들은 스터럽이나 띠철근으로 둘러싸여져야 한다.

해설 ③ 나선철근 또는 띠철근이 배근된 압축부재에서 축방향철근의 순간격은 40mm 이상, 또한 철근 공칭지름의 1.5배 이상으로 하여야 한다.

답 : ③

4 부착(Bond) 성능에 영향을 주는 요인

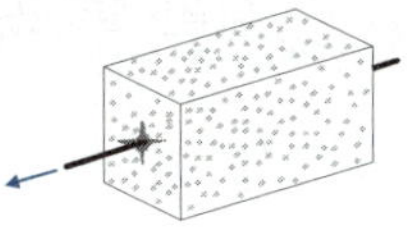

		뽑힘부착파괴	쪼갬부착파괴
(1)	철근	①	이형철근이 원형철근 보다 부착강도가 크며, 직경이 굵은 철근보다 가는 것을 여러 개 쓰는 것이 좋다.
		②	녹이 많이 슨 철근은 녹을 제거해야 하지만 약간 녹이 슨 철근은 새 철근보다 부착강도가 크다.
(2)	콘크리트	①	피복두께가 클수록 부착강도가 크다.
		②	콘크리트의 압축강도가 클수록 부착강도 역시 크다.
		③	블리딩(Bleeding)의 영향으로 수평철근이 수직철근보다 부착강도가 작으며 수평철근 중에서도 하부철근이 상부철근 보다 부착성능이 크다.

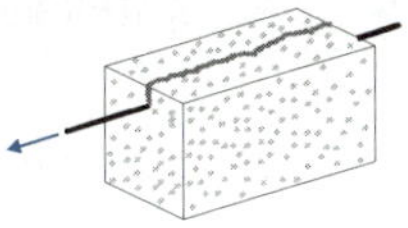

핵심예제 6

철근콘크리트 보에서 철근과 콘크리트간의 부착력이 부족할 때 부착력을 증가시키는 방법으로서 가장 적절한 것은?
① 고강도 철근을 사용한다.
② 콘크리트의 물시멘트비를 증가시킨다.
③ 인장철근의 주장을 증가시킨다.
④ 인장철근의 단면적을 증가시킨다.

[해설] ③ 이형철근의 주장(=둘레길이)을 증가시키는 것이 가장 효과적이다.

답 : ③

핵심예제 7

부착성능에 영향을 주는 요인에 관한 설명으로 옳지 않은 것은?
① 이형철근이 원형철근보다 부착강도가 크다.
② 블리딩의 영향으로 수직철근이 수평철근보다 부착강도가 작다.
③ 보통의 단위중량을 갖는 콘크리트의 부착강도는 콘크리트의 압축강도, 즉 $\sqrt{f_{ck}}$에 비례한다.
④ 피복두께가 크면 부착강도가 크다.

[해설] ② 블리딩의 영향으로 수직철근이 수평철근보다 부착강도가 크다.

답 : ②

5 정착길이(l_d, Development Length), 기본정착길이(l_{db})

인장이형철근	표준갈고리(Standard Hook)를 갖는 인장이형철근	압축이형철근
$l_d = l_{db} \times 보정계수$ $\geq 300mm$	$l_{dh} = l_{hb} \times 보정계수$ $\geq 8d_b,\ 150mm$	$l_d = l_{db} \times 보정계수$ $\geq 200mm$
$l_{db} = \dfrac{0.6 d_b \cdot f_y}{\lambda \sqrt{f_{ck}}}$	$l_{hb} = \dfrac{0.24 \beta \cdot d_b \cdot f_y}{\lambda \sqrt{f_{ck}}}$	$l_{db} = \dfrac{0.25 d_b \cdot f_y}{\lambda \sqrt{f_{ck}}}$ $\geq 0.043 d_b \cdot f_y$

d_b: 이형철근 직경, f_y: 철근 설계기준항복강도, f_{ck}: 콘크리트 설계기준압축강도, β: 철근 도막계수, λ: 경량콘크리트계수

핵심예제 8

인장을 받는 이형철근의 직경이 D16(직경 15.9mm)이고, 콘크리트 강도가 30MPa인 표준갈고리의 기본정착길이는? (단, $f_y = 400MPa$, $\beta = 1.0$, $m_c = 2,300kg/m^3$)

① 238mm ② 258mm ③ 279mm ④ 312mm

해설

(1) $m_c = 2,300kg/m^3$ ➡ 보통중량콘크리트이므로 경량콘크리트계수 $\lambda = 1$

(2) $l_{hb} = \dfrac{0.24 \beta \cdot d_b \cdot f_y}{\lambda \sqrt{f_{ck}}} = \dfrac{0.24(1.0)(15.9)(400)}{(1.0)\sqrt{(30)}} = 278.681mm$

답 : ③

핵심예제 9

강도설계법에서 압축이형철근 D22의 기본정착길이는 약 얼마인가? (단, D22 철근의 단면적은 387mm², 콘크리트의 압축강도는 24MPa, 철근의 항복강도는 400MPa, 경량콘크리트계수는 1)

① 400mm ② 450mm ③ 500mm ④ 550mm

해설

(1) $l_{db} = \dfrac{0.25 d_b \cdot f_y}{\lambda \sqrt{f_{ck}}} = \dfrac{0.25(22)(400)}{(1.0)\sqrt{(24)}} = 449.073mm$ ➡ 지배

(2) $l_{db} = 0.043 d_b \cdot f_y = 0.043(22)(400) = 378.4mm$

답 : ②

6 정착길이 산정에 적용되는 주요 보정계수

(1)	인장이형철근철근	α : 철근배근 위치계수	• $\alpha = 1.3$: 상부철근 • $\alpha = 1.0$: 기타 철근
		β : 철근 도막계수	• $\beta = 1.5$: 피복두께가 $3d_b$ 미만 또는 순간격이 $6d_b$ 미만인 에폭시 도막철근 • $\beta = 1.2$: 기타 에폭시 도막철근 • $\beta = 1.0$: 도막되지 않은 철근, 아연도금 철근
(2)	표준갈고리 (Standard Hook)를 갖는 인장이형철근	0.7	D35 이하 철근에서 갈고리 평면에 수직방향인 측면피복두께가 70mm 이상, 90° 갈고리에 대해서는 갈고리를 넘어선 부분의 철근 피복두께가 50mm 이상인 경우
(3)	압축이형철근	$\left(\dfrac{\text{소요 } A_s}{\text{배근 } A_s}\right)$	해석결과 요구되는 철근량을 초과 배치한 경우

핵심예제 10

인장이형철근의 정착길이를 산정할 때 적용되는 보정계수가 아닌 것은?
① 철근배근 위치계수
② 철근 도막계수
③ 크리프 계수
④ 경량콘크리트 계수

해설

답 : ③

핵심예제 11

인장을 받는 이형철근의 정착길이(l_d)는 기본정착길이(l_{db})에 보정계수를 곱하여 구한다. 이 보정계수에 대한 설명 중 옳지 않은 것은?
① 철근배치 위치계수 α는 상부철근일 경우 1.5이고, 기타 철근일 경우 1.0이다.
② 철근크기계수 γ는 철근직경이 D22 이상인 경우 1.0이고, D19 이하일 경우 0.8이다.
③ 철근 도막계수 β는 도막되지 않은 철근일 경우 1.0이다.
④ 경량콘크리트계수 λ는 일반콘크리트인 경우 1.0이다.

해설 ① 철근배치 위치계수 α: 상부철근 ➡ 1.3, 기타 철근 ➡ 1.0

답 : ①

핵심문제

CHAPTER 7 RC구조 철근상세

1. 철근콘크리트구조에서 철근 가공 시 표준갈고리에 관한 설명으로 틀린 것은?

① 주철근의 표준갈고리는 90° 표준갈고리와 180° 표준갈고리가 있다.
② 주철근의 90° 표준갈고리는 구부린 끝에서 $12d_b$ 이상 더 연장하여야 한다.
③ 띠철근과 스터럽의 표준갈고리는 60° 표준갈고리와 90° 표준갈고리가 있다.
④ D25 이하의 철근으로 135° 표준갈고리를 만드는 경우, 구부린 끝에서 $6d_b$ 이상 더 연장하여야 한다.

[해설]
③ 띠철근과 스터럽은 90°, 135° 표준갈고리가 있다.

2. 주철근으로 사용된 D22 철근 180° 표준갈고리의 구부림 최소 내면반지름(r)으로 옳은 것은?

① $r = 1d_b$　　② $r = 2d_b$
③ $r = 2.5d_b$　④ $r = 3d_b$

[해설]

주철근 직경	구부림 내면반지름
D 10 ~ D 25	$3d_b$ 이상
D 29 ~ D 35	$4d_b$ 이상
D 38 이상	$5d_b$ 이상

3. 철근콘크리트구조에 관한 설명으로 옳지 않은 것은?

① 철근의 피복두께는 주근의 중심으로부터 콘크리트 표면까지의 최단거리를 말한다.
② 철근의 표면상태와 단면모양에 따라 부착력이 좌우된다.
③ 단순보에 연직하중이 작용하면 중립축을 경계선으로 위쪽에는 압축응력이 발생한다.
④ 콘크리트와 철근이 강력히 부착되면 철근의 좌굴이 방지된다.

[해설]
① 피복두께는 콘크리트 표면에서 가장 근접한 철근 표면까지 거리이다.

4. 철근콘크리트 구조의 최소 피복두께를 규정하는 이유로 보기 어려운 것은?

① 철근이 부식되지 않도록 보호
② 철근의 화해(火害) 방지
③ 철근의 부착력 확보
④ 콘크리트의 동결융해 방지

[해설]
피복두께(Cover Thickness)의 목적
➡ 내구성(철근의 방청, 부식방지), 내화성, 부착력 확보

해답　1. ③　2. ④　3. ①　4. ④

5. 현장치기콘크리트 중 수중에서 타설하는 콘크리트인 경우 철근의 최소 피복두께는 얼마인가?

① 40mm ② 60mm
③ 80mm ④ 100mm

[해설]

종류		피복두께
수중에서 치는 콘크리트		100mm
흙에 접하여 콘크리트를 친 후 영구히 흙에 묻혀 있는 콘크리트		75mm
흙에 접하거나 옥외의 공기에 직접 노출되는 콘크리트	D19 이상의 철근	50mm
	D16 이하의 철근, 지름 16mm 이하의 철선	40mm
옥외의 공기나 흙에 직접 접하지 않는 콘크리트	슬래브, 벽체, 장선 D35 초과 철근	40mm
	슬래브, 벽체, 장선 D35 이하 철근	20mm
	보, 기둥	40mm
	쉘, 절판부재	20mm

6. 현장치기 콘크리트로써 흙에 접하여 콘크리트를 친 후 영구히 흙에 묻혀있는 콘크리트의 경우 최소 피복두께는?

① 40mm ② 50mm
③ 60mm ④ 75mm

[해설]

흙에 접하여 콘크리트를 친 후 영구히 흙에 묻혀 있는 콘크리트 ➡ 75mm

7. 철근콘크리트 옹벽을 흙에 닿는 면에 거푸집을 대지 않고 시공하는 경우 콘크리트의 최소 피복두께는?

① 50mm ② 60mm
③ 70mm ④ 75mm

[해설]

흙에 접하여 콘크리트를 친 후 영구히 흙에 묻혀 있는 콘크리트 ➡ 75mm

8. 강도설계법에서 흙에 접하는 기둥의 최소 피복두께 기준으로 옳은 것은? (단, 프리스트레스하지 않는 부재의 현장치기 콘크리트로서 D25인 철근임)

① 20mm ② 30mm
③ 40mm ④ 50mm

[해설]

흙에 접하거나 옥외의 공기에 직접 노출되는 콘크리트에 D19 이상 철근 사용 ➡ 50mm

9. 흙에 접하거나 옥외의 공기에 직접 노출되는 현장치기 콘크리트인 경우 D16 이하의 철근의 최소 피복두께는 강도설계법에서 얼마로 하는가?

① 20mm ② 30mm
③ 40mm ④ 50mm

[해설]

흙에 접하거나 옥외의 공기에 직접 노출되는 콘크리트에 D16 이하 철근 사용 ➡ 40mm

해답 5. ④ 6. ④ 7. ④ 8. ④ 9. ③

10. 콘크리트 구조 설계 시 철근간격제한에 관한 내용으로 옳지 않은 것은?

① 벽체 또는 슬래브에서 휨 주철근의 간격은 벽체나 슬래브 두께의 3배 이하로 하여야 하고, 또한 450mm 이하로 하여야 한다.
② 상단과 하단에 2단 이상으로 배치된 경우 상하 철근은 동일 연직면 내에 배치되어야 하고, 이때 상하 철근의 순간격은 25mm 이상으로 하여야 한다.
③ 나선철근 또는 띠철근이 배근된 압축부재에서 축방향철근의 순간격은 25mm 이상, 또한 철근 공칭지름의 2.5배 이상으로 하여야 한다.
④ 2개 이상의 철근을 묶어서 사용하는 다발철근은 이형철근으로, 그 개수는 4개 이하이어야 하며, 이들은 스터럽이나 띠철근으로 둘러싸여져야 한다.

[해설]

③ 나선철근 또는 띠철근이 배근된 압축부재에서 축방향 철근의 순간격은 40mm 이상, 또한 철근 공칭지름의 1.5배 이상으로 하여야 한다.

11. 그림과 같은 보 단면에서 정착되는 철근의 수평 순간격을 구하면?

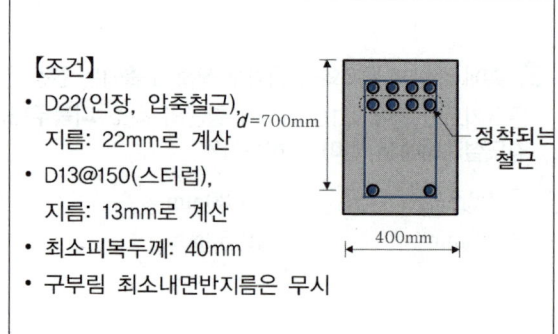

① 60.7mm　　② 63.7mm
③ 66.7mm　　④ 68.7mm

[해설]

간격 $= \dfrac{1}{3}[400 - 40 \times 2 - 13 \times 2 - 22 \times 4] = 68.7\text{mm}$

12. 강도설계법에서 그림과 같이 보의 이음이 없는 경우 요구되는 보의 최소폭 b는? (단, 전단철근의 구부림 내면반지름은 고려하지 않으며, 굵은골재의 최대치수 25mm, 피복두께 40mm, 주철근 D22mm, 스터럽 D10mm)

① 290mm
② 330mm
③ 375mm
④ 400mm

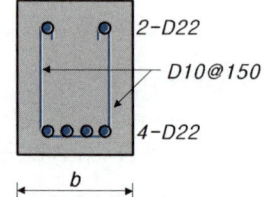

[해설]

(1) 주철근의 간격 산정: ①, ② ③ 중 큰값

① 주철근의 직경: 22mm
② 25mm
③ 굵은골재의 최대치수 $\times \dfrac{4}{3} = 25 \times \dfrac{4}{3} = 33.3\text{mm}$

(2) $b = $ 양측 피복두께 + 양측 늑근직경
$\qquad + $ (주철근 직경 $\times$ 갯수) + (주철근 간격 $\times$ 간격수)
$= (40 \times 2) + (10 \times 2) + (22 \times 4) + (33.3 \times 3) = 287.9\text{mm}$

13. 철근콘크리트의 구조설계에서 철근의 부착력에 영향을 주지 않는 것은?

① 콘크리트 피복두께
② 콘크리트 압축강도
③ 철근의 외부표면 돌기
④ 철근의 항복강도

[해설]

④ 철근의 항복강도와 부착강도는 무관하며, 철근의 표면 둘레길이가 부착강도를 좌우한다.

해답　10. ③　11. ④　12. ①　13. ④

14. 철근콘크리트 보에서 철근과 콘크리트간의 부착력이 부족할 때 부착력을 증가시키는 방법으로 가장 적절한 것은?

① 고강도 철근을 사용한다.
② 콘크리트의 물시멘트비를 증가시킨다.
③ 인장철근의 주장을 증가시킨다.
④ 인장철근의 단면적을 증가시킨다.

해설
③ 동일 단면적일 때 이형철근의 주장(=둘레길이)을 증가시키는 것이 가장 효과적이다.

15. 철근콘크리트 줄기초의 철근정착을 검토한 결과 사용철근의 정착길이가 부족하다. 이에 대한 대책으로 옳지 않은 것은?

① 동일면적의 직경이 큰 철근을 사용한다.
② 기초의 폭을 넓혀 정착길이를 추가 확보한다.
③ 콘크리트의 강도를 크게 한다.
④ 철근단부에 후크를 사용한다.

해설
① 동일면적의 직경이 작은 철근을 사용한다.

16. 철근의 부착성능에 영향을 주는 요인에 관한 설명으로 옳지 않은 것은?

① 이형철근이 원형철근보다 부착강도가 크다.
② 블리딩의 영향으로 수직철근이 수평철근보다 부착강도가 작다.
③ 보통의 단위중량을 갖는 콘크리트의 부착강도는 콘크리트의 압축강도, 즉 $\sqrt{f_{ck}}$에 비례한다.
④ 피복두께가 크면 부착강도가 크다.

해설
② 블리딩(Bleeding)의 영향으로 수직철근이 수평철근보다 부착강도가 크다.

17. 강도설계법에서 인장철근의 기본정착길이를 정하는 사항과 관계가 가장 적은 것은?

① 철근의 항복강도 ② 철근의 공칭직경
③ 철근의 간격   ④ 콘크리트 압축강도

해설
(1) 인장이형철근의 소요(실제)정착길이:
$$l_d = l_{db} \times 보정계수 \geq 300mm$$

(2) 기본정착길이: $l_{db} = \dfrac{0.6d_b \cdot f_y}{\lambda \sqrt{f_{ck}}}$

- λ : 경량콘크리트계수 · f_{ck} : 콘크리트의 압축강도
- d_b : 철근의 공칭직경 · f_y : 철근의 항복강도

18. D22 인장철근의 기본정착길이로 옳은 것은?
(단, D22의 단면적은 387mm², $f_{ck}=24$MPa, $f_y=400$MPa, $\lambda=1$)

① 1,300mm   ② 1,100mm
③ 900mm   ④ 700mm

해설
$$l_{db} = \dfrac{0.6d_b \cdot f_y}{\lambda \sqrt{f_{ck}}} = \dfrac{0.6(22)(400)}{(1)\sqrt{(24)}} = 1,077.78 mm$$

19. D25 인장철근의 기본정착길이로 옳은 것은?
(단, D25의 단면적은 507mm², $f_{ck}=24$MPa, $f_y=400$MPa, $\lambda=1$)

① 1,250 mm   ② 1,000 mm
③ 750 mm   ④ 700 mm

해설
$$l_{db} = \dfrac{0.6d_b \cdot f_y}{\lambda \sqrt{f_{ck}}} = \dfrac{0.6(25)(400)}{(1)\sqrt{(24)}} = 1,224.74 mm$$

해답 14. ③ 15. ① 16. ② 17. ③ 18. ② 19. ①

20. 인장이형철근의 정착길이(l_d)는 기본정착길이(l_{db})에 보정계수를 곱하여 산정한다. 다음 중 이러한 보정계수에 영향을 미치는 사항이 아닌 것은?

① 하중계수 ② 경량콘크리트 계수
③ 에폭시 도막 계수 ④ 철근배치 위치 계수

해설 인장이형철근 정착길이 약산식

$$l_d = \frac{0.6\, d_b \cdot f_y}{\lambda \sqrt{f_{ck}}} \cdot \alpha \cdot \beta \cdot \gamma$$

- α : 철근배근 위치계수
- β : 철근 도막계수
- λ : 경량콘크리트 계수
- γ : 철근의 크기계수

21. 인장이형철근의 정착길이를 산정할 때 적용되는 보정계수에 해당되지 않는 것은?

① 철근배근 위치계수 ② 철근 도막계수
③ 크리프 계수 ④ 경량콘크리트 계수

해설 인장이형철근 정착길이 정밀식

$$l_d = \frac{0.90\, d_b \cdot f_y}{\lambda \sqrt{f_{ck}}} \cdot \frac{\alpha \cdot \beta \cdot \gamma}{\left(\dfrac{c + K_{tr}}{d_b}\right)}$$

- α : 철근배근 위치계수
- β : 철근 도막계수
- λ : 경량콘크리트 계수
- γ : 철근의 크기계수
- c : 철근간격 또는 피복두께에 관련된 치수
- K_{tr} : 횡방향 철근지수

22. 인장을 받는 이형철근의 정착길이(l_d)는 기본정착길이(l_{db})에 보정계수를 곱하여 구한다. 이 보정계수에 대한 설명 중 옳지 않은 것은?

① 철근배치 위치계수 α는 상부철근일 경우 1.5이고, 기타 철근일 경우 1.0이다.
② 철근크기계수 γ는 철근직경이 D22 이상인 경우 1.0이고, D19 이하일 경우 0.8이다.
③ 철근 도막계수 β는 도막되지 않은 철근일 경우 1.0이다.
④ 경량콘크리트계수 λ는 일반콘크리트인 경우 1.0이다.

해설
① 철근배치 위치계수 α는 상부철근일 경우 1.3이고, 기타 철근일 경우 1.0이다.

23. 철근의 정착길이에 관한 사항 중 옳지 않은 것은?

① 계산에 의하여 산정한 인장이형철근의 정착길이는 항상 250mm 이상이어야 한다.
② 계산에 의하여 산정한 압축이형철근의 정착길이는 항상 200mm 이상이어야 한다.
③ 인장 또는 압축을 받는 하나의 다발철근 내에 있는 개개 철근의 정착길이 l_d는 다발철근의 아닌 경우의 각 철근의 정착길이보다 3개의 철근으로 구성된 다발철근에 대해서 20%를 증가시켜야 한다.
④ 단부에 표준갈고리가 있는 인장이형철근의 정착길이는 항상 $8d_b$ 이상 또한 150mm 이상이어야 한다.

해설
① 인장이형철근의 정착길이(l_d)는 기본정착길이(l_{db})에 보정계수를 곱하여 구한 값이 최소 300mm 이상이어야 한다.

해답 20. ① 21. ③ 22. ① 23. ①

24. $f_y = 400\text{MPa}$ 철근을 사용한 경우 필요한 철근의 인장정착길이가 1,000mm 이었다. $f_y = 500\text{MPa}$로 철근의 강도를 변경하고, 소요철근보다 1.25배 많게 철근을 배근하였을 경우 변경된 철근의 인장정착길이는 얼마인가?

① 750mm
② 1,000mm
③ 1,200mm
④ 1,500mm

해설

(1) 인장이형철근의 기본정착길이 $l_{db} = \dfrac{0.6 d_b \cdot f_y}{\lambda \sqrt{f_{ck}}}$ 로부터 정착길이는 철근의 항복강도 f_y에 비례한다.

(2) $f_y = 400\text{MPa}$에서 $f_y = 500\text{MPa}$로 변경하면,

$\dfrac{500}{400} = 1.25$배 만큼의 정착길이가 더 필요하게 된다.

(3) 소요철근보다 1.25배 많게 철근을 배근하였으므로 변경된 철근의 인장정착길이는 그대로 1,000mm가 된다.

25. 표준갈고리를 갖는 인장이형철근(D13)의 기본정착길이는? (단, $m_c = 2,300\text{kg/m}^3$, $f_{ck} = 27\text{MPa}$, D13의 공칭지름: 12.7mm, $f_y = 400\text{MPa}$, $\beta = 1.0$)

① 190mm
② 205mm
③ 220mm
④ 235mm

해설

(1) 경량콘크리트계수 $\lambda = 1$

(2) $l_{hb} = \dfrac{0.24 \beta \cdot d_b \cdot f_y}{\lambda \sqrt{f_{ck}}}$

$= \dfrac{0.24(1.0)(12.7)(400)}{(1)\sqrt{(27)}} = 234.635\text{mm}$

26. 인장을 받는 이형철근의 직경이 D16(직경 15.9mm)이고, 콘크리트 강도가 30MPa인 표준갈고리의 기본정착길이는? (단, $m_c = 2,300\text{kg/m}^3$, $f_y = 400\text{MPa}$, $\beta = 1.0$)

① 238mm
② 258mm
③ 279mm
④ 312mm

해설

(1) 경량콘크리트계수 $\lambda = 1$

(2) $l_{hb} = \dfrac{0.24 \beta \cdot d_b \cdot f_y}{\lambda \sqrt{f_{ck}}}$

$= \dfrac{0.24(1.0)(15.9)(400)}{(1)\sqrt{(30)}} = 278.681\text{mm}$

27. 표준갈고리를 갖는 D22의 인장철근(공칭지름 $d_b = 22.2\text{mm}$)의 기본정착길이는? (단, $f_{ck} = 21\text{MPa}$, $f_y = 400\text{MPa}$, 에폭시 도막되지 않은 경우, $\lambda = 1$)

① 100.5mm
② 153.2mm
③ 465.1mm
④ 1,162.6mm

해설

(1) 도막되지 않은 철근 ➡ $\beta = 1.0$

(2) $l_{hb} = \dfrac{0.24 \beta \cdot d_b \cdot f_y}{\lambda \sqrt{f_{ck}}}$

$= \dfrac{0.24(1.0)(22.2)(400)}{(1)\sqrt{(21)}} = 465.066\text{mm}$

해답 24. ② 25. ④ 26. ③ 27. ③

28. D16철근이 90° 표준갈고리로 정착되었다면 이 갈고리의 소요정착길이는?

(단, D16 공칭지름 =15.9mm, $l_{hb}=\dfrac{0.24\beta \cdot d_b \cdot f_y}{\lambda \sqrt{f_{ck}}}$, 철근도막계수와 경량콘크리트계수는 1, $f_{ck}=21$MPa, $f_y=400$MPa)

① 163mm
② 233mm
③ 324mm
④ 357mm

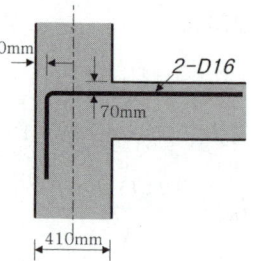

해설

(1) 콘크리트 피복두께에 대한 보정계수: 0.7

(3) $l_{dh} = l_{hb} \times$ 보정계수 $= \dfrac{0.24\beta \cdot d_b \cdot f_y}{\lambda \sqrt{f_{ck}}} \cdot (0.7)$

$= \dfrac{0.24(1.0)(15.9)(400)}{(1.0)\sqrt{(21)}} \cdot (0.7) = 233.161$mm

29. D19 압축철근의 기본정착길이는? (단, D19의 단면적은 287mm², $f_{ck}=21$MPa, $f_y=400$MPa, $\lambda=1$)

① 674 mm ② 570 mm
③ 482 mm ④ 415 mm

해설

(1) $l_{db} = \dfrac{0.25 d_b \cdot f_y}{\lambda \sqrt{f_{ck}}}$

$= \dfrac{0.25(19)(400)}{(1)\sqrt{(21)}} = 414.614$mm ← 지배

(2) $l_{db} = 0.043 d_b \cdot f_y = 0.043(19)(400) = 326.8$mm

30. 강도설계법에서 D22 압축철근의 기본정착길이는? (단, $f_{ck}=27$MPa, $f_y=400$MPa, 경량콘크리트계수 1)

① 200.5mm ② 378.4mm
③ 423.4mm ④ 604.6mm

해설

(1) $l_{db} = \dfrac{0.25 d_b \cdot f_y}{\lambda \sqrt{f_{ck}}}$

$= \dfrac{0.25(22)(400)}{(1)\sqrt{(27)}} = 423.39$mm ← 지배

(2) $l_{db} = 0.043 d_b \cdot f_y = 0.043(22)(400) = 378.4$mm

31. 압축이형철근 D22의 기본정착길이는? (단, D22 철근의 단면적은 387mm², 콘크리트의 압축강도는 24MPa, 철근의 항복강도는 400MPa, 경량콘크리트 계수는 1)

① 400mm ② 450mm
③ 500mm ④ 550mm

해설

(1) $l_{db} = \dfrac{0.25 d_b \cdot f_y}{\lambda \sqrt{f_{ck}}}$

$= \dfrac{0.25(22)(400)}{(1)\sqrt{(24)}} = 449.073$mm ← 지배

(2) $l_{db} = 0.043 d_b \cdot f_y = 0.043(22)(400) = 378.4$mm

해답 28. ② 29. ④ 30. ③ 31. ②

33. 압축을 받는 이형철근의 기본정착길이(l_{db})가 420mm로 계산되었다. 해석결과 요구되는 철근량보다 20%를 초과하여 배치한 경우 압축을 받는 이형철근의 정착길이(l_d)를 구하면?

① 320mm ② 350mm
③ 420mm ④ 504mm

[해설]

(1) $l_d = l_{db} \times$ 보정계수 $\geq 200mm$

(2) 보정계수: 실제철근량이 소요철근량 보다 많을 때

$$\cdots \frac{(소요철근량)}{(실제철근량)}$$

(3) $l_d = (420)\left(\dfrac{100}{120}\right) = 350mm \geq 200mm$

34. 철근의 정착길이에 관한 사항 중 옳지 않은 것은?

① 인장이형철근 및 이형철선의 정착길이 l_d는 항상 300mm 이상이어야 한다.
② 압축이형철근의 정착길이 l_d는 항상 150mm 이상이어야 한다.
③ 인장 또는 압축을 받는 하나의 다발철근 내에 있는 개개 철근의 정착길이 l_d는 다발철근이 아닌 경우의 각 철근의 정착길이보다 3개의 철근으로 구성된 다발철근에 대해서 20%를 증가시켜야 한다.
④ 단부에 표준갈고리가 있는 이형철근의 정착길이는 $8d_b$ 이상 또한 150mm 이상이어야 한다.

[해설]

② 압축이형철근의 정착길이(l_d)는 기본정착길이(l_{db})에 보정계수를 곱하여 구한 값이 200mm 이상이어야 한다.

해답 33. ② 34. ②

제3편

강구조

01 강구조 일반사항
02 강구조 : 접합(Ⅰ)
03 강구조 : 접합(Ⅱ)
04 강구조 부재 설계

1 강구조 일반사항

CHECK

강재의 응력변형률 곡선에 대한 주요 포인트와 영역,
항복비, 연성, 바우쉰거 효과의 정의,
구조용 강재의 명칭, 주요 구조용 재료의 강도

1 강재의 기계적 성질과 관련된 주요 용어

학습POINT

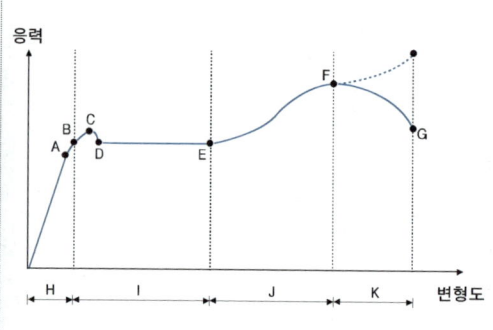

A: 비례한계점	B: 탄성한계점
C: 상(위)항복점	D: 하(위)항복점
E: 변형도경화(개시)점	F: 극한강도점
G: 파괴(Necking)점	
H: 탄성영역	I: 소성영역
J: 변형도경화영역	K: 파괴영역

【B, C, D를 하나의 포인트로 설정하여 항복강도점으로 할 수 있다.】

(1)	항복비(Yield Ratio)	극한(=인장)강도에 대한 항복강도의 비 ➡ 고강도 강재일수록 항복비가 크다. ➡ 항복비가 클수록 연성거동을 확보하기 어렵다.	$\dfrac{항복강도}{극한강도}$
(2)	연성(Ductility)	재료가 하중을 받아 항복 후 파괴에 이르기까지 소성변형을 할 수 있는 능력	
(3)	바우쉰거 효과 (Baushinger's Effect)	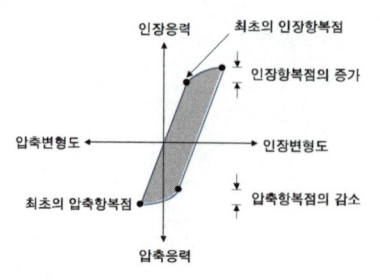	인장력을 가해 소성상태에 들어선 강재를 다시 반대 방향으로 압축력을 작용하였을 때의 압축항복점이 소성상태에 들어서지 않은 강재의 압축항복점에 비해 낮아지는 현상 ➡ 응력을 역방향으로 가할 때 같은 변형률에 대해 응력이 감소하는 현상

핵심예제 1

그림은 구조용 강봉의 응력-변형률 곡선이다. A점은 무엇인가?

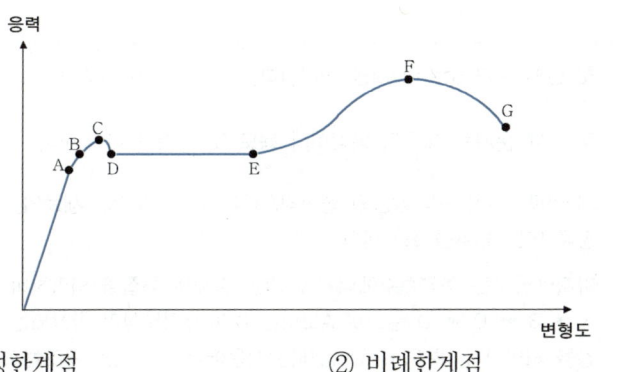

① 탄성한계점　　② 비례한계점
③ 상위항복점　　④ 하위항복점

해설　　　　　　　　　　　　　　　　　답 : ②

핵심예제 2

강재의 항복비(Yield Ratio)에 대한 설명 중 옳지 않은 것은?

① 강재의 인장강도에 대한 항복강도의 비를 의미한다.
② 고강도 강재일수록 항복비가 크다.
③ 항복비는 소성능력, 강재부식에 영향을 준다.
④ 항복비가 클수록 연성거동을 확보하기 어렵다.

해설　　　　　　　　　　　　　　　　　답 : ③

핵심예제 3

강재의 응력-변형률 시험에서 인장력을 가해 소성상태에 들어선 강재를 다시 반대 방향으로 압축력을 작용하였을 때의 압축항복점이 소성상태에 들어서지 않은 강재의 압축항복점에 비해 낮은 것을 볼 수 있는데 이러한 현상을 무엇이라 하는가?

① 뤼더선(Lüder's Line)
② 바우싱거효과(Baushinger's Effect)
③ 소성흐름(Plastic Flow)
④ 응력집중(Stress Concentration)

해설　　　　　　　　　　　　　　　　　답 : ②

2 구조용 강재

(1) 구조용 강재의 명칭

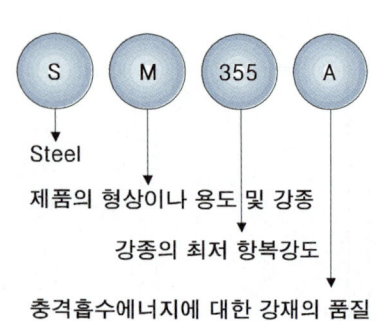

- 첫 번째 문자 S는 Steel을 의미한다.
- 두 번째 문자는 제품의 형상이나 용도 및 강종을 나타낸다.
- 세 번째 숫자는 각 강종의 항복강도(N/mm^2, MPa), 재료의 종류 또는 번호를 표시한다.
- 마지막의 A는 충격흡수에너지에 의한 강재의 품질을 의미하며 A ➡ B ➡ C ➡ D 순으로 A보다는 D가 충격특성이 향상되는 고품질의 강을 의미한다. 특히 C, D 강재는 저온에서 사용되는 구조물과 취성 파괴가 문제가 되는 특수한 부위에 사용된다.

KS D 3503	일반 구조용 압연강재	SS 275 SS 315 SS 410
KSD 3515	용접 구조용 압연강재	SM 275A, B, C, D SM 355A, B, C, D, -TMC SM 420A, B, C, D, -TMC SM 460B, C, -TMC
KSD 3529	용접 구조용 내후성 열간 압연강재	SMA 275AW, AP, BW, BP, CW, CP SMA 355AW, AP, BW, BP, CW, CP
KS D 3530	일반 구조용 경량형강	SSC 275
KS D 3558	일반 구조용 용접경량 H형강	SWH 275, SWH275L
KS D 3602	강제갑판(데크플레이트)	SDP 1, 2, 3
KS D 3632	건축구조용 탄소강관	SNT 275E SNT 355E SNT 275A SNT 355A
KS D 3861	건축구조용 압연강재	SN 275A, B, C SN 355B, C
KS D 3866	건축구조용 열간압연 형강	SHN 275 SHN 355
KS D 3864	건축구조용 각형 탄소 강관	SNRT 295E SNRT 275A SNRT 355A
KS D 5994	건축구조용 고성능 압연강재	HSA 650
KS D 3566	일반 구조용 탄소강관	SGT 275 SGT 355
KS D 3568	일반 구조용 각형강관	SRT 375 SRT 355

(2) 주요 구조용 강재의 특징

TMCP	구조물의 고층화, 대형화에 따라 용접성과 내진성이 뛰어난 극후판의 고강도 강재가 필요하게 되어 개발된 강재이다. TMCP강은 적은 탄소량을 함유하고 있기 때문에 우수한 용접성을 나타내며 판두께 40mm 이상 80mm 이하의 후판도 항복강도의 저하가 없다.
SN	건축구조용압연강이라 하며, 건축물의 내진성능을 확보하기 위하여 보통 구조용 강에서는 규정되어 있지 않은 항복점의 상한치 제한 등에 의해 품질의 편차를 줄이고 탄소량, 인·황과 같은 불순물의 엄격한 제한 등에 의해 용접성 및 냉간가공성을 향상시키고, 공칭치수를 엄격히 제어하여 철저한 품질관리가 가능하도록 하였다. 보통 구조용강에서는 충격특성에 의해 A·B·C·D재로 구분하고 있지만, SN강에서의 사용구분은 다음과 같이 규정하고 있다.
	A: 소성변형성능을 기대하지 않는 부재 혹은 부위에 사용하는 강종
	B: 광범위하게 일반 구조부위에 사용하는 강종
	C: 용접 가공 시를 포함하여 판두께 방향으로 큰 인장응력을 받는 부재 또는 부위에 사용하는 강종
STKN	SN강과 같이 용접성, 냉간가공성이 배려된 원형강관용이다.
FR강(내화강)	600°C 이하의 범위에서 무내화(無耐火) 피복이 가능하다.
SMA강(내후성강)	내후성(耐候性)이 높다.
HSA강	인장강도 800MPa, 항복강도 650MPa 이상 되는 초고강도강

(3) 주요 구조용 강재의 재료강도(MPa)

강도	판두께 \ 강재기호	SS275	SM275 SMA275	SM355 SMA355	SM420	SM460	SN275	SN355	SHN275	SHN355
F_y	16mm 이하	275	275	355	420	460	275	355	275	355
	16mm 초과 40mm 이하	265	265	345	410	450				
	40mm 초과 75mm 이하	245	255	335	400	430	255	335		
	75mm 초과 100mm 이하		245	325	390	420			–	–
F_u	75mm 이하	410	410	490	520	570	410	490	410	490
	75mm 초과 100mm 이하								–	–

강도	판두께 \ 강재기호	SM275-TMC[1]	SM355-TMC[1]	SM420-TMC[1]	SM460-TMC[1]	HSA650[1]
F_y	80mm 이하	275	355	420	460	650
F_u	80mm 이하	410	490	520	570	800

주[1]: 특별구조용강재(80mm 이하) TMC강재 및 HSA강재의 적용두께는 80mm 이하

핵심예제 4

다음 강재 표시기호에 관한 설명으로 옳지 않은 것은?

$$\underset{(가)}{SMA} \quad \underset{(나)}{355} \quad \underset{(다)}{B} \quad \underset{(라)}{W}$$

① (가) : 용도에 따른 강재의 명칭 구분
② (나) : 강재의 인장강도 구분
③ (다) : 충격흡수에너지 등급 구분
④ (라) : 내후성 등급 구분

해설 ② 355 : 강재의 항복강도 355MPa ➡ 인장강도 $F_u = 490\text{MPa}$

답 : ②

핵심예제 5

다음 구조용 강재의 명칭에 대한 내용으로 틀린 것은?

① SM – 용접구조용 압연강재(KS D 3515)
② SS – 일반구조용 압연강재(KS D 3503)
③ SN – 내진건축구조용 냉간성형 각형강관(KS D 3864)
④ SGT – 일반구조용 탄소강관(KS D 3566)

해설 ③ SN: Steel New(건축구조용 압연강재)

답 : ③

핵심예제 6

건축구조용압연강이라 하며, 건축물의 내진성능을 확보하기 위하여 항복점의 상한치 제한 등에 의한 품질의 편차를 줄이고, 용접성 및 냉간가공성을 향상시킨 강재는?

① SN강재 ② SM강재 ③ TMCP강재 ④ SS강재

해설

답 : ①

핵심예제 7

구조용 강재에 대한 설명으로 옳지 않은 것은?

① SS275는 일반구조용 압연강재이다.
② 건축구조용 압연강재(SN) 뒤에 붙는 A, B, C는 샤르피 흡수에너지 등급으로 분류된 것이다.
③ 건축구조용 압연강재(SN)는 건축물의 내진설계에서 소성변형을 허용하는 설계를 할 수 있다.
④ TMC강의 등장은 건축물의 대형화, 고층화와 관계가 깊다.

[해설] ② SN 뒤에 붙는 A, B, C는 샤르피 흡수에너지 등급으로 분류된 것이 아니며, 사용 부위에 의한 요구 성능의 차이를 나타낸다.

답 : ②

핵심예제 8

강구조에 사용하는 강재에 대한 설명으로 틀린 것은?

① SN재는 건축물의 내진성능을 확보하기 위하여 항복점의 상한치를 제한하는 강재이다.
② TMCP 강재는 판두께 증가에 따른 항복강도의 저감이 크게 나타난다.
③ SMA는 내후성을 높인 강재이다.
④ SM355B 강재의 기호 B는 충격흡수에너지를 제한하는 값에 대한 기호이다.

[해설] ② TMCP강은 적은 탄소량을 함유하고 있기 때문에 우수한 용접성을 나타내며 판두께 40mm 이상의 후판도 항복강도의 저하가 없다.

답 : ②

핵심예제 9

두께 16mm 이하의 일반구조용 강재 SS275의 기준값 F_u는?

① 410MPa   ② 325MPa   ③ 275MPa   ④ 235MPa

[해설] SS275 : 항복강도 $F_y = 275$MPa , 인장강도 $F_u = 410$MPa

답 : ①

핵 심 문 제

1. 강재의 응력변형도 곡선에서 변형도경화영역(Strain Hardening Range)에 해당하는 기호를 고르면?

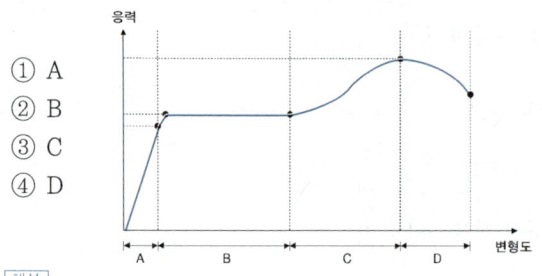

① A
② B
③ C
④ D

해설

A: 탄성영역, B: 소성영역, C: 변형도경화영역, D: 넥킹영역

2. 강재의 기계적 성질과 관련된 응력변형도 곡선에서 가장 먼저 나타나는 것은?

① 비례한계점   ② 탄성한계점
③ 상위항복점   ④ 하위항복점

해설

비례한계점 ➡ 탄성한계점 ➡ 상위항복점 ➡ 하위항복점

3. 인장시험을 통하여 얻어진 탄소강의 응력변형도 곡선에서 변형도경화영역의 최대응력을 의미하는 것은?

① 인장강도   ② 항복강도
③ 탄성한도   ④ 비례한도

해설

① 최대응력은 극한강도이고 인장강도라고도 한다.

4. 강재의 항복비(Yield Ratio)에 대한 설명 중 옳지 않은 것은?

① 강재의 인장강도에 대한 항복강도의 비를 의미한다.
② 고강도 강재일수록 항복비가 크다.
③ 항복비는 소성능력, 강재부식에 영향을 준다.
④ 항복비가 클수록 연성거동을 확보하기 어렵다.

해설

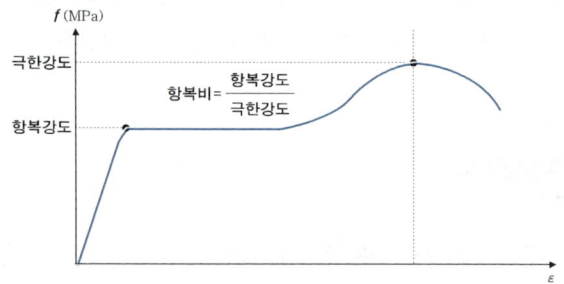

③ 소성능력은 연성(Ductility)이라고 하며, 강재의 항복비(Yield Ratio)는 강재 부식에 영향을 미치지 않는다.

5. 강재의 응력-변형률 시험에서 인장력을 가해 소성상태에 들어선 강재를 다시 반대 방향으로 압축력을 작용하였을 때의 압축항복점이 소성상태에 들어서지 않은 강재의 압축항복점에 비해 낮은 것을 볼 수 있는데 이러한 현상을 무엇이라 하는가?

① 뤼더선(Lüder's Line)
② 바우슁거효과(Baushinger's Effect)
③ 소성흐름(Plastic Flow)
④ 응력집중(Stress Concentration)

해설

바우슁거 효과(Baushinger's Effect)에 대한 설명으로 응력을 역방향으로 가할 때 같은 변형률에 대해 응력이 감소하는 현상이다.

해답   1. ③   2. ①   3. ①   4. ③   5. ②

6. 다음 강종 표시기호에 관한 설명으로 옳지 않은 것은?

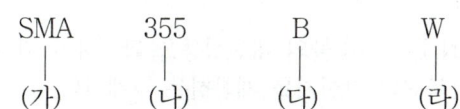

① (가) : 용도에 따른 강재의 명칭 구분
② (나) : 강재의 인장강도 구분
③ (다) : 충격흡수에너지 등급 구분
④ (라) : 내후성 등급 구분

해설

(가) SMA: Steel Marine Atmosphere
　➡ 용접구조용 내후성 열간압연강재)

(나) 355: 항복강도 $F_y = 355\text{MPa}$,
　➡ 인장강도 $F_u = 490\text{MPa}$

(다) B: 샤르피 흡수에너지 등급
　➡ B : 일정수준 충격치 요구, 27J(0℃) 이상)

(라) W: 내후성 등급
　➡ W : 녹안정화 처리

7. 다음 강종 중 건축구조용 압연강재를 나타내는 것은?
① SS275　　② SM355
③ SMA355　④ SN355

해설
① SS: Steel Structure, 일반구조용 압연강재
② SM: Steel Marine, 용접구조용 압연강재
③ SMA: Steel Marine Atmosphere,
　용접구조용 내후성 열간압연강재
④ SN: Steel New, 건축구조용 압연강재

8. 건축구조용압연강이라 하며, 건축물의 내진성능을 확보하기 위해 항복점의 상한치 제한 등에 의한 품질의 편차를 줄이고, 용접성 및 냉간 가공성을 향상시킨 강재는?
① SN강재　　　② SM강재
③ TMCP강재　 ④ SS강재

해설
SN: Steel New(건축구조용 압연강재)
➡ 건축구조물의 2차부재나 트러스 등의 탄성범위에서
　사용되는 경제성 있는 강재이다.

9. 다음 구조용 강재의 명칭에 대한 내용으로 틀린 것은?
① SM: 용접구조용 압연강재(KS D 3515)
② SS: 일반구조용 압연강재(KS D 3503)
③ SN: 내진건축구조용 냉간성형 각형강관(KS D 3864)
④ SGT: 일반구조용 탄소강관(KS D 3566)

해설
③ SN: 건축구조용 압연강재(KS D 3861)

10. 강재 SM 355A에 대한 설명 중 옳지 않은 것은?
① SM은 용접구조용 강재임을 의미한다.
② 기호의 끝 알파벳은 충격흡수 에너지 시험 보증값에 따라 규정된다.
③ 기호의 끝 알파벳은 A < B < C의 순으로 용접성이 양호함을 의미한다.
④ 최저 인장강도가 355N/mm² 임을 나타낸다.

해설
④ 최저 항복강도가 355N/mm² 임을 나타낸다.

해답　6. ②　7. ④　8. ①　9. ③　10. ④

11. 구조용 강재 SHN355에 대한 설명 중 옳은 것은?

① 건축구조용 열간압연 H형강, 항복강도 355MPa
② 건축구조용 압연 H형강, 압축강도 355MPa
③ 용접구조용 압연 H형강, 인장강도는 355MPa
④ 용접구조용 내후성열간압연강재, 압축강도 355MPa

해설

건축구조용 열간압연 H형강(SHN)은 기존의 H형강에 내진성능 등의 구조성능이 우수한 형강제품에 대해 규정한 현대제철의 제품으로서, SHN355에서 355는 최저 항복강도가 355MPa을 나타낸다.

12. 구조용 강재에 대한 설명으로 옳지 않은 것은?

① SS275는 일반구조용 압연강재이다.
② 건축구조용 압연강재(SN) 뒤에 붙는 A, B, C는 샤르피 흡수에너지 등급으로 분류된 것이다.
③ 건축구조용압연강재(SN)는 건축물의 내진설계에서 소성변형을 허용하는 설계를 할 수 있다.
④ TMC강의 등장은 건축물의 대형화, 고층화와 관계가 깊다.

해설

② SN 뒤에 붙는 A, B, C는 샤르피 흡수에너지 등급으로 분류된 것이 아니며, 사용 부위에 의한 요구성능의 차이를 나타낸다.

13. 강구조에 사용하는 강재에 대한 설명으로 틀린 것은?

① SN재는 건축물의 내진성능을 확보하기 위하여 항복점의 상한치를 제한하는 강재이다.
② TMCP 강재는 판두께 증가에 따른 항복강도의 저감이 크게 나타난다.
③ SMA는 내후성을 높인 강재이다.
④ SM355B 강재의 기호 B는 충격흡수에너지를 제한하는 값에 대한 기호이다.

해설

② TMCP(Thermo Mechanichal Control Process Steel) 강재는 적은 탄소량을 함유하고 있기 때문에 우수한 용접성을 나타내며 판두께 40mm 이상의 후판도 항복강도의 저하가 없다.

해답 11. ① 12. ② 13. ②

MEMO

2 강구조 접합(Ⅰ)

CHECK

접합부 최소강도, 전단접합과 강접합의 특성 비교,
고장력볼트 연결부의 명칭 및 재료의 기본 기호표기, 고장력볼트 접합 특성,
보정렌치 조임법, 고장력볼트 설계강도(인장강도, 전단강도, 미끄럼강도)

1 접합 일반사항

학습POINT

(1)	접합부 최소강도	모든 접합부의 설계강도는 45kN 이상이어야 한다. (단, 연결재, 새그로드 또는 띠장은 제외한다.)	
(2)	모멘트에 대한 부재 상대회전각의 특성에 따른 분류	전단접합, 단순접합, 핀(Pin)접합	모멘트접합, 강접합
		접합부가 휨모멘트에 대한 저항력이 없어 자유로이 회전하며 기둥에는 전단력만 전달	접합부가 휨모멘트에 대한 저항 능력을 가지고 있어 보와 기둥의 휨모멘트가 강성에 따라 분배

핵심예제 1

강구조 접합부 중 회전저항에 유연해서 모멘트를 전달하지 않는 형태로 기둥에 보의 플랜지를 연결하지 않고 웨브만 접합한 형태는?
① 강접 접합부　　　　② 스플릿 티 모멘트 접합부
③ 전단 접합부　　　　④ 반강접 접합부

해설　　　　　　　　　　　　　　　　　　　　　　　　답 : ③

2 고장력볼트 접합

(1) 연결부의 명칭 및 재료의 기본 기호표기

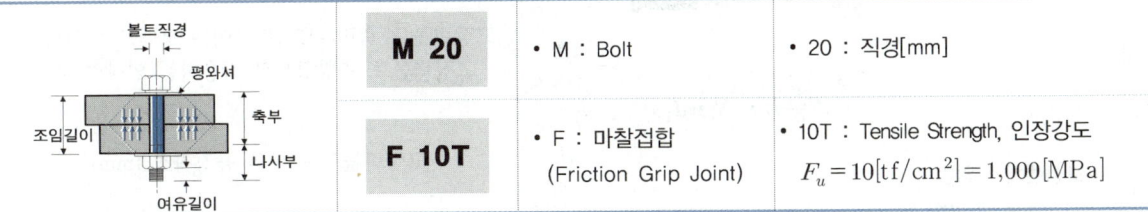

- M : Bolt
- F : 마찰접합 (Friction Grip Joint)
- 20 : 직경[mm]
- 10T : Tensile Strength, 인장강도 $F_u = 10[\text{tf}/\text{cm}^2] = 1,000[\text{MPa}]$

(2) 고장력볼트 접합 특성

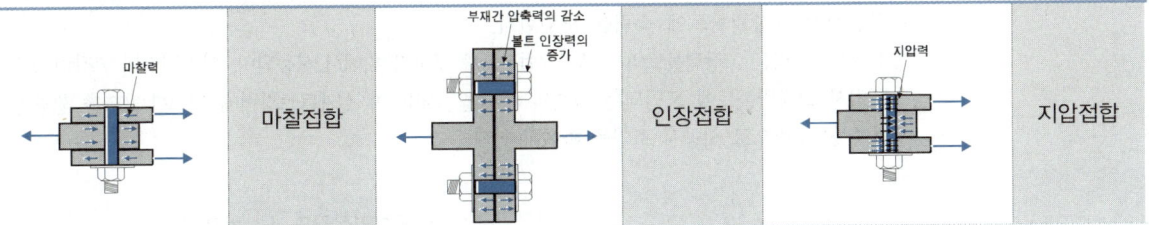

①	일반적으로 고장력볼트 접합은 마찰접합을 말하며, 마찰접합에서도 지압강도는 고려된다.
②	강한 조임력으로 너트의 풀림이 생기지 않고, 유효단면적당 응력이 작으며, 피로강도가 높다.
③	응력방향이 바뀌더라도 혼란이 일어나지 않으며, 응력집중(Stress Concentration)이 작아 반복응력에 대해 강하다.

핵심예제 2

볼트의 기계적 등급을 나타내기 위해 표시하는 F8T, F10T, F13T에서 가운데 숫자는 무엇을 의미하는가?

① 휨강도   ② 인장강도   ③ 압축강도   ④ 전단강도

해설   답 : ②

핵심예제 3

고장력볼트 접합에 대한 설명 중 옳지 않은 것은?
① 접합부의 강성이 높아 수직방향 접합부의 변형이 거의 없다.
② 접합판재 유효단면에서 하중이 적게 전달된다.
③ 볼트의 단위강도가 높아 큰 응력을 받는 접합부에 적당하다.
④ 유효단면적당 응력이 크며, 피로강도가 작다.

해설   답 : ④

(3) 고장력볼트 보정렌치 조임법, 접합부 설계강도[N]

①	보정렌치 조임법 (=Torque 관리법)	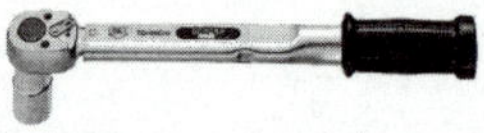 $T = k \cdot N \cdot d_1$	k	토크계수(0.11~0.19)
			N	고장력볼트 축력(너트를 조이는 모멘트로 인하여 고장력볼트 축방향으로 작용하는 인장력 [N]
			d_1	고장력볼트 축부의 공칭직경 [mm]

고장력볼트가 탄성범위 내에 있다고 가정하고, 조임력(Torque)과 고장력볼트 축력이 비례한다는 것을 이용하는 방법으로 고장력볼트의 본조임은 1차조임한 후 너트에 소정의 토크를 작용시켜 고장력볼트에 축력을 도입한다.
설계볼트장력은 고장력볼트의 설계미끄럼강도를 구하기 위해서 사용되며, 마찰접합의 고장력볼트 조임시 고장력볼트에 도입되는 장력의 풀림을 고려하여 설계볼트장력에 최소한 10%를 할증한 표준볼트장력으로 시공시 조임을 하여야 한다.

②	설계인장강도	$\phi R_n = 0.75 \cdot F_{nt} \cdot A_b \cdot N_s$	• 공칭인장강도 $F_{nt} = 0.75 F_u$ • A_b : 볼트의 공칭단면적(mm²) • N_s : 전단면(Shear Plane)의 수
	설계전단강도	$\phi R_n = 0.75 \cdot F_{nv} \cdot A_b \cdot N_s$	• 공칭전단강도 $F_{nv} = 0.50 F_u$ ➡ 나사부가 전단면에 포함되지 않을 경우 • 공칭전단강도 $F_{nv} = 0.40 F_u$ ➡ 나사부가 전단면에 포함될 경우 • A_b : 볼트의 공칭단면적(mm²) • N_s : 전단면(Shear Plane)의 수 1면 전단 / 2면 전단
	설계미끄럼강도	$\phi R_n = \phi \cdot \mu \cdot h_f \cdot T_o \cdot N_s$	• ϕ : 표준구멍(=1.0), 대형구멍과 단슬롯구멍(=0.85), 장슬롯구멍(=0.70) • μ : 미끄럼계수(표준마찰면=0.5) • h_f : 필러계수(=0.85~1.0) • T_o : 설계볼트장력(kN) • N_s : 전단면의 수

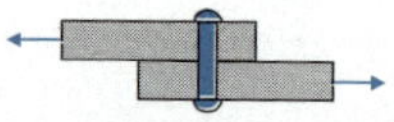

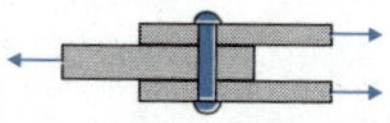

핵심예제 4

고장력볼트 F10T-M24의 현장시공을 위한 2차 조임토크 값은 얼마인가? (단, 토크계수는 0.13, F10T-M24볼트의 축방향인장력은 233kN이며 표준볼트장력은 설계볼트장력에 10%를 할증한다.)

① 568,573N·mm ② 799,656N·mm
③ 1,238,406N·mm ④ 1,689,654N·mm

해설

(1) 설계볼트장력: $T = k \cdot N \cdot d_1 = (0.13)(233 \times 10^3)(24) = 726,960 \text{N} \cdot \text{mm}$

(2) 표준볼트장력 = $726,960 \times 1.1 = 799,656 \text{N} \cdot \text{mm}$

답 : ②

핵심예제 5

고장력볼트 1개의 인장파단 한계상태에 대한 설계인장강도는? (단, 볼트 등급 및 호칭은 F10T-M20)

① 177kN ② 236kN ③ 315kN ④ 385kN

해설 $\phi R_n = \phi \cdot F_{nt} \cdot A_b \cdot N_s = (0.75)(750)\left(\dfrac{\pi(20)^2}{4}\right)(1) = 176,715 \text{N} = 176.715 \text{kN}$

답 : ①

핵심예제 6

고장력볼트 F10T(M20) 일면전단일 때 볼트 한 개당 설계전단강도(ϕR_n)는? (단, 고장력볼트의 $F_u = 1,000 \text{MPa}$, $\phi = 0.75$, $F_{nv} = 0.5 F_u$)

① 117.8kN ② 94.2kN ③ 58.8kN ④ 47.1kN

해설 $\phi R_n = \phi \cdot F_{nv} \cdot A_b \cdot N_s = \phi \cdot 0.5 F_u \cdot A_b \cdot N_s$

$= (0.75)[0.5(1,000)]\left(\dfrac{\pi(20)^2}{4}\right)(1) = 117,810 \text{N} = 117.810 \text{kN}$

답 : ①

핵심문제

CHAPTER 2 강구조 접합(I)

1. 강구조에서 규정된 별도의 설계하중이 없는 경우 접합부의 최소 설계강도 기준은? (단, 연결재, 새그로드 또는 띠장은 제외)

① 30kN 이상   ② 35kN 이상
③ 40kN 이상   ④ 45kN 이상

[해설]

④ 접합부의 설계강도는 45kN 이상이어야 한다.

다만, 연결재, 새그로드 또는 띠장은 제외한다.

2. 강구조 접합부에서 접합부에 휨모멘트 반력이 발생되지 않고, 전단력만을 저항하는 접합형식은?

① 강접합   ② 모멘트접합
③ 핀접합   ④ 반강접합

[해설]

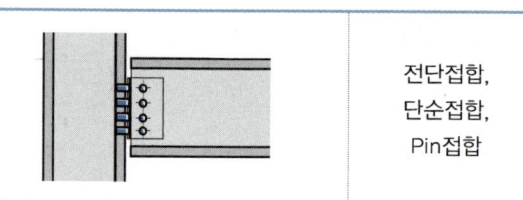
전단접합,
단순접합,
Pin접합

3. 강구조 접합부 중 회전저항에 유연해서 모멘트를 전달하지 않는 형태로 기둥에 보의 플랜지를 연결하지 않고 웨브만 접합한 형태는?

① 강접 접합부   ② 스플릿티 모멘트 접합부
③ 전단 접합부   ④ 반강접 접합부

[해설]

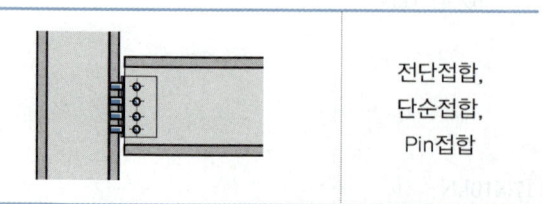
전단접합,
단순접합,
Pin접합

4. 강구조물의 보 단부에서 회전을 허용하지 않고 100%에 가까운 단부 모멘트를 기둥 또는 이음부에 전달하는 개념의 접합부 형태는?

① 강접합   ② 반강접합
③ 전단접합   ④ 단순접합

[해설]

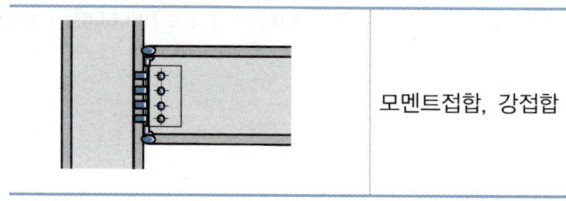
모멘트접합, 강접합

5. 강구조 기둥과 보의 모멘트접합에 관한 설명으로 틀린 것은?

① 전단접합에 비해 시공이 간단하고 재료비가 줄어든다.
② 단부를 고정지점으로 가정하여 접합하는 방법이다.
③ 보의 휨모멘트를 기둥이 일부 부담하므로 보를 경제적으로 설계할 수 있다.
④ 접합부가 휨모멘트에 대한 저항능력을 갖고 있다.

[해설]

① 전단접합이 시공이 간단하고 재료비가 줄어든다.

해답 1. ④ 2. ③ 3. ③ 4. ① 5. ①

6. 강구조 접합부에 관한 설명으로 옳지 않은 것은?

① 기둥-보 접합부는 접합부의 성능과 회전에 대한 구속정도에 따라 전단접합, 부분강접합, 완전강접합으로 구분된다.
② 주요한 건물의 접합부에는 미끄럼 발생을 방지하기 위해 일반볼트를 사용한다.
③ 접합부는 45kN 이상 지지하도록 설계한다. 단, 연결재, 새그로드, 띠장은 제외한다.
④ 고장력볼트의 접합방법에는 마찰접합, 지압접합, 인장접합이 있다.

해설
② 주요한 건물의 접합부에는 미끄럼 발생을 방지하기 위해 일반볼트가 아니라 고장력볼트를 사용한다.

7. 다음 중 고장력볼트의 접합이 아닌 것은?

① 메탈터치 접합   ② 인장접합
③ 마찰접합   ④ 지압접합

해설
① 고장력볼트의 접합방법에는 마찰접합, 지압접합, 인장접합이 있다.

8. 다음 그림은 고장력볼트 체결부의 명칭을 나타낸 것이다. 명칭이 틀린 것은?

① [① 평와셔]
② [② 축부]
③ [③ 여유길이]
④ [④ 볼트직경]

해설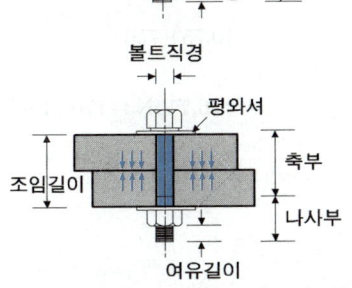

9. 특수 고력볼트인 TS볼트를 구성하고 있는 요소와 거리가 먼 것은?

① 너트   ② 핀테일
③ 평와셔   ④ 필러플레이트

해설

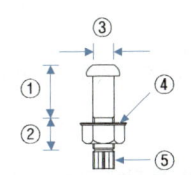
① 축부
② 나사부
③ 직경
④ 평와셔
⑤ 핀테일

10. 볼트의 기계적 등급을 나타내기 위해 표시하는 F8T, F10T, F13T에서 가운데 숫자는 무엇을 의미하는가?

① 휨강도   ② 인장강도
③ 압축강도   ④ 전단강도

해설
가운데 숫자는 최저 인장강도(F_u)를 의미한다.
가령, F10T에서 10T는 $10tf/mm^2$ = 1,000MPa의 최저 인장강도(F_u)를 표현한다.

11. 강구조 접합에서 접합하려는 모재간의 마찰력을 이용한 접합은?

① 핀 접합   ② 용접
③ 고장력볼트   ④ 리벳

해설

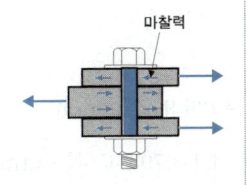
고장력볼트 접합은 마찰접합으로서 유효단면적당 응력이 작고 피로강도가 크다.

12. 고장력볼트 접합에 대한 설명 중 옳지 않은 것은?

① 접합부의 강성이 높아 수직방향 접합부의 변형이 거의 없다.
② 접합판재 유효단면에서 하중이 적게 전달된다.
③ 볼트의 단위강도가 높아 큰 응력을 받는 접합부에 적당하다.
④ 유효단면적당 응력이 크며, 피로강도가 작다.

[해설]

④ 유효단면적당 응력이 작고, 피로강도가 크다.

13. 고장력볼트 마찰접합의 특징에 관한 설명 중 옳지 않은 것은?

① 시공이 용이하여 공기가 절약된다.
② 접합부의 강성과 강도가 크다.
③ 불량개소의 수정이 용이하다.
④ 사용강재가 절약된다.

[해설]

④ 고장력볼트 접합은 볼트의 단위강도가 높아 큰 응력을 받는 접합부에 적당하고 또한 소요 볼트수도 적게 되지만 사용되는 강재가 절약되는 효과는 없다.

14. 고장력볼트 F10T-M24의 현장시공을 위한 2차 조임토크 값은? (단, 토크계수 0.13, F10T-M24 볼트의 축방향인장력 233kN, 표준볼트장력은 설계 볼트장력에 10%를 할증한다.)

① 568,573N·mm ② 799,656N·mm
③ 1,238,406N·mm ④ 1,689,654N·mm

[해설]

(1) 설계볼트장력:

$T = k \cdot N \cdot d_1$

$= (0.13)(233 \times 10^3)(24) = 726,960 \text{N} \cdot \text{mm}$

(2) 표준볼트장력 = 726,960 × 1.1 = 799,656N·mm

15. 고장력볼트 F10T-M24의 현장시공을 위한 2차 조임토크 값은? (단, 토크계수 0.13, F10T-M24 볼트의 축방향인장력 200kN, 표준볼트장력은 설계 볼트장력에 10%를 할증한다.)

① 568,573 N·mm ② 686,400 N·mm
③ 799,656 N·mm ④ 892,638 N·mm

[해설]

(1) 설계볼트장력:

$T = k \cdot N \cdot d_1$

$= (0.13)(200 \times 10^3)(24) = 624,000 \text{N} \cdot \text{mm}$

(2) 표준볼트장력 = 624,000 × 1.1 = 686,400N·mm

16. 고장력볼트 1개의 인장파단 한계상태에 대한 설계인장강도는? (단, 볼트 등급 및 호칭은 F10T-M20)

① 177kN ② 236kN
③ 315kN ④ 385kN

[해설]

(1) 공칭인장강도:

$F_{nt} = 0.75 F_u = 0.75(1,000) = 750 \text{N/mm}^2$

(2) 고장력볼트 설계인장강도:

$\phi R_n = \phi \cdot F_{nt} \cdot A_b \cdot N_s$

$= (0.75)(750)\left(\dfrac{\pi(20)^2}{4}\right)(1) \times 1개$

$= 176,715 \text{N} = 176.715 \text{kN}$

해답 12. ④ 13. ④ 14. ② 15. ② 16. ①

17. 고장력볼트 1개의 인장파단 한계상태에 대한 설계 인장강도는? (단, 볼트등급 및 호칭은 M24, F10T, $\phi=0.75$)

① 254kN   ② 284kN
③ 304kN   ④ 324kN

해설

(1) 공칭인장강도:

$$F_{nt} = 0.75 F_u = 0.75(1,000) = 750\text{N/mm}^2$$

(2) 고장력볼트 설계인장강도:

$$\phi R_n = \phi \cdot F_{nt} \cdot A_b \cdot N_s$$

$$= (0.75)(750)\left(\frac{\pi(24)^2}{4}\right)(1) \times 1개$$

$$= 254,469\text{N} = 254.469\text{kN}$$

18. 그림과 같은 단순 인장접합부의 강도한계상태에 따른 고장력볼트 설계전단강도는? (단, 강재의 재질은 SS275, 고장력볼트 M22(F10T), 공칭전단강도 $F_{nv} = 500\text{N/mm}^2$, $\phi = 0.75$)

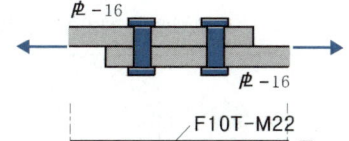
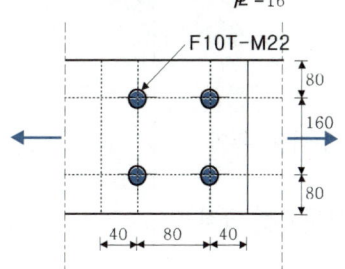

① 500kN
② 530kN
③ 550kN
④ 570kN

해설

$$\phi R_n = \phi \cdot F_{nv} \cdot A_b \cdot N_s$$

$$= (0.75)(500)\left(\frac{\pi(22)^2}{4}\right)(1) \times 4개$$

$$= 570,199\text{N} = 570.199\text{kN}$$

19. 고장력볼트 F10T(M20) 일면전단일 때 볼트 1개당 설계전단강도는? (단, 고장력볼트 $F_u = 1,000\text{MPa}$, $\phi = 0.75$, $F_{nv} = 0.5 F_u$)

① 117.8kN   ② 94.2kN
③ 58.8kN   ④ 47.1kN

해설

$$\phi R_n = \phi \cdot F_{nv} \cdot A_b \cdot N_s$$

$$= (0.75)(0.5 \times 1,000)\left(\frac{\pi(20)^2}{4}\right)(1) \times 1개$$

$$= 117,810\text{N} = 117.810\text{kN}$$

20. 그림과 같은 고장력 볼트 접합부의 설계미끄럼 강도는?

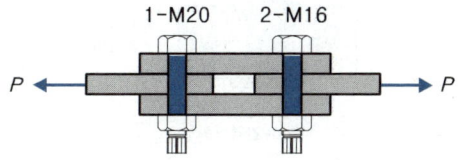

- 미끄럼계수: 0.5
- 표준구멍
- M16의 설계볼트장력 $T_o = 106\text{kN}$
- M20의 설계볼트장력 $T_o = 165\text{kN}$
- 설계미끄럼강도식: $\phi R_n = \phi \cdot \mu \cdot h_f \cdot T_o \cdot N_s$

① 148kN   ② 165kN
③ 184kN   ④ 212kN

해설

(1) 표준구멍 $\phi = 1$, 미끄럼계수 $\mu = 0.5$,

필러를 사용하지 않은 경우이므로 $h_f = 1$,

전단면의 수가 2이므로 $N_s = 2$를 적용한다.

(2) 고장력볼트 접합부 설계미끄럼강도: ①, ② 중 작은값

① $\phi R_n = (1)(0.5)(1)(165)(2) \times 1개 = 165\text{kN}$

② $\phi R_n = (1)(0.5)(1)(106)(2) \times 2개 = 212\text{kN}$

해답   17. ①   18. ④   19. ①   20. ②

3 강구조 접합(Ⅱ)

CHECK

그루브용접의 유효목두께, 용접기호 표시방법, 필릿용접 유효목두께·유효용접길이·유효용접면적,
필릿용접 최소사이즈 및 최대사이즈 규정, 필릿용접 접합 세칙,
용접결함, 용접부 비파괴검사법, 강구조 접합 관련 주요용어

1 그루브용접(Groove Welding, 맞댐용접)

학습POINT

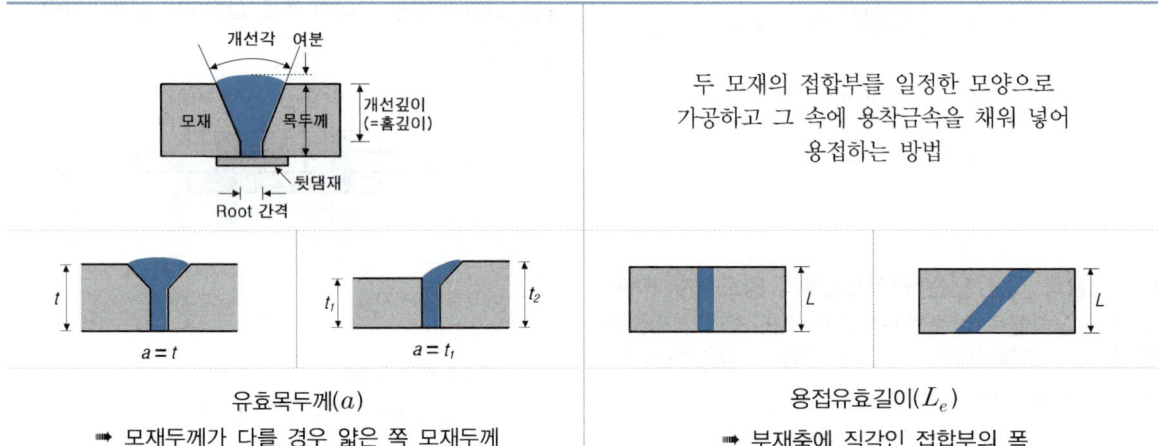

두 모재의 접합부를 일정한 모양으로 가공하고 그 속에 용착금속을 채워 넣어 용접하는 방법

유효목두께(a)
➡ 모재두께가 다를 경우 얇은 쪽 모재두께

용접유효길이(L_e)
➡ 부재축에 직각인 접합부의 폭

핵심예제 1

용접접합설계에 대한 설명으로 옳지 않은 것은?
① 완전용입된 그루브용접의 유효목두께는 접합판 중 두꺼운 쪽의 판두께로 한다.
② 그루브용접의 유효면적은 용접의 유효길이에 유효목두께를 곱한 것으로 한다.
③ 필릿용접의 유효목두께는 필릿사이즈의 0.7배로 한다.
④ 필릿용접의 유효길이는 필릿용접의 총길이에서 필릿사이즈 S의 2배를 공제한 값으로 한다.

[해설] ① 그루브용접(Groove Welding)의 유효목두께는 접합판 중 얇은쪽의 판두께를 적용한다.   답 : ①

2 필릿용접(Fillet Welding, 모살용접)

용접기호 표시방법	단면도	측면도
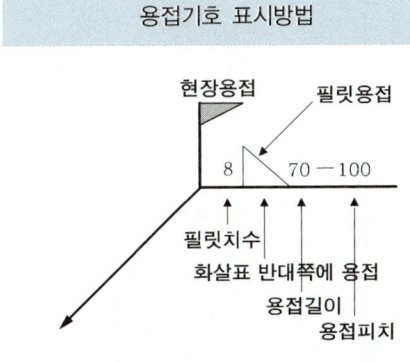	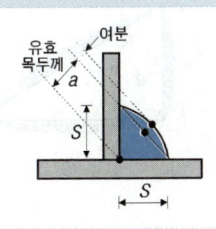 유효목두께 $a = 0.7S$ (S : 얇은쪽 치수)	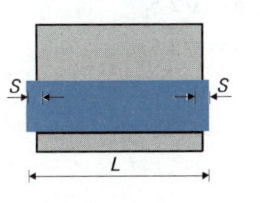 용접유효길이 $L_e (= L - 2S) \geq 4S$

접합부의 얇은쪽 판두께, t(mm)	최소 사이즈[mm]	접합부의 얇은쪽 판두께, t(mm)	최대 사이즈[mm]
$t \leq 6$	3	$t < 6$	$S = t$
$6 < t \leq 13$	5		
$13 < t \leq 19$	6	$t \geq 6$	$S = t - 2$
$19 < t$	8		

접합 세칙
- 응력을 전달하는 단속필릿용접 이음부의 길이는 필릿사이즈의 10배 이상 또한 30mm 이상을 원칙으로 한다.
- 응력을 전달하는 겹침이음은 2열 이상의 필릿용접을 원칙으로 하고, 겹침길이는 얇은쪽 판두께의 5배 이상 또한 25mm 이상 겹치게 한다.

핵심예제 2

그림의 용접기호와 관련된 내용으로 옳은 것은?

① 양면용접에 용접길이 50mm
② 용접간격 100mm
③ 용접치수 12mm
④ 연속용접

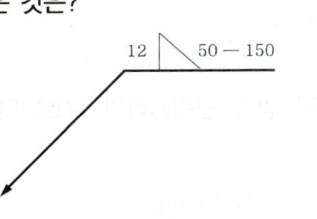

해설
(1) 화살표 지시선 반대쪽 1면 필릿(=모살)용접
(2) 용접치수 $S = 12\text{mm}$, 용접길이 $L = 50\text{mm}$, 용접간격 $P = 150\text{mm}$ 단속용접

답 : ③

핵심예제 3

그림과 같이 용접을 할 때, 용접의 목두께(a)를 구하는 식은?

① $a = \sqrt{2}\,S_1$
② $a = \sqrt{2}\,S_2$
③ $a = 0.7S_1$
④ $a = 0.7S_2$

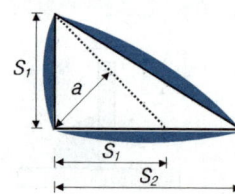

해설 필릿치수가 다를 경우 짧은쪽을 기준으로 한다. ➡ 유효목두께 $a = 0.7S_1$

답 : ③

핵심예제 4

그림과 같은 필릿용접의 유효길이는?

① 10mm
② 100mm
③ 107mm
④ 114mm

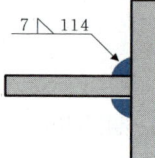

해설 $L_e = L - 2S = (114) - 2(7) = 100\,\text{mm}$

답 : ②

핵심예제 5

용접치수 8mm, 용접길이 400mm인 양면 필릿용접의 유효단면적은 다음 중 어느 것과 가까운가?

① 2,100mm²   ② 3,200mm²
③ 3,800mm²   ④ 4,300mm²

해설 $A_n = a \cdot L_e \times 2$면 $= 0.7S \times (L - 2S) \times 2$면
$= 0.7(8) \times (400 - 2 \times 8) \times 2$면 $= 4,300.8\,\text{mm}^2$

답 : ④

핵심예제 6

다음 필릿용접부의 유효용접면적은?

① 716.8mm²
② 614.4mm²
③ 806.4mm²
④ 691.2mm²

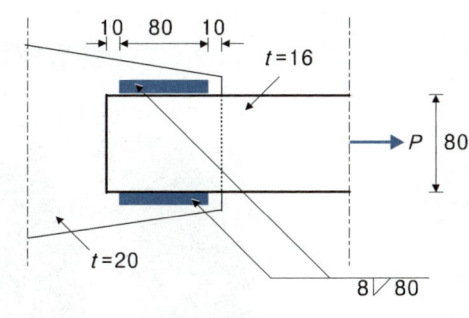

해설 $A_n = a \cdot L_e \times 2$면 $= 0.7S \times (L-2S) \times 2$면

$$= 0.7(8) \times (80-2\times 8) \times 2\text{면} = 716.8\text{mm}^2$$

답 : ①

핵심예제 7

강구조 필릿용접의 최소, 최대 필릿사이즈 기준으로 틀린 것은?

① 판두께 $t < 6$(mm)인 경우 최대 필릿사이즈는 t (mm)이다.
② 판두께 $t \geq 6$(mm)인 경우 최대 필릿사이즈는 $t-2$ (mm)이다.
③ 판두께 $t \leq 6$(mm)인 경우 최소 필릿사이즈는 2 (mm)이다.
④ 판두께 $6 < t \leq 13$(mm)인 경우 최소 필릿사이즈는 5 (mm)이다.

해설 ③ 판두께 $t \leq 6$(mm)인 경우 최소 필릿사이즈는 3 (mm)이다.

답 : ③

핵심예제 8

한계상태 설계법에 따른 강구조 이음부에 대한 설계세칙 중 옳지 않은 것은?

① 응력을 전달하는 단속필릿용접이음부의 길이는 필릿사이즈의 15배 이상 또한 50mm 이상을 원칙으로 한다.
② 응력을 전달하는 겹침이음은 2열 이상의 필릿용접을 원칙으로 한다.
③ 고장력볼트의 구멍중심간 거리는 공칭직경의 2.5배 이상으로 한다.
④ 고장력볼트의 구멍중심에서 볼트머리 또는 너트가 접하는 재의 연단까지의 최대거리는 판두께의 12배 이하 또한 150mm 이하로 한다.

해설 ① 응력을 전달하는 단속필릿용접 이음부의 길이는 필릿 사이즈의 10배 이상 또한 30mm 이상을 원칙으로 한다.

답 : ①

3 대표적인 용접결함과 용접부 비파괴검사법

대표적인 용접결함		용접부 비파괴 검사법	
슬래그(Slag) 감싸들기	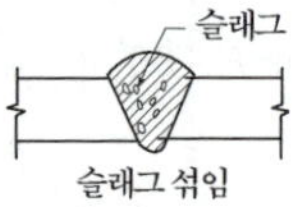 (슬래그 / 슬래그 섞임)		
언더컷(Under Cut)	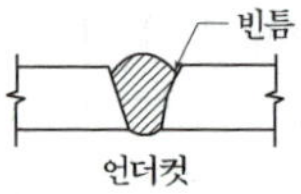 (빈틈 / 언더컷)		
오버랩(Over Lap)	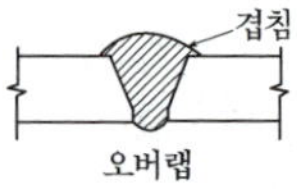 (겹침 / 오버랩)	①	방사선 투과검사(Radiographic Test)
블로홀(Blow Hole)	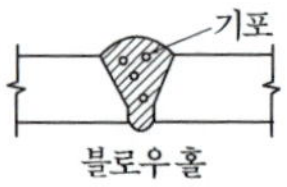 (기포 / 블로우 홀)	②	초음파 탐상법(Ultrasonic Test)
피트(Pit)	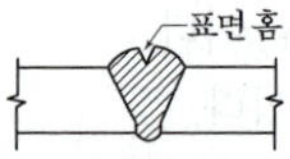 (표면 홈)	③	자기분말 탐상법(Magnetic Particle Test)
은점(Fish eyes)	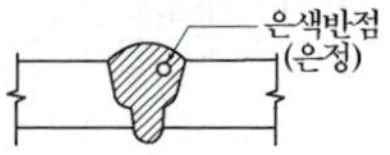 (은색반점(은점))	④	침투 탐상법(Penetration Test)

핵심예제 9

강구조 용접에서 용접결함에 속하지 않는 것은?
① 오버랩(Overlap) ② 크랙(Crack)
③ 가우징(Gouging) ④ 언더컷(Under Cut)

해설   답 : ③

핵심예제 10

강구조 용접부의 비파괴 검사법에 해당되지 않는 것은?
① 초음파 탐상 검사 ② 토크 검사
③ 자분 탐상 검사 ④ 방사선 투과 검사

해설 ② 토크 검사는 고장력볼트 조임과 관계가 있다.

답 : ②

4 강구조 접합 관련 주요용어

(1)	엔드탭(End Tab)		용접결함의 발생을 방지하기 위해 용접 시단부와 종단부에 임시로 붙이는 보조강판
(2)	스캘럽(Scallop)		용접부위가 타 부재 용접접합 시 재용접되어 열영향부의 취약화를 방지할 목적으로 곡선 모따기
(3)	메탈터치(Metal Touch) 밀피니시(Mill Finish)		$\dfrac{t}{D} \leq \dfrac{1.5}{1,000}$
		상하 기둥 단면에 인장응력이 발생할 염려가 없고 접합부 단면의 면이 절삭가공기(Facing Machine 또는 Rotary Planer)를 사용하여 마감하여 밀착되는 경우 소요압축력 및 소요휨모멘트 각각의 $\dfrac{1}{2}$은 접촉면에서 직접 전달되는 것으로 설계할 수 있다.	
(4)	주각부	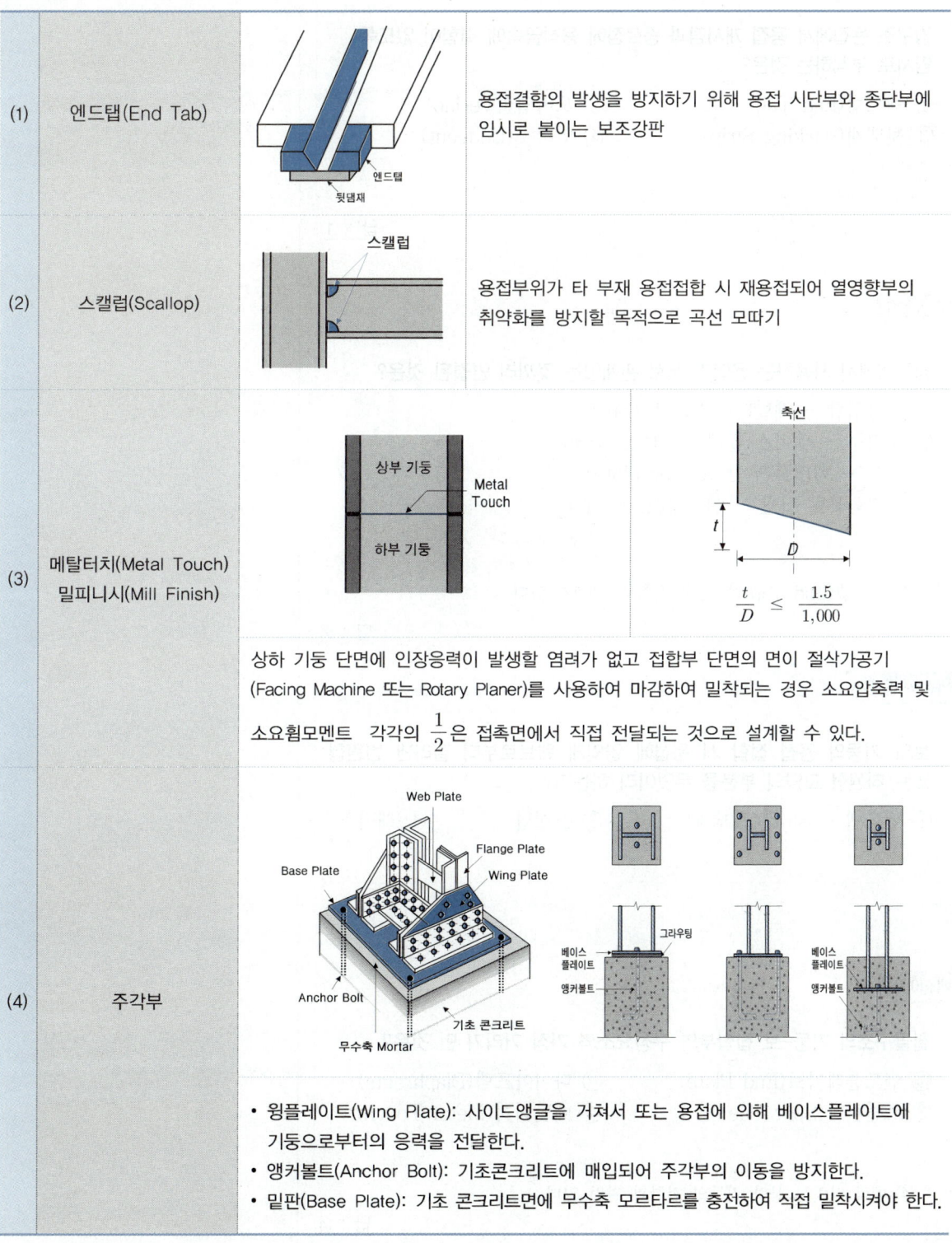	
		• 윙플레이트(Wing Plate): 사이드앵글을 거쳐서 또는 용접에 의해 베이스플레이트에 기둥으로부터의 응력을 전달한다. • 앵커볼트(Anchor Bolt): 기초콘크리트에 매입되어 주각부의 이동을 방지한다. • 밑판(Base Plate): 기초 콘크리트면에 무수축 모르타르를 충전하여 직접 밀착시켜야 한다.	

핵심예제 11

강구조 용접에서 용접 개시점과 종료점에 용착금속에 결함이 없도록 임시로 부착하는 것은?

① 엔드탭(End Tab)　② 오버랩(Overlap)
③ 뒷댐재(Backing Strip)　④ 언더컷(Undecut)

해설

답 : ①

핵심예제 12

강구조에서 사용하는 용어가 서로 관계없는 것끼리 연결된 것은?

① 기둥접합 – 메탈터치(Metal Touch)
② 주각부 – 베이스 플레이트(Base Plate)
③ 판보 – 커버플레이트(Cover Plate)
④ 고장력볼트 접합 – 엔드탭(End Tab)

해설 ④ 엔드탭(End Tap)은 용접 접합과 관계가 있다.

답 : ④

핵심예제 13

보와 기둥의 용접 접합 시 용접에 알맞게 웨브로부터 잘라낸 반원형 또는 타원형 모양의 부분을 무엇이라 하는가?

① 엔드탭　② 뒷댐재　③ 스캘럽　④ 래티스

해설

답 : ③

핵심예제 14

철골구조의 기둥-보 접합부의 구성요소와 가장 거리가 먼 것은?

① 엔드플레이트(End Plate)　② 다이아프램(Diaphragm)
③ 스플릿티(Split Tee)　④ 메탈터치(Metal Touch)

해설 ④ 메탈 터치는 상하 기둥의 접합과 관련 있다.

답 : ④

핵심예제15

철골구조 주각부의 구성요소가 아닌 것은?
① 커버 플레이트 ② 앵커 볼트
③ 베이스 모르타르 ④ 베이스 플레이트

해설 ① 커버 플레이트(Cover Plate)는 플레이트 거더(Plate Girder)와 관련 있다.

답 : ①

핵심예제16

철골주각부에 부착하는 강판으로 사이드앵글을 거쳐서 또는 직접 용접에 의해 기둥으로부터의 응력을 베이스플레이트에 전달하기 위해 붙이는 판은?
① 스티프너 ② 커버 플레이트
③ 윙 플레이트 ④ 엔드탭

해설

답 : ③

핵심예제17

강구조에서 기초콘크리트에 매입되어 주각부의 이동을 방지하는 역할을 하는 것은?
① 턴 버클 ② 클립 앵글
③ 사이드 앵글 ④ 앵커 볼트

해설

답 : ④

핵심예제18

강구조 주각에 관한 설명으로 옳지 않은 것은?
① 주각의 형태에는 핀 주각, 고정 주각, 매입형 주각이 있다.
② 주각은 기둥의 하중과 모멘트를 기초를 통하여 지반에 전달한다.
③ 베이스 플레이트는 기초 콘크리트면에 무수축 모르타르의 충전 없이 직접 밀착시켜야 한다.
④ 베이스 플레이트는 기초 콘크리트에 지압응력이 잘 분포되도록 충분한 면적과 두께를 가져야 한다.

해설 ③ 베이스플레이트는 기초 콘크리트면에 무수축 모르타르를 충전하여 직접 밀착시켜야 한다.

답 : ③

핵심문제

CHAPTER 3 강구조 접합(II)

1. 그루브용접부에서 A와 D 부위의 명칭으로 옳은 것은?

① A: 루트간격, D: 개선각
② A: 루트면, D: 유효목두께
③ A: 루트간격, D: 보강살높이
④ A: 루트면, D: 개선각

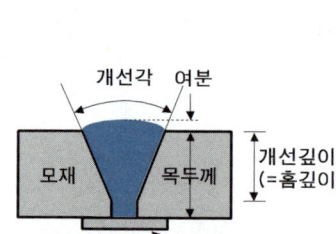

2. 두께 t인 두 철판을 그루브용접으로 할 때 목두께는?

① 0.6t ② 0.7t
③ 1.0t ④ 2.0t

[해설]

모재 두께가 같을 경우 $a = t$
모재 두께가 다를 경우 $a = t_1$

3. 용접접합설계에 대한 설명으로 옳지 않은 것은?

① 완전용입된 그루브용접의 유효목두께는 접합판 중 두꺼운 쪽의 판두께로 한다.
② 그루브용접의 유효면적은 용접의 유효길이에 유효목두께를 곱한 것으로 한다.
③ 필릿용접의 유효목두께는 필릿사이즈의 0.7배로 한다.
④ 필릿용접의 유효길이는 필릿용접의 총길이에서 필릿사이즈 S의 2배를 공제한 값으로 한다.

[해설]

① 그루브용접(Groove Welding)의 유효목두께는 접합판 중 얇은쪽의 판두께를 적용한다.

4. 그림의 용접기호와 관련된 내용으로 옳은 것은?

① 양면용접에 용접길이 50mm
② 용접간격 100mm
③ 용접치수 12mm
④ 연속용접

[해설]

(1) 화살표 지시선 반대쪽 1면 필릿(Fillet, 모살)용접
(2) 용접치수 $S = 12\text{mm}$,
용접길이 $L = 50\text{mm}$,
용접간격 $P = 150\text{mm}$ 이므로 단속용접이다.

해답 1. ① 2. ③ 3. ① 4. ③

5. 다음 용접기호에 대한 설명으로 옳은 설명은?

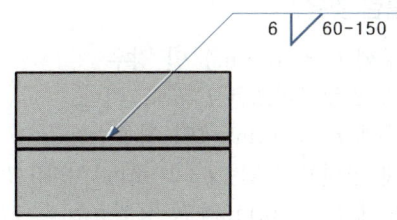

① 그루브용접이다.
② 용접되는 부위는 화살의 반대쪽이다.
③ 유효목두께는 6mm이다.
④ 용접길이는 60mm이다.

해설

① 필릿(Fillet, 모살)용접이다.
② 용접되는 부위는 화살쪽이다.
③ 용접사이즈(Size)는 6mm이다.

6. 다음 용접기호에 대한 설명으로 옳은 것은?

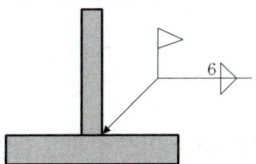

① 공장에서 용접치수 6mm로 양측에 필릿용접한다.
② 현장에서 용접치수 6mm로 화살방향에 그루브용접한다.
③ 공장에서 용접치수 6mm로 화살방향에 그루브용접한다.
④ 현장에서 용접치수 6mm로 양측에 필릿 용접한다.

해설

④ 용접치수 6mm, 화살 양측에 현장에서의 연속 필릿용접이다.

7. 강구조 접합부 계획 시 고려사항이 아닌 것은?

① 부재의 이음개소는 가급적 적게 한다.
② 공장용접보다 현장용접이 많도록 하며 용접 부위의 검사가 용이하도록 한다.
③ 응력집중이나 국부변형이 일어나지 않도록 한다.
④ 단면의 급격한 변화는 가급적 피한다.

해설

② 현장용접보다는 공장용접으로 하는 것이 신뢰도 향상 및 편차를 줄일 수 있다

8. 강구조 필릿용접에 관한 설명으로 옳지 않은 것은?

① 필릿용접의 유효면적은 유효길이에 유효목두께를 곱한 것으로 한다.
② 필릿용접의 유효길이는 필릿용접의 총길이에서 2배의 필릿사이즈를 공제한 값으로 하여야 한다.
③ 필릿용접의 유효목두께는 용접루트로부터 용접표면까지의 최단거리로 한다. 단, 이음면이 직각인 경우에는 필릿사이즈의 $\sqrt{2}$ 배로 한다.
④ 구멍필릿과 슬롯필릿용접의 유효길이는 목두께의 중심을 잇는 용접중심선의 길이로 한다.

해설

③ 필릿용접의 유효목두께는 용접루트로부터 용접표면까지의 최단거리로 한다. 단, 이음면이 직각인 경우 필릿사이즈의 0.7배로 한다.

해답 5. ④ 6. ④ 7. ② 8. ③

9. 다음 그림과 같이 용접을 할 때, 용접의 목두께(a)를 구하는 식은?

① $a = \sqrt{2}\,S_1$
② $a = \sqrt{2}\,S_2$
③ $a = 0.7S_1$
④ $a = 0.7S_2$

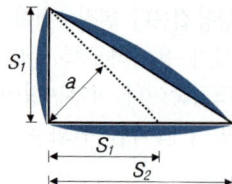

해설

필릿치수가 다를 경우 짧은쪽을 기준으로 한다.

따라서, 유효목두께 $a = 0.7S_1$

10. 그림과 같은 필릿용접부의 유효목두께는?

① 4.0mm
② 4.2mm
③ 4.8mm
④ 5.6mm

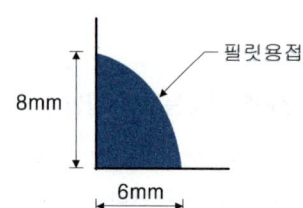

해설

필릿치수가 다를 경우 짧은쪽을 기준으로 한다.
$a = 0.7S = 0.7(6) = 4.2\text{mm}$

11. 그림과 같이 필릿용접하는 경우 용접부의 유효 목두께를 구하면?

① 5mm
② 7mm
③ 9mm
④ 10mm

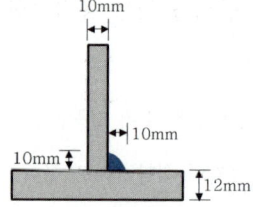

해설

웨브와 플랜지의 두께 중 얇은쪽을 기준으로 한다.
$a = 0.7S = 0.7(10) = 7\text{mm}$

12. 강구조 필릿용접의 최소, 최대 필릿사이즈 기준으로 틀린 것은?

① 판두께 $t < 6(\text{mm})$ 인 경우 최대 필릿사이즈는 $t\,(\text{mm})$이다.
② 판두께 $t \geq 6(\text{mm})$ 인 경우 최대 필릿사이즈는 $t-2\,(\text{mm})$이다.
③ 판두께 $t \leq 6(\text{mm})$ 인 경우 최소 필릿사이즈는 $2\,(\text{mm})$이다.
④ 판두께 $6 < t \leq 13(\text{mm})$ 인 경우 최소 필릿사이즈는 $5\,(\text{mm})$이다.

해설

접합부의 얇은쪽 판두께, t(mm)	최소 사이즈(mm)
$t \leq 6$	3
$6 < t \leq 13$	5
$13 < t \leq 19$	6
$19 < t$	8

13. 필릿용접의 최소사이즈에 관한 설명으로 옳지 않은 것은?

① 접합부 얇은 쪽 모재두께가 6mm 이하일 경우 3mm이다.
② 접합부 얇은 쪽 모재두께가 6mm를 초과하고 13mm 이하일 경우 4mm이다.
③ 접합부 얇은 쪽 모재두께가 13mm를 초과하고 19mm 이하일 경우 6mm이다.
④ 접합부 얇은 쪽 모재두께가 19mm 초과할 경우 8mm이다.

해설

② 접합부 얇은 쪽 모재두께가 6mm를 초과하고 13mm 이하일 경우 5mm이다.

해답 9. ③ 10. ② 11. ② 12. ③ 13. ②

14. 필릿용접에서 접합부의 얇은쪽 소재 두께가 10mm일 경우 필릿용접최소 사이즈는 얼마인가?

① 3mm ② 5mm
③ 6mm ④ 8mm

[해설]

② 접합부 얇은 쪽 모재두께가 6mm를 초과하고 13mm 이하일 경우 5mm이다.

15. 다음 조건에서의 필릿용접의 최소 사이즈는?

【조건】	접합부의 얇은 쪽 모재두께(t), mm
	6 < t ≤ 13

① 3mm ② 5mm
③ 6mm ④ 8mm

[해설]

② 접합부 얇은 쪽 모재두께가 6mm를 초과하고 13mm 이하일 경우 5mm이다.

16. 그림과 같은 H형강 보를 만들고자 할 때 웨브와 플랜지의 접합에 사용되는 필릿용접의 치수(S)는? (단, $I_x = 47,800\text{cm}^4$, $V = 300\text{kN}$, 사용강재 SS400)

① 4mm
② 5mm
③ 6mm
④ 7mm

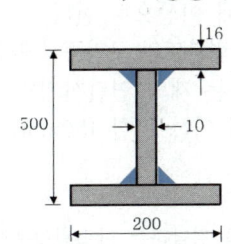

[해설]

웨브와 플랜지의 두께 중 얇은쪽인 웨브의 두께가 10mm 이므로 6mm를 초과하고 13mm 이하인 경우에 해당되므로 필릿사이즈는 5mm이다.

17. 강구조 접합의 필릿용접에 대한 설명으로 옳지 않은 것은?

① 모살용접이라고도 한다.
② 필릿용접의 유효면적은 유효길이에 유효목두께를 곱한 것으로 한다.
③ 필릿용접의 유효길이는 필릿용접의 총길이에서 필릿사이즈 S의 3배를 공제한 값으로 한다.
④ 필릿용접의 유효목두께는 필릿사이즈의 0.7배로 한다.

[해설]

③ 필릿용접의 유효길이는 필릿용접의 총길이에서 2배의 필릿사이즈를 공제한 값으로 한다. ➡ $L_e = L - 2S$

18. 그림과 같은 필릿용접의 유효길이는?

① 10mm
② 100mm
③ 107mm
④ 114mm

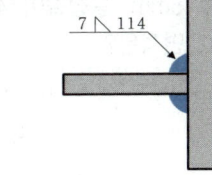

[해설]

$L_e = L - 2S = (114) - 2(7) = 100\text{mm}$

19. 그림과 같은 필릿용접의 유효길이는?

① 10mm
② 94mm
③ 107mm
④ 114mm

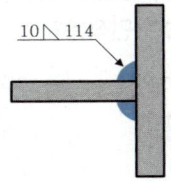

[해설]

$L_e = L - 2S = (114) - 2(10) = 94\text{mm}$

해답 14. ② 15. ② 16. ② 17. ③ 18. ② 19. ②

20. 다음 필릿용접부의 유효용접면적은?

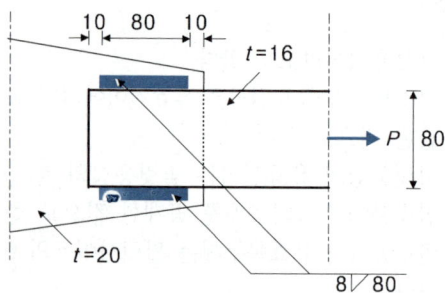

① 716.8mm² ② 614.4mm²
③ 806.4mm² ④ 691.2mm²

해설

$A_n = a \cdot L_e \times 2면 = 0.7S \times (L-2S) \times 2면$

$= 0.7(8) \times (80-2\times 8) \times 2면 = 716.8mm^2$

21. 용접치수 8mm, 용접길이 400mm인 양면 필릿 용접의 유효단면적은?

① 2,100mm² ② 3,200mm²
③ 3,800mm² ④ 4,300mm²

해설

$A_n = a \cdot L_e \times 2면 = 0.7S \times (L-2S) \times 2면$

$= 0.7(8) \times (400-2\times 8) \times 2면 = 4,300.8mm^2$

22. 필릿치수 8mm, 용접길이 500mm인 양면 필릿 용접의 유효단면적은?

① 2,100mm² ② 3,221mm²
③ 4,300mm² ④ 5,421mm²

해설

$A_n = a \cdot L_e \times 2면 = 0.7S \times (L-2S) \times 2면$

$= 0.7(8) \times (500-2\times 8) \times 2면 = 5,420.8mm^2$

23. 한계상태 설계법에 따른 강구조 이음부에 대한 설계세칙 중 옳지 않은 것은?

① 응력을 전달하는 단속필릿용접 이음부의 길이는 필릿사이즈의 10배 이상 또한 30mm 이상을 원칙으로 한다.
② 응력을 전달하는 겹침이음은 1열 이상의 필릿 용접을 원칙으로 한다.
③ 고장력볼트의 구멍중심간 거리는 공칭직경의 2.5배 이상으로 한다.
④ 고장력볼트의 구멍중심에서 볼트머리 또는 너트가 접하는 재의 연단까지의 최대거리는 판두께의 12배 이하 또한 150mm 이하로 한다.

해설

② 응력을 전달하는 겹침이음은 2열 이상의 필릿용접을 원칙으로 하고, 겹침길이는 얇은쪽 판두께의 5배 이상 또한 25mm 이상 겹치게 해야 한다.

24. 한계상태 설계법에 따른 강구조 이음부에 대한 설계세칙 중 옳지 않은 것은?

① 응력을 전달하는 단속필릿용접이음부의 길이는 필릿사이즈의 15배 이상 또한 50mm 이상을 원칙으로 한다.
② 응력을 전달하는 겹침이음은 2열 이상의 필릿 용접을 원칙으로 한다.
③ 고장력볼트의 구멍중심간 거리는 공칭직경의 2.5배 이상으로 한다.
④ 고장력볼트의 구멍중심에서 볼트머리 또는 너트가 접하는 재의 연단까지의 최대거리는 판두께의 12배 이하 또한 150mm 이하로 한다.

해설

① 응력을 전달하는 단속필릿용접 이음부의 길이는 필릿 사이즈의 10배 이상 또한 30mm 이상을 원칙으로 한다.

해답 20. ① 21. ④ 22. ④ 23. ② 24. ①

25. 강구조 용접에서 용접결함에 속하지 않는 것은?

① 오버랩(Overlap)　② 크랙(Crack)
③ 가우징(Gouging)　④ 언더컷(Under Cut)

해설

③ 가우징(Gouging)

금속판 면에 홈이나 구멍을 뚫는 것, 정을 사용하는 기계적 방법과 가스나 아크를 이용하는 방법 등이 있다. 가스 가우징은 산소 아세틸렌 불꽃을 이용하는 방법이다.

26. 다음 중 용접 결함이 아닌 것은?

① 블로홀(Blow Hole)　② 언더컷(Under Cut)
③ 오버랩(Overlap)　④ 비드(Bead)

해설

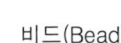
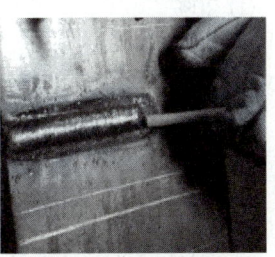

④ 비드(Bead)

아크용접에서 용접봉이 1회 통과할 때 용재 표면에 용착된 금속 층

27. 보와 기둥의 용접 접합 시 용접에 알맞게 웨브로부터 잘라낸 반원형 또는 타원형 모양의 부분을 무엇이라 하는가?

① 엔드탭　② 뒷댐재
③ 스캘럽　④ 래티스

해설

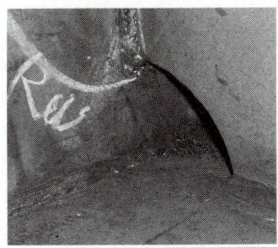

③ 스캘럽(Scallop)

용접부위가 타 부재 용접접합 시 재용접되어 열영향부의 취약화를 방지할 목적으로 곡선 모따기를 실시한 것을 말한다.

28. 강구조에서 용접선 단부에 붙인 보조판으로 아크의 시작이나 종단부의 크레이터 등의 결함을 방지하기 위해 붙이는 판은?

① 스티프너　② 윙플레이트
③ 커버플레이트　④ 엔드탭

해설

④ 엔드탭(End Tab)

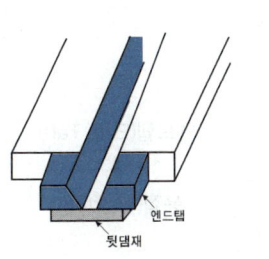

해답　25. ③　26. ④　27. ③　28. ④

29. 강구조 용접에서 용접 개시점과 종료점에 용착금속에 결함이 없도록 임시로 부착하는 것은?

① 엔드탭(End Tab)
② 오버랩(Over Lap)
③ 뒷댐재(Backing Strip)
④ 언더컷(Under Cut)

해설

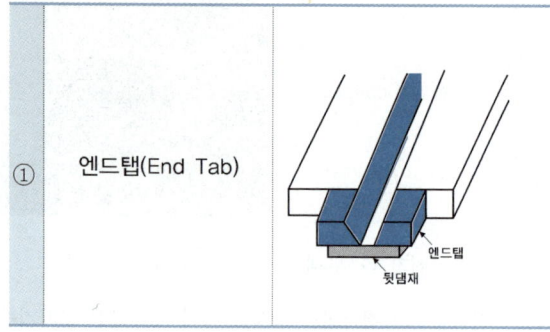

30. 강구조에서 사용하는 용어가 서로 관계없는 것끼리 연결된 것은?

① 기둥접합 – 메탈터치(Metal Touch)
② 주각부 – 베이스 플레이트(Base Plate)
③ 판보 – 커버플레이트(Cover Plate)
④ 고장력볼트 접합 – 엔드탭(End Tab)

해설

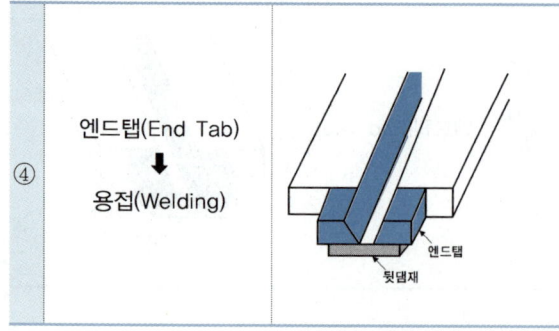

31. 강구조 용접부의 비파괴 검사법에 해당되지 않는 것은?

① 초음파 탐상 검사   ② 토크 검사
③ 자분 탐상 검사   ④ 방사선 투과 검사

해설

② 토크 검사(토크관리법 및 너트회전법)는 고장력볼트 조임과 관계가 있다.

32. 철골구조의 기둥-보 접합부의 구성요소와 가장 거리가 먼 것은?

① 엔드플레이트(End Plate)
② 다이아프램(Diaphragm)
③ 스플릿티(Split Tee)
④ 메탈터치(Metal Touch)

해설

④ 메탈터치(Metal Touch): 기둥 – 기둥 접합부

33. 기둥의 이음 부위에 인장응력이 생기지 않을 경우 기둥 단면을 밀착(Metal Touch)시켜 설계응력을 절감시키는 범위는?

① 20%   ② 25%
③ 30%   ④ 50%

해설

메탈터치(Metal Touch) 이음
➡ 상하 기둥 단면에 인장응력이 발생할 염려가 없고 접합부 단면의 면이 절삭가공기를 사용하여 마감하여 밀착되는 경우 소요압축력 및 소요휨모멘트 각각의 $\frac{1}{2}$은 접촉면에서 직접 전달되는 것으로 설계할 수 있다.

해답 29. ① 30. ④ 31. ② 32. ④ 33. ④

34. 그림의 강구조 주각 부분으로 A부분의 명칭은?

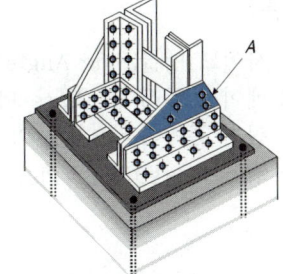

① Base Plate
② Side Angle
③ Anchor Bolt
④ Wing Plate

[해설]

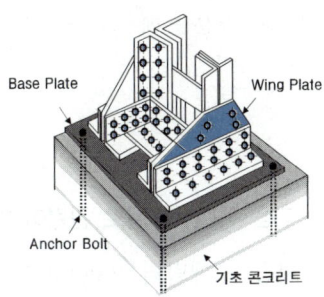

35. 철골주각부에 부착하는 강판으로 사이드앵글을 거쳐서 또는 직접 용접에 의해 기둥으로부터의 응력을 베이스플레이트에 전달하기 위해 붙이는 판은?

① 스티프너   ② 커버플레이트
③ 윙플레이트 ④ 엔드탭

[해설]

③ 윙플레이트(Wing Plate)를 설명하고 있다.

36. 강구조에서 기초콘크리트에 매입되어 주각부의 이동을 방지하는 역할을 하는 것은?

① 턴 버클   ② 클립 앵글
③ 사이드 앵글 ④ 앵커볼트

[해설]

④ 앵커볼트(Anchor Bolt)를 설명하고 있다.

37. 강구조 기둥의 주각에 관한 설명 중 틀린 것은?

① 기둥의 응력이 크면 윙플레이트, 접합앵글, 리브 등으로 보강하여 응력의 분산을 도모한다.
② 앵커볼트는 기초콘크리트에 매입되어 주각부의 이동을 방지하는 역할을 한다.
③ 주각은 조건에 관계없이 고정으로만 가정하여 응력을 산정한다.
④ 축방향력이나 휨모멘트는 베이스플레이트 저면의 압축력이나 앵커볼트의 인장력에 의해 전달된다.

[해설]

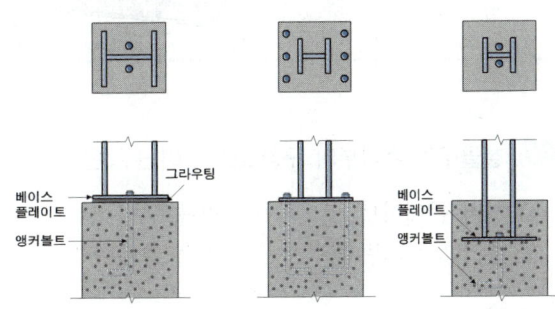

③ 핀 주각, 고정 주각, 매입형 주각으로 설계할 수 있다.

38. 강구조 주각에 관한 설명으로 옳지 않은 것은?

① 주각의 형태에는 핀주각, 고정주각, 매입형 주각이 있다.
② 주각은 기둥의 하중과 모멘트를 기초를 통하여 지반에 전달한다.
③ 베이스플레이트는 기초 콘크리트면에 무수축 모르타르의 충전 없이 직접 밀착시켜야 한다.
④ 베이스플레이트는 기초 콘크리트에 지압응력이 잘 분포되도록 충분한 면적과 두께를 가져야 한다.

[해설]

③ 베이스플레이트는 기초콘크리트 면에 무수축 모르타르를 충전하여 직접 밀착시켜야 한다.

해답 34. ④ 35. ③ 36. ④ 37. ③ 38. ③

39. 강구조 기둥의 주각부분에 사용되는 것이 아닌 것은?

① 앵커볼트(Anchor Bolt)
② 리브플레이트(Rib Plate)
③ 플레이트거더(Plate Girder)
④ 베이스플레이트(Base Plate)

[해설]

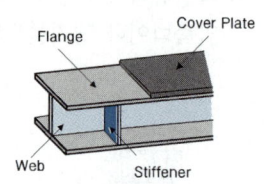

플레이트거더
(Plate Girder, 판보)

40. 철골구조 주각부의 구성요소가 아닌 것은?

① 커버 플레이트   ② 앵커볼트
③ 베이스 모르타르   ④ 베이스 플레이트

[해설]

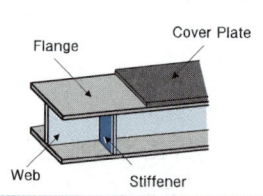

플레이트거더
(Plate Girder, 판보)

41. 강구조의 주각 부분에 사용되지 않는 것은?

① 윙 플레이트   ② 데크 플레이트
③ 사이드 앵글   ④ 클립 앵글

[해설]

데크 플레이트
(Deck Plate)
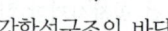
강합성구조의 바닥판

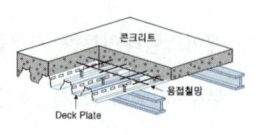

42. 강구조 주각부에 사용되는 구성재로 거리가 먼 것은?

① 사이드 앵글(Side Angle)
② 베이스 플레이트(Base Plate)
③ 필러 플레이트(Filler Plate)
④ 윙 플레이트(Wing Plate)

[해설]

③ 필러 플레이트(Filler Plate):

  부족한 부분을 메우는 판을 의미한다.

43. 다음 용어 중 서로 관련이 가장 적은 것은?

① 기둥 – 메탈터치(Metal Touch)
② 인장가새 – 턴버클(Turn Buckle)
③ 주각부 – 거셋 플레이트(Gusset Plate)
④ 중도리 – 새그로드(Sag Rod)

[해설]

③ 거셋 플레이트(Gusset Plate):

➡ 기둥, 보, 가새 부재의 접합에 사용되는 덧댐판이다.

해답   39. ③   40. ①   41. ②   42. ③   43. ③

MEMO

4 강구조 부재설계

CHECK

인장재 순단면적(정렬배치, 엇모배치) 계산, 판폭두께비 및 강재비, 평균전단응력,
조립압축재 단면2차반경, 래티스 형식 조립압축재의 기울기 및 세장비 규정,
플레이트거더의 구성, 합성보의 강재앵커, 전단중심의 정의, 소성단면계수 및 형상비 계산

1 인장재 순단면적(A_n) 산정

학습POINT

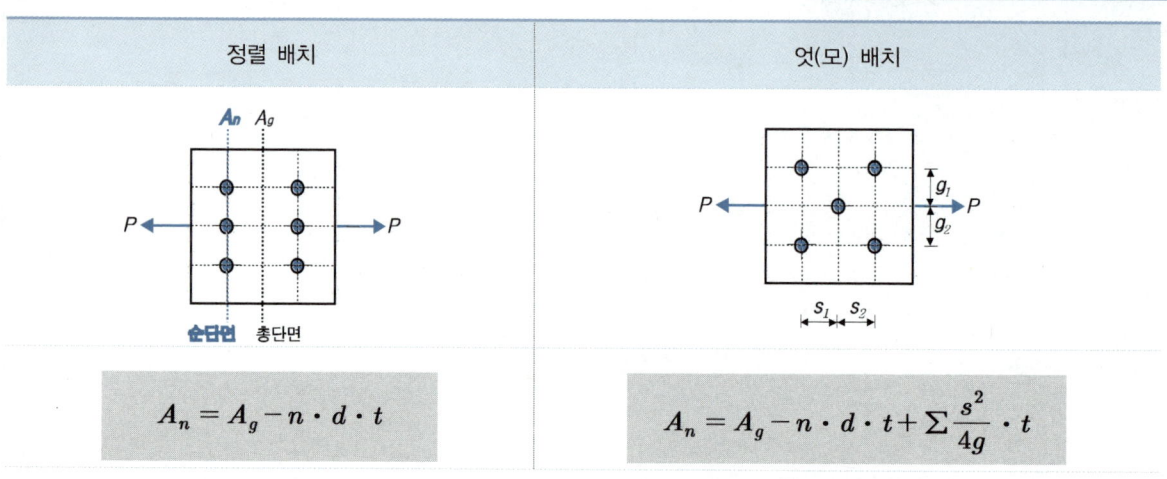

정렬 배치	엇(모) 배치
$A_n = A_g - n \cdot d \cdot t$	$A_n = A_g - n \cdot d \cdot t + \sum \dfrac{s^2}{4g} \cdot t$

엇모배치의 경우 순단면적 크기가 가장 작은 경우가 실제로 파괴가 일어나는 파단선이며 인장재의 순단면적이 된다.

			고장력볼트 직경(M)	
•	n	인장력에 의한 파단선상에 있는 구멍의 수		
•	d	순단면적 산정을 위한 구멍의 여유폭	24mm 미만 M + 2mm	24mm 이상 M + 3mm
•	t	부재의 두께[mm]		
•	s	Pitch : 인접한 2개 구멍의 응력방향 중심간격[mm]		
•	g	gauge : 파스너 게이지선 사이의 응력 수직방향 중심간격[mm]		

핵심예제 1

하중저항계수설계법에 따른 강구조 연결 설계기준을 근거로 할 때 고장력볼트의 직경이 M24라면 표준구멍의 직경으로 옳은 것은?

① 26mm ② 27mm ③ 28mm ④ 30mm

[해설] $d = 24 + 3 = 27\text{mm}$

답 : ②

핵심예제 2

그림과 같은 인장재에 F10T-M20 고장력볼트를 사용하고 판재 두께가 6mm일 때 인장재의 순단면적(A_n)은?

① 296mm²
② 396mm²
③ 426mm²
④ 536mm²

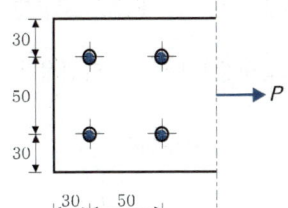

[해설] $A_n = A_g - n \cdot d \cdot t = (6 \times 110) - (2)(20+2)(6) = 396\text{mm}^2$

답 : ②

핵심예제 3

그림에서 파단선 A-1-2-3-D의 인장재의 순단면적은? (단, 판두께는 10mm, 볼트 구멍지름은 22mm)

① 690mm²
② 790mm²
③ 890mm²
④ 990mm²

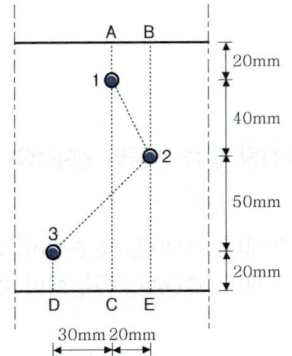

[해설] $A_n = A_g - n \cdot d \cdot t + \sum \dfrac{S^2}{4g} \cdot t$

$= (10 \times 130) - (3)(22)(10) + \left[\dfrac{(20)^2}{4(40)} \cdot (10) + \dfrac{(50)^2}{4(50)} \cdot (10)\right] = 790\text{mm}^2$

답 : ②

2 압축재

(1) 판폭두께비: 국부좌굴 발생 방지를 위한 위한 규정

		용접형강, 조립형강	압연형강	각형 강관
①	국부좌굴(Local Buckling)	기둥에서 압축재를 구성하는 판이 너무 얇아지면 부재의 좌굴 이외에 국부좌굴이 발생하여 부재의 압축내력을 저하시키게 되므로 판재의 폭두께비 제한이 필요하다.		
②	주요 단면 판폭두께비 및 설계상의 주요사항	플랜지의 폭두께비: $\dfrac{b}{t_f}$ 웨브의 폭두께비: $\dfrac{h}{t_w}$ H형강의 평균 전단응력: $\tau = \dfrac{V}{t \cdot h}$ 【※ 웨브(Web)의 평균전단응력은 계산된 결과값에서 ±10 % 이내의 오차범위 내에 있다.】		플랜지 및 웨브의 폭두께비: $\dfrac{b}{t}$ 강재비: $\rho_s = \dfrac{A_s}{A_g} \geq 0.01$

핵심예제 4

각형강관 □-250×250×6을 사용한 충전형 합성 기둥의 강재비와 폭두께비는? (단, $A_s = 5{,}763\text{mm}^2$)

① 강재비: 0.092, 폭두께비: 40   ② 강재비: 0.092, 폭두께비: 38
③ 강재비: 0.098, 폭두께비: 40   ④ 강재비: 0.098, 폭두께비: 38

해설

(1) 강재비: $\rho_s = \dfrac{A_s}{A_g} = \dfrac{(5{,}763)}{(250 \times 250)} = 0.09220 \geq 0.01$

(2) 폭두께비: $\dfrac{b}{t} = \dfrac{d}{t} = \dfrac{(250)-2(6)}{(6)} = 39.67$

답 : ①

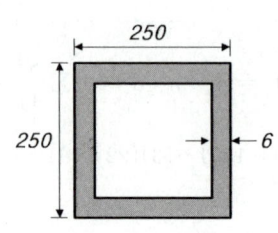

핵심예제 5

용접 H형강 $H-450\times450\times20\times28$의 플랜지 및 웨브에 대한 판폭두께 비를 구하면?

① 플랜지: 16.07, 웨브: 14.07
② 플랜지: 16.07, 웨브: 19.7
③ 플랜지: 8.04, 웨브: 14.07
④ 플랜지: 8.04, 웨브: 19.7

[해설] 플랜지: $\dfrac{b}{t_f}=\dfrac{(450/2)}{28}=8.04$, 웨브: $\dfrac{h}{t_w}=\dfrac{(450-2\times28)}{20}=19.7$

답 : ④

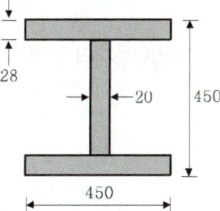

핵심예제 6

그림과 같은 부재에 관한 기술로 틀린 것은? (단, 작용하는 전단력은 72kN이다.)

① 최대 휨응력은 플랜지의 바깥면에 생긴다.
② 플랜지의 폭-두께비는 7.69이다.
③ 웨브의 폭-두께비는 46.75이다.
④ 평균전단응력은 12.5MPa이다.

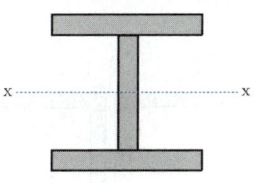

$H-400\times200\times8\times13$

[해설]

① 휨응력 $\sigma_b=\dfrac{M}{I}\cdot y$ 으로부터 중립축으로부터의 거리 y값이 클수록 휨응력은 커진다. 따라서, 플랜지의 바깥면에서 최대 휨응력이 나타난다.

② 플랜지 $\dfrac{b}{t_f}=\dfrac{(200)/2}{(13)}=7.692$

③ 웨브 $\dfrac{h}{t_w}=\dfrac{(400)-2(13)}{(8)}=46.75$

④ $\tau_{aver}=\dfrac{V}{t\cdot h_1}=\dfrac{(72\times10^3)}{(8)(400-2\times13)}=24.06\text{N/mm}^2$

【※ 일반적으로, 평균전단응력은 계산된 위의 결과값에서 ±10% 이내 (21.654~26.466)의 오차범위 내에 있다.】

답 : ④

(2) 조립압축재: 단일 압연형강으로는 얻을 수 없는 큰 단면의 제작 가능

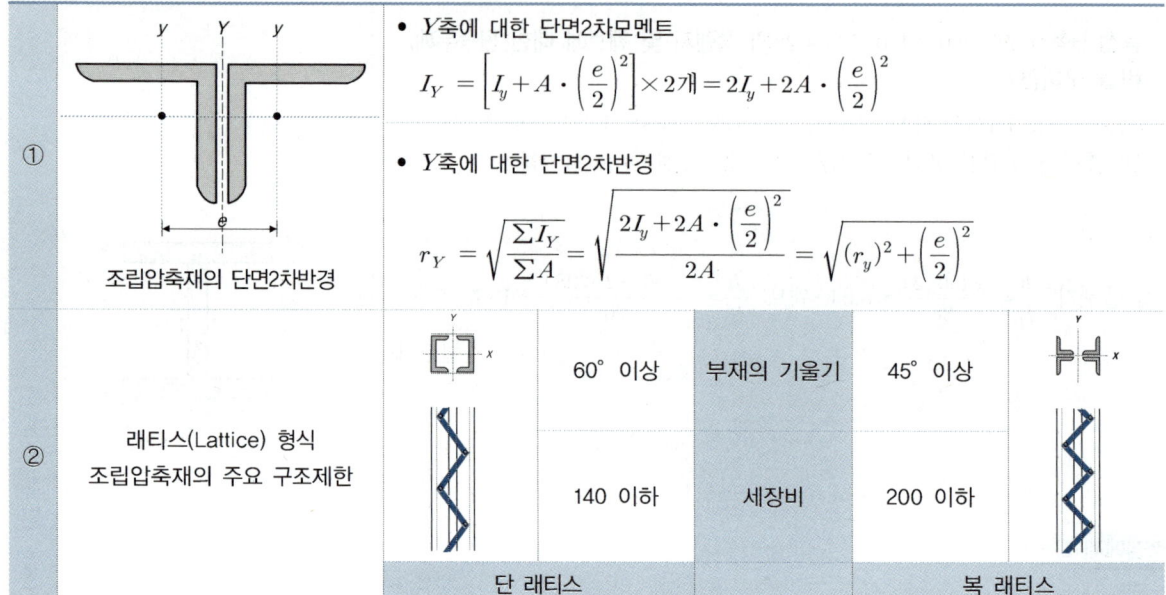

①	조립압축재의 단면2차반경	• Y축에 대한 단면2차모멘트 $I_Y = \left[I_y + A \cdot \left(\dfrac{e}{2}\right)^2\right] \times 2개 = 2I_y + 2A \cdot \left(\dfrac{e}{2}\right)^2$ • Y축에 대한 단면2차반경 $r_Y = \sqrt{\dfrac{\Sigma I_Y}{\Sigma A}} = \sqrt{\dfrac{2I_y + 2A \cdot \left(\dfrac{e}{2}\right)^2}{2A}} = \sqrt{(r_y)^2 + \left(\dfrac{e}{2}\right)^2}$
②	래티스(Lattice) 형식 조립압축재의 주요 구조제한	단 래티스: 60° 이상 / 140 이하 복 래티스: 45° 이상 / 200 이하 (부재의 기울기 / 세장비)

핵심예제 7

$2L_s - 90 \times 90 \times 7$ 조립압축재의 단면2차반경 r_Y는? (단, 개재의 $r_y = 27.6\text{mm}$, $c_y = 24.6\text{mm}$)

① 38.5mm   ② 40.1mm
③ 52.2mm   ④ 58.8mm

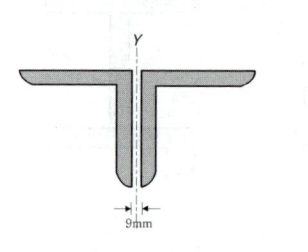

해설 $r_Y = \sqrt{(r_y)^2 + \left(\dfrac{e}{2}\right)^2} = \sqrt{(27.6)^2 + \left(\dfrac{2 \times 24.6 + 9}{2}\right)^2} = 40.107\text{mm}$

답: ②

핵심예제 8

래티스형식 조립압축재에 관한 설명으로 옳지 않은 것은?

① 단일 래티스 부재의 세장비 $\dfrac{L}{r}$은 140 이하로 한다.
② 단일 래티스 부재의 부재축에 대한 기울기는 60° 이상으로 한다.
③ 복 래티스 부재의 세장비 $\dfrac{L}{r}$은 180 이하로 한다.
④ 복 래티스 부재의 부재축에 대한 기울기는 45° 이상으로 한다.

해설 답: ③

3 기타 주요내용 정리

(1)	플레이트 거더 (Plate Girder, 판보)	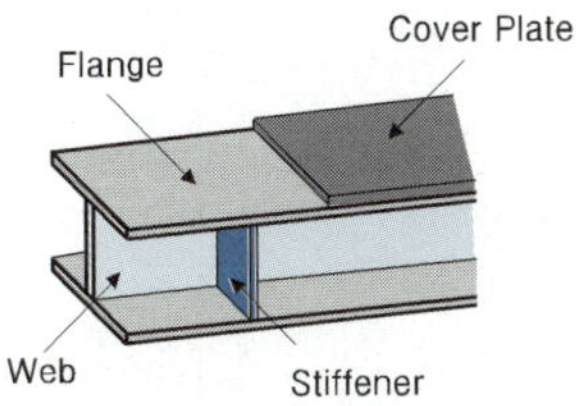	• 플랜지(Flange): 휨모멘트에 저항 ➡ 휨강성 증대를 위해 커버플레이트(Cover Plate)로 보강 • 웨브(Web): 전단력에 저항 ➡ 웨브의 좌굴을 방지하기 위해 스티프너(Stiffener)로 보강
(2)	합성보 (Composite Beam)	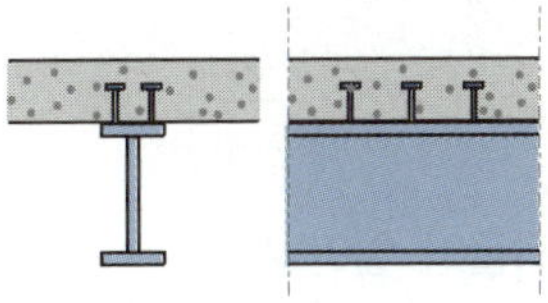	• 강재앵커(Shear Connector, 전단연결재): 강재보와 RC슬래브 사이의 미끄러짐을 방지하고, 두 부재 사이의 수평전단력에 저항하는 연결부재
(3)	전단중심 (Shear Center)	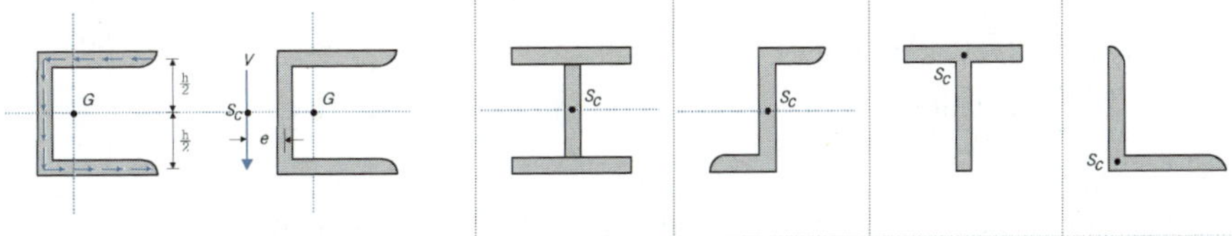	부재의 비틀림이 발생되지 않고 휨변형만 유발하는 위치
(4)	소성설계법 (Plastic Design)	① 소성 힌지(Plastic Hinge)	부재의 전 단면이 소성상태가 될 때 이론상 무한한 변형이 허용되는 지점
		② 소성모멘트	부재단면을 완전 소성상태에 이르게 하는 모멘트
		③ 소성 단면계수(Z_P)	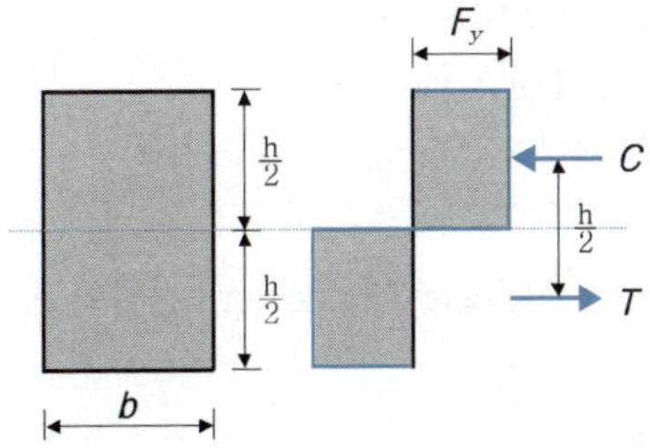 단면의 도심을 지나는 전단면적을 2등분하는 축에 대한 단면계수
		④ 형상계수(f)	소성모멘트(M_P)와 항복모멘트(M_y)의 비 ➡ 직사각형 단면의 경우 $f = 1.5$
		⑤ 종국하중(=붕괴하중)	소성힌지 발생에 의해 구조물을 붕괴에 이르게 하는 하중
		⑥ 붕괴기구(Collapse Mechanism)	부정정 구조물에 소성힌지가 발생하여 붕괴에 이르는 과정

핵심예제 9

강H형강의 플랜지에 커버플레이트를 붙이는 주목적으로 옳은 것은?
① 수평부재간 접합시 틈새를 메우기 위하여
② 슬래브와의 전단접합을 위하여
③ 웨브플레이트의 전단내력 보강을 위하여
④ 휨내력의 보강을 위하여

해설 ④ 커버플레이트(Cover Pate): 플랜지 보강용으로 휨모멘트에 저항

답 : ④

핵심예제 10

판보는 웨브에 전단응력, 휨응력 또는 지압응력에 의한 좌굴이 일어날 가능성이 있는데 이를 방지하기 위하여 사용되는 것은?
① 사이드 앵글(Side Angle)
② 스캘럽(Scallop)
③ 스티프너(Stiffener)
④ 새그 로드(Sag Rod)

해설 ③ 스티프너(Stiffener): 웨브(Web)의 좌굴방지를 위한 전단보강부재

답 : ③

핵심예제 11

바닥슬래브와 철골보 사이에 발생하는 전단력에 저항하기 위해 설치하는 것은?
① 커버 플레이트(Cover Plate)
② 스티프너(Stiffener)
③ 턴버클(Turn Buckle)
④ 시어 커넥터(Shear Connector)

해설 ④ 강재앵커(Shear Connector, 전단연결재)에 대한 설명이다.

답 : ④

핵심예제 12

플랜지에 작용하는 전단력으로 인해 비틀림모멘트가 생기게 되므로 부재가 비틀림이 없이 휨을 받으려면, 하중의 작용선이 단면의 어느 특정 지점을 지나야 한다. 이점을 무엇이라 하는가?
① 하중중심(Force Center)
② 비틀림중심(Torsion Center)
③ 무게중심(Gravity Center)
④ 전단중심(Shear Center)

해설 ④ 비틀림이 생기지 않고 휨변형만 유발하는 위치를 전단중심(Shear Center)으로 정의한다.

답 : ④

핵심예제13

다음 중 철골구조의 소성설계와 관계없는 것은?

① 형상계수(Form Factor)
② 소성힌지(Plastic Hinge)
③ 붕괴기구(Collapse Mechanism)
④ 잔류응력(Residual Stress)

해설 ④ 잔류응력(Residual Stress)은 응력을 일으키게 한 원인을 제거한 후에도 원래대로 돌아가지 않고 남아있는 응력을 말한다. 답 : ④

핵심예제14

직사각형 단면의 탄성단면계수에 대한 소성단면계수의 비(比)는?

① 0.67   ② 1.20   ③ 1.50   ④ 3.00

해설

(1) 소성단면계수(Plastic Section Modulus, Z_P):
$$Z_P = A_c \cdot y_c + A_t \cdot y_t = \left(\frac{bh}{2}\right)\left(\frac{h}{4}\right) \times 2 = \frac{bh^2}{4}$$

(2) 탄성단면계수(Elastic Section Modulus, Z): $Z = \frac{I}{y} = \frac{\left(\frac{bh^3}{12}\right)}{\left(\frac{h}{2}\right)} = \frac{bh^2}{6}$

(3) 형상계수(Shape Factor): $f = \frac{F_y \cdot Z_P}{F_y \cdot Z} = \frac{소성단면계수}{탄성단면계수} = \frac{Z_P}{Z} = \frac{\frac{bh^2}{4}}{\frac{bh^2}{6}} = 1.5$

답 : ③

핵심예제15

그림과 같은 H형강($H-440 \times 300 \times 10 \times 20$) 단면의 전소성모멘트 ($M_P$)는? (단, $F_y = 400\text{MPa}$)

① 963kN·m
② 1,168kN·m
③ 1,363kN·m
④ 1,568kN·m

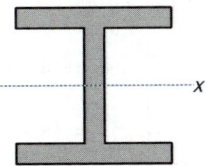

H-440×300×10×20

해설

(1) $Z_P = A_c \cdot y_c + A_t \cdot y_t$
    $= 2A_c \cdot y_c = 2\{(300 \times 20)(210) + (10 \times 200)(100)\} = 2.92 \times 10^6 \text{mm}^3$

(2) $M_P = F_y \cdot Z = (400)(2.92 \times 10^6) \times 10^{-6} = 1,168 \text{kN} \cdot \text{m}$

답 : ②

핵심문제

CHAPTER 4 강구조 부재설계

1. 강구조 인장재에 관한 설명으로 옳지 않은 것은?

① 부재의 축방향으로 인장력을 받는 구조이다.
② 대표적인 단면형태로는 강봉, ㄱ형강, T형강이 주로 사용된다.
③ 인장재 설계에서 단면결손 부분의 파단은 검토하지 않는다.
④ 현수구조에 쓰이는 케이블(Cable)이 대표적인 인장재이다.

해설

③ $A_n = A_g - n \cdot d \cdot t$

➡ 인장재의 순단면적(A_n)은 총단면적(A_g)에서 단면결손 부위인 구멍의 면적($n \cdot d \cdot t$)을 뺀값으로 한다.

2. 강구조 연결 설계기준을 근거로 할 때 고장력볼트의 직경이 M24라면 표준구멍의 직경으로 옳은 것은?

① 26mm ② 27mm
③ 28mm ④ 30mm

해설

직경(M)	고장력볼트 표준구멍의 직경(d)
24mm 미만	M + 2.0mm
24mm 이상	M + 3.0mm

3. 그림과 같은 인장재에서 순단면적을 구하면? (단, F10T-M20볼트 사용, 판의 두께는 6mm임)

① 296mm²
② 396mm²
③ 426mm²
④ 536mm²

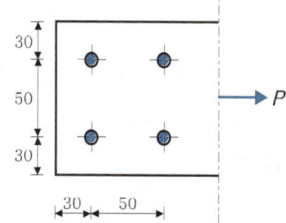

해설

$A_n = A_g - n \cdot d \cdot t$

$= (6 \times 110) - (2)(20+2)(6) = 396 \mathrm{mm}^2$

4. 그림과 같은 인장재의 순단면적을 구하면? (단, 고장력볼트는 M22(F10T), 판의 두께는 8mm)

① 512mm²
② 704mm²
③ 896mm²
④ 1,088mm²

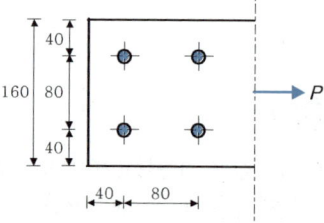

해설

$A_n = A_g - n \cdot d \cdot t$

$= (8 \times 160) - (2)(22+2)(8) = 896 \mathrm{mm}^2$

해답 1. ③ 2. ② 3. ② 4. ③

5. 그림과 같은 앵글(Angle)의 유효단면적은? (단, $L-50\times50\times6$ 사용, $A_g=5.644\text{cm}^2$, $d=1.7\text{cm}$)

① 8.0cm^2
② 8.5cm^2
③ 9.0cm^2
④ 9.25cm^2

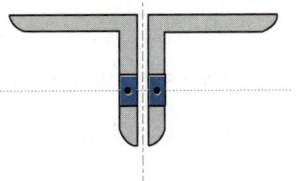

해설

$A_n = A_g - n \cdot d \cdot t$

$= (5.644\times2개) - (2)(1.7)(0.6) = 9.248\text{cm}^2$

6. 그림과 같은 인장재의 순단면적은?
(단, $L-100\times100\times10$의 총단면적은 $1,900\text{mm}^2$)

① $2,960\text{mm}^2$
② $3,360\text{mm}^2$
③ $3,580\text{mm}^2$
④ $3,980\text{mm}^2$

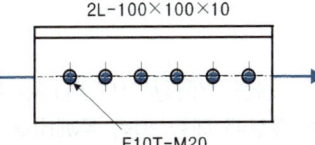

해설

$A_n = A_g - n \cdot d \cdot t$

$= (1,900\times2개) - (2)(20+2)(10) = 3,360\text{mm}^2$

7. 그림과 같은 인장부재의 순단면적은? (단, 고장력 볼트는 F10T-M20)

① $1,570\text{mm}^2$
② $1,470\text{mm}^2$
③ $1,370\text{mm}^2$
④ $1,270\text{mm}^2$

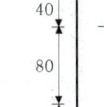
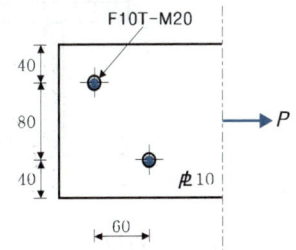

해설

$A_n = A_g - n \cdot d \cdot t + \sum \dfrac{S^2}{4g} \cdot t$

$= (10\times160) - (2)(20+2)(10) + \dfrac{(60)^2}{4(80)}\cdot(10)$

$= 1,272.5\text{mm}^2$

8. 파단선 A-B-F-C-D의 인장재 순단면적은? (단, 볼트 구멍지름 $d=22\text{mm}$, 인장재 두께는 6mm)

① $1,164\text{mm}^2$
② $1,364\text{mm}^2$
③ $1,564\text{mm}^2$
④ $1,764\text{mm}^2$

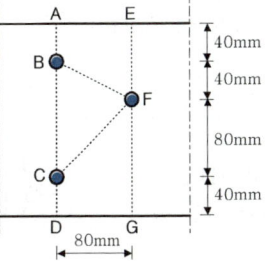

해설

$A_n = A_g - n \cdot d \cdot t + \sum \dfrac{S^2}{4g} \cdot t$

$= (6\times200) - (3)(22)(6)$

$+ \left[\dfrac{(80)^2}{4(40)}\cdot(6) + \dfrac{(80)^2}{4(80)}\cdot(6)\right] = 1,164\text{mm}^2$

9. 파단선 A-1-2-3-D의 인장재의 순단면적은? (단, 판두께는 10mm, 볼트 구멍지름은 22mm)

① 690mm^2
② 790mm^2
③ 890mm^2
④ 990mm^2

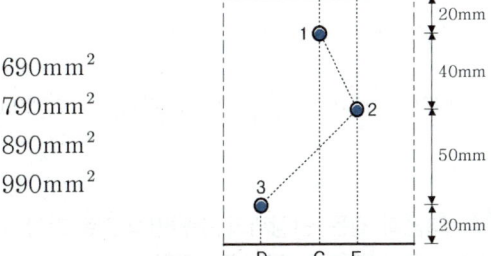

해설

$A_n = A_g - n \cdot d \cdot t + \sum \dfrac{S^2}{4g} \cdot t$

$= (10\times130) - (3)(22)(10)$

$+ \left[\dfrac{(20)^2}{4(40)}\cdot(10) + \dfrac{(50)^2}{4(50)}\cdot(10)\right] = 790\text{mm}^2$

해답 5. ④ 6. ② 7. ④ 8. ① 9. ②

10. 그림과 같은 구멍 2열에 대하여 A - B - C를 지나는 순단면적과 동일한 순단면적을 갖는 파단선 D - E - F - G의 피치(s)는? (단, 구멍은 여유폭을 포함하여 23mm)

① 37mm
② 74mm
③ 111mm
④ 148mm

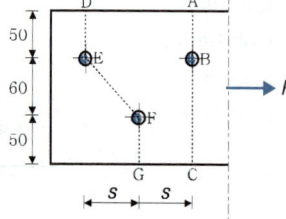

[해설]

(1) 파단선 A-B-C :

$$A_n = A_g - n \cdot d \cdot t$$
$$= (160 \times t) - (1)(23)(t) = 137t$$

(2) 파단선 D-E-F-G :

$$A_n = A_g - n \cdot d \cdot t + \sum \frac{S^2}{4g} \cdot t$$
$$= (160 \times t) - (2)(23)(t)$$
$$+ \frac{s^2}{4(60)} \cdot t = 114t + \frac{s^2}{240} \cdot t$$

(3) (1), (2) 두 식의 결과값이 같으므로

$$137t = 114t + \frac{s^2}{240} \cdot t \text{ 으로부터 } s = 74.29 \text{mm}$$

11. 다음과 같은 인장재의 순단면적으로 가장 가까운 값은 어느 것인가? (단, 구멍 직경은 25mm, 판 두께는 6mm, 단위는 mm이다.)

① 1,463mm²
② 1,500mm²
③ 1,557mm²
④ 1,800mm²

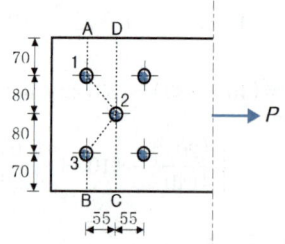

[해설]

(1) 파단선 A-1-3-B :

$$A_n = A_g - n \cdot d \cdot t$$
$$= (300 \times 6) - (2)(25)(6) = 1,500 \text{mm}^2$$

(2) 파단선 A-1-2-3-B :

$$A_n = A_g - n \cdot d \cdot t + \sum \frac{S^2}{4g} \cdot t$$
$$= (300 \times 6) - (3)(25)(6)$$
$$+ \frac{(55)^2}{4(80)} \cdot (6) + \frac{(55)^2}{4(80)} \cdot (6)$$
$$= 1,463 \text{mm}^2 \leftarrow \text{지배}$$

12. 용접 H형강 $H-450 \times 450 \times 20 \times 28$의 플랜지 및 웨브에 대한 판폭 두께비를 구하면?

① 플랜지: 16.07, 웨브: 14.07
② 플랜지: 16.07, 웨브: 19.7
③ 플랜지: 8.04, 웨브: 14.07
④ 플랜지: 8.04, 웨브: 19.7

[해설]

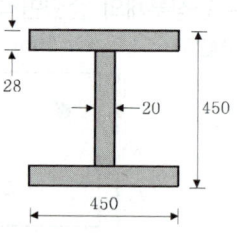

플랜지: $\dfrac{b}{t_f} = \dfrac{(450/2)}{28} = 8.04$,

웨브: $\dfrac{h}{t_w} = \dfrac{(450 - 2 \times 28)}{20} = 19.7$

해답 10. ② 11. ① 12. ④

13. $H-350\times150\times9\times15$의 보에 전단력 15kN이 작용할 때 가장 적당한 전단응력도의 크기는?

① 4.8N/mm
② 5.2N/mm²
③ 5.6N/mm²
④ 5.8N/mm²

[해설]

$$\tau = \frac{V}{t_w \cdot h} = \frac{(15\times10^3)}{(9)(350-2\times15)}$$

$$= 5.208 \text{N/mm}^2$$

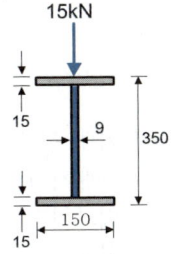

14. $H-300\times150\times6.5\times9$인 형강보가 10kN의 전단력을 받을 때 웨브에 생기는 전단응력도의 크기는 약 얼마인가?
(단, 웨브 전단면적 산정 시 플랜지 두께는 제외함)

① 3.5MPa
② 4.5MPa
③ 5.5MPa
④ 6.5MPa

[해설]

$$\tau = \frac{V}{t_w \cdot h} = \frac{(10\times10^3)}{(6.5)(300-2\times9)}$$

$$= 5.455 \text{N/mm}^2$$

15. 충전형 각형강관 합성기둥의 강재비와 폭두께비는?
(단, $A\times B\times t = 300\times300\times6$, $A_s = 6,993\text{mm}^2$)

① 강재비: 0.078, 폭두께비: 50
② 강재비: 0.078, 폭두께비: 48
③ 강재비: 0.098, 폭두께비: 50
④ 강재비: 0.098, 폭두께비: 48

[해설]

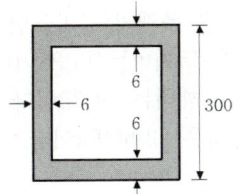

(1) 강재비: $\rho_s = \dfrac{A_s}{A_g} = \dfrac{(6,993)}{(300\times300)} = 0.0777$

(2) 폭두께비: $\dfrac{b}{t} = \dfrac{d}{t} = \dfrac{(300)-2(6)}{(6)} = 48$

16. 각형강관 □$-250\times250\times6$을 사용한 충전형 합성 기둥의 강재비와 폭두께비는? (단, $A_s = 5,763\text{mm}^2$)

① 강재비: 0.092, 폭두께비: 40
② 강재비: 0.092, 폭두께비: 38
③ 강재비: 0.098, 폭두께비: 40
④ 강재비: 0.098, 폭두께비: 38

[해설]

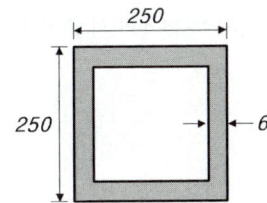

(1) 강재비: $\rho_s = \dfrac{A_s}{A_g} = \dfrac{(5,763)}{(250\times250)} = 0.09220$

(2) 폭두께비: $\dfrac{b}{t} = \dfrac{d}{t} = \dfrac{(250)-2(6)}{(6)} = 39.67$

해답 13. ② 14. ③ 15. ② 16. ①

17. 그림과 같은 부재에 관한 기술로 틀린 것은?
(단, 작용하는 전단력은 72kN이다.)

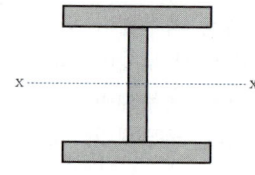

① 최대 휨응력은 플랜지의 바깥면에 생긴다.
② 플랜지의 폭-두께비는 15.38이다.
③ 웨브의 폭-두께비는 46.75이다.
④ 평균전단응력은 22.5MPa이다.

해설

① 휨응력 $\sigma_b = \dfrac{M}{I} \cdot y$ 으로부터 중립축으로부터의 거리 y값이 클수록 휨응력은 커진다.

따라서, 플랜지의 바깥면에서 최대 휨응력이 나타난다.

② 플랜지: $\dfrac{b}{t_f} = \dfrac{(200)/2}{(13)} = 7.692$

③ 웨브: $\dfrac{h}{t_w} = \dfrac{(400) - 2(13)}{(8)} = 46.75$

④ $\tau_{aver} = \dfrac{V}{t \cdot h_1} = \dfrac{(72 \times 10^3)}{(8)(400 - 2 \times 13)} = 24.06 \text{N/mm}^2$

【※ 평균전단응력은 계산된 결과값에서 ±10% 이내(21.654~26.466)의 오차범위 내에 있다.】

---

18. 그림과 같은 부재에 관한 기술로 틀린 것은?
(단, 작용하는 전단력은 72kN이다.)

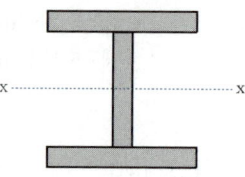

① 최대 휨응력은 플랜지의 바깥면에 생긴다.
② 플랜지의 폭-두께비는 7.69이다.
③ 웨브의 폭-두께비는 46.75이다.
④ 평균전단응력은 12.5MPa이다.

해설

① 휨응력 $\sigma_b = \dfrac{M}{I} \cdot y$ 으로부터 중립축으로부터의 거리 y값이 클수록 휨응력은 커진다.

따라서, 플랜지의 바깥면에서 최대 휨응력이 나타난다.

② 플랜지: $\dfrac{b}{t_f} = \dfrac{(200)/2}{(13)} = 7.692$

③ 웨브: $\dfrac{h}{t_w} = \dfrac{(400) - 2(13)}{(8)} = 46.75$

④ $\tau_{aver} = \dfrac{V}{t \cdot h_1} = \dfrac{(72 \times 10^3)}{(8)(400 - 2 \times 13)} = 24.06 \text{N/mm}^2$

【※ 평균전단응력은 계산된 결과값에서 ±10% 이내(21.654~26.466)의 오차범위 내에 있다.】

해답   17. ②   18. ④

19. 그림과 같은 보의 웨브에 발생하는 최대 전단응력은? (단, 사용 강재 SS275, 단면 $H-250\times125\times6\times9$, 횡좌굴이 일어나지 않도록 충분히 보강되었으며, 전단면적 산정 시 플랜지 두께는 제외함)

① 24.48MPa
② 17.24MPa
③ 14.67MPa
④ 9.82MPa

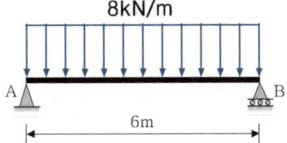

해설

(1) 전단응력 산정 제계수

① $I = \dfrac{1}{12}(125\times250^3 - 119\times232^3)$

　$= 3.89293\times10^7 \text{mm}^4$

② H형강 단면의 최대 전단응력은
　단면의 중앙부에서 발생 ➡ $b=6\text{mm}$

③ $V_{\max} = V_A = V_B = \dfrac{8\times6}{2} = 24\text{kN} = 24\times10^3\text{ N}$

④ $Q = (125\times9)(120.5) + (6\times116)(58)$

　$= 175{,}931 \text{mm}^3$

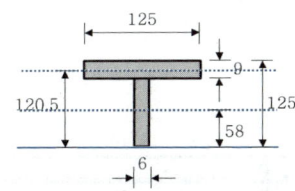

최대 전단응력 산정을 위한 Q

(2) $\tau_{\max} = \dfrac{V\cdot Q}{I\cdot b}$

$= \dfrac{(24\times10^3)(175{,}931)}{(3.89293\times10^7)(6)} = 18.077\text{N/mm}^2$

【※ 평균전단응력은 계산된 결과값에서 ±10% 이내(16.269~19.887)의 오차범위 내에 있다.】

20. 강구조의 래티스 형식 조립압축재에 대한 구조 제한에 대한 내용이다. ( )안에 알맞은 것은?

> 부재축에 대한 래티스 부재의 기울기는 다음과 같이 한다.
> • 단일 래티스 경우 : (㉮) 이상
> • 복 래티스 경우 : (㉯) 이상

① ㉮ : 50°, ㉯ : 40°　② ㉮ : 60°, ㉯ : 40°
③ ㉮ : 50°, ㉯ : 45°　④ ㉮ : 60°, ㉯ : 45°

해설

단일 래티스	복 래티스
부재의 기울기 60° 이상	부재의 기울기 45° 이상
세장비 : 140 이하	세장비 : 200 이하

21. 래티스형식 조립압축재에 관한 설명으로 옳지 않은 것은?

① 단일 래티스 부재의 세장비 $\dfrac{L}{r}$은 140 이하로 한다.
② 단일 래티스 부재의 부재축에 대한 기울기는 60° 이상으로 한다.
③ 복 래티스 부재의 세장비 $\dfrac{L}{r}$은 180 이하로 한다.
④ 복 래티스 부재의 부재축에 대한 기울기는 45° 이상으로 한다.

해설

③ 복 래티스 부재의 세장비 $\dfrac{L}{r}$은 200 이하로 한다.

해답　19. ②　20. ④　21. ③

22. 그림과 같은 $2L_s-90\times90\times7$ 조립압축재의 단면2차반경 r_Y는? (단, 개재의 중심축에 대한 단면2차반경 $r_y=27.6\text{mm}$, $c_y=24.6\text{mm}$)

① 38.5mm
② 40.1mm
③ 52.2mm
④ 58.8mm

해설

$$r_Y=\sqrt{(r_y)^2+\left(\frac{e}{2}\right)^2}$$
$$=\sqrt{(27.6)^2+\left(\frac{2\times24.6+9}{2}\right)^2}=40.107\text{mm}$$

23. 강구조 플레이트보(Plate Girder)의 구성 부재에 해당되지 않는 것은?

① 윙플레이트(Wing Plate)
② 커버플레이트(Cover Pate)
③ 플랜지 앵글(Flange Angle)
④ 스티프너(Stiffener)

해설

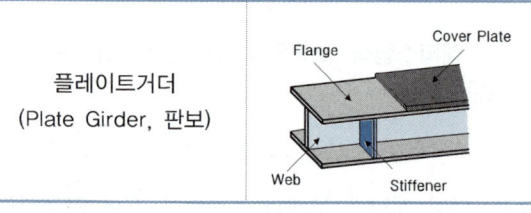

플레이트거더
(Plate Girder, 판보)

24. H형강의 플랜지에 커버플레이트를 붙이는 주목적으로 옳은 것은?

① 수평부재간 접합 시 틈새를 메우기 위하여
② 슬래브와의 전단접합을 위하여
③ 웨브플레이트의 전단내력 보강을 위하여
④ 휨내력의 보강을 위하여

해설

④ 커버플레이트(Cover Pate)는 플랜지 보강용으로 휨모멘트에 저항하며 플랜지 전 단면적의 70% 이하로 한다.

25. 판보는 웨브에 전단응력, 휨응력 또는 지압응력에 의한 좌굴이 일어날 가능성이 있는데 이를 방지하기 위하여 사용되는 것은?

① 사이드 앵글(Side Angle)
② 스캘럽(Scallop)
③ 스티프너(Stiffener)
④ 새그 로드(Sag Rod)

해설

③ 스티프너(Stiffener)는 웨브(Web) 부재의 좌굴방지를 위한 전단보강 부재이다.

26. 강구조의 설계에 관한 설명 중 옳지 않은 것은?

① 압축재에서는 볼트구멍에 의한 단면 결손을 고려하지 않는다.
② 인장재의 설계에 있어서는 폭두께비를 고려하지 않는다.
③ 공칭인장강도는 세장비와 무관하게 결정된다.
④ 보의 집중하중이 작용하는 곳에 수평스티프너를 설치한다.

해설

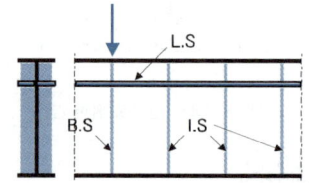

④ 집중하중이 작용하거나 예상되는 곳에 하중점스티프너(Bearing Stiffener)를 설치한다.

해답 22. ② 23. ① 24. ④ 25. ③ 26. ④

27. 바닥슬래브와 철골보 사이에 발생하는 전단력에 저항하기 위해 설치하는 것은?

① 커버 플레이트(Cover Plate)
② 스티프너(Stiffener)
③ 턴버클(Turn Buckle)
④ 시어 커넥터(Shear Connector)

해설

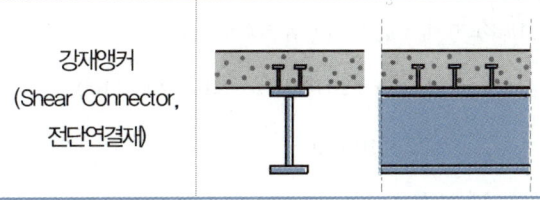

28. 플랜지에 작용하는 전단력으로 인해 비틀림모멘트가 생기게 되므로 부재가 비틀림이 없이 휨을 받으려면, 하중의 작용선이 단면의 어느 특정 지점을 지나야 한다. 이점을 무엇이라 하는가?

① 하중중심(Force Center)
② 비틀림중심(Torsion Center)
③ 무게중심(Gravity Center)
④ 전단중심(Shear Center)

해설

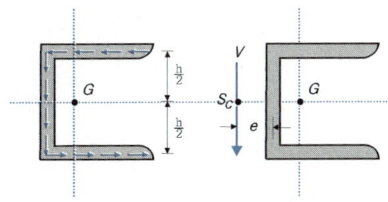

④ 비틀림이 생기지 않고 휨변형만 유발하는 위치를 전단중심(Shear Center)으로 정의한다.

29. 그림과 같은 ㄷ형강(Channel)에서 전단중심(剪斷中心)의 대략적인 위치는?

① A
② B
③ C
④ D

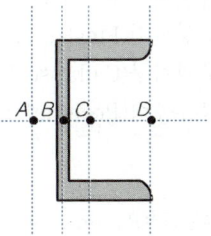

해설

① 도심은 C, 전단중심은 A 위치이다.

30. 다음 중 강구조의 소성설계와 관계없는 것은?

① 형상계수(Form Factor)
② 소성힌지(Plastic Hinge)
③ 붕괴기구(Collapse Mechanism)
④ 전단중심(Shear Center)

해설

④ 전단중심의 위치는 단면의 형상, 사이즈(Size)에 따라 정해지는 기하학적인 조건에만 관계되며, 소성설계와는 관계없다.

31. 강구조에서 소성설계와 관계없는 항목은?

① 소성힌지   ② 안전율
③ 붕괴기구   ④ 하중계수

해설

② 안전율(F_a)은 허용응력설계법의 주요 개념이다.

$$F_a = \frac{F_y \text{ (설계기준강도)}}{\nu \text{ (안전율, } Safety\ factor)}$$

해답 27. ④ 28. ④ 29. ① 30. ④ 31. ②

32. 다음 중 철골구조의 소성설계와 관계없는 것은?

① 형상계수(Form Factor)
② 소성힌지(Plastic Hinge)
③ 붕괴기구(Collapse Mechanism)
④ 잔류응력(Residual Stress)

해설

④ 잔류응력(Residual Stress)은 응력을 일으키게 한 원인을 제거한 후에도 원래대로 돌아가지 않고 남아있는 응력을 말한다.

33. 직사각형 단면의 탄성단면계수에 대한 소성단면계수의 비(比)는?

① 0.67
② 1.20
③ 1.50
④ 3.00

해설

(1)	탄성단면계수 (Elastic Section Modulus, Z): $Z = \dfrac{I}{y} = \dfrac{\left(\dfrac{bh^3}{12}\right)}{\left(\dfrac{h}{2}\right)} = \dfrac{bh^2}{6}$	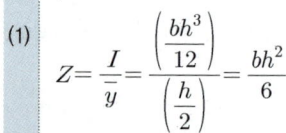
(2)	소성단면계수 (Plastic Section Modulus, Z_P): 단면의 도심을 지나는 전단면적을 2등분하는 축에 대한 단면계수 $Z_P = A_c \cdot y_c + A_t \cdot y_t = \left(\dfrac{bh}{2}\right)\left(\dfrac{h}{4}\right) \times 2 = \dfrac{bh^2}{4}$	
(3)	형상계수(Shape Factor, f): $f = \dfrac{F_y \cdot Z_P}{F_y \cdot Z} = \dfrac{\text{소성단면계수}}{\text{탄성단면계수}} = \dfrac{Z_P}{Z} = \dfrac{\dfrac{bh^2}{4}}{\dfrac{bh^2}{6}} = 1.5$	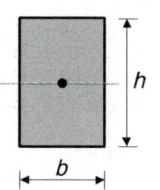

34. 그림과 같은 H형강($H-440 \times 300 \times 10 \times 20$) 단면의 전소성모멘트($M_P$)는 얼마인가? (단, $F_y = 400$MPa)

① 963kN · m
② 1,168kN · m
③ 1,363kN · m
④ 1,568kN · m

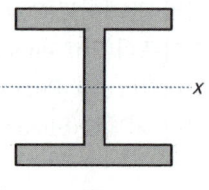

$H-440 \times 300 \times 10 \times 20$

해설

(1) $Z_P = A_c \cdot y_c + A_t \cdot y_t = 2A_c \cdot y_c$
$= 2\{(300 \times 20)(210) + (10 \times 200)(100)\}$
$= 2.92 \times 10^6 \text{mm}^3$

(2) $M_P = F_y \cdot Z$
$= (400)(2.92 \times 10^6) \times 10^{-6} = 1,168$kN · m

해답 32. ④ 33. ③ 34. ②

제4편 건축구조의 일반사항

01 구조시스템　02 토질 및 기초　03 내진 설계

1 구조시스템

> **CHECK**
>
> 철근콘크리트구조의 단점, 강구조의 단점,
> 조립식 구조의 특징, 가구식 구조의 특징, 심벽목구조의 정의, 트러스·아치·쉘 구조의 특징,
> 주요 (초)고층 구조의 정의 및 특징

1 철근콘크리트구조(Reinforced Concrete Structure)

학습POINT

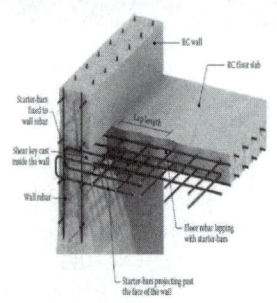  

(1)	장점	① 철근과 콘크리트가 일체가 되어 내구적, 내화적이다. ② 부재의 형상과 치수가 자유롭고 경제적이며 차음 및 내진성능이 우수하다.
(2)	단점	① 부재의 단면과 중량이 크다.($m_c = 2,300 \sim 2,500 \text{kg/m}^3$) ② 습식구조이므로 공사기간이 길며 동절기 공사가 어렵다. ③ 소성변형인 크리프(Creep), 건조수축(Drying Shrinkage)이 크다. ④ 해석을 위한 많은 가정들이 내포되어 있으므로 설계가 어렵다.

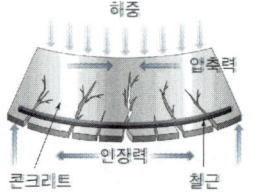

핵심예제 1

철근콘크리트 구조의 특징에 대한 설명 중 옳지 않은 것은?
① 철근과 콘크리트가 일체가 되어 내구적이다.
② 철근이 콘크리트에 의해 피복되므로 내화적이다.
③ 다른 구조에 비해 부재의 단면과 중량이 크다.
④ 습식구조이므로 동절기 공사가 용이하다.

해설 ④ 습식구조이므로 공사기간이 길며 동절기 공사가 어렵다. 답 : ④

2 강구조(Steel Structure, 철골구조)

(1)	장점	① 고강도: 자중경감 용이, 소성변형능력(=연성, Ductility) 우수
		② 재료의 균질성, 시공 편이성, 환경친화적 하이테크(High-Tech) 재료
(2)	단점	① 내화성: 열에 의한 강도저하가 크므로 질석Spray, 콘크리트 또는 내화 Paint와 같은 내화피복이 필요
		② 좌굴: 단면에 비해 부재가 세장하므로 좌굴 발생이 우려됨
		③ 피로: 응력반복에 의한 강도 저하가 크다.
		④ 관리비: 정기적 도장에 의한 관리비 증대

■ 사용성(Serviceability)
콘크리트구조가 강구조에 비해 처짐 및 진동 등의 사용성(Serviceability)이 우수하다.

핵심예제 2

철골구조에 관한 설명으로 옳지 않은 것은?
① 수평하중에 의한 접합부의 연성능력이 낮다.
② 철근콘크리트조에 비하여 넓은 전용면적을 얻을 수 있다.
③ 정밀한 시공을 요한다.
④ 장스팬 구조물에 적합하다.

해설 ① 수평하중에 의한 접합부의 연성능력이 높다.   답 : ①

핵심예제 3

강구조에 대한 설명 중 옳지 않은 것은?
① 긴 경간(Span)의 구조물이나 고층 구조물에 적합하다.
② 강재는 다른 구조재료에 비하여 균질도가 높다.
③ 재료가 불에 타지 않기 때문에 내화력이 크다.
④ 단면에 비해 부재 길이가 비교적 길고 두께가 얇아 좌굴하기 쉽다.

해설 ③ 강구조는 열에 의한 강도저하가 크므로 질석 Spray, 콘크리트, 내화Paint와 같은 내화피복이 반드시 필요하다.

답 : ③

3 시공별, 재료별 주요 구조시스템

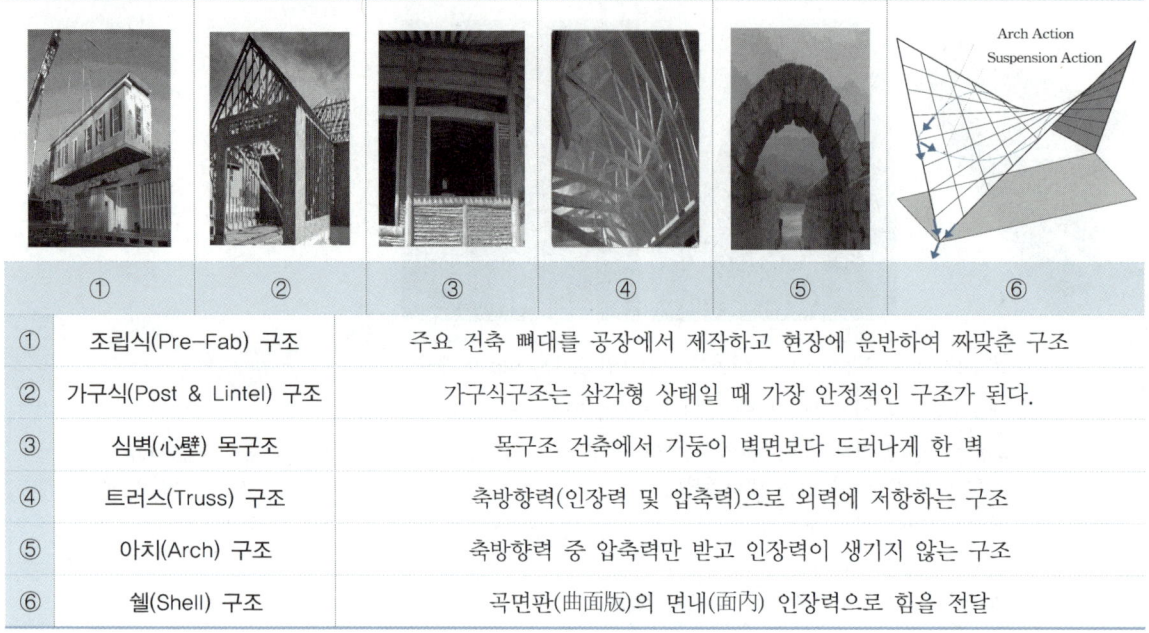

①	조립식(Pre-Fab) 구조	주요 건축 뼈대를 공장에서 제작하고 현장에 운반하여 짜맞춘 구조
②	가구식(Post & Lintel) 구조	가구식구조는 삼각형 상태일 때 가장 안정적인 구조가 된다.
③	심벽(心壁) 목구조	목구조 건축에서 기둥이 벽면보다 드러나게 한 벽
④	트러스(Truss) 구조	축방향력(인장력 및 압축력)으로 외력에 저항하는 구조
⑤	아치(Arch) 구조	축방향력 중 압축력만 받고 인장력이 생기지 않는 구조
⑥	쉘(Shell) 구조	곡면판(曲面版)의 면내(面內) 인장력으로 힘을 전달

핵심예제 4

조립식 구조의 특성 중 옳지 못한 것은?
① 공장생산이 가능하여 대량생산을 할 수 있다.
② 기계화 시공으로 단기 완성이 가능하다.
③ 접합부가 일체가 되어 절점을 강접합으로 하기가 용이하다.
④ 현장 거푸집공사가 절약되며 정밀도가 높고 강도가 큰 콘크리트 부재를 사용할 수 있다.

해설 ③ 절점을 강접합으로 하기가 어렵다.

답 : ③

핵심예제 5

건축구조의 구조별 특징을 기술한 것 중 옳지 않은 것은?
① 가구식 구조는 삼각형보다 사각형으로 조립하면 더욱 안정한 구조체를 이룰 수 있다.
② 조적식 구조는 압축력에는 강하지만 횡력에 취약하다.
③ 조립식 구조는 현장타설콘크리트 구조에 비해 공기가 짧다.
④ 일체식 구조는 비교적 균일한 강도를 가진다.

해설 ① 가구식 구조는 삼각형 상태일 때 가장 안정적인 구조가 된다.

답 : ①

핵심예제 6

목구조에 대한 설명 중 틀린 것은?

① 목골구조는 건물의 뼈대는 목재로 구성하고, 벽에는 벽돌, 돌 등을 쌓아 막은 구조이다.
② 목구조는 주로 목재를 써서 뼈대를 조립한 가구식구조를 말한다.
③ 심벽 목구조는 기둥·샛기둥의 내·외면에 메탈라스 또는 철망을 치고 모르타르 등으로 마감한 구조로 기둥, 샛기둥, 가새 등은 외부에 보이지 않게 된다.
④ 목재패널구조는 합판 또는 널재로 대형패널을 만들어 구조내력부재로 이용하는 목조건물의 구조법이다.

[해설] ③ 심벽 목구조는 기둥이 벽면보다 드러나게 한 벽이다.

답 : ③

핵심예제 7

다음 각 구조물에 대한 설명으로 옳지 않은 것은?

① 쉘(Shell)은 주로 면내력으로 외력에 저항하는 구조이다.
② 라멘(Rahmen)은 휨모멘트 및 전단력으로 외력에 저항하는 구조이다.
③ 아치(Arch)는 축방향 압축력으로 외력에 저항하는 구조이다.
④ 트러스(Truss)는 휨모멘트로 외력에 저항하는 구조이다.

[해설] ④ 축방향력(인장력 및 압축력)으로 외력에 저항하는 구조이다.

답 : ④

핵심예제 8

구조물의 응력계산에 관한 기술 중 틀린 것은?

① 트러스(Truss)는 주로 축방향응력으로 외력에 저항한다.
② 라멘(Rahmen)은 주로 휨모멘트와 전단응력으로 외력에 저항한다.
③ 아치(Arch)는 주로 축방향응력과 전단응력으로 외력에 저항한다.
④ 쉘(Shell)은 주로 면내응력으로 외력에 저항한다.

[해설] ③ 아치(Arch)는 주로 축방향력 중 압축력으로 외력에 저항한다.

답 : ③

핵심예제 9

곡면판이 지니는 역학적 특성을 응용한 구조로서 외력은 판의 면내력으로 전달되기 때문에 경량이고 내력이 큰 구조물을 구성할 수 있는 것은?

① 쉘구조   ② 튜브시스템   ③ 스페이스프레임   ④ 절판구조

[해설] ① 쉘(Shell) 구조에 대한 설명이다.

답 : ①

4 (초)고층 구조시스템

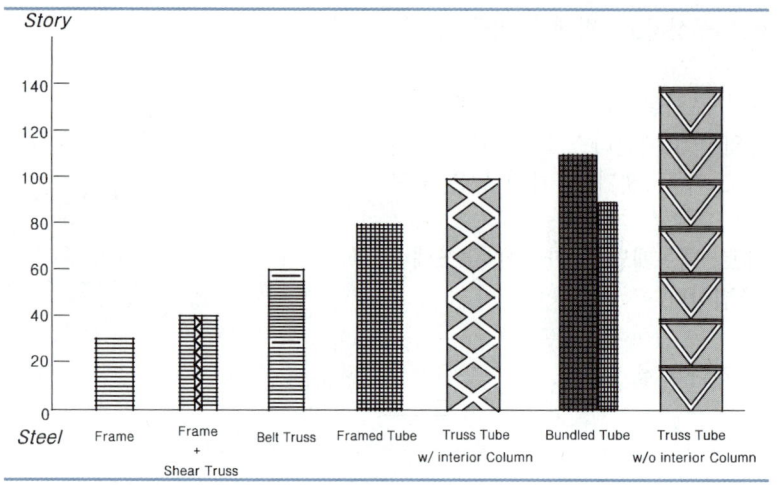

■ Fazlur Rahman Khan(1929~1982)
경제성을 기반으로 한 높이별 최적구조 시스템을 제안

①	②	③	④

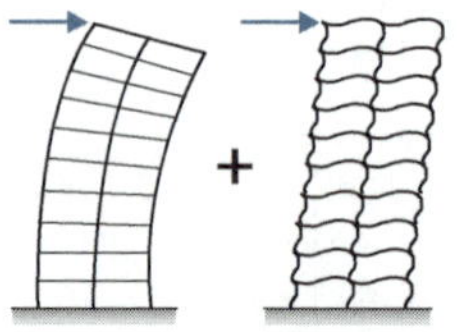

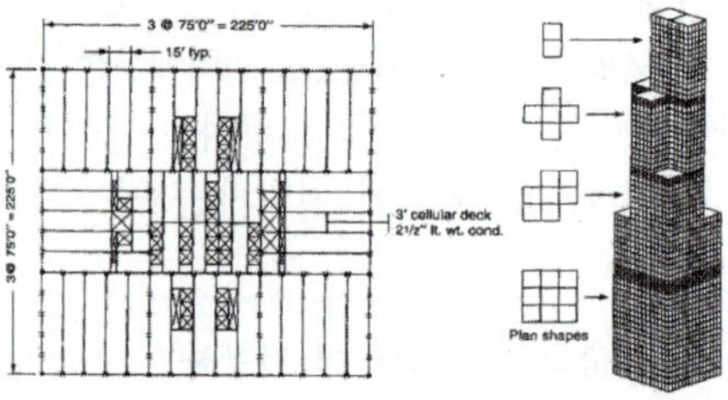

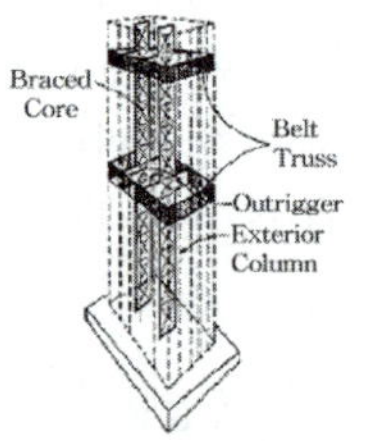

①	전단벽구조 (Shear Walled Structures)	일정한 두께를 가진 긴 수직벽체가 공간을 분할하는 역할을 함과 동시에 횡력 및 중력에 대하여 저항하는 역할을 하는 시스템
②	2중골조 (Dual Struture)	수평하중의 25% 이상을 부담하는 (연성)모멘트골조가 전단벽이나 가새골조와 조합되어 있는 골조방식
③	튜브구조 (Tubular Structure)	건물의 외곽기둥을 일체화시켜 지상에 솟은 빈 상자형 캔틸레버와 같이 거동하는 고층 구조시스템
④	아웃리거 구조 (Outrigger Braced Structure)	벨트트러스(Belt Truss)라고도 하며, 가새구조로 된 내부골조를 외곽기둥과 연결시키는 수평캔틸레버로 구성하는 구조

핵심예제10

일정한 두께를 가진 긴 수직벽체가 건축계획적으로 공간을 분할하는 역할을 함과 동시에 횡력 및 중력에 공간을 분할하는 역할을 함과 동시에 횡력 및 중력에 대하여 저항하는 역할을 하는 시스템은?

① 튜브 시스템 ② 전단벽 시스템
③ 모멘트 연성골조 시스템 ④ 다이아그리드 시스템

해설

답 : ②

핵심예제11

횡력의 25% 이상을 부담하는 연성모멘트골조가 전단벽이나 가새골조와 조합되어 있는 구조방식을 무엇이라 하는가?

① 제진시스템방식 ② 면진시스템방식
③ 이중골조방식 ④ 메가칼럼-전단벽 구조방식

해설

답 : ③

핵심예제12

초고층건물의 구조형식 중 건물 외곽 기둥을 밀실하게 배치하고 일체화하여 초고층 건물을 계획하는 구조형식은?

① 메가칼럼 구조 ② 대각가새 구조
③ 전단벽 구조 ④ 튜브 구조

해설

답 : ④

핵심예제13

고층건물의 구조형식 중에서 건물의 중간층에 대형 수평부재를 설치하여 횡력을 외곽기둥이 분담할 수 있도록 한 형식은?

① 트러스 구조 ② 튜브 구조
③ 골조 아웃리거 구조 ④ 스페이스 프레임 구조

해설

답 : ③

핵심문제

CHAPTER 1 구조시스템

1. 철근콘크리트 구조의 특징에 대한 설명 중 옳지 않은 것은?

① 철근과 콘크리트가 일체가 되어 내구적이다.
② 철근이 콘크리트에 의해 피복되므로 내화적이다.
③ 다른 구조에 비해 부재의 단면과 중량이 크다.
④ 습식구조이므로 동절기 공사가 용이하다.

해설
④ 습식구조이므로 동절기 공사가 어렵다.

2. 철근콘크리트구조의 장단점에 관한 설명으로 옳지 않은 것은?

① 철근콘크리트구조는 내구성, 내진성, 내화성이 우수하다.
② 철근콘크리트구조는 콘크리트의 강도상 단점을 철근이 보완하고 있다.
③ 철근콘크리트구조는 건조수축에 의한 변형이나 균열이 발생될 수 있다.
④ 철근콘크리트구조는 강구조보다 소요되는 재료의 중량이 작으므로 자중이 가볍다.

해설
④ 철근콘크리트구조는 자중이 크다.

3. 철근콘크리트 구조의 특징에 대한 설명으로 옳지 않은 것은?

① 보의 압축응력은 콘크리트가 부담하고, 인장응력은 철근이 부담한다.
② 콘크리트는 철근이 녹스는 것을 방지한다.
③ 자체 중량은 크지만 시공과 강도계산이 간단하다.
④ 철근과 콘크리트는 선팽창계수가 거의 같다.

해설
③ 철근콘크리트 구조는 균질시공이 매우 어렵고 강도계산을 위한 많은 가정들이 내포되어 있으므로 설계가 어렵다.

4. 철골구조에 관한 설명으로 옳지 않은 것은?

① 수평하중에 의한 접합부의 연성능력이 낮다.
② 철근콘크리트조에 비하여 넓은 전용면적을 얻을 수 있다.
③ 정밀한 시공을 요한다.
④ 장스팬 구조물에 적합하다.

해설
① 철골구조는 수평하중에 의한 접합부의 연성능력이 높다.

5. 강구조에 관한 기술에서 옳지 않은 것은?

① 고열에 강하며, 내화성이 높다.
② 철근콘크리트 구조에 비해 경량이다.
③ 수평력에 대해 강하다.
④ 대규모 건축물이 가능하다.

해설
① 강구조는 열에 의한 강도저하가 크므로 질석 Spray, 콘크리트, 내화Paint와 같은 내화피복이 반드시 필요하다.

6. 강구조에 대한 설명 중 옳지 않은 것은?

① 장스팬이나 고층 구조물에 적합하다.
② 강재는 다른 구조재료에 비하여 균질도가 높다.
③ 재료가 불에 타지 않기 때문에 내화력이 크다.
④ 단면에 비하여 부재 길이가 비교적 길고 두께가 얇아 좌굴하기 쉽다.

해설
③ 강구조는 열에 의한 강도저하가 크므로 질석 Spray, 콘크리트, 내화Paint와 같은 내화피복이 반드시 필요하다.

해답 1. ④ 2. ④ 3. ③ 4. ① 5. ① 6. ③

7. 강구조에 관한 설명으로 옳지 않은 것은?

① 콘크리트 구조물에 비해 처짐 및 진동 등의 사용성이 우수하다.
② 철근콘크리트 구조에 비해 경량이다.
③ 수평력에 대해 강하다.
④ 대규모 건축물이 가능하다.

해설

① 콘크리트구조가 강구조에 비해 처짐 및 진동 등의 사용성(Serviceability)이 우수하다.

8. 조립식 구조의 특성 중 옳지 못한 것은?

① 공장생산이 가능하여 대량생산을 할 수 있다.
② 기계화 시공으로 단기 완성이 가능하다.
③ 각 부품과의 접합부가 일체가 되어 절점을 강접합으로 하기가 용이하다.
④ 현장 거푸집공사가 절약되며 정밀도가 높고 강도가 큰 콘크리트 부재를 사용할 수 있다.

해설

③ 조립식 구조는 각 부품과의 접합부가 일체가 되지 못하여 절점을 강접합으로 하기가 어렵다.

9. 건축구조의 구조별 특징을 기술한 것 중 틀린 것은?

① 가구식 구조는 삼각형보다 사각형으로 조립하면 더욱 안정한 구조체를 이룰 수 있다.
② 조적식 구조는 압축력에는 강하지만 횡력에 취약하다.
③ 조립식 구조는 부재를 공장에서 생산가공하여 현장에서 조립하므로 공기가 짧다.
④ 일체식 구조는 비교적 균일한 강도를 가진다.

해설

① 가구식구조는 삼각형 상태일 때 가장 안정적이 된다.

10. 목구조에 대한 설명 중 틀린 것은?

① 목골구조는 건물의 뼈대는 목재로 구성하고, 벽에는 벽돌, 돌 등을 쌓아 막은 구조이다.
② 목구조는 주로 목재를 써서 뼈대를 조립한 가구식구조를 말한다.
③ 심벽 목구조는 기둥·샛기둥의 내·외면에 메탈라스 또는 철망을 치고 모르타르 등으로 마감한 구조로 기둥, 샛기둥, 가새 등은 외부에 보이지 않게 된다.
④ 목재패널구조는 합판 또는 널재로 대형패널을 만들어 구조내력 부재로 이용하는 목조건물의 구조법이다.

해설

③ 심벽(心壁)은 기둥이 벽면보다 드러나게 한 벽이다.

11. 다음 각 구조물에 대한 설명으로 옳지 않은 것은?

① 쉘(Shell)은 주로 면내력으로 외력에 저항하는 구조이다.
② 라멘(Rahmen)은 주로 휨모멘트 및 전단력으로 외력에 저항하는 구조이다.
③ 아치(Arch)는 주로 축방향 압축력으로 외력에 저항하는 구조이다.
④ 트러스(Truss)는 주로 휨모멘트로 외력에 저항하는 구조이다.

해설

④ 트러스 구조는 축빙향력으로 외력에 저항하는 구조이다.

해답 7. ① 8. ③ 9. ① 10. ③ 11. ④

12. 철골트러스의 특성에 대한 설명으로 옳지 않은 것은?

① 직선 부재들이 삼각형의 형태로 구성되어 안정적인 거동을 한다.
② 트러스의 개방된 웨브공간으로 전기배선이나 덕트 등과 같은 설비배관의 통과가 가능하다.
③ 부정정차수가 낮은 트러스의 경우에는 일부 부재나 접합부의 파괴가 트러스의 붕괴를 야기할 수 있다.
④ 직선 부재로만 구성되기 때문에 비정형 건축물의 구조체에는 도입이 어렵다.

[해설]

④ 건축구조물의 형상이 정형, 비정형인지의 여부와 직선 트러스 부재의 적용과는 무관하다.

13. 구조물의 응력계산에 관한 기술 중 틀린 것은?

① 트러스(Truss)는 주로 축방향응력으로 외력에 저항한다.
② 라멘(Rahmen)은 주로 휨모멘트와 전단응력으로 외력에 저항한다.
③ 아치(Arch)는 주로 축방향응력과 전단응력으로 외력에 저항한다.
④ 쉘(Shell)은 주로 면내응력으로 외력에 저항한다.

[해설]

③ 아치(Arch)는 수직하중이 아치의 중심선을 따라 좌우로 나누어져 압축력만 받게 하고 하부에 인장력이 생기지 않도록 한 구조이다.

14. 구조방식과 외부의 힘에 대하여 저항하는 방법으로 옳지 않은 것은?

① 트러스구조: 인장력과 압축력으로 외력에 저항
② 케이블구조: 인장력으로 외력에 저항
③ 아치구조: 인장력과 압축력으로 외력에 저항
④ 쉘구조: 면내응력으로 외력에 저항

[해설]

③ 아치(Arch)는 수직하중이 아치의 중심선을 따라 좌우로 나누어져 압축력만 받게 하고 하부에 인장력이 생기지 않도록 한 구조이다.

15. 곡면판이 지니는 역학적 특성을 응용한 구조로서 외력은 주로 판의 면내력으로 전달되기 때문에 경량이고 내력이 큰 구조물을 구성할 수 있는 것은?

① 쉘구조
② 튜브시스템
③ 스페이스프레임
④ 절판구조

[해설]

① 쉘(Shell) 구조에 대한 설명이다.

16. 철근콘크리트 구조로도 이용되는 HP쉘(Hyperbolic Paraboloid Shell)에 관한 기술 중 잘못된 것은?

① 면내에는 인장응력이 발생하지 않는다.
② 쌍곡 포물선면으로 된 쉘이다.
③ 면내 전단력에 의하여 하중을 주변 지지체에 전달할 수 있다.
④ 곡면을 몇 개로 짜맞추면 여러 종류의 지붕 형태를 구성할 수 있다.

[해설]

① 쉘(Shell) 구조는 곡면판(曲面版)의 면내(面内) 인장력으로 힘을 전달시키는 구조이다.

해답 12. ④ 13. ③ 14. ③ 15. ① 16. ①

17. 구조시스템의 분류에 있어서 복합구조로 보기 어려운 것은?

① 철골철근콘크리트 기둥에 철골 보를 이용한 구조
② 철골철근콘크리트 기둥에 철근콘크리트 보를 이용한 구조
③ 철근콘크리트 기둥에 철근콘크리트 보를 이용한 구조
④ 철근콘크리트 기둥에 철골 보를 이용한 구조

[해설]

③ 철근콘크리트 기둥에 철근콘크리트 보를 이용한 구조는 복합구조가 아닌 철근콘크리트 단일구조이다.

18. 일정한 두께를 가진 긴 수직벽체가 건축계획적으로 공간을 분할하는 역할을 함과 동시에 횡력 및 중력에 공간을 분할하는 역할을 함과 동시에 횡력 및 중력에 대하여 저항하는 역할을 하는 시스템은?

① 튜브 시스템
② 전단벽 시스템
③ 모멘트 연성골조 시스템
④ 다이아그리드 시스템

[해설]

② 전단벽(Shear Wall) 구조에 대한 설명이다.

19. 횡력의 25% 이상을 부담하는 연성모멘트골조가 전단벽이나 가새골조와 조합되어 있는 구조방식을 무엇이라 하는가?

① 제진시스템방식
② 면진시스템방식
③ 이중골조방식
④ 메가칼럼-전단벽 구조방식

[해설]

③ 2중골조(Dual Struture) 구조에 대한 설명이다.

20. 지진력저항시스템 중 각 구조시스템에 관한 설명으로 옳지 않은 것은?

① 모멘트골조방식: 수직하중과 횡력을 보와 기둥으로 구성된 라멘골조가 저항하는 구조방식
② 연성모멘트골조방식: 횡력에 대한 저항능력을 증가시키기 위하여 부재와 접합부의 연성을 증가시킨 모멘트골조
③ 이중골조방식: 횡력의 25% 이상을 부담하는 전단벽이 연성모멘트골조와 조화되어 있는 구조방식
④ 건물골조방식: 수직하중은 입체골조가 저항, 지진하중은 전단벽이나 가새골조가 저항하는 구조방식

[해설]

③ 2중골조(Dual Struture)

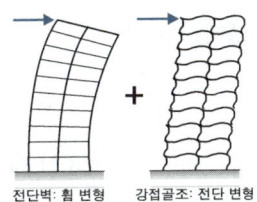

전단벽: 휨 변형   강접골조: 전단 변형

수평하중의 25% 이상을 부담하는 (연성)모멘트골조가 전단벽이나 가새골조와 조합되어 있는 골조방식

21. 지진력 저항시스템의 분류 중 이중골조시스템에 관한 설명으로 옳지 않은 것은?

① 모멘트골조가 최소 설계지진력의 75%를 부담한다.
② 모멘트골조와 전단벽 또는 가새골조로 이루어져 있다.
③ 전체 지진력은 각 골조의 횡강성비에 비례하여 분배한다.
④ 일정 이상의 변형능력을 갖도록 연성상세설계가 되어야 한다.

[해설]

① 모멘트골조가 최소한 설계지진력의 25%를 부담한다.

해답 17. ③ 18. ② 19. ③ 20. ③ 21. ①

22. 초고층건물의 구조형식 중 건물 외곽 기둥을 밀실하게 배치하고 일체화하여 초고층 건물을 계획하는 구조형식은?

① 메가칼럼 구조 ② 대각가새 구조
③ 전단벽 구조   ④ 튜브 구조

해설

④ 튜브구조(Tubular Structure)에 대한 설명이다.

23. 고층건물의 구조형식 중에서 건물의 중간층에 대형 수평부재를 설치하여 횡력을 외곽기둥이 분담할 수 있도록 한 형식은?

① 트러스 구조
② 튜브 구조
③ 골조 아웃리거 구조
④ 스페이스 프레임 구조

해설

③ 골조 아웃리거(Outrigger) 구조에 대한 설명이다.

24. 골조-아웃리거 시스템에 관한 설명 중 ( ) 안에 가장 알맞은 것은?

> 건물이 고층화됨에 따라 횡하중에 의한 횡변형이 많이 발생하게 된다. 보통골조-전단벽 구조에서는 횡하중을 부담하는 코어에 아웃리거와 (   )을/를 설치하여 외곽 기둥과 연결시킨다.

① 벨트트러스   ② 프리스트레스트 빔
③ 합성슬래브   ④ 슈퍼칼럼

해설

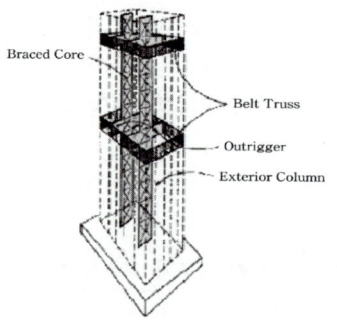

25. 저층 강구조 장스팬 건물의 구조계획에서 고려해야 할 사항과 가장 관계가 적은 것은?

① 층고, 지붕형태 등 건물의 형상 선정
② 적절한 골조 간격의 선정
③ 강절점, 활절점에 대한 부재의 접합방법 선정
④ 풍하중에 의한 횡변위 제어방법

해설

④ 풍하중에 의한 횡변위 제어는 저층 장스팬 구조가 아닌 (초)고층 구조계획에서 고려해야 할 사항이다.

해답 22. ④   23. ③   24. ①   25. ④

MEMO

2 토질 및 기초

CHECK

언더피닝의 정의, 액상화 현상의 정의 및 특징, 직접기초와 깊은기초의 구분,
기초판 형식에 의한 기초의 분류, 지지말뚝과 마찰말뚝의 구분, 말뚝의 최소 간격,
부동침하 및 연약지반에 대한 대책, 지중보의 효과

1 흙막이벽의 안정

학습POINT

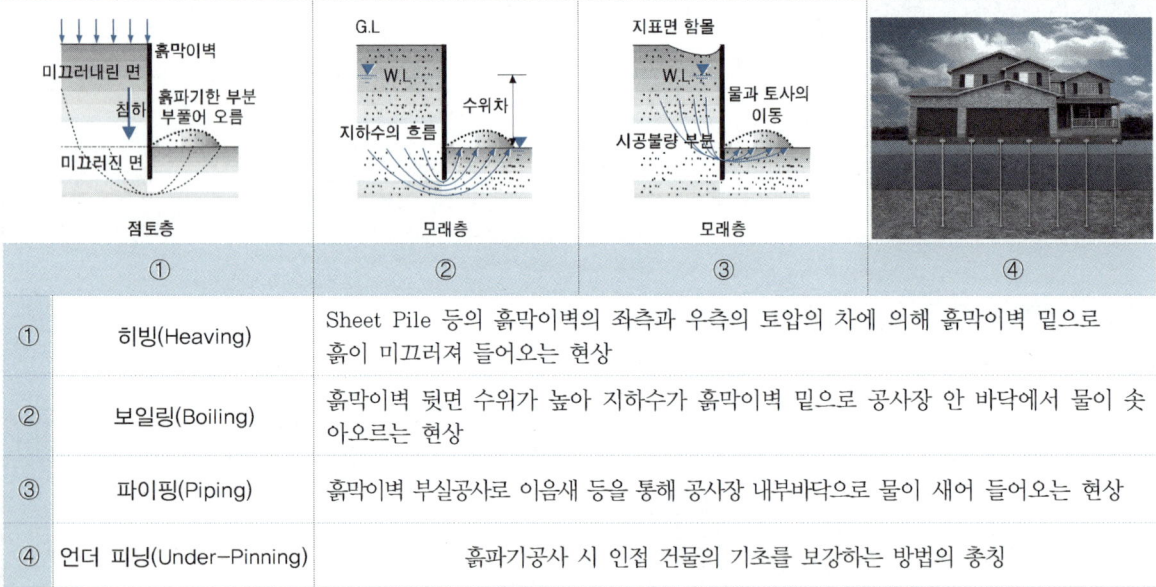

①	히빙(Heaving)	Sheet Pile 등의 흙막이벽의 좌측과 우측의 토압의 차에 의해 흙막이벽 밑으로 흙이 미끄러져 들어오는 현상
②	보일링(Boiling)	흙막이벽 뒷면 수위가 높아 지하수가 흙막이벽 밑으로 공사장 안 바닥에서 물이 솟아오르는 현상
③	파이핑(Piping)	흙막이벽 부실공사로 이음새 등을 통해 공사장 내부바닥으로 물이 새어 들어오는 현상
④	언더 피닝(Under-Pinning)	흙파기공사 시 인접 건물의 기초를 보강하는 방법의 총칭

❑ 액상화(Liquefaction) 현상
➡ 모래지반에서 순간충격·지진·진동 등에 의해 간극수압의
  상승에 따른 지반의 유효응력 감소 및 전단저항 상실로 지반이
  액체와 같이 되는 현상

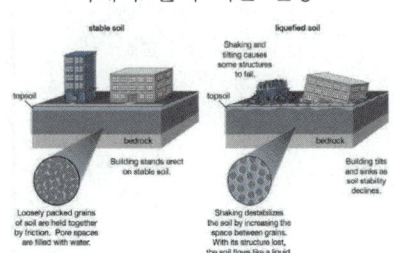  

핵심예제 1

신축건물의 기초파기 중 토질에 생기는 현상과 가장 관계가 적은 것은?
① 보일링(Boiling)　　② 히빙(Heaving)
③ 파이핑(Piping)　　④ 언더 피닝(Under-Pinning)

해설 ④ 언더 피닝(Under Pinning) : 흙파기 공사 시 인접된 건물의 기초를 보강하는 방법을 총칭하며, 토질에 생기는 현상은 아니다.

답 : ④

핵심예제 2

다음에서 설명하는 용어는?

포화사질토가 비배수상태에서 급속한 재하를 받게 되면 과잉간극수압의 발생과 동시에 유효응력의 감소로 인해 전단저항이 크게 감소하는 현상

① 히빙　　　　② 액상화
③ 보일링　　　④ 파이핑

해설 ② 액상화(Liquefaction) 현상을 설명하고 있다.

답 : ②

핵심예제 3

다음의 토질 및 지반에 관한 설명 중 틀린 것은?
① 자갈층모래층은 투수성이 큰 편이지만 젖은 점토층은 투수성이 작다.
② 점토와 모래의 중간인 크기를 갖는 흙을 실트라 한다.
③ 지진 시 액상화 현상은 모래질 지반보다 점토질 지반에서 일어나기 쉽다.
④ 점토질 지반에서 흙의 내부마찰각이 같은 경우 점착력이 클수록 옹벽에 가해지는 토압은 작아진다.

해설 ③ 액상화 현상은 사질지반에서 발생하기 쉽다.

답 : ③

2 기초구조

(1) 일반사항

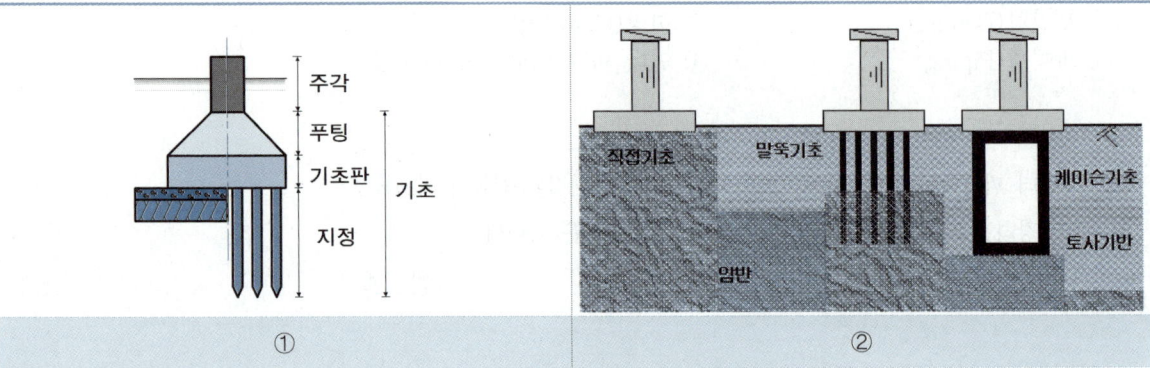

①	• 기초: 건축물의 최하부에서 건축물의 하중을 지반에 안전하게 전달시키는 구조부 • 지정: 기초판을 지지하기 위해서 그 아래에 설치하는 버림콘크리트, 잡석, 말뚝 등
②	지지지반의 깊이에 따라 기초구조를 얕은 기초(Shallow Foundation), 깊은 기초(Deep Foundation)로 분류하며, 얕은 기초는 직접기초라고도 하며 깊은 기초는 말뚝기초, 피어기초, 케이슨(Caisson, 잠함) 기초로 구분한다. • 얕은 기초(Shallow Foundation): 지표면 가까이에 굳은 지층이 있어서 기초판을 통해 하중을 직접 지반에 전달하는 기초 • 깊은 기초(Deep Foundation): 굳은 지층이 깊이 있어서 말뚝(Pile)기초, 피어(Pier)기초, 케이슨(Caisson, 잠함)기초 등을 통해 간접적으로 하중을 전달하는 기초

(2) 기초판 형식에 의한 분류

①	독립기초	기둥 하나에 기초판 하나인 기초
②	연속(줄)기초	벽 또는 1열의 기둥을 받는 기초
③	복합기초	2개 이상의 기둥을 하나의 기초판으로 받치는 것
④	온통기초	매트(Mat)기초라고도 하며, 연약지반에서 부동침하 방지 효과가 크다.

핵심예제 4

기초의 깊이에 따른 분류에서 얕은 기초에 속하는 것은?
① 말뚝기초　　　　　② 직접기초
③ 피어기초　　　　　④ 잠함기초

해설 ② 말뚝기초, 피어기초, 잠함기초는 깊은 기초로 분류된다.

답 : ②

핵심예제 5

기초의 분류에서 기초판의 형식에 의한 분류로 부적당한 것은?
① 독립기초　　　　　② 복합기초
③ 온통기초　　　　　④ 직접기초

해설 ④ 얕은기초는 직접기초라고도 하며 지지지반의 깊이에 따른 분류이다.

답 : ④

핵심예제 6

연약지반에서 부동침하를 줄이기 위한 가장 효과적인 기초의 종류는?
① 독립기초　　　　　② 복합기초
③ 연속기초　　　　　④ 온통기초

해설 ④ 온통기초(Mat Foundation)가 부동침하 방지에 가장 효과적이다.

답 : ④

3 말뚝

(1) 지지말뚝과 마찰말뚝

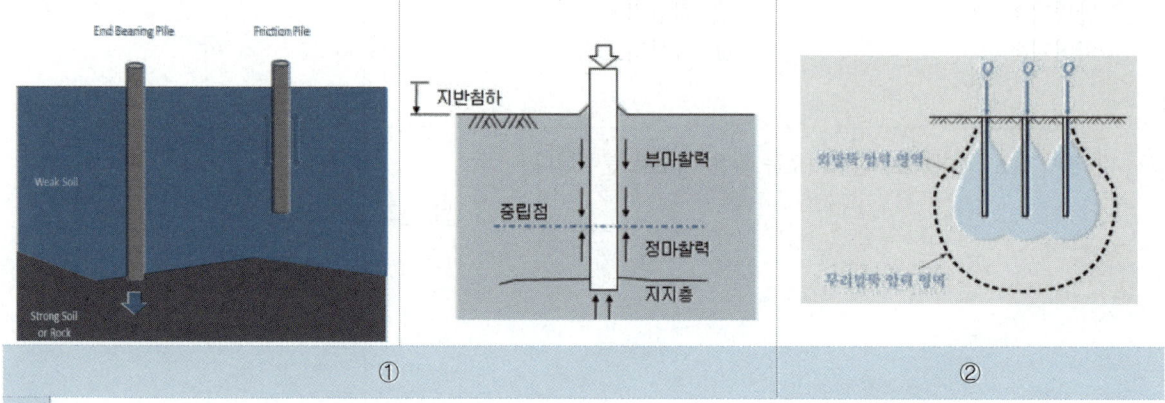

①	- 지지말뚝(End Bearing Pile): 연약한 지층을 관통하여 굳은 지반이나 암반층까지 도달시켜 지지력의 대부분을 말뚝 선단의 저항으로 지지하는 말뚝 - 마찰말뚝(Friction Pile): 말뚝 주변의 지지력이 말뚝의 선단 지지력보다 비교적 큰 경우의 말뚝으로서 지지력의 대부분을 주변의 마찰로 지지하는 말뚝이며 사질토 및 점성토의 적용여부와는 관계 없다. - 동일구조물에서는 지지말뚝과 마찰말뚝을 혼용해서는 안 된다. 또한 타입말뚝, 매입말뚝 및 현장타설콘크리트 말뚝의 혼용, 재종이 다른 말뚝의 사용도 가능한 한 피해야 한다.
②	마찰말뚝(Friction Pile)을 여러 개 박은 경우를 무리말뚝(Clustered Pile, 군말뚝, 군항)이라고 하며, n개를 박았을 때 그 지지력은 n배보다 감소하는 특성이 있다.

(2) 말뚝의 최소 간격

종 류	최소 간격
나무 말뚝	2.5D 이상 또는 600mm 이상
기성콘크리트 말뚝	2.5D 이상 또는 750mm 이상
강재 말뚝	2.0D(폐단강관말뚝: 2.5D) 이상 또는 750mm 이상
제자리(현장타설)콘크리트 말뚝	2.0D 이상 또는 (D+1,000mm) 이상

핵심예제 7

말뚝기초에 관한 설명으로 옳지 않은 것은?

① 말뚝은 압밀 등에 대한 침하를 고려하여야 한다.
② 말뚝기초의 허용지지력 산정은 말뚝만이 힘을 받는 것으로 계산하여야 한다.
③ 말뚝기초의 기초판 설계에서 말뚝의 반력은 중심에 집중된다고 가정하여 휨모멘트를 계산할 수 있다.
④ 대규모 기초구조는 기성말뚝과 제자리콘크리트말뚝을 혼용하여야 한다.

[해설] ④ 기성말뚝과 제자리콘크리트말뚝을 혼용해서는 안 된다.

답 : ④

핵심예제 8

말뚝기초에 관한 설명으로 옳지 않은 것은?

① 말뚝기초는 지반이 연약하고 기초상부의 하중을 지지하지 못할 때 보강공법으로 쓰인다.
② 지지말뚝은 굳은 지반까지 말뚝을 박아 하중을 직접 지반에 전달하며 주위 흙과의 마찰력은 고려하지 않는다.
③ 마찰말뚝은 주위 흙과의 마찰력으로 지지되며 n개를 박았을 때 그 지지력은 n배가 된다.
④ 동일 건물에서는 서로 다른 종류의 말뚝을 혼용하지 않는다.

[해설] ③ 마찰말뚝(Friction Pile)을 여러 개 박은 경우를 무리말뚝이라고 하며 n개를 박았을 때 그 지지력은 n배보다 감소하는 특성이 있다.

답 : ③

핵심예제 9

건축물의 기초구조 설계 시 말뚝재료별 구조세칙으로 옳지 않은 것은?

① 나무말뚝을 타설할 때 그 중심간격은 말뚝머리지름의 2.5배 이상 또한 600mm 이상으로 한다.
② 기성콘크리트말뚝을 타설할 때 그 중심간격은 말뚝머리지름의 2.5배 이상 또한 1100mm 이상으로 한다.
③ 강재말뚝을 타설할 때 그 중심간격은 말뚝머리의 지름 또는 폭의 2.0배 이상(다만, 폐단강관 말뚝에 있어서 2.5배) 또한 750mm 이상으로 한다.
④ 현장타설콘크리트말뚝을 배치할 때 그 중심간격은 말뚝머리 지름의 2.0배 이상 또한 말뚝머리 지름에 1000mm를 더한 값 이상으로 한다.

[해설] ② 기성콘크리트말뚝: 말뚝머리지름의 2.5배 이상 또한 750mm 이상

답 : ②

4 부동침하 및 연약지반에 대한 대책

(1) 부동침하(Uneven Settlement, Differential Settlement, 부등침하)의 원인들

연약층	경사 지반	이질 지층	낭떠러지	증축
		자갈층 / 모래층		증축

지하수위 변경	지하 구멍	메운땅 흙막이	이질 지정	일부 지정

(2) 부등침하 및 연약지반에 대한 대책

①	상부구조에 대한 대책	• 건물의 경량화 및 중량 분배를 고려
		• 건물의 길이를 작게 하고 강성을 높일 것
		• 인접 건물과의 거리를 멀게 할 것
②	하부구조에 대한 대책	• 마찰말뚝을 사용하고 서로 다른 종류의 말뚝 혼용을 금지
		• 지하실 설치 : 온통기초(Mat Foundation)가 유효
		• 기초 상호간을 연결: 지중보 또는 지하연속벽 시공

(3) 지중보(Underground Beam, 기초보, Footing Beam)

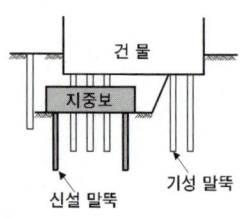

• 기초와 기초를 연결하여 주각부의 강성 증대

• 기초에 중심축하중을 유도하여 지진에 대한 저항 효과 및 건축물의 부동침하 억제효과 기대

핵심예제10

연약지반에서 부동침하를 방지하는 대책으로 옳지 않은 것은?

① 건물을 경량화한다.
② 지하실을 강성체로 설치한다.
③ 줄기초와 마찰말뚝 기초를 병용한다.
④ 건물의 구조강성을 높인다.

[해설] ③ 연약지반에서 서로 다른 특성을 가진 줄기초와 마찰기초를 병용하는 경우 부동침하의 원인이 된다.

답 : ③

핵심예제11

다음 중 부동침하를 방지하기 위한 대책과 가장 관계가 먼 것은?

① 구조물의 하중을 기초에 균등하게 분포시킨다.
② 필요 시 복합기초를 사용한다.
③ 기초상호간을 지중보로 연결한다.
④ 건물의 길이를 길게 한다.

[해설] ④ 건물의 길이를 짧게, 인접건물과의 이격거리는 길게 한다.

답 : ④

핵심예제12

기초설계 시 인접대지와의 관계로 편심기초를 만들고자 한다. 이때 편심기초의 지반력이 균등하도록 하기 위하여 어떤 방법을 이용함이 타당한가?

① 지중보를 설치한다.   ② 기초 면적을 넓힌다.
③ 기둥을 크게 한다.   ④ 기초 두께를 두껍게 한다.

[해설] ① 지중보를 설치하는 것이 가장 타당한 방법이다.

답 : ①

핵심문제

CHAPTER 2 토질 및 기초

1. 신축 건물의 기초파기 중 토질에 생기는 현상과 관계가 가장 적은 것은?
① 보일링(Boiling)
② 파이핑(Piping)
③ 히빙(Heaving)
④ 언더피닝(Under Pinning)

[해설]
④ 언더 피닝(Under Pinning)은 흙파기 공사 시 인접된 건물의 기초를 보강하는 방법을 총칭한다.

2. 다음에서 설명하는 용어는?

> 포화사질토가 비배수상태에서 급속한 재하를 받게 되면 과잉간극수압의 발생과 동시에 유효응력의 감소로 인해 전단저항이 크게 감소하는 현상

① 히빙   ② 액상화
③ 보일링   ④ 파이핑

[해설]
② 액상화(Liquefaction)를 설명하고 있다.

3. 다음의 토질 및 지반에 관한 설명 중 틀린 것은?
① 자갈층·모래층은 투수성이 큰 편이지만 젖은 점토층은 투수성이 작다.
② 점토와 모래의 중간 크기를 갖는 흙을 실트라 한다.
③ 지진 시 액상화 현상은 모래질 지반보다 점토질 지반에서 일어나기 쉽다.
④ 점토질 지반에서 흙의 내부마찰각이 같은 경우 점착력이 클수록 옹벽에 가해지는 토압은 작아진다.

[해설]
③ 액상화 현상은 사질지반에서 일어나기 쉽다.

4. 기둥 또는 벽의 힘을 지중에 전달하기 위하여 기초가 펼쳐진 부분을 의미하는 것은?
① 지정   ② 푸팅
③ 피어   ④ 잡석

[해설]
② 푸팅(Footing)을 설명하고 있다.

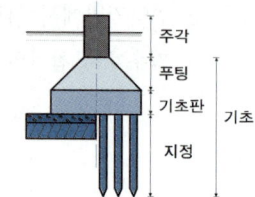

5. 기초의 깊이에 따른 분류에서 얕은 기초에 속하는 것은?
① 말뚝기초   ② 직접기초
③ 피어기초   ④ 잠함기초

[해설]
② 얕은기초를 직접기초라고도 하며, 깊은기초는 말뚝기초, 피어기초, 케이슨(Caisson, 잠함) 기초로 구분한다.

6. 기초의 지정 형식상 분류에 속하는 것은?
① 독립 기초   ② 연속 기초
③ 피어 기초   ④ 온통 기초

[해설]
독립기초, 연속(줄)기초, 복합기초, 온통기초(Mat, 매트 기초)는 기초판 형식에 의한 분류이다.

해답   1. ④   2. ②   3. ③   4. ②   5. ②   6. ③

7. 도심지에 건축물의 기초를 설치할 경우 인접대지 경계선 부근에서 인접한 기초가 문제가 될 수 있다. 이때 사용할 수 있는 가장 적합한 기초는?

① 복합기초　　② 독립기초
③ 온통기초　　④ 줄기초

[해설]

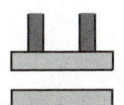
복합기초는 2개 이상의 기둥을 하나의 기초판으로 받치는 것으로 기둥간격이 좁을 때 유효하다.

8. 기초설계 시 여러 종류의 말뚝을 혼용할 때 일반적으로 예상되는 문제점은?

① 압밀　　② 전도
③ 부동침하　　④ 수평이동

[해설]

③ 연약지반에서 서로 다른 특성을 가진 줄기초와 마찰기초를 병용하는 경우 부동침하의 원인이 된다.

9. 연약지반에서 부동침하를 줄이기 위한 가장 효과적인 기초의 종류는?

① 독립기초　　② 복합기초
③ 연속기초　　④ 온통기초

[해설]

④ 온통기초(Mat Foundation)가 부동침하 방지에 가장 효과적이다.

10. 말뚝기초에 대한 설명 중 옳지 않은 것은?

① 말뚝기초의 설계에 있어서는 하중의 편심에 대한 검토는 하지 않는다.
② 동일 건축물 또는 공작물에서는 지지말뚝과 마찰말뚝을 혼용해서는 안 된다.
③ 충격력, 반복력, 횡력, 인발력 등을 받는 기초에 있어서는 말뚝기초에 대한 지반의 저항력 및 말뚝에 발생하는 복합응력에 대하여 안전성을 검토하여야 한다.
④ 기성콘크리트 말뚝을 타설할 때 그 중심간격은 말뚝머리지름의 2.5배 이상 또한 750mm 이상으로 한다.

[해설]

① 말뚝기초의 설계에 있어서는 하중의 편심에 대한 검토를 반드시 해야 한다.

11. 말뚝기초에 관한 설명으로 옳지 않은 것은?

① 말뚝기초는 지반이 연약하고 기초상부의 하중을 지지하지 못할 때 보강공법으로 쓰인다.
② 지지말뚝은 굳은 지반까지 말뚝을 박아 하중을 직접 지반에 전달하며 주위 흙과의 마찰력은 고려하지 않는다.
③ 마찰말뚝은 주위 흙과의 마찰력으로 지지되며 n개를 박았을 때 그 지지력은 n배가 된다.
④ 동일 건물에서는 서로 다른 종류의 말뚝을 혼용하지 않는다.

[해설]

③ 마찰말뚝을 여러 개 박은 경우를 무리말뚝(=군말뚝)이라고 하며, n개를 박았을 때 그 지지력은 n배보다 감소하는 특성이 있다.

해답　7. ①　8. ③　9. ④　10. ①　11. ③

12. 말뚝기초에 관한 설명으로 옳지 않은 것은?

① 사질토(砂質土)에는 마찰말뚝의 적용이 불가하다.
② 말뚝 내력(耐力)의 결정방법은 재하시험이 정확하다.
③ 철근콘크리트 말뚝은 현장에서 제작 양생하여 시공할 수도 있다.
④ 마찰말뚝은 한 곳에 집중하여 시공하지 않는 것이 좋다.

해설

① 마찰말뚝(Friction Pile)은 지지력의 대부분을 주변의 마찰로 지지하는 말뚝이며 사질토 및 점성토의 적용 여부와는 관계없다.

13. 건축물 기초구조 설계 시 말뚝재료별 구조세칙으로 옳지 않은 것은?

① 나무말뚝을 타설할 때 그 중심간격은 말뚝머리지름의 2.5배 이상 또한 600mm 이상으로 한다.
② 기성콘크리트말뚝을 타설할 때 그 중심간격은 말뚝머리지름의 2.5배 이상 또한 1100mm 이상으로 한다.
③ 강재말뚝을 타설할 때 그 중심간격은 말뚝머리의 지름 또는 폭의 2.0배 이상(다만, 폐단강관 말뚝에 있어서 2.5배) 또한 750mm 이상으로 한다.
④ 현장타설콘크리트말뚝을 배치할 때 그 중심간격은 말뚝머리 지름의 2.0배 이상 또한 말뚝머리 지름에 1000mm를 더한 값 이상으로 한다.

해설

② 기성콘크리트말뚝을 타설할 때 그 중심간격은 말뚝머리 지름의 2.5배 이상 또한 750mm 이상으로 한다.

14. 말뚝머리지름이 400mm인 기성콘크리트 말뚝을 시공할 때 그 중심간격으로 가장 적당한 것은?

① 750mm   ② 800mm
③ 900mm   ④ 1,000mm

해설

(1) 2.5D 이상 : 2.5(400) = 1,000mm ← 지배

(2) 기성콘크리트 : 750mm 이상

15. 현장타설콘크리트말뚝의 구조세칙으로 틀린 것은?

① 현장타설콘크리트말뚝은 특별한 경우를 제외하고 주근은 6개 이상으로 한다.
② 현장타설콘크리트말뚝을 배치할 때 그 중심간격은 말뚝머리지름의 1.5배 이상 또한 말뚝머리지름에 500mm를 더한 값 이상으로 한다.
③ 현장타설콘크리트말뚝의 선단부는 지지층에 확실히 도달시켜야 한다.
④ 저부의 단면을 확대한 현장타설콘크리트말뚝의 측면경사가 수직면과 이루는 각은 30° 이하로 한다.

해설

② 말뚝머리지름의 2.0배 이상 또한 말뚝머리지름에 1,000mm를 더한 값 이상으로 한다.

16. 다음 (   )안에 알맞은 숫자가 순서대로 옳게 짝지어진 것은?

> 현장타설콘크리트말뚝을 배치할 때 그 중심간격은 (   )배 이상 또한 말뚝머리지름에 (   )mm를 더한 값 이상으로 한다.

① 2.5, 900   ② 2.5, 1000
③ 2.0, 900   ④ 2.0, 1000

해설

④ 말뚝머리지름의 2.0배 이상 또한 말뚝머리지름에 1,000mm를 더한 값 이상으로 한다.

17. 부동침하의 원인과 거리가 먼 것은?

① 건물과 경사지반에 근접되어 있을 경우
② 건물이 이질지반에 걸쳐 있을 경우
③ 이질의 기초구조를 적용했을 경우
④ 건물의 강도가 불균등할 경우

[해설]

④ 건물의 강도가 불균등한 것과 부동침하와는 관계가 적다.

18. 연약지반에서 부동침하를 방지하는 대책으로 옳지 않은 것은?

① 건물을 경량화한다.
② 지하실을 강성체로 설치한다.
③ 줄기초와 마찰말뚝 기초를 병용한다.
④ 건물의 구조강성을 높인다.

[해설]

③ 연약지반에서 서로 다른 특성을 가진 줄기초와 마찰기초를 병용하는 경우 부동침하의 원인이 된다.

19. 연약지반의 기초구조에 대한 설명 중 옳지 않은 것은?

① 기초 상호간을 지중보로 연결한다.
② 가능한 한 경질지반에 지지한다.
③ 흙다지기, 강제배수 등의 방법으로 지반을 우선 개량한다.
④ 말뚝의 사용을 배제한다.

[해설]

④ 연약지반의 기초구조에서 말뚝의 사용을 배제하지 않고 지지말뚝이 아닌 마찰말뚝으로 시공한다.

20. 굳은 지반이 없는 연약지반에 대한 건축물의 상·하부구조 대책으로 옳지 않은 것은

① 지지말뚝을 사용할 것
② 구조체의 강성을 높일 것
③ 평면길이를 적게 할 것
④ 이웃 건물과의 거리를 멀게 할 것

[해설]

① 연약지반의 기초구조에서 말뚝의 사용을 배제하지 않고 지지말뚝이 아닌 마찰말뚝으로 시공한다.

21. 부동침하를 방지하기 위한 대책과 가장 관계가 먼 것은?

① 구조물의 하중을 기초에 균등하게 분포시킨다.
② 필요 시 복합기초를 사용한다.
③ 기초상호간을 지중보로 연결한다.
④ 건물의 길이를 길게 한다.

[해설]

④ 건물의 길이를 짧게, 인접건물과의 이격거리는 길게 하는 것이 부동침하 방지대책이다.

22. 기초설계 시 인접대지와의 관계로 편심기초를 만들고자 한다. 이때 편심기초의 지반력이 균등하도록 하기 위하여 어떤 방법을 이용함이 타당한가?

① 지중보를 설치한다.
② 기초 면적을 넓힌다.
③ 기둥을 크게 한다.
④ 기초 두께를 두껍게 한다.

[해설]

① 지중보(Under Beam)를 설치하는 것이 효과적이다.

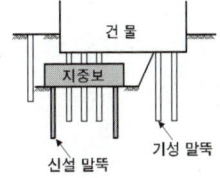

[해답] 17. ④ 18. ③ 19. ④ 20. ① 21. ④ 22. ①

23. 철근콘크리트 독립기초를 설계할 때 수직압력만 받도록 하기 위한 방법으로 가장 효과적인 것은?

① 기초판의 크기를 증가시킨다.
② 기초판의 두께를 증가시킨다.
③ 기초 위 주각을 연결하는 지중보의 크기를 증가시킨다.
④ 기초위의 기둥단면의 크기를 증가시킨다.

[해설]

③ 지중보(Under Beam)의 크기를 증가시키는 것이 효과적이다.

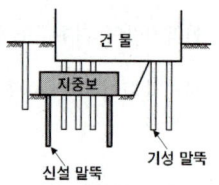

해답 23. ③

MEMO

3 내진 설계

CHECK

규모와 진도의 구분, 지진구역계수 Z, 지반의 분류,
등가정적해석법 밑면전단력 V, 허용층간변위 Δ

1 지진의 크기와 규모

학습POINT

(1) 규모(Magnitude)

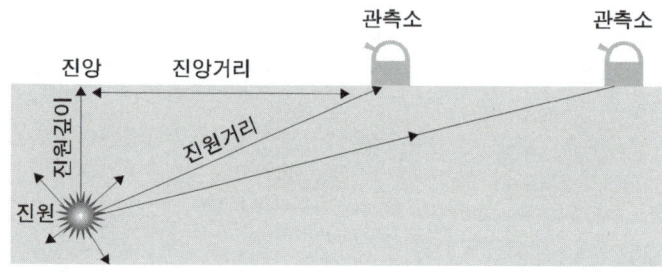

각 관측소의 지진계에 기록된 진폭을 진앙까지의 거리나 진원의 깊이 등을 고려하여 지수형태로 나타낸 것으로써 장소와 무관한 절대적 수치

지진의 규모	연간 발생회수	피해 정도	비 고
2.0~3.4	800,000	사람은 느끼지 못하고 기록만 탐지	
3.5~4.2	30,000	소수의 사람들만 감지	국내의 경우 연평균 10회
4.3~4.8	4,800	많은 사람들이 감지	
4.9~5.4	1,400	모든 사람들이 감지	국내의 경우 8~10년에 1회 정도
5.5~6.1	500	건물에 약간의 피해	
6.2~6.9	100	건물에 상당한 피해	히로시마 원폭(20kton): 8.4×10^2의 에너지에 해당
7.0~7.3	15	심각한 파괴, 철로가 휘어짐	
7.4~7.9	4	큰 파괴	
8.0 이상	0.1~0.2	거의 완전한 파괴	

(2) 진도(Earthquake Intensity)

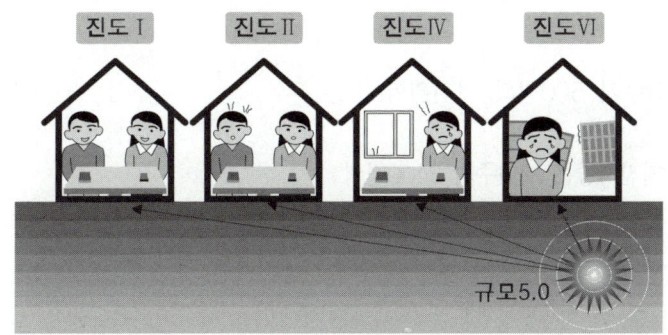

관측자의 위치에 따라 달라지는 상대적인 척도이며 감각이나 구조물의 피해 정도를 등급화한 것을 말한다.

[지진의 진도와 피해정도(JMA진도계급)]

진도	명칭	피해 정도
I	미진	민감한 사람만 느낄 수 있는 정도
II	경진	보통 사람이 느끼고 문이 약간 흔들리는 정도
III	약진	가옥이 흔들리고 물건이 떨어지는 정도
IV	중진	가옥이 심하게 흔들리고 물그릇이 넘쳐 흐름
V	강진	벽에 금이 가고 건물이 다소 파괴됨
VI	열진	가옥파괴 30%이하, 산사태 발생 가능
VII	격진	가옥파괴 30%이상, 산사태와 단층 발생

핵심예제 1

지진의 진도(Intensity)와 규모(Magnitude)에 대한 설명으로 옳지 않은 것은?

① 진도는 상대적 개념의 지진크기이다.
② 규모는 장소에 관계없는 절대적 개념의 크기이다.
③ 진도는 사람이 느끼는 감각, 물체이동 등을 계급별로 구분한다.
④ 규모는 지반의 운동정도를 평가하나 정밀하지는 않다.

해설 ④ 규모(Magnitude)는 정밀하고 절대적인 값이다.

답 : ④

2 지진구역의 구분 및 지반의 분류

(1) 지진구역계수: Z

① 지진구역 및 지진구역계수 Z는 재현주기 500년의 지진위험도로 정의된 유효지반가속도를 가리킨다.
② 건축물내진설계기준에서 설계를 위한 지진하중은 재현주기 2400년의 지진위험도를 기반으로 한다.

지진구역	행정구역		지진구역계수 Z
I	시	서울, 인천, 대전, 부산, 대구, 울산, 광주, 세종	0.11
I	도	경기, 충북, 충남, 경북, 경남, 전북, 전남, 강원 남부	0.11
II	도	강원 북부, 제주	0.07

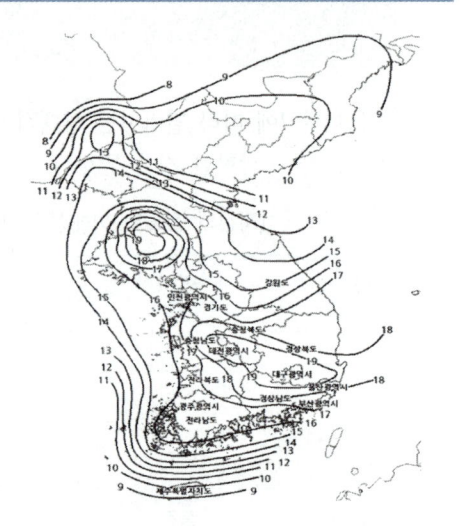

(2) 지반의 분류

S_1	S_2	S_3	S_4	S_5	S_6
암반 지반	얕고 단단한 지반	얕고 연약한 지반	깊고 단단한 지반	깊고 연약한 지반, 매우 연약한 지반	부지 고유의 특성 평가 및 지반응답해석이 요구되는 지반

핵심예제 2

우리나라 지진지역 및 이에 따른 지역계수(Z)값이 바르게 연결된 것은?
① 지진지역 I − Z = 0.11, 지진지역 II − Z = 0.07
② 지진지역 I − Z = 0.17, 지진지역 II − Z = 0.11
③ 지진지역 I − Z = 0.11, 지진지역 II − Z = 0.17
④ 지진지역 I − Z = 0.07, 지진지역 II − Z = 0.11

해설   답 : ①

핵심예제 3

구조설계기준(KDS 41 17 00)의 지반의 분류 중 지반종류와 호칭이 옳게 연결된 것은?

① S_1: 암반 지반
② S_2: 얕고 연약한 지반
③ S_3: 얕고 단단한 지반
④ S_4: 깊고 연약한 지반

해설　　　　　　　　　　　　　　　　　답 : ①

2 지진하중의 계산: 등가정적해석법

(1) 건축물의 중요도 분류

내진등급	소 분 류	분류 목적
중요도(특)	① 연면적 1,000m² 이상인 위험물 저장 및 처리시설	유출 시 인명피해가 우려되는 독극물 등을 저장·처리하는 건축물
	② 연면적 1,000m² 이상인 국가 또는 지방자치단체의 청사·외국공관·소방서·발전소·방송국·전신전화국	응급비상 필수시설물로 지정된 건축물 【※통신국사는 전신전화국과 같이 취급】
	③ 종합병원, 수술시설이나 응급시설이 있는 병원	
	④ 지진과 태풍 또는 다른 비상시의 긴급대피수용 시설로 지정한 건축물	긴급대피수용시설로 쓰이는 학교건축물
중요도(1)	① 연면적 1,000m² 미만인 위험물 저장 및 처리시설	중요도(특) 보다 작은 규모의 위험물 저장·처리시설 및 응급비상 필수시설물
	② 연면적 1,000m² 미만인 국가 또는 지방자치단체의 청사·외국공관·소방서·발전소·방송국·전신전화국	
	③ 연면적 5,000m² 이상인 공연장·집회장·관람장·전시장·운동시설·판매시설·운수시설(화물터미널과 집배송시설은 제외함)	붕괴 시 인명에 상당한 피해를 주거나 국민의 일상생활에 상당한 경제적 충격이나 대규모 혼란이 우려되는 건축물
	④ 아동관련시설·노인복지시설·사회복지시설·근로복지시설	
	⑤ 5층 이상인 숙박시설·오피스텔·기숙사·아파트	
	⑥ 학교	
	⑦ 수술시설과 응급시설 모두 없는 병원, 기타 연면적 1,000m² 이상 의료시설로서 중요도(특)에 해당하지 않는 건축물	
중요도(2)	중요도(특), 중요도(1), 중요도(3)에 해당하지 않는 건축물	붕괴 시 인명피해 위험도가 낮은 건축물
중요도(3)	① 농업시설물, 소규모 창고 ② 가설구조물	붕괴 시 인명피해가 없거나 일시적인 건축물

(2) 밑면전단력(Base Shear Force)

$$V = C_s \cdot W = \frac{S_{D1}}{\left[\dfrac{R}{I_E}\right] \cdot T} \cdot W$$

V	밑면전단력(Base Shear Force)
C_s	지진응답계수(Seismic Design Coefficient)
W	고정하중을 포함한 유효건물중량(Total Gravity Load)
T	고유주기(Period of Vibration)
I_E 건축물의 중요도계수 (Importance of Earthquake)	(표 참조)
R	반응수정계수(Response Modification Factor)

건축물의 중요도계수 I_E :

건축물 중요도	내진등급	중요도계수
중요도(특)	특	1.5
중요도(1)	I	1.2
중요도(2), (3)	II	1.0

(3) 허용층간변위(Δ) : 주어진 층의 상하단 질량중심의 수평변위간 차

허용층간변위	내진등급 (h_{sx}: x층의 층고)		
	특	I	II
Δ	$0.010 h_{sx}$	$0.015 h_{sx}$	$0.020 h_{sx}$

핵심예제 4

등가정적해석법에 따른 밑면전단력을 구하는 식으로 옳은 것은?
(단, V : 밑면전단력, C_S : 지진응답계수, W : 유효건물중량)

① $V = C_S \cdot W$
② $V = C_S \,/\, W$
③ $V = C_S \,/\, 2W$
④ $V = C_S \,/\, 3W$

해설   답 : ①

핵심예제 5

밑면전단력 산정 시 활용되는 지진응답계수를 구성하는 4가지 항목과 가장 거리가 먼 것은?

① 반응수정계수 ② 건물의 중요도계수
③ 건물의 유효중량 ④ 건물의 고유주기

해설   답 : ③

핵심예제 6

내진설계에 있어서 밑면전단력 산정과 가장 관계가 먼 것은?

① 건물의 중요도계수 ② 진도계수
③ 반응수정계수 ④ 유효 건물중량

해설   답 : ②

핵심예제 7

등가정적해석법을 사용하여 밑면전단력을 산정하는 경우, 밑면전단력의 크기가 가장 작은 구조물은?

① 건물의 중량이 크고 주기가 짧은 구조물
② 건물의 중량이 크고 주기가 긴 구조물
③ 건물의 중량이 작고 주기가 짧은 구조물
④ 건물의 중량이 작고 주기가 긴 구조물

해설 (1) 밑면전단력(V)은 W(유효건물중량)과는 비례하고 T(고유주기)와는 반비례한다.

(2) 밑면전단력의 크기가 작은 경우는 W(유효건물중량)이 작고 T(고유주기)가 긴 경우이다.   답 : ④

핵심예제 8

다음 중 내진 특등급 구조물의 허용 층간변위는? (단, h_{sx}는 x층 층고)

① $0.05h_{sx}$ ② $0.010h_{sx}$
③ $0.015h_{sx}$ ④ $0.020h_{sx}$

해설   답 : ②

핵심문제

CHAPTER 3 내진 설계

1. 지진계에 기록된 진폭을 진원의 깊이와 진앙까지의 거리 등을 고려하여 지수로 나타낸 것으로 장소에 관계없는 절대적 개념의 지진크기를 말하는 것은?

① 규모   ② 진도
③ 진원시 ④ 지진동

[해설]

① 지진(地震)의 규모(Magnitude)를 설명하고 있다.

2. 지진의 진도(Intensity)와 규모(Magnitude)에 대한 설명으로 옳지 않은 것은?

① 진도는 상대적 개념의 지진크기이다.
② 규모는 장소에 관계없는 절대적 개념의 크기이다.
③ 진도는 사람이 느끼는 감각, 물체이동 등을 계급별로 구분한다.
④ 규모는 지반의 운동정도를 평가하나 정밀하지는 않다.

[해설]

④ 지진(地震)의 규모(Magnitude)는 장소와 무관한 절대적 수치이며 진도(Intensity)에 비해 정밀한 값이다.

3. 우리나라에서 지역계수 Z를 결정하는 지진위험도 기준은?

① 100년 재현주기   ② 500년 재현주기
③ 1000년 재현주기 ④ 2400년 재현주기

[해설]

② 지진구역 및 지진구역계수 Z는 재현주기 500년의 지진위험도로 정의된 유효지반가속도를 가리킨다.

4. 우리나라 지진지역 및 이에 따른 지역계수(Z)값이 바르게 연결된 것은?

① 지진지역 Ⅰ: $Z=0.11$, 지진지역 Ⅱ: $Z=0.07$
② 지진지역 Ⅰ: $Z=0.17$, 지진지역 Ⅱ: $Z=0.11$
③ 지진지역 Ⅰ: $Z=0.11$, 지진지역 Ⅱ: $Z=0.17$
④ 지진지역 Ⅰ: $Z=0.07$, 지진지역 Ⅱ: $Z=0.11$

[해설]

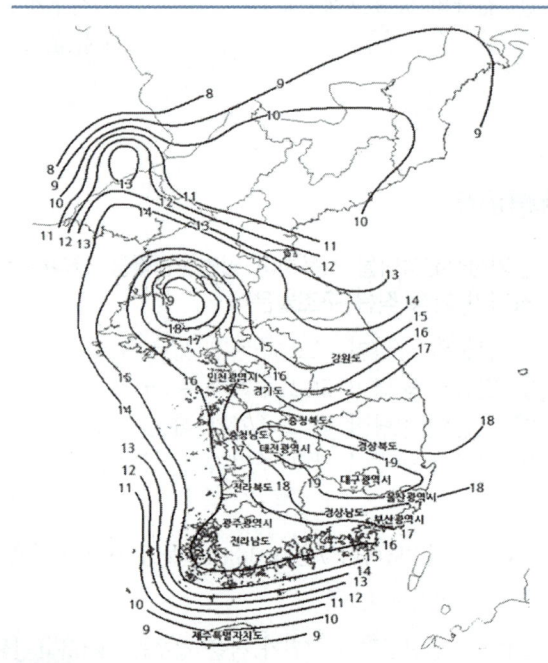

지진구역		행정구역	지진구역계수 Z
Ⅰ	시	서울, 인천, 대전, 부산, 대구, 울산, 광주, 세종	0.11
	도	경기, 충북, 충남, 경북, 경남, 전북, 전남, 강원 남부	
Ⅱ	도	강원 북부, 제주	0.07

해답   1. ①   2. ④   3. ②   4. ①

5. 지반의 분류 중 지반종류와 호칭이 옳게 연결된 것은?

① S_1 : 암반 지반
② S_2 : 얕고 연약한 지반
③ S_3 : 얕고 단단한 지반
④ S_4 : 깊고 연약한 지반

해설

지반 종류	호칭
S_1	암반 지반
S_2	얕고 단단한 지반
S_3	얕고 연약한 지반
S_4	깊고 단단한 지반
S_5	깊고 연약한 지반, 매우 연약한 지반

6. 등가정적해석법에 따른 밑면전단력을 구하는 식으로 옳은 것은? (단, V: 밑면전단력, C_S: 지진응답계수, W: 유효건물중량)

① $V = C_S \cdot W$ ② $V = C_S / W$
③ $V = C_S / 2W$ ④ $V = C_S / 3W$

해설

내진설계 등가정적해석법 밑면전단력 산정식

$$V = C_S \cdot W = \frac{S_{D1}}{\left[\frac{R}{I_E}\right]T} \cdot W$$

	W	유효 건물중량
	C_S	지진응답계수
	S_{D1}	주기 1초에서의 설계스펙트럼가속도
	R	반응수정계수
	T	건물의 고유주기
	I_E	건물의 중요도계수

7. 밑면전단력 산정 시 활용되는 지진응답계수를 구성하는 4가지 항목과 가장 거리가 먼 것은?

① 반응수정계수   ② 건물의 중요도계수
③ 건물의 유효중량 ④ 건물의 고유주기

해설

③ 지진응답계수 $C_S = \dfrac{S_{D1}}{\left[\frac{R}{I_E}\right]T}$ 이며,

유효 건물중량 W와는 별개이다.

8. 등가정적해석법을 사용하여 밑면전단력을 산정하는 경우, 밑면전단력의 크기가 가장 작은 구조물은?

① 건물의 중량이 크고 주기가 짧은 구조물
② 건물의 중량이 크고 주기가 긴 구조물
③ 건물의 중량이 작고 주기가 짧은 구조물
④ 건물의 중량이 작고 주기가 긴 구조물

해설

④ 밑면전단력(V)은 W(유효건물중량)과는 비례하고 T(고유주기)와는 반비례한다.

9. 내진설계에 있어서 밑면전단력 산정과 가장 관계가 먼 것은?

① 건물의 중요도계수 ② 진도계수
③ 반응수정계수   ④ 유효 건물중량

해설

② 밑면전단력 산정식에 진도계수라는 것은 없다.

해답 5. ① 6. ① 7. ③ 8. ④ 9. ②

10. 지진하중 설계 시 밑면전단력과 관계없는 것은?
① 유효건물중량　② 중요도계수
③ 지반증폭계수　④ 가스트계수

[해설]

④ 가스트(영향)계수(Gust Effect Factor):
바람의 난류로 인해 발생되는 구조물의 동적 거동 성분을 나타낸 것으로 평균변위에 대한 최대변위의 비를 통계적인 값으로 표현한 계수로서 풍하중 설계와 관련된 지표이다.

11. 등가정적해석법에 따른 지진응답계수의 산정식과 가장 거리가 먼 것은?
① 가스트영향계수
② 반응수정계수
③ 주기 1초에서의 설계스펙트럼 가속도
④ 건축물의 고유주기

[해설]

① 가스트(영향)계수(Gust Effect Factor):
바람의 난류로 인해 발생되는 구조물의 동적 거동 성분을 나타낸 것으로 평균변위에 대한 최대변위의 비를 통계적인 값으로 표현한 계수로서 풍하중 설계와 관련된 지표이다.

12. 등가정적해석법에 의한 건축물 내진설계 시 고려해야 할 사항이 아닌 것은?
① 지역계수　② 지반종류
③ 지표면조도　④ 반응수정계수

[해설]

③ 지표면조도(Surface Roughness):
건축물이 바람에 노출되는 정도를 나타내는 용어로서 풍하중 설계와 관련된 지표이다.

13. 내진 특등급 구조물의 허용 층간변위는? (단, h_{sx}는 x층 층고)
① $0.05h_{sx}$　② $0.010h_{sx}$
③ $0.015h_{sx}$　④ $0.020h_{sx}$

[해설]

허용층간변위	내진등급		
	특	I	II
Δ_a	$0.010h_{sx}$	$0.015h_{sx}$	$0.020h_{sx}$

14. 내진 I등급 구조물의 허용층간변위는? (단, h_{sx}는 x층 층고)
① $0.05h_{sx}$　② $0.010h_{sx}$
③ $0.015h_{sx}$　④ $0.020h_{sx}$

[해설]

허용층간변위	내진등급		
	특	I	II
Δ_a	$0.010h_{sx}$	$0.015h_{sx}$	$0.020h_{sx}$

15. 내진설계의 기본적인 개념으로 옳지 않은 것은?
① 설계지진하중에 대한 구조물의 부분 파손을 가정한다.
② 보의 파괴보다는 기둥의 파괴를 유도한다.
③ 특정층에 파괴가 집중되지 않도록 유도한다.
④ 접합부는 부재 중간의 파괴를 유도한다.

[해설]

② 기둥의 파괴보다는 보의 파괴를 유도하는 것이 안전성의 측면에서 바람직하다.

해답　10. ④　11. ①　12. ③　13. ②　14. ③　15. ②

16. 구조물의 내진보강 대책으로 적합하지 않은 것은?

① 구조물의 강도를 증가시킨다.
② 구조물의 연성을 증가시킨다.
③ 구조물의 중량을 증가시킨다.
④ 구조물의 감쇠를 증가시킨다.

해설

③ 구조물의 불필요한 무게를 줄이는 것이 내진설계의 기본원칙이 된다.

17. 지진에 대응하는 기술 중 하나인 제진(制震)에 대한 설명으로 틀린 것은?

① 기존 건물의 구조형식에 좌우되지 않는다.
② 지반계수에 따른 제약을 받지 않는다.
③ 소형 건물에 일반적으로 많이 적용된다.
④ 댐퍼 등을 사용하여 흔들림을 효과적으로 제어한다.

해설

③ 제진(制震) 시스템은 건물 자체에 대형컴퓨터 및 계측기기를 보유해야 하므로 경제성의 측면에서 소규모 구조물에서는 일반화 될 수 없는 단점을 가지고 있다.

해답 16. ③ 17. ③

부록 과년도출제문제
건축구조

[※ 기존의 출제문제 중 일부의 문제는 현행기준인 국가건설기준(KDS)에 적합하게 저자의 의도에 따라 약간의 수정이 가해졌음을 알려드립니다.]

건축기사

2023. 2.23　시행 출제문제해설 및 정답
2023. 5.13　시행 출제문제해설 및 정답
2023. 9. 2　시행 출제문제해설 및 정답
2024. 2.15　시행 출제문제해설 및 정답
2024. 5. 9　시행 출제문제해설 및 정답
2024. 7. 5　시행 출제문제해설 및 정답
2025. 2. 7　시행 출제문제해설 및 정답
2025. 5.10　시행 출제문제해설 및 정답
2025. 8. 9　시행 출제문제해설 및 정답

건축산업기사

2023. 2.23　시행 출제문제해설 및 정답
2023. 5.14　시행 출제문제해설 및 정답
2023. 7. 8　시행 출제문제해설 및 정답
2024. 2.15　시행 출제문제해설 및 정답
2024. 5. 9　시행 출제문제해설 및 정답
2024. 7. 5　시행 출제문제해설 및 정답
2025. 2. 7　시행 출제문제해설 및 정답
2025. 5.10　시행 출제문제해설 및 정답
2025. 8. 9　시행 출제문제해설 및 정답

CBT 실전테스트

- CBT 건축기사 10회분 실전테스트
- CBT 건축산업기사 10회분 실전테스트

CBT 대비 건축기사, 건축산업기사 실전테스트는 홈페이지(www.inup.co.kr)에서 CBT 모의 TEST로 함께 체험하실 수 있습니다.

과년도출제문제 (CBT 시험문제)

23 건축기사
2. 23 시행 출제문제

※ 본 기출문제는 수험자의 기억을 바탕으로 하여 복원한 문제이므로 실제 문제와 다를 수 있음을 미리 알려드립니다.

1. 두 개의 단순보에 크기가 같은($P=wL$) 하중이 작용할 때, A점에서 발생하는 처짐각의 비율(가 : 나)은? (단, 부재의 EI는 일정하다.)

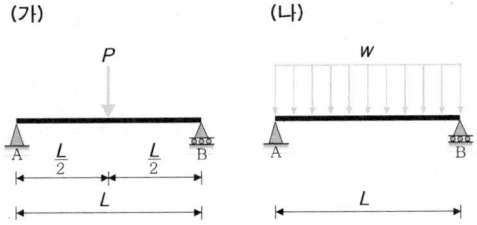

① 1.5 : 1
② 0.67 : 1
③ 1 : 1.5
④ 1 : 0.5

2. 강구조에서 용접선 단부에 붙인 보조판으로 아크의 시작이나 종단부의 크레이터 등의 결함을 방지하기 위해 붙이는 판은?

① 스티프너
② 윙플레이트
③ 커버플레이트
④ 엔드탭

3. 철근콘크리트 단철근 직사각형보를 강도설계법으로 설계 시 콘크리트의 전압축력으로 옳은 것은? (단, $f_{ck}=24\text{MPa}$, 보 폭 300mm, 중립축거리 110mm)

① 538.56kN
② 673.2kN
③ 724.4kN
④ 750.6kN

4. 직사각형 단면의 탄성단면계수에 대한 소성단면계수의 비(比)는?

① 0.67
② 1.20
③ 1.50
④ 3.00

5. 다음과 같은 조건에서의 필릿용접의 최소 사이즈는 얼마인가?

【조건】
접합부의 얇은 쪽 모재두께(t), mm
6 < t ≤ 13

① 3mm
② 5mm
③ 6mm
④ 8mm

6. 철근콘크리트 구조물의 처짐에 관한 설명으로 옳지 않은 것은?

① 휨부재의 크리프와 건조수축에 의한 추가 장기처짐 산정 시 5년 이상의 지속하중에 대한 시간경과계수는 2.0이다.
② 과도한 처짐에 의해 손상될 우려가 없는 비구조요소를 지지한 지붕이나 바닥구조의 처짐한계는 $\frac{l}{210}$이다.
③ 내부에 보가 없는 2방향 슬래브 중 철근의 항복강도가 400MPa이고 지판이 없는 경우 내부슬래브의 최소두께는 $\frac{l_n}{33}$이다.
④ 처짐을 계산하지 않는 경우 양단연속된 리브가 있는 1방향 슬래브의 최소두께는 $\frac{l}{21}$이다.

7. 강도설계법에서 철근콘크리트구조물의 공칭강도 산정시 사용되는 강도감소계수로 옳지 않은 것은?

① 인장지배단면: 0.85
② 전단력과 비틀림모멘트: 0.75
③ 포스트텐션 정착구역: 0.85
④ 압축지배단면 중 나선철근으로 보강된 철근콘크리트 부재: 0.65

8. 그림에서 A점의 반력(V_A) 값은?

① 20 kN
② 30 kN
③ 40 kN
④ 50 kN

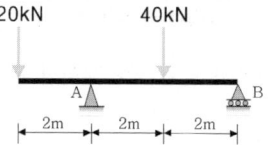

9. 피복두께 30mm, 직경 16mm 주근이 배근된 두께 150mm 철근콘크리트 일방향 슬래브에서 전단철근 없이 지지할 수 있는 단위길이 1m당 최대 계수전단력은?
(단, $f_{ck}=25\text{MPa}$, $\phi=0.75$, $\lambda=1$)

① 70.0 kN
② 78.5 kN
③ 80.0 kN
④ 82.6 kN

10. 강구조 고장력볼트 접합의 종류에 해당되지 않는 것은?

① 메탈터치 접합
② 마찰접합
③ 인장접합
④ 지압접합

11. 그림과 같은 정정라멘에서 BD부재의 축방향력은?
(단, +: 인장력, -: 압축력)

① 5kN
② -5kN
③ 10kN
④ -10kN

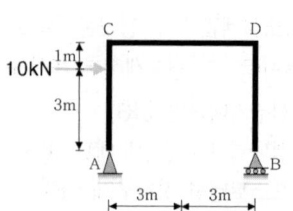

12. 콘크리트 구조 설계 시 철근간격제한에 관한 내용으로 옳지 않은 것은?

① 상단과 하단에 2단 이상으로 배치된 경우 상하 철근은 동일 연직면 내에 배치되어야 하고, 이 때 상하 철근의 순간격은 25mm 이상으로 하여야 한다.
② 나선철근 또는 띠철근이 배근된 압축부재에서 축방향 철근의 순간격은 25mm 이상, 또한 철근 공칭지름의 2.5배 이상으로 하여야 한다.
③ 2개 이상의 철근을 묶어서 사용하는 다발철근은 이형철근으로, 그 개수는 4개 이하이어야 하며, 이들은 스터럽이나 띠철근으로 둘러싸여져야 한다.
④ 벽체 또는 슬래브에서 휨 주철근의 간격은 벽체나 슬래브 두께의 3배 이하로 하여야 하고, 또한 450mm 이하로 하여야 한다.

13. 단면의 지름이 150mm, 재축방향 길이가 300mm인 원형 강봉의 윗면에 300kN의 힘이 작용하여 재축방향 길이가 0.16mm 줄어들었고, 지름이 0.01mm 늘어났다면 이 강봉의 탄성계수 E와 푸아송비는?

① 31,830MPa, 0.25
② 31,830MPa, 0.125
③ 39,630MPa, 0.25
④ 39,630MPa, 0.125

14. 등가정적해석법에 의한 건축물 내진설계 시 고려해야 할 사항이 아닌 것은?

① 지역계수
② 지반종류
③ 반응수정계수
④ 지표면조도

15. 그림과 같은 1차 부정정 보에서 지점 B의 고정단모멘트의 크기는?

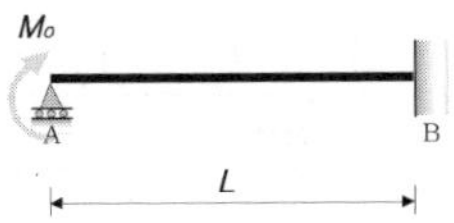

① M_o
② $\dfrac{M_o}{2}$
③ $\dfrac{M_o}{3}$
④ $\dfrac{M_o}{4}$

16. 강도설계법에서 처짐을 계산하지 않는 경우 스팬 8.0m인 단순 지지된 보의 최소 두께에 대한 규정을 적용시 옳은 것은? (단, 일반콘크리트와 $f_y = 400\text{MPa}$인 철근을 사용할 때임)

① 400mm
② 450mm
③ 500mm
④ 550mm

17. 강구조 접합부에 관한 설명으로 틀린 것은?

① 기둥-보 접합부는 접합부의 성능과 회전에 대한 구속정도에 따라 전단접합, 부분강접합, 완전강접합으로 구분된다.
② 접합부의 설계강도는 45kN 이상이어야 한다. 다만, 연결재, 새그로드 또는 띠장은 제외한다.
③ 강접합은 이론적으로 보 단부에서 회전을 허용하지 않고 100%에 가까운 단부모멘트를 기둥 또는 이음부에 전달시키는 접합부이다.
④ 단순접합은 부재 단부의 회전저항에 따른 단부 모멘트를 발생시킬 수 있는 접합부이다.

18. 그림과 같은 구조물의 부정정 차수는?

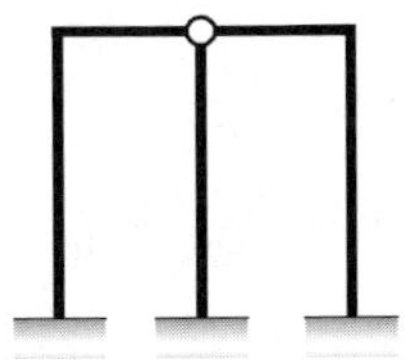

① 정정
② 1차 부정정
③ 3차 부정정
④ 4차 부정정

19. 단순보의 중앙점에 하중 P가 작용할 때 C점의 처짐은?

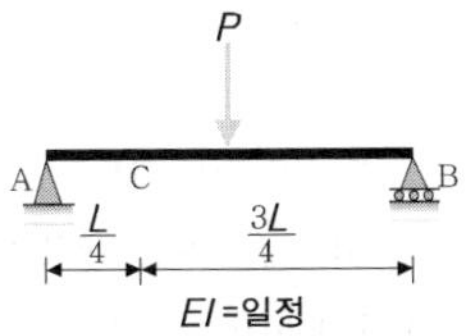

① $\dfrac{PL^3}{384EI}$
② $\dfrac{15PL^3}{192EI}$
③ $\dfrac{17PL^3}{384EI}$
④ $\dfrac{11PL^3}{768EI}$

20. 연약지반에서 부동침하를 방지하기 위한 대책과 가장 관계가 먼 것은?

① 구조물의 하중을 기초에 균등하게 분포시킨다.
② 인접 건물과의 거리를 짧게 한다.
③ 기초상호간을 지중보로 연결한다.
④ 기초를 말뚝으로 보강한다.

해설 및 정답

1. (가): $\theta_A = \dfrac{PL^2}{16EI}$

(나): $\theta_A = \dfrac{wL^3}{24EI}$ ➡ $\dfrac{1}{16} : \dfrac{1}{24} = 1.5 : 1$

2.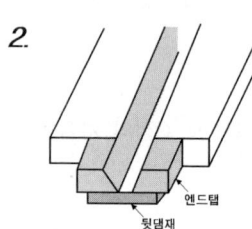

엔드탭(End Tab): 용접결함의 발생을 방지하기 위해 용접 시 단부와 종단부에 임시로 붙이는 보조강판을 말한다.

3. (1) $f_{ck} \leq 40\text{MPa}$ ➡ $\eta = 1.00$, $\beta_1 = 0.80$

(2) $C = \eta(0.85f_{ck})ab = \eta(0.85f_{ck})\beta_1 \cdot c \cdot b$
$= (1.00)(0.85 \times 24)(0.8)(110)(300)$
$= 538{,}560\text{N} = 538.560\text{kN}$

4.

(1)	탄성단면계수 (Elastic Section Modulus, Z): $Z = \dfrac{I}{y} = \dfrac{\left(\dfrac{bh^3}{12}\right)}{\left(\dfrac{h}{2}\right)} = \dfrac{bh^2}{6}$	(그림: 폭 b, 높이 h의 직사각형 단면)
(2)	소성단면계수 (Plastic Section Modulus, Z_P): 단면의 도심을 지나는 전단면적을 2등분하는 축에 대한 단면계수 $Z_P = A_c \cdot y_c + A_t \cdot y_t$ $= \left(\dfrac{bh}{2}\right)\left(\dfrac{h}{4}\right) \times 2 = \dfrac{bh^2}{4}$	
(3)	형상계수(Shape Factor, f): 소성모멘트($M_P = F_y \cdot Z_P$)와 항복모멘트($M_y = F_y \cdot Z$)의 비 $f = \dfrac{F_y \cdot Z_P}{F_y \cdot Z} = \dfrac{\text{소성단면계수}}{\text{탄성단면계수}} = \dfrac{Z_P}{Z} = \dfrac{\dfrac{bh^2}{4}}{\dfrac{bh^2}{6}} = 1.5$	

5.

접합부의 얇은쪽 판두께, t(mm)	최소 사이즈(mm)
$t \leq 6$	3
$6 < t \leq 13$	5
$13 < t \leq 19$	6
$19 < t$	8

6. ② 과도한 처짐에 의해 손상될 우려가 없는 비구조요소를 지지한 지붕이나 바닥구조의 처짐한계는 $\dfrac{l}{240}$ 이다.

7. ④ 압축지배단면 중 나선철근으로 보강된 철근콘크리트 부재: 0.70

8. (1) $\Sigma H = 0 : \therefore H_A = 0$

(2) $\Sigma M_B = 0 : -(20)(6) + (V_A)(4) - (40)(2) = 0$
$\therefore V_A = +50\text{kN}(\uparrow)$

(3) $R_A = \sqrt{V_A^2 + H_A^2} = V_A = +50\text{kN}(\uparrow)$

9. 1방향 슬래브에서 전단보강철근이 필요 없는 조건

$V_u = \phi V_c = \phi \dfrac{1}{6}\lambda \sqrt{f_{ck}} \cdot b_w \cdot d$

$= (0.75)[\dfrac{1}{6}(1.0)\sqrt{(25)}(1{,}000) \times \left(150 - 30 - \dfrac{16}{2}\right)]$

$= 70{,}000\text{N} = 70.0\text{kN}$

10.

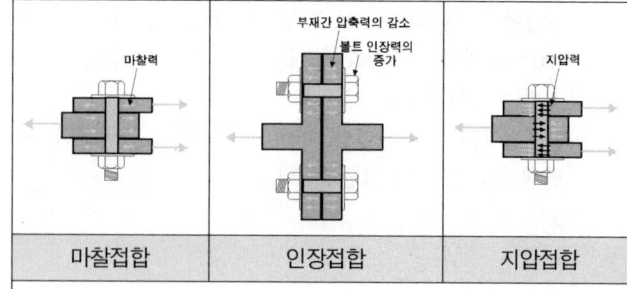

일반적으로 고장력볼트 접합은 마찰접합을 말하며, 마찰접합에서도 지압강도는 고려된다.

11. (1) $\Sigma H=0: +(H_A)+(10)=0$ ∴ $H_A=-10\text{kN}(\leftarrow)$
(2) $\Sigma M_B=0: +(V_A)(6)+(10)(3)=0$
∴ $V_A=-5\text{kN}(\downarrow)$ ➡ $V_B=+5\text{kN}(\uparrow)$
(3) $F_{BD}=-5\text{kN}(\rightarrow \leftarrow 압축)$

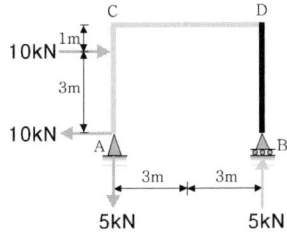

12. ② 나선철근 또는 띠철근이 배근된 압축부재에서 축방향 철근의 순간격은 40mm 이상, 또한 철근 공칭지름의 1.5배 이상으로 하여야 한다.

13. (1) $E = \dfrac{P \cdot L}{A \cdot \Delta L} = \dfrac{(300 \times 10^3)(300)}{\left(\dfrac{\pi(150)^2}{4}\right)(0.16)} = 31,831 \text{N/mm}^2$
$= 31,831 \text{MPa}$

(2) $\nu = \dfrac{\epsilon'}{\epsilon} = \dfrac{\dfrac{\Delta D}{D}}{\dfrac{\Delta L}{L}} = \dfrac{L \cdot \Delta D}{D \cdot \Delta L} = \dfrac{(300)(0.01)}{(150)(0.16)} = 0.125$

14. ④ 건축물이 바람에 노출되는 정도를 나타내는 지표면조도(Surface Roughness)는 풍하중 설계 시 고려사항이다.

15.

V_A	M_B
$-\dfrac{3M}{2L}(\downarrow)$	$+\dfrac{M}{2}(\curvearrowright)$

16.

부재	최소두께 ($h_{\min}$)			
	단순지지	1단연속	양단연속	캔틸레버
보 리브가 있는 1방향 슬래브	$\dfrac{l}{16}$	$\dfrac{l}{18.5}$	$\dfrac{l}{21}$	$\dfrac{l}{8}$

$h_{\min} = \dfrac{l}{16} = \dfrac{(8,000)}{16} = 500 \text{mm}$

17. ④ 단순접합은 전단접합 또는 핀접합이라고도 하며, 부재의 단부는 모멘트가 전달되지 않는 접합부이다.

18. $N = r+m+f-2j = (3+3+3)+(5)+(2)-2(6) = 4차$
➡ 부정정

19.

(1) 공액보: $V_A' = \dfrac{1}{2} \cdot \dfrac{L}{2} \cdot \dfrac{PL}{4EI} = \dfrac{1}{16} \cdot \dfrac{PL^2}{EI}$

(2) C점의 처짐: 공액보상에서 C점의 휨모멘트
$M_C' = \delta_C = +\left(\dfrac{1}{16} \cdot \dfrac{PL^2}{EI}\right)\left(\dfrac{L}{4}\right)$
$-\left(\dfrac{1}{2} \cdot \dfrac{L}{4} \cdot \dfrac{PL}{8EI}\right)\left(\dfrac{L}{4} \cdot \dfrac{1}{3}\right) = \dfrac{11}{768} \cdot \dfrac{PL^3}{EI}$

20. ② 건물의 길이를 짧게, 인접건물과의 이격거리는 길게 하는 것이 부동침하 방지대책이다.

1. ①	2. ④	3. ①	4. ③	5. ②
6. ②	7. ④	8. ④	9. ①	10. ①
11. ②	12. ②	13. ②	14. ④	15. ②
16. ③	17. ④	18. ④	19. ④	20. ②

과년도출제문제 (CBT 시험문제)

23 건축기사 5. 13 시행 출제문제

※ 본 기출문제는 수험자의 기억을 바탕으로 하여 복원한 문제이므로 실제 문제와 다를 수 있음을 미리 알려드립니다.

1. 강도설계법에 따른 철근콘크리트 부재의 휨에 관한 일반 사항으로 옳지 않은 것은? (단, $f_{ck} \leq 40\text{MPa}$)

① 콘크리트의 인장강도는 철근콘크리트 부재 단면의 축강도와 휨강도 계산에서 무시할 수 있다.
② 휨모멘트 또는 휨모멘트와 축력을 동시에 받는 부재의 콘크리트 압축연단의 극한변형률은 0.0033으로 가정한다.
③ 철근의 변형률은 같은 위치에 있는 콘크리트의 변형률과 같다.
④ 강도설계법에서는 연성파괴 보다는 취성파괴를 유도하도록 설계의 초점을 맞추고 있다.

2. 구조설계기준(KDS 41 17 00)의 지반의 분류 중 지반종류와 호칭이 옳게 연결된 것은?

① S_1: 깊고 단단한 지반
② S_2: 얕고 단단한 지반
③ S_3: 깊고 연약한 지반
④ S_4: 얕고 연약한 지반

3. 다음 라멘 구조물의 부정정 차수는?

① 9차 부정정
② 10차 부정정
③ 11차 부정정
④ 12차 부정정

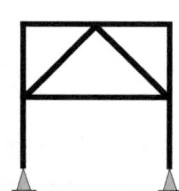

4. 고정하중 10kN, 활하중 9kN, 풍하중 0.8kN이 강구조 기둥에 축력으로 작용하고 있다. 기둥의 소요강도는 얼마인가?

① 20kN
② 22kN
③ 24kN
④ 26kN

5. 한계상태설계법에 따라 강구조물을 설계할 때 고려되는 강도한계상태가 아닌 것은?

① 바닥재의 진동
② 기둥의 좌굴
③ 골조의 불안정성
④ 취성파괴

6. 그림은 연직하중을 받는 철근콘크리트의 보의 균열 상태를 표시한 것이다. 전단력에 의해서 생기는 대표적인 균열의 형태로 옳은 것은?

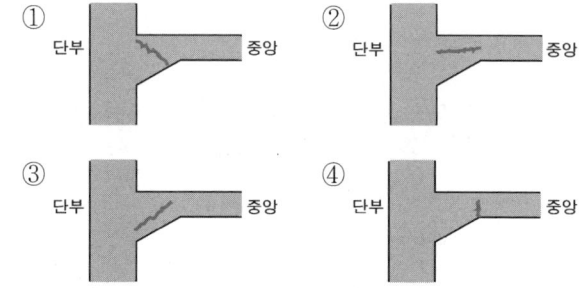

7. 연약지반에서 부등침하를 방지하는 대책으로 옳지 않은 것은?

① 건물을 경량화 한다.
② 지하실을 강성체로 설치한다.
③ 줄기초와 마찰말뚝 기초를 병용한다.
④ 건물의 구조강성을 높인다.

8. 철골조 주각부분에 사용하는 보강재에 해당되지 않는 것은?

① 윙플레이트
② 데크플레이트
③ 사이드앵글
④ 클립앵글

9. 강구조에서 용접선 단부에 붙인 보조판으로 아크의 시작이나 종단부의 크레이터 등의 결함을 방지하기 위해 붙이는 판은?

① 스티프너
② 엔드탭
③ 윙플레이트
④ 커버플레이트

10. 그림과 같은 단순보의 최대 전단응력은?

① $\dfrac{4}{3} \cdot \dfrac{wL}{bh}$
② $\dfrac{3}{4} \cdot \dfrac{wL}{bh}$
③ $\dfrac{2}{3} \cdot \dfrac{wL}{bh}$
④ $\dfrac{3}{2} \cdot \dfrac{wL}{bh}$

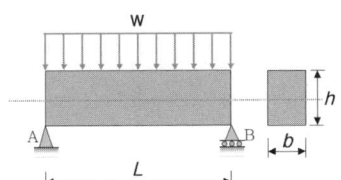

11. 단일 압축재에서 세장비를 구할 때 필요 없는 것은?

① 좌굴길이
② 단면적
③ 단면2차모멘트
④ 탄성계수

12. 강구조에서 기초콘크리트에 매입되어 주각부의 이동을 방지하는 역할을 하는 것은?

① 앵커 볼트
② 턴 버클
③ 클립 앵글
④ 사이드 앵글

13. 다음 그림에서 부정정보의 부재력 M_{AB}의 크기는?

① 2kN·m
② 3kN·m
③ 4kN·m
④ 5kN·m

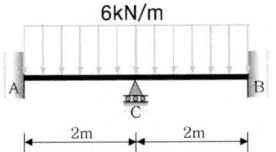

14. 다음 두 보의 최대 처짐량이 같기 위한 등분포하중의 비로 알맞은 것은? (단, 부재의 재질과 단면은 동일하며 A부재의 길이는 B부의 길이의 2배임)

① $w_2 = 2w_1$
② $w_2 = 4w_1$
③ $w_2 = 8w_1$
④ $w_2 = 16w_1$

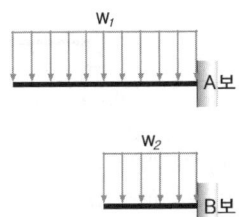

15. 지름이 D인 원목을 직사각형 단면으로 제재하고자 한다. 휨모멘트에 대한 저항을 크게 하기 위해 최대 단면계수를 갖는 직사각형 단면을 얻기 위한 $\dfrac{b}{h}$는?

① 1
② 1/2
③ $1/\sqrt{2}$
④ $1/\sqrt{3}$

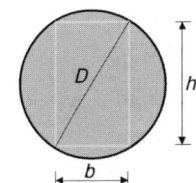

16. 강도설계법에서 압축이형철근 D22의 기본정착길이는?
(단, $f_{ck} = 24\text{MPa}$, $f_y = 400\text{MPa}$, 경량콘크리트계수 $\lambda = 1$)

① 400mm
② 450mm
③ 500mm
④ 550mm

17. 다음 그림과 같은 단순보에 등변분포하중이 작용할 때 전단력이 0이 되는 점에 대하여 A점으로부터의 거리를 구하면?

① $\dfrac{L}{\sqrt{2}}$
② $\dfrac{L}{\sqrt{3}}$
③ $\dfrac{L}{\sqrt{4}}$
④ $\dfrac{L}{\sqrt{5}}$

18. 다음 그림과 같은 내민보의 지점반력을 각각 구하면?
(단, 반력의 + : 상방향, - : 하방향)

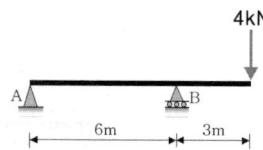

① $R_A = -2\text{kN}, \ R_B = +6\text{kN}$
② $R_A = +2\text{kN}, \ R_B = -6\text{kN}$
③ $R_A = +2\text{kN}, \ R_B = +2\text{kN}$
④ $R_A = -4\text{kN}, \ R_B = +8\text{kN}$

19. 필릿치수 8mm, 용접길이 500mm인 양면필릿용접의 유효 단면적은 약 얼마인가?

① 2,100mm²
② 3,221mm²
③ 4,300mm²
④ 5,421mm²

20. 강도설계법에 의해서 전단보강철근을 사용하지 않고 계수하중에 따른 전단력 $V_u = 50\text{kN}$을 지지하기 위한 직사각형 단면 보의 최소 유효깊이 d는? (단, 보통중량콘크리트 사용, $f_{ck} = 28\text{MPa}, \ b_w = 300\text{mm}$)

① 405mm
② 444mm
③ 504mm
④ 605mm

해설 및 정답

1. ④ 강도설계법에서는 취성파괴 보다는 연성파괴를 유도하도록 설계의 초점을 맞추고 있다.

2.

지반 종류	S_1	S_2	S_3	S_4	S_5
호칭	암반 지반	얕고 단단한 지반	얕고 연약한 지반	깊고 단단한 지반	깊고 연약한 지반, 매우 연약한 지반

3.

②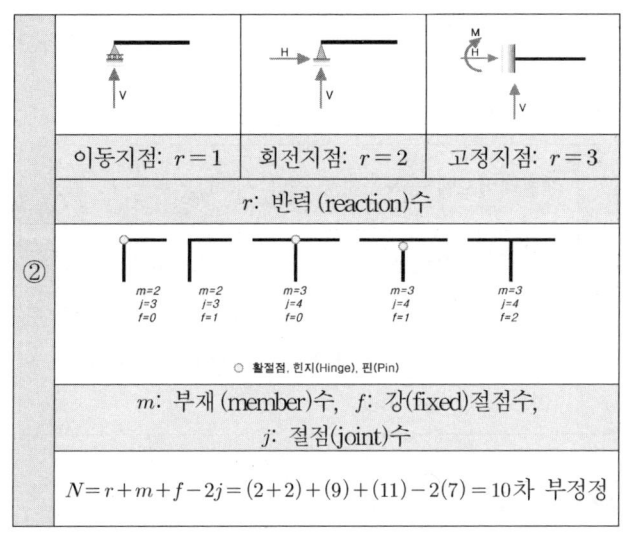

$N = r + m + f - 2j = (2+2) + (9) + (11) - 2(7) = 10$차 부정정

4.

② $U = 1.2D + 1.3W + 1.0L$
$= 1.2(10) + 1.3(0.8) + 1.0(9) = 22.04\text{kN}$

5.

①
강도 한계상태(Strength Limit State)
구조체가 하중지지능력을 잃고 붕괴되는 상태
사용성한계상태(Serviceability Limit State)
구조기능이 저하되어 처짐, 균열, 진동 등과 같이 외관, 유지관리, 내구성 및 사용에 매우 부적합하게 되는 상태

6. ③ 최대 전단력은 받침부에 면한 지점에 생기며, 사인장균열(Diagonal Tension Crack)은 받침부에서 바깥쪽으로 보통 45°의 경사각으로 발생한다.

7. ③ 연약지반에서 줄기초와 마찰말뚝 기초의 병용 시 부등침하의 원인이 된다.

【부등침하(Uneven Settlement, 부동침하)의 여러 원인들】

연약층	경사 지반	이질 지층	낭떠러지	증축
지하수위 변경	지하 구멍	메운땅 흙막이	이질 지정	일부 지정

8.

②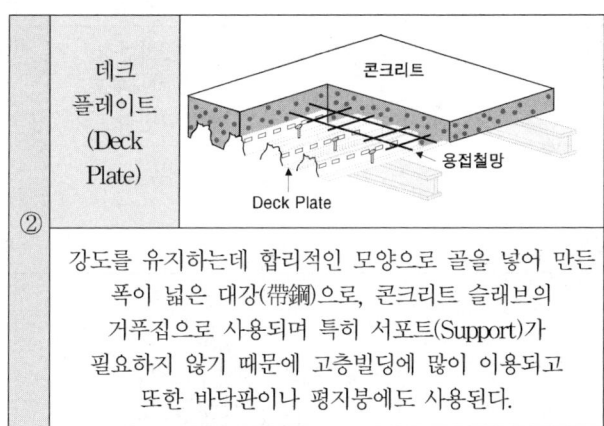

강도를 유지하는데 합리적인 모양으로 골을 넣어 만든 폭이 넓은 대강(帶鋼)으로, 콘크리트 슬래브의 거푸집으로 사용되며 특히 서포트(Support)가 필요하지 않기 때문에 고층빌딩에 많이 이용되고 또한 바닥판이나 평지붕에도 사용된다.

9.

②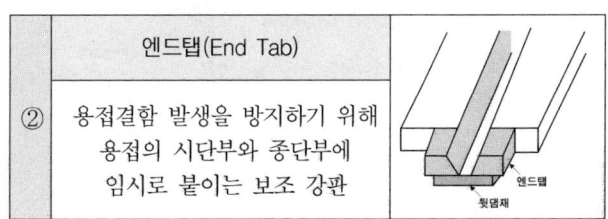

용접결함 발생을 방지하기 위해 용접의 시단부와 종단부에 임시로 붙이는 보조 강판

10.

②	최대 전단력 $V_{\max} = V_A = V_B = \dfrac{wL}{2}$	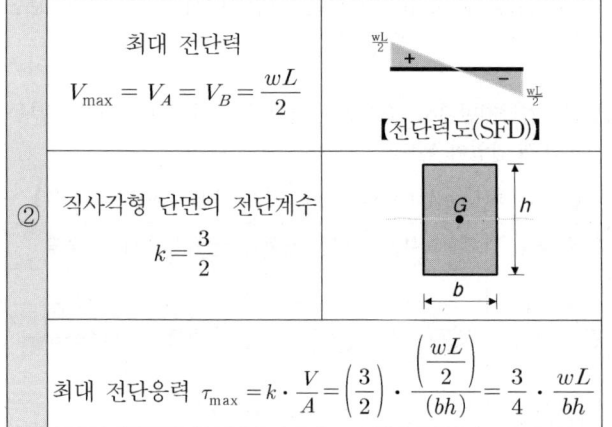 【전단력도(SFD)】
	직사각형 단면의 전단계수 $k = \dfrac{3}{2}$	
	최대 전단응력 $\tau_{\max} = k \cdot \dfrac{V}{A} = \left(\dfrac{3}{2}\right) \cdot \dfrac{\left(\dfrac{wL}{2}\right)}{(bh)} = \dfrac{3}{4} \cdot \dfrac{wL}{bh}$	

11.

④	세장비 (Slenderness Ratio) $\lambda = \dfrac{KL}{r} = \dfrac{KL}{\sqrt{\dfrac{I}{A}}}$	K : 지지단의 상태에 따른 유효좌굴길이계수
		L : 부재의 길이
		r : 단면2차반경, I : 단면2차모멘트, A : 단면적

12.

①	강구조 주각	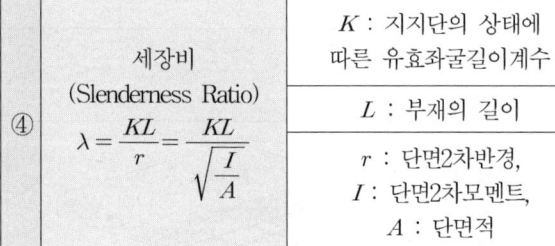

13.

① AB구간에서 B절점의 고정단모멘트:
$$FEM_B = FEM_{BA} + FEM_{BC} = +\dfrac{wL^2}{12} - \dfrac{wL^2}{12} = 0$$

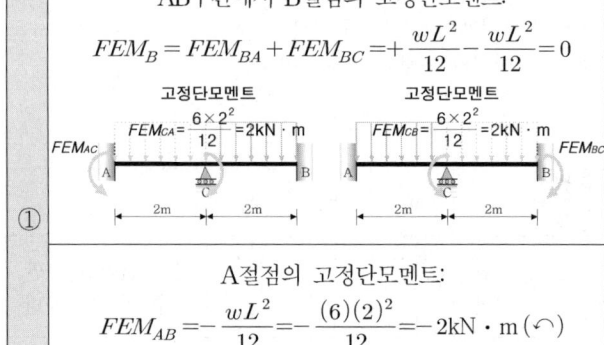

A절점의 고정단모멘트:
$$FEM_{AB} = -\dfrac{wL^2}{12} = -\dfrac{(6)(2)^2}{12} = -2\text{kN} \cdot \text{m}\,(\curvearrowleft)$$

B절점의 고정단모멘트가 0이므로 A절점의 고정단모멘트가 A점의 재단모멘트 M_{AB}가 된다.

14.

④ 캔틸레버보에 등분포하중 작용 시: $\delta_{\max} = \dfrac{1}{8} \cdot \dfrac{wL^4}{EI}$

등분포하중의 비교
$$\delta_{A,\max} = \dfrac{1}{8} \cdot \dfrac{w_1 \cdot (2L)^4}{EI},\ \delta_{B,\max} = \dfrac{1}{8} \cdot \dfrac{w_2 \cdot (L)^4}{EI}$$

$\delta_{A,\max} = \delta_{B,\max}$ 로부터 $w_1 \cdot (2L)^4 = w_2 \cdot (L)^4$
이므로 $\therefore w_2 = 16 w_1$

15.

③
$D^2 = b^2 + h^2$ 에서 $h^2 = D^2 - b^2$

$Z = \dfrac{bh^2}{6} = \dfrac{b}{6}(D^2 - b^2) = \dfrac{1}{6}(D^2 \cdot b - b^3)$

Z값이 최대가 되려면 이것을 미분한 값이 0이어야 한다.

$\dfrac{dZ}{db} = \dfrac{1}{6}(D^2 - 3b^2) = 0$ 에서 $D = \sqrt{3}\,b$

$h = \sqrt{2}\,b$ 이므로 $\dfrac{b}{h} = \dfrac{1}{\sqrt{2}}$

16.

압축이형철근의 기본정착길이	
② $l_{db} = \dfrac{0.25 d_b \cdot f_y}{\lambda \sqrt{f_{ck}}} = \dfrac{0.25(22)(400)}{(1.0)\sqrt{24}} = 449.073 \mathrm{mm}$	최댓값
$l_{db} = 0.043 d_b \cdot f_y = 0.043(22)(400) = 378.4 \mathrm{mm}$	

17.

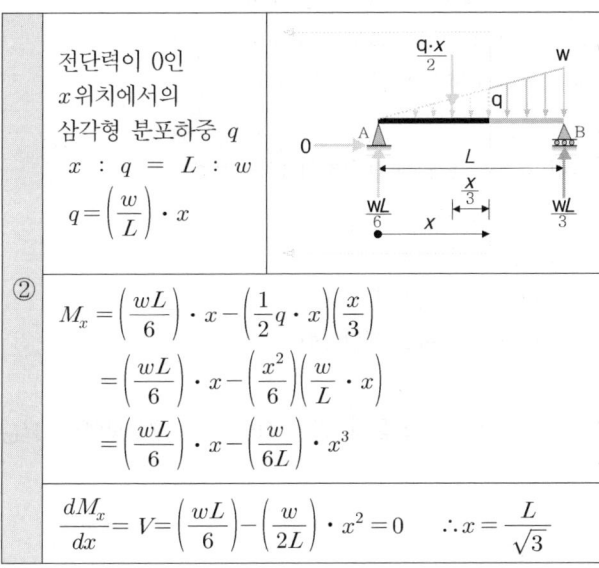

② 전단력이 0인 x 위치에서의 삼각형 분포하중 q
$x : q = L : w$
$q = \left(\dfrac{w}{L}\right) \cdot x$

$M_x = \left(\dfrac{wL}{6}\right) \cdot x - \left(\dfrac{1}{2} q \cdot x\right)\left(\dfrac{x}{3}\right)$
$= \left(\dfrac{wL}{6}\right) \cdot x - \left(\dfrac{x^2}{6}\right)\left(\dfrac{w}{L} \cdot x\right)$
$= \left(\dfrac{wL}{6}\right) \cdot x - \left(\dfrac{w}{6L}\right) \cdot x^3$

$\dfrac{dM_x}{dx} = V = \left(\dfrac{wL}{6}\right) - \left(\dfrac{w}{2L}\right) \cdot x^2 = 0 \quad \therefore x = \dfrac{L}{\sqrt{3}}$

18.

①
$\sum H = 0 : \therefore H_A = 0$

$\sum M_B = 0 : +(V_A)(6) + (4)(3) = 0$
$\therefore V_A = -2 \mathrm{kN}(\downarrow)$

$\sum V = 0 : +(V_A) + (V_B) - (4) = 0$
$\therefore V_B = +6 \mathrm{kN}(\uparrow)$

$R_A = \sqrt{V_A^2 + H_A^2} = V_A = -2\mathrm{kN}(\downarrow)$
$R_B = V_B = +6\mathrm{kN}(\uparrow)$

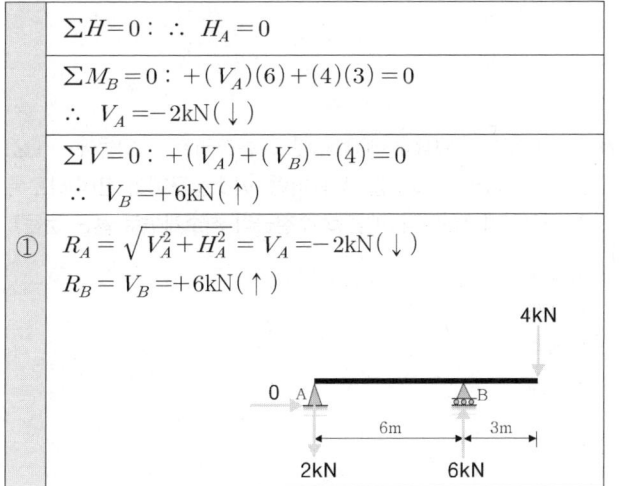

19.

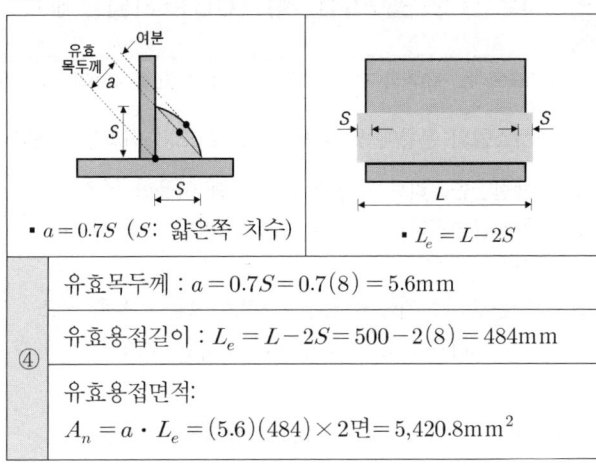

- $a = 0.7S$ (S: 얇은쪽 치수)
- $L_e = L - 2S$

④ 유효목두께 : $a = 0.7S = 0.7(8) = 5.6 \mathrm{mm}$

유효용접길이 : $L_e = L - 2S = 500 - 2(8) = 484 \mathrm{mm}$

유효용접면적:
$A_n = a \cdot L_e = (5.6)(484) \times 2면 = 5,420.8 \mathrm{mm}^2$

20.

전단보강철근이 필요 없는 조건
$V_u \leq \dfrac{1}{2}\phi V_c = \dfrac{1}{2}\phi\left(\dfrac{1}{6}\lambda\sqrt{f_{ck}} \cdot b_w \cdot d\right)$

③ 보통중량콘크리트: $\lambda = 1.0$

$d \geq \dfrac{12 V_u}{\phi\lambda\sqrt{f_{ck}} \cdot b_w} = \dfrac{12(50 \times 10^3)}{(0.75)(1.0)\sqrt{28}(300)}$
$= 503.95 \mathrm{mm}$

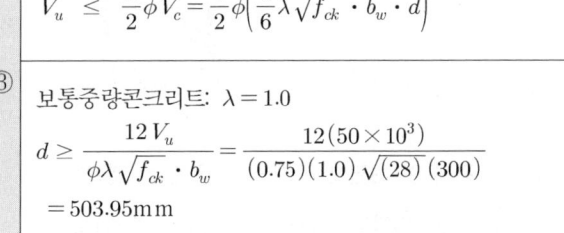

1. ④	2. ②	3. ②	4. ②	5. ①
6. ③	7. ③	8. ②	9. ②	10. ②
11. ④	12. ①	13. ①	14. ④	15. ③
16. ②	17. ②	18. ①	19. ④	20. ③

과년도출제문제 (CBT 시험문제)

23 건축기사 9.2 시행 출제문제

※ 본 기출문제는 수험자의 기억을 바탕으로 하여 복원한 문제이므로 실제 문제와 다를 수 있음을 미리 알려드립니다.

1. 구조시스템의 분류에 있어 복합구조로 보기 어려운 것은?
① 철골철근콘크리트 기둥에 철골 보를 이용한 구조
② 철골철근콘크리트 기둥에 철근콘크리트 보를 이용한 구조
③ 철근콘크리트 기둥에 철근콘크리트 보를 이용한 구조
④ 철근콘크리트 기둥에 철골 보를 이용한 구조

2. 다음 트러스 구조물에서 C부재의 부재력을 구하면? (단, +는 인장, -는 압축)

① +4.5kN
② -4.5kN
③ +7.5kN
④ -7.5kN

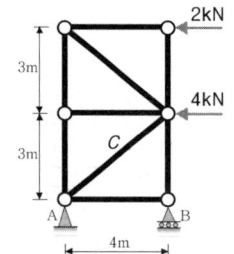

3. 구조용 강재 SHN355에 대한 설명 중 옳은 것은?
① 건축구조용 열간압연 H형강, 항복강도 355MPa
② 건축구조용 압연 H형강, 압축강도 355MPa
③ 용접구조용 압연 H형강, 인장강도는 355MPa
④ 용접구조용 내후성 열간압연강재, 압축강도 355MPa

4. 보통중량콘크리트를 사용한 그림과 같은 보의 단면에서 외력에 의해 휨균열을 일으키는 균열모멘트(M_{cr}) 값은? (단, $f_{ck}=27\text{MPa}$, $f_y=400\text{MPa}$)

① 29.5kN·m
② 34.7kN·m
③ 40.9kN·m
④ 52.4kN·m

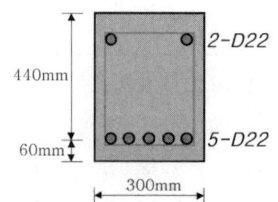

5. 직경(D) 30mm, 길이(L) 4m인 강봉에 90kN의 인장력이 작용할 때 인장응력(σ_t)과 늘어난 길이(ΔL)는 얼마인가? (단, 강봉의 탄성계수 $E=200,000\text{MPa}$)
① $\sigma_t=127.3\text{MPa}$, $\Delta L=1.43\text{mm}$
② $\sigma_t=127.3\text{MPa}$, $\Delta L=2.55\text{mm}$
③ $\sigma_t=132.5\text{MPa}$, $\Delta L=1.43\text{mm}$
④ $\sigma_t=132.5\text{MPa}$, $\Delta L=2.55\text{mm}$

6. 지반침하의 원인에 해당하지 않는 것은?
① 지하수의 지나친 양수
② 매립지반의 압축
③ 지반의 수평지지력 과대
④ 지반굴착에 따른 지반변위

7. 그림과 같은 구조물에 있어 AB부재의 재단모멘트 M_{AB}는?

① 0.5kN·m
② 1kN·m
③ 1.5kN·m
④ 2kN·m

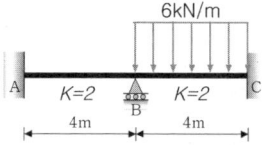

8. 단면이 400mm×400mm인 콘크리트 기둥에 D22 ($a_1=387\text{mm}^2$) 철근을 사용하여 최소철근비를 만족하도록 주철근을 배근하였다. 배근할 주철근의 최소개수로 옳은 것은?
① 3개
② 4개
③ 5개
④ 6개

9. 현장타설콘크리트말뚝의 구조세칙으로 틀린 것은?

① 현장타설콘크리트말뚝은 특별한 경우를 제외하고 주근은 6개 이상으로 한다.
② 현장타설콘크리트말뚝을 배치할 때 그 중심간격은 말뚝머리지름의 1.5배 이상 또한 말뚝머리지름에 500mm를 더한 값 이상으로 한다.
③ 현장타설콘크리트말뚝의 선단부는 지지층에 확실히 도달시켜야 한다.
④ 저부의 단면을 확대한 현장타설콘크리트말뚝의 측면경사가 수직면과 이루는 각은 30° 이하로 한다.

10. 다음 그림은 단순보의 전단력도이다. 각 구간에 대한 역학적 설명으로 틀린 것은?

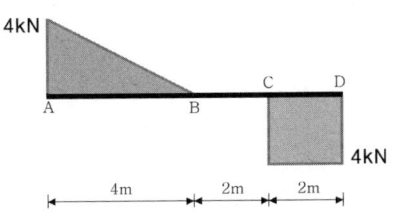

① A-B 구간에는 등분포하중 1kN/m가 작용한다.
② B-C 구간에는 하중이 작용하지 않는다.
③ C점에는 집중하중 2kN이 작용한다.
④ 양단부(지점)의 반력의 크기는 4kN이다.

11. 철근콘크리트 구조물 설계를 위해 선형탄성 구조해석을 수행한 결과, 보 단면에 다음과 같은 단면력이 계산되었다. 이 값을 사용해서 계수휨모멘트를 구하면?

- 고정하중에 따른 모멘트: $M_D = 150$kN·m
- 활하중에 따른 모멘트: $M_L = 120$kN·m
- 풍하중에 따른 모멘트: $M_W = 60$kN·m

① 288kN·m
② 318kN·m
③ 358kN·m
④ 378kN·m

12. 그림과 같은 캔틸레버보에서 집중하중 P가 작용할 때 C점의 처짐의 크기는? (단, 보의 EI는 일정한 값)

① $\dfrac{Pa^2\left(b+\dfrac{2a}{3}\right)}{2EI}$

② $\dfrac{Pa}{2EI}$

③ $\dfrac{Pa}{EI}$

④ $\dfrac{Pa\left(b+\dfrac{2a}{3}\right)}{2EI}$

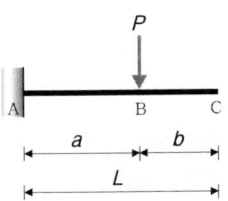

13. 인장을 받는 이형철근의 정착길이(l_d)는 기본정착길이(l_{db})에 보정계수를 곱하여 구한다. 이 보정계수에 대한 설명 중 옳지 않은 것은?

① 철근배치 위치계수 α는 상부철근일 경우 1.5이고, 그 밖의 철근일 경우 1.0이다.
② 철근크기계수 γ는 철근직경이 D22 이상인 경우 1.0이고, D19 이하일 경우 0.8이다.
③ 철근 도막계수 β는 도막되지 않은 철근일 경우 1.0이다.
④ 경량콘크리트계수 λ는 일반콘크리트인 경우 1.0이다.

14. 그림과 같은 단면의 x축에 대한 단면계수 값으로서 옳은 것은?

① $1.278 \times 10^6 \text{mm}^3$
② $1.298 \times 10^6 \text{mm}^3$
③ $1.378 \times 10^6 \text{mm}^3$
④ $1.398 \times 10^6 \text{mm}^3$

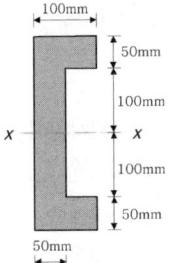

15. 반T형보의 유효폭으로 옳은 것은? (단, 보 경간은 6m)

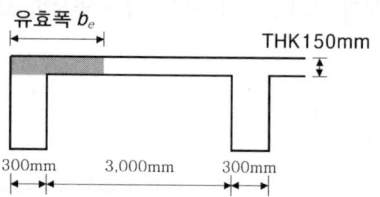

① 800mm
② 1,200mm
③ 1,800mm
④ 2,300mm

16. 강도설계법에서 흙에 접하는 기둥의 최소 피복두께 기준으로 옳은 것은? (단, 프리스트레스하지 않는 부재의 현장치기 콘크리트로서 D25인 철근임)

① 20mm
② 30mm
③ 40mm
④ 50mm

17. 용접 H형강 $H-450 \times 450 \times 20 \times 28$의 플랜지 및 웨브에 대한 판폭두께비를 구하면?

① 플랜지: 16.07, 웨브: 14.07
② 플랜지: 16.07, 웨브: 19.7
③ 플랜지: 8.04, 웨브: 14.07
④ 플랜지: 8.04, 웨브: 19.7

18. 등가정적해석법에 따른 지진응답계수의 산정식과 가장 거리가 먼 것은?

① 가스트영향계수
② 반응수정계수
③ 주기 1초에서의 설계스펙트럼 가속도
④ 건축물의 고유주기

19. 다음 부정정 구조물에서 A단에 도달하는 모멘트의 크기는 얼마인가?

① 1.5kN·m
② 2.0kN·m
③ 2.5kN·m
④ 3.0kN·m

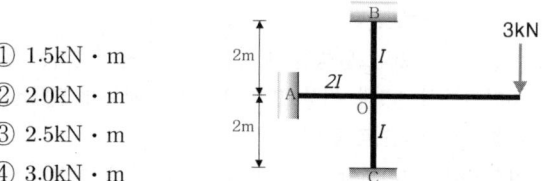

20. 독립기초에 $N=20$kN, $M=10$kN·m가 작용할 때 접지압이 압축력만 발생하도록 하기 위한 기초저면의 최소 길이는?

① 2m
② 3m
③ 4m
④ 5m

해설 및 정답

1. ③ 철근콘크리트 기둥에 철근콘크리트 보를 이용한 구조는 복합구조가 아닌 철근콘크리트 단일구조이다.

2.

④ | C 부재가 지나가도록 수평으로 절단해서 위쪽을 고려하면 지점반력을 구할 필요가 없다.
 $V=0$:
 $-(2)-(4)-\left(F_C \cdot \dfrac{4}{5}\right)=0$
 $\therefore F_C = -7.5\text{kN}(압축)$ 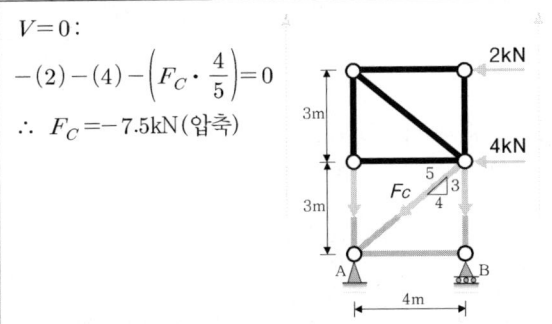 |

3.

① | 건축구조용 열간압연 H형강(SHN)
 기존의 H형강에 내진성능 등의 구조성능이 우수한 형강 제품에 대해 규정한 현대제철의 제품으로서, SHN355에서 355는 항복강도 355MPa을 나타낸다. |

4.

③ | 보통중량콘크리트에 대한 경량콘크리트계수 $\lambda = 1$
 균열모멘트 $M_{cr} = f_r \cdot Z = 0.63\lambda \sqrt{f_{ck}} \cdot \dfrac{bh^2}{6}$
 $= 0.63(1.0)\sqrt{(27)} \cdot \dfrac{(300)(500)^2}{6}$
 $= 40{,}919{,}700\text{N} \cdot \text{mm} = 40.919\text{kN} \cdot \text{m}$ |

5.

② | 인장응력 | $\sigma_t = \dfrac{P}{A} = \dfrac{(90 \times 10^3)}{\left(\dfrac{\pi(30)^2}{4}\right)} = 127.324\text{MPa}$ |
| --- | --- |
| 변형량 | $\Delta L = \dfrac{PL}{EA} = \dfrac{(90 \times 10^3)(4 \times 10^3)}{(200{,}000)\left(\dfrac{\pi(30)^2}{4}\right)} = 2.546\text{mm}$ |

6. ③ 지반의 수평지지력이 과대하면 지반침하가 방지된다.

7.

④ | ① B절점의 고정단모멘트
 $FEM_{BC} = -\dfrac{wL^2}{12} = -\dfrac{(6)(4)^2}{12} = -8\text{kN} \cdot \text{m}(\curvearrowright)$
 ② 해제모멘트: $\overline{M_B} = -FEM_{BC} = +8\text{kN} \cdot \text{m}(\curvearrowleft)$

 분배율: $DF_{BA} = \dfrac{2}{2+2} = \dfrac{1}{2}$
 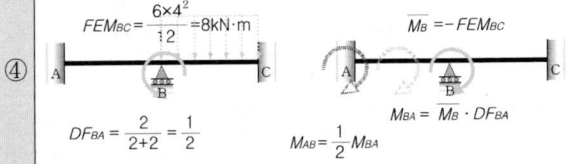

 분배모멘트:
 $M_{BA} = \overline{M_B} \cdot DF_{BA} = (+8)\left(\dfrac{1}{2}\right) = +4\text{kN} \cdot \text{m}(\curvearrowleft)$

 전달모멘트:
 $M_{AB} = \dfrac{1}{2}M_{BA} = \dfrac{1}{2}(+4) = +2\text{kN} \cdot \text{m}(\curvearrowleft)$ |

8.

③	철근콘크리트 기둥의 최소철근비는 전체단면적에 대해 1%이다.($\rho_{min}=0.01$)
	최소철근비 $\rho_{min}=\dfrac{A_{s,min}}{A_g}$ 로부터 $A_{s,min}=\rho_{min}\cdot A_g=(0.01)(400\times 400)=1,600\text{mm}^2$
	$n=\dfrac{1,600\text{mm}^2}{387\text{mm}^2}=4.13$개
	배근할 최소의 개수를 묻고 있으므로 5개가 적합하다.

9. ② 현장타설콘크리트말뚝을 배치할 때 그 중심간격은 말뚝머리 지름의 2.0배 이상 또한 말뚝머리지름에 1,000mm를 더한 값 이상으로 한다.

10.

③

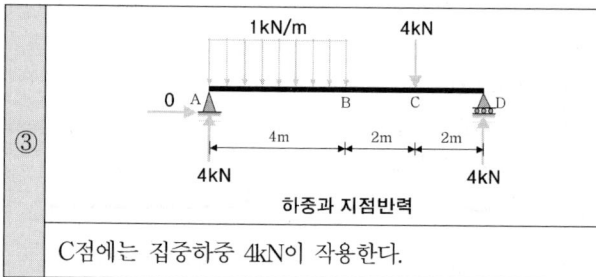

C점에는 집중하중 4kN이 작용한다.

11.

④ 풍하중 하중조합: (1), (2), (3) 중 최댓값	(1)	$U=1.2D+1.3W+1.0L$ $=1.2(150)+1.3(60)+1.0(120)$ $=378\text{kN}\cdot\text{m}$
	(2)	$U=1.2D+0.65W$ $=1.2(150)+0.65(60)=219\text{kN}\cdot\text{m}$
	(3)	$U=0.9D+1.3W$ $=0.9(150)+1.3(60)=213\text{kN}\cdot\text{m}$

12.

①	처짐 = 탄성하중도의 면적 × 도심 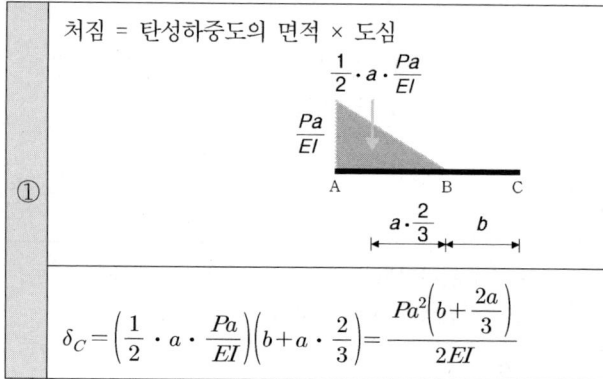
	$\delta_C=\left(\dfrac{1}{2}\cdot a\cdot\dfrac{Pa}{EI}\right)\left(b+a\cdot\dfrac{2}{3}\right)=\dfrac{Pa^2\left(b+\dfrac{2a}{3}\right)}{2EI}$

13. ① 철근배치 위치계수 α는 상부철근일 경우 1.3이고, 그 밖의 철근일 경우 1.0이다.

【정착길이에 대한 보정계수】

(1)	α : 철근배근 위치계수 ① 상부철근(정착길이 또는 이음부 아래 300mm를 초과되게 굳지 않은 콘크리트를 친 수평철근)…1.3 ② 그 밖의 철근…1.0
(2)	β : 철근 도막계수 ① 피복두께가 $3d_b$ 미만 또는 순간격이 $6d_b$ 미만인 에폭시 도막철근 또는 철선…1.5 ② 그 밖의 에폭시 도막철근 또는 철선…1.2 ③ 아연도금 철근…1.0 ④ 도막되지 않은 철근…1.0
(3)	λ : 경량콘크리트계수(f_{sp}가 규정되어 있지 않은 경우)

전경량콘크리트	모래경량콘크리트	보통중량콘크리트
$\lambda=0.75$	$\lambda=0.85$	$\lambda=1.0$

(4)	γ : 철근 또는 철선의 크기계수 ① D19 이하의 철근과 이형철선…0.8 ② D22 이상의 철근…1.0

14. ① $Z = \dfrac{I}{y} = \dfrac{\left(\dfrac{1}{12}(100 \times 300^3 - 50 \times 200^3)\right)}{(150)}$

$= 1.27778 \times 10^6 \text{mm}^3$

15.

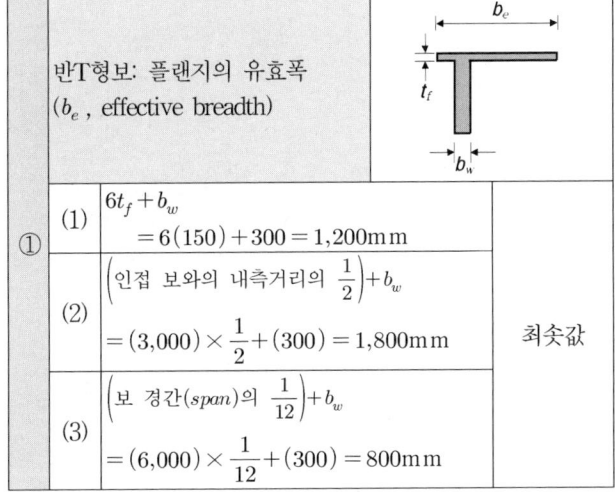

		반T형보: 플랜지의 유효폭 (b_e, effective breadth)	
①	(1)	$6t_f + b_w$ $= 6(150) + 300 = 1,200\text{mm}$	최솟값
	(2)	$\left(\text{인접 보와의 내측거리의 } \dfrac{1}{2}\right) + b_w$ $= (3,000) \times \dfrac{1}{2} + (300) = 1,800\text{mm}$	
	(3)	$\left(\text{보 경간}(span)\text{의 } \dfrac{1}{12}\right) + b_w$ $= (6,000) \times \dfrac{1}{12} + (300) = 800\text{mm}$	

16.

종류			피복두께
수중에서 치는 콘크리트			100mm
흙에 접하여 콘크리트를 친 후 영구히 흙에 묻혀 있는 콘크리트			75mm
흙에 접하거나 옥외의 공기에 직접 노출되는 콘크리트	D19 이상의 철근		50mm
	D16 이하의 철근		40mm
	지름 16mm 이하의 철선		
옥외의 공기나 흙에 직접 접하지 않는 콘크리트	슬래브, 벽체, 장선	D35 초과 철근	40mm
		D35 이하 철근	20mm
	보, 기둥		40mm
	쉘, 절판부재		20mm

【※ 단, 보·기둥의 경우 $f_{ck} \geq 40\text{MPa}$ 일 때 피복두께를 10mm 저감할 수 있다.】

17.

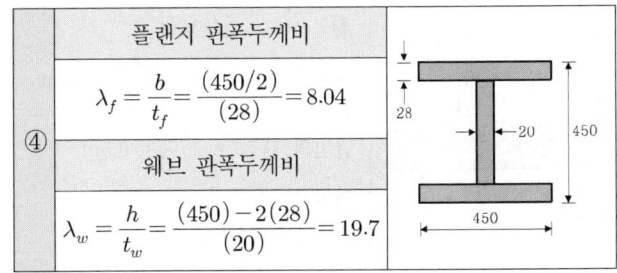

	플랜지 판폭두께비
④	$\lambda_f = \dfrac{b}{t_f} = \dfrac{(450/2)}{(28)} = 8.04$
	웨브 판폭두께비
	$\lambda_w = \dfrac{h}{t_w} = \dfrac{(450) - 2(28)}{(20)} = 19.7$

18.

	내진설계 등가정적해석법 밑면전단력	$V = C_S \cdot W = \dfrac{S_{D1}}{\left[\dfrac{R}{I_E}\right] \cdot T} \cdot W$
①	• W : 유효 건물중량	
	• C_s : 지진응답계수	
	• S_{D1} : 주기 1초에서의 설계스펙트럼가속도	
	• R : 반응수정계수	
	• T : 건물의 고유주기	
	• I_E : 건물의 중요도계수	

19.

	O절점: $M_{O,Right} = -[+(3)(4)] = -12\text{kN} \cdot \text{m}$ (↷)
	해제모멘트: $\overline{M_O} = +12\text{kN} \cdot \text{m}$ (↶)
	강도계수와 강비
④	① $K_{OA} = \dfrac{2I}{2}$ ➡ 2
	② $K_{OB} = \dfrac{I}{2}$ ➡ 1
	③ $K_{OC} = \dfrac{I}{2}$ ➡ 1
	분배율: $DF_{OA} = \dfrac{2}{2+1+1} = \dfrac{1}{2}$
	분배모멘트: $M_{OA} = \overline{M_O} \cdot DF_{OA} = (+12)\left(\dfrac{1}{2}\right) = +6\text{kN} \cdot \text{m}$ (↶)
	전달모멘트: $M_{AO} = \dfrac{1}{2}M_{OA} = \dfrac{1}{2}(+6) = +3\text{kN} \cdot \text{m}$ (↶)

20.

② 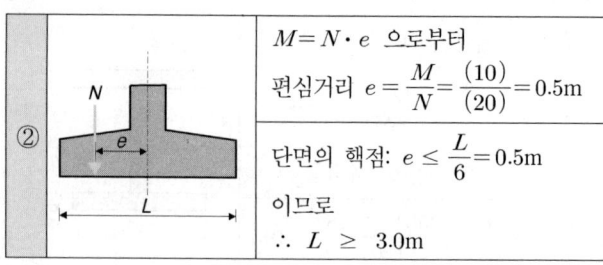 $M = N \cdot e$ 으로부터
편심거리 $e = \dfrac{M}{N} = \dfrac{(10)}{(20)} = 0.5\text{m}$

단면의 핵점: $e \leq \dfrac{L}{6} = 0.5\text{m}$

이므로
∴ $L \geq 3.0\text{m}$

1. ③	2. ④	3. ①	4. ③	5. ②
6. ③	7. ④	8. ③	9. ②	10. ③
11. ④	12. ①	13. ①	14. ①	15. ①
16. ④	17. ④	18. ①	19. ④	20. ②

과년도출제문제 (CBT 시험문제)

24. 건축기사 2. 15 시행 출제문제

※ 본 기출문제는 수험자의 기억을 바탕으로 하여 복원한 문제이므로 실제 문제와 다를 수 있음을 미리 알려드립니다.

1. 그림과 같은 부정정 라멘에서 A점의 M_{AB}는?

① 0
② 20kN · m
③ 40kN · m
④ 60kN · m

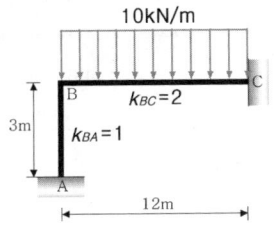

2. 강도설계법에서 D22 압축이형철근의 기본정착길이 l_{db}는?
(단, 경량콘크리트계수 $\lambda = 1$, $f_{ck} = 27\text{MPa}$, $f_y = 400\text{MPa}$)

① 200.5mm
② 378.4mm
③ 423.4mm
④ 604.6mm

3. 그림과 같이 스팬이 7.2m이며 간격이 3m인 합성보 A의 슬래브 유효폭 b_e는?

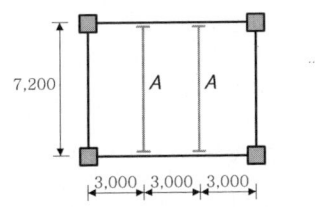
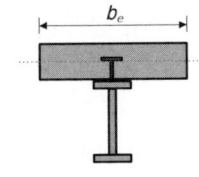

① 1,400mm
② 1,600mm
③ 1,800mm
④ 2,000mm

4. 그림과 같은 강접골조에 수평력 $P = 10\text{kN}$이 작용하고 기둥의 강비 $K = \infty$인 경우, 기둥의 모멘트가 최대가 되는 변곡점의 위치 h_o는? (단, 괄호 안의 기호는 강비이다.)

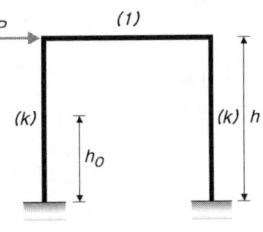

① 0
② $0.5h$
③ $\dfrac{4}{7}h$
④ h

5. 강구조 고장력볼트 접합의 종류에 해당되지 않는 것은?

① 메탈터치 접합
② 마찰접합
③ 인장접합
④ 지압접합

6. 그림과 같은 구조물의 부정정 차수는?

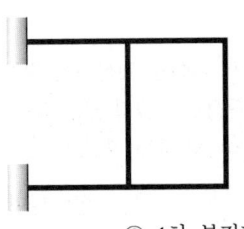

① 3차 부정정
② 4차 부정정
③ 5차 부정정
④ 6차 부정정

7. 그림과 같은 보 단면에서 정착되는 철근의 수평 순간격을 구하면?

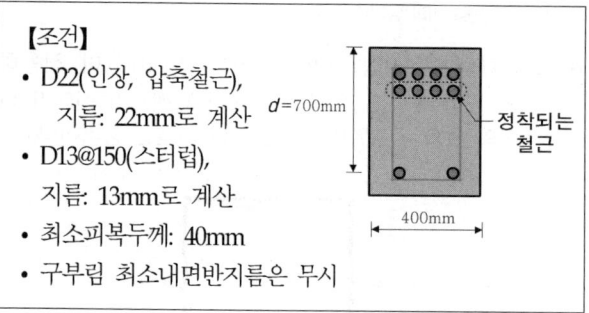

- 【조건】
- D22(인장, 압축철근),
  지름: 22mm로 계산
- D13@150(스터럽),
  지름: 13mm로 계산
- 최소피복두께: 40mm
- 구부림 최소내면반지름은 무시

① 60.7mm ② 63.7mm
③ 66.7mm ④ 68.7mm

8. 강구조 필릿용접에 관한 설명으로 옳지 않은 것은?

① 필릿용접의 유효면적은 유효길이에 유효목두께를 곱한 것으로 한다.
② 필릿용접의 유효길이는 필릿용접의 총길이에서 2배의 필릿사이즈를 공제한 값으로 하여야 한다.
③ 필릿용접의 유효목두께는 용접루트로부터 용접표면까지의 최단거리로 한다. 단, 이음면이 직각인 경우에는 필릿사이즈의 $\sqrt{2}$ 배로 한다.
④ 구멍필릿과 슬롯필릿용접의 유효길이는 목두께의 중심을 잇는 용접중심선의 길이로 한다.

9. 강도설계법에서 처짐을 계산하지 않는 경우, 철근콘크리트 보의 최소두께 규정으로 옳지 않은 것은? (단, 보통콘크리트와 설계기준항복강도 400MPa 철근을 사용한 부재임)

① 단순지지 : $\dfrac{l}{16}$ ② 1단연속 : $\dfrac{l}{18.5}$
③ 양단연속 : $\dfrac{l}{12}$ ④ 캔틸레버 : $\dfrac{l}{8}$

10. 다음 그림은 각 구간에서 직선적으로 변화하는 단순보의 휨모멘트이다. C점과 D점에 동일한 힘 P_1이 작용하고 보의 중앙점 E에 P_2가 작용할 때 P_1과 P_2의 절대값은?

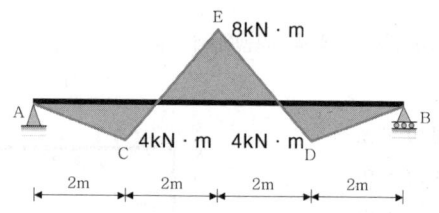

① $P_1 = 4\text{kN}, P_2 = 6\text{kN}$ ② $P_1 = 4\text{kN}, P_2 = 8\text{kN}$
③ $P_1 = 8\text{kN}, P_2 = 10\text{kN}$ ④ $P_1 = 8\text{kN}, P_2 = 12\text{kN}$

11. 철근콘크리트 구조물 설계를 위해 선형탄성 구조해석을 수행한 결과, 보 단면에 다음과 같은 단면력이 계산되었다. 이 값을 사용해서 계수휨모멘트를 구하면?

- 고정하중에 따른 모멘트: $M_D = 150\text{kN} \cdot \text{m}$
- 활하중에 따른 모멘트: $M_L = 120\text{kN} \cdot \text{m}$
- 풍하중에 따른 모멘트: $M_W = 60\text{kN} \cdot \text{m}$

① 288kN · m ② 318kN · m
③ 358kN · m ④ 378kN · m

12. 부동침하의 원인과 거리가 먼 것은?

① 건물과 경사지반에 근접되어 있을 경우
② 건물이 이질지반에 걸쳐 있을 경우
③ 이질의 기초구조를 적용했을 경우
④ 건물의 강도가 불균등할 경우

13. 콘크리트 구조설계 시 철근간격 제한에 관한 내용으로 옳지 않은 것은?

① 벽체 또는 슬래브에서 휨 주철근의 간격은 벽체나 슬래브 두께의 3배 이하로 하여야 하고, 또한 450mm 이하로 하여야 한다.
② 상단과 하단에 2단 이상으로 배치된 경우 상하 철근은 동일 연직면 내에 배치되어야 하고, 이때 상하 철근의 순간격은 25mm 이상으로 하여야 한다.
③ 나선철근 또는 띠철근이 배근된 압축부재에서 축방향 철근의 순간격은 25mm 이상, 또한 철근 공칭지름의 2.5배 이상으로 하여야 한다.
④ 2개 이상의 철근을 묶어서 사용하는 다발철근은 이형철근으로, 그 개수는 4개 이하이어야 하며, 이들은 스터럽이나 띠철근으로 둘러싸여져야 한다.

14. 그림과 같은 단순보의 양단 수직반력을 구하면?

① $R_A = R_B = \dfrac{wL}{2}$
② $R_A = R_B = \dfrac{wL}{4}$
③ $R_A = R_B = \dfrac{wL}{6}$
④ $R_A = R_B = \dfrac{wL}{8}$

15. 고장력볼트 1개의 인장파단 한계상태에 대한 설계인장강도는? (단, 볼트의 등급 및 호칭은 F10T, M24, $\phi = 0.75$)

① 254kN   ② 284kN
③ 304kN   ④ 324kN

16. 지진력저항시스템 중 다음 각 구조시스템에 관한 설명으로 옳지 않은 것은?

① 모멘트골조방식: 수직하중과 횡력을 보와 기둥으로 구성된 라멘골조가 저항하는 구조방식
② 연성모멘트골조방식: 횡력에 대한 저항능력을 증가시키기 위하여 부재와 접합부의 연성을 증가시킨 모멘트골조
③ 이중골조방식: 횡력의 25% 이상을 부담하는 전단벽이 연성모멘트골조와 조화되어 있는 구조방식
④ 건물골조방식: 수직하중은 입체골조가 저항하고, 지진하중은 전단벽이나 가새골조가 저항하는 구조방식

17. 등가정적해석법에 따른 건축물의 내진설계 시 고려해야 할 사항이 아닌 것은?

① 지역계수   ② 지반종류
③ 지표면조도   ④ 반응수정계수

18. 그림과 같은 정정구조의 CD부재에서 C, D점의 휨모멘트값 중 옳은 것은?

① (C) 0kN·m, (D) 16kN·m
② (C) 16kN·m, (D) 16kN·m
③ (C) 0kN·m, (D) 32kN·m
④ (C) 32kN·m, (D) 32kN·m

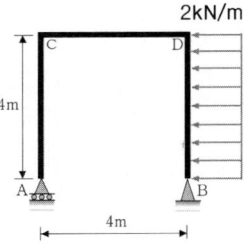

19. 강구조 기둥의 주각부에 관한 설명으로 옳지 않은 것은?

① 기둥의 응력이 크면 윙플레이트, 접합앵글, 리브 등으로 보강하여 응력의 분산을 도모한다.
② 앵커볼트는 기초콘크리트에 매입되어 주각부의 이동을 방지하는 역할을 한다.
③ 주각은 조건에 관계없이 고정으로만 가정하여 응력을 산정한다.
④ 축방향력이나 휨모멘트는 베이스플레이트 저면의 압축력이나 앵커볼트의 인장력에 의해 전달된다.

20. 그림과 같은 하중을 지지하는 단주의 단면에서 인장력을 발생시키지 않는 거리 x의 한계는?

① 40mm
② 60mm
③ 80mm
④ 100mm

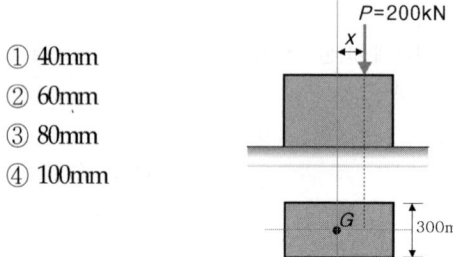

해설 및 정답

1.
②

B절점의 고정단모멘트
$FEM_{BC} = -\dfrac{wL^2}{12} = -\dfrac{(10)(12)^2}{12} = -120\text{kN}\cdot\text{m}\,(\curvearrowleft)$

해제모멘트: $\overline{M_B} = -FEM_{BC} = +120\text{kN}\cdot\text{m}\,(\curvearrowright)$

분배율:
$DF_{BA} = \dfrac{1}{1+2} = \dfrac{1}{3}$

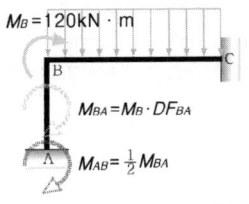

분배모멘트:
$M_{BA} = \overline{M_B}\cdot DF_{BA} = +(120)\left(\dfrac{1}{3}\right) = +40\text{kN}\cdot\text{m}\,(\curvearrowright)$

전달모멘트:
$M_{AB} = \dfrac{1}{2}M_{BA} = \dfrac{1}{2}(+40) = +20\text{kN}\cdot\text{m}\,(\curvearrowright)$

2.
③

압축이형철근의 기본정착길이

$l_{db} = \dfrac{0.25 d_b \cdot f_y}{\lambda\sqrt{f_{ck}}} = \dfrac{0.25(22)(400)}{(1)\sqrt{(27)}} = 423.4\text{mm}$ ← 최댓값

$l_{db} = 0.043 d_b \cdot f_y = 0.043(22)(400) = 378.4\text{mm}$

3.
③

합성보의 유효폭(b_e)

양측 슬래브의 중심간 거리
$= \dfrac{(3,000)}{2} + \dfrac{(3,000)}{2} = 3,000\text{mm}$

보 경간 $\times \dfrac{1}{4} = (7,200)\times\dfrac{1}{4} = 1,800\text{mm}$ ← 작은값

4.
①

모멘트 $M = P\times L$ 의 기본개념을 적용해 본다면 하중(P) 작용점으로부터 가장 먼 위치인 고정단에서 모멘트값이 가장 클 것이라는 것을 알 수 있으므로 $h_o = 0$ 일 때 기둥의 모멘트가 최대가 될 것이다.

5. 고(장)력볼트의 접합형태
①

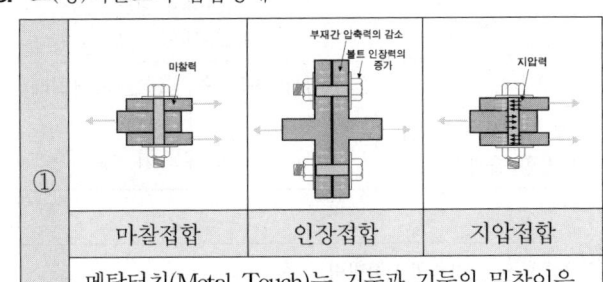

| 마찰접합 | 인장접합 | 지압접합 |

메탈터치(Metal Touch)는 기둥과 기둥의 밀착이음 가공으로 기둥의 이음과 관계있다.

6.
④

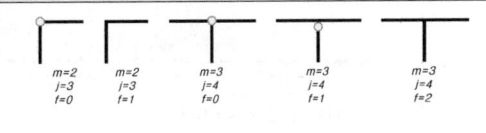

| 이동지점: $r=1$ | 회전지점: $r=2$ | 고정지점: $r=3$ |

r: 반력(reaction)수

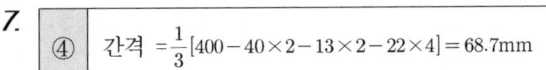

○ 활절점, 힌지(Hinge), 핀(Pin)

m: 부재(member)수, f: 강(fixed)절점수,
j: 절점(joint)수

$N = r + m + f - 2j = (3+3) + (6) + (6) - 2(6) = 6$차

7.
④

간격 $= \dfrac{1}{3}[400 - 40\times 2 - 13\times 2 - 22\times 4] = 68.7\text{mm}$

8.
③

필릿용접의 유효목두께(a)는 필릿사이즈(s)의 0.7배로 한다.

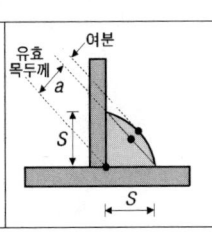

9.

부재 [l : 경간 길이(mm)]	처짐을 계산하지 않는 경우 최소두께 (h_{min})			
	단순지지	1단연속	양단연속	캔틸레버
보 및 리브가 있는 1방향 슬래브	$\dfrac{l}{16}$	$\dfrac{l}{18.5}$	$\dfrac{l}{21}$	$\dfrac{l}{8}$

10.

④

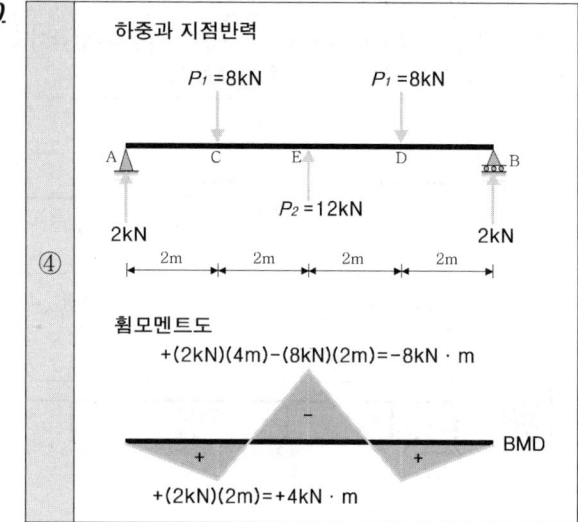

하중과 지점반력

P_1 =8kN, P_1 =8kN, P_2 =12kN

2kN, 2kN

휨모멘트도

+(2kN)(4m)−(8kN)(2m)=−8kN·m

+(2kN)(2m)=+4kN·m

BMD

11.

④ 풍하중 하중조합: (1), (2), (3) 중 최댓값

(1) $U = 1.2D + 1.3W + 1.0L$
$= 1.2(150) + 1.3(60) + 1.0(120)$
$= 378 \text{kN} \cdot \text{m}$

(2) $U = 1.2D + 0.65W$
$= 1.2(150) + 0.65(60) = 219 \text{kN} \cdot \text{m}$

(3) $U = 0.9D + 1.3W$
$= 0.9(150) + 1.3(60) = 213 \text{kN} \cdot \text{m}$

12. 부등침하(Uneven Settlement, 부동침하)의 여러 원인들

연약층	경사 지반	이질 지층	낭떠러지	증축
지하수위 변경	지하 구멍	메운땅 흙막이	이질 지정	일부 지정

13.

③ 나선철근 또는 띠철근이 근된 압축부재에서 축방향철근의 순간격은 40mm 이상, 또한 철근 공칭지름의 1.5배 이상으로 하여야 한다.

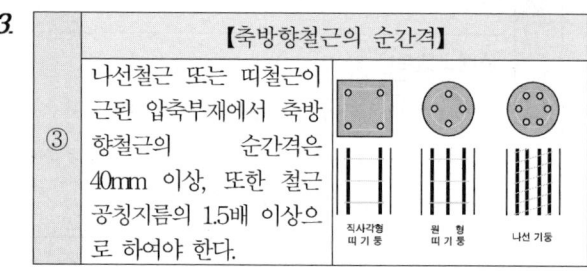

직사각형 띠기둥, 원형 띠기둥, 나선 기둥

14.

② 대칭구조이므로
$V_A = +\dfrac{wL}{4}(\uparrow)$

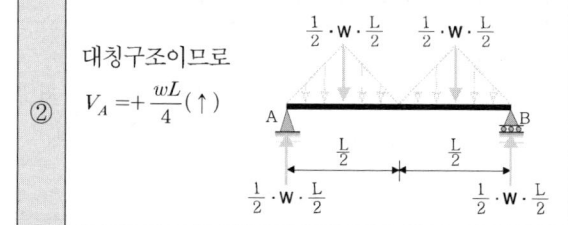

15.

① 고장력볼트 공칭인장강도:
$F_{nt} = 0.75F_u = 0.75(1{,}000)$
$= 750 \text{N/mm}^2$

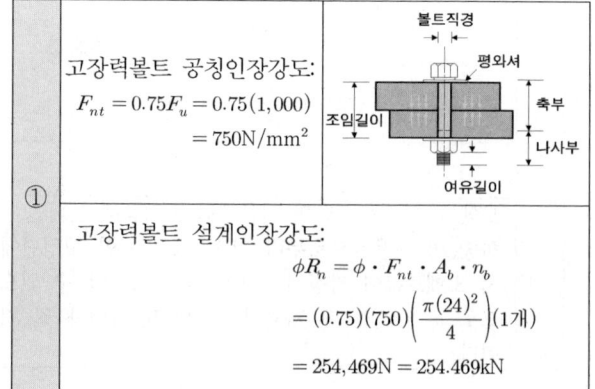

고장력볼트 설계인장강도:
$\phi R_n = \phi \cdot F_{nt} \cdot A_b \cdot n_b$
$= (0.75)(750)\left(\dfrac{\pi(24)^2}{4}\right)(1\text{개})$
$= 254{,}469\text{N} = 254.469\text{kN}$

16. ③

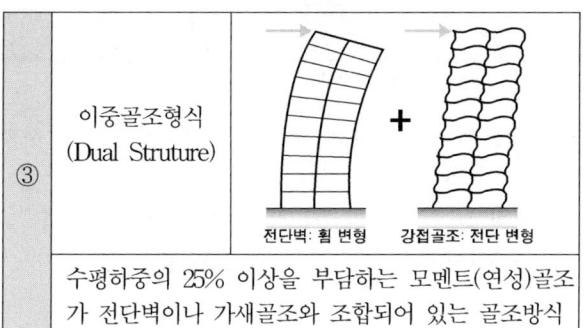

이중골조형식 (Dual Struture)

수평하중의 25% 이상을 부담하는 모멘트(연성)골조가 전단벽이나 가새골조와 조합되어 있는 골조방식

17. ③

지표면조도(Surface Roughness): 건축물이 바람에 노출되는 정도

지표면상의 지물 상황을 지표면조도라는 관점에서 구분한 것으로 열린 평탄지, 교외, 시가지, 대도시 중심과 같이 구분한다.

18. ①

$\sum H = 0: +(H_B) - (2)(4) = 0 \quad \therefore H_B = +8\text{kN}(\rightarrow)$

$\sum M_B = 0: +(V_A)(4) - (8)(2) = 0 \quad \therefore V_A = +4\text{kN}(\uparrow)$

$M_{C,Left} = 0$

$M_{D,Right} = -[-(8)(4) + (8)(2)] = +16\text{kN} \cdot \text{m}(\smile)$

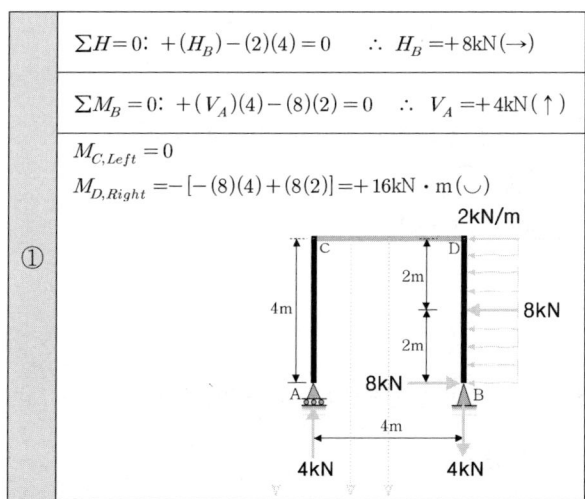

19. ③

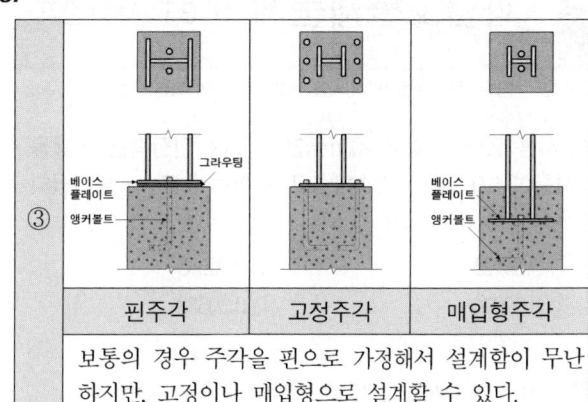

핀주각 / 고정주각 / 매입형주각

보통의 경우 주각을 핀으로 가정해서 설계함이 무난하지만, 고정이나 매입형으로 설계할 수 있다.

20. ③

편심축하중이 작용하는 단주의 응력을 0으로 고려한다.

$\sigma = -\dfrac{P}{A} + \dfrac{M}{Z} = -\dfrac{(200 \times 10^3)}{(300 \times 480)} + \dfrac{(200 \times 10^3)(x)}{\dfrac{(300)(480^2)}{6}} = 0$

으로부터 $x = 80\text{mm}$

1. ②	2. ③	3. ③	4. ①	5. ①
6. ④	7. ④	8. ③	9. ③	10. ④
11. ④	12. ④	13. ③	14. ②	15. ①
16. ③	17. ③	18. ①	19. ③	20. ③

과년도출제문제 (CBT 시험문제)

24 건축기사
5. 9 시행 출제문제

※ 본 기출문제는 수험자의 기억을 바탕으로 하여 복원한 문제이므로 실제 문제와 다를 수 있음을 미리 알려드립니다.

1. 지름 20mm, 길이 200mm인 철근에 인장력을 가했을 때, 지름이 0.0052mm 감소하였고, 길이는 0.17mm 늘어났다. 이 재료의 푸아송비는?
① 3.26923 ② 0.00085
③ 0.00026 ④ 0.30588

2. 토질 및 지반에 관한 설명 중 옳지 않은 것은?
① 자갈층·모래층은 투수성이 큰 편이지만 젖은 점토층은 투수성이 작다.
② 점토와 모래의 중간 크기를 갖는 흙을 실트라 한다.
③ 지진 시 액상화 현상은 모래질 지반보다 점토질 지반에서 일어나기 쉽다.
④ 점토질 지반에서 흙의 내부마찰각이 같은 경우 점착력이 클수록 옹벽에 가해지는 토압은 작아진다.

3. 그림과 같은 정정구조의 CD부재에서 C, D점의 휨모멘트 값 중 옳은 것은?
① (C) 0kN·m, (D) 16kN·m
② (C) 16kN·m, (D) 16kN·m
③ (C) 0kN·m, (D) 32kN·m
④ (C) 32kN·m, (D) 32kN·m

4. 강도설계법에서 철근콘크리트 부재 중 콘크리트의 공칭전단 강도(V_c)가 40kN, 전단철근에 의한 공칭전단강도(V_s)가 20kN일 때, 이 부재의 설계전단강도(ϕV_n)는? (단, 강도감소 계수는 0.75 적용)
① 60kN ② 58kN
③ 52kN ④ 45kN

5. 철근콘크리트 T형보의 유효폭 산정식에 관련된 사항과 거리가 먼 것은?
① 보의 폭 ② 슬래브 중심간 거리
③ 슬래브의 두께 ④ 보의 춤

6. 지진의 진도(Intensity)와 규모(Magnitude)에 대한 설명으로 옳지 않은 것은?
① 진도는 상대적 개념의 지진크기이다.
② 규모는 장소에 관계없이 절대적 개념의 크기이다.
③ 진도는 사람이 느끼는 감각, 물체이동 등을 계급별로 구분한다.
④ 규모는 지반의 운동정도를 평가하나 정밀하지는 않다.

7. 철골구조 주각부의 구성요소가 아닌 것은?
① 커버 플레이트 ② 앵커볼트
③ 베이스 모르타르 ④ 베이스 플레이트

8. 그림과 같은 단순보의 C점의 휨모멘트는?
① $\frac{1}{8}wL^2$
② $\frac{3}{8}wL^2$
③ $\frac{5}{8}wL^2$
④ $\frac{5}{16}wL^2$

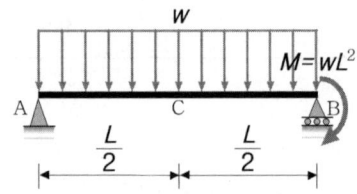

9. 그림과 같은 H형강 단면의 핵면적을 구하면?

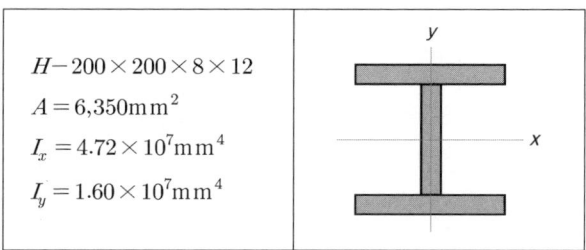

$H-200\times200\times8\times12$
$A=6,350\text{mm}^2$
$I_x=4.72\times10^7\text{mm}^4$
$I_y=1.60\times10^7\text{mm}^4$

① 932.47mm² ② 1,864.93mm²
③ 2,797.40mm² ④ 3,745.81mm²

10. 강구조에서 용접선 단부에 붙인 보조판으로 아크의 시작이나 종단부의 크레이터 등의 결함을 방지하기 위해 붙이는 판은?

① 스티프너 ② 엔드탭
③ 윙플레이트 ④ 커버플레이트

11. 다음 조건을 가진 압축재의 좌굴하중 P_{cr} 값으로 옳은 것은?

$EI=1.39\times10^{13}\text{ N}\cdot\text{mm}^2$, $K=1$, $L=490\text{cm}$
부재 단면 $400\times400\text{mm}$

① 3,123.8kN ② 4,517.8kN
③ 5,012.8kN ④ 5,713.8kN

12. 인장을 받는 이형철근의 직경이 D16(직경 15.9mm)이고, 콘크리트 강도가 30MPa인 표준갈고리의 기본정착길이는?
(단, $f_y=400\text{MPa}$, $\beta=1.0$, $m_c=2,300\text{kg/m}^3$)

① 238mm ② 258mm
③ 279mm ④ 312mm

13. 한계상태설계법에 따라 강구조물을 설계할 때 고려되는 강도한계상태가 아닌 것은?

① 기둥의 좌굴 ② 접합부 파괴
③ 바닥재의 진동 ④ 피로 파괴

14. 그림과 같은 양단고정보에서 A단의 휨모멘트는?
(단, 등분포하중 $w=3\text{kN/m}$, $L=3\text{m}$)

① 2.8kN·m
② 1kN·m
③ 1.4kN·m
④ 2kN·m

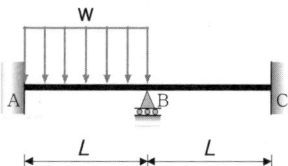

15. 그림과 같은 H형강($H-440\times300\times10\times20$) 단면의 전소성모멘트($M_P$)는 얼마인가? (단, $F_y=400\text{MPa}$)

① 963kN·m
② 1,168kN·m
③ 1,363kN·m
④ 1,568kN·m

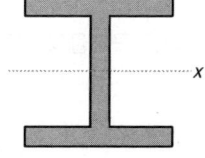

H-440×300×10×20

16. 강도설계법에서 균형보의 개념을 옳게 설명한 것은?

① 콘크리트와 철근의 응력이 각각 허용응력에 도달한 보를 말한다.
② 사용하중 상태에서 파괴형태를 고려하지 않은 보를 말한다.
③ 경제적인 단면설계를 위주로 한 보를 말한다.
④ 철근이 항복함과 동시에 콘크리트의 압축변형률이 0.0033에 도달한 보를 말한다.

17. 필릿치수 8mm, 용접길이 500mm인 양면필릿용접의 유효단면적은 약 얼마인가?

① 2,100mm² ② 3,221mm²
③ 4,300mm² ④ 5,421mm²

18. 다음 캔틸레버보의 자유단의 처짐각은? (단, 탄성계수 E, 단면2차모멘트 I)

① $\dfrac{PL^2}{2EI}$

② $\dfrac{PL^2}{3EI}$

③ $\dfrac{PL^2}{6EI}$

④ $\dfrac{PL^2}{8EI}$

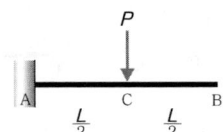

19. 그림과 같은 구조물의 부정정 차수는?

① 불안정
② 1차 부정정
③ 2차 부정정
④ 3차 부정정

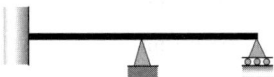

20. 강도설계법에서 처짐을 계산하지 않는 경우, 철근 콘크리트 보의 최소두께 규정으로 옳지 않은 것은?
(단, 보통콘크리트와 설계기준항복강도 400MPa 철근을 사용한 부재임)

① 단순지지 : $\dfrac{l}{16}$ ② 1단연속 : $\dfrac{l}{18.5}$
③ 양단연속 : $\dfrac{l}{12}$ ④ 캔틸레버 : $\dfrac{l}{8}$

해설 및 정답

1. ④

푸아송비(ν, Poisson's Ratio)	
수직응력에 의해 발생되는 가로변형률과 길이변형률의 비율	 Denis Poisson (1781~1840)

$$\nu = \frac{\epsilon'}{\epsilon} = \frac{\frac{\Delta D}{D}}{\frac{\Delta L}{L}} = \frac{L \cdot \Delta D}{D \cdot \Delta L} = \frac{(200)(0.0052)}{(20)(0.17)} = 0.30588$$

2. ③

액상화(Liquefaction) 현상	
점토질 지반보다 모래질 지반에서 일어나기 쉽다.	

3. ①

$\sum H = 0: \ +(H_B)-(2)(4)=0 \quad \therefore \ H_B=+8\text{kN}(\rightarrow)$

$\sum M_B = 0: \quad\quad\quad +(V_A)(4)-(8)(2)=0$
$\therefore \ V_A=+4\text{kN}(\uparrow)$

$M_{C,Left}=0$
$M_{D,Right}=-[-(8)(4)+(8)(2)]=+16\text{kN}\cdot\text{m}(\smile)$

4. ④

철근콘크리트 보의 전단강도 설계식
$V_u = \phi V_n = \phi(V_c + V_s) = (0.75)[(40)+(20)] = 45\text{kN}$

5. ④

T형보: 플랜지의 유효폭 (b_e, effective breadth)	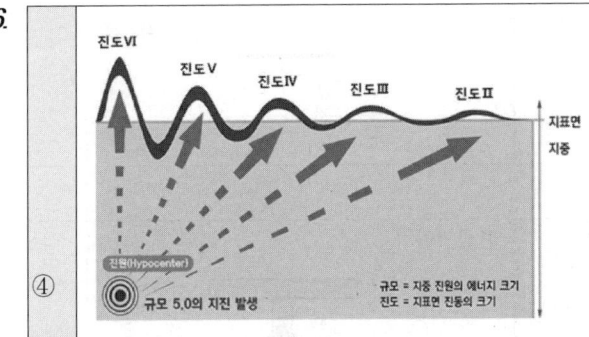	
(1) $16t_f + b_w$		최솟값
(2) 양쪽 슬래브 중심간 거리		
(3) $\frac{1}{4} \times$(보 스팬)		

6. ④

지진(地震)의 『규모(Magnitude)』

각 관측소의 지진계에 기록된 진폭을 진앙까지의 거리나 진원의 깊이 등을 고려하여 지수형태로 나타낸 것으로써 장소와 무관한 절대적 수치이며 진도에 비해 매우 정밀한 값이다.

7. ①

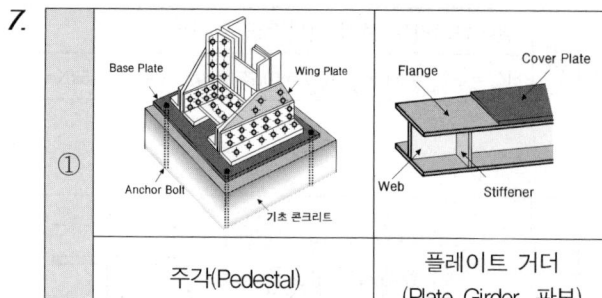

| 주각(Pedestal) | 플레이트 거더 (Plate Girder, 판보) |

8. ②

$\sum M_B = 0 : +(V_A)(L) - (w \cdot L)\left(\dfrac{L}{2}\right) + w \cdot L^2 = 0$

$\therefore V_A = -\dfrac{wL}{2} (\downarrow)$

$M_{C,Left} = +[-\left(\dfrac{w \cdot L}{2}\right)\left(\dfrac{L}{2}\right) - \left(\dfrac{w \cdot L}{2}\right)\left(\dfrac{L}{4}\right)]$

$= -\dfrac{3}{8}wL^2 \ (\frown)$

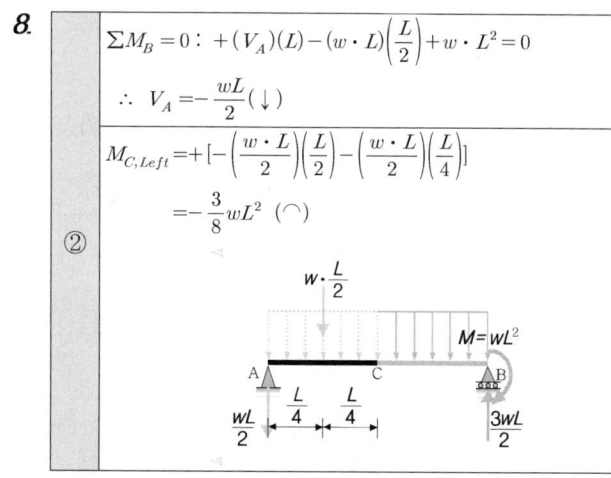

9. ④ 편심거리:

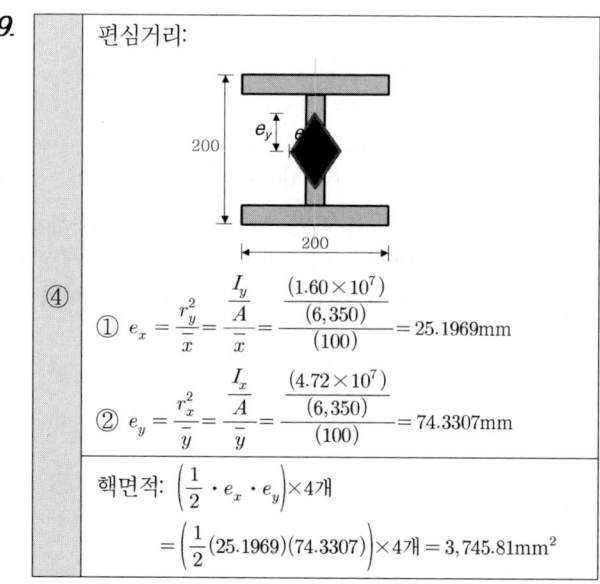

① $e_x = \dfrac{r_y^2}{x} = \dfrac{\frac{I_y}{A}}{x} = \dfrac{\frac{(1.60 \times 10^7)}{(6,350)}}{(100)} = 25.1969 \text{mm}$

② $e_y = \dfrac{r_x^2}{y} = \dfrac{\frac{I_x}{A}}{y} = \dfrac{\frac{(4.72 \times 10^7)}{(6,350)}}{(100)} = 74.3307 \text{mm}$

핵면적: $\left(\dfrac{1}{2} \cdot e_x \cdot e_y\right) \times 4$개

$= \left(\dfrac{1}{2}(25.1969)(74.3307)\right) \times 4$개 $= 3,745.81 \text{mm}^2$

10. ② 엔드탭(End Tab)

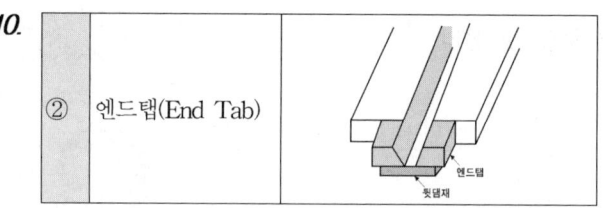

11. ④ 오일러 좌굴하중

$P_{cr} = \dfrac{\pi^2 EI}{(KL)^2} = \dfrac{\pi^2 (1.39 \times 10^{13})}{(1.0 \times 4,900)^2}$

$= 5,713,765 \text{N} = 5,713.765 \text{kN}$

Leonhard Euler (1707~1783)

12. ③

콘크리트 단위체적질량 $m_c = 2,300 \text{kg/m}^3$
➡ 보통중량콘크리트

경량콘크리트계수 λ	보통중량 콘크리트	모래경량 콘크리트	전경량 콘크리트
	$\lambda = 1$	$\lambda = 0.85$	$\lambda = 0.75$

표준갈고리를 갖는 인장이형철근의 기본정착길이

$l_{hb} = \dfrac{0.24\beta \cdot d_b \cdot f_y}{\lambda \sqrt{f_{ck}}}$

$= \dfrac{0.24(1.0)(15.9)(400)}{(1)\sqrt{(30)}} = 278.681 \text{mm}$

13. 사용성한계상태(Serviceability Limit State)

③ 구조기능이 저하되어 처짐, 균열, 진동 등과 같이 외관, 유지관리, 내구성 및 사용에 매우 부적합하게 되는 상태

14.

①
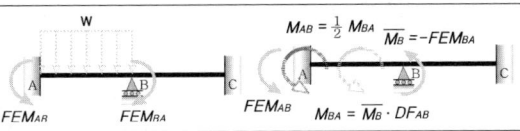

고정단모멘트:
$$FEM_{AB} = -\frac{wL^2}{12}(\curvearrowleft),\ FEM_{BA} = +\frac{wL^2}{12}(\curvearrowright)$$

해제모멘트: $\overline{M_B} = -FEM_{BA} = -\frac{wL^2}{12}(\curvearrowleft)$

BA와 BC가 강성조건이 동일하고,
경간(Span)이 같으므로 분배율 $DF_{BA} = \frac{1}{2}$ 이 된다.

분배모멘트, 전달모멘트:

① 분배모멘트: $M_{BA} = \overline{M_B} \cdot \frac{1}{2} = -\frac{wL^2}{24}(\curvearrowleft)$

② 전달모멘트: $M_{AB} = \frac{1}{2}M_{BA} = -\frac{wL^2}{48}(\curvearrowleft)$

A지점의 모멘트반력: A점의 고정단모멘트+해제모멘트
$$M_A = FEM_{AB} + M_{AB} = -\frac{wL^2}{12} - \frac{wL^2}{48} = -\frac{5wL^2}{48}(\curvearrowleft)$$

A점의 휨모멘트:
$$M_A = -\frac{5wL^2}{48} = -\frac{5(3)(3)^2}{48} = -2.8125\,\text{kN}\cdot\text{m}(\curvearrowleft)$$

15.

②
소성 단면계수(Z_P)

단면의 도심을 지나는 전체 단면적을 2등분하는 축에 대한 단면계수
$$Z_P = A_c \cdot y_c + A_t \cdot y_t = 2A_c \cdot y_c$$
$$= 2\{(300 \times 20)(210) + (10 \times 200)(100)\}$$
$$= 2.92 \times 10^6\,\text{mm}^3$$

소성모멘트
$$M_P = F_y \cdot Z = (400)(2.92 \times 10^6) \times 10^{-6} = 1,168\,\text{kN}\cdot\text{m}$$

16.

④ 균형철근비(Balanced Steel Ratio)

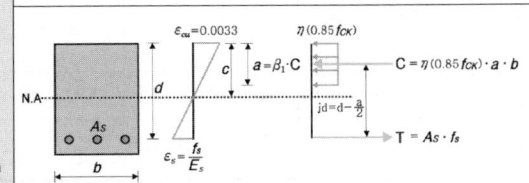

인장철근이 설계기준항복강도 f_y에 대응하는 변형률 (ϵ_s)에 도달함과 동시에 압축연단 콘크리트가 가정된 극한변형률(ϵ_{cu})에 도달할 때, 그 단면은 균형변형률 상태에 있다고 간주한다.

17.

④ 필릿용접(Fillet Welding)

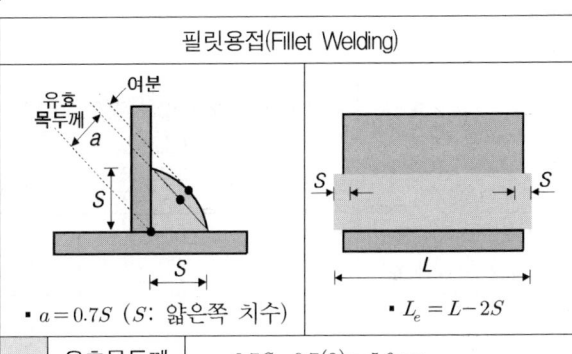

- $a = 0.7S$ (S: 얇은쪽 치수)
- $L_e = L - 2S$

유효목두께	$a = 0.7S = 0.7(8) = 5.6\,\text{mm}$
유효용접길이	$L_e = L - 2S = 500 - 2(8) = 484\,\text{mm}$
유효용접면적	$A_n = a \cdot L_e = (5.6)(484) \times 2\text{면} = 5,420.8\,\text{mm}$

18.

④ 처짐각 = 탄성하중도의 면적

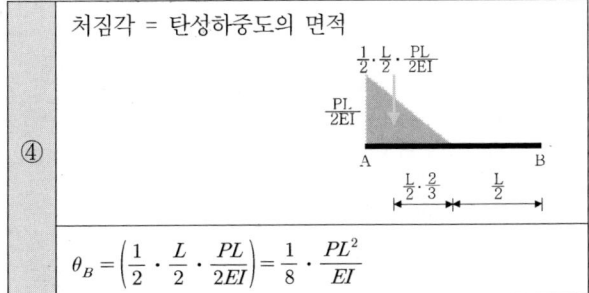

$$\theta_B = \left(\frac{1}{2} \cdot \frac{L}{2} \cdot \frac{PL}{2EI}\right) = \frac{1}{8} \cdot \frac{PL^2}{EI}$$

19.

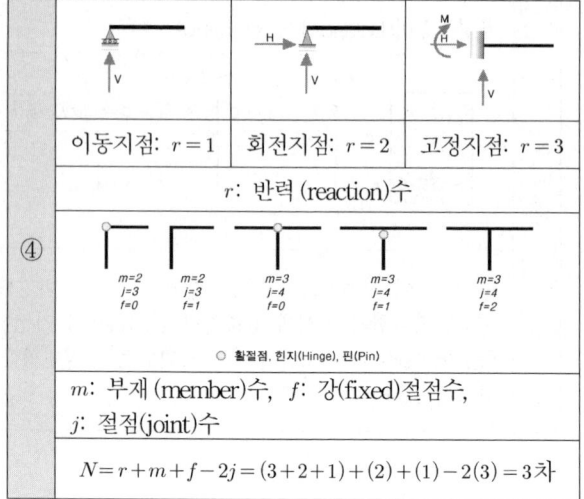

④

m: 부재(member)수, f: 강(fixed)절점수,
j: 절점(joint)수

$N = r + m + f - 2j = (3+2+1) + (2) + (1) - 2(3) = 3$차

20.

부재 [l : 경간 길이(mm)]	처짐을 계산하지 않는 경우 최소두께 (h_{min})			
	단순지지	1단연속	양단연속	캔틸레버
보 및 리브가 있는 1방향 슬래브	$\dfrac{l}{16}$	$\dfrac{l}{18.5}$	$\dfrac{l}{21}$	$\dfrac{l}{8}$

1. ④	2. ③	3. ①	4. ④	5. ④
6. ④	7. ①	8. ②	9. ④	10. ②
11. ④	12. ③	13. ③	14. ①	15. ②
16. ④	17. ④	18. ④	19. ④	20. ③

과년도출제문제 (CBT 시험문제)

24 건축기사 7. 5 시행 출제문제

※ 본 기출문제는 수험자의 기억을 바탕으로 하여 복원한 문제이므로 실제 문제와 다를 수 있음을 미리 알려드립니다.

1. 단면의 지름이 150mm, 재축방향 길이가 300mm인 원형 강봉의 윗면에 300kN의 힘이 작용하여 재축방향 길이가 0.16mm 줄어들었고, 단면의 지름이 0.01mm 늘어났다면 이 강봉의 탄성계수 E와 푸아송비는?

① 31,830MPa, 0.25
② 31,830MPa, 0.125
③ 39,630MPa, 0.25
④ 39,630MPa, 0.125

2. 철근콘크리트 구조물의 처짐에 관한 설명으로 옳지 않은 것은?

① 휨부재의 크리프와 건조수축에 의한 추가 장기처짐 산정 시 5년 이상의 지속하중에 대한 시간경과 계수는 2.0이다.
② 과도한 처짐에 의해 손상될 우려가 없는 비구조 요소를 지지한 지붕이나 바닥구조의 처짐한계는 $\dfrac{l}{210}$이다.
③ 내부에 보가 없는 2방향 슬래브 중 철근의 항복강도가 400MPa이고 지판이 없는 경우 내부슬래브의 최소두께는 $\dfrac{l_n}{33}$이다.
④ 처짐을 계산하지 않는 경우 양단연속된 리브가 있는 1방향 슬래브의 최소두께는 $\dfrac{l}{21}$이다.

3. 그림과 같이 단순보의 중앙점에 하중 P가 작용할 때 C점의 처짐은?

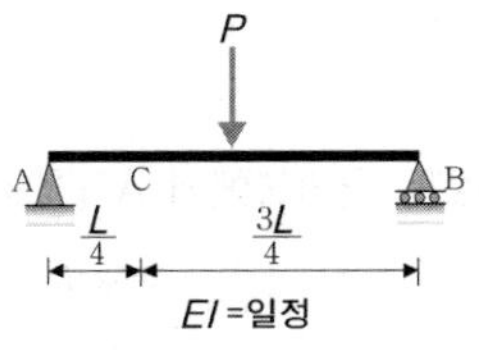

① $\dfrac{PL^3}{384EI}$
② $\dfrac{15PL^3}{192EI}$
③ $\dfrac{11PL^3}{768EI}$
④ $\dfrac{17PL^3}{384EI}$

4. 등가정적해석법에 따른 건축물의 내진설계 시 고려해야 할 사항이 아닌 것은?

① 지역계수
② 지반종류
③ 지표면조도
④ 반응수정계수

5. 강구조에서 용접선 단부에 붙인 보조판으로 아크의 시작이나 종단부의 크레이터 등의 결함을 방지하기 위해 붙이는 판은?

① 스티프너
② 엔드탭
③ 윙플레이트
④ 커버플레이트

6. 콘크리트 구조설계 시 철근간격 제한에 관한 내용으로 옳지 않은 것은?

① 벽체 또는 슬래브에서 휨 주철근의 간격은 벽체나 슬래브 두께의 3배 이하로 하여야 하고, 또한 450mm 이하로 하여야 한다.
② 상단과 하단에 2단 이상으로 배치된 경우 상하 철근은 동일 연직면 내에 배치되어야 하고, 이때 상하 철근의 순간격은 25mm 이상으로 하여야 한다.
③ 나선철근 또는 띠철근이 배근된 압축부재에서 축방향 철근의 순간격은 25mm 이상, 또한 철근 공칭지름의 2.5배 이상으로 하여야 한다.
④ 2개 이상의 철근을 묶어서 사용하는 다발철근은 이형철근으로, 그 개수는 4개 이하이어야 하며, 이들은 스터럽이나 띠철근으로 둘러 싸여져야 한다.

7. 강구조 접합부에 관한 설명으로 틀린 것은?

① 기둥-보 접합부는 접합부의 성능과 회전에 대한 구속 정도에 따라 전단접합, 부분강접합, 완전강 접합으로 구분된다.
② 접합부의 설계강도는 45kN 이상이어야 한다. 다만, 연결재, 새그로드 또는 띠장은 제외한다.
③ 강접합은 이론적으로 보 단부에서 회전을 허용하지 않고 100%에 가까운 단부모멘트를 기둥 또는 이음부에 전달시키는 접합부이다.
④ 단순접합은 부재 단부의 회전저항에 따른 단부 모멘트를 발생시킬 수 있는 접합부이다.

8. 그림과 같은 1차 부정정 보에서 지점 B의 고정단 모멘트의 크기는?

① M_o
② $\dfrac{M_o}{2}$
③ $\dfrac{M_o}{3}$
④ $\dfrac{M_o}{4}$

9. 다음과 같은 조건에서의 필릿용접의 최소 사이즈는 얼마인가?

【조 건】
접합부의 얇은 쪽 모재두께(t), mm
6 < t ≤13

① 3mm ② 5mm
③ 6mm ④ 8mm

10. 그림과 같은 구조물의 부정정 차수는?

① 1차 부정정
② 2차 부정정
③ 3차 부정정
④ 4차 부정정

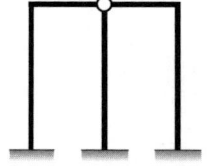

11. 그림과 같은 정정라멘에서 BD 부재의 축방향력으로 옳은 것은? (단, + : 인장력, - : 압축력)

① 5kN
② -5kN
③ 10kN
④ -10kN

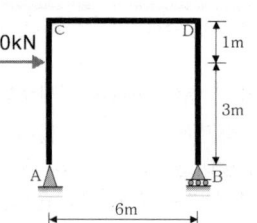

12. 피복두께 30mm, 직경 16mm 주근이 배근된 두께 150mm 철근콘크리트 일방향 슬래브에서 전단철근 없이 지지할 수 있는 단위길이 1m당 최대 계수전단력은?
(단, $f_{ck}=25\text{MPa}$, $\phi=0.75$, $\lambda=1$)

① 70.0 kN ② 78.5 kN
③ 80.0 kN ④ 82.6 kN

13. 강도설계법에서 처짐을 계산하지 않는 경우 스팬 8.0m인 단순지지된 보의 최소두께로 옳은 것은? (단, 보통중량콘크리트와 $f_y=400\text{MPa}$ 철근을 사용한 경우)

① 380mm ② 430mm
③ 500mm ④ 600mm

14. 강도설계법에서 철근콘크리트 구조물의 공칭강도 산정 시 사용되는 강도감소계수로 옳지 않은 것은?

① 인장지배단면: 0.85
② 전단력과 비틀림모멘트: 0.75
③ 포스트텐션 정착구역: 0.85
④ 압축지배단면 중 나선철근으로 보강된 철근콘크리트 부재: 0.65

15. 그림과 같은 내민보에서 A지점의 반력값은?

① 20kN
② 30kN
③ 40kN
④ 50kN

16. 강구조 고장력볼트 접합의 종류에 해당되지 않는 것은?

① 메탈터치 접합 ② 마찰접합
③ 인장접합 ④ 지압접합

17. 직사각형 단면의 탄성단면계수에 대한 소성단면계수의 비(比)는?

① 0.67 ② 1.20
③ 1.50 ④ 3.00

18. 그림과 같은 ㄷ형강(Channel)에서 전단중심(剪斷中心)의 대략적인 위치는?

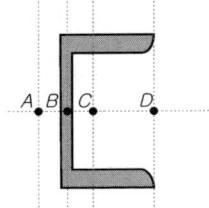

① A점
② B점
③ C점
④ D점

19. 연약지반에서 부동침하를 방지하기 위한 대책과 가장 관계가 먼 것은?

① 구조물의 하중을 기초에 균등하게 분포시킨다.
② 인접 건물과의 거리를 짧게 한다.
③ 기초상호간을 지중보로 연결한다.
④ 기초를 말뚝으로 보강한다.

20. 다음 그림과 같은 두 개의 단순보에 크기가 같은 ($P=wL$) 하중이 작용할 때, A점에서 발생하는 처짐각의 비율(가 : 나)은? (단, 부재의 EI는 일정하다.)

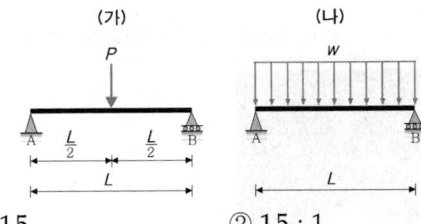

① 1 : 1.5 ② 1.5 : 1
③ 1 : 0.75 ④ 0.75 : 1

해설 및 정답

1.

훅(R. Hooke, 1635~1703)의 법칙

$$\sigma = E \cdot \epsilon$$
$$\downarrow$$
$$\frac{P}{A} = E \cdot \frac{\Delta L}{L}$$

탄성계수:
$$E = \frac{P \cdot L}{A \cdot \Delta L} = \frac{(300 \times 10^3)(300)}{\left(\frac{\pi (150)^2}{4}\right)(0.16)}$$
$$= 31,831 \text{N/mm}^2 = 31,831 \text{MPa}$$

② 푸아송(Denis Poisson, 1781~1840)비
(ν, Poisson's Ratio)

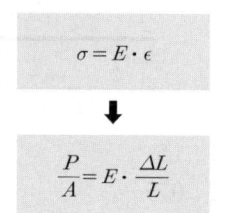

수직응력에 의해 발생되는 가로변형률과 길이변형률의 비율

푸아송비:
$$\nu = \frac{\epsilon'}{\epsilon} = \frac{\frac{\Delta D}{D}}{\frac{\Delta L}{L}} = \frac{L \cdot \Delta D}{D \cdot \Delta L} = \frac{(300)(0.01)}{(150)(0.16)} = 0.125$$

2.

② 과도한 처짐에 의해 손상될 우려가 없는 비구조요소를 지지한 지붕이나 바닥구조의 처짐한계는 $\frac{l}{240}$ 이다.

【최대 허용처짐】

부재의 형태	고려해야할 처짐	처짐한계
과도한 처짐에 의해 손상되기 쉬운 비구조 요소를 지지 또는 부착하지 않은 평지붕 구조: **외부 환경**	활하중에 따른 순간 처짐	$\frac{l}{180}$
과도한 처짐에 의해 손상되기 쉬운 비구조 요소를 지지 또는 부착하지 않은 바닥구조: **내부 환경**	활하중 L에 따른 순간 처짐	$\frac{l}{360}$
과도한 처짐에 의해 손상되기 쉬운 비구조 요소를 지지 또는 부착한 지붕 또는 **바닥구조**	전체 처짐 중에서 비구조 요소가 부착된 후에 발생하는 처짐부분 (모든 지속하중에 따른 장기처짐과 추가적인 활하중에 따른 순간처짐의 합)	$\frac{l}{480}$
과도한 처짐에 의해 손상될 염려가 없는 비구조 요소를 지지 또는 부착한 지붕 또는 **바닥구조**		$\frac{l}{240}$

3.

③ 공액보(Conjugate Beam)

$$V_A' = \frac{1}{2} \cdot \frac{L}{2} \cdot \frac{PL}{4EI} = \frac{1}{16} \cdot \frac{PL^2}{EI}$$

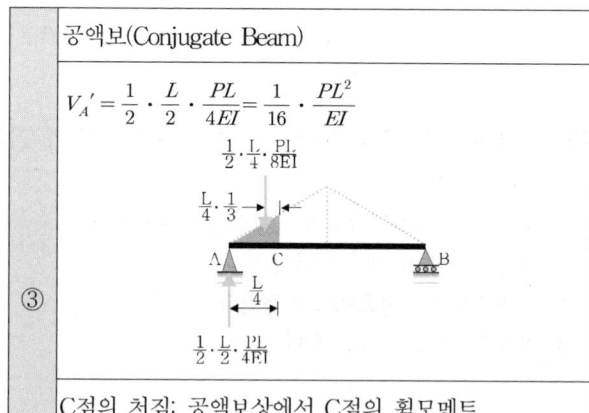

C점의 처짐: 공액보상에서 C점의 휨모멘트

$$M_C' = \delta_C = +\left(\frac{1}{16} \cdot \frac{PL^2}{EI}\right)\left(\frac{L}{4}\right) - \left(\frac{1}{2} \cdot \frac{L}{4} \cdot \frac{PL}{8EI}\right)\left(\frac{L}{4} \cdot \frac{1}{3}\right)$$
$$= \frac{1}{64} \cdot \frac{PL^3}{EI} - \frac{1}{768} \cdot \frac{PL^3}{EI} = \frac{11}{768} \cdot \frac{PL^3}{EI}$$

4.

③	지표면조도(Surface Roughness): 건축물이 바람에 노출되는 정도 지표면상의 지물 상황을 지표면조도라는 관점에서 구분한 것으로 열린 평탄지, 교외, 시가지, 대도시 같이 구분한다.

5.

②	엔드탭(End Tab) 용접결함 발생을 방지하기 위해 용접의 시단부와 종단부에 임시로 붙이는 보조 강판	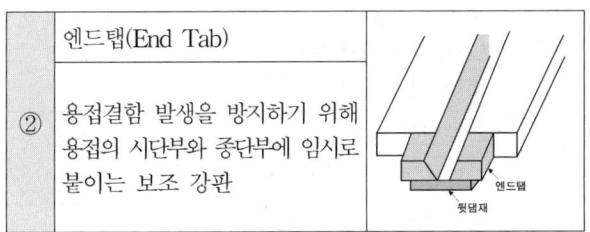

6.

③	축방향철근의 순간격 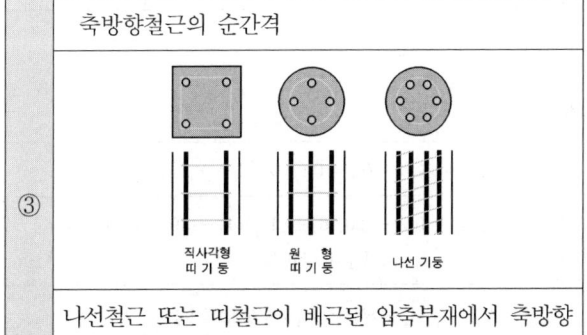 나선철근 또는 띠철근이 배근된 압축부재에서 축방향 철근의 순간격은 40mm 이상, 또한 철근 공칭지름의 1.5배 이상으로 하여야 한다.

7.

④	단순접합, 전단접합, 핀(Pin)접합 단순접합은 접합부 내에서 모멘트를 전달하지 않거나 무시할 정도의 모멘트를 전달하는 접합이다.	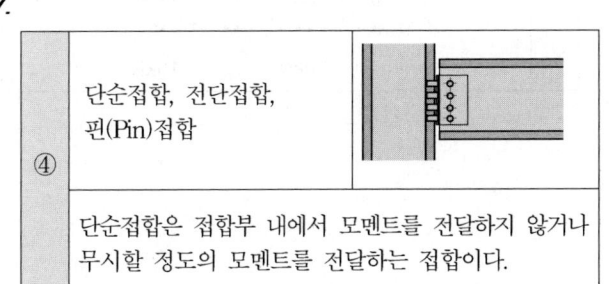

8.

②	1차부정정 보 지점반력	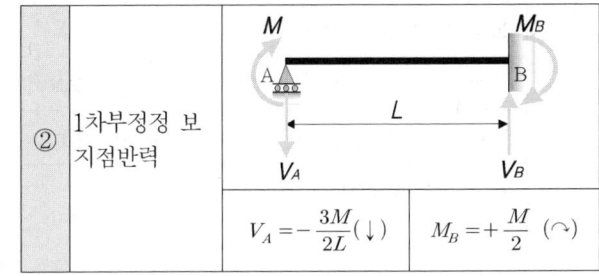 $V_A = -\dfrac{3M}{2L}(\downarrow)$ $M_B = +\dfrac{M}{2}\ (\curvearrowright)$

9.

②	접합부의 얇은쪽 판두께, t(mm)	필릿용접(Fillet Welding) 최소 사이즈(mm)
	$t \leq 6$	3
	$6 < t \leq 13$	5
	$13 < t \leq 19$	6
	$19 < t$	8

10.

④	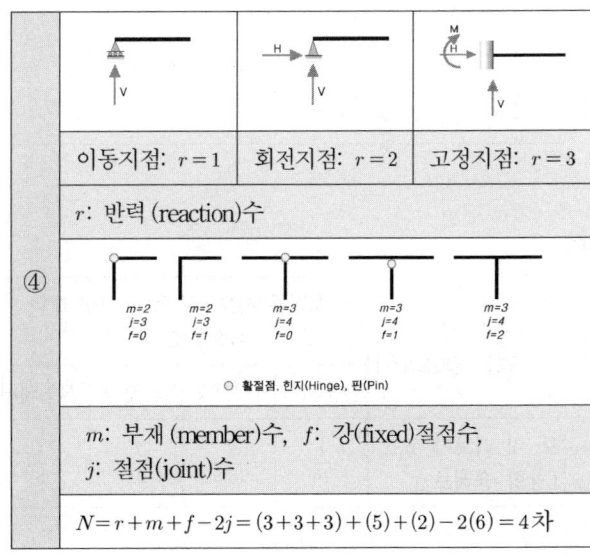 m: 부재(member)수, f: 강(fixed)절점수, j: 절점(joint)수 $N = r + m + f - 2j = (3+3+3) + (5) + (2) - 2(6) = 4$차

11.

②

$\Sigma H = 0: \; +(H_A)+(10)=0 \quad \therefore \; H_A = -10\text{kN}(\leftarrow)$

$\Sigma M_B = 0: \; +(V_A)(6)+(10)(3)=0 \quad \therefore \; V_A = -5\text{kN}(\downarrow)$

$\Sigma V = 0: \; +(V_A)+(V_B)=0 \quad \therefore \; V_B = +5\text{kN}(\uparrow)$

$F_{BD} = -5\text{kN}(압축)$

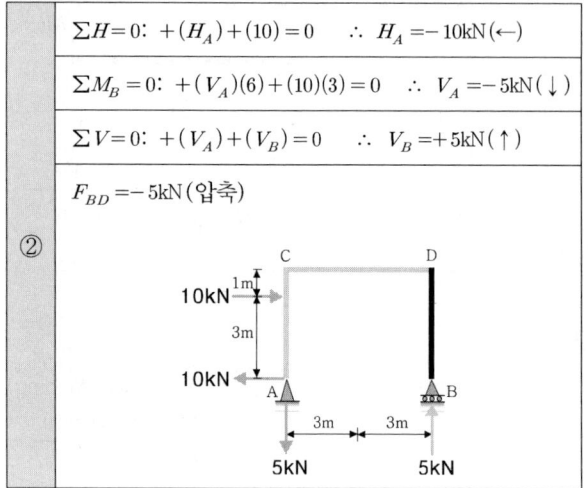

12.

①

1방향 슬래브에서 전단보강철근이 필요 없는 조건

$V_u = \phi V_c = \phi \dfrac{1}{6} \lambda \sqrt{f_{ck}} \cdot b_w \cdot d$

$= (0.75)\left[\dfrac{1}{6}(1.0)\sqrt{(25)}(1,000)\times\left(150-30-\dfrac{16}{2}\right)\right]$

$= 70,000\text{N} = 70.0\text{kN}$

13.

부재 [l : 경간 길이(mm)]	처짐을 계산하지 않는 경우 보의 최소두께 (h_{min})			
	단순지지	1단연속	양단연속	캔틸레버
보 및 리브가 있는 1방향 슬래브	$\dfrac{l}{16}$	$\dfrac{l}{18.5}$	$\dfrac{l}{21}$	$\dfrac{l}{8}$

$\therefore h_{min} = \dfrac{l}{16} = \dfrac{(8,000)}{16} = 500\text{mm}$

14.

④

적용 부재		강도감소계수 ϕ
인장지배 단면		0.85
압축지배 단면	띠철근 기둥	0.65
	나선철근 기둥	0.70
변화구간단면(=전이구역)		0.65(0.70)~0.85
전단력과 비틀림모멘트		0.75
콘크리트 지압력 (포스트텐션 정착부나 스트럿-타이 모델 제외)		0.65
포스트텐션 정착구역		0.85
스트럿-타이 모델	스트럿, 절점부, 지압부	0.75
	타이	0.85
무근콘크리트의 휨모멘트, 압축력, 전단력, 지압력		0.55

15.

④

$\Sigma H = 0: \; \therefore \; H_A = 0$

$\Sigma M_B = 0: \; -(20)(6)+(V_A)(4)-(40)(2)=0$
$\therefore \; V_A = +50\text{kN}(\uparrow)$

$R_A = \sqrt{V_A^2 + H_A^2} = V_A = +50\text{kN}(\uparrow)$

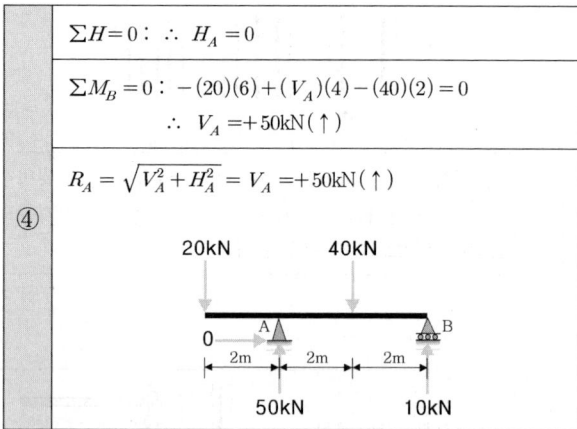

16.

①	고(장)력볼트의 접합형태
	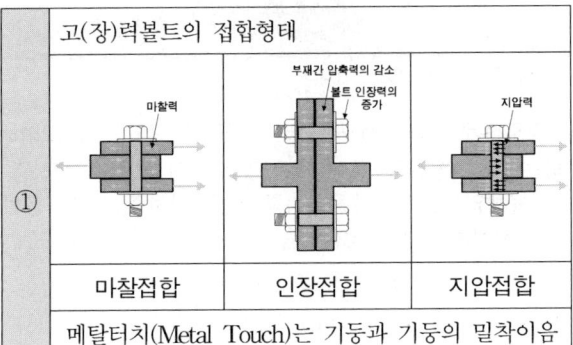
	마찰접합 　 인장접합 　 지압접합
	메탈터치(Metal Touch)는 기둥과 기둥의 밀착이음 가공으로 기둥의 이음과 관계있다.

17.

③	탄성단면계수(Elastic Section Modulus, Z): $Z = \dfrac{I}{y} = \dfrac{\left(\dfrac{bh^3}{12}\right)}{\left(\dfrac{h}{2}\right)} = \dfrac{bh^2}{6}$	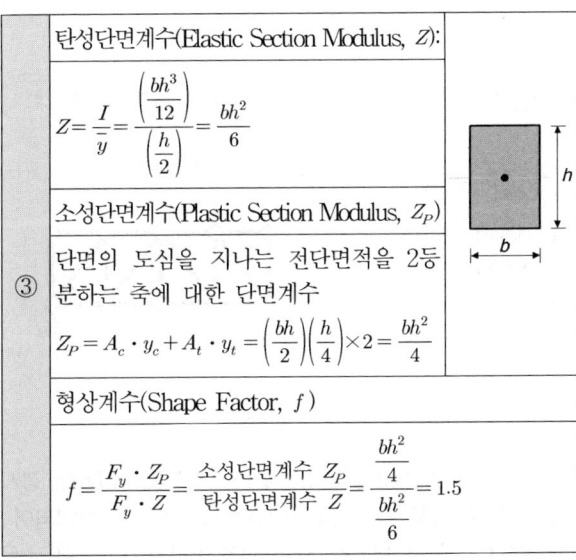
	소성단면계수(Plastic Section Modulus, Z_P)	
	단면의 도심을 지나는 전단면적을 2등분하는 축에 대한 단면계수 $Z_P = A_c \cdot y_c + A_t \cdot y_t = \left(\dfrac{bh}{2}\right)\left(\dfrac{h}{4}\right) \times 2 = \dfrac{bh^2}{4}$	
	형상계수(Shape Factor, f) $f = \dfrac{F_y \cdot Z_P}{F_y \cdot Z} = \dfrac{\text{소성단면계수 } Z_P}{\text{탄성단면계수 } Z} = \dfrac{\dfrac{bh^2}{4}}{\dfrac{bh^2}{6}} = 1.5$	

18.

①	ㄷ형강(Channel) 전단중심(Shear Center)	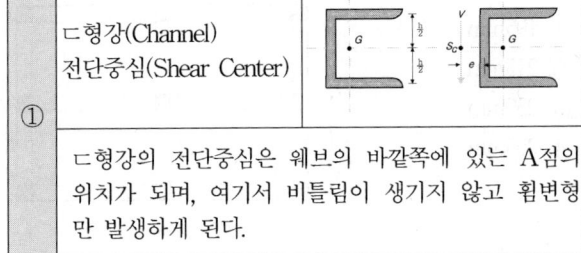
	ㄷ형강의 전단중심은 웨브의 바깥쪽에 있는 A점의 위치가 되며, 여기서 비틀림이 생기지 않고 휨변형만 발생하게 된다.	

19.

②	연약지반에서 부동침하를 방지하기 위해서는 인접 건물과의 거리를 멀리 이격시켜야 한다.

20.

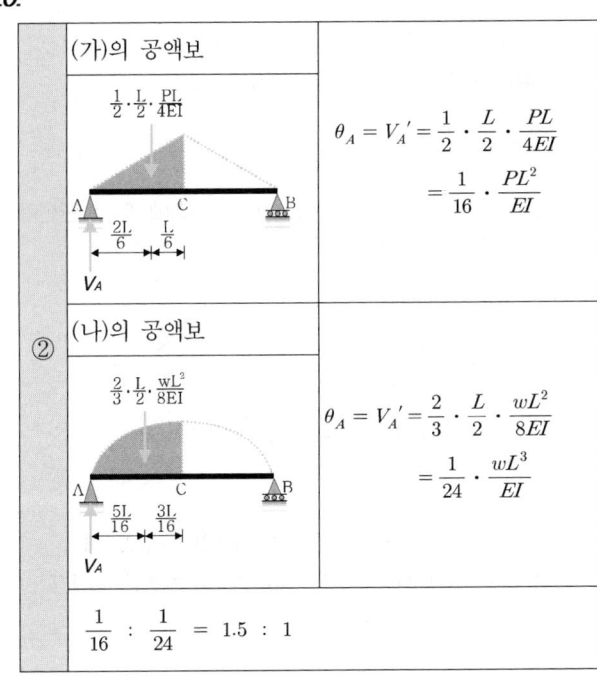

②	(가)의 공액보	$\theta_A = V_A{'} = \dfrac{1}{2} \cdot \dfrac{L}{2} \cdot \dfrac{PL}{4EI}$ $= \dfrac{1}{16} \cdot \dfrac{PL^2}{EI}$
	(나)의 공액보	$\theta_A = V_A{'} = \dfrac{2}{3} \cdot \dfrac{L}{2} \cdot \dfrac{wL^2}{8EI}$ $= \dfrac{1}{24} \cdot \dfrac{wL^3}{EI}$
	$\dfrac{1}{16} : \dfrac{1}{24} = 1.5 : 1$	

1. ②	2. ②	3. ③	4. ③	5. ②
6. ③	7. ④	8. ②	9. ②	10. ④
11. ②	12. ①	13. ③	14. ④	15. ④
16. ①	17. ③	18. ①	19. ②	20. ②

과년도출제문제 (CBT 시험문제)

25 건축기사
2. 7 시행 출제문제

※ 본 기출문제는 수험자의 기억을 바탕으로 하여 복원한 문제이므로 실제 문제와 다를 수 있음을 미리 알려드립니다.

1. 경간 4m인 1방향 슬래브에서 양단 연속일 경우 처짐을 계산하지 않는 슬래브의 최소두께는?
① 112mm
② 125mm
③ 143mm
④ 156mm

2. 정방형 단면을 표시한 다음 그림의 x축에 대한 단면계수의 비로 옳은 것은?

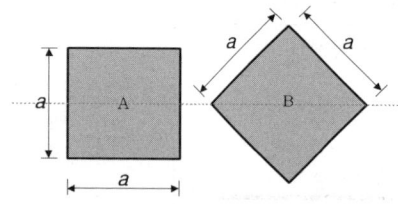

① A : B = 1 : $\sqrt{2}$
② A : B = $\sqrt{2}$: 1
③ A : B = 1 : $2\sqrt{2}$
④ A : B = $2\sqrt{2}$: 1

3. 그림과 같은 구조물은 몇 차 부정정 구조물인가?

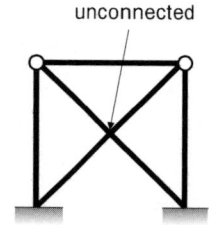
unconnected

① 5차
② 6차
③ 9차
④ 10차

4. 내진설계의 기본적인 개념으로 옳지 않은 것은?
① 접합부는 부재 중간의 파괴를 유도한다.
② 보의 파괴보다는 기둥의 파괴를 유도한다.
③ 특정 층에 파괴가 집중되지 않도록 유도한다.
④ 설계지진하중에 대한 구조물의 부분 파손을 가정한다.

5. 강도설계법에서 철근콘크리트 구조물 설계 시 고려해야 하는 하중조합으로 옳지 않은 것은? (단, D는 고정하중, F는 유체압 및 유기내용물하중, L은 활하중, W는 풍하중, E는 지진하중, S는 적설하중)
① $U = 1.4(D+F)$
② $U = 1.2D + 1.3W + 1.0L + 0.5S$
③ $U = 1.2D + 1.0E + 1.0L + 0.2S$
④ $U = 1.4D + 1.3L + 1.6S$

6. 다음과 같은 트러스에서 a부재의 부재력은 얼마인가?

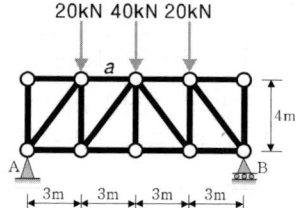

① 20kN(인장)
② 30kN(압축)
③ 40kN(인장)
④ 60kN(압축)

7. 그림과 같은 플랫플레이트 슬래브가 450×450mm 정사각형 기둥에 의해 지지되고 있으며 테두리보는 배치되어 있지 않다. 모서리 패널의 경우 현행기준에서 요구하는 슬래브의 최소두께로 옳은 것은?
(단, $f_{ck} = 21$MPa, $f_y = 400$MPa)

① 195mm
② 215mm
③ 235mm
④ 255mm

8. 건축구조기준의 지반의 분류 중 지반 종류와 호칭이 옳게 연결된 것은?

① S_1: 얕고 단단한 지반   ② S_2: 얕고 연약한 지반
③ S_3: 암반 지반   ④ S_4: 깊고 단단한 지반

9. 단순보의 최대 처짐량(δ_{max})이 2.0cm 이하가 되기 위해 보의 단면2차모멘트는 최소 얼마 이상이 되어야 하는가? (단, 보의 탄성계수 $E = 1.25 \times 10^4$ N/mm²)

① 15,000cm⁴
② 17,500cm⁴
③ 20,000cm⁴
④ 25,000cm⁴

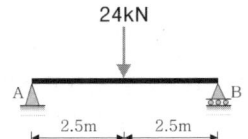

10. 건축구조의 구조별 특징을 기술한 것 중 옳지 않은 것은?

① 조적식 구조는 압축력에는 강하지만 횡력에 취약하다.
② 가구식 구조는 삼각형보다 사각형으로 조립하면 더욱 안정한 구조체를 이룰 수 있다.
③ 조립식 구조는 부재를 공장에서 생산·가공하여 현장에서 조립하므로 공기가 짧다.
④ 일체식 구조는 비교적 균일한 강도를 가진다.

11. 그림과 같은 부재에 관한 기술로 옳지 않은 것은? (단, 작용하는 전단력은 72kN이다)

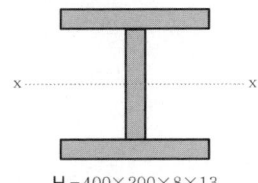

① 최대 휨응력은 플랜지의 바깥면에 생긴다.
② 플랜지의 폭두께비는 7.69이다.
③ 웨브의 폭두께비는 46.75이다.
④ 평균전단응력은 12.5MPa이다.

12. 캔틸레버보가 상수 k를 가지는 스프링에 의해 지지되어 있으며 집중하중 P가 작용하고 있다. 스프링에 걸리는 힘은?

① $\dfrac{PL^3 k}{3EI + kL^3}$
② $\dfrac{2PL^3 k}{3EI + kL^3}$
③ $\dfrac{PL^3 k}{2EI + kL^3}$
④ $\dfrac{2PL^3 k}{2EI + kL^3}$

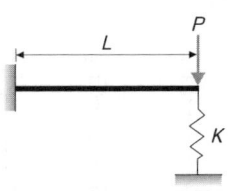

13. 단면 500mm×500mm 인 띠철근 기둥이 저항할 수 있는 최대설계축하중 ϕP_n은? (단, $f_{ck} = 27$MPa, $f_y = 400$MPa)

① 3,591kN
② 3,972kN
③ 4,170kN
④ 4,275kN

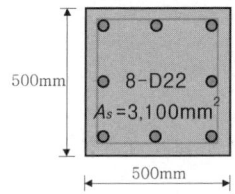

14. 강구조물의 보 단부에서 회전을 허용하지 않고 100%에 가까운 단부 모멘트를 기둥 또는 이음부에 전달하는 개념의 접합부 형태는?

① 강접합   ② 반강접합
③ 전단접합   ④ 단순접합

15. 바람의 난류로 인해서 발생되는 구조물의 동적 거동성분을 나타내는 것으로 평균변위에 대한 최대변위의 비를 통계적인 값으로 나타낸 계수는?

① 지형계수
② 가스트영향계수
③ 풍속고도분포계수
④ 풍력계수

16. 그림과 같은 지상 4층 건물에 기둥 C_1의 1층에 발생하는 계수하중에 따른 축력을 면적법으로 구하면? (단, 보 및 기둥 자중은 무시하며, 바닥하중(지붕하중 동일)은 고정하중은 5kN/m², 활하중은 3kN/m²이며 활하중 저감은 무시한다.)

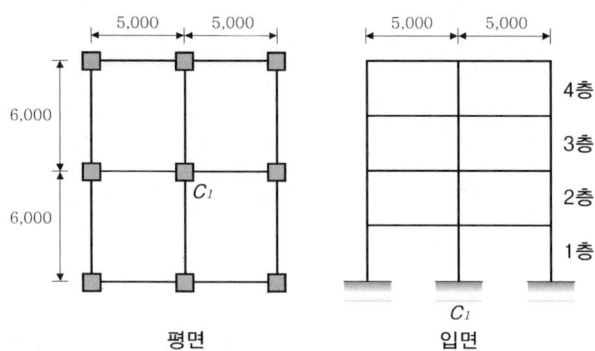

① 1,296kN ② 1,364kN
③ 1,412kN ④ 1,498kN

17. 그림과 같은 구조에서 C단에 발생하는 휨모멘트는?

① 2.4kN·m
② 5kN·m
③ 6.5kN·m
④ 10kN·m

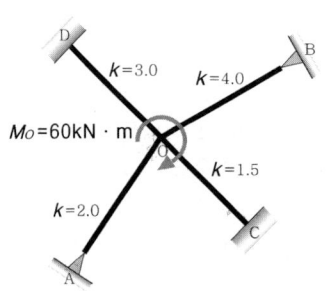

18. 표준갈고리를 갖는 인장이형철근(D13)의 기본정착길이는? (단, D13의 공칭지름: 12.7mm, $f_{ck}=27$MPa, $f_y=400$MPa, $\beta=1.0$, $m_c=2,300$kg/m³)

① 190mm ② 205mm
③ 220mm ④ 235mm

19. 강도설계법에서 단철근 직사각형 보의 단면 $b=400$mm, $d=800$mm, 등가응력블록깊이 $a=100$mm일 경우 철근비는? (단, $f_y=300$MPa, $f_{ck}=24$MPa)

① 0.0035
② 0.0057
③ 0.0085
④ 0.0103

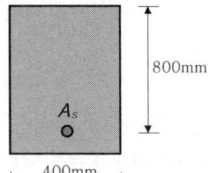

20. 그림과 같은 철근콘크리트 보의 균열모멘트(M_{cr})값은? (단, 보통중량콘크리트 $f_{ck}=24$MPa, $f_y=400$MPa)

① 21.5kN·m
② 33.6kN·m
③ 42.8kN·m
④ 55.6kN·m

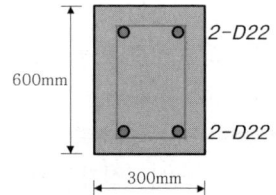

해설 및 정답

1.

③

부재	처짐을 계산하지 않는 경우 최소두께 (h_{min})			
	단순지지	1단연속	양단연속	캔틸레버
1방향 슬래브	$\dfrac{l}{20}$	$\dfrac{l}{24}$	$\dfrac{l}{28}$	$\dfrac{l}{10}$

$f_y = 400\text{MPa}$이므로 보정계수를 적용하지 않는다.

양단연속 1방향 슬래브: $h_{min} = \dfrac{l}{28} = \dfrac{(4,000)}{28} = 142.857\text{mm}$

2.

② 대칭 단면의 도심축에 대한 단면2차모멘트는 동일하다.

$Z_A = \dfrac{\dfrac{a \cdot a^3}{12}}{\dfrac{a}{2}} = \dfrac{a^3}{6}$ 이고 $Z_B = \dfrac{\dfrac{a \cdot a^3}{12}}{\dfrac{\sqrt{2}\,a}{2}} = \dfrac{a^3}{6\sqrt{2}}$

$\therefore Z_A : Z_B = \sqrt{2} : 1$

3.

①

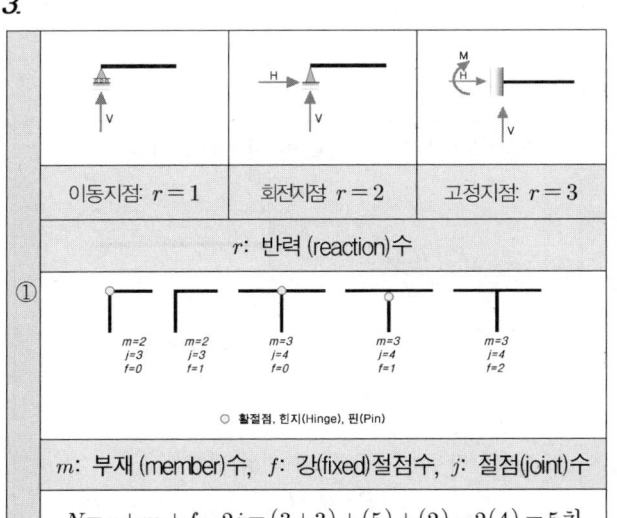

이동지점: $r=1$ 회전지점: $r=2$ 고정지점: $r=3$

r: 반력(reaction)수

○ 활절점, 힌지(Hinge), 핀(Pin)

$m=2, j=3, f=0$ | $m=2, j=3, f=1$ | $m=3, j=4, f=0$ | $m=3, j=4, f=1$ | $m=3, j=4, f=2$

m: 부재(member)수, f: 강(fixed)절점수, j: 절점(joint)수

$N = r + m + f - 2j = (3+3) + (5) + (2) - 2(4) = 5$차

4.

② 기둥의 파괴보다는 보의 파괴를 유도한다.

5.

④ 고정하중(D) + 활하중(L) + 적설하중(S)의 조합
⇒ $U = 1.2D + 1.6L + 0.5S$

6.

② 하중과 경간이 좌우 대칭이므로 $V_A = +40\text{kN}(\uparrow)$

a부재의 부재력을 구하기 위해 하현재의 두 번째 절점 ⑦에서 모멘트를 계산하면 3개의 미지수 중에서 2개의 미지수가 소거된다.

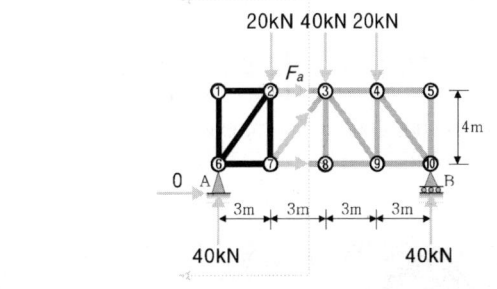

$M_{⑦, Left} = 0$:
$+(40)(3) + (F_a)(4) = 0$ $\therefore F_a = -30\text{kN}(압축)$

7.

③ 2방향 슬래브의 두께를 결정하기 위한 l_n은 장변방향의 순경간을 적용: $l_n = 7,500mm - 2 \times \dfrac{450mm}{2} = 7,050mm$

내부 보가 없는 슬래브의 최소두께(h_{min}) 규정:

설계기준 항복강도 f_y (MPa)	지판이 없는 경우		
	외부 슬래브		내부 슬래브
	테두리보가 없는 경우	테두리보가 있는 경우	
400	$l_n/30$	$l_n/33$	$l_n/33$

$\therefore h_{min} = \dfrac{l_n}{30} = \dfrac{(7,050)}{30} = 235mm$

8.

④

지반의 분류[KDS 41 17 00]	
S_1	암반 지반
S_2	얕고 단단한 지반
S_3	얕고 연약한 지반
S_4	깊고 단단한 지반
S_5	깊고 연약한 지반, 매우 연약한 지반

9.

④ 단순보 중앙에 집중하중 작용 시: $\delta_C = \dfrac{1}{48} \cdot \dfrac{PL^3}{EI}$

$I = \dfrac{PL^3}{48E \cdot \delta_{max}} = \dfrac{(24 \times 10^3)(5 \times 10^3)^3}{48(1.25 \times 10^4)(2 \times 10)}$
$= 250,000,000 mm^4 = 25,000 cm^4$

10.

②

가구식 구조는 삼각형 상태일 때 가장 안정적이 된다.

11.

① 휨응력 $\sigma_b = \dfrac{M}{I} \cdot y$에서 중립축으로부터의 거리 y값이 클수록 휨응력은 커진다. 따라서, 플랜지 바깥면에서 최대 휨응력이 나타난다.

②

③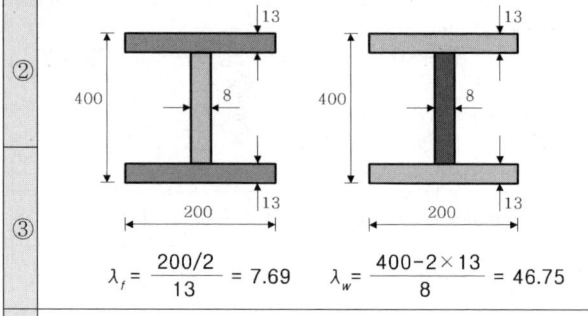

$\lambda_f = \dfrac{200/2}{13} = 7.69$ $\lambda_w = \dfrac{400 - 2 \times 13}{8} = 46.75$

④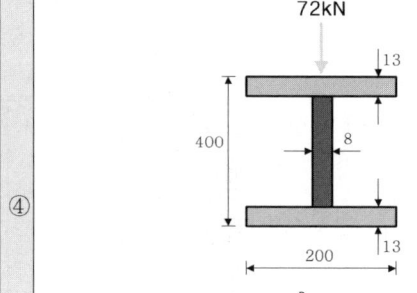

$\tau_{aver} = \dfrac{72 \times 10^3}{8 \times (400 - 2 \times 13)} = 24.064\ N/mm^2$

【※ 보통 평균전단응력은 계산된 위의 결과값에서 ±10% 이내(21.654~26.466)의 오차범위 내에 있다.】

12.

① 자유물체도: 스프링(Spring)에 작용하는 처짐

$\delta_s = \dfrac{(P - R_s)L^3}{3EI}$

힘 = 스프링상수 · 변위
R_s K δ_s

스프링에 작용하는 반력: 힘-변위 관계식

$R_s = k \cdot \delta_s = k \cdot \dfrac{(P - R_s)L^3}{3EI}$ ➡ $R_s = \dfrac{k \cdot PL^3}{3EI + k \cdot L^3}$

13.

① $\phi P_n = \phi(0.8P_o) = \phi(0.8)[0.85f_{ck}(A_g - A_{st}) + f_y \cdot A_{st}]$
$= (0.65)(0.8)[0.85(27)(500^2 - 3{,}100) + (400)(3{,}100)]$
$= 3{,}591{,}305\text{N} = 3{,}591.305\text{kN}$

14.

① 접합요소 사이에 무시할 정도의 회전변형을 가지면서 모멘트를 전달하는 강접합에 대한 설명이다.

【강구조 접합부의 주요 분류】

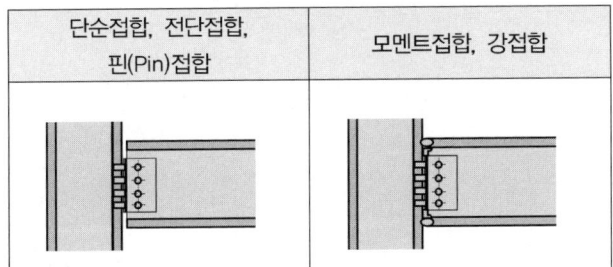

| 단순접합, 전단접합, 핀(Pin)접합 | 모멘트접합, 강접합 |

15.

②

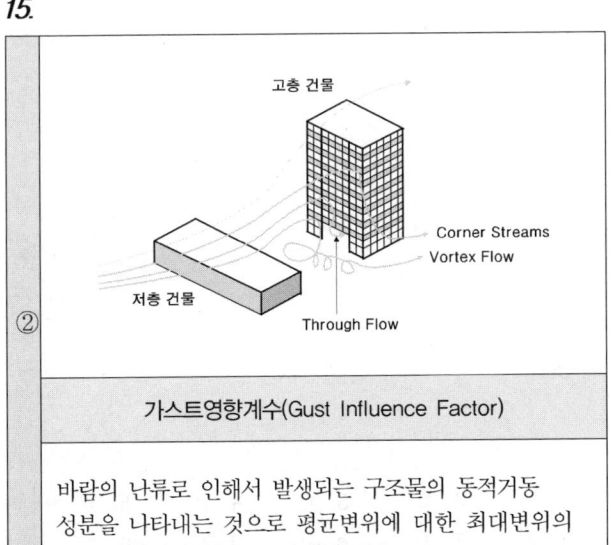

가스트영향계수(Gust Influence Factor)

바람의 난류로 인해서 발생되는 구조물의 동적거동 성분을 나타내는 것으로 평균변위에 대한 최대변위의 비를 통계적인 값으로 나타낸 계수

16.

① 부하면적(Tributary Area)

연직하중전달 구조부재가 분담하는 하중의 크기를 바닥면적으로 나타낸 것

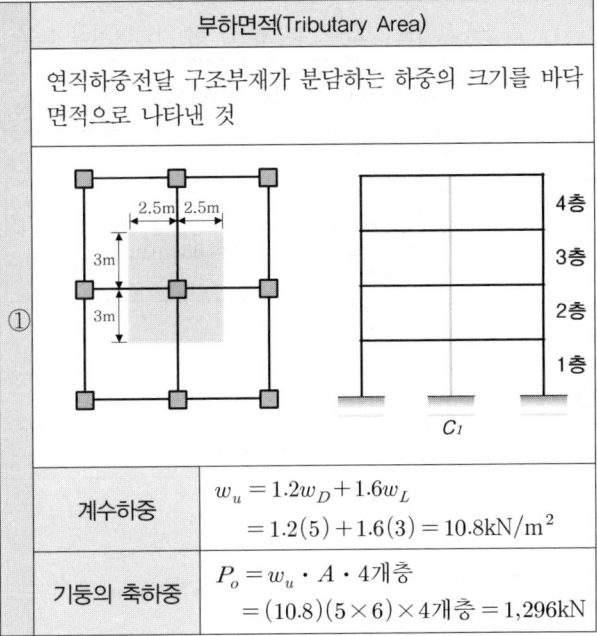

계수하중	$w_u = 1.2w_D + 1.6w_L$ $= 1.2(5) + 1.6(3) = 10.8\text{kN/m}^2$
기둥의 축하중	$P_o = w_u \cdot A \cdot 4\text{개층}$ $= (10.8)(5 \times 6) \times 4\text{개층} = 1{,}296\text{kN}$

17.

② 분배율: $DF_{OC} = \dfrac{1.5}{2.0 \times \dfrac{3}{4} + 4.0 \times \dfrac{3}{4} + 1.5 + 3.0} = \dfrac{1}{6}$

분배모멘트:
$M_{OC} = M_O \cdot DF_{OC} = (+60)\left(\dfrac{1}{6}\right) = +10\text{kN}\cdot\text{m}\,(\curvearrowright)$

전달모멘트:
$M_{CO} = \dfrac{1}{2}M_{OC}$
$= \dfrac{1}{2}(+10)$
$= +5\text{kN}\cdot\text{m}\,(\curvearrowright)$

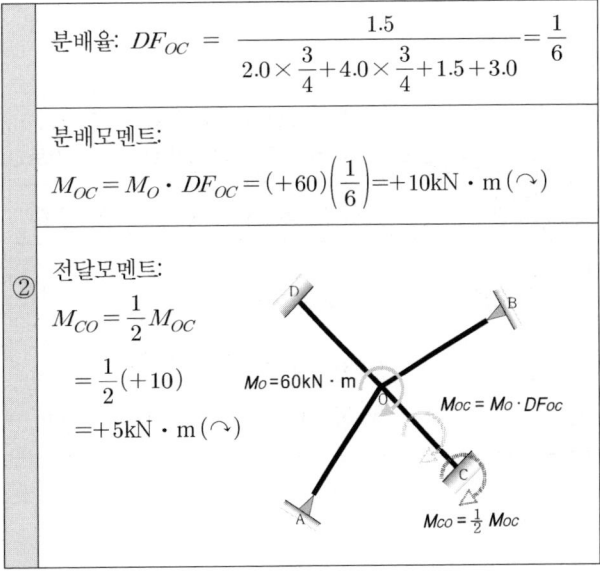

18.

④

표준갈고리를 갖는 인장이형철근의 기본정착길이
$m_c = 2,300 \text{kg/m}^3$ ➡ 경량콘크리트계수 $\lambda = 1$
$l_{hb} = \dfrac{0.24\beta \cdot d_b \cdot f_y}{\lambda \sqrt{f_{ck}}}$ $= \dfrac{0.24(1.0)(12.7)(400)}{(1)\sqrt{(27)}} = 234.635 \text{mm}$

19.

③

$f_{ck} \leq 40\text{MPa}$ ➡ $\eta = 1.00$
$A_s = \dfrac{\eta(0.85 f_{ck})a \cdot b}{f_y}$ $= \dfrac{(1.00)(0.85 \times 24)(100)(400)}{(300)} = 2,720 \text{mm}^2$
$\rho = \dfrac{A_s}{bd} = \dfrac{(2,720)}{(400)(800)} = 0.0085$

20.

④

경량콘크리트계수 λ	보통중량 콘크리트	모래경량 콘크리트	전경량 콘크리트
	$\lambda = 1$	$\lambda = 0.85$	$\lambda = 0.75$
균열모멘트 $M_{cr} = f_r \cdot Z = 0.63\lambda\sqrt{f_{ck}} \cdot \dfrac{bh^2}{6}$ $= 0.63(1)\sqrt{(24)}\dfrac{(300)(600)^2}{6}$ $= 55,554,427 \text{N} \cdot \text{mm} = 55.554 \text{kN} \cdot \text{m}$			

1. ③	2. ②	3. ①	4. ②	5. ④
6. ②	7. ③	8. ④	9. ④	10. ②
11. ④	12. ①	13. ①	14. ①	15. ②
16. ①	17. ②	18. ④	19. ③	20. ④

과년도출제문제 (CBT 시험문제)

25 건축기사
5. 10 시행 출제문제

※ 본 기출문제는 수험자의 기억을 바탕으로 하여 복원한 문제이므로 실제 문제와 다를 수 있음을 미리 알려드립니다.

1. 강구조에서 기초콘크리트에 매입되어 주각부의 이동을 방지하는 역할을 하는 것은?

① 앵커 볼트
② 턴 버클
③ 클립 앵글
④ 사이드 앵글

2. 지름 20mm, 길이 200mm인 철근에 인장력을 가했을 때, 지름이 0.0052mm 감소하였고, 길이는 0.17mm 늘어났다. 이 재료의 푸아송비는?

① 3.26923
② 0.00085
③ 0.00026
④ 0.30588

3. 트러스 해법의 기본가정으로 틀린 것은?

① 절점을 연결하는 직선은 재축과 일치한다.
② 부재를 연결하는 절점은 강절점으로 간주한다.
③ 외력은 모두 절점에 작용하는 것으로 한다.
④ 외력은 모두 트러스를 포함한 평면안에 있는 것으로 한다.

4. 강도설계법에서 단근직사각형 보의 c(압축연단에서 중립축까지 거리)값으로 옳은 것은? (단, $f_{ck}=24$MPa, $f_y=400$MPa, $b=300$mm, $A_s=1{,}161$mm^2, 포물선-직선형상의 응력-변형률 관계 이용)

① 92.65mm
② 94.85mm
③ 96.65mm
④ 98.85mm

5. H형강이 사용된 압축재의 양단이 핀으로 지지되고 부재 중간에서 x축 방향으로만 이동할 수 없도록 지지되어 있다. 부재의 전 길이가 4m일 때 세장비는? (단, $r_x=8.62$cm, $r_y=5.02$cm)

① 26.4
② 36.4
③ 46.4
④ 56.4

6. 그림과 같은 구조물의 부정정 차수는?

① 9차 부정정
② 12차 부정정
③ 15차 부정정
④ 18차 부정정

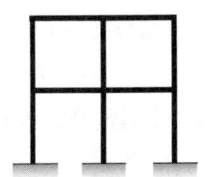

7. 그림과 같은 등변분포하중이 작용하는 단순보의 최대휨모멘트 M_{max}는?

① $25\sqrt{3}$ kN·m
② $25\sqrt{2}$ kN·m
③ $90\sqrt{3}$ kN·m
④ $90\sqrt{2}$ kN·m

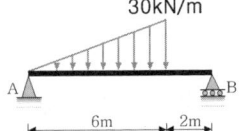

8. H형강을 사용한 길이 6m인 단순보에 5kN/m의 등분포하중 재하 시 최대처짐량은? (단, 좌굴의 영향은 없는 것으로 가정하며, $E_s=210{,}000$MPa, $I_x=4{,}720$cm^4)

① 1.70 mm
② 5.69 mm
③ 8.51 mm
④ 12.49 mm

9. 다음 ( )안에 들어갈 숫자를 고르시오.

> 용접이음은 용접용 철근을 사용하며 철근 항복강도의 ( )% 이상을 발휘할 수 있어야 한다.
> 기계적이음은 철근 항복강도의 ( )%를 발휘할 수 있는 기계적이음이어야 한다.

① 105
② 115
③ 120
④ 125

10. 등가정적해석법을 사용하여 밑면전단력을 산정하는 경우, 밑면전단력의 크기가 가장 큰 구조물은?

① 건물의 중량이 크고 주기가 짧은 구조물
② 건물의 중량이 크고 주기가 긴 구조물
③ 건물의 중량이 작고 주기가 짧은 구조물
④ 건물의 중량이 작고 주기가 긴 구조물

11. 그림에서 절점 D는 이동을 하지 않으며, A, B, C는 고정단일 때 C단의 모멘트는? (단, k는 강비)

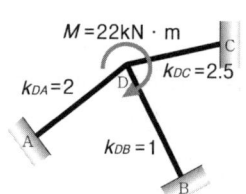

① 4.0kN·m
② 4.5kN·m
③ 5.0kN·m
④ 5.5kN·m

12. 강도설계법에서 고정하중 40kN, 활하중 30kN이 작용할 때 계수하중은 얼마인가?

① 135kN ② 124kN
③ 116kN ④ 96kN

13. 강구조 접합부 계획 시 고려사항이 아닌 것은?

① 부재의 이음개소는 가급적 적게 한다.
② 단면의 급격한 변화는 가급적 피한다.
③ 응력집중이나 국부변형이 일어나지 않도록 한다.
④ 공장용접보다 현장용접이 많도록 하며 용접부위의 검사가 용이하도록 한다.

14. 강도설계법에서 철근콘크리트 구조물의 공칭강도 산정 시 사용되는 강도감소계수로 옳지 않은 것은?

① 인장지배단면: 0.85
② 전단력과 비틀림모멘트: 0.75
③ 포스트텐션 정착구역: 0.85
④ 압축지배단면 중 나선철근으로 보강된 철근콘크리트 부재: 0.65

15. 철근콘크리트의 보의 사인장균열에 관한 설명으로 옳지 않은 것은?

① 보의 단부에 주로 발생한다.
② 보의 축과 약 45°의 각도를 이룬다.
③ 전단력 및 비틀림에 의하여 발생한다.
④ 주인장응력도의 방향과 사인장균열의 방향은 일치한다.

16. 인장시험을 통하여 얻어진 탄소강의 응력변형도 곡선에서 변형도경화영역의 최대응력을 의미하는 것은?

① 인장강도
② 항복강도
③ 탄성한도
④ 비례한도

17. 그림과 같은 6m 길이의 기둥에 압축하중이 작용할 때 횡구속에 가장 유리한 조건은? (단, SS275 강재 사용)

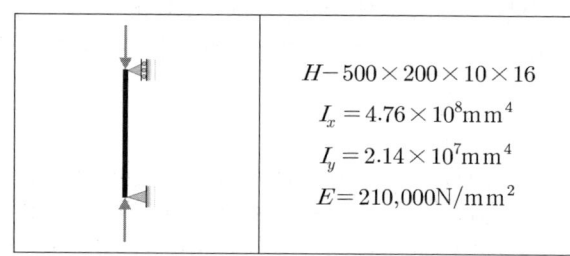

$H-500 \times 200 \times 10 \times 16$
$I_x = 4.76 \times 10^8 \text{mm}^4$
$I_y = 2.14 \times 10^7 \text{mm}^4$
$E = 210,000 \text{N/mm}^2$

① 5m 높이에 강축에만 휨변형 구속이 있다.
② 3m 높이에 약축에만 휨변형 구속이 있다.
③ 5m 높이에 약축에만 휨변형 구속이 있다.
④ 3m 높이에 강축에만 휨변형 구속이 있다.

18. 인장력을 받는 원형 단면 강봉의 직경을 4배로 하면 수직응력도(Normal Stress)는 기존 응력도의 얼마로 줄어드는가?

① 1/2 ② 1/4
③ 1/8 ④ 1/16

19. 강도설계법에서 깊은보는 순경간 L_n이 부재깊이의 몇 배 이하인 부재인가?

① 2배
② 3배
③ 4배
④ 5배

20. 연약지반에서 부등침하를 방지하는 대책으로 틀린 것은?

① 건물을 경량화 한다.
② 지하실을 강성체로 설치한다.
③ 줄기초와 마찰말뚝 기초를 병용한다.
④ 건물의 구조강성을 높인다.

해설 및 정답

1.

①
주각(Pedestal)

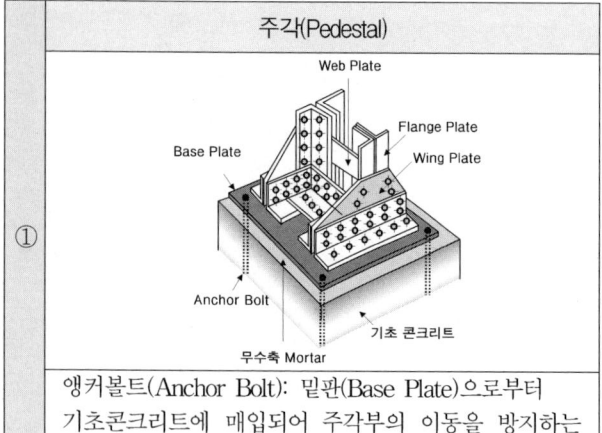

앵커볼트(Anchor Bolt): 밑판(Base Plate)으로부터 기초콘크리트에 매입되어 주각부의 이동을 방지하는 역할을 한다.

2.

④
푸아송비(ν, Poisson's Ratio)

수직응력에 의해 발생되는 가로변형률과 길이변형률의 비율

Denis Poisson (1781~1840)

$$\nu = \frac{\epsilon'}{\epsilon} = \frac{\frac{\Delta D}{D}}{\frac{\Delta L}{L}} = \frac{L \cdot \Delta D}{D \cdot \Delta L} = \frac{(200)(0.0052)}{(20)(0.17)} = 0.30588$$

3.

② 트러스(Truss) 부재를 연결하는 절점은 활절점(Pin, Hinge)으로 간주한다.

4.

②

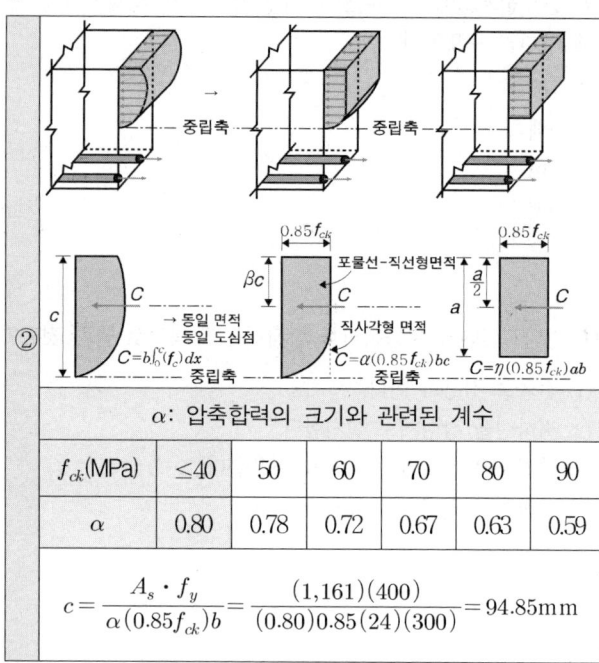

α: 압축합력의 크기와 관련된 계수

f_{ck}(MPa)	≤40	50	60	70	80	90
α	0.80	0.78	0.72	0.67	0.63	0.59

$$c = \frac{A_s \cdot f_y}{\alpha(0.85 f_{ck})b} = \frac{(1,161)(400)}{(0.80)0.85(24)(300)} = 94.85\,\text{mm}$$

5.

③ 양단 힌지이므로 유효좌굴길이계수 $K = 1.0$

강축(x)에 대해서는 부재 전체의 길이 $L = 4\,\text{m}$, 약축(y)에 대해서는 가새로 횡지지 되어 있으므로 $L = 2\,\text{m}$를 적용함에 주의하며 다음의 ①,② 중에서 큰값으로 세장비를 선정한다.

① $\dfrac{KL}{r_x} = \dfrac{(1.0)(400\text{cm})}{(8.62\text{cm})} = 46.40$

② $\dfrac{KL}{r_y} = \dfrac{(1.0)(200\text{cm})}{(5.02\text{cm})} = 39.84$

6.

②
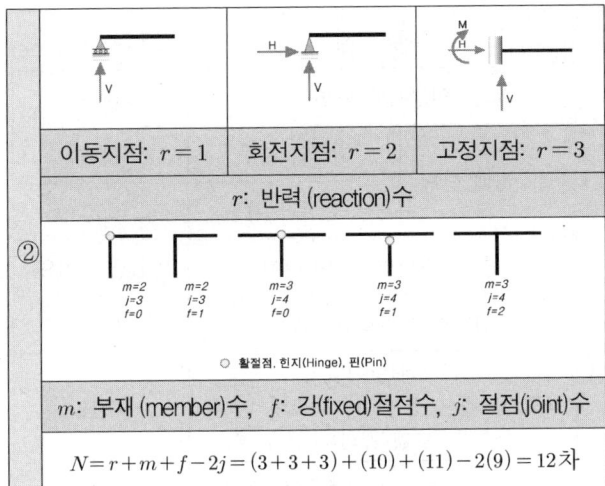

이동지점: $r=1$ | 회전지점: $r=2$ | 고정지점: $r=3$

r: 반력(reaction)수

○ 활절점, 힌지(Hinge), 핀(Pin)

m: 부재(member)수, f: 강(fixed)절점수, j: 절점(joint)수

$N = r+m+f-2j = (3+3+3)+(10)+(11)-2(9) = 12차$

7.

④

$\sum M_B = 0 : +(V_A)(8) - \left(\dfrac{1}{2} \times 30 \times 6\right)\left(2 + 6 \times \dfrac{1}{3}\right) = 0$

$\therefore V_A = +45\text{kN}(\uparrow)$

지점 A로부터 우측으로 x 위치의 삼각형분포하중의 크기는 삼각형의 닮음비를 통해 $x : q = 6 : 30$ ➡ $q = 5x$

$M_x = +(45)(x) - \left(\dfrac{1}{2} q \cdot x\right) \cdot \dfrac{x}{3} = +45 \cdot x - \dfrac{5}{6} \cdot x^3$

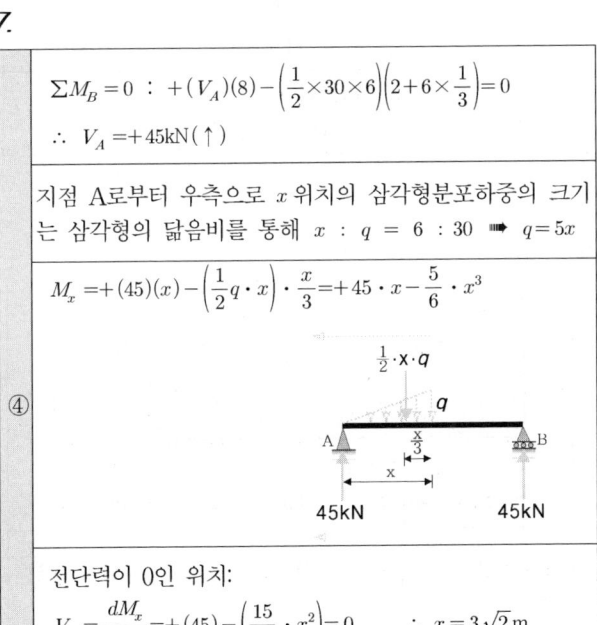

전단력이 0인 위치:

$V_x = \dfrac{dM_x}{dx} = +(45) - \left(\dfrac{15}{6} \cdot x^2\right) = 0 \quad \therefore x = 3\sqrt{2}\,\text{m}$

$M_{max} = +(45)(3\sqrt{2}) - \left(\dfrac{5}{6}\right)(3\sqrt{2})^3 = +90\sqrt{2}\,\text{kN} \cdot \text{m} \; (\smile)$

8.

③

단순보 전 경간에 등분포하중 작용 시: $\delta_{max} = \dfrac{5wL^4}{384EI}$

$\delta_{max} = \dfrac{5wL^4}{384EI} = \dfrac{5(5)(6 \times 10^3)^4}{384(210,000)(4,720 \times 10^4)} = 8.51\text{mm}$

9.

④

	콘크리트구조 정착 및 이음[KDS 14 20 52]
1	용접이음은 용접용철근을 사용해야 하며, 철근의 설계기준항복강도 f_y의 125% 이상을 발휘할 수 있어야 한다.
2	기계적이음은 철근의 설계기준항복강도 f_y의 125% 이상을 발휘할 수 있어야 한다.

10.

①

내진설계 등가정적해석법 밑면전단력	$V = C_S \cdot W = \dfrac{S_{D1}}{\left[\dfrac{R}{I_E}\right] \cdot T} \cdot W$
• W : 유효 건물중량	• C_s : 지진응답계수
• S_{D1} : 주기 1초에서의 설계스펙트럼가속도	• R : 반응수정계수
• T : 건물의 고유주기	• I_E : 건물의 중요도계수

밑면전단력(V)의 크기가 큰 경우는 W(유효건물중량)가 크고, T(고유주기)가 짧은 경우이다.

11.

모멘트 분배법
분배율: $DF_{DC} = \dfrac{2.5}{2+1+2.5} = \dfrac{5}{11}$
분배모멘트: $\begin{aligned} M_{DC} &= M_D \cdot DF_{DC} \\ &= (+22)\left(\dfrac{5}{11}\right) \\ &= +10 \text{kN} \cdot \text{m} (\curvearrowright) \end{aligned}$
전달모멘트: $M_{CD} = \dfrac{1}{2} M_{DC} = \dfrac{1}{2}(+10) = +5\text{kN} \cdot \text{m}(\curvearrowright)$

③

12.

고정하중(D)과 활하중(L)에 따른 하중조합(U)
$U = 1.2D + 1.6L = 1.2(40) + 1.6(30) = 96\text{kN}$ $\geq 1.4D = 1.4(40) = 56\text{kN}$

④

13.

④ 강구조 접합부의 처리는 현장 용접보다는 공장 용접으로 하는 것이 신뢰도 및 편차를 줄일 수 있다.

14.

적용 부재		강도감소계수 ϕ
인장지배 단면		0.85
압축지배 단면	띠철근 기둥	0.65
	나선철근 기둥	0.70
변화구간단면(=전이구역)		0.65(0.70)~0.85
전단력과 비틀림모멘트		0.75
콘크리트 지압력 (포스트텐션 정착부나 스트럿-타이 모델 제외)		0.65
포스트텐션 정착구역		0.85
스트럿-타이 모델	스트럿, 절점부, 지압부	0.75
	타이	0.85
무근콘크리트의 휨모멘트, 압축력, 전단력, 지압력		0.55

④

15.

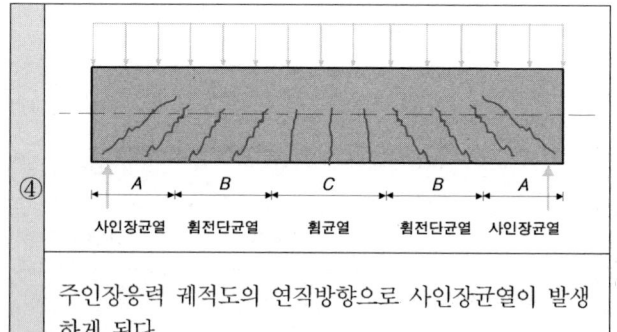

주인장응력 궤적도의 연직방향으로 사인장균열이 발생하게 된다.

④

16.

①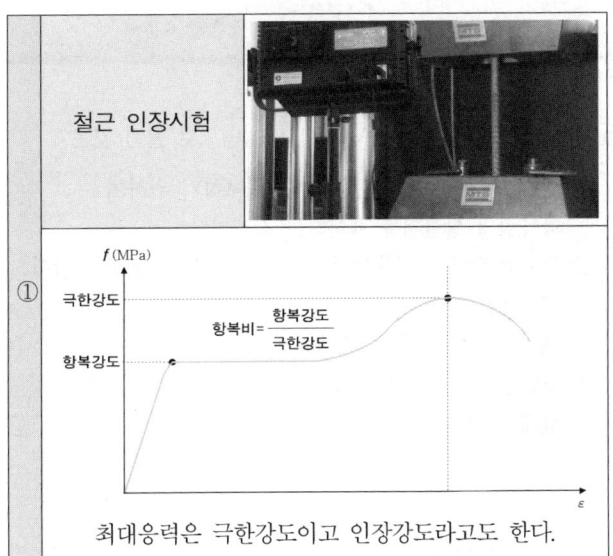

철근 인장시험

최대응력은 극한강도이고 인장강도라고도 한다.

17.

②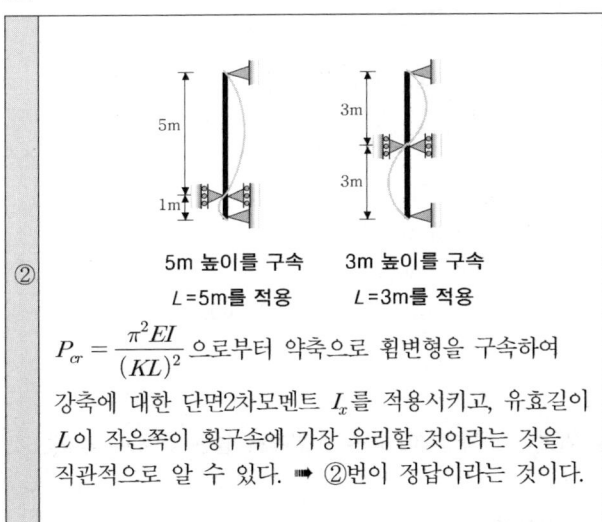

5m 높이를 구속   3m 높이를 구속
L=5m를 적용   L=3m를 적용

$P_{cr} = \dfrac{\pi^2 EI}{(KL)^2}$ 으로부터 약축으로 휨변형을 구속하여 강축에 대한 단면2차모멘트 I_x를 적용시키고, 유효길이 L이 작은쪽이 횡구속에 가장 유리할 것이라는 것을 직관적으로 알 수 있다. ➡ ②번이 정답이라는 것이다.

18.

④ 응력 $\sigma = \dfrac{P}{A} = \dfrac{P}{\dfrac{\pi D^2}{4}}$ 로부터 직경(D)을 4배로 하면

응력은 $\dfrac{1}{4^2} = \dfrac{1}{16}$ 배로 된다.

19.

③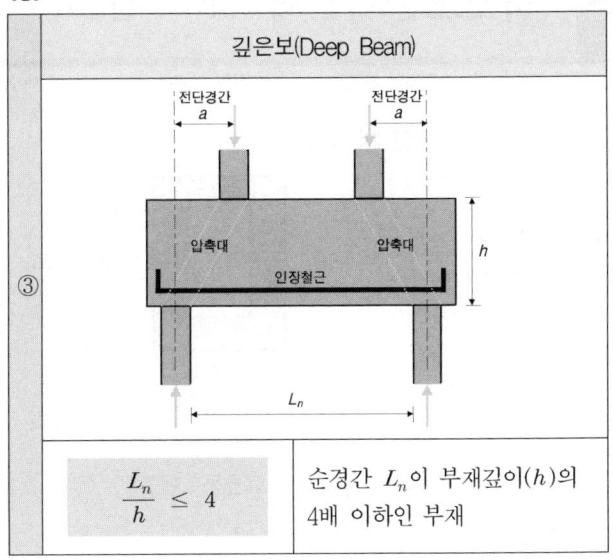

깊은보(Deep Beam)

$\dfrac{L_n}{h} \leq 4$ 순경간 L_n이 부재깊이(h)의 4배 이하인 부재

20.

③ 연약지반에서 줄기초와 마찰말뚝 기초의 병용 시 부등침하의 원인이 된다.

【부등침하(Uneven Settlement, 부동침하)의 여러 원인들】

연약층	경사 지반	이질 지층	낭떠러지	증축
지하수위 변경	지하 구멍	메운땅 흙막이	이질 지정	일부 지정

1. ①	2. ④	3. ②	4. ②	5. ③
6. ②	7. ④	8. ③	9. ④	10. ①
11. ③	12. ④	13. ④	14. ④	15. ④
16. ①	17. ②	18. ④	19. ③	20. ③

과년도출제문제 (CBT 시험문제)

25 건축기사 8, 9 시행 출제문제

※ 본 기출문제는 수험자의 기억을 바탕으로 하여 복원한 문제이므로 실제 문제와 다를 수 있음을 미리 알려드립니다.

1. 도심축에 대한 단면계수 값은?

① 19,000mm³
② 20,500mm³
③ 21,000mm³
④ 22,500mm³

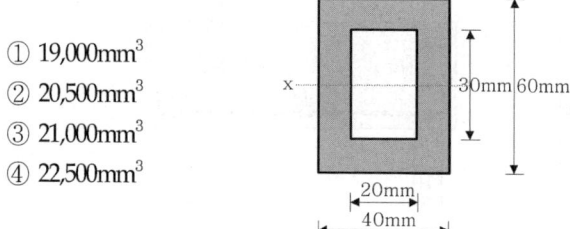

2. 다음 그림과 같은 필릿용접부의 유효목두께는?

① 4.0mm
② 4.2mm
③ 4.8mm
④ 5.6mm

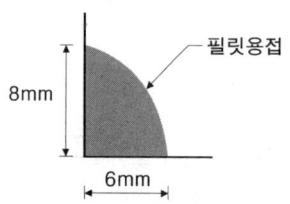

3. 기초설계 시 장기 100kN(자중포함)의 하중을 받는 경우 장기허용지내력도 20kN/m²의 지반에서 필요한 기초판의 크기는?

① 1.5m×1.5m   ② 1.8m×1.8m
③ 2.1m×2.1m   ④ 2.4m×2.4m

4. 보의 재질과 단면의 크기가 같을 때 (A)보의 최대 처짐은 (B)보의 몇 배인가?

① 2배
② 4배
③ 8배
④ 16배

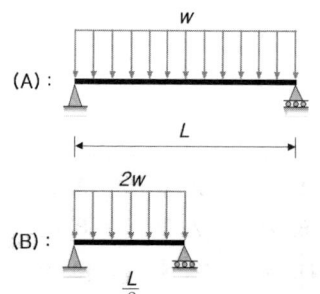

5. 강구조에 사용하는 강재에 대한 설명으로 틀린 것은?

① SN재는 건축물의 내진성능을 확보하기 위하여 항복점의 상한치를 제한하는 강재이다.
② TMCP 강재는 판두께 증가에 따른 항복강도의 저감이 크게 나타난다.
③ SMA는 내후성을 높인 강재이다.
④ SM355B 강재의 기호 B는 충격흡수에너지를 제한하는 값에 대한 기호이다.

6. 다음 용접기호에 대한 설명으로 옳은 설명은?

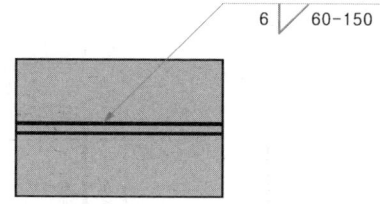

① 그루브용접이다.
② 용접길이는 60mm이다.
③ 유효목두께는 6mm이다.
④ 용접되는 부위는 화살의 반대쪽이다.

7. 기초의 지정형식에 따른 분류에서 얕은 기초에 속하는 것은?

① 잠함기초
② 직접기초
③ 말뚝기초
④ 피어기초

8. 강도설계법으로 설계된 그림과 같은 보에서 이음이 없는 경우 요구되는 보의 최소폭 b를 구하면? (단, 굵은골재의 최대치수는 25mm, 피복두께 40mm, 주철근의 직경은 22mm, 스터럽의 직경은 10mm로 계산)

① 287.9mm
② 305.9mm
③ 310.3mm
④ 317.5mm

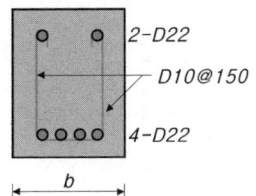

9. 그림과 같은 철근콘크리트 단순보에서 지지점으로부터 유효깊이 d 만큼 떨어진 위험단면에서의 계수전단력은? (단, $w_D = 21\text{kN/m}$, $w_L = 24\text{kN/m}$)

① 63.6kN
② 187.8kN
③ 254.4kN
④ 367.5kN

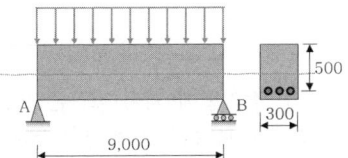

10. 그림과 같이 힘 P가 작용할 때 휨모멘트가 0이 되는 곳은 모두 몇 개인가?

① 2
② 3
③ 4
④ 5

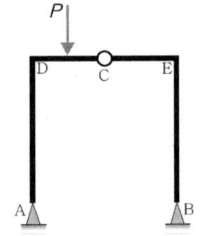

11. 다음 보기의 ㉮~㉯의 단위에 대해 옳게 나타낸 것은?

㉮ 단면1차모멘트	㉯ 단면2차모멘트
㉰ 휨모멘트	㉱ 등분포하중
㉲ 탄성계수	㉳ 수직응력도
㉴ 단면계수	

① ㉯ = ㉴이고, ㉰ ≠ ㉳이다.
② ㉰ = ㉳이고, ㉱ ≠ ㉳이다.
③ ㉰ = ㉱이고, ㉮ = ㉳이다.
④ ㉮ = ㉴이고, ㉲ = ㉳이다.

12. 철근콘크리트구조의 철근 배근에 있어서 잘못된 것은?

① 단순보의 늑근은 중앙부보다 단부에 더 많이 넣는다.
② 연속보 단부에서의 주근은 상부에 더 많이 넣는다.
③ 슬래브의 철근은 장변방향보다 단변방향에 더 많이 넣는다.
④ 기둥의 띠철근은 상·하단부보다 중앙부에 더 많이 넣는다.

13. 그림과 같은 단순보의 양 지점에 모멘트 M이 작용할 때 A지점의 처짐각은?

① $\dfrac{ML}{2EI}$
② $\dfrac{ML}{3EI}$
③ $\dfrac{ML}{4EI}$
④ $\dfrac{ML}{6EI}$

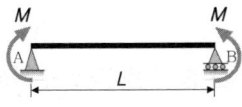

14. 아래 단면을 가진 철근콘크리트 기둥의 설계축강도 ϕP_n을 구하면? (단, $\phi P_{n(max)} = \phi 0.8 P_o$, $\phi = 0.65$, $f_{ck} = 30\text{MPa}$, $f_y = 400\text{MPa}$, $d = 66\text{mm}$)

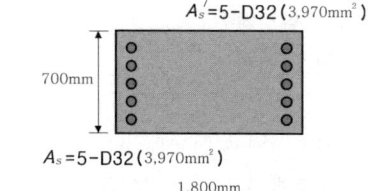

① 18,254kN
② 28,254kN
③ 38,254kN
④ 48,254kN

15. 강구조에 관한 설명으로 옳지 않은 것은?

① 대규모 건축물이 가능하다.
② 수평력에 대해 강한 구조이다.
③ 철근콘크리트 구조에 비하여 경량이다.
④ 철근콘크리트 구조물에 비해 처짐 및 진동 등의 사용성이 우수하다.

16. 그림과 같은 단면의 x, y축으로부터 도심까지의 거리 $(\bar{x}, \bar{y})$는?

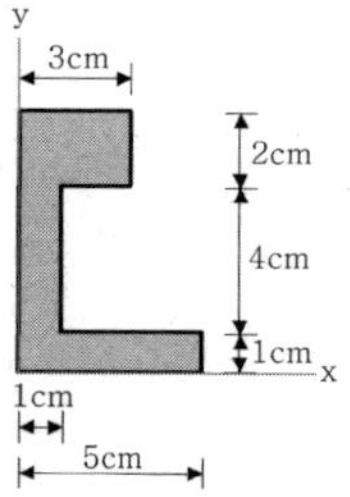

① (1.32, 3.14)
② (2.04, 4.26)
③ (1.25, 2.87)
④ (1.57, 3.37)

17. 다음 중 조립식구조의 특성으로 옳지 않은 것은?

① 공장생산이 가능하며 대량생산이 가능하다.
② 각 부품과의 접합부가 일체가 되어 절점을 강접합으로 하기가 용이하다.
③ 기계화 시공으로 단기완성이 가능하다.
④ 현장 거푸집공사가 절약되며 정밀도가 높고 강도가 큰 콘크리트 부재를 사용할 수 있다.

18. 그림과 같이 단면적이 같은 4개의 단면을 보부재로 각각 사용할 경우 x축에 대한 처짐에 가장 유리한 단면은?

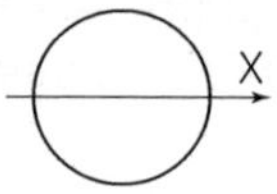

19. 단면 $b \times d = 300\text{mm} \times 550\text{mm}$, 모래경량콘크리트를 사용한 철근콘크리트 보에서 콘크리트가 부담할 수 있는 공칭전단강도(V_c)는? (단, $f_{ck} = 21\text{MPa}$)

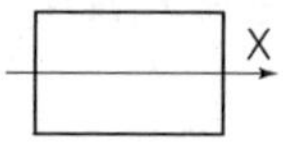

① 95kN
② 107kN
③ 126kN
④ 132kN

20. 강도설계법에 의한 철근콘크리트 플랫슬래브 설계 시 지판의 슬래브 아래로 돌출한 두께는 슬래브 두께의 얼마 이상으로 하여야 하는가? (단, t는 슬래브의 두께)

① $\dfrac{t}{2}$
② $\dfrac{t}{3}$
③ $\dfrac{t}{4}$
④ $\dfrac{t}{6}$

해설 및 정답

1.

단면계수 (Section Modulus)	$Z_c = \dfrac{I_x}{y_c}$ $Z_t = \dfrac{I_x}{y_t}$

④ 도심축에 대한 단면2차모멘트(I_x)를 압축측거리(y_c) 또는 인장측거리(y_t)로 나눈 값을 단면계수로 정의한다.

$$Z = \dfrac{I}{y} = \dfrac{\dfrac{(40)(60)^3}{12} - \dfrac{(20)(30)^3}{12}}{(30)} = 22{,}500\,\text{mm}^3$$

2.

② 필릿사이즈(Fillet Size) S가 다를 경우 짧은쪽을 기준으로 한다.

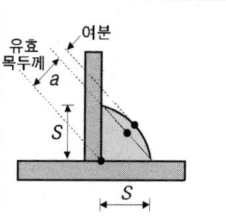

유효목두께: $a = 0.7S = 0.7(6) = 4.2\,\text{mm}$

3.

기초판의 응력을 지내력도 라고 한다.

④ 허용응력 $\sigma_a = \dfrac{P}{A}$ 로부터

면적 $A = \dfrac{P}{q_a} = \dfrac{(100)}{(20)} = 5\,\text{m}^2 = \sqrt{5}\,\text{m} \times \sqrt{5}\,\text{m}$

4.

단순보 전 경간에 등분포하중 작용 시 최대처짐:
$$\delta_{\max} = \dfrac{5}{384} \cdot \dfrac{wL^4}{EI}$$

③ $\delta_{A,\max} = \dfrac{5}{384} \cdot \dfrac{wL^4}{EI}$, $\delta_{B,\max} = \dfrac{5}{384} \cdot \dfrac{(2w)\left(\dfrac{L}{2}\right)^4}{EI}$

$\delta_{A,\max} : \delta_{B,\max} = 1 : \dfrac{1}{8} = 8 : 1$

5.

	TMCP (Thermo Mechanichal Control Process Steel)
1	구조물의 고층화, 대형화에 따라 용접성과 내진성이 뛰어난 극후판의 고강도 강재가 필요하게 되어 개발된 강재
2	TMCP강은 적은 탄소량을 함유하고 있기 때문에 우수한 용접성을 나타내며 판두께 40mm 이상의 후판도 항복강도의 저하가 없음

②

6.

① 필릿(Fillet) 용접이다.

③ 용접사이즈 $S = 6\,\text{mm}$ 이다.

④ 용접되는 부위는 화살쪽이다.

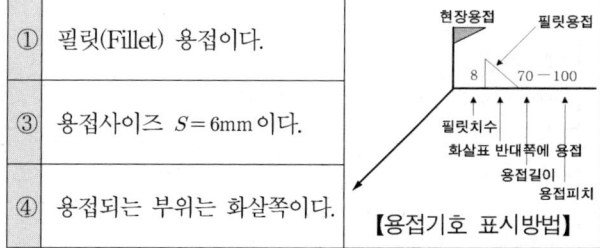

【용접기호 표시방법】

7.

②
기초의 지정형식에 따른 분류
1	기초의 종류에는 얕은기초와 깊은기초가 있는데, 깊은기초는 말뚝기초, 피어기초, 케이슨(Caisson, 잠함)기초로 구분한다.
2	얕은기초와 깊은기초는 근입깊이로 구분하며, 기초의 유효근입깊이 L이 폭 B의 $\frac{1}{2}$ 보다 작으면 얕은기초, $\frac{1}{2}$ 보다 크면 깊은기초로 구분한다.

8.

①
주철근의 간격	
㉮ 주철근의 직경(d_b): 22mm	최댓값
㉯ 25mm	
㉰ 굵은골재 최대치수 $\times \frac{4}{3} = 25 \times \frac{4}{3} = 33.3$mm	
보의 최소폭: $b = (40 \times 2) + (10 \times 2) + (22 \times 4) + (33.3 \times 3) = 287.9$mm	

9.

③
계수하중:
$w_u = 1.2w_D + 1.6w_L = 1.2(21) + 1.6(24) = 63.6$kN/m

지점 전단력: $V_A = \dfrac{w_u \cdot L}{2} = \dfrac{(63.6)(9)}{2} = 286.2$kN

위험단면에서 계수전단력(V_u)
$4,500 : 286.2 = (4,500 - 500) : V_u$
∴ $V_u = 254.4$kN

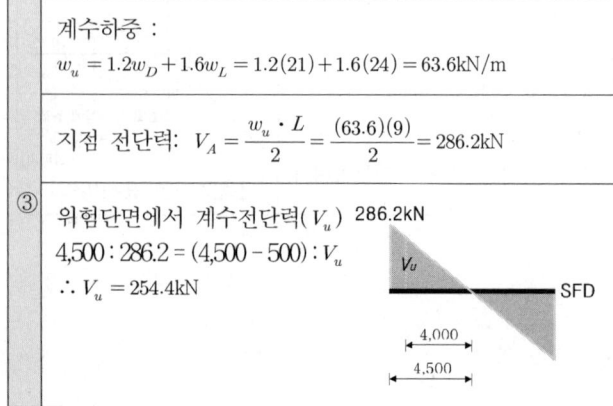

10.

③
3-Hinge 라멘의 BMD: 휨모멘트값이 0인 곳	
1	지점(A, B)
2	부재 내 힌지절점(C)
3	D~C 구간 1곳

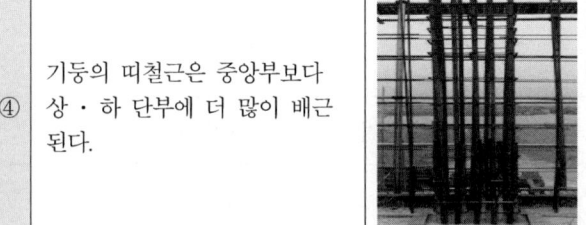

11.

④
역학적 특성	단위
㉮ 단면1차모멘트(G)	m³
㉯ 단면2차모멘트(I)	m⁴
㉰ 휨모멘트(M)	N·m
㉱ 등분포하중(w)	N/m
㉲ 탄성계수(E)	N/m²
㉳ 수직응력(σ)	N/m²
㉴ 단면계수(Z)	m³

12.

④ 기둥의 띠철근은 중앙부보다 상·하 단부에 더 많이 배근 된다.

13.

| ① | 실제 보의 A점의 처짐각은 공액보의 A점의 전단력이다. 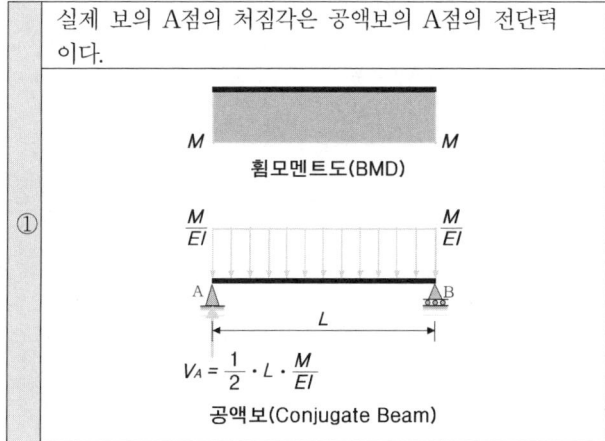 |

14.

| ① | 띠철근 기둥의 최대 설계축하중 $$\phi P_n = \phi(0.8)[0.85f_{ck}(A_g - A_{st}) + f_y \cdot A_{st}]$$ $$= (0.65)(0.8)[0.85(30)(1{,}800 \times 700 - 2 \times 3{,}970)$$ $$+ (400)(2 \times 3{,}970)]$$ $$= 18{,}253{,}835\text{N} = 18{,}253.835\text{kN}$$ |

15.

| ④ | 철근콘크리트구조가 강구조에 비해 처짐 및 진동 등의 사용성(Serviceability)이 우수하다. |

16.

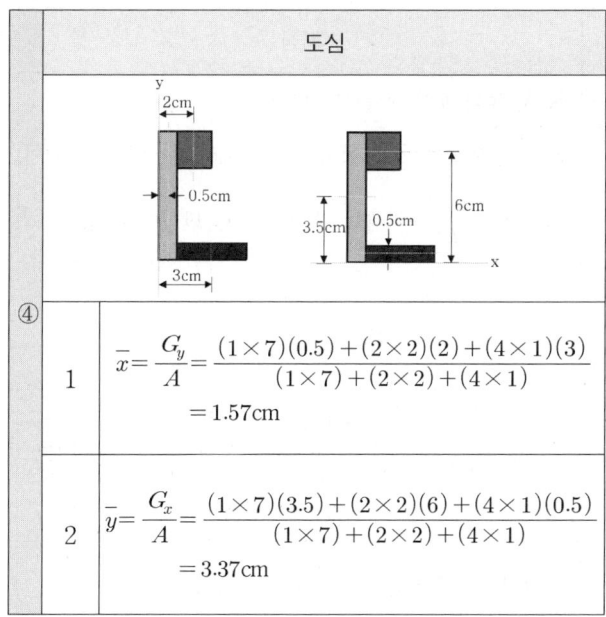

| ④ | 1 | $\bar{x} = \dfrac{G_y'}{A} = \dfrac{(1 \times 7)(0.5) + (2 \times 2)(2) + (4 \times 1)(3)}{(1 \times 7) + (2 \times 2) + (4 \times 1)}$ $= 1.57\text{cm}$ |
| | 2 | $\bar{y} = \dfrac{G_x}{A} = \dfrac{(1 \times 7)(3.5) + (2 \times 2)(6) + (4 \times 1)(0.5)}{(1 \times 7) + (2 \times 2) + (4 \times 1)}$ $= 3.37\text{cm}$ |

17.

| ② | 조립식 구조(Prefabricated Structure) 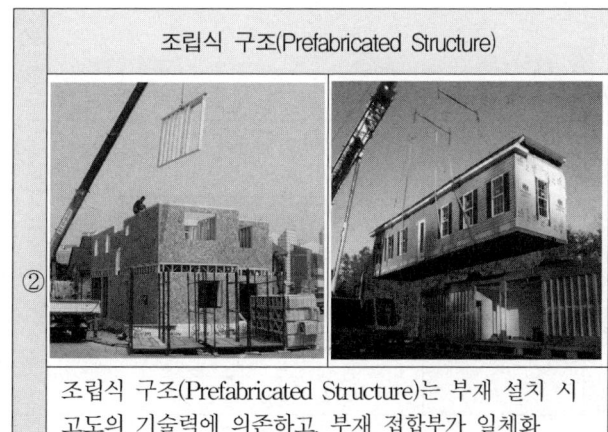 조립식 구조(Prefabricated Structure)는 부재 설치 시 고도의 기술력에 의존하고, 부재 접합부가 일체화 될 수 없는 데에 따른 접합부 강성의 취약이 단점으로 작용한다. |

18.

처짐
폭 b, 높이 h인 직사각형 단면의 경우 단면2차모멘트 $I = \dfrac{bh^3}{12}$ 이므로 폭에 비해 높이가 높은 직사각형 단면이 처짐($\delta = \dfrac{wL^4}{EI}$)에 대해 가장 유리한 단면이 된다.

③

19.

경량콘크리트계수 λ	보통중량 콘크리트	모래경량 콘크리트	전경량 콘크리트
	$\lambda = 1$	$\lambda = 0.85$	$\lambda = 0.75$

콘크리트 공칭전단강도
$V_c = \dfrac{1}{6} \lambda \sqrt{f_{ck}} \cdot b_w \cdot d = \dfrac{1}{6}(0.85)\sqrt{(21)}(300)(550)$
$= 107{,}118\text{N} = 107.118\text{kN}$

②

20.

플랫슬래브 (Flat Slab)	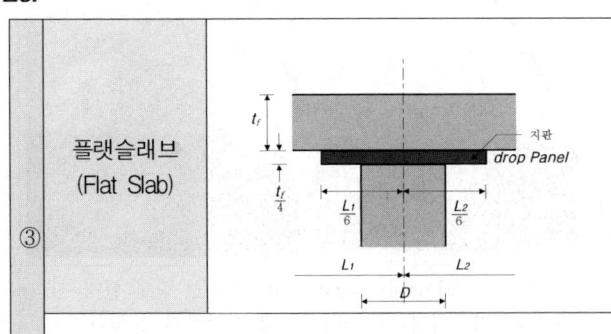
슬래브 아래로 돌출한 지판의 두께는 돌출부를 제외한 슬래브 두께의 $\dfrac{1}{4}$ 이상으로 하여야 한다.	

③

1. ④	2. ②	3. ④	4. ③	5. ②
6. ②	7. ②	8. ①	9. ③	10. ③
11. ④	12. ④	13. ①	14. ①	15. ④
16. ④	17. ②	18. ③	19. ②	20. ③

과년도출제문제 (CBT 시험문제)

23 건축산업기사
2. 23 시행 출제문제

※ 본 기출문제는 수험자의 기억을 바탕으로 하여 복원한 문제이므로 실제 문제와 다를 수 있음을 미리 알려드립니다.

1. 말뚝머리지름이 350mm인 기성콘크리트 말뚝을 시공할 때 그 중심간격으로 가장 적당한 것은?

① 700mm ② 750mm
③ 875mm ④ 1,000mm

2. 그림과 같은 철근콘크리트의 보 설계에서 콘크리트에 의한 전단강도 V_c는? (단, $f_{ck}=24MPa$, $f_y=400MPa$, 경량콘크리트계수 $\lambda=1.0$)

① 150kN
② 180kN
③ 209kN
④ 245kN

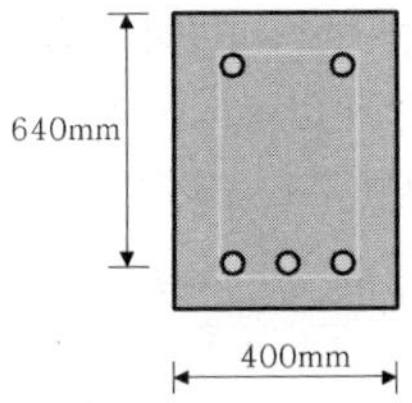

3. 철근콘크리트 부재의 장기처짐에 대한 설명으로 옳은 것은?

① 압축철근비가 클수록 장기처짐은 감소한다.
② 장기처짐은 즉시처짐과 관계가 없다.
③ 장기처짐은 상대습도, 온도 등 제반환경에는 영향을 크게 받으나 부재의 크기에는 영향을 받지 않는다.
④ 시간경과계수의 최대값은 3이다.

4. 강구조 인장재에 관한 설명으로 옳지 않은 것은?

① 대표적인 단면형태로는 강봉, ㄱ형강, T형강이 주로 사용된다.
② 인장재 설계에서 단면결손 부분의 파단은 검토하지 않는다.
③ 부재의 축방향으로 인장력을 받는 구조이다.
④ 현수구조에 쓰이는 케이블이 대표적인 인장재이다.

5. 힘의 개념에 관한 설명으로 옳지 않은 것은?

① 힘은 변위, 속도와 같이 크기와 방향을 갖는 벡터의 하나이며, 3요소는 크기, 작용점, 방향이다.
② 물체에 힘의 작용 시 발생하는 가속도는 힘의 크기에 반비례하고 물체의 질량에 비례한다.
③ 힘은 물체에 작용해서 운동상태에 있는 물체에 변화를 일으키게 할 수 있다.
④ 강체에 힘이 작용하면 작용점은 작용선상의 임의의 위치에 옮겨 놓아도 힘의 효과는 변함없다.

6. 그림과 같은 단면의 x축에 대한 단면계수 Z_x는?

① $100cm^2$
② $100cm^3$
③ $1,000cm^2$
④ $1,000cm^3$

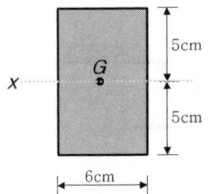

7. 그림과 같은 부정정보에서 A지점으로부터 우측으로 전단력이 0이 되는 위치 x는?

① $\dfrac{3L}{8}$
② $\dfrac{5L}{8}$
③ $\dfrac{L}{2}$
④ $\dfrac{2L}{3}$

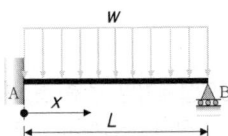

8. 강재의 응력변형도 곡선에 관한 설명으로 틀린 것은?

① 탄성영역은 응력과 변형도가 비례관계를 보인다.
② 파괴영역은 변형도는 증가하지만 응력은 오히려 줄어드는 부분이다.
③ 변형도경화영역은 소성영역 이후 변형도가 증가하면서 응력이 비선형적으로 증가되는 영역이다.
④ 소성영역은 변형률은 증가하지 않고 응력만 증가하는 영역이다.

9. 다음 구조물의 개략적인 휨모멘트도로 옳은 것은?

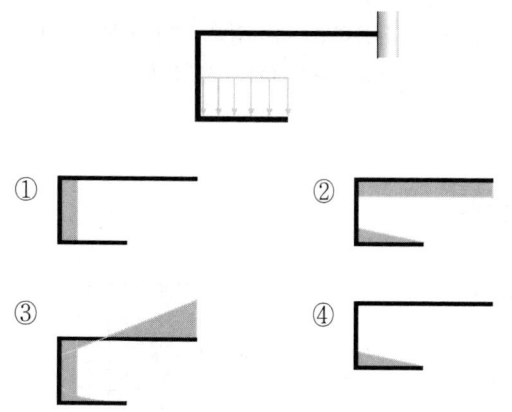

10. 그림과 같은 단순보의 A점에서 전단력이 0이 되는 위치까지의 거리는?

① 5.67m
② 5.5m
③ 2m
④ 5m

11. 강도설계법일 경우 현장치기 콘크리트에서 옥외의 공기나 흙에 직접 접하지 않는 콘크리트 설계기준강도가 $40N/mm^2$ 이상인 기둥의 가능한 최소 피복두께로 적당한 것은?

① 20mm   ② 30mm
③ 40mm   ④ 50mm

12. 그림과 같은 라멘구조에서 C점의 휨모멘트는?

① 1.5kN·m
② 3kN·m
③ 6kN·m
④ 12kN·m

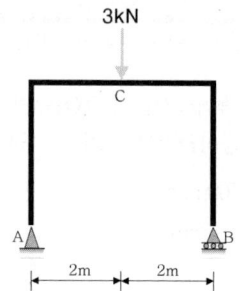

13. 강도설계법에 의한 전단 설계 시 부재축에 직각인 전단철근을 사용할 때 전단철근에 의한 전단강도 V_s는?
(단, s는 전단철근의 간격)

① $V_s = \dfrac{A_v \cdot f_{yt} \cdot s}{d}$ ② $V_s = \dfrac{A_v \cdot s \cdot d}{f_{yt}}$

③ $V_s = \dfrac{s \cdot f_{yt} \cdot d}{A_v}$ ④ $V_s = \dfrac{A_v \cdot f_{yt} \cdot d}{s}$

14. 철근콘크리트구조에서 압축이형철근의 겹침이음길이와 관련 없는 것은?

① 철근의 간격
② 철근의 항복강도
③ 철근의 공칭직경
④ 콘크리트 압축강도

15. 철근콘크리트 보에서 늑근의 사용 목적으로 적절하지 않은 것은?

① 전단력에 의한 전단균열 방지
② 철근조립의 용이성
③ 주철근의 고정
④ 부재의 휨강성 증대

16. 그림과 같은 구조물의 부정정 차수는?

① 1차 부정정
② 2차 부정정
③ 3차 부정정
④ 4차 부정정

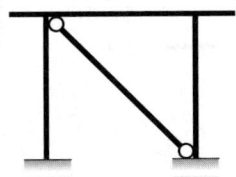

17. 지점 A의 반력의 크기와 방향으로 옳은 것은?

① 하향 2kN
② 상향 2kN
③ 하향 4kN
④ 상향 4kN

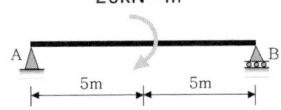

18. 그림과 같은 단순보의 최대 처짐은?
(단, I : 단면2차모멘트, E : 탄성계수)

① $\dfrac{5wI^3}{384EL}$
② $\dfrac{5wI^4}{384EL}$
③ $\dfrac{5wL^3}{384EI}$
④ $\dfrac{5wL^4}{384EI}$

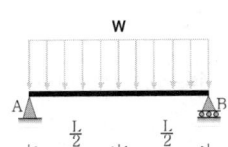

19. 그림과 같은 단면을 가진 보에서 A-A축에 대한 휨강도(Z_A)와 B-B축에 대한 휨강도(Z_B)의 관계를 옳은 것은?

① $Z_A = 1.5Z_B$
② $Z_A = 2.0Z_B$
③ $Z_A = 2.5Z_B$
④ $Z_A = 3.0Z_B$

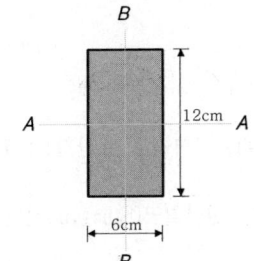

20. 그림과 같이 음영된 부분의 밑변을 지나는 x축에 대한 단면1차모멘트의 값으로 맞는 것은?

① 30cm³
② 60cm³
③ 120cm³
④ 180cm³

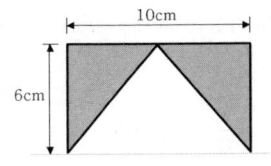

해설 및 정답

1. (1) 2.5D 이상 : 2.5(350)= 875mm 이상
  (2) 기성콘크리트 : 750mm 이상

2. $V_c = \dfrac{1}{6}\lambda\sqrt{f_{ck}} \cdot b_w \cdot d = \dfrac{1}{6}(1.0)\sqrt{(24)}\,(400)(640)$
  $= 209,023\text{N} = 209.023\text{kN}$

3. ② 장기처짐 = 탄성처짐 × λ_Δ
  ③ 처짐은 부재의 크기에 아주 큰 영향을 미친다.
  ④ 시간경과계수 ξ의 최대값은 2이다.

4. ③ $A_n = A_g - n \cdot d \cdot t$ ➡ 인장재의 순단면적(A_n)은 총단면적(A_g)에서 단면결손 부위인 구멍의 면적($n \cdot d \cdot t$)을 뺀 값으로 한다.

5. ② 물체에 힘의 작용 시($F=m \cdot a$) 발생하는 가속도 ($a = \dfrac{F}{m}$)는 힘의 크기(F)에 비례하고 물체의 질량(m)에 반비례한다.

6. $Z_x = \dfrac{bh^2}{6} = \dfrac{(6)(10)^2}{6} = 100\text{cm}^3$

7. (1) $V_A = +\dfrac{5wL}{8}(\uparrow)$
  (2) A지점으로부터 우측으로 x 위치의 전단력
  $V_x = +\left(+\dfrac{5wL}{8}\right) - (w \cdot x) = 0$ 으로부터
  $\therefore x = \dfrac{5L}{8}$

8. ④ 소성영역은 응력은 증가하지 않고 변형도만 증가하는 영역이다.

9.

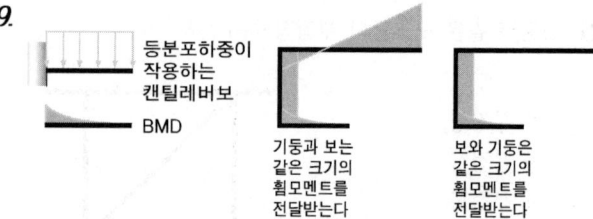

10. $\sum M_B = 0: +(V_A)(10) - (3)(8) - (2\times 2)(4) = 0$
  $\therefore V_A = +4\text{kN}(\uparrow)$ ➡ $\therefore V_B = +3\text{kN}(\uparrow)$

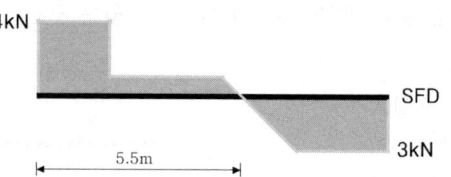

11. (1) 옥외의 공기나 흙에 직접 접하지 않는 콘크리트에서 기둥의 피복두께는 40mm 이다.
  (2) $f_{ck} \geq 40\text{MPa}$ 일 때 10mm 저감 가능하므로 최소피복두께는 30mm이다.

12. (1) 하중 대칭, 경간 대칭이므로
  $V_A = V_B = +\dfrac{3}{2} = +1.5\text{kN}(\uparrow)$
  (2) $M_{C,Left} = +[+(1.5)(2)] = +3\text{kN} \cdot \text{m}(\smile)$

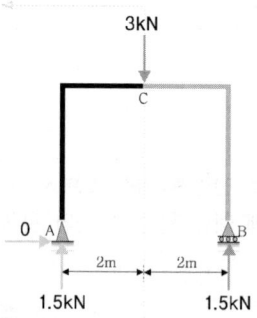

13. (1) 콘크리트 전단강도: $V_c = \dfrac{1}{6}\lambda\sqrt{f_{ck}} \cdot b_w \cdot d$
  (2) 전단철근(Stirrup) 전단강도: $V_s = \dfrac{A_v \cdot f_{yt} \cdot d}{s}$

14. (1) 압축이형철근의 겹침이음길이: $1.3l_d$
(2) 정착길이(l_d)=기본정착길이(l_{db})×보정계수
(3) 기본정착길이: $l_{db} = \dfrac{d_b \cdot f_y}{\lambda\sqrt{f_{ck}}}$

- λ : 경량콘크리트계수
- f_{ck} : 콘크리트의 압축강도
- d_b : 철근 또는 철선의 공칭직경
- f_y : 철근의 항복강도

15. ④ 늑근(Stirrup)은 전단보강철근이며 휨강성의 증대는 인장(주)철근의 역할이다.

16. $N = r + m + f - 2j = (3+3) + (6) + (4) - 2(6) = 4$차
➡ 부정정

17. $\Sigma M_B = 0 : +(V_A)(10) + (20) = 0$
∴ $V_A = -2\text{kN}(\downarrow)$

18.

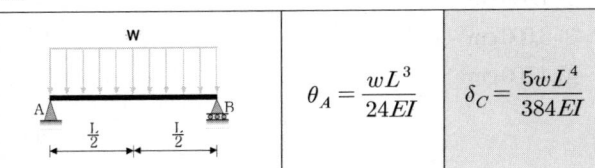

| | $\theta_A = \dfrac{wL^3}{24EI}$ | $\delta_C = \dfrac{5wL^4}{384EI}$ |

19. (1) 휨강도는 단면계수 Z로 비교한다.
(2) $Z_A = \dfrac{(6)(12)^2}{6} = 144\text{cm}^3$, $Z_B = \dfrac{(12)(6)^2}{6} = 72\text{cm}^3$ 이므로
$Z_A = 2Z_B$

20. $G_x = A \cdot \bar{y} = (10 \times 6)(3) - \left(\dfrac{1}{2} \times 10 \times 6\right)(2) = 120\text{cm}^3$

1. ③	2. ③	3. ①	4. ②	5. ②
6. ②	7. ②	8. ④	9. ③	10. ②
11. ②	12. ②	13. ④	14. ①	15. ④
16. ④	17. ①	18. ④	19. ②	20. ③

과년도출제문제 (CBT 시험문제)

23 건축산업기사
5. 14 시행 출제문제

※ 본 기출문제는 수험자의 기억을 바탕으로 하여 복원한 문제이므로 실제 문제와 다를 수 있음을 미리 알려드립니다.

1. 그림과 같은 단면의 도심 G를 지나고 밑변에 나란한 x축에 대한 단면2차모멘트의 값은?

① 5,608cm⁴
② 5,628cm⁴
③ 6,608cm⁴
④ 6,628cm⁴

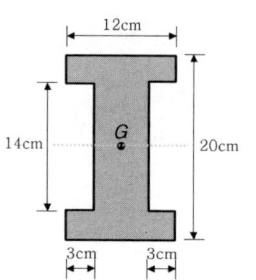

2. 그림과 같은 겔버보(Gerber Beam)에서 A점의 휨모멘트는?

① 24kN·m
② 28kN·m
③ 30kN·m
④ 32kN·m

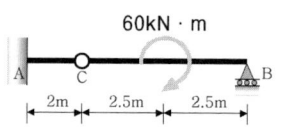

3. 그림과 같은 단순보에서 A지점의 수직반력은?

① 3kN(↑)
② 4kN(↑)
③ 5kN(↑)
④ 6kN(↑)

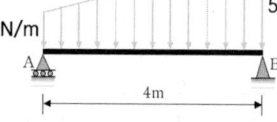

4. 그림과 같은 단면을 가지는 직사각형 보의 철근비는? (단, 철근 3-D16 = 597mm²)

① 0.0065
② 0.0070
③ 0.0075
④ 0.0080

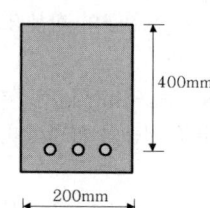

5. 재료의 허용응력 $\sigma_b = 6\text{MPa}$인 보에 18kN·m의 휨모멘트가 작용할 때 단면계수로서 적당한 값은?

① 1,500 cm³
② 1,800 cm³
③ 3,000 cm³
④ 4,500 cm³

6. 그림과 같은 부정정보에서 보 중앙의 휨모멘트는? (단, 보의 EI는 일정하다.)

① 0.10kN·m
② 0.15kN·m
③ 0.20kN·m
④ 0.25kN·m

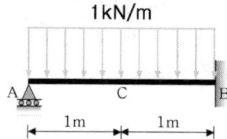

7. 경간의 길이가 4m인 단순지지된 1방향 슬래브의 처짐을 계산하지 않는 경우의 최소두께는? (단, 리브가 없는 슬래브, $f_y = 400\text{MPa}$)

① 200mm
② 220mm
③ 235mm
④ 250mm

8. 그림과 같은 구조물의 부정정 차수는?

① 1차
② 2차
③ 3차
④ 4차

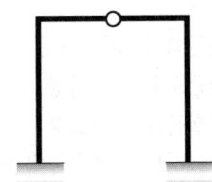

9. 기초 지반면에 일어나는 최대 응력은?

① 0.15 MPa
② 0.18 MPa
③ 0.21 MPa
④ 0.25 MPa

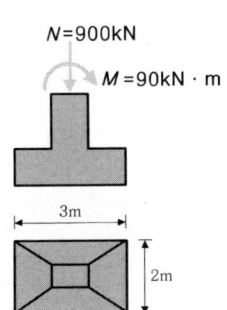

10. 기초판의 최대 계수휨모멘트를 계산할 때의 위험단면에 대한 설명으로 틀린 것은?

① 콘크리트 벽체를 지지하는 기초판은 벽체의 외면
② 콘크리트 기둥, 주각을 지지하는 기초판은 기둥, 주각의 중심
③ 조적조 벽체를 지지하는 기초판은 벽체 중심과 단부 사이의 중간
④ 강재 밑판을 갖는 기둥을 지지하는 기초판은 기둥 외측면과 강재 밑판 사이의 중간

11. 기초의 지정형식에 따른 분류에서 속하지 않는 것은?

① 복합기초   ② 직접기초
③ 독립기초   ④ 연속기초

12. 강재의 응력변형도 곡선에 관한 설명으로 틀린 것은?

① 탄성영역은 응력과 변형도가 비례관계를 보인다.
② 소성영역은 변형률은 증가하지 않고 응력만 증가하는 영역이다.
③ 변형도경화영역은 소성영역 이후 변형도가 증가하면서 응력이 비선형적으로 증가되는 영역이다.
④ 파괴영역은 변형도는 증가하지만 응력은 오히려 줄어드는 부분이다.

13. 강구조에서 규정된 별도의 설계하중이 없는 경우 접합부의 최소 설계강도 기준은? (단, 연결재, 새그로드 또는 띠장은 제외)

① 30kN 이상
② 35kN 이상
③ 40kN 이상
④ 45kN 이상

14. 철근 직경(d_b)에 따른 표준갈고리의 구부림 최소 내면반지름 기준으로 틀린 것은?

① D13 주철근: $2d_b$ 이상
② D25 주철근: $3d_b$ 이상
③ D13 띠철근: $2d_b$ 이상
④ D16 띠철근: $2d_b$ 이상

15. 강재의 기계적 성질과 관련된 응력변형도 곡선에서 가장 먼저 나타나는 것은?

① 비례한계점
② 탄성한계점
③ 상위항복점
④ 하위항복점

16. 그림과 같은 캔틸레버 구조에서 고정단 A점의 최대 휨모멘트는?

① 120kN·m
② 160kN·m
③ 200kN·m
④ 240kN·m

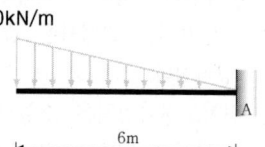

17. 힘의 개념에 관한 설명으로 옳지 않은 것은?

① 힘은 변위, 속도와 같이 크기와 방향을 갖는 벡터의 하나이며, 3요소는 크기, 작용점, 방향이다.
② 힘은 물체에 작용해서 운동상태에 있는 물체에 변화를 일으키게 할 수 있다.
③ 물체에 힘의 작용 시 발생하는 가속도는 힘의 크기에 반비례하고 물체의 질량에 비례한다.
④ 강체에 힘이 작용하면 작용점은 작용선상의 임의의 위치에 옮겨 놓아도 힘의 효과는 변함없다.

18. 그림과 같은 L형 단면의 도심 위치 $\bar{y}$는?

① 2.6cm
② 3.5cm
③ 4.2cm
④ 5.8cm

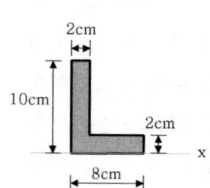

19. 콘크리트의 공칭전단강도(V_c)가 30kN, 전단보강근에 의한 공칭전단강도(V_s)가 20kN일 때 계수전단력(V_u)으로 옳은 것은?

① 45 kN
② 37.5 kN
③ 54 kN
④ 60 kN

20. 철근콘크리트 보에서 늑근의 사용 목적으로 적절하지 않은 것은?

① 전단력에 대한 보강
② 철근조립의 용이성
③ 주철근의 위치고정
④ 콘크리트 건조수축에 의한 균열 방지

해설 및 정답

1. $I_x = \dfrac{(12)(20)^3}{12} - \dfrac{(3)(14)^3}{12} \times 2개 = 6,628\text{cm}^4$

2.

① CB구간: $V_B = +\dfrac{60}{5} = +12\text{kN}(\uparrow)$,

$V_C = -\dfrac{60}{5} = -12\text{kN}(\downarrow)$

AC구간: $V_A = -12\text{kN}(\downarrow)$,

$M_{A,Right} = -[-(12)(2)] = +24\text{kN}\cdot\text{m}\ (\smile)$

3.

④ 사다리꼴 분포하중을 2kN/m 높이의 직사각형 분포하중과 3kN/m 높이의 삼각형 분포하중으로 나누어 계산한다.

$\Sigma M_B = 0 : +(V_A)(4) - (2 \times 4)(2)$
$\quad -\left(\dfrac{1}{2} \times 3 \times 4\right)\left(\dfrac{4}{3}\right) = 0$

$\therefore V_A = +6\text{kN}(\uparrow)$

4. $\rho = \dfrac{A_s}{b \cdot d} = \dfrac{(597)}{(200)(400)} = 0.00746$

5. $\sigma_b = \dfrac{M}{Z} \leq \sigma_{allow}$ 으로부터

$Z \geq \dfrac{M}{\sigma_{allow}} = \dfrac{(18 \times 10^6)}{(6)} = 3 \times 10^6 \text{mm}^3 = 3,000\text{cm}^3$

6.

④

	V_A	M_B
(그림)	$+\dfrac{3wL}{8}(\uparrow)$	$+\dfrac{wL^2}{8}\ (\curvearrowleft)$

(1) $V_A = +\dfrac{3wL}{8} = +\dfrac{3(1)(2)}{8} = +0.75\text{kN}(\uparrow)$

(2) $M_{C,Left} = +[+(V_A)(1) - (1 \times 1)(0.5)]$
$\qquad = +0.25\text{kN}\cdot\text{m}\ (\smile)$

7.

부재	처짐을 계산하지 않는 경우 최소두께 (h_{min})			
	단순지지	1단연속	양단연속	캔틸레버
1방향 슬래브	$\dfrac{l}{20}$	$\dfrac{l}{24}$	$\dfrac{l}{28}$	$\dfrac{l}{10}$

① $h_{min} = \dfrac{l}{20} = \dfrac{(4,000)}{20} = 200\text{mm}$

8. $N = r + m + f - 2j = (3+3) + (4) + (2) - 2(5) = 2$차

9. $\sigma_{max} = -\dfrac{N}{A} - \dfrac{M}{Z} = -\dfrac{(900)}{(2 \times 3)} - \dfrac{(90)}{\dfrac{(2)(3)^2}{6}} = -180\text{kN/m}^2$

$= -180\text{kPa} = -0.18\text{MPa}$

10. ② 콘크리트 기둥, 주각을 지지하는 기초판은 기둥, 주각의 외면

11.

② 기초판 형식에 의한 기초구조 분류

독립기초	연속기초
복합기초	온통기초

12. ② 소성영역은 응력은 증가하지 않고 변형도만 증가하는 영역이다.

13. ④ 접합부의 설계강도는 45kN 이상이어야 한다. 다만, 연결재, 새그로드 또는 띠장은 제외한다.

14. ① D13 주철근: $3d_b$ 이상

주철근 직경	구부림 내면반지름
D10~D25	$3d_b$ 이상
D29~D35	$4d_b$ 이상
D38 이상	$5d_b$ 이상

15. ① 비례한계점 ➡ 탄성한계점 ➡ 상위항복점 ➡ 하위항복점

16. $M_{A,Left} = +[-\left(\frac{1}{2} \times 20 \times 6\right)(4)] = -240\text{kN} \cdot \text{m}\ (\frown)$

17. ③ 물체에 힘의 작용 시($F = m \cdot a$) 발생하는 가속도 ($a = \frac{F}{m}$)는 힘의 크기(F)에 비례하고 물체의 질량(m)에 반비례한다.

18. $\bar{y} = \frac{G_x}{A} = \frac{(2 \times 10)(5) + (6 \times 2)(1)}{(2 \times 10) + (6 \times 2)} = 3.5\text{cm}$

19. $V_u = \phi V_n = \phi(V_c + V_s) = (0.75)[(30) + (20)] = 37.5\text{kN}$

20. ④ 늑근(Stirrup)은 전단보강철근이며 콘크리트 건조수축에 의한 균열 방지는 수축온도철근의 역할이다.

1. ④	2. ①	3. ④	4. ③	5. ③
6. ④	7. ①	8. ②	9. ②	10. ②
11. ②	12. ②	13. ④	14. ①	15. ①
16. ④	17. ③	18. ②	19. ②	20. ④

과년도출제문제 (CBT 시험문제)

23 건축산업기사
7. 8 시행 출제문제

※ 본 기출문제는 수험자의 기억을 바탕으로 하여 복원한 문제이므로 실제 문제와 다를 수 있음을 미리 알려드립니다.

1. 다음과 같은 철근콘크리트 반T형보의 유효폭으로 옳은 것은? (단, 보 경간은 6m)

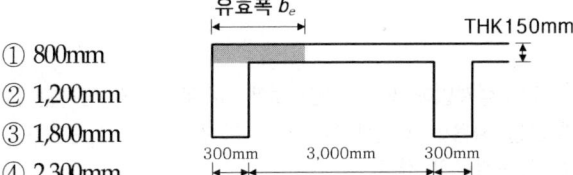

① 800mm
② 1,200mm
③ 1,800mm
④ 2,300mm

2. 다음 그림과 같은 고장력 볼트 접합부의 설계미끄럼강도는?

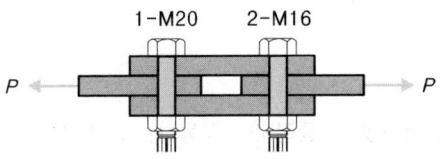

- 미끄럼계수: 0.5
- 표준구멍
- M16의 설계볼트장력 $T_o = 106$kN
- M20의 설계볼트장력 $T_o = 165$kN
- 설계미끄럼강도식: $\phi R_n = \phi \cdot \mu \cdot h_f \cdot T_o \cdot N_s$

① 148kN ② 165kN
③ 184kN ④ 212kN

3. 그림과 같은 캔틸레버보에서 자유단의 처짐값으로 옳은 것은? (단, 부재 전 단면의 EI는 같다.)

① $\dfrac{PL^2}{2EI}$
② $\dfrac{PL^2}{3EI}$
③ $\dfrac{PL^3}{2EI}$
④ $\dfrac{PL^3}{3EI}$

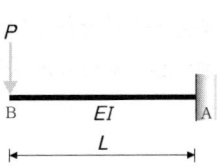

4. 다음 강구조의 기술 중 옳지 않은 것은?

① 춤이 높고 폭이 작을수록 횡좌굴이 일어나기 쉽다.
② 횡좌굴은 휨모멘트로 인한 압축응력과 관계가 있다.
③ 보의 설계에서 횡좌굴은 고려하지 않아도 된다.
④ 같은 단면이라도 사용방법에 따라 횡좌굴이 일어나기도 하고 일어나지 않기도 한다.

5. 그림과 같은 삼각형의 밑변을 지나는 x축에 대한 단면2차모멘트는?

① 607,500cm^4
② 1,215,000cm^4
③ 1,822,500cm^4
④ 3,645,000cm^4

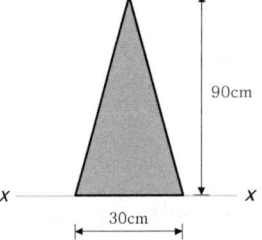

6. 그림과 같이 B단이 활절(Hinge)로 된 막대에 상향 10kN, 하향 30kN이 작용하여 평형을 이룬다면 A점으로부터 30kN이 작용하는 점까지의 거리 x는 얼마이어야 하는가? (단, 막대의 자중은 무시한다.)

① 1.0m
② 1.5m
③ 2.0m
④ 2.5m

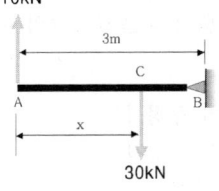

7. 그림과 같은 보의 A단에 모멘트 $M = 80\text{kN} \cdot \text{m}$가 작용할 때 B단에 발생하는 고정단 모멘트의 크기는?

① 20 kN · m
② 40 kN · m
③ 60 kN · m
④ 80 kN · m

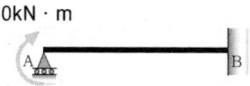

8. 그림과 같은 단순보에서 B지점의 수직반력은?

① $\dfrac{wL}{8}$
② $\dfrac{wL}{4}$
③ $\dfrac{3wL}{8}$
④ $\dfrac{3wL}{4}$

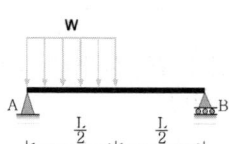

9. 철근콘크리트 구조의 특징에 대한 설명으로 옳지 않은 것은?

① 철근과 콘크리트는 선팽창계수가 거의 같다.
② 콘크리트는 철근이 녹스는 것을 방지한다.
③ 자체 중량은 크지만 시공과 강도계산이 간단하다.
④ 보의 압축응력은 콘크리트가 부담하고, 인장응력은 철근이 부담한다.

10. 그림과 같은 구조물의 부정정 차수는?

① 1차 부정정
② 2차 부정정
③ 3차 부정정
④ 4차 부정정

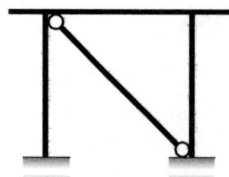

11. 철근콘크리트 보에서 인장철근비가 균형철근비보다 큰 경우에 발생될 수 있는 현상은?

① 인장측 철근이 콘크리트보다 먼저 허용응력에 도달한다.
② 중립축이 상부로 올라간다.
③ 연성파괴가 나타난다.
④ 콘크리트의 압축파괴가 나타난다.

12. 강도설계법에 의한 전단 설계 시 부재축에 직각인 전단 철근을 사용할 때 전단철근에 의한 전단강도 V_s는? (단, s는 전단철근의 간격)

① $V_s = \dfrac{A_v \cdot f_{yt} \cdot s}{d}$
② $V_s = \dfrac{A_v \cdot s \cdot d}{f_{yt}}$
③ $V_s = \dfrac{s \cdot f_{yt} \cdot d}{A_v}$
④ $V_s = \dfrac{A_v \cdot f_{yt} \cdot d}{s}$

13. 그림의 보에서 중립축에 작용하는 최대 전단응력도는?

① 0.275MPa
② 0.325MPa
③ 0.375MPa
④ 0.425MPa

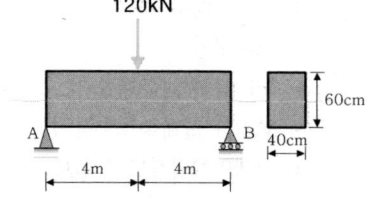

14. 철근콘크리트 보에서 철근과 콘크리트간의 부착력이 부족할 때 부착력을 증가시키는 방법으로서 가장 적절한 것은?

① 고강도 철근을 사용한다.
② 콘크리트의 물시멘트비를 증가시킨다.
③ 인장철근의 주장을 증가시킨다.
④ 인장철근의 단면적을 증가시킨다.

15. 그림은 단순보 임의점에 집중하중 1개가 작용하였을 때의 전단력도를 나타낸 것이다. C점의 휨모멘트는 얼마인가?

① 0
② 105kN·m
③ 210kN·m
④ 245kN·m

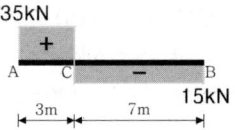

16. 그림과 같이 기초의 지반반력이 될 때 기초의 길이 L은?

① 1.5m
② 2.0m
③ 2.5m
④ 3.0m

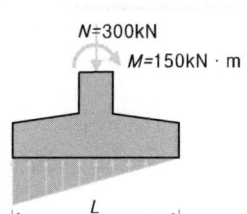

17. 강구조 기둥의 주각에 관한 설명 중 틀린 것은?

① 기둥의 응력이 크면 윙플레이트, 접합앵글, 리브 등으로 보강하여 응력의 분산을 도모한다.
② 앵커볼트는 기초콘크리트에 매입되어 주각부의 이동을 방지하는 역할을 한다.
③ 주각은 조건에 관계없이 고정으로만 가정하여 응력을 산정한다.
④ 축방향력이나 휨모멘트는 베이스플레이트 저면의 압축력이나 앵커볼트의 인장력에 의해 전달된다.

18. 다음 그림과 같은 철근콘크리트 보에서 처짐을 계산하지 않아도 되는 경우의 보의 최소두께는 얼마인가?
(단, 단위질량 $m_c = 2,300 \text{kg/m}^3$인 보통중량콘크리트이며 $f_{ck} = 27\text{MPa}$, $f_y = 400\text{MPa}$)

① 385mm
② 324mm
③ 297mm
④ 286mm

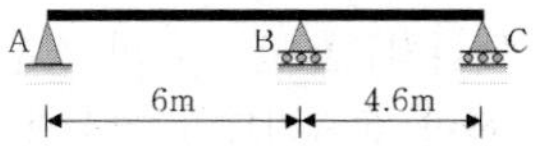

19. 철근콘크리트구조에서 하중에 의해 요구되는 단면보다 큰 단면으로 설계된 압축부재의 경우, 감소된 유효단면적을 사용하여 최소철근량과 설계강도를 결정할 수 있다. 이때 감소된 유효단면적은 전체 단면적의 얼마 이상이어야 하는가?

① 1/2
② 1/3
③ 1/4
④ 1/5

20. 그림과 같은 삼각형 단면에서 도심축 x에 대한 단면2차반경은?

① 3.54cm
② 4.67cm
③ 5.86cm
④ 6.52cm

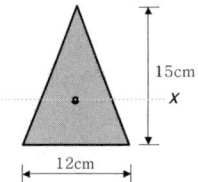

해설 및 정답

1. (1), (2), (3) 중 최소값
 (1) $6t_f + b_w = 6(150) + 300 = 1,200 \text{mm}$
 (2) $\left(\text{인접 보와의 내측거리의 } \dfrac{1}{2}\right) + b_w$
  $= (3,000) \times \dfrac{1}{2} + (300) = 1,800 \text{mm}$
 (3) $\left(\text{보의 경간의 } \dfrac{1}{12}\right) + b_w$
  $= (6,000) \times \dfrac{1}{12} + (300) = 800 \text{mm}$

2. (1) 표준구멍 $\phi=1$, 미끄럼계수 $\mu=0.5$, 필러를 사용하지 않은 경우이므로 $h_f=1$, 전단면의 수가 2이므로 $N_s=2$를 적용한다.
 (2) 고장력볼트 접합부 설계미끄럼강도: ①, ② 중 작은값
  ① $\phi R_n = \phi \cdot \mu \cdot h_f \cdot T_o \cdot N_s$
   $= (1)(0.5)(1)(165)(2) \times 1개 = 165\text{kN}$
  ② $\phi R_n = \phi \cdot \mu \cdot h_f \cdot T_o \cdot N_s$
   $= (1)(0.5)(1)(106)(2) \times 2개 = 212\text{kN}$

3.

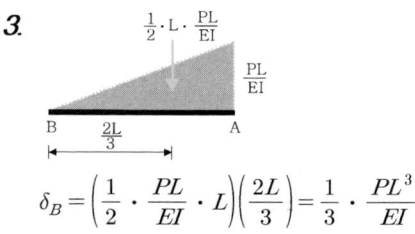

$\delta_B = \left(\dfrac{1}{2} \cdot \dfrac{PL}{EI} \cdot L\right)\left(\dfrac{2L}{3}\right) = \dfrac{1}{3} \cdot \dfrac{PL^3}{EI}$

4. ③ 춤이 높고 폭이 좁은 H형강보의 경우, 휨모멘트가 어떤 한계값에 도달하면 보의 압축측 플랜지가 갑자기 하중면의 직각방향으로 횡좌굴(Lateral Buckling)이 생기면서 동시에 비틀림이 발생하게 된다. 보의 설계에서 횡좌굴은 반드시 고려되어야 한다.

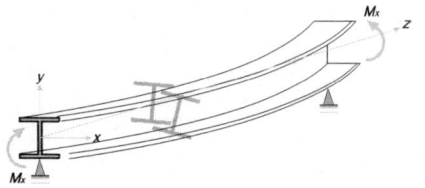

5. $I_x = \dfrac{(30)(90)^3}{36} + \left(\dfrac{1}{2} \cdot 30 \cdot 90\right)(30)^2 = 1,822,500 \text{cm}^4$

6. (1) $\Sigma V = 0: +(10) - (30) + (V_B) = 0$
  $\therefore V_B = +20\text{kN}(\uparrow)$
 (2) $\Sigma M_A = 0: +(30)(x) - (20)(3) = 0$
  $\therefore x = 2\text{m}$

7.

	V_A	M_B
	$-\dfrac{3M}{2L}(\downarrow)$	$+\dfrac{M}{2}(\curvearrowleft)$

$M_B = +\dfrac{(80)}{2} = +40 \text{kN} \cdot \text{m}(\curvearrowleft)$

8. $\Sigma M_A = 0: -(V_B)(L) + \left(w \cdot \dfrac{L}{2}\right)\left(\dfrac{L}{4}\right) = 0$
  $\therefore V_B = +\dfrac{1}{8}wL(\uparrow)$

9. ③ 철근콘크리트 구조는 균질시공이 매우 어렵고 강도계산을 위한 많은 가정들이 내포되어 있으므로 설계가 어려운 편이다.

10. $N = r + m + f - 2j = (3+3) + (6) + (4) - 2(6) = 4차$
 ➡ 부정정

11.

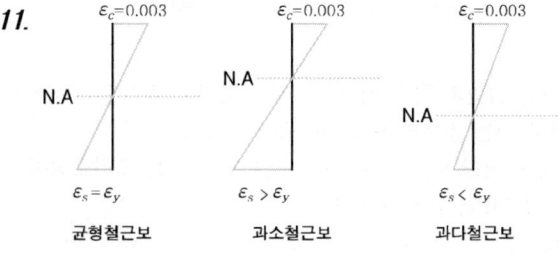

④ 과다철근보($\rho_t > \rho_b$)의 경우는 중립축이 인장측으로 하향하여 콘크리트의 취성파괴가 일어나므로 매우 위험한 상태가 된다.

12.

전단철근 공칭전단강도[N]	$BV_s = \dfrac{A_v \cdot f_{yt} \cdot d}{s}$
	• A_v : 전단철근의 면적[mm^2]
	• f_{yt} : 전단철근의 항복강도[MPa]
	• s : 스터럽의 간격[mm]
	• d : 보의 유효깊이[mm]

13. (1) $V_{\max} = V_A = V_B = \dfrac{120}{2} = 60\text{kN}$

(2) $\tau_{\max} = k \cdot \dfrac{V}{A} = 0.375\text{N/mm}^2 = 0.375\text{MPa}$

14. ③ 동일 단면적일 때 이형철근의 주장(=둘레길이)을 증가시키는 것이 가장 효과적이다. 즉, 철근의 직경이 굵은 것보다 가는 것을 여러 개 사용하는 것이 부착성능을 개선시키는 효과적 조치가 된다.

15. 임의 위치에서의 휨모멘트는 그 위치의 좌측 또는 우측 한 쪽의 전단력도 면적과 같다.

$M_{C,Left} = 3 \times 35 = 105\text{kN} \cdot \text{m}$

$M_{C,Right} = 7 \times 15 = 105\text{kN} \cdot \text{m}$

16. (1) 편심거리: $e = \dfrac{M}{N} = \dfrac{(0.15)}{(0.3)} = 0.5\text{m}$

(2) 단면의 핵거리: $e \leq \dfrac{L}{6} = 0.5\text{m}$ 이므로

∴ $L \geq 3.0\text{m}$

17.

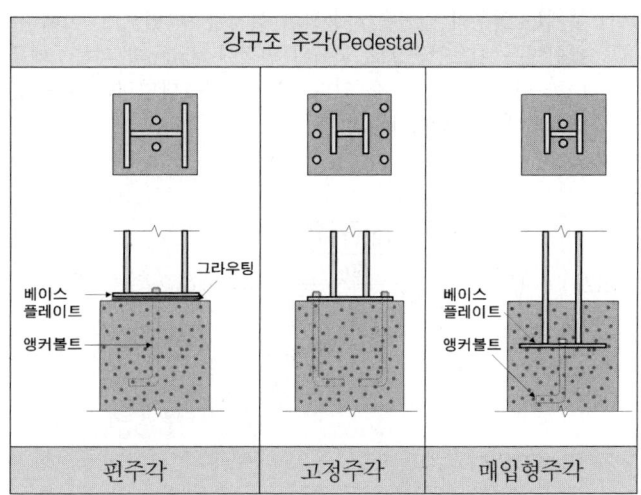

강구조 주각(Pedestal)		
핀주각	고정주각	매입형주각

③ 보통의 경우 주각을 핀으로 가정해서 설계함이 무난하지만, 주각을 고정으로 하고자 하면 베이스 플레이트(Base Plate) 위에 윙플레이트(Wing Plate), 접합 앵글(Clip Angle), 리브(Rib) 등으로 베이스플레이트의 변형을 막아야 한다.

18.

부 재	처짐을 계산하지 않는 경우 보의 최소두께 ($h_{\min}$)			
	단순지지	1단연속	양단연속	캔틸레버
보 리브가 있는 1방향 슬래브	$\dfrac{l}{16}$	$\dfrac{l}{18.5}$	$\dfrac{l}{21}$	$\dfrac{l}{8}$

(1) 보통중량콘크리트, $f_y = 400\text{MPa}$이므로 보정값을 적용할 필요가 없다.

(2) 1단 연속보 $h_{\min} = \dfrac{l}{18.5}$ 규정이며, 경간의 길이가 다른 경우 긴 경간이 지배한다.

∴ $h_{\min} = \dfrac{(6,000)}{18.5} = 324.324\text{mm}$

19. ① 하중에 비해 지나치게 큰 단면을 갖도록 설계된 압축부재는 일부의 단면을 사용하여 설계될 수 있으며, 이때 유효단면은 횡보강근으로 구획된 면적에 40mm의 피복두께를 더한 면적으로 취할 수 있다. 감소된 유효단면적은 전체 단면적의 1/2 이상이어야 한다.

20. $r = \sqrt{\dfrac{I_x}{A}} = \sqrt{\dfrac{\dfrac{(12)(15)^3}{36}}{\left(\dfrac{1}{2} \times 12 \times 15\right)}} = 3.54\text{cm}$

1. ①	2. ②	3. ④	4. ③	5. ③
6. ③	7. ②	8. ①	9. ③	10. ④
11. ④	12. ④	13. ③	14. ③	15. ②
16. ④	17. ③	18. ②	19. ①	20. ①

과년도출제문제 (CBT 시험문제)

24 건축산업기사
2. 15 시행 출제문제

※ 본 기출문제는 수험자의 기억을 바탕으로 하여 복원한 문제이므로 실제 문제와 다를 수 있음을 미리 알려드립니다.

1. 연약지반에 기초구조를 적용할 때 부동침하를 감소시키기 위한 상부구조의 대책으로 옳지 않은 것은?
   ① 폭이 일정할 경우 건물의 길이를 길게 할 것
   ② 건물을 경량화 할 것
   ③ 강성을 크게 할 것
   ④ 부분 증축을 가급적 피할 것

2. 그림과 같은 구조물에서 절점A에 18kN·m가 작용할 때 B단의 재단모멘트 값을 구하면?
   (단, 부재의 길이와 단면은 동일하다.)
   ① 2.5kN·m
   ② 3kN·m
   ③ 4kN·m
   ④ 12kN·m

   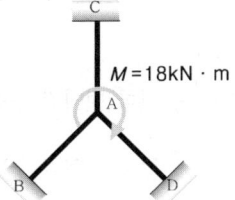

3. 등분포하중을 받는 단순보 중앙점의 탄성처짐에 관한 설명 중 옳은 것은?
   ① 처짐은 스팬의 제곱에 반비례한다.
   ② 처짐은 단면2차모멘트에 비례한다.
   ③ 처짐은 단면의 형상과는 상관이 없고, 재질에만 관계된다.
   ④ 처짐은 탄성계수에 반비례한다.

4. 그림과 같은 구조용 강재의 단면2차반경이 20mm일 때 세장비(λ)는?
   ① 100
   ② 200
   ③ 350
   ④ 500

   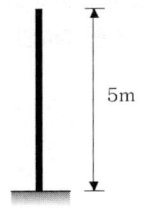

5. 철근콘크리트 기둥에서 띠철근의 구조적 역할에 관한 설명 중 가장 부적절한 것은?
   ① 수평력에 대한 전단보강의 작용을 한다.
   ② 건조수축에 의한 변형을 제한한다.
   ③ 주철근을 정해진 위치에 고정시킨다.
   ④ 주철근의 좌굴을 억제한다.

6. 극한강도설계법에서 $V_s = 210$kN, $d = 500$mm, $f_{yt} = 300$MPa, $A_v = 254$mm²(U형, 2-D13)일 때 수직스터럽의 간격으로 가장 적당한 것은?
   ① 150mm
   ② 180mm
   ③ 200mm
   ④ 250mm

7. 그림과 같은 단면을 가진 보에서 A-A축에 대한 휨강도(Z_A)와 B-B축에 대한 휨강도(Z_B)의 관계를 옳은 것은?
   ① $Z_A = 1.5 Z_B$
   ② $Z_A = 2.0 Z_B$
   ③ $Z_A = 2.5 Z_B$
   ④ $Z_A = 3.0 Z_B$

   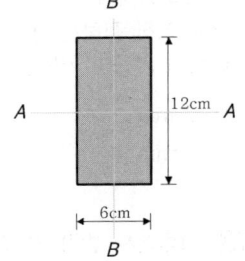

8. 철근콘크리트 강도설계법에서 처짐을 계산하지 않는 경우, 단순지지된 보의 최소 두께(h_{min})를 구하면? (단, 보의 길이 6m, 보통중량콘크리트 사용, $f_y = 400$MPa)
   ① 312.5mm
   ② 375.0mm
   ③ 412.6mm
   ④ 432.8mm

9. 다음 중 구조물의 내진보강 대책으로 적합하지 않은 것은?
① 구조물의 강도를 증가시킨다.
② 구조물의 연성을 증가시킨다.
③ 구조물의 중량을 증가시킨다.
④ 구조물의 감쇠를 증가시킨다.

10. 강재의 기계적 성질과 관련된 응력변형도 곡선에서 가장 먼저 나타나는 것은?
① 비례한계점
② 탄성한계점
③ 상위항복점
④ 하위항복점

11. 길이 10m, 단면 3cm×3cm인 정사각형 단면의 강재에 인장력이 작용하여 길이가 0.6cm, 폭 0.0006cm 변형되었다. 이 때 강재의 푸아송비는?
① $\frac{1}{2}$
② $\frac{1}{3}$
③ $\frac{1}{3.5}$
④ $\frac{1}{4}$

12. 강도설계법일 경우 현장치기 콘크리트에서 옥외의 공기나 흙에 직접 접하지 않는 콘크리트 설계기준강도가 40N/mm² 이상인 기둥의 가능한 최소 피복두께로 적당한 것은?
① 20mm
② 30mm
③ 40mm
④ 50mm

13. 그림에서 반력 R_C가 0이 되려면 B점의 집중하중 P는 몇 kN인가?
① 30 kN
② 60 kN
③ 90 kN
④ 120 kN

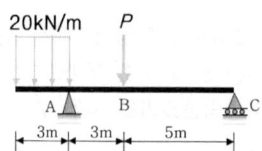

14. 철근콘크리트구조에서 철근 가공 시 표준갈고리에 관한 설명으로 틀린 것은?
① 주철근의 표준갈고리는 90° 표준갈고리와 180° 표준갈고리가 있다.
② 주철근의 90° 표준갈고리는 구부린 끝에서 $12d_b$ 이상 더 연장하여야 한다.
③ 띠철근과 스터럽의 표준갈고리는 60° 표준갈고리와 90° 표준갈고리가 있다.
④ D25 이하의 철근으로 135° 표준갈고리를 만드는 경우, 구부린 끝에서 $6d_b$ 이상 더 연장하여야 한다.

15. 플랫플레이트가 큰 하중을 받을 때 기둥 주변에서 뚫림전단(Punching Shear)의 위험이 생긴다. 뚫림전단을 검토하는 위치로서 적당한 것은? (단, d는 슬래브의 유효두께)
① 기둥면 주변
② 기둥면에서 $\frac{d}{2}$ 만큼 떨어진 주변
③ 기둥면에서 $\frac{d}{4}$ 만큼 떨어진 주변
④ 기둥면에서 d 떨어진 주변

16. 그림과 같은 라멘의 A점의 휨모멘트는?
① 42kN·m
② 52kN·m
③ 62kN·m
④ 72kN·m

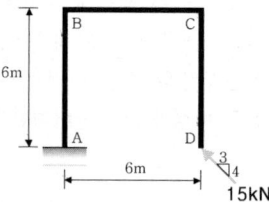

17. 보의 자중이 1.0kN/m이고, 적재하중이 1.2kN/m인 등분포하중을 받는 스팬 6m인 단순보의 설계용 휨모멘트의 크기는?
① 11.04kN·m
② 12.04kN·m
③ 13.04kN·m
④ 14.04kN·m

18. 강구조 고장력볼트 접합에서 표준볼트장력은 설계볼트장력의 몇 배로 조임을 실시하는가?
① 1.1배 ② 1.2배
③ 1.3배 ④ 1.4배

19. 그림과 같은 구조물의 판별은?

① 정정
② 불안정
③ 1차 부정정
④ 2차 부정정

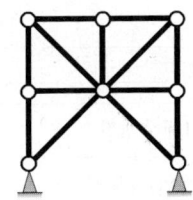

20. 건축물의 평면구조형식과 구조 종별에 대한 관계를 나타낸 것으로 옳은 것은?
① 트러스 구조는 현장타설 철근콘크리트구조와 목구조로 건축할 수 있다.
② 튜브구조는 현장타설 철근콘크리트구조와 철골구조로 건축할 수 있다.
③ 절판구조는 철근콘크리트구조로만 건축할 수 있다.
④ 스페이스 프레임 구조는 현장타설 철근콘크리트구조로 건축할 수 있다.

해설 및 정답

1. ① 건물의 길이를 짧게, 인접건물과의 이격거리는 길게 하는 것이 부동침하 방지대책이다.

2. (1) 분배모멘트:
$$M_{AB} = M_A \cdot DF_{AB} = +(18)\left(\frac{1}{1+1+1}\right) = +6\text{kN}\cdot\text{m}(\curvearrowright)$$
(2) 전달모멘트: $M_{BA} = \frac{1}{2}M_{AB} = \frac{1}{2}(+6) = +3\text{kN}\cdot\text{m}(\curvearrowright)$

3. ① 스팬(L)의 4제곱에 비례한다.
② 단면2차모멘트(I)에 반비례한다.
③ 단면의 형상(I)과 재질(E)에 관계된다.

4. 1단 자유, 1단 고정: $K = 2.0$
➡ 세장비: $\lambda = \dfrac{KL}{r} = \dfrac{(2.0)(5,000)}{(20)} = 500$

5. 띠철근의 역할
(1) 주철근 좌굴방지 ➡ 주목적
(2) 수평력에 대한 전단보강
(3) 주철근의 위치 고정
(4) 피복두께 유지

6. 전단철근 공칭전단강도 $V_s = \dfrac{A_v \cdot f_{yt} \cdot d}{s}$ 로부터
➡ $s = \dfrac{A_v \cdot f_{yt} \cdot d}{V_s} = \dfrac{(254)(300)(500)}{(210\times 10^3)} = 181.429\text{mm}$

7. (1) 휨강도는 단면계수 Z로 비교한다.
(2) $Z_A = \dfrac{(6)(12)^2}{6} = 144\text{cm}^3$, $Z_B = \dfrac{(12)(6)^2}{6} = 72\text{cm}^3$ 이므로
$Z_A = 2Z_B$

8. $h_{\min} = \dfrac{l}{16} = \dfrac{(6,000)}{16} = 375\text{mm}$

9. ③ 구조물의 불필요한 무게를 줄이는 것이 내진설계의 기본원칙이 된다.

10.

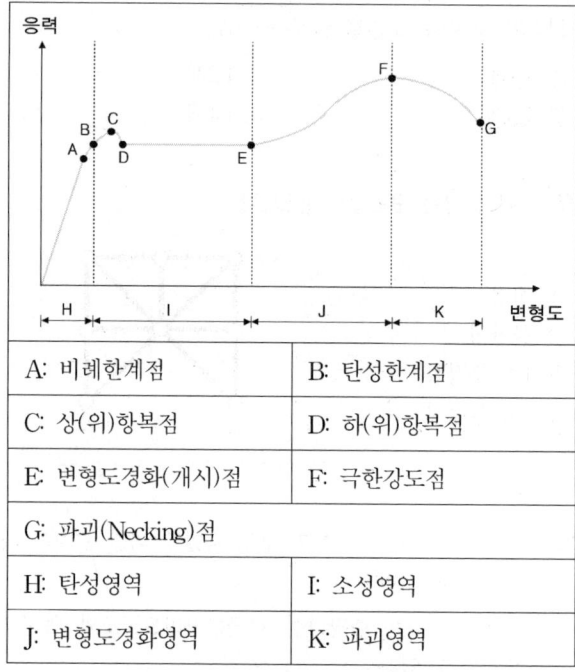

A: 비례한계점	B: 탄성한계점
C: 상(위)항복점	D: 하(위)항복점
E: 변형도경화(개시)점	F: 극한강도점
G: 파괴(Necking)점	
H: 탄성영역	I: 소성영역
J: 변형도경화영역	K: 파괴영역

11. 푸아송비 $\nu = \dfrac{\epsilon'}{\epsilon} = \dfrac{\dfrac{\Delta D}{D}}{\dfrac{\Delta L}{L}} = \dfrac{L\cdot\Delta D}{D\cdot\Delta L} = \dfrac{(10\times 10^2)(0.0006)}{(3)(0.6)} = \dfrac{1}{3}$

12. (1) 옥외의 공기나 흙에 직접 접하지 않는 콘크리트에서 기둥의 피복두께는 40mm 이다.
(2) $f_{ck} \geq 40\text{MPa}$ 일 때 10mm 저감 가능하므로 최소피복 두께는 30mm이다.

13. (1) $\Sigma M_A = 0: -(20\times 3)(1.5) + (P)(3) - (V_c)(8) = 0$
(2) $R_C = V_C$이며, 문제의 조건에서 0이라고 하였으므로
∴ $P = 30\text{kN}$

14. ③ 띠철근과 스터럽의 표준갈고리는 90°, 135° 표준갈고리가 있다.

15. Flat Plate는 2방향 판구조물이므로 뚫림전단력에 의한 위험단면 위치는 기둥면으로부터 $\dfrac{d}{2}$만큼 떨어진 곳이다.

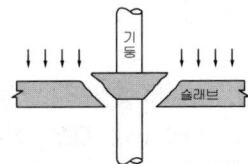

16.

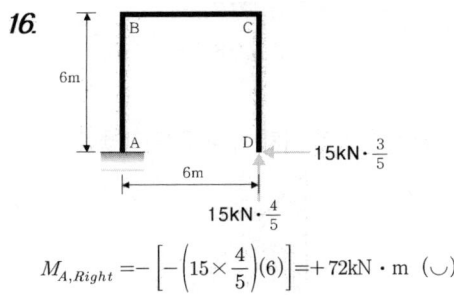

$$M_{A,Right} = -\left[-\left(15 \times \dfrac{4}{5}\right)(6)\right] = +72\text{kN} \cdot \text{m} \;(\smile)$$

17. (1) $w_u = 1.2w_D + 1.6w_L = 1.2(1.0) + 1.6(1.2) = 3.12\text{kN/m}$

(2) $M_{\max} = \dfrac{w_u \cdot L^2}{8} = \dfrac{(3.12)(6)^2}{8} = 14.04\text{kN} \cdot \text{m}$

18. 설계볼트장력은 고장력볼트의 설계미끄럼강도를 구하기 위해서 사용되며, 마찰접합의 고장력볼트 조임 시 고장력볼트에 도입되는 장력의 풀림을 고려하여 설계볼트장력에 최소한 10%를 할증한 표준볼트장력으로 시공 시 조임을 하여야 한다.

19. $N = r + m + f - 2j = (2+2) + (13) + (0) - 2(8) = 1$차 ➡ 부정정

20. ① 트러스 구조는 현장타설 철근콘크리트구조로 건축할 수 없다.
③ 절판구조는 철근콘크리트구조로, 철골구조, 목구조로 건축할 수 있다.
④ 스페이스 프레임 구조는 현장타설 철근콘크리트구조로 건축할 수 없다.

1. ①	2. ②	3. ④	4. ④	5. ②
6. ②	7. ②	8. ②	9. ③	10. ①
11. ②	12. ②	13. ①	14. ③	15. ②
16. ④	17. ④	18. ①	19. ③	20. ②

과년도출제문제 (CBT 시험문제)

24 건축산업기사
5. 9 시행 출제문제

※ 본 기출문제는 수험자의 기억을 바탕으로 하여 복원한 문제이므로 실제 문제와 다를 수 있음을 미리 알려드립니다.

1. 등분포하중을 받는 4변고정 2방향 슬래브에서 모멘트량이 가장 크게 나타나는 곳은?

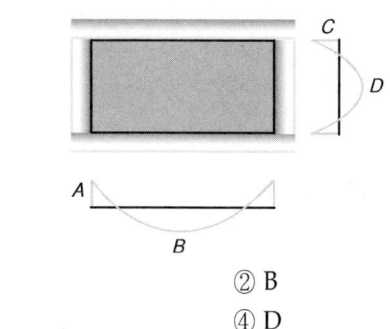

① A ② B
③ C ④ D

2. 강도설계법에서 처짐을 계산하지 않는 경우 철근 콘크리트 보의 최소두께 규정으로 옳은 것은? (단, 보통중량콘크리트 $m_c = 2,300 \text{kg/m}^3$와 설계기준항복강도 400MPa 철근을 사용한 부재)

① 단순지지 : $\dfrac{l}{20}$ ② 1단연속 : $\dfrac{l}{18.5}$
③ 양단연속 : $\dfrac{l}{24}$ ④ 캔틸레버 : $\dfrac{l}{10}$

3. 특수 고력볼트인 TS볼트를 구성하고 있는 요소와 거리가 먼 것은?

① 너트 ② 핀테일
③ 평와셔 ④ 필러플레이트

4. 다음 구조물의 부정정 차수는?

① 3차 부정정
② 4차 부정정
③ 5차 부정정
④ 6차 부정정

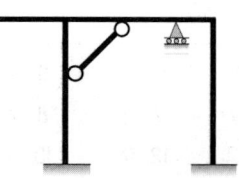

5. 표준갈고리를 갖는 인장이형철근의 기본정착길이는? (단, $f_{ck} = 24\text{MPa}$, $f_y = 400\text{MPa}$, D25 철근의 공칭지름은 25.4mm, 경량콘크리트와 철근도막계수는 1이다.)

① 485.4 mm ② 497.7 mm
③ 518.4 mm ④ 529.8 mm

6. 그림과 같은 도형의 도심의 위치 x_o의 값으로 옳은 것은?

① 2.4cm
② 2.5cm
③ 2.6cm
④ 2.7cm

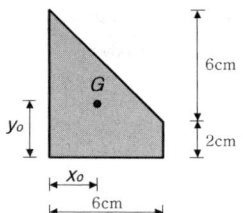

7. 그림과 같은 라멘 구조물에서 AO, BO, CO, DO 부재의 강비는? (단, 각 부재의 단면2차모멘트는 동일함)

① 1 : 2 : 2 : 2
② 3 : 1 : 1 : 1
③ 2 : 1 : 1 : 1
④ 3 : 2 : 2 : 2

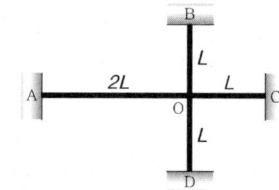

8. 그림과 같은 철근콘크리트의 보 설계에서 콘크리트에 의한 전단강도 V_c는? (단, $f_{ck} = 24\text{MPa}$, $f_y = 400\text{MPa}$, 경량콘크리트계수 $\lambda = 1.0$)

① 150kN
② 180kN
③ 209kN
④ 245kN

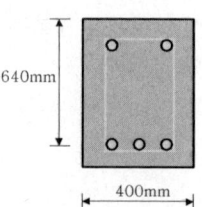

9. 강도설계법에 의한 철근콘크리트 단철근 직사각형 보의 휨 설계 시 등가 직사각형응력블록의 깊이 a를 구하는 식은? (단, b는 보의 폭)

① $a = \dfrac{A_s \cdot f_y}{\eta(0.85 f_{ck})}$ ② $a = \dfrac{f_y}{\eta(0.85 f_{ck})}$

③ $a = \dfrac{A_s \cdot f_y}{\eta(0.85 f_{ck}) \cdot b}$ ④ $a = 0.85 f_{ck} \cdot b$

10. 그림과 같은 단순보에서 경간 L이 $2L$로 늘어난다면 최대 처짐은 몇 배로 커지는가? (단, 중앙점 집중하중 P는 동일)

① 2배
② 4배
③ 6배
④ 8배

11. 그림의 마름모가 단면의 핵을 나타낸다고 할 때 FH/BC는?

① 1/2
② 1/3
③ 1/4
④ 1/6

12. 그림과 같은 단순보에서 단면에 생기는 최대 전단응력도를 구하면? (단, 보의 단면크기는 150×200mm)

① 0.5MPa
② 0.65MPa
③ 0.75MPa
④ 0.85MPa

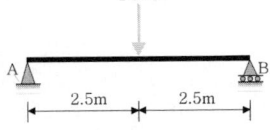

13. 다음 그림에서 중앙부 T형보의 유효폭 b_e 값은? (단, 보의 Span은 8.4m이다.)

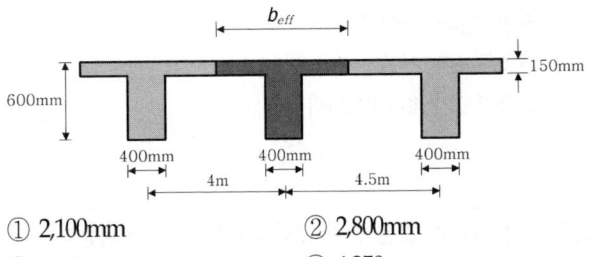

① 2,100mm   ② 2,800mm
③ 3,150mm   ④ 4,250mm

14. 구조설계 단계에서의 구조계획 과정 중 틀린 것은?

① 건축물의 용도, 사용재료 및 강도, 지반특성, 하중조건 등을 고려한다.
② 기둥과 보의 배치는 기둥간격 및 층고, 설비계획도 함께 고려한다.
③ 지진하중이나 풍하중 등 수평하중에 저항하는 구조요소는 입면상 균형을 배제하고 평면균형을 고려한다.
④ 구조형식이나 구조재료를 혼용할 때는 강성이나 내력의 연속성뿐만 아니라 사용성에 영향을 미치는 진동에도 미리 대비한다.

15. 그림과 같은 트러스에서 BC부재의 부재력은?

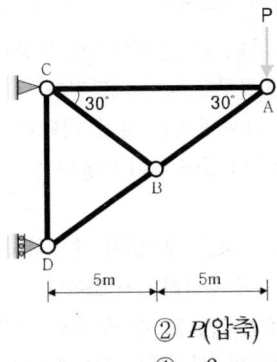

① P(인장)   ② P(압축)
③ $2P$(인장)   ④ 0

16. SN275A로 표기된 강재에 관한 설명으로 옳은 것은?
① 일반구조용 압연강재이다.
② 용접구조용 압연강재이다.
③ 건축구조용 압연강재이다.
④ 항복강도가 400MPa이다.

17. 다음 그림과 같은 단순보의 B지점의 수직반력은?
① $\dfrac{wL}{6}$
② $\dfrac{wL}{3}$
③ wL
④ $2wL$

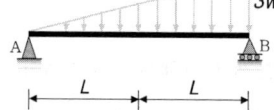

18. 콘크리트충전강관(CFT)구조의 특징에 관한 설명으로 옳지 않은 것은?
① 철근콘크리트구조에 비해 내력과 변형능력이 뛰어나다.
② 콘크리트의 충전성 확인이 용이하다.
③ 강구조에 비해 국부좌굴의 위험성이 낮다.
④ 콘크리트 타설 시 별도의 거푸집이 필요 없다.

19. 건축물의 각 구조형식에 대한 설명 중 옳지 않은 것은?
① 라멘구조는 기둥, 보 및 바닥으로 구성되며 철근콘크리트구조 또는 철골구조 등이 해당된다.
② 벽식구조는 내력벽으로 하여 바닥과 일체로 구성되기 때문에 공동주택 등에 많이 이용되며, 철근콘크리트구조에 의한다.
③ 플랫슬래브 구조는 보 없이 수직하중을 철근콘크리트 기둥 및 지판이 부담하는 구조이다.
④ 트러스 구조는 가늘고 긴 부재를 사각형의 형태로 짜 맞추어 구성되며, 부재에는 휨모멘트와 축력이 작용하는 구조이다.

20. 철근의 부착과 정착에 관한 설명으로 옳지 않은 것은?
① 철근이 콘크리트 속에서 빠져나오지 못하게 하는 것을 정착이라 한다.
② 철근의 정착길이는 철근의 직경에 비례하며 철근의 강도에 반비례한다.
③ 휨응력의 전달 시 철근과 콘크리트 간의 경계면에 발생하는 전단응력을 부착응력이라 한다.
④ 철근과 콘크리트 간의 부착력은 콘크리트의 강도가 높아질수록 증가한다.

해설 및 정답

1. 2방향 슬래브는 단변과 장변 2방향으로 하중이 전달되지만 지배적인 하중분담은 단변방향 단부(C)이다.

2.

부재	최소두께 (h_{min})			
	단순지지	1단연속	양단연속	캔틸레버
보 리브가 있는 1방향 슬래브	$\dfrac{l}{16}$	$\dfrac{l}{18.5}$	$\dfrac{l}{21}$	$\dfrac{l}{8}$

3.

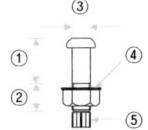

① 축부 ② 나사부 ③ 직경 ④ 평와셔
⑤ 핀테일

4. $N = r + m + f - 2j = (3+1+3) + (8) + (6) - 2(8) = 5$차 ➡ 부정정

5. $l_{hb} = \dfrac{0.24\beta \cdot d_b \cdot f_y}{\lambda\sqrt{f_{ck}}} = \dfrac{0.24(1.0)(25.4)(400)}{(1)\sqrt{(24)}} = 497.736\text{mm}$

6. $x_o = \bar{x} = \dfrac{G_y}{A} = \dfrac{(6\times2)(3) + \left(\dfrac{1}{2}\times6\times6\right)(2)}{(6\times2) + \left(\dfrac{1}{2}\times6\times6\right)} = 2.4\text{cm}$

7. (1) 강도계수: $K_{AO} = \dfrac{I}{2L}$, $K_{BO} = \dfrac{I}{L}$, $K_{CO} = \dfrac{I}{L}$, $K_{DO} = \dfrac{I}{L}$
(2) 강비: $K_{AO} : K_{BO} : K_{CO} : K_{DO} = 1 : 2 : 2 : 2$

8. $V_c = \dfrac{1}{6}\lambda\sqrt{f_{ck}} \cdot b_w \cdot d = \dfrac{1}{6}(1.0)\sqrt{(24)}(400)(640)$
$= 209,023\text{N} = 209.023\text{kN}$

9. 단면 힘의 평형조건:
$C = T \implies \eta(0.85f_{ck})a \cdot b = A_s \cdot f_y \implies a = \dfrac{A_s \cdot f_y}{\eta(0.85f_{ck}) \cdot b}$

10. 집중하중 작용 시 처짐식 $\delta = \dfrac{PL^3}{EI}$의 형태로부터 경간(Span) L의 3제곱에 비례하므로 L을 $2L$로 하면 처짐은 $2^3 = 8$배로 된다.

11. 압축력에 대해 안전한 중앙3분권(Middle Third)이라고 한다.

12. (1) $V_{max} = V_A = V_B = \dfrac{(30)}{2} = 15\text{kN}$
(2) $\tau_{max} = k \cdot \dfrac{V}{A} = \left(\dfrac{3}{2}\right) \cdot \dfrac{(15\times10^3)}{(150\times200)} = 0.75\text{N/mm}^2 = 0.75\text{MPa}$

13. (1) $16t_f + b_w = 16(150) + (400) = 2,800\text{mm}$
(2) 양쪽 슬래브의 중심거리 $= \dfrac{(4,000)}{2} + \dfrac{(4,500)}{2} = 4,250\text{mm}$
(3) $\dfrac{1}{4} \cdot (8,400) = 2,100\text{mm}$ ➡ 지배

14. ③ 지진하중이나 풍하중 등 수평하중에 저항하는 구조요소는 입면상 균형을 고려하고 평면균형을 고려한다.

15. 절점B에 하중이 작용하지 않으므로 BC부재는 0부재이다.

16. (1) 275: 항복강도 $F_y = 275\text{MPa}$ (인장강도 $F_u = 410\text{MPa}$)
(2) SN: Steel New(건축구조용 압연강재)

17. $\Sigma M_A = 0 : +\left(\dfrac{1}{2}\times2L\times3w\right)\left(\dfrac{4L}{3}\right) - (V_B)(2L) = 0$
$\therefore V_B = +2wL(\uparrow)$

18. ② 콘크리트의 충전성 확인이 어려우며, 고품질의 충전 콘크리트가 요구된다.

19. ④ 트러스 구조는 가늘고 긴 부재를 삼각형 형태로 짜맞추어 구성되며, 부재에는 휨모멘트와 전단력이 없다고 가정되며 오직 축방향력이 작용하는 구조이다.

20. ② 철근의 정착길이는 철근의 직경에 비례하며, 철근의 항복강도에 비례한다.

1. ③	2. ②	3. ④	4. ③	5. ②
6. ①	7. ①	8. ③	9. ③	10. ④
11. ②	12. ③	13. ①	14. ③	15. ④
16. ③	17. ④	18. ②	19. ④	20. ②

과년도출제문제 (CBT 시험문제)

24 건축산업기사 7.5 시행 출제문제

※ 본 기출문제는 수험자의 기억을 바탕으로 하여 복원한 문제이므로 실제 문제와 다를 수 있음을 미리 알려드립니다.

1. 단면적 A, 길이 L인 탄성체에 축방향력 P가 작용하여 ΔL만큼 늘어 났다. 응력도, 변형도, 탄성계수를 각각 σ, ϵ, E라 한다면 다음 관계식 중 옳지 않은 것은?

① $\epsilon = \dfrac{\sigma}{E}$ ② $E = \dfrac{L \cdot \sigma}{\Delta L}$

③ $P = \epsilon \cdot A \cdot E$ ④ $P = \dfrac{L \cdot A \cdot E}{\Delta L}$

2. 단변방향 순경간 6m, 장변방향 순경간 8m인 4변고정 슬래브에서 굽힘철근 절곡위치는 단부에서 얼마의 거리인가?

① 단변방향 1,000 mm, 장변방향 1,000 mm
② 단변방향 1,000 mm, 장변방향 1,500 mm
③ 단변방향 1,500 mm, 장변방향 1,500 mm
④ 단변방향 1,500 mm, 장변방향 2,000 mm

3. 그림과 같은 구조물에서 고정단 휨모멘트(M_D)로 옳은 것은?

① $-15.0 \text{kN} \cdot \text{m}$
② $-9.0 \text{kN} \cdot \text{m}$
③ $-6.0 \text{kN} \cdot \text{m}$
④ $-3.0 \text{kN} \cdot \text{m}$

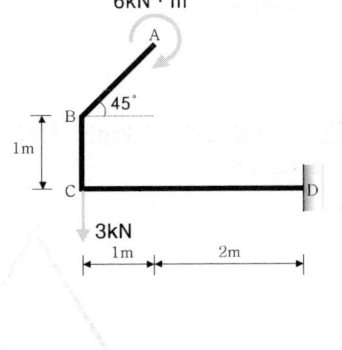

4. 그림과 같은 단순보의 A점에서 전단력이 0이 되는 위치까지의 거리는?

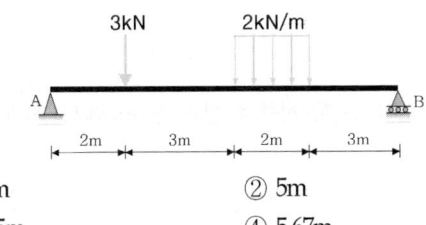

① 2m   ② 5m
③ 5.5m   ④ 5.67m

5. 철근의 정착길이에 관한 사항 중 옳지 않은 것은?

① 인장이형철근 및 이형철선의 정착길이 l_d는 항상 300mm 이상이어야 한다.
② 압축이형철근의 정착길이 l_d는 항상 150mm 이상이어야 한다.
③ 인장 또는 압축을 받는 하나의 다발철근 내에 있는 개개 철근의 정착길이 l_d는 다발철근이 아닌 경우의 각 철근의 정착길이보다 3개의 철근으로 구성된 다발철근에 대해서 20%를 증가시켜야 한다.
④ 단부에 표준갈고리가 있는 이형철근의 정착길이는 $8d_b$ 이상 또한 150mm 이상이어야 한다.

6. 다음과 같은 단면에서 x축에 대한 단면2차모멘트는?

① $72 \times 10^8 \text{mm}^4$
② $144 \times 10^8 \text{mm}^4$
③ $216 \times 10^8 \text{mm}^4$
④ $288 \times 10^8 \text{mm}^4$

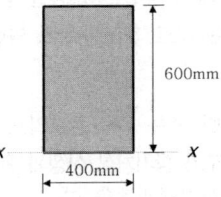

7. 철근콘크리트 구조물에서 철근의 최소피복두께를 규정하는 이유로 가장 거리가 먼 것은?

① 콘크리트의 인장강도 확보
② 철근의 부식방지
③ 철근의 내화
④ 철근의 부착

8. 그림과 같이 등분포하중을 받는 단순보에서 최대 휨응력도는?

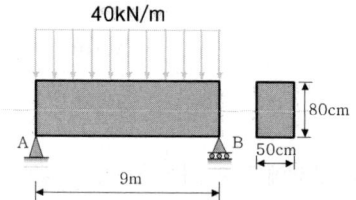

① 7,593.8kPa
② 8,597.5kPa
③ 9,427.6kPa
④ 10,250.4kPa

9. 압축이형철근(D29)의 기본정착길이로 알맞은 것은?
(단, $f_{ck}=24$MPa, $f_y=350$MPa, $\lambda=1$)

① 220mm
② 320mm
③ 420mm
④ 520mm

10. 슬래브에 배력철근을 배근하는 이유에 대한 설명이다. 틀린 것은?

① 슬래브에 작용하는 응력을 고르게 분포시킨다.
② 슬래브 주철근의 간격을 유지한다.
③ 슬래브 주철근의 양을 감소시킬 수 있다.
④ 콘크리트 건조수축에 의한 수축을 감소할 수 있다.

11. 일반 또는 경량콘크리트 휨부재의 크리프와 건조수축에 의한 추가 장기처짐 산정과 관련하여 5년 이상일 때 지속하중에 대한 시간경과계수 ξ는?

① 2.4
② 2.2
③ 2.0
④ 1.4

12. 기초설계에 있어서 장기 50kN(자중 포함)의 하중을 받는 경우 장기허용지내력도 10kN/m²의 지반에서 적당한 기초판의 크기는?

① 1.5m×1.5m
② 1.8m×1.8m
③ 2.0m×2.0m
④ 2.3m×2.3m

13. 그림과 같은 양단 고정보의 단부 휨모멘트는?

① $M=-\dfrac{wL^2}{16}-\dfrac{PL}{12}$
② $M=-\dfrac{wL^2}{12}-\dfrac{PL}{8}$
③ $M=-\dfrac{wL^2}{8}-\dfrac{PL}{4}$
④ $M=-\dfrac{wL^2}{16}-\dfrac{PL}{8}$

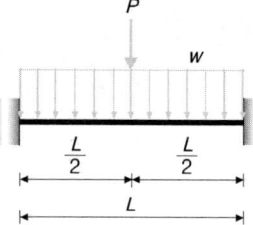

14. 그림과 같은 보가 지지할 수 있는 설계전단강도는?
(단, 보통·중량콘크리트 $f_{ck}=24$MPa, $f_{yt}=400$MPa, D10의 공칭단면적은 71.33mm²)

① 281 kN
② 319 kN
③ 359 kN
④ 409 kN

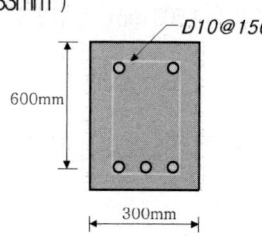

15. 한변의 길이가 4cm인 정삼각형 트러스에서 AB부재의 부재력은?

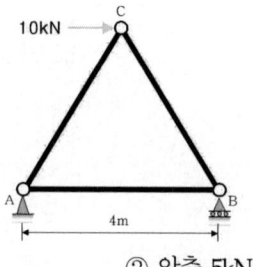

① 압축 10kN
② 압축 5kN
③ 인장 10kN
④ 인장 5kN

16. 강도설계법에 의한 철근콘크리트 설계 시 보통중량 콘크리트의 설계기준강도 $f_{ck}=27\text{MPa}$ 일 때 콘크리트의 파괴계수(f_r) 값은?
   ① 2.46 MPa   ② 2.79 MPa
   ③ 2.95 MPa   ④ 3.27 MPa

17. 400kN의 고정하중, 300kN의 활하중, 200kN의 풍하중이 강구조 기둥에 축력으로 작용하고 있다. 기둥의 소요강도는 얼마인가?
   ① 1,000kN   ② 1,040kN
   ③ 1,080kN   ④ 1,120kN

18. 다음 구조용 강재의 명칭에 대한 내용으로 틀린 것은?
   ① SM - 용접구조용 압연강재(KS D 3515)
   ② SS - 일반구조용 압연강재(KS D 3503)
   ③ SN - 내진건축구조용 냉간성형 각형강관(KS D 3864)
   ④ SGT - 일반구조용 탄소강관(KS D 3566)

19. 말뚝머리지름이 400mm인 기성콘크리트 말뚝을 시공할 때 그 중심간격으로 가장 적당한 것은?
   ① 750mm   ② 800mm
   ③ 900mm   ④ 1,000mm

20. 그림과 같은 단면의 강재에 100kN의 하중을 작용시켰을 때 5mm가 늘어났다. 이 때의 탄성계수는?

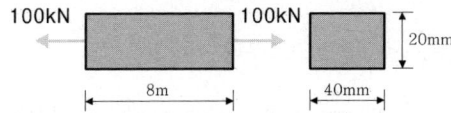

   ① $E=180{,}000\text{MPa}$
   ② $E=200{,}000\text{MPa}$
   ③ $E=210{,}000\text{MPa}$
   ④ $E=240{,}000\text{MPa}$

해설 및 정답

1. ① $\sigma = E \cdot \epsilon$ 으로부터 $\epsilon = \dfrac{\sigma}{E}$

② $\sigma = E \cdot \epsilon$ 으로부터 $E = \dfrac{\sigma}{\epsilon} = \dfrac{\sigma}{\frac{\Delta L}{L}} = \dfrac{\sigma \cdot L}{\Delta L}$

③ $\sigma = E \cdot \epsilon$ 으로부터 $\dfrac{P}{A} = E \cdot \epsilon$ 이므로 $P = E \cdot A \cdot \epsilon$

④ $\sigma = E \cdot \epsilon$ 으로부터 $\dfrac{P}{A} = E \cdot \dfrac{\Delta L}{L}$ 이므로 $P = E \cdot A \cdot \dfrac{\Delta L}{L}$

2. 굽힘철근의 절곡위치는 주열대와 주간대를 구분하는 경계선으로 장·단변 구분 없이 단변방향 길이의 $\dfrac{1}{4}$ 위치이다.

∴ $6m \times \dfrac{1}{4} = 1{,}500mm$

3. $M_{D,Left} = +[-(3)(3)+(6)] = -3kN \cdot m$ (⌢)

4. $\Sigma M_B = 0: +(V_A)(10) - (3)(8) - (2 \times 2)(4) = 0$
∴ $V_A = +4kN(↑)$ ➡ ∴ $V_B = +3kN(↑)$

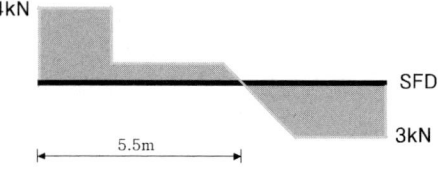

5. (1) $l_d = l_{db} \times$ 보정계수 $\geq 200mm$

(2) 압축이형철근의 정착길이(l_d)는 기본정착길이(l_{db})에 보정계수를 곱하여 구한 값이 최소 200mm 이상이어야 한다.

6.
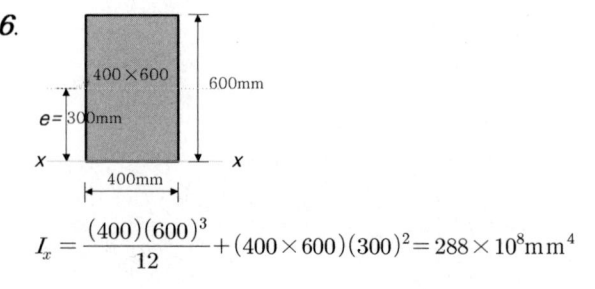

$I_x = \dfrac{(400)(600)^3}{12} + (400 \times 600)(300)^2 = 288 \times 10^8 mm^4$

7. 피복두께(Cover Thickness)의 목적
내구성(철근의 방청, 부식방지), 내화성, 부착력 확보

8. (1) $M_{max} = \dfrac{wL^2}{8} = \dfrac{(40)(9)^2}{8} = 405kN \cdot m$

(2) $\sigma_{max} = \dfrac{M_{max}}{Z} = \dfrac{(405)}{\left(\dfrac{(0.5)(0.8)^2}{6}\right)} = 7{,}593.75 kN/m^2$
$= 7{,}593.75 kPa$

9. (1) $l_{db} = \dfrac{0.25 d_b \cdot f_y}{\lambda \sqrt{f_{ck}}} = \dfrac{0.25(29)(350)}{(1)\sqrt{(24)}} = 517.965mm$ ➡ 지배

(2) $l_{db} = 0.043 d_b \cdot f_y = 0.043(29)(350) = 436.45mm$

10. ③ 배력철근(Distributing Bar)은 주철근에 직각방향으로 설치하여 하중의 분산을 주목적으로 하는 철근이며, 수축온도 철근도 배력철근의 일종이 된다. 이러한 배력철근은 주철근의 양을 감소시킨다거나 전단력에 대한 보강 효과는 없다.

11. 장기처짐 = 탄성처짐 × λ_Δ

➡ $\lambda_\Delta = \dfrac{\xi}{1+50\rho'}$

➡ 시간경과계수(ξ)

구 분	ξ
3개월	1.0
6개월	1.2
12개월	1.4
5년 이상	2.0

12. $\sigma_c = \dfrac{P}{A} \leq \sigma_{allow}$ 으로부터

$A \geq \dfrac{P}{\sigma_{allow}} = \dfrac{(50)}{(10)} = 5m^2 = \sqrt{5}m \times \sqrt{5}m = 2.236m \times 2.236m$

13. (1) 집중하중(P)과 등분포하중(w)에 대한 각각의 단부 휨모멘트에 대해 중첩의 원리(Method of Superposition)를 적용한다.

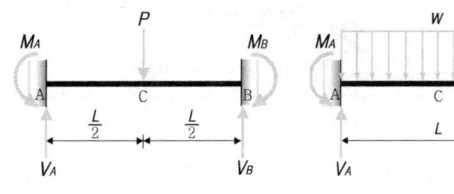

$V_A = \dfrac{P}{2}$, $M_A = \dfrac{PL}{8}$ $\qquad$ $V_A = \dfrac{wL}{2}$, $M_A = \dfrac{wL^2}{12}$

(2) $M_{A,Left} = +\left[-\left(\dfrac{wL^2}{12}\right)-\left(\dfrac{PL}{8}\right)\right] = -\dfrac{wL^2}{12} - \dfrac{PL}{8}$

14. (1) $V_c = \dfrac{1}{6}\lambda\sqrt{f_{ck}} \cdot b_w \cdot d = \dfrac{1}{6}(1.0)\sqrt{(24)}(300)(600)$
$\qquad = 146,969\text{N}$

(2) $V_s = \dfrac{A_v \cdot f_{yt} \cdot d}{s} = \dfrac{(2\times 71.33)(400)(600)}{(150)} = 228,256\text{N}$

(3) $\phi V_n = \phi(V_c + V_s) = (0.75)[(146,969)+(228,256)]$
$\qquad = 281,418\text{N} = 281.418\text{kN}$

15. (1) $\Sigma M_A = 0$: $-(V_B)(4)+(10)(2\sqrt{3}) = 0$
$\qquad \therefore V_B = +5\sqrt{3}\,\text{kN}(\uparrow)$

(2) $M_{C,Right} = 0$: $+(F_{AB})(2\sqrt{3})-(5\sqrt{3})(2) = 0$
$\qquad \therefore F_{AB} = +5\text{kN}(인장)$

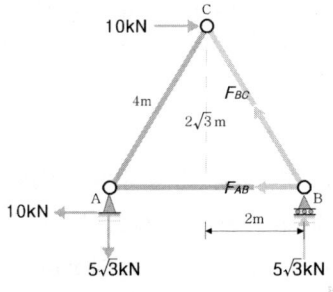

16. $f_r = 0.63\lambda\sqrt{f_{ck}} = 0.63(1.0)\sqrt{(27)} = 3.27\text{MPa}$

17. (1) $U = 1.2D + 1.3W + 1.0L = 1.2(400)+1.3(200)+1.0(300)$
$\qquad\qquad = 1,040\text{kN}\cdot\text{m} \Rightarrow$ 지배

(2) $U = 1.2D + 0.65W = 1.2(400)+0.65(200) = 610\text{kN}\cdot\text{m}$

(3) $U = 0.9D + 1.3W = 0.9(150)+1.3(200) = 620\text{kN}\cdot\text{m}$

18. SN: Steel New(건축구조용 압연강재)
건축구조물의 2차부재나 트러스 등의 탄성범위에서 사용되는 경제성 있는 강재이다.

19. (1) 2.5D 이상 : 2.5(400) = 1,000mm
$\qquad$ (2) 기성콘크리트 : 750mm 이상

20. $E = \dfrac{P \cdot L}{A \cdot \Delta L} = \dfrac{(100\times 10^3)(8\times 10^3)}{(40\times 20)(5)} = 200,000\text{N/mm}^2$
$\qquad\qquad\qquad\qquad\qquad\qquad = 200,000\text{MPa}$

1. ④	2. ③	3. ④	4. ③	5. ②
6. ④	7. ①	8. ①	9. ④	10. ③
11. ③	12. ④	13. ②	14. ①	15. ④
16. ④	17. ②	18. ③	19. ④	20. ②

과년도출제문제 (CBT 시험문제)

25 건축산업기사
2.7 시행 출제문제

※ 본 기출문제는 수험자의 기억을 바탕으로 하여 복원한 문제이므로 실제 문제와 다를 수 있음을 미리 알려드립니다.

1. 다음의 보에 관한 설명 중 옳지 않은 것은?

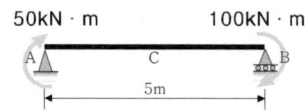

① 중앙점에서 휨모멘트의 절대치는 35kN·m 이다.
② 중앙점의 전단력의 절대치는 30kN이다.
③ 보에서 휨모멘트가 0이 되는 지점은 A 지점으로부터 $\frac{5}{3}$ m 되는 곳이다.
④ A지점 수직반력과 B지점 수직반력의 크기(절대치)는 같다.

2. 기둥에서 장주의 좌굴하중은 Euler 공식으로부터 $P_{cr} = \frac{\pi^2 EI}{(KL)^2}$ 이다. 기둥의 지지조건이 양단힌지일 때 기둥의 유효길이계수 K는?

① 0.5
② 0.7
③ 1.0
④ 2.0

3. 그림과 같은 구조에서 A단에 생기는 휨모멘트는?

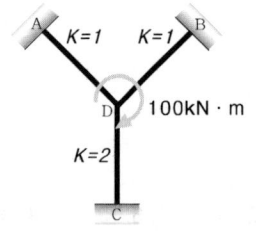

① 12.5kN·m
② 25kN·m
③ 33kN·m
④ 50kN·m

4. 연약지반에 기초구조를 적용할 때 부등침하를 감소시키기 위한 상부구조의 대책으로 옳지 않은 것은?

① 폭이 일정할 경우 건물의 길이를 길게 할 것
② 건물을 경량화 할 것
③ 강성을 크게 할 것
④ 부분 증축을 가급적 피할 것

5. 건축물의 각 구조형식에 대한 설명 중 옳지 않은 것은?

① 라멘구조는 기둥, 보 및 바닥으로 구성되며 철근콘크리트구조 또는 철골구조 등이 해당된다.
② 벽식구조는 내력벽으로 하여 바닥과 일체로 구성되기 때문에 공동주택 등에 많이 이용되며, 철근콘크리트구조에 의한다.
③ 플랫슬래브 구조는 보 없이 수직하중을 철근콘크리트 기둥 및 지판이 부담하는 구조이다.
④ 트러스 구조는 가늘고 긴 부재를 사각형의 형태로 짜맞추어 구성되며, 부재에는 휨모멘트와 축력이 작용하는 구조이다.

6. 압축을 받는 D22 이형철근의 기본정착길이는? (단, 경량콘크리트계수=1, $f_{ck} = 25\text{MPa}$, $f_y = 400\text{MPa}$)

① 378.4mm
② 440mm
③ 500.3mm
④ 520mm

7. 그림과 같은 캔틸레버보의 자유단에 휨모멘트 5kN·m와 집중하중 P가 작용할 때 자유단의 처짐각이 0이 되기 위한 P를 구하면?

① 1kN
② 3kN
③ 5kN
④ 7kN

8. 단면이 100mm×100mm, 길이가 1m인 기둥에 100kN의 압축력을 가했더니 1mm가 줄어들었다. 이 각재의 영계수는?

① 1 kPa ② 10 GPa
③ 100 kPa ④ 10 MPa

9. 강도설계법에서 처짐을 계산하지 않는 경우 철근 콘크리트 보의 최소두께 규정으로 옳은 것은? (단, 보통중량콘크리트 $m_c = 2,300\text{kg/m}^3$와 설계기준항복강도 400MPa 철근을 사용한 부재)

① 단순지지 : $\dfrac{l}{20}$ ② 1단연속 : $\dfrac{l}{18.5}$
③ 양단연속 : $\dfrac{l}{24}$ ④ 캔틸레버 : $\dfrac{l}{10}$

10. 다음은 철근콘크리트 벽체 설계에 관한 기준이다. ( ) 안에 들어갈 내용을 순서대로 바르게 나타낸 것은?

> 수직 및 수평철근의 간격은 벽두께의 ( ) 이하, 또한 ( ) 이하로 하여야 한다.

① 2배, 300mm ② 2배, 450mm
③ 3배, 300mm ④ 3배, 450mm

11. 단면 $b \times h (200\text{mm} \times 300\text{mm})$, $L = 6\text{m}$인 단순보의 중앙에 집중하중 P가 작용할 때 P의 허용값은? (단, $\sigma_{allow} = 9\text{MPa}$이다.)

① 18kN ② 21kN
③ 24kN ④ 27kN

12. 그림과 같은 도형의 도심의 위치 x_o의 값으로 옳은 것은?

① 2.4cm
② 2.5cm
③ 2.6cm
④ 2.7cm

13. 폭 300mm, 유효깊이 500mm인 직사각형 보에서 콘크리트가 부담하는 설계전단강도(ϕV_c)를 구하면? (단, 보통중량콘크리트 $f_{ck} = 24\text{MPa}$)

① 61.9kN ② 71.9kN
③ 81.9kN ④ 91.9kN

14. 강구조의 구성부재 중 보에 관한 설명으로 옳지 않은 것은?

① 보는 휨과 전단에 의한 응력과 변형이 주로 발생한다.
② 보는 횡좌굴 방지를 고려할 필요가 없다.
③ 보는 부재의 단면형상으로 H형 단면을 주로 사용하며, 박스형, I형, ㄷ형 단면이 사용되기도 한다.
④ 처짐에 대한 사용성이 확보되어야 한다.

15. 폭 b, 높이 h인 삼각형에서 밑변 축(x_1-x_1)에 대한 단면계수는 꼭지점 축(x_2-x_2)에 대한 단면계수의 몇 배인가?

① 8배
② 6배
③ 4배
④ 2배

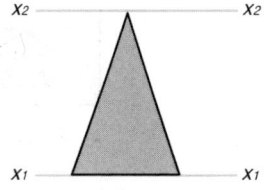

16. 그림과 같은 띠철근 기둥의 설계축하중 ϕP_n은? (단, $f_{ck} = 24\text{MPa}$, $f_y = 400\text{MPa}$, 강도감소계수는 0.65)

① 3,908kN
② 4,008kN
③ 4,108kN
④ 4,208kN

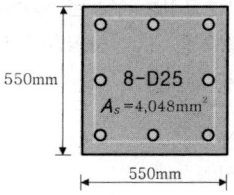

17. 그림과 같은 휨모멘트가 생길 경우 보의 양단 지점조건으로 옳은 것은?

① 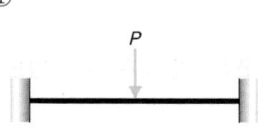   ②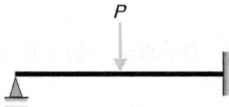

③ 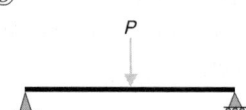   ④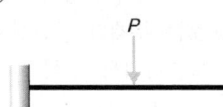

18. 다음 그림은 단면의 핵을 표시한 것이다. e_x, e_y의 값으로 옳은 것은?

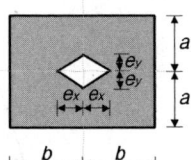

① $e_x = \dfrac{b}{6}$, $e_y = \dfrac{a}{3}$ ② $e_x = \dfrac{b}{3}$, $e_y = \dfrac{a}{6}$

③ $e_x = \dfrac{b}{6}$, $e_y = \dfrac{a}{6}$ ④ $e_x = \dfrac{b}{3}$, $e_y = \dfrac{a}{3}$

19. 철근콘크리트 구조물 설계에서 고정하중 $w_D = 4\text{kN/m}^2$이고, 활하중 $w_L = 5\text{kN/m}^2$인 경우 소요강도 산정을 위한 계수하중 w_u는?

① 9kN/m^2 ② 10.6kN/m^2
③ 12.8kN/m^2 ④ 15.3kN/m^2

20. 그림과 같은 구조물의 판별로 옳은 것은?

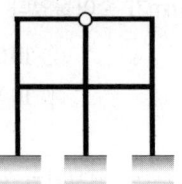

① 9차 부정정
② 10차 부정정
③ 11차 부정정
④ 12차 부정정

해설 및 정답

1. (1) $\Sigma M_B = 0 : +(V_A)(5)+(50)+(100)=0$
$\therefore V_A = -30\text{kN} (\downarrow)$

(2) $M_{C,Left} = +[-(30)(2.5)+(50)] = -25\text{kN} \cdot \text{m}$ (⌒)

2.

지지상태	양단힌지	1단고정 1단힌지	양단고정	1단고정 1단자유
좌굴계수	$K=1$	$K=0.7$	$K=0.5$	$K=2.0$

3. (1) 분배모멘트: $M_{DA} = M_D \cdot DF_{DA} = (+100)\left(\dfrac{1}{1+1+2}\right)$
$= +25\text{kN} \cdot \text{m}$ (⌒)

(2) 전달모멘트: $M_{AD} = \dfrac{1}{2}M_{DA} = \dfrac{1}{2}(+25)$
$= +12.5\text{kN} \cdot \text{m}$ (⌒)

4. ① 건물의 길이를 짧게, 인접건물과의 이격거리는 길게 하는 것이 부동침하 방지대책이다.

5. ④ 트러스 구조는 가늘고 긴 부재를 삼각형 형태로 짜맞추어 구성되며, 부재에는 휨모멘트와 전단력이 없다고 가정되며 오직 축방향력이 작용하는 구조이다.

6. (1) $l_{db} = \dfrac{0.25 d_b \cdot f_y}{\lambda \sqrt{f_{ck}}} = \dfrac{0.25(22)(400)}{(1)\sqrt{(25)}} = 440\text{mm}$ ➡ 지배

(2) $l_{db} = 0.043 d_b \cdot f_y = 0.043(22)(400) = 378.4\text{mm}$

7.

하중조건	공액보	처짐각, θ(rad)
		$\theta_B = \dfrac{PL^2}{2EI}$
		$\theta_B = \dfrac{ML}{EI}$

$\theta_B = +\dfrac{PL^2}{2EI} - \dfrac{ML}{EI} = 0$ 으로부터 $P = \dfrac{2M}{L} = \dfrac{2(5)}{10} = 1\text{kN}$

8. $E = \dfrac{P \cdot L}{A \cdot \Delta L} = \dfrac{(100\times 10^3)(1\times 10^3)}{(100\times 100)(1)}$
$= 10{,}000\text{N/mm}^2 = 10{,}000\text{MPa} = 10\text{GPa}$

9. 처짐을 계산하지 않는 경우 보의 최소두께

부재	최소두께 ($h_{\min}$)			
	단순지지	1단연속	양단연속	캔틸레버
보 리브가 있는 1방향 슬래브	$\dfrac{l}{16}$	$\dfrac{l}{18.5}$	$\dfrac{l}{21}$	$\dfrac{l}{8}$

10. ④ 벽체의 수직 및 수평철근 간격은 벽두께의 3배 이하, 또한 450mm 이하로 하여야 한다.

11. $\sigma_{\max} = \dfrac{M_{\max}}{Z} = \dfrac{\dfrac{PL}{4}}{\dfrac{bh^2}{6}} = \dfrac{\dfrac{P(6\times 10^3)}{4}}{\dfrac{(200)(300)^2}{6}} \leq 9\text{MPa}$

$\therefore P \leq 18{,}000\text{N} = 18\text{kN}$

12. $x_o = \bar{x} = \dfrac{G_y}{A} = \dfrac{(6\times2)(3)+\left(\dfrac{1}{2}\times6\times6\right)(2)}{(6\times2)+\left(\dfrac{1}{2}\times6\times6\right)} = 2.4\text{cm}$

13. $\phi V_c = \phi \dfrac{1}{6}\lambda\sqrt{f_{ck}}\cdot b_w \cdot d$
$= (0.75)\dfrac{1}{6}(1.0)\sqrt{(24)}(300)(500)$
$= 91{,}855\text{N} = 91.855\text{kN}$

14.

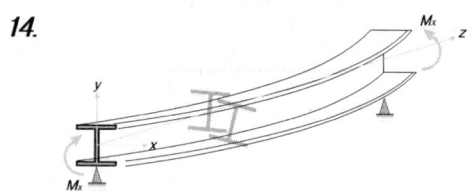

② 보는 횡좌굴(橫挫屈, Lateral Buckling) 방지를 고려해야 한다.

15. (1) $Z_{x_1} = \dfrac{I}{y_{x_1}} = \dfrac{I}{\dfrac{h}{3}} = 3\cdot\dfrac{I}{h}$,

$Z_{x_2} = \dfrac{I}{y_{x_2}} = \dfrac{I}{\dfrac{2h}{3}} = \dfrac{3}{2}\cdot\dfrac{I}{h}$

(2) $\dfrac{Z_{x_2}}{Z_{x_1}} = \dfrac{3\cdot\dfrac{I}{h}}{\dfrac{3}{2}\cdot\dfrac{I}{h}} = 2$

16. $\phi P_n = \phi(0.80)[0.85 f_{ck}\cdot(A_g - A_{st}) + f_y\cdot A_{st}]$
$= (0.65)(0.80)[0.85(24)(550^2 - 4{,}048) + (4{,}048)(400)]$
$= 4{,}007{,}078.962\text{N} = 4{,}007.962\text{kN}$

17. ① 양쪽의 지점이 고정단일 경우 부(-)휨모멘트가 발생한다.

18. ④ 단면의 핵(Core Section): $e_x = \dfrac{2b}{6} = \dfrac{b}{3}$, $e_y = \dfrac{2a}{6} = \dfrac{a}{3}$

19. $w_u = 1.2w_D + 1.6w_L = 1.2(4) + 1.6(5) = 12.8\text{kN/m}^2$
$\geq 1.4w_D = 1.4(4) = 5.6\text{kN/m}^2$

20. $N = r + m + f - 2j = (3+3+3) + (10) + (9) - 2(9) = 10$차
➡ 부정정

1. ①	2. ③	3. ①	4. ①	5. ④
6. ②	7. ①	8. ②	9. ②	10. ④
11. ①	12. ①	13. ④	14. ②	15. ④
16. ②	17. ①	18. ④	19. ③	20. ②

과년도출제문제 (CBT 시험문제)

25 건축산업기사
5. 10 시행 출제문제

※ 본 기출문제는 수험자의 기억을 바탕으로 하여 복원한 문제이므로 실제 문제와 다를 수 있음을 미리 알려드립니다.

1. 깊이가 얕고 상부 구조물의 하중을 분산하여 기초에 직접 전달하는 기초는 무엇인가?
   ① 피어기초
   ② 직접기초
   ③ 말뚝기초
   ④ 잠함기초

2. 그림과 같은 구조물의 부정정 차수는?

   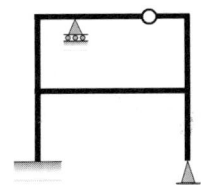

   ① 2차
   ② 3차
   ③ 4차
   ④ 5차

3. 그림과 같이 등분포하중을 받는 단순보에서 최대 휨응력도는?

   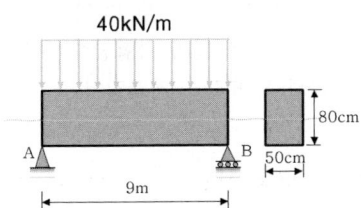

   ① 7,593.8kPa
   ② 8,597.5kPa
   ③ 9,427.6kPa
   ④ 10,250.4kPa

4. 철근콘크리트 부재의 장기처짐에 대한 설명으로 옳은 것은?
   ① 압축철근비가 클수록 장기처짐은 감소한다.
   ② 장기처짐은 즉시처짐과 관계가 없다.
   ③ 장기처짐은 상대습도, 온도 등 제반환경에는 영향을 크게 받으나 부재의 크기에는 영향을 받지 않는다.
   ④ 시간경과계수의 최대값은 3이다.

5. 다음 그림과 같은 내민보에서 C점의 휨모멘트 크기는?

   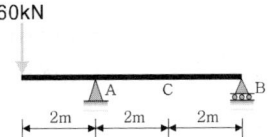

   ① $-90 kN \cdot m$
   ② $-80 kN \cdot m$
   ③ $-70 kN \cdot m$
   ④ $-60 kN \cdot m$

6. 압축이형철근의 정착길이에 관한 설명으로 옳지 않은 것은?
   ① 압축이형철근의 정착길이는 항상 200mm 이상이어야 한다.
   ② 압축이형철근의 정착에는 표준갈고리가 요구된다.
   ③ 압축이형철근의 기본정착길이는 철근직경이 커지면 증가한다.
   ④ 압축이형철근의 기본정착길이는 $0.043 d_b \cdot f_y$ 이상이어야 한다.

7. 현장치기 콘크리트로써 흙에 접하여 콘크리트를 친 후 영구히 흙에 묻혀있는 콘크리트의 경우 최소 피복두께는?
   ① 40mm
   ② 50mm
   ③ 60mm
   ④ 75mm

8. 그림과 같은 단면의 x축에 대한 단면계수 Z_x는?

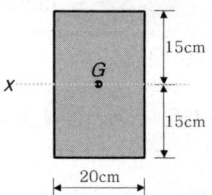

① 300cm²
② 300cm³
③ 3,000cm²
④ 3,000cm³

9. 극한강도설계법에서 $V_s = 210\text{kN}$, $d = 500\text{mm}$, $f_{yt} = 300\text{MPa}$, $A_v = 254\text{mm}^2$(U형, 2-D13)일 때 수직스터럽의 간격으로 가장 적당한 것은?

① 150mm
② 180mm
③ 200mm
④ 250mm

10. 단순보에서 등분포하중이 작용할 경우 최대 처짐은 경간(Span)의 몇 제곱에 비례하는가?

① L
② L^2
③ L^3
④ L^4

11. 그림과 같은 보에서 전단력도를 보고 B지점에 발생하는 휨모멘트를 구하면 얼마인가? (단, 절대값으로 표현)

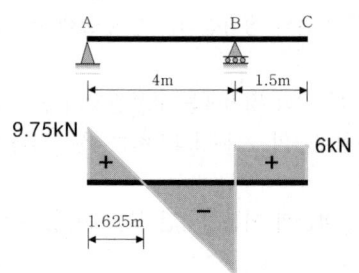

① 9kN · m
② 7.75kN · m
③ 5.03kN · m
④ 3.92kN · m

12. 인장시험을 통하여 얻어진 탄소강의 응력변형도 곡선에서 변형도경화 영역의 최대응력을 의미하는 것은?

① 인장강도
② 항복강도
③ 탄성한도
④ 비례한도

13. 그림과 같은 힘 P가 작용하는 라멘에서 휨모멘트가 0이 되는 곳은 몇 개인가?

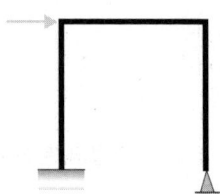

① 2
② 3
③ 4
④ 5

14. 다음 중 정정보가 아닌 것은?

① 단순보
② 캔틸레버보
③ 양단고정보
④ 겔버보

15. 콘크리트충전강관(CFT)구조의 특징에 관한 설명으로 옳지 않은 것은?

① 철근콘크리트구조에 비해 내력과 변형능력이 뛰어나다.
② 콘크리트의 충전성 확인이 용이하다.
③ 강구조에 비해 국부좌굴의 위험성이 낮다.
④ 콘크리트 타설 시 별도의 거푸집이 필요 없다.

16. 직사각형 복근보를 사용 시 콘크리트가 부담하는 전단강도 ϕV_c는? (단, $f_{ck} = 35\text{MPa}$, $f_{yt} = 400\text{MPa}$, $\lambda = 1$)

① 150 kN
② 110 kN
③ 90 kN
④ 70 kN

17. 말뚝머리지름이 400mm인 기성콘크리트 말뚝을 시공할 때 그 중심간격으로 가장 적당한 것은?

① 750mm
② 800mm
③ 900mm
④ 1,000mm

18. $N=150$kN, $M=11.25$kN·m를 받는 원형 기둥에 인장응력이 생기지 않는 최소 기둥지름은?

① 600mm
② 500mm
③ 400mm
④ 300mm

19. 강구조 기둥 압축재에 대한 설명으로 옳지 않은 것은?

① 압축재는 단면적이 클수록 저항성능이 우수하다.
② 압축재는 단면2차모멘트가 클수록 저항성능이 우수하다.
③ 압축재는 단면2차반지름이 클수록 저항성능이 우수하다.
④ 압축재는 세장비가 클수록 저항성능이 우수하다.

20. 구조설계 단계에서의 구조계획 과정 중 틀린 것은?

① 건축물의 용도, 사용재료 및 강도, 지반특성, 하중조건 등을 고려한다.
② 기둥과 보의 배치는 기둥간격 및 층고, 설비계획도 함께 고려한다.
③ 지진하중이나 풍하중 등 수평하중에 저항하는 구조요소는 입면상 균형을 배제하고 평면균형을 고려한다.
④ 구조형식이나 구조재료를 혼용할 때는 강성이나 내력의 연속성 뿐만 아니라 사용성에 영향을 미치는 진동에도 미리 대비한다.

해설 및 정답

1. 지지지반의 깊이에 따라 기초구조를 얕은 기초(Shallow Foundation), 깊은 기초(Deep Foundation)로 분류하며, 얕은 기초는 직접기초라고도 하며 깊은 기초는 말뚝기초, 피어기초, 케이슨(Caisson, 잠함) 기초로 구분한다.

2. $N = r + m + f - 2j = (3+1+2) + (8) + (7) - 2(8) = 5$차
➡ 부정정

3. (1) $M_{max} = \dfrac{wL^2}{8} = \dfrac{(40)(9)^2}{8} = 405 \text{kN} \cdot \text{m}$

(2) $\sigma_{max} = \dfrac{M_{max}}{Z} = \dfrac{(405)}{\left(\dfrac{(0.5)(0.8)^2}{6}\right)} = 7{,}593.75 \text{kN/m}^2$
$= 7{,}593.75 \text{kPa}$

4. ② 장기처짐 = 탄성처짐 × λ_Δ
③ 처짐은 부재의 크기에 아주 큰 영향을 미친다.
④ 시간경과계수 ξ의 최대값은 2이다.

5. (1) $\Sigma M_B = 0 : -(60)(6) + (V_A)(4) = 0$
∴ $V_A = +90 \text{kN}(\uparrow)$
➡ ∴ $V_B = -30 \text{kN}(\downarrow)$

(2) $M_{C,Right} = -[+(30)(2)] = -60 \text{kN} \cdot \text{m}(\frown)$

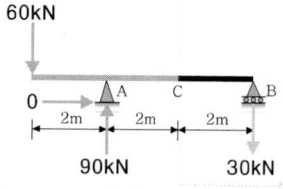

6. 갈고리는 압축을 받는 경우 철근 정착에 유효하지 않은 것으로 보기 때문에 압축이형철근의 정착에는 표준갈고리가 요구되지 않는다.

7.

종 류		피복 두께
수중에서 치는 콘크리트		100mm
흙에 접하여 콘크리트를 친 후 영구히 흙에 묻혀 있는 콘크리트		75mm
흙에 접하거나 옥외의 공기에 직접 노출되는 콘크리트	D19 이상의 철근	50mm
	D16 이하의 철근, 지름 16mm 이하의 철선	40mm
옥외의 공기나 흙에 직접 접하지 않는 콘크리트	슬래브, 벽체, 장선 / D35 초과 철근	40mm
	슬래브, 벽체, 장선 / D35 이하 철근	20mm
	보, 기둥	40mm
	쉘, 절판부재	20mm

8. $Z_x = \dfrac{bh^2}{6} = \dfrac{(20)(30)^2}{6} = 3{,}000 \text{cm}^3$

9. 전단철근 공칭전단강도 $V_s = \dfrac{A_v \cdot f_{yt} \cdot d}{s}$ 로부터
➡ $s = \dfrac{A_v \cdot f_{yt} \cdot d}{V_s} = \dfrac{(254)(300)(500)}{(210 \times 10^3)} = 181.429 \text{mm}$

10. 등분포하중 작용 시 $\delta_x = \dfrac{wL^4}{EI}$ 으로부터 처짐은 경간 L의 4승에 비례한다.

11. 임의 위치에서의 휨모멘트는 그 위치의 좌측 또는 우측 어느 한 쪽만의 전단력도 면적과 같다.
$M_B = (6 \text{kN})(1.5 \text{m}) = 9 \text{kN} \cdot \text{m}$

12.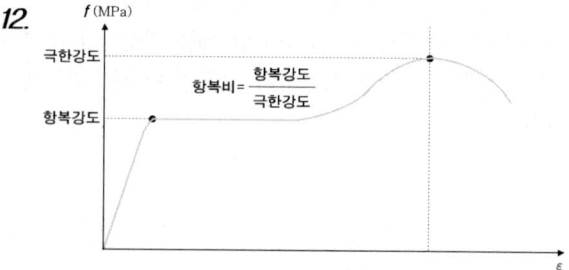
① 최대응력은 극한강도이고 인장강도라고도 한다.

13.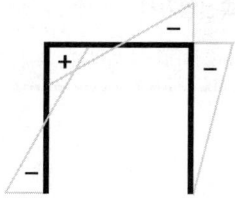

14.

종류	단순보	캔틸레버보	내민보	겔버보
지지형태	◸―――◺	┠―――	◸―◺―	◸―◺―○―

15. ② 콘크리트의 충전성 확인이 어려우며, 고품질의 충전 콘크리트가 요구된다.

16. $\phi V_c = \phi \dfrac{1}{6} \lambda \sqrt{f_{ck}} \cdot b_w \cdot d$

$= (0.75) \dfrac{1}{6} (1.0) \sqrt{(35)} (350)(580)$

$= 150,120 \text{N} = 150.120 \text{kN}$

17. (1) 2.5D 이상 : 2.5(400) = 1,000mm ← 지배
(2) 기성콘크리트 : 750mm 이상

18. (1) 원형 단면 : $e = \dfrac{Z}{A} = \dfrac{\left(\dfrac{\pi D^3}{32}\right)}{\left(\dfrac{\pi D^2}{4}\right)} = \dfrac{D}{8}$

(2) 편심거리 : $e = \dfrac{M}{N} = \dfrac{(11.25)}{(150)} = 0.075\text{m}$

(3) 단면의 핵거리 : $e \leq \dfrac{D}{8} = 0.075\text{m}$

➡ $\therefore D \geq 0.6\text{m} = 600\text{mm}$

19. ④ 압축재는 세장비(Slenderness Ratio)가 클수록 좌굴에 대해 불리하게 된다.

20. ③ 지진하중이나 풍하중 등 수평하중에 저항하는 구조요소는 입면상 균형을 고려하고 평면균형을 고려한다.

1. ②	2. ④	3. ①	4. ①	5. ④
6. ②	7. ④	8. ④	9. ②	10. ④
11. ①	12. ①	13. ②	14. ③	15. ②
16. ①	17. ④	18. ①	19. ④	20. ③

과년도출제문제 (CBT 시험문제)

25 건축산업기사
8, 9 시행 출제문제

※ 본 기출문제는 수험자의 기억을 바탕으로 하여 복원한 문제이므로 실제 문제와 다를 수 있음을 미리 알려드립니다.

1. 다음에서 설명하고 있는 하중의 명칭은?

   고정하중이나 활하중과 같이 구조물에 중력방향으로 작용하는 하중

   ① 횡하중
   ② 연직하중
   ③ 지진하중
   ④ 충격하중

2. 4변이 고정된 철근콘크리트 슬래브에서 장변의 길이가 7.6m일 때 2방향 슬래브가 되기 위한 단변의 길이는?

   ① 1.0m 이상
   ② 1.9m 이상
   ③ 2.5m 이상
   ④ 3.8m 이상

3. 그림과 같은 부재에 3개의 힘이 작용하여 평형을 이루었을 때 힘 P의 크기와 거리 x는?

   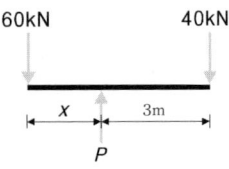

   ① $P=50$kN, $x=1.0$m
   ② $P=100$kN, $x=1.0$m
   ③ $P=50$kN, $x=2.0$m
   ④ $P=100$kN, $x=2.0$m

4. 유효두께 $d=400$mm 인 철근콘크리트 기초판에서 2방향 전단에 저항하기 위한 위험단면의 둘레길이는? (단, 기둥의 단면은 500×500mm)

   ① 1,600mm
   ② 2,000mm
   ③ 3,000mm
   ④ 3,600mm

5. 다음 구조물의 부정정 차수는?

   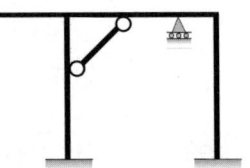

   ① 3차 부정정
   ② 4차 부정정
   ③ 5차 부정정
   ④ 6차 부정정

6. 복부폭 400mm, 양쪽 슬래브의 중심간거리가 2,000mm인 대칭 T형보의 유효폭은? (단, 보의 경간은 4,800mm, 슬래브 두께는 120mm)

   ① 1,000mm
   ② 1,200mm
   ③ 2,000mm
   ④ 2,320mm

7. 그림과 같은 캔틸레버에서 D점의 휨모멘트는?

   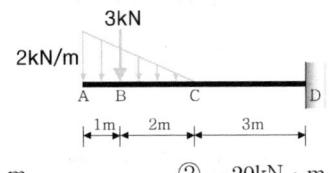

   ① -15kN·m
   ② -20kN·m
   ③ -25kN·m
   ④ -30kN·m

8. 다음 중 단면의 성질에 관한 설명이 잘못된 것은?

   ① 단면2차반경에 단면적을 곱하면 단면2차모멘트이다.
   ② 도심축에 대한 단면2차모멘트를 압축측거리 또는 인장측거리로 나눈 값을 단면계수라 한다.
   ③ 단면1차모멘트가 0인 점을 단면의 도심이라 하며, 도심은 그 단면의 면적중심이 된다.
   ④ 단면계수의 단위는 cm³, mm³ 이며, 부호는 항상 (+)이다.

9. 인장을 받는 이형철근의 직경이 9.53mm, 콘크리트 강도가 30MPa인 표준갈고리의 기본정착길이를 구하면? (단, $f_y=400\text{MPa}$, 에폭시 도막되지 않은 경우, $\lambda=1$)

① 85mm   ② 150mm
③ 167mm ④ 175mm

10. 그림과 같은 트러스에서 T부재의 부재력은?

① P
② $1.5P$
③ $\sqrt{2}\,P$
④ $2\sqrt{2}\,P$

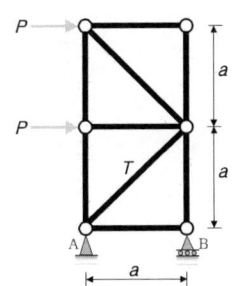

11. 강도설계법에서 철근콘크리트 구조물의 전단력과 비틀림 모멘트에 대한 강도감소계수는?

① 0.85   ② 0.75
③ 0.65   ④ 0.55

12. 강구조물의 보 단부에서 회전을 허용하지 않고 100%에 가까운 단부 모멘트를 기둥 또는 이음부에 전달하는 개념의 접합부 형태는?

① 강접합   ② 반강접합
③ 전단접합 ④ 단순접합

13. 구조용 강재 SHN355에 대한 설명 중 옳은 것은?

① 건축구조용 열간압연 H형강, 항복강도 355MPa
② 건축구조용 압연 H형강, 압축강도 355MPa
③ 용접구조용 압연 H형강, 인장강도는 355MPa
④ 용접구조용 내후성 열간압연강재, 압축강도 355MPa

14. 강도설계법에 의한 철근콘크리트의 보 설계 시 최대철근비 개념을 두는 가장 큰 이유는?

① 경제적인 설계가 되도록 하기 위해
② 취성파괴를 유도하기 위해
③ 구조적인 효율을 높이기 위해
④ 연성파괴를 유도하기 위해

15. 그림과 같은 구조형상과 단면을 가진 캔틸레버보 A점의 처짐(δ_A)은? (단, $E=10^4\text{MPa}$)

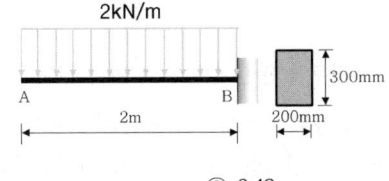

① 0.29mm   ② 0.49mm
③ 0.69mm   ④ 0.89mm

16. 그림과 같은 구조물의 M_{BO}의 크기는?

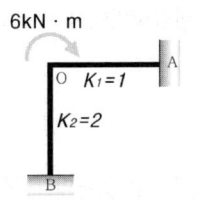

① 1kN·m   ② 2kN·m
③ 3kN·m   ④ 4kN·m

17. 철근콘크리트 기둥에서 띠철근(Hoop)을 넣는 가장 큰 이유는?

① 주근의 좌굴방지
② 콘크리트의 부착력 증대
③ 압축강도 증가
④ 수축변형 방지

18. 그림과 같은 내민보에서 B지점의 반력과 그 방향은?

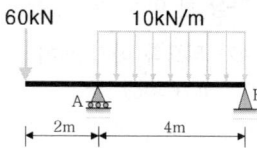

① 20kN(상향)
② 20kN(하향)
③ 10kN(상향)
④ 10kN(하향)

19. 강구조 접합부에 관한 설명으로 옳지 않은 것은?

① 기둥-보 접합부는 접합부의 성능과 회전에 대한 구속정도에 따라 전단접합, 부분강접합, 완전강접합으로 구분된다.
② 주요한 건물의 접합부에는 미끄럼 발생을 방지하기 위해 일반볼트를 사용한다.
③ 접합부는 45kN 이상 지지하도록 설계한다. 단, 연결재, 새그로드, 띠장은 제외한다.
④ 고장력볼트의 접합방법에는 마찰접합, 지압접합, 인장접합이 있다.

20. 콘크리트 압축강도 및 철근의 항복강도가 증가함에 따라 콘크리트와 철근의 탄성계수는 각각 어떻게 변화하는가?

① 콘크리트: 증가, 철근: 증가
② 콘크리트: 증가, 철근: 불변
③ 콘크리트: 감소, 철근: 감소
④ 콘크리트: 불변, 철근: 증가

해설 및 정답

1. 풍하중이나 지진하중과 같은 횡방향 수평하중과 대비해서 중력방향으로 작용하는 하중을 수직하중 또는 연직하중이라고 한다.

2. 변장비 $= \dfrac{7.6m}{\text{단변Span}} \leq 2$ 로부터 단변Span $\geq 3.8m$

3. (1) $\Sigma V = 0 : -(60) + (P) - (40) = 0$
   $\therefore P = +100kN(\uparrow)$
   (2) $\Sigma M_A = 0 : -(60)(x) + (40)(3) = 0$ $\therefore x = 2m$

4. (1) 2방향 전단은 기둥면에서 $\dfrac{d}{2}$ 위치 떨어진 주변이다.
   (2) 위험단면 둘레길이
   $b_0 = \left(\dfrac{(400)}{2} + (500) + \dfrac{(400)}{2}\right) \times 4 = 3,600 mm$

5. $N = r + m + f - 2j = (3+1+3) + (8) + (6) - 2(8) = 5$차
   ➡ 부정정

6. (1) $16t_f + b_w = 16(120) + (400) = 2,320 mm$
   (2) 양쪽 슬래브의 중심거리 $= 2,000 mm$
   (3) $(4,800) \cdot \dfrac{1}{4} = 1,200 mm$ ➡ 지배

7. $M_{D,Left} = + \left[-\left(\dfrac{1}{2} \times 3 \times 2\right)(5) - (3)(5)\right]$
   $= -30kN \cdot m (\frown)$

8. ① 단면2차반경 $r = \sqrt{\dfrac{I}{A}}$ 이므로 $r^2 = \dfrac{I}{A}$
   $\therefore I = r^2 \cdot A$

9. (1) 도막되지 않은 철근 ➡ $\beta = 1.0$
   (2) $l_{hb} = \dfrac{0.24 \beta \cdot d_b \cdot f_y}{\lambda \sqrt{f_{ck}}} = \dfrac{0.24(1.0)(9.53)(400)}{(1)\sqrt{(30)}}$
   $= 167.033 mm$

10. (1) T부재가 지나가도록 수평으로 절단해서 위쪽을 고려하면 지점반력을 구할 필요가 없다.
   (2) $V = 0 : -(P) - (P) + \left(F_T \cdot \dfrac{1}{\sqrt{2}}\right) = 0$
   $\therefore F_T = +2\sqrt{2}P$ (인장)

11.

	적용 부재		강도감소계수(ϕ)
(1)	인장지배 단면		0.85
(2)	압축지배 단면	띠철근 기둥	0.65
		나선철근 기둥	0.70
(3)	변화구간 단면 (=전이 구역)		0.65(0.70)~0.85
(4)	전단력 및 비틀림모멘트		0.75
(5)	콘크리트 지압력 (포스트텐션 정착부나 스트럿-타이 모델 제외)		0.65
(6)	포스트텐션 정착구역		0.85
(7)	스트럿-타이 모델	스트럿, 절점부 및 지압부	0.75
		타이	0.85
(8)	무근콘크리트: 휨모멘트, 압축력, 전단력, 지압력		0.55

12.

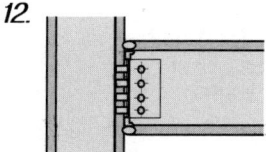

모멘트접합(=강접합)을 설명하고 있다.

13. 건축구조용 열간압연 H형강(SHN)은 기존의 H형강에 내진성능 등의 구조성능이 우수한 형강제품에 대해 규정한 현대제철의 제품으로서, SHN355에서 355는 최저 항복강도가 355MPa을 나타낸다.

14. 보에 철근이 너무 많이 배치되어 갑작스런 압축 취성파괴가 발생하지 않도록 하고, 인장측 철근이 먼저 설계기준항복강도에 대응하는 변형률에 도달하여 구조물의 연성파괴(Ductillity Failure)를 유도하기 위해 최대철근비의 규정을 제시하고 있다.

15.

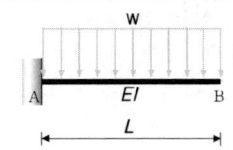

| | $\theta_B = \dfrac{wL^3}{6EI}$ | $\delta_B = \dfrac{wL^4}{8EI}$ |

$$\delta_{\max} = \dfrac{1}{8} \cdot \dfrac{wL^4}{EI} = \dfrac{1}{8} \cdot \dfrac{(2)(2{,}000)^4}{(10^4)\left(\dfrac{(200)(300)^3}{12}\right)} = 0.89\text{mm}$$

16.

(1) 분배모멘트: $M_{OB} = M_O \cdot DF_{OB} = (+6)\left(\dfrac{2}{1+2}\right)$
   $= +4\text{kN} \cdot \text{m}(\curvearrowright)$

(2) 전달모멘트: $M_{BO} = \dfrac{1}{2}M_{OB} = \dfrac{1}{2}(+4) = +2\text{kN} \cdot \text{m}(\curvearrowright)$

17. 띠철근의 역할
   (1) 주철근 좌굴방지 ➡ 주목적
   (2) 수평력에 대한 전단보강
   (3) 주철근의 위치 고정
   (4) 피복두께 유지

18. (1) $\Sigma H = 0$: ∴ $H_B = 0$
   (2) $\Sigma M_A = 0$: $-(60)(2) + (10 \times 4)(2) - (V_B)(4) = 0$
   ∴ $V_B = -10\text{kN}(\downarrow)$

19. ② 주요한 건물의 접합부에는 미끄럼 발생을 방지하기 위해 일반볼트가 아니라 고장력볼트를 사용한다.

20. ② 콘크리트의 탄성계수는 증가하지만 철근은 변하지 않는다.
   $E_c = 8{,}500 \cdot \sqrt[3]{f_{ck} + \Delta f}\,(\text{MPa})$,
   $E_s = 200{,}000\,(\text{MPa})$

1. ②	2. ④	3. ④	4. ④	5. ③
6. ②	7. ④	8. ①	9. ③	10. ④
11. ②	12. ①	13. ①	14. ④	15. ④
16. ②	17. ①	18. ④	19. ②	20. ②

건축기사 대비 **건축구조 ③**

定價 27,000원

저 자 안광호·고길용
발행인 이 종 권

2000年 12月 13日 초판1쇄 발행
2020年 1月 20日 20차개정1쇄 발행
2021年 1月 12日 21차개정1쇄 발행
2022年 1月 10日 22차개정1쇄 발행
2023年 1月 19日 23차개정1쇄 발행
2024年 1月 5日 24차개정1쇄 발행
2025年 1月 14日 25차개정1쇄 발행
2026年 1月 6日 26차개정1쇄 발행

發行處 (주)한솔아카데미

(우)06775 서울시 서초구 마방로10길 25 트윈타워 A동 2002호
TEL : (02)575-6144/5   FAX : (02)529-1130
〈1998. 2. 19 登錄 第16-1608號〉

※ 본 교재의 내용 중에서 오타, 오류 등은 발견되는 대로 한솔아카데미 인터넷 홈페이지를 통해 공지하여 드리며 보다 완벽한 교재를 위해 끊임없이 최선의 노력을 다하겠습니다.

※ 파본은 구입하신 서점에서 교환해 드립니다.

www.inup.co.kr / www.bestbook.co.kr

ISBN 979-11-6654-756-0 13540

한솔아카데미 발행도서

**건축기사시리즈
①건축계획**
이종석, 이병억 공저
432쪽 | 27,000원

**건축기사시리즈
②건축시공**
김형중, 한규대, 이명철 공저
570쪽 | 27,000원

**건축기사시리즈
③건축구조**
안광호, 홍태화, 고길용 공저
796쪽 | 27,000원

**건축기사시리즈
④건축설비**
오병칠, 권영철, 오호영 공저
564쪽 | 27,000원

**건축기사시리즈
⑤건축법규**
현정기, 조영호, 한웅규, 김주석 공저
622쪽 | 27,000원

**건축기사 필기 10개년
핵심 과년도문제해설**
안광호, 백종엽, 이병억 공저
1,028쪽 | 45,000원

건축기사 4주완성
남재호, 송우용 공저
1,412쪽 | 47,000원

건축산업기사 4주완성
남재호, 송우용 공저
1,136쪽 | 44,000원

**7개년 기출문제
건축산업기사 필기**
한솔아카데미 수험연구회
868쪽 | 38,000원

건축설비기사 4주완성
남재호 저
1,088쪽 | 46,000원

**건축설비산업기사
4주완성**
남재호 저
872쪽 | 40,000원

**10개년 핵심
건축설비기사 과년도**
남재호 저
1,148쪽 | 40,000원

건축기사 실기
한규대, 김형중, 안광호, 이병억 공저
1,708쪽 | 53,000원

**건축기사 실기
(The Bible)**
안광호, 백종엽, 이병억 공저
1,000쪽 | 41,000원

**건축기사 실기 14개년
과년도**
안광호, 백종엽, 이병억 공저
688쪽 | 34,000원

건축산업기사 실기
한규대, 김형중, 안광호, 이병억 공저
696쪽 | 33,000원

**건축산업기사 실기
(The Bible)**
안광호, 백종엽, 이병억 공저
300쪽 | 30,000원

실내건축기사 4주완성
남재호 저
1,320쪽 | 39,000원

**실내건축산업기사
4주완성**
남재호 저
1,096쪽 | 32,000원

**시공실무
실내건축(산업)기사 실기**
안동훈, 이병억 공저
422쪽 | 30,000원

Hansol Academy

건축사 과년도출제문제 1교시 대지계획
한솔아카데미 건축사수험연구회
346쪽 | 33,000원

건축사 과년도출제문제 2교시 건축설계1
한솔아카데미 건축사수험연구회
192쪽 | 33,000원

건축사 과년도출제문제 3교시 건축설계2
한솔아카데미 건축사수험연구회
436쪽 | 33,000원

건축물에너지평가사 ①건물 에너지 관계법규
건축물에너지평가사 수험연구회
852쪽 | 32,000원

건축물에너지평가사 ②건축환경계획
건축물에너지평가사 수험연구회
516쪽 | 30,000원

건축물에너지평가사 ③건축설비시스템
건축물에너지평가사 수험연구회
708쪽 | 32,000원

건축물에너지평가사 ④건물 에너지효율설계·평가
건축물에너지평가사 수험연구회
648쪽 | 32,000원

건축물에너지평가사 2차실기(상)
건축물에너지평가사 수험연구회
940쪽 | 45,000원

건축물에너지평가사 2차실기(하)
건축물에너지평가사 수험연구회
905쪽 | 50,000원

토목기사시리즈 ①응용역학
안광호, 김창원, 염창열, 정용욱 공저
540쪽 | 28,000원

토목기사시리즈 ②측량학
남수영, 정경동, 고길용 공저
392쪽 | 28,000원

토목기사시리즈 ③수리학 및 수문학
심기오, 노재식, 한웅규 공저
396쪽 | 28,000원

토목기사시리즈 ④철근콘크리트 및 강구조
정경동, 정용욱, 고길용, 김지우 공저
464쪽 | 28,000원

토목기사시리즈 ⑤토질 및 기초
안진수, 박광진, 김창원, 홍성협 공저
588쪽 | 28,000원

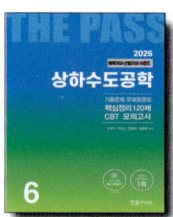
토목기사시리즈 ⑥상하수도공학
노재식, 이상도, 한웅규, 정용욱 공저
544쪽 | 28,000원

10개년 핵심 토목기사 과년도문제해설
김창원 외 5인 공저
1,076쪽 | 46,000원

토목기사 4주완성 핵심 및 과년도문제해설
이상도, 고길용, 안광호, 한웅규, 홍성협, 김지우 공저
1,054쪽 | 45,000원

토목산업기사 4주완성 과년도문제해설
이상도, 정경동, 고길용, 안광호, 한웅규, 홍성협 공저
752쪽 | 42,000원

토목기사 실기
김태선, 박광진, 홍성협, 김창원, 김상욱, 이상도, 한웅규 공저
1,540쪽 | 52,000원

토목기사 실기 과년도문제해설
김태선, 이상도, 한웅규, 홍성협, 김상욱, 김지우 공저
892쪽 | 38,000원

www.bestbook.co.kr

콘크리트기사·산업기사 4주완성(필기)
정용욱, 고길용, 전지현, 김지우 공저
856쪽 | 39,000원

콘크리트기사 과년도(필기)
정용욱, 고길용, 김지우 공저
684쪽 | 30,000원

콘크리트기사·산업기사 3주완성(실기)
정용욱, 한웅규, 홍성협, 전지현 공저
784쪽 | 33,000원

건설재료시험기사 4주완성 필독서(필기)
박광진, 이상도, 김지우, 전지현 공저
742쪽 | 39,000원

건설재료시험기사 과년도(필기)
고길용, 정용욱, 홍성협, 전지현 공저
692쪽 | 32,000원

건설재료시험기사 산업기사 3주완성(실기)
고길용, 홍성협, 전지현, 김지우 공저
728쪽 | 33,000원

콘크리트기능사 3주완성(필기+실기)
정용욱, 고길용, 염창열, 전지현 공저
538쪽 | 27,000원

지적기능사(필기+실기) 3주완성
염창열, 정병노 공저
640쪽 | 30,000원

측량기능사 3주완성
염창열, 정병노, 고길용 공저
580쪽 | 29,000원

전산응용토목제도기능사 필기 3주완성
염창열, 김지우, 최진호 공저
644쪽 | 29,000원

건설안전기사 4주완성 필기
지준석, 조태연 공저
1,388쪽 | 38,000원

산업안전기사 4주완성 필기
지준석, 조태연 공저
1,560쪽 | 38,000원

공조냉동기계기사 필기
조성안, 이승원, 강희중 공저
1,358쪽 | 41,000원

공조냉동기계산업기사 필기
조성안, 이승원, 강희중 공저
1,236쪽 | 36,000원

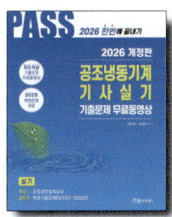
공조냉동기계기사 실기
조성안, 강희중 공저
1,040쪽 | 38,000원

조경기사·산업기사 필기 단기완성
이윤진 저
1,464쪽 | 49,000원

조경기사·산업기사 실기
이윤진 저
784쪽 | 45,000원

조경기능사 필기
이윤진 저
682쪽 | 29,000원

조경기능사 실기
이윤진 저
360쪽 | 29,000원

조경기능사 필기
한상엽 저
712쪽 | 28,000원

Hansol Academy

조경기능사 실기
한상엽 저
823쪽 | 30,000원

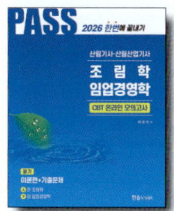
산림기사·산업기사 1권
이윤진 저
888쪽 | 27,000원

산림기사·산업기사 2권
이윤진 저
974쪽 | 27,000원

전기기사시리즈(전6권)
대산전기수험연구회
2,240쪽 | 131,000원

전기기사 5주완성
전기기사수험연구회
2,140쪽 | 43,000원

전기산업기사 5주완성
전기산업기사수험연구회
1,964쪽 | 43,000원

전기공사기사 5주완성
전기공사기사수험연구회
2,096쪽 | 43,000원

전기공사산업기사 5주완성
전기공사산업기사수험연구회
1,606쪽 | 43,000원

전기(산업)기사 실기
대산전기수험연구회
766쪽 | 43,000원

전기기사 실기 20개년 과년도문제해설
대산전기수험연구회
992쪽 | 38,000원

전기기사시리즈(전6권)
김대호 저
3,230쪽 | 136,000원

전기기사 실기 기본서
김대호 저
964쪽 | 39,000원

전기기사 실기 기출문제
김대호 저
1,340쪽 | 43,000원

전기산업기사 실기 기본서
김대호 저
920쪽 | 39,000원

전기산업기사 실기 기출문제
김대호 저
1,076 | 41,000원

전기기사/전기산업기사 실기 마인드 맵
김대호 저
232 | 15,000원

CBT 전기기사 단기완성
이승원, 김승철, 윤종식 공저
1,244쪽 | 42,000원

전기기능사 3단계 핵심 및 과년도
김승철, 신면순, 오용환, 이승원 공저
876쪽 | 28,000원

전기기능사 3주완성
이승원, 김승철, 윤종식 공저
532쪽 | 27,000원

소방설비기사 기계분야 필기
김흥준, 윤중오 공저
1,212쪽 | 40,000원

www.bestbook.co.kr

소방설비기사 전기분야 필기
김흥준, 신면순 공저
1,148쪽 | 40,000원

공무원 건축계획
이병억 저
800쪽 | 37,000원

7·9급 토목직 응용역학
정경동 저
1,192쪽 | 42,000원

응용역학개론 기출문제
정경동 저
686쪽 | 40,000원

측량학(9급 기술직/ 서울시·지방직)
정병노, 염창열, 정경동 공저
756쪽 | 29,000원

응용역학(9급 기술직/ 서울시·지방직)
이국형 저
628쪽 | 23,000원

스마트 9급 물리 (서울시·지방직)
신용찬 저
422쪽 | 23,000원

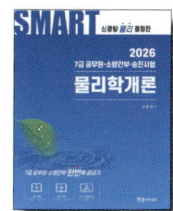
7급 공무원 스마트 물리학개론
신용찬 저
996쪽 | 45,000원

1종 운전면허
도로교통공단 저
110쪽 | 13,000원

2종 운전면허
도로교통공단 저
110쪽 | 13,000원

지게차 운전기능사
건설기계수험연구회 편
216쪽 | 15,000원

굴삭기 운전기능사
건설기계수험연구회 편
224쪽 | 15,000원

지게차 운전기능사 3주완성
건설기계수험연구회 편
338쪽 | 12,000원

굴삭기 운전기능사 3주완성
건설기계수험연구회 편
356쪽 | 12,000원

초경량 비행장치 무인멀티콥터
권희춘, 김병구 공저
258쪽 | 22,000원

시각디자인 산업기사 4주완성
김영애, 서정술, 이원범 공저
1,102쪽 | 36,000원

시각디자인 기사·산업기사 실기
김영애, 이원범 공저
508쪽 | 35,000원

토목 BIM 설계활용서
김영휘, 박형순, 송윤상, 신현준, 안서현, 박진훈, 노기태 공저
388쪽 | 30,000원

BIM 전문가 토목 2급자격(필기+실기)
BIM전문가 토목연구회 공저
324쪽 | 32,000원

BIM 구조편
(주)알피종합건축사사무소 (주)동양구조안전기술 공저
536쪽 | 32,000원

Hansol Academy

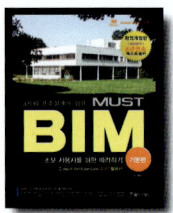
BIM 기본편
(주)알피종합건축사사무소
402쪽 | 32,000원

BIM 기본편 2탄
(주)알피종합건축사사무소
380쪽 | 28,000원

BIM 건축계획설계 Revit 실무지침서
BIMFACTORY
607쪽 | 35,000원

전통가옥에서 BIM을 보며
김요한, 함남혁, 유기찬 공저
548쪽 | 32,000원

BIM 주택설계편
(주)알피종합건축사사무소
박기백, 서창석, 함남혁, 유기찬 공저
514쪽 | 32,000원

BIM 활용편 2탄
(주)알피종합건축사사무소
380쪽 | 30,000원

BIM 건축전기설비설계
모델링스토어, 함남혁
572쪽 | 32,000원

BIM 토목편
송현혜, 김동욱, 임성순, 유자영, 심창수 공저
278쪽 | 25,000원

디지털모델링 방법론
이나래, 박기백, 함남혁, 유기찬 공저
380쪽 | 28,000원

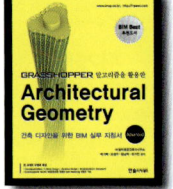
건축디자인을 위한 BIM 실무 지침서
(주)알피종합건축사사무소
박기백, 오정우, 함남혁, 유기찬 공저
516쪽 | 30,000원

BIM 전문가 건축 2급자격(필기+실기)
모델링스토어
760쪽 | 36,000원

BIM 전문가 토목 2급 실무활용서
채재현, 김영휘, 박준오, 소광영, 김소희, 이기수, 조수연
614쪽 | 35,000원

BE Architect
유기찬, 김재준, 차성민, 신수진, 홍유찬 공저
282쪽 | 20,000원

BE Architect 라이노&그래스호퍼
유기찬, 김재준, 조준상, 오주연 공저
288쪽 | 22,000원

BE Architect AUTO CAD
유기찬, 김재준 공저
400쪽 | 25,000원

건축관계법규(전3권)
최한석, 김수영 공저
3,544쪽 | 110,000원

건축법령집
최한석, 김수영 공저
1,490쪽 | 60,000원

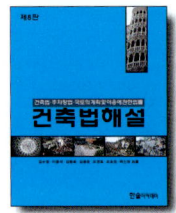
건축법해설
김수영, 이종석, 김동화, 김용환, 조영호, 오호영 공저
918쪽 | 32,000원

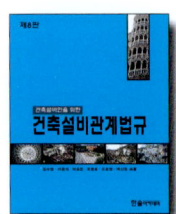
건축설비관계법규
김수영, 이종석, 박호준, 조영호, 오호영 공저
790쪽 | 34,000원

건축계획
이순희, 오호영 공저
422쪽 | 23,000원

www.bestbook.co.kr

건축시공학
이찬식, 김선국, 김예상, 고성석,
손보식, 유정호, 김태완 공저
776쪽 | 30,000원

**현장실무를 위한
토목시공학**
남기천,김상환,유광호,강보순,
김종민,최준성 공저
1,212쪽 | 45,000원

알기쉬운 토목시공
남기천, 유광호, 류명찬, 윤영철,
최준성, 고준영, 김연덕 공저
818쪽 | 28,000원

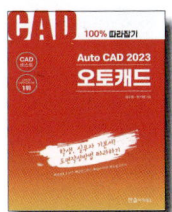
Auto CAD 오토캐드
김수영, 정기범 공저
364쪽 | 25,000원

친환경 업무매뉴얼
정보현, 장동원 공저
352쪽 | 30,000원

**건축시공기술사
기출문제**
배용환, 서갑성 공저
1,146쪽 | 69,000원

**합격의 정석
건축시공기술사**
조민수 저
904쪽 | 67,000원

**건축시공기술사
용어해설**
조민수 저
1,438쪽 | 70,000원

**건축전기설비기술사
(상,하)**
서학범 저
1,532쪽 | 65,000원(각권)

**디테일 기본서 PE
건축시공기술사**
백종엽 저
730쪽 | 62,000원

**디테일 마법지 PE
건축시공기술사**
백종엽 저
504쪽 | 50,000원

**용어설명1000 PE
건축시공기술사(상,하)**
백종엽 저
2,148쪽 | 70,000원(각권)

역학의 정석
김성민, 김성범 공저
788쪽 | 52,000원

**합격의 정석
토목시공기술사**
김무섭, 조민수 공저
874쪽 | 60,000원

건설안전기술사
이태엽 저
776쪽 | 60,000원

소방기술사 上
윤정득, 박건용 공저
656쪽 | 55,000원

소방기술사 下
윤정득, 박건용 공저
730쪽 | 55,000원

**소방시설관리사 1차
(상,하)**
김흥준 저
1,630쪽 | 63,000원

건축에너지관계법해설
조영호 저
614쪽 | 27,000원

ENERGYPULS
이광호 저
236쪽 | 25,000원

Hansol Academy

수학의 마술(2권)
아서 벤저민 저, 이경희, 윤미선,
김은현, 성지현 옮김
206쪽 | 24,000원

**스트레스,
과학으로 풀다**
그리고리 L. 프리키온, 애너이브
코비치, 앨버트 S.융 저
176쪽 | 20,000원

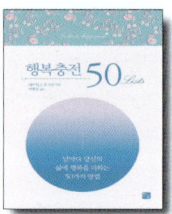

행복충전 50Lists
에드워드 호프만 저
272쪽 | 16,000원

지치지 않는 뇌 휴식법
이시카와 요시키 저
188쪽 | 12,800원

지능형홈관리사
김일진, 이의신, 송한춘, 황준호,
장우성 공저
500쪽 | 35,000원

**스마트 건설,
스마트 시티, 스마트 홈**
김선근 저
436쪽 | 19,500원

**e-Test 엑셀
ver.2016**
임창인, 조은경, 성대근, 강현권
공저
268쪽 | 17,000원

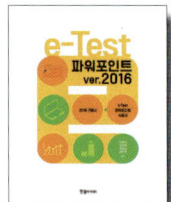

**e-Test 파워포인트
ver.2016**
임창인, 권영희, 성대근, 강현권
공저
206쪽 | 15,000원

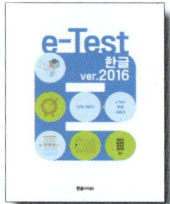

**e-Test 한글
ver.2016**
임창인, 이권일, 성대근, 강현권
공저
198쪽 | 13,000원

**e-Test 엑셀
2010(영문판)**
Daegeun-Seong
188쪽 | 25,000원

**e-Test
한글+엑셀+파워포인트**
성대근, 유재휘, 강현권 공저
412쪽 | 28,000원

**재미있고 쉽게 배우는
포토샵 CC2020**
이영주 저
320쪽 | 23,000원

건축기사 실기 (전 3권)

한규대, 김형중, 안광호, 이병억
1,708쪽 | 53,000원

건축기사 실기(The Bible) (전 2권)

안광호, 백종엽, 이병억
1,000쪽 | 41,000원

※ 구입처는 **전국대형서점**에서 구매하실 수 있습니다.